大数据管理与应用系列丛书

数据挖掘

主　编　吕　欣　王梦宁

副主编　刘　汕　陈　欢　来思妤
侯臣平　丁兆云

DATA MINING

科学出版社

北　京

内 容 简 介

本书内容涵盖统计描述、相关分析、回归分析、数据降维、关联规则挖掘、分类、聚类、异常检测和集成学习等数据挖掘 9 大核心领域。通过原理解析、数学推导、流程分析、计算示例和案例演示，精心设计 231 个图表、47 个代码示例及 5 大类学习模块，遴选了 45 个实践案例，全方位促进读者对内容的理解和掌握。此外，本书还配套丰富的数字化学习资源和全套教辅资料，形成了理论与实践并重的立体化教学体系。

本书可作为大数据管理与应用、数据科学与大数据技术等相关专业的本科生或研究生教材，也可以作为大数据与人工智能等相关方向从业人员的自学书籍。

图书在版编目（CIP）数据

数据挖掘 / 吕欣，王梦宁主编. -- 北京 : 科学出版社，2025. 6.
(大数据管理与应用系列丛书). -- ISBN 978-7-03-081844-7

Ⅰ. TP311.131

中国国家版本馆 CIP 数据核字第 2025SD8589 号

责任编辑：方小丽 / 责任校对：贾娜娜
责任印制：赵　博 / 封面设计：有道设计

科学出版社出版
北京东黄城根北街 16 号
邮政编码：100717
http://www.sciencep.com
三河市骏杰印刷有限公司印刷
科学出版社发行　各地新华书店经销
*
2025 年 6 月第　一　版　开本：787×1092　1/16
2025 年10月第三次印刷　印张：28 1/4
字数：670 000

定价：78.00 元

（如有印装质量问题，我社负责调换）

丛书编委会

丛书序 PREFACE

在信息化时代下，大数据和人工智能双轮驱动引领人类社会技术变革，深刻推动全球数字化进程的加速发展。随着互联网、物联网、移动通信、云计算等信息技术的飞速发展，数据资源的丰富性和多样性以前所未有的速度增长，大数据已成为驱动数字化变革与智能化应用的核心引擎，广泛融入到生产、分配、流通、消费以及社会服务管理的每一个角落，深刻改变了人们的生产生活方式和社会治理模式。

在这一背景下，数据被赋予了前所未有的重要地位，与土地、劳动力、资本、技术并列为新时代的五大生产要素，在提升要素协同效率、优化资源配置、催生新产业新业态、推动社会经济高质量发展等方面展现出巨大的潜力与价值。

鉴于此，在教育部高等学校管理科学与工程类学科教学指导委员会《大数据管理与应用专业课程体系》的指导下，编委会精心策划并编纂了这套大数据挖掘及其智能化应用知识体系丛书，旨在为读者提供一套全面、系统、深入的学习指南。丛书共分为七册，均为全彩印刷，全面覆盖相关知识点与技术体系。

◎ **《大数据平台架构》**深入解析分布式理论、Hadoop 等主流大数据处理架构，HDFS、Hive、HBase、MapReduce、Spark、Flink 等核心技术，以及 Zookeeper、YARN、Flume、Kafka、TiDB、Loki、Milvus 等系统工具，通过丰富的实践案例与随书资源，帮助读者快速掌握大数据平台搭建与运维技能。

◎ **《数据挖掘》**系统阐述数据描述与统计指标、线性与非线性相关分析、回归分析、数据降维、关联规则挖掘、分类、聚类、异常检测和集成学习等数据建模与挖掘核心技术，配以丰富的实践案例，提升读者的数据分析能力。

◎ **《机器学习与人工智能》**从基础理论到前沿应用，全面介绍机器学习与人工智能的核心原理、智能优化方法、神经网络与深度学习、强化学习、迁移学习、联邦学习等，助力读者构建完整的人工智能知识体系。

◎ **《自然语言处理》**分为基础理论和应用技术两大板块，深入讲解自然语言处理的基本概念、文本表示、机器学习与神经网络基础、预训练与大语言模型等，并通过中文分词、词性标注、命名实体识别、句法分析、主题模型、文本聚类、情感分析和知识图谱等具体任务，展现自然语言处理技术的广泛应用。

◎ **《复杂网络》**主要内容包括图论与网络科学基础，网络数据分析工具，网络指标，网络模型，网络抽样，网络鲁棒性，链路预测，网络传播，社团检测，时序网络，高阶网络，图表示学习的相关理论、模型、算法与实践，为读者打开复杂关系型数据挖掘与系统分析的大门。

◎ **《大数据可视化技术》**揭示数据可视化的艺术与科学，主要内容包括大数据可视化基础，通用与专用可视化工具，可视化设计原理，结构数据、文本数据、网络数据、地理数据与复杂数据可视化方法等，助力读者将复杂数据转化为直观易懂、美观惊艳的可视化图表。

◎ **《Python 大数据实践》**以 Python 为工具，结合编程基础、大数据平台实践、数据库管理、网络爬虫设计、数据挖掘与深度学习等内容，全面锻炼读者的编程实践与大数据建模分析能力。

本丛书的编写，不仅源于我们对大数据与人工智能领域的深刻理解与热情，更源自多年来的教学与科研实践积累。笔者及其团队在移动计算、互联网与物联网大数据分析及管理决策应用实践中积累了多年经验，发现大数据挖掘及智能化应用对知识技能有全面综合的需求，尤其考验数据分析师的建模与洞察能力。为此，本丛书编写计划实际上源于课题组对即将从事大数据与人工智能相关方向研究的学生培训要求，自 2015 年起，相关知识体系主要作为国防科技大学大数据与复杂系统课题组的培训资料，并在国防科技大学、中南大学和湖南工商大学等多所高校开设的大数据相关课程中使用，得到了广泛的认可与好评。

在编写过程中，我们始终坚持理论和技术体系的完整性，并引入相关方向的前沿和已经成为主流的先进技术，通过遵循“原理介绍→理论推导→计算案例→编程实践→拓展阅读”的编写思路，力求将每一个知识点讲深讲透，同时注重实践操作的引导与启发，使读者能够真正做到学以致用。这也使得本丛书各册的篇幅都较大，但相信这对读者学习是有裨益的。此外，本丛书在相关院校的试用中，也由读者形成了系列学习笔记，为便于读者群体相互借鉴、交流，这些内容也都随丛书附录的数据、代码资源一同开放。

丛书从 2021 年初设计组编，到 2025 年逐步完稿，历经寒暑更替，丛书编写组百易其稿，其中艰辛，难尽细述。但看到这套凝聚了心血的作品即将面世，我们深感欣慰与自豪。由于能力所限，书中难免存在不足之处，衷心希望广大读者不吝赐教，提出宝贵的批评与建议，以便我们不断完善与提高。

最后，衷心感谢所有为本丛书编写、审校、出版付出辛勤努力的同仁与朋友，也感谢广大读者对本丛书的关注与支持。愿这套丛书能够成为您探索数据世界、开启智能之门的得力助手！

国防科技大学，吕欣

长沙

关于本书 ABOUT

内容简介

数据挖掘是从大量数据中发现隐藏的模式和关系，并提取有价值的信息用于决策的过程。在大数据时代背景下，数据挖掘已成为大数据价值发现的核心关键，是充分发挥数据要素易获取、易传播、规模报酬递增特性，实现多要素融合创新和低成本多场景复用的技术支撑。

本书可作为大数据管理与应用、大数据技术与应用、数据科学与大数据技术、智能科学与技术等相关专业的本科生或研究生教材，也可以作为大数据与人工智能相关方向从业人员的自学书籍。

本书面向大数据的主要特征，聚焦数据的统计报告、数据降维、关联分析、分类与聚类、特征模式与异常检测、集成学习等主题，全面梳理了当前数据挖掘技术体系的主流和前沿方法。为力求真正理解和把握相关技术，书中每个模型或算法都从基本原理、理论推导、算法实现和案例实践等方面全面深入地进行了讲解，相信经过学习，读者能真正认识大数据挖掘的知识体系，掌握大数据价值发现方法，并具备一定的数据洞察和数据决策能力。

本书特色

1 内容体系完备

本书的内容结构精心设计，涵盖了数据挖掘的各个关键领域。从基础概念到高级算法，从理论推导到实际应用，确保读者能够系统全面地掌握数据挖掘的核心知识。

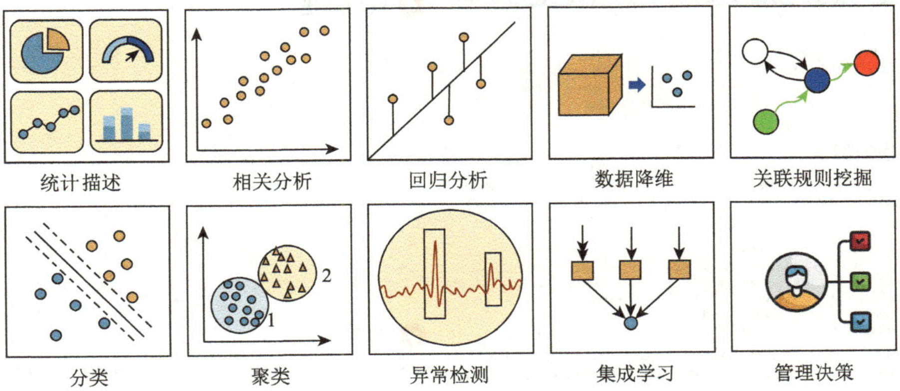

2 算法原理透彻

在讲解每一个算法时，本书注重算法的原理剖析，力求以深入浅出的方式讲解复杂的数学推导与算法设计，使读者不仅知其然，更知其所以然。

过程详解

BP 算法的学习过程由信息的正向传播和误差的反向传播组成。

（1）正向传播。在正向传播（forward propagation）过程中，如图 7-21 所示，首先将输入数据传递给神经网络的输入层，并将这些输入加权求和，然后通过激活函数进行处理，最终得到输出。需注意，在正向传播过程中，每个神经元的输入是前一层神经元的输出，每一层的神经元的状态值只影响下一层神经元的状态值。

（2）反向传播。在反向传播过程中，如图 7-21 所示，根据整个网络的输出值与实际目标值的误差函数，计算每个参数对误差的贡献，并将这些梯度信息传播回网络，以便调整参数。从输出层开始，计算误差对每个参数的偏导数，然后逐层向前计算每层参数的梯度。计算出了参数的梯度后，使用梯度下降等优化算法更新网络中的参数，以减小误差。

BP 算法通过正向传播信息和反向传播误差重复迭代多次，反复利用训练样本调整参数，直到网络的性能在训练数据上达到满意的水平或者收敛到一个合理的值。

生动图示

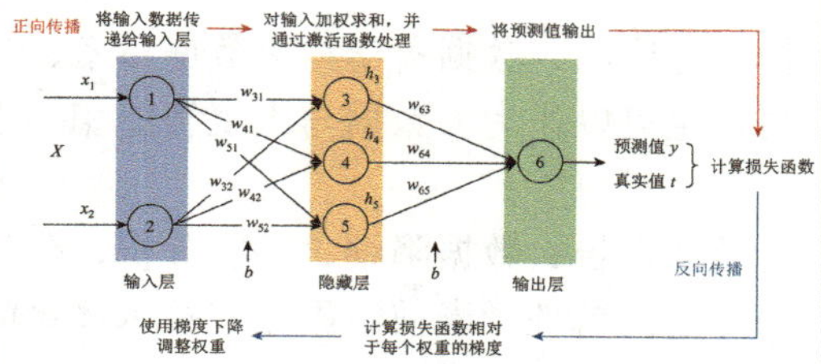

图 7-21 BP 算法示意图

公式推导

（1）输出层。对于输出层，net_j 仅通过神经元 j 的输出值 y_i 来影响网络的其他部分，所以 E_k 是 y_i 的函数，而 y_i 是 net_j 的函数，其中 $y_i=\text{sigmoid}(\text{net}_j)$，因此有

$$\frac{\partial E_k}{\partial \text{net}_j}=\frac{\partial E_k}{\partial y_i}\cdot\frac{\partial y_i}{\partial \text{net}_j} \tag{7-109}$$

进一步地，可得

$$\frac{\partial E_k}{\partial y_j}=\frac{\partial}{\partial y_j}\frac{1}{2}\sum_{i\in o}(t_i-y_i)^2=-(t_j-y_j) \tag{7-110}$$

$$\frac{\partial y_i}{\partial \text{net}_j}=\frac{\partial \text{sigmoid}(\text{net}_j)}{\partial \text{net}_j}=y_i(1-y_i) \tag{7-111}$$

故有

$$\frac{\partial E_k}{\partial \text{net}_j}=-(t_j-y_j)y_j(1-y_j) \tag{7-112}$$

令 $\delta_j=-\frac{\partial E_k}{\partial \text{net}_j}$，则

$$\delta_j=(t_i-y_i)y_j(1-y_j) \tag{7-113}$$

将上述推导代入梯度下降公式，可得

$$w_{ji}=w_{ji}-\eta\frac{\partial E_k}{\partial w_{ji}}=w_{ji}+\eta(t_j-y_j)y_j(1-y_j)x_{ji}=w_{ji}+\eta\delta_j x_{ji} \tag{7-114}$$

（2）隐藏层。假设与隐藏层神经元 j 直接相连的所有下游神经元集合为 $D(j)$，net_j 只能通过影响 $D(j)$ 再影响 E_k。令 net_p 是神经元 j 的下游神经元的输入，则 E_k 是 net_p 的函数，而 net_p 是 net_j 的函数，故用全导数公式，因此有

$$\begin{aligned}\frac{\partial E_k}{\partial \text{net}_j}&=\sum_{p\in D(j)}\frac{\partial E_k}{\partial \text{net}_p}\frac{\partial \text{net}_p}{\partial \text{net}_j}=\sum_{p\in D(j)}-\delta_p\frac{\partial \text{net}_p}{\partial \text{net}_j}=\sum_{p\in D(j)}-\delta_p\frac{\partial \text{net}_p}{\partial a_j}\frac{\partial a_j}{\partial \text{net}_j}\\&=\sum_{p\in D(j)}-\delta_p w_{pj}\frac{\partial a_j}{\partial \text{net}_j}=\sum_{p\in D(j)}-\delta_p w_{pj}a_j(1-a_j)=-a_j(1-a_j)\sum_{p\in D(j)}\delta_p w_{pj}\end{aligned} \tag{7-115}$$

已知隐藏层神经元 j 误差为 $\frac{\partial E_k}{\partial \text{net}_j}$，代入式（7-115）可得

$$\delta_j=a_j(1-a_j)\sum_{p\in D(j)}\delta_p w_{pj} \tag{7-116}$$

因此，权重的更新公式为

$$w_{ji}=w_{ji}-\eta\frac{\partial E_k}{\partial \text{net}_j}=w_{ji}+\eta\delta_j x_{ji} \tag{7-117}$$

3 实践案例丰富

理论与实践相结合是本书的一大特色。本书精心挑选 45 个实践案例，读者能够更好地理解如何将所学知识应用到真实的数据分析任务中，增强实际操作能力。

10.4.4 实践案例：基于梯度提升树算法的充电桩故障状态预测

本节利用 GBDT 算法对新能源汽车充电桩的故障状态进行分类，使用的数据集（来源：百度新手赛中提供的新能源汽车充电桩记录数据集）包含了 85500 个充电桩记录，部分数据样例见表 10-5，具体字段包括：id，K1K2 驱动信号，电子锁驱动信号，急停信号，门禁信号，THDV-M（电压的总谐波失真），THDI-M（电流的总谐波失真），label（状态标签，0 为正常，1 为故障）。

数据集简介

表 10-5 充电桩数据集样例

id	K1K2 驱动信号	电子锁驱动信号	急停信号	门禁信号	THDV-M	THDI-M	label
1	11.802741	12.122681	−0.05744	12.089629	11.809618	11.468398	1
2	11.818357	12.135362	−0.055879	12.056373	11.671259	38.840074	1
3	11.802741	12.121097	−0.060561	12.038968	12.163057	14.761536	1
…	…	…	…	…	…	…	…
27	11.815237	12.122681	−0.038702	12.075375	12.426496	417.83033	1
28	11.818357	12.138529	−0.077738	12.105465	15.48184	27.51479	1

完整数据："./chapter10/data/charging_pile.csv"

模型用法

模型构建。在 Python 中，GBDT 模型的构建可通过 Scikit-learn 中 ensemble 模块的 GradientBoostingClassifier 类实现。首先定义分类器，代码如下：classifier=ensemble.GradientBoostingClassifie()，然后通过 fit()函数对分类器进行训练。

```
class sklearn.ensemble.GradientBoostingClassifier(*, loss='log_loss',
learning_rate=0.1, n_estimators=100, subsample=1.0, criterion='friedman_mse',
min_samples_split=2, min_samples_leaf=1, min_weight_fraction_leaf=0.0, max_
depth=3, min_impurity_decrease=0.0, init=None, random_state=None, max_
features=None, verbose=0, max_leaf_nodes=None, warm_start=False, validation_
fraction=0.1, n_iter_no_change=None, tol=0.0001, ccp_alpha=0.0)
```

参数调整。在使用 GBDT 时，为确保模型的有效性和泛化能力，需要仔细调整关键参数。参数 n_estimators 表示构建的决策树数量，默认为 100；参数 max_features 表示最佳分裂节点之前使用的最大特征数；参数 min_samples_leaf 表示确定分裂内部节点所需的最小叶子数。这些超参数在 GBDT 中用于增强模型的性能和预测能力以及提高模型的速度。

实践代码

```
    #构建 Adaboost 分类模型
    clf = ensemble.AdaBoostClassifier(base_estimator=DecisionTreeClass
ifier(), n_estimators=100, algorithm='SAMME', learning_rate=0.95)
    clf.fit(X_train, y_train.ravel())
    ad_acc_list.append(accuracy_score(y_test, clf.predict(X_test)))
    # 构建 GBDT 分类模型
    gbc = ensemble.GradientBoostingClassifier()
    gbc.fit(X_train, y_train.ravel())
    gbc acc list.append(accuracy score(y test, gbc.predict(X test)))
```

代码输出

输出结果：

```
1    42750
0    42750
Name: label, dtype: int64
决策树的平均准确率： 0.9090647953216375
AdaBoost 的平均准确率： 0.9090900584795323
梯度提升树的平均准确率： 0.9456832748538012
```

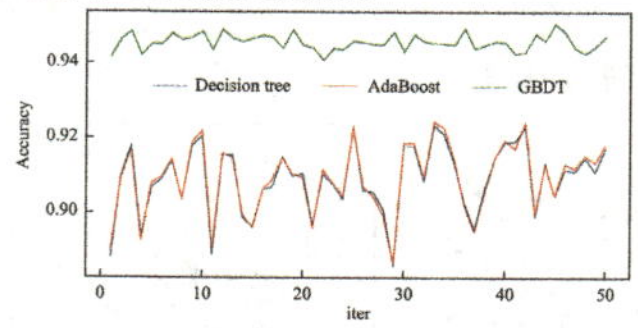

结果分析

本例通过多次重复实验来确认结果的稳定性，并与决策树和 AdaBoost 进行了对比。在绝大多数情况下，GBDT 表现出比决策树和 AdaBoost 更高的预测准确率。具体而言，决策树和 AdaBoost 的平均准确率均为 0.909，而 GBDT 的平均准确率为 0.946。读者可尝试调整 GBDT、AdaBoost 和决策树的参数，以进一步优化它们的性能。

4 辅助元素多样

为了帮助读者更好地理解和掌握内容，本书配有大量图表、代码示例以及算法步骤、延伸阅读、注意事项、扩展说明、计算实例 5 种积木块，多样化的辅助元素使得学习过程更加直观和有趣。

算法步骤

步骤1：随机数据采样（子采样）。从训练集中有放回地随机选择 n' 个样本，并用这 n' 个样本训练一棵决策树。

步骤2：随机特征选择（列采样）。对于每个训练样本的 d 个特征，在决策树的每个节点需要分裂时，随机从这 d 个特征中选取出 m（$m \ll d$）个特征，然后采用某种策略（信息增益、信息增益率、基尼系数等，见 7.4.2 节）从这 m 个特征中来选择一个特征作为该节点的分裂特征。

步骤3：在决策树 h_i 形成过程中，每个节点都按照步骤 2 分裂，直到满足停止条件（节点中样本数达到最小值或树深度达到最大值）。

按照步骤 1～步骤 3 建立大量的决策树 $F=\{h_1,h_2,\cdots,h_T\}$，即可构成随机森林。

延伸阅读

延伸阅读

在二元分类问题中，分类阈值是一个决定样本属于哪个类别的临界值。当模型输出一个概率值或分数时，通常需要将这个连续的输出转换为二元的分类决策。这一过程通过设定分类阈值来完成。具体而言，如果模型输出的概率值大于或等于分类阈值，样本被预测为正类；反之，样本被预测为负类。

随着分类阈值增加，模型更倾向于将样本预测为负类别，这可能提高精准率，但可能降低召回率。相反，随着分类阈值减小，模型更倾向于将样本预测为正类别，这可能提高召回率，但可能降低精准率。因此，通过调整分类阈值，可以在精准率和召回率之间找到平衡点，最大化 F_1 得分。

注意事项

注 意

由于 Boosting 训练过程中会赋予错误预测样本更高的权重，一些异常值或噪声数据会对学习器产生负面影响，因此，在使用 Boosting 集成前需要对数据进行缺失值、异常值等处理，以确保数据质量。

扩展说明

梯度消失和梯度爆炸

在 RNN 中，梯度爆炸和梯度消失是常见的挑战。以最简单的 RNN 为例，该模型假设权值共享（共享 $\boldsymbol{W}$、$\boldsymbol{V}$、$\boldsymbol{U}$），对应公式为

$$h_t=\boldsymbol{W}\cdot h_{t-1}+\boldsymbol{U}\cdot x_t+b_W \tag{9-34}$$

$$h_{t-1}=\boldsymbol{W}\cdot h_{t-2}+\boldsymbol{U}\cdot x_{t-1}+b_W \tag{9-35}$$

将式（9-35）代入式（9-34），得

$$\begin{aligned} h_t &= \boldsymbol{W}\cdot(\boldsymbol{W}\cdot h_{t-2}+\boldsymbol{U}\cdot x_{t-1}+b_W)+\boldsymbol{U}\cdot x_t+b_W \\ &= \boldsymbol{W}^2\cdot h_{t-2}+\boldsymbol{W}\cdot\boldsymbol{U}\cdot x_{t-1}+\boldsymbol{W}\cdot b_W+\boldsymbol{U}\cdot x_t+b_W \end{aligned} \tag{9-36}$$

若 $\boldsymbol{W}>1$，则在反向传播过程中梯度值会变得异常巨大，导致权重更新过大，进而使模型无法收敛或变得不稳定，这就是梯度爆炸。

相反，若 $\boldsymbol{W}<1$，则在反向传播过程中，梯度逐渐变小并趋近于零，导致早期时间步的输入对参数的梯度贡献极小甚至无法有效传播，也就是梯度消失。这会导致模型难以学习到长期依赖关系或捕捉更早时间步的信息。

计算示例

算一算

如图 10-14 所示，某产品的真实价格为 2000 元，使用 GBDT 对该产品进行价格预测，第一棵决策树的预测金额为 1500 元，其残差为 2000–1500 = 500 元；第二棵树需要预测第一棵树的残差，即 500 元，第二棵树的预测结果为 400 元，其残差为 500–400 = 100 元；以此类推，第四棵树的残差为 0，停止迭代，最终的价格为每棵树的预测结果之和，即 1500 + 400 + 80 + 20 = 2000 元。

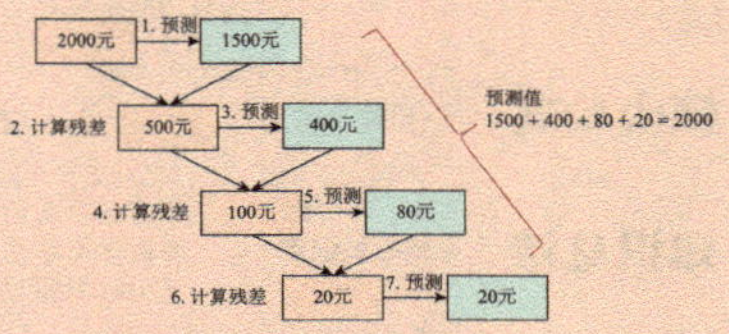

图 10-14　产品预测案例

5 知识总结全面

本书每一章的末尾均提供了知识总结清单帮助读者梳理。

- 核心概念
- 示意图
- 基本思想
- 核心公式
- 知识总结

本章小结

核心概念	**分类**：根据数据特征对事物所属类别进行判断的数据挖掘技术，是一种有监督学习算法。其基本原理是计算出一个“决策边界”来分离不同类别的样本。 **决策边界**：在分类数据的特征空间中，将不同类别的数据样本分隔开的一条线、曲线或超平面，用于判定新样本的所属类别。		
评价指标	混淆矩阵：$\begin{bmatrix} TP & FN \\ FP & TN \end{bmatrix}$	准确率：$\dfrac{TP+TN}{TP+TN+FP+FN}$ 精准率：$\dfrac{TP}{TP+FP}$	召回率：$\dfrac{TP}{TP+FN}$ F_1 得分：$2\times\dfrac{\text{Precision}\times\text{Recall}}{\text{Precision}+\text{Recall}}$
算法	K-近邻（KNN）	朴素贝叶斯	决策树
示意图	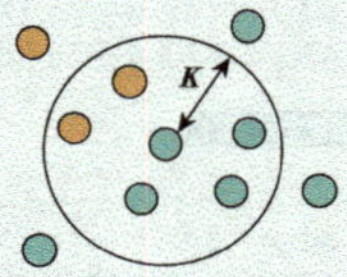	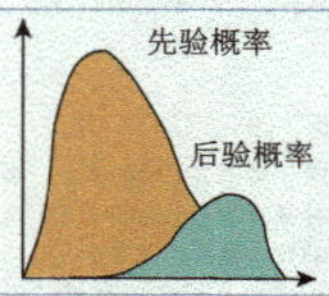	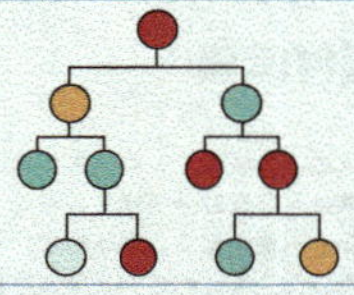
基本思想	将样本在特征空间中的 k 个最相近（即最相似）样本的多数类别作为预测的类别标签。	假设已知类别的各特征 x_i 相互独立，计算使得后验概率 $P(c\|x)$，即特征 x 下类别为 c 的条件概率，最大时对应的类别作为类别预测结果。	决策树构建依据最佳特征分割数据成子集，以此提高子集纯度，并建立树状结构，从根至叶节点进行判定，实现数据决策判定。
目标函数	$\hat{f}(x_q)=\sum_{i=1}^{k} f(x_i)$	$\hat{f}(x)=\arg\max_{c\in C} P(c)\prod_{i=1}^{m} P(x_i\|c)$	—
核心知识点	√ 如何选择合适 k 值 √ 懒惰学习算法的概念 √ 使用时需要对特征进行归一化	√ 先验概率、后验概率、条件概率 √ 假设各特征之间相互独立 √ 拉普拉斯修正解决零频问题	√ 特征选择指标：信息增益、信息增益率、基尼系数 √ 基于贪心算法选择当前最优分裂特征对决策树进行生长
算法	Logistic 回归	支持向量机（SVM）	人工神经网络
示意图	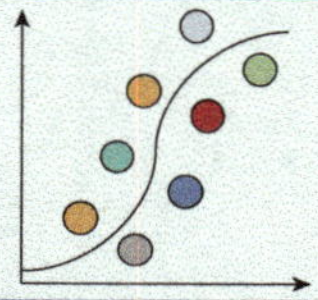	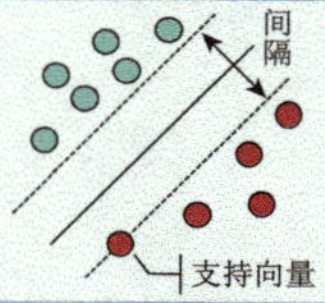	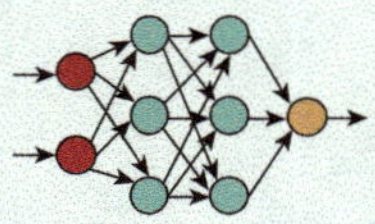
基本思想	通过 Logistic 函数将数据特征的线性组合 $y=\theta^{T}x$ 值域映射到区间 $P(y=1\|x)=1/1+e^{-\theta^{T}x}\in(0,1)$，并以此作为数据类别的判别概率。	通过在特征空间中找到一个最大间隔超平面来划分不同类别的数据进而实现分类，还可通过核函数将数据映射到高维空间以解决非线性分类问题。	由多个相互连接的神经元组成，通过学习将输入映射到输出的函数参数，实现分类等任务。
目标函数	$p=\sigma(\theta^{T}x)=\dfrac{1}{1+e^{-\theta^{T}x}}$	$\max_{w,b}\dfrac{2}{\\|w\\|}$ s.t. $y_i(w^{T}x_i+b)\geqslant 1,\ i=1,2,\cdots,n$	$y=f\left(\sum_{i=1}^{n} w_i x_i-b\right)$ $f(u)=\begin{cases}1, & u\geqslant 0\\ -1, & u<0\end{cases}$
核心知识点	√ 事件优势比的概念 √ 用梯度下降求解目标函数 √ 用 OvO 和 OvO 完成多分类任务	√ 线性可分 SVM、线性 SVM 和非线性 SVM 的区别 √ 支持向量、硬间隔和软间隔定义 √ 常用的核函数	√ 输入层、隐藏层和输出层的作用 √ 常用激活函数 √ 误差逆传播算法流程

6 随书资源丰富

除了书中的内容，本书还提供了丰富的线上资源，包括数据集、代码集、课后习题，使读者能够更灵活地进行自学和拓展。

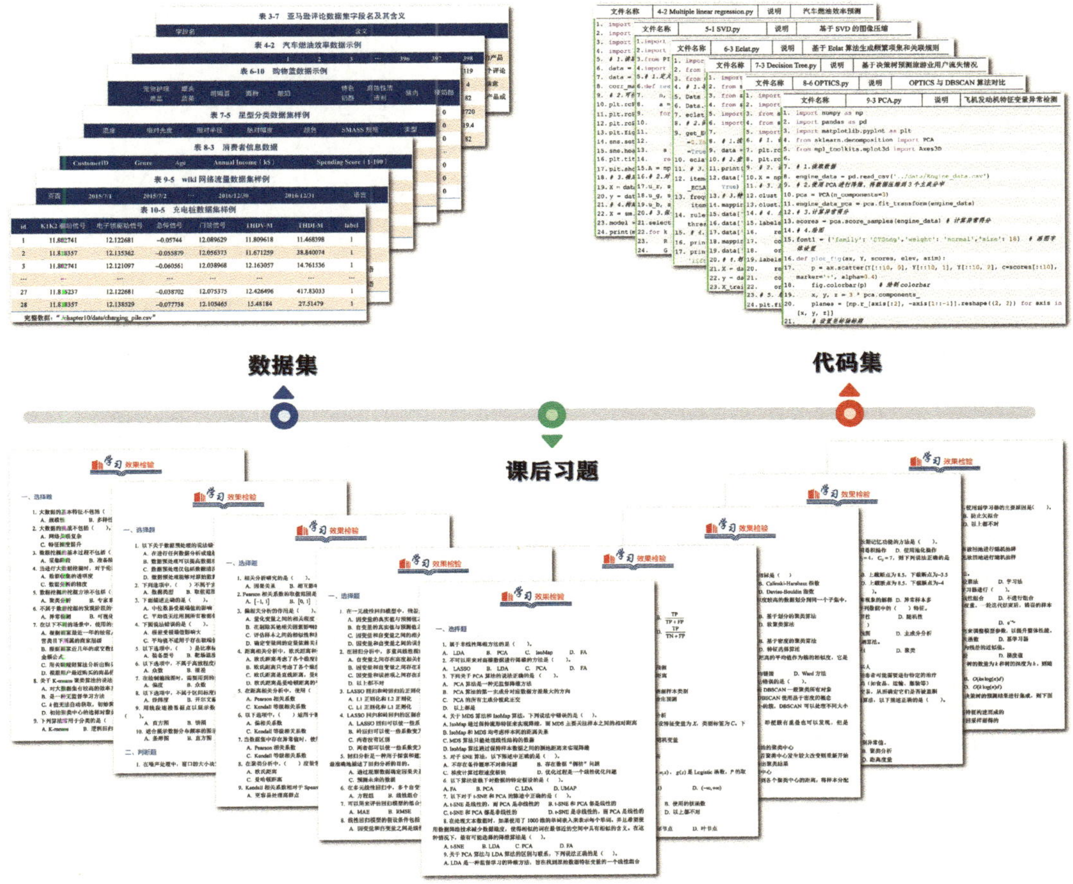

7 教辅资料齐全

本书为教师提供了完整的教辅资料，包括教学大纲、电子课件、习题解答等，可通过封底联系方式向出版社索取。

8 学习交流平台

本书在使用过程中积累了大量高质量反馈数据，包括读者记录的学习过程，对公式、算法的理解和解读，开展的编程实践，以及参阅的其他资料等，这些内容都以 Markdown 文档的形式发布在 https://github.com/XL-lab-bigdata/DataMining.git 上，以供读者广泛参考，提高学习效率。

目录 CONTENTS

第 1 章 绪论

第 2 章 数据描述与统计指标

第 7 章 分类

第 10 章 集成学习

第1章 绪　论

本章学习目标

- ✓ 掌握大数据的概念与特征
- ✓ 掌握数据挖掘的基本流程
- ✓ 理解数据挖掘的技术挑战
- ✓ 了解大数据挖掘的隐私和伦理问题

随着全球数字化进程的快速发展，尤其是以互联网、物联网、社交网络为代表的信息技术呈现日新月异的更新速度，手机、平板电脑等各式各样的信息载体和传感设备随处可见，虚拟网络快速发展，数据的来源和规模正以前所未有的速度增长，信息化向社会各行各业与公众生活快速渗透，人类已进入大数据时代。大数据中隐藏的极富价值的知识，以及这些知识可撬动的经济和社会价值，不断驱动着人们在大数据挖掘领域进行探索。然而，大数据的海量规模、复杂结构、多源异质特点，使得传统的数据分析方法面临诸多挑战。因此，深入研究和应用大数据挖掘技术对于把握当今大数据时代的机遇和挑战至关重要。

本章介绍大数据技术的基本概念，围绕大数据价值发现，介绍大数据时代下的数据挖掘基本流程、技术体系与应用场景等，并提出大数据挖掘的伦理与隐私问题，形成数据挖掘行为规范。

1.1 大数据时代

随着互联网、大数据、云计算等技术和应用的飞速发展，数字信息已经渗透到社会生活的方方面面，其影响还将进一步深化。据国际数据公司（International Data Corporation，IDC）发布的报告，全球数据产量将由 2018 年的 33ZB（$1ZB = 10^{21}B$）增长至 2025 年的 175ZB，复合年均增长率达 61%。在大数据时代，每个人、每件物品都能成为数字化的个体，每时每刻都在生产大量数据，使得数据量以迅猛速度增长。表 1-1 为数据计量单位换算关系。

表 1-1 数据计算单位换算关系

名称	符号	换算关系
千字节（Kilobyte）	KB	10^3 B
兆字节（Megabyte）	MB	10^6 B
吉字节（Gigabyte）	GB	10^9 B
太字节（Terabyte）	TB	10^{12} B
拍字节（Petabyte）	PB	10^{15} B
艾字节（Exabyte）	EB	10^{18} B
泽字节（Zettabyte）	ZB	10^{21} B
尧字节（Yottabyte）	YB	10^{24} B

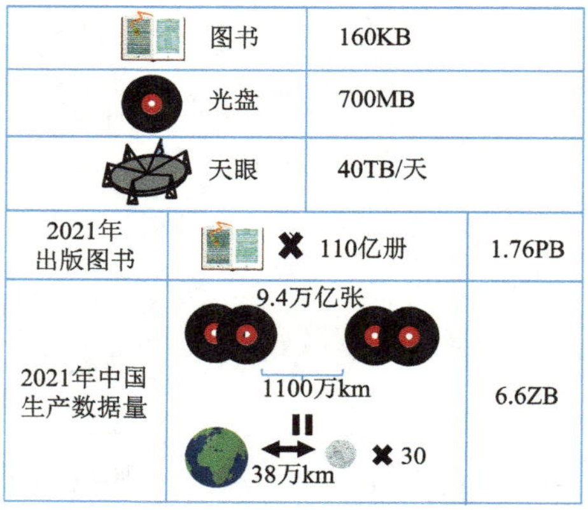

图 1-1 数据量说明

互联网行业在数据量上的增长更为显著。全球每天有 50 亿次在线搜索；微博用户每日发博量超过 2500 万条，平均每秒生成 785 条微博；每天有超过 6 亿用户活跃在抖音上，日均视频搜索次数超过 4 亿次。在移动支付领域，2022 年全球个人支付的交易规模为 4.08 万亿笔，平均每秒可产生近 13 万笔交易数据。科学研究数据也已达到极大规模，“中国天眼”FAST（five-hundred-meter aperture spherical radio telescope，500 米口径球面射电望远镜）每秒采集的数据量可达 38GB，每天接收到的观测数据量达到 30～40TB，每年新增数据量达到 10PB。

按照 1 汉字 = 2 字节(B)的方式换算，一本 8 万字的图书含有的数据量大概为 160KB。2021 年我国出版图书 110 亿册，数据量约为 1.76PB。2021 年我国数据产量为 6.6ZB，相当于同年图书出版数据量的 300 万倍。如果使用厚度为 1.2mm、内存 700MB 的 VCD（video compact disc，视频压缩盘片）光盘储存我国 2021 年的数据产量，需要约 9.4 万亿张光盘，这些光盘的总厚度为 1100 万 km，相当于地球到月球距离的近 30 倍。数据量说明见图 1-1。

大数据在社会经济发展中扮演的角色也日益重要。美国在 2012 年正式对外发布了《大数据研究与发展计划》，率先将大数据从商业概念上升至国家战略。英国也尤其重视大数据对经济增长的拉动作用，发布了《数字战略 2017》和《产业战略：建设适应未来的英国》等政策，希望到2025年数字经济对本国经济总量的贡献值可达2000亿英镑。我国工业和信息化部在《“十四五”大数据产业发展规划》中指出“数据是新时代重要的生产要素，是国家基础性战略资源”。此外，我国大数据产业规模在“十三五”时期年均复合增长率超过30%，2020年超过1万亿元，预计到2025年，大数据产业测算规模将突破3万亿元，年均复合增长率保持在25%左右。2023年，中共中央、国务院印发了《数字中国建设整体布局规划》，指出“建设数字中国是数字时代推进中国式现代化的重要引擎，是构筑国家竞争新优势的有力支撑。加快数字中国建设，对全面建设社会主义现代化国家、全面推进中华民族伟大复兴具有重要意义和深远影响”。各国已正式采纳大数据概念，积极展开相关战略部署，大数据时代已然到来。

1.2 大数据基本概念

1.2.1 大数据定义与内涵

大数据的概念目前仍处于不断演进之中，维基百科将大数据定义为传统数据处理应用软件不足以处理的大或复杂的数据集，IDC则认为大数据应涉及2种或2种以上的数据类型或数据源，且数据量超过100TB。本书对大数据的定义如定义1-1所示。

定义 1-1 大数据是指数据规模和增长速度使常用软件工具无法在短时间内获取、存储、分析和管理，而需要新的处理模式，如并行化、分布式等，来实现更可靠决策支撑，更深刻洞察发现和更迅捷流转优化的数据集。

我国将数据视为关键生产要素和新型生产要素，并衍生出多个定义、概念和理论。数据经济将数据视为一种新的生产要素，通过采集、传输、存储、处理和分析数据来创造经济价值的经济形态。数据要素资源概念将数据看作一种能够被挖掘、加工和利用以产生经济和社会价值的资源资产，强调数据在信息时代的战略地位。此外，数据资本理论认为数据不仅仅是一种生产要素，更是一种资本形式，能够提高生产效率、创造新的商业模式和市场机会。

数据、信息和知识

数据：是原始的、未经处理的事实和数字，其本身没有任何特定意义，可以是数值、文本、图像、音频或视频等形式。数据通常是孤立的、无意义的，只有在特定的上下文中进行处理和解释后才能变得有用。

信息：是对数据的理解和解释，具有特定的意义，可以用来支持决策和行动。信息的价值在于能够回答具体问题或提供特定洞察。

知识：是通过对信息的理解、分析和总结，形成的关于某一领域的系统性理解。知识是对信息的深层次理解和应用，是人们在经验和学习过程中积累的，能够帮助人们进行预测、决策和创新。

1.2.2 大数据的主要特征

大数据的共同特性决定了它与传统数据的区别，大数据特征包括规模性（volume）、多样性（variety）、高速性（velocity）、价值性（value）。这四个特征也合称为大数据的4V 特征。

1. 规模性

规模性指的是大数据在其数据规模上的庞大程度。在互联网出现之前，数据的流通性不强，只有政府部门、企业和一些机构能通过统计抽样、人口普查等方法收集数据，可利用的数据非常有限。随着技术进步，数据的生成和传播速度都显著提升。互联网的出现大大增加了数据的流通能力，移动智能设备的普及使得每个人都能成为数据的创作者和传播者。此外，传感器能够自动、精准、实时地收集数据，数字孪生技术基于传感器收集制造全流程的数据，在数字世界中复制生产制造的全流程，其收集数据的规模可达到 TB 级别。在大数据时代，数据洪流无处不在，如航天空间站、海洋勘探、生物工程、卫星气象预报、经济预测、商业领域、通信行业等各个领域都在源源不断地产生海量数据。人类社会活动产生的生产数据、气象数据和生物数据等多种数据的总量已达到 ZB 级别，且数据量还在逐年爆炸式递增。

2. 多样性

多样性指的是大数据涉及结构化数据、非结构化数据、半结构化数据等多种类型的数据。结构化数据是以明确定义的格式和结构存储的数据，通常以行和列的形式呈现，容易进行分析和查询，如数据库中的表格、电子表格中的数据等。传统数据可能在数据规模上非常显著，但在数据类型上仍然是结构化数据。非结构化数据是以自由形式存储的数据，缺乏明确定义的表格或字段结构，通常包含丰富的内容和语境，如文本文档、图像、音频和视频文件。半结构化数据介于结构化数据和非结构化数据之间，具有一定的结构，但不像完全结构化数据那样规范，如 XML 文件、JSON 数据、HTML 网页。由于来自物联网传感设备与社交媒体的数据逐渐增多，非结构化数据与半结构化数据所占比例大幅提升，结构化数据所占比例已低于 10%，且还在逐渐降低。

3. 高速性

高速性指的是大数据具有快速变化的特性，需要在实时或接近实时的情况下进行处理，以保持数据的准确性和时效性。社交媒体和互联设备，如可穿戴设备、智能汽车、医疗设备、工业设备等，源源不断地高速产生数据流并上传到系统中。此外，数据是现实世界的反映，由于现实情况的多变性，数据的价值随着时间在逐渐流失，这要求必须以尽可能快的速度进行数据处理与数据分析。大数据时代下，许多业务都有对数据进行及时处理的需求，即使不要求即时处理，仍然要求越快越好，如推荐系统重视用户对推送内容的及时反馈，银行强调对交易数据进行实时监控和异常行为检测。

流数据

流数据是指以连续不断的方式生成和传输的数据流，这些数据需要在生成的同时被处理和分析，以便及时获取洞察和采取行动。流数据广泛应用于实时监控、金融交易、社交媒体分析、物联网（Internet of things，IoT）设备数据采集等场景。流数据具有以下特点。

实时性：流数据要求在数据生成时就进行处理分析，以提供实时或近实时的反馈。

连续性：流数据以连续不断的方式到达，而不是批量到达。

高吞吐量：流数据通常量大且生成速度快，需要高效的处理系统来进行处理。

低延迟：流数据处理系统需要在低延迟的条件下快速处理和响应数据。

4. 价值性

价值性指的是大数据中包含的信息对于实现目标和解决问题的潜在价值。数据量的增长进一步提升了数据包含的价值，并驱动着研究方式从“以计算为中心”向“以数据为中心”转变，作为重要的生产要素，数据被称为数据经济时代的“石油”，推动技术发展与社会进步。与此同时，大数据的价值呈现出稀疏性，其中有用的信息相对于数据规模较少。以监控视频为例，这类数据通常规模庞大，有价值的视频片段通常只在事故发生时才出现，而事故是否会发生以及具体情况通常是不确定的。为了确保有价值的信息不会丧失，需要不断地收集更多的数据，这导致了大数据的总价值较高，但单位数据的价值密度相对较低。此外，大数据的产生通常具备自主性，例如，传感器和其他设备以自动方式收集数据，而这些数据未经过人为的精心筛选和处理，使得大数据价值密度低。

大数据的其他特征

真实性（veracity）：指的是数据的准确性、一致性和可信性，即数据在反映实际情况时的可靠程度。低质量的数据可能导致错误的分析结果和决策，因此数据的真实性至关重要。为了保证数据的真实性，需要进行数据清洗、验证和治理等工作，确保剩余数据的高质量和可靠性。真实性也与“4V”合称为大数据的5V特征。

可变性（variability）：指的是数据在意义、格式和生成速率上的不稳定性和变化。大数据的性质和模式可能随时间、情境或事件而变化。例如，社交媒体上的情感分析可能会因热点话题的不同而呈现出不同的结果。

复杂性（complexity）： 指的是大数据的多种来源、形式和内容，并且其内部关系和交互非常复杂。大数据不仅有企业系统、社交媒体、物联网设备等多种来源，还包括结构化、半结构化和非结构化数据。处理和分析这些数据需要高级的数据管理与分析技术，以理解和利用数据之间的复杂关系。

1.3 大数据与数据挖掘

1.3.1 大数据挖掘相关概念

1. 大数据挖掘

定义 1-2 大数据挖掘是从大量的、不完全的、有噪声的、模糊的、随机的实际应用数据中，提取隐含的具有应用价值的模式或规则等有用知识的过程。

数据挖掘的起源可以追溯到 20 世纪下半叶。随着数据库技术的发展，商业和工业数据迅速增长，传统的简单数据索引和统计分析已不再能够满足用户的需求，如何更好地挖掘隐藏在数据中的知识成为学术界和企业不断探索的课题。然而，许多传统数据分析方法在处理中等样本量的数据时表现良好，但在处理海量数据时则显得力不从心。此外，许多原本适用于低维数据的统计方法在处理高维数据时面临挑战。因此，大数据对数据处理模式提出了新的要求。在接下来的几十年中，针对不同任务的数据挖掘技术不断涌现，包括聚类和关联规则挖掘等，这些技术逐渐发展成熟，创造了巨大的社会和经济价值。

2. 数据挖掘与知识发现

定义 1-3 知识发现（knowledge discover in database，KDD）是从大规模数据集中自动抽取出潜在的信息和规律的过程。

知识发现的过程，可以划分为如图 1-2 所示的步骤。一方面，数据挖掘与知识发现含义相近，因此数据挖掘常常被认为是知识发现的同义词，指知识发现的全过程；另一方面，数据挖掘被认为是知识发现过程中的一个关键步骤。它通过使用统计分析和机器学习等智能方法来识别和发现数据中的模式。这一过程主要侧重于模型和算法的应用，以从数据中提取有意义的信息。

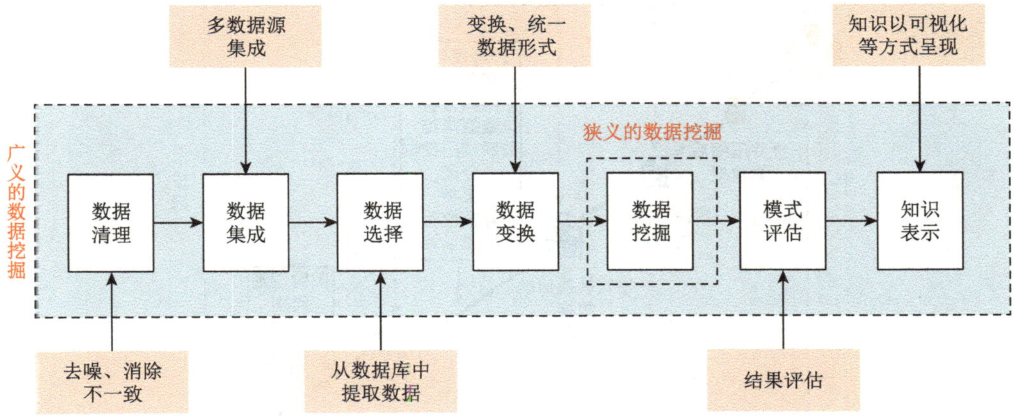

图 1-2 数据库中的知识发现

3. 数据挖掘与人工智能

定义 1-4 人工智能是指使计算机系统能够模拟、延伸和扩展人类智能的技术，使其具备感知、理解、推理、学习和决策等能力，并在此基础上实现自主决策与自我修正。

人工智能和数据挖掘都是应用计算机技术处理和分析数据的方法。机器学习技术在人工智能领域的发展对数据挖掘产生了积极影响。人工智能和大数据挖掘都与数据处理相关，但它们的核心目标和方法略有不同，分别侧重于智能系统的开发和数据中的知识发现。

（1）目标不同。人工智能的目标是创造具有智能行为和决策能力的计算机系统，以解决复杂的任务和问题。数据挖掘的目标是从大数据中发现隐藏的模式、关联和知识，这些发现的结果通常用于辅助决策、了解数据趋势和优化业务流程。

（2）研究内容不同。人工智能领域涵盖广泛，包括自然语言处理、智能控制、机器人技术等，旨在创建智能系统。数据挖掘主要使用数学模型、算法和统计方法等技术，以发现数据中的模式和信息，更注重数据分析和知识提取。

1.3.2 数据挖掘基本流程

数据挖掘过程由准备、发现和解释三个阶段迭代组成，如图 1-3 所示。

1. 准备阶段

数据挖掘准备阶段的主要任务是确定数据挖掘目标并进行数据预处理。这包括集成来自多个数据源的原始数据、清洗噪声数据、处理数据缺失和解决数据不一致的问题。有时还需要根据实际情况对数据进行格式转换，以满足后续使用模型和算法进行规律发现、预测、分类等分析和决策的需求。

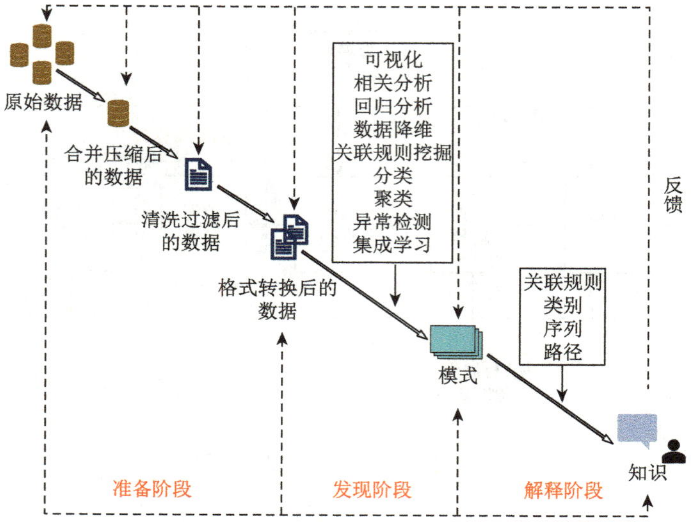

图 1-3　数据挖掘过程

2. 发现阶段

数据挖掘的发现阶段需要根据任务目的和数据特点，使用可视化、相关分析、回归分析、数据降维、关联规则挖掘和聚类等技术对数据进一步分析，以发现数据中的模式和规律。可视化技术通过图形分析展示变量关系、数据分布、网络和数据趋势，为数据探索提供直观的展示。相关分析和回归分析能够发现变量间的关系与变化规律，帮助揭示数据中的潜在规律。分类和聚类等方法能够发现数据中复杂的模式和关联。数据挖掘中的常见模式包括关联规则、类别、序列和路径。

模式说明

关联规则：是数据集中元素关联关系的一种表现形式。如利用关联规则表示疾病与症状的共现关系、频繁关联关系和排他关系。医生可以根据这些关联规则来辅助诊断，并制订更有效的治疗方案。

类别：是数据点所属的组或群体。如信用风险评估，根据客户的信用历史、收入水平等信息，将客户分为低风险类别和高风险类别。

序列：是数据中的顺序关系。序列可表示“一些项跟随另一项”的内部事务模式，并用于预测未来的行为模式。如序列推荐，利用用户在线行为形成的序列，分析用户行为模式并预测未来的行为，为用户推荐相关的产品或内容。

路径：是数据中不同数据点或事物之间的关联或连接。如社交网络分析，在社交网络中，路径表示用户之间的关系链，使用路径分析发现社交网络中的关键节点和信息传播路径。

3. 解释阶段

数据挖掘解释阶段的主要任务是解释和评价大数据中的模式，包括解释模式的含义、评价模式的重要性、验证模式的可信度，并确定它们对特定业务和决策的意义。然后，将这些结果展示给决策人员，并进一步应用于商业等领域，以指导战略规划、优化业务流程和提供个性化服务。

数据挖掘是一个迭代过程，模式分析和模型评估可以作为准备阶段和发现阶段的反馈，用于调整数据清洗、特征选择、模型算法的选择和参数设置，以及评估指标的设定等步骤，或为进一步的相关研究提供基础。

1.3.3 数据挖掘技术体系

数据挖掘技术体系是一套完整的技术框架和方法论，用于处理和分析大规模数据集，从中发现隐藏在数据背后的模式、关系和趋势。这一技术体系通常涵盖如图 1-4 所示的多个方面。

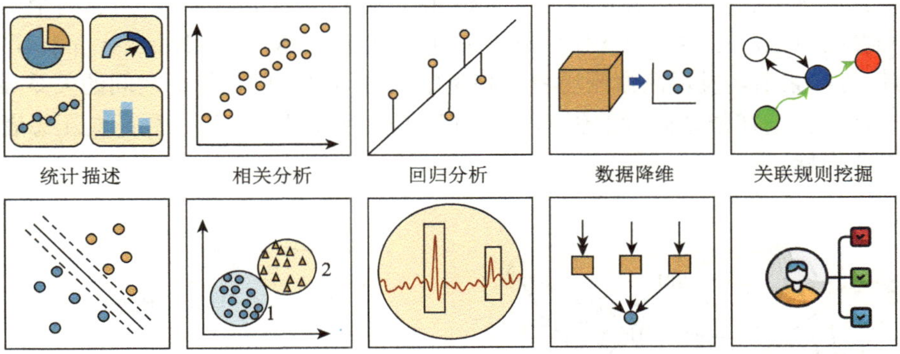

图 1-4 数据挖掘技术体系

1. 数据描述与统计指标

数据描述与统计指标是指对数据进行深入分析前，进行一系列数据预处理操作，提高数据的可用性，同时使用描述性统计和数据可视化手段对数据进行基本分析，了解数据的分布、离散情况及其他基本属性。

数据预处理是指对原始数据进行清洗、转换、整合等操作。原始数据可能存在数据错误、属性值缺失、数据异常、数据噪声、数据不一致等问题，这些问题会影响数据挖掘算法的正常运行和结果的准确性。因此在选择模型与算法之前，需要进行数据预处理以提高可用性和数据质量，为后续的准确、高效分析做准备。

数据描述性统计是指对数据进行统计分析，使用统计度量值展示数据整体情况，从而深入了解数据的特性。数据可视化是指创建并研究数据的可视化表达，通过将抽象的数据转化为直观、易于理解的图形，帮助人们更容易地从数据中获取有意义的信息和洞察，并提出新的分析目标。

2. 相关分析

相关关系是变量之间存在的一种非确定依存关系，它不能用函数精确表达。相关分析用于探求变量之间相关关系的强弱程度和表现形式。相关分析方法一般根据研究目的与变量类型进行选择，主要包括以下几类。

（1）线性相关分析，是一种利用相关系数来衡量两种变量之间的线性关系方向和强度的方法。生物学领域常使用线性相关分析来计算生物特征之间的相关性。例如，研究者分析叶片厚度等植物特征的数据并计算其相关性，构建如图 1-5（a）所示的相关网络。在该图中，节点表示不同的植物特征，红色虚线表示负相关，蓝色实线表示正相关，线段的粗细则表示相关性的强弱。

（2）非线性相关分析，是一种衡量两种变量之间非线性关系的方向和强度的方法。例如，生态学领域使用非线性相关分析来研究捕食者和被捕食者系统中的数量变化规律，从而发现捕食者和被捕食者种群之间的相互作用导致的周期性波动，如图 1-5（b）所示。

（3）偏相关分析，是一种在排除了其他相关因素影响的前提下，衡量两个变量之间的相关程度的方法。医学领域在使用偏相关分析来控制 BMI（body mass index，体质指数）、血糖等因素后，发现高血压患者中脑卒中风险与血管硬化指标之间的关系显著，这表明在排除其他潜在混杂因素的影响后，血管硬化指标可以作为预测高血压患者脑卒中风险的重要指标。

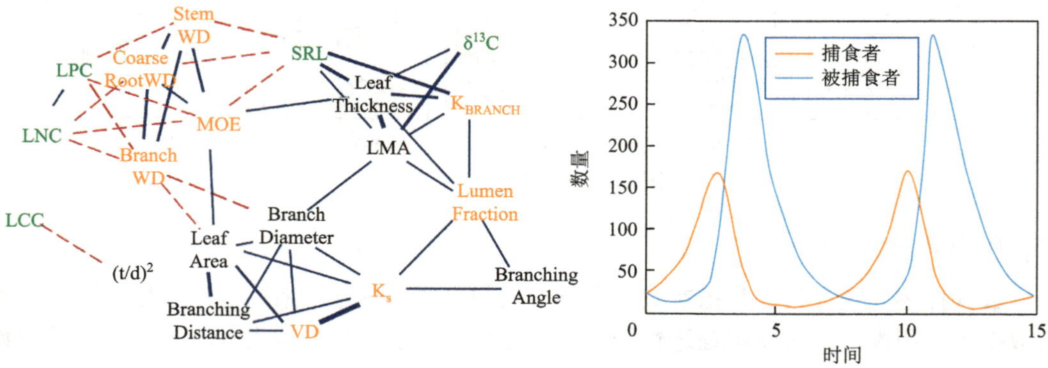

(a) 特征相关网络　　(b) 捕食者-被捕食者种群变化

图 1-5　相关分析示例

（4）距离相关分析，通过计算不同分析对象（样本或变量）之间的距离，对分析对象之间的距离或相似程度进行测量。它通过计算变量间距离的统计量，能够识别线性和非线性相关关系，在数据包含复杂关系和异常值的情况下性能更稳定，在基因共表达网络的构建中，距离相关分析被用于评估基因之间表达模式的相关性。

3. 回归分析

回归分析使用函数表达式研究两个或两个以上变量间相互关联的定量关系，并用这些关系来解释或预测因变量的变化。在市场分析中，采用回归分析方法探究顾客评论对消费者购买决策的影响，发现了评论的极端性、深度和产品类型等因素对决策的影响作用。

回归分析通常以样本数据为基础，首先识别变量之间关系的具体形式，选取适当的回归模型。随后，采用如最小二乘法等方法估计模型中的未知参数，最终得到回归方程。常用的回归分析方法包括线性回归、岭回归、LASSO 回归、非线性回归等。回归分析可以看作相关分析的深化，它在揭示变量间相关关系的基础上，实现对数据的拟合、解释和预测。回归分析和相关分析的差异在于，相关分析衡量变量之间的相关程度，不区分自变量和因变量；而回归分析强调变量之间的因果或解释关系，变量角色的改变（如将因变量设为自变量）会影响模型结构与结果。一般存在回归关系的两个事物间也存在一定的相关关系，因此相关分析的结果也常用于回归分析。在实际应用中，应根据研究对象的依存关系选择相关分析或回归分析方法。

4. 数据降维

在数据分析和统计学中，维数通常指数据集中的变量或特征的数量。大数据因其多样的数据类型、丰富的属性特征、复杂的关系、多样的数据源以及细粒度的记录信息，表现出“高维”特征。图像数据通常由成千上万个像素构成，每个像素携带一个或多个通道信息，这使得图像在向量化表示时呈现出极高的维数，可能达到数百万。

高维数据带来的问题

高维数据虽然存储着丰富的信息，但也包含许多无关项和冗余项，其实际有效维数往往小于表面维数。这些冗余且耦合的数据会消耗大量计算资源，增加计算时间。尤其是在数据挖掘中，搜索空间的大小通常取决于维数，维数增加会使搜索空间呈指数增长，极大地影响数据挖掘技术的性能。此外，高维数还会导致数据稀疏性问题和模型过拟合，降低模型的准确度。

在分类问题中，当数据维数在一个合理范围内时，数据的维数增加，数据的分类准确度也会随之增长，但当数据的维数过高时，往往存在冗余造成过拟合影响，分类的准确度反而会随着维数的增长而下降，如图 1-6 所示。

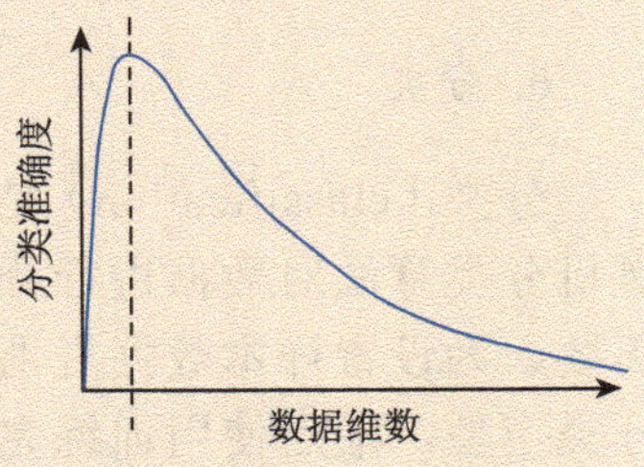

图 1-6 数据维数与分类准确度

数据降维是指通过线性或非线性映射将样本从高维空间映射到低维空间，以此消除冗余信息和无关特征对预测准确度的影响。降维不仅可以降低模型的计算复杂度、缩短运行时间，还能削弱噪声变量的影响，提升模型的性能与泛化能力。此外，通过将相关特征整合为新的独立变量，降维有助于缓解特征间的多重共线性，提高模型的稳定性与解释性。数据降维的方法包括奇异值分解、主成分分析、因子分析、多维尺度变换、等距特征映射、线性判别分析、t-SNE、UMAP 等。

5. 关联规则挖掘

关联规则挖掘是发现隐藏在大型数据库中对象之间的关联关系的过程。关联规则（association rule）是形如 $A \Rightarrow B$ 的蕴涵式，用来表示在 A 发生的条件下，B 也发生的规律。关联规则具有支持度（support）与置信度（confidence）两个指标，支持度用于表示关联规则的频繁程度，置信度用于表示关联规则的可信程度，一般认为满足最小支持度（min_sup）和最小置信度（min_conf）的关联规则才是有意义的强关联规则。

关联规则

爆米花 ⇒ 可乐 {support = 2%，confidence = 65%} 为一条关联规则，其支持度为 2%，意味着分析的所有事务中有 2%显示爆米花和可乐被同时购买；置信度为 65%，意味着购买爆米花的顾客中 65%也购买了可乐。

出现频率超过最小支持度的项集称为频繁项集，关联规则挖掘过程首先挖掘频繁项集，如{爆米花，可乐}，然后再使用频繁项集生成关联规则，如爆米花 ⇒ 可乐。常用的挖掘频繁项集的算法包括 Apriori 算法、FP-growth 算法、Eclat 算法、H-mine 算法等。

在商业分析中，关联规则挖掘用于发现顾客购物记录中的商品关联关系，以制定有效的营销策略。在医学领域中，关联规则挖掘帮助分析患者的医疗记录，揭示疾病之间的关联关系、特定治疗方式或药物使用模式。在交通事故成因分析中，关联规则挖掘可以发现导致交通事故的各种因素之间的关联，帮助制定预防措施。

6. 分类

分类（classification）是指根据数据特征判断数据所属的类别或标签。使用支持向量机分类算法对数据进行分类的过程如图 1-7 所示。分类作为一种有监督学习过程，需要人为设置样本数据类别作为训练集，然后基于训练集中样本特征及所属类别训练分类模型，最后使用训练完成的模型预测新样本的类别。例如，在垃圾邮件过滤中，通过提供已知的电子邮件内容（输入特征）和它们的分类（相应标签）的训练数据，算法可以学习识别哪些邮件是垃圾邮件，从而建立一个预测模型，用于将新的未标记邮件分类为垃圾邮件或非垃圾邮件。根据原理和理论基础不同，分类算法可以分为 K-近邻、朴素贝叶斯分类、决策树、Logistic 回归、支持向量机、人工神经网络等多种类别。

监督学习与无监督学习

监督学习是机器学习中的一种主要学习范式，利用训练数据中已知的输入与输出样本，以推断出输入和输出之间的潜在规律，并建立预测模型，进一步用于对新的未标记数据进行预测或分类。相应地，无监督学习是另一种学习范式，从未标记的数据中寻找隐藏的结构或模式，而无须显式标签。

监督学习包括分类和回归。在电子邮件分类中，通过已标记的邮件数据来训练模型过滤垃圾邮件；在医学影像识别中，利用带标签的医学图像数据来训练模型检测疾病；在语音识别中，通过已标记的语音数据训练模型实现语音识别和语义理解。

无监督学习包括聚类、数据降维和关联规则挖掘。在客户分群中，根据客户行为特征聚类以定制化营销策略；在数据可视化中，使用降维技术将高维数据转换为低维表示以便理解和分析；在推荐系统中，通过分析用户行为模式进行个性化推荐，如电商平台中的商品推荐。

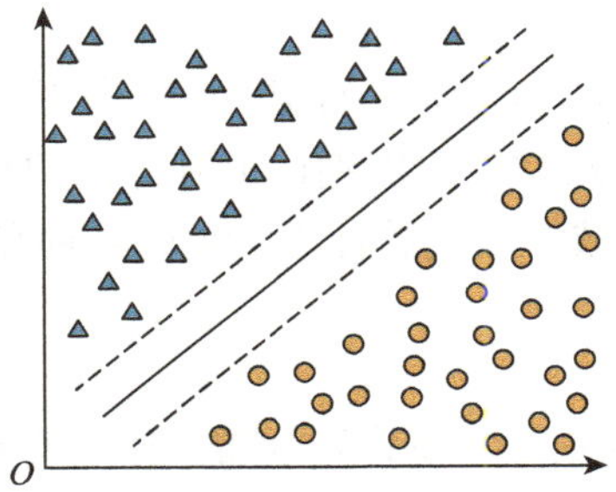

(a) 线性支持向量机

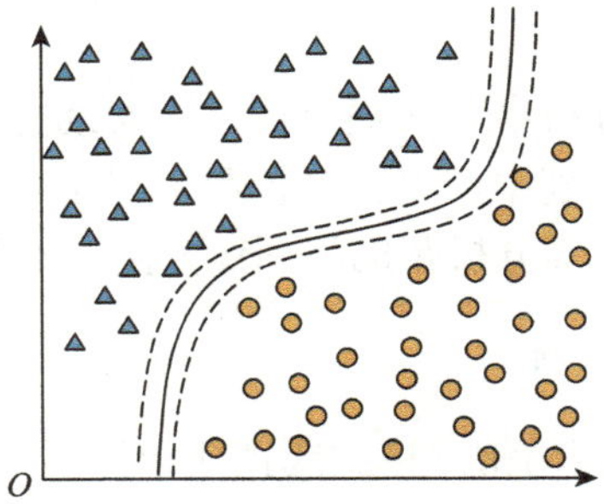
(b) 非线性支持向量机

图 1-7 分类示意图

分类算法在多个领域中都有广泛应用。在医学领域，分类算法被用于评估癌症风险，帮助将患者分为高风险和低风险群体。在社交媒体平台上，分类算法能够标记照片，区分出人物、动物和风景等不同类别。在金融领域，分类算法用于信用评分，将申请人划分为高风险和低风险借款人。

7. 聚类

聚类（cluster）根据数据特征将数据集自动地划分为多个子集合。使用 K-means 聚类算法将数据划分为三个类别的过程如图 1-8 所示。聚类是一种无监督学习方法，其通过度量数据点之间的距离或相似性，将未标记的数据划分为若干簇，目标是最大化簇内相似性、最小化簇间相似性，从而揭示数据的潜在类别结构。聚类在客户群划分任务中，分析客户的消费行为（输入特征），并尝试将相似的客户组合成不同的群组，而不需要事先知道这些群组应该是什么样的。

利用聚类算法，可以在未知类别标签的情况下，发现数据集中的潜在结构或模式，并进一步应用于可视化、数据降维、异常检测等任务。常用的聚类算法包括层次聚类算法、K-means 算法、高斯混合聚类、DBSCAN 算法、OPTICS 算法、谱聚类算法等。

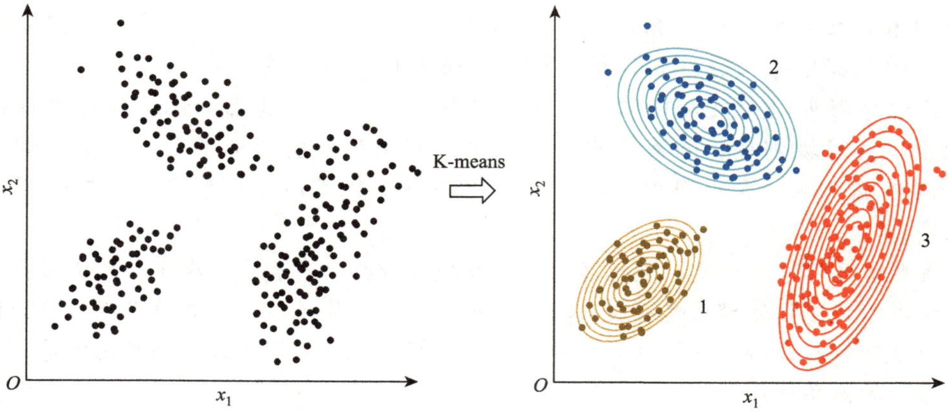

图 1-8　聚类示意图

在商业分析中，聚类分析可以帮助企业了解不同类型的用户群体，从而进行精准营销。在模式识别中，聚类分析用于识别和划分数据模式类别，提升算法的准确性。在图像分割中，聚类分析帮助将图像分割成不同区域，以便进行进一步的处理和分析。

8. 异常检测

“异常”即与常规模式或预期行为不一致的数据、模式和分布。异常检测的目标是识别异常并对其进行分析或预警。在现实中，异常常被认为是无用的，甚至会影响分析结果，如工厂车间测量数据中的误差数据需要被剔除，以保持数据的可靠性。但“异常”也常隐含重要信息，如信用卡交易数据异常可能是由于信用卡盗用、航天器传感器数据异常可能表示设备故障、心率监测数据异常可能预示心脏问题。目前的异常检测方法包括箱线图等基于统计理论的方法，孤立森林等基于空间分布的方法，主成分分析等基于数据降维的方法，以及向量自回归模型等基于预测的方法。

在金融领域中，异常检测技术被用来识别具有欺诈性的交易模式，并及时向客户发出警示。在医学领域中，异常检测技术用于监测患者的身体数据异常，并判断可能的疾病类型，协助医生进行疾病诊断。在制造领域中，异常检测技术用于监测制造过程中是否出现环节异常和零件缺陷，以便及时发现问题并进行维修，从而确保制造过程的顺利进行。

9. 集成学习

集成学习（ensemble learning）是以“群体智慧优于个体智慧”为基本思想，构建并结合多个学习器来完成学习任务，从而减少单个学习器的不确定性和错误，提高整体性能的技术。个体学习器（individual learner）是一个单独的学习器，包括朴素贝叶斯、决策树、支持向量机、神经网络等。在复杂任务上，个体学习器可能会因为数据的不完备性、噪声或复杂的决策边界等问题出现性能下降。集成学习基于协同合作的方式，在应对复杂性和不确定性方面表现出色。

集成学习首先根据训练数据构建多个不同的个体学习器，然后将多个个体学习器使用某种策略组合在一起，构建集成模型，经过调优之后将集成模型应用于预测、分类、回归等任务。个体学习器的准确率和个体学习器间的差异性十分重要，为了提高性能，集成学习尝试使用不同的学习算法或参数组合，或者使用不同的数据子集来训练子学习器，以增加模型的多样性和泛化能力。当前，集成学习方法依据个体学习器的组合策略，通常被划分为 Bagging、Boosting 和 Stacking 三种主要类型。

扩展说明

根据 X 射线图像诊断肺部疾病是一个典型的分类问题，不同的肺部疾病在 X 射线图像上可能表现出相似的特征，而且 X 射线图像存在噪声和图像质量问题，提高了分类任务的难度。集成学习利用多种特征提取方法，从 X 射线图像中提取不同类型的特征，如纹理、边缘、形状等，并基于这些特征分别训练多个分类器（如支持向量机、随机森林或深度神经网络），这些分类器作为集成学习的基学习器，在对肺部图像进行预测后，可通过多数投票法或软投票法将各自结果进行融合，从而得出更准确的最终分类结果。

假设 1 个分类器的正确率为 60%，3 个分类器的整体正确率则提升到了 $C_3^2 \times 0.6^2 \times 0.4 + C_3^3 \times 0.6^3 = 64.8\%$，分类器数量增多时，整体正确率还能进一步提升。

1.3.4 大数据时代的挑战

人们已跨入数据规模为 ZB 级别的大数据时代，曾经的数据分析与数据挖掘手段面对“规模更大，速度更快，处理更难”的大数据逐渐展现出其力所不能及。大数据给数据挖掘带来的巨大的冲击和挑战，体现在数据结构多样、特征维数提升、网络关联复杂等多个方面。

1. 数据结构多样

大数据结构多样，涵盖了文本数据、图像数据、空间数据和多媒体数据等多种类型，并存储在不同的数据库中，难以使用单一的数据挖掘算法对异构大数据进行处理。数据集成是常用的异构数据处理方式，但将数据分门别类地清洗与转换往往工作量巨大。同时，大数据中的异构性也是大数据价值的来源之一，包含大数据中隐藏的模式与知识，对非结构化数据进行标准化处理可能代表着信息与价值的丢失，因此，在大数据时代，数据集成仍不是处理异构数据的完美解决方案。一个可行的思路是分别构建适用于不同类型数据的模型，但单个模型仅在同质数据上训练，可能会得到类似盲人摸象的结果，无法对数据进行全面而准确的挖掘，可能错失重要的隐藏模式。因此，为满足大数据分析的需求，数据挖掘方法亟需具备对异构数据的综合处理与分析能力。

2. 特征维数提升

数据特征是对实体不同方面的描述和表征，每个数据源可能包含多个特征，随着数据源的增加，特征维数往往相应增长。高频和高精度的数据收集方法进一步导致了高维的特征表示。例如，在医疗领域，患者的数据可能包括多时段的生理参数、病历文本和医学图像等。在数据处理阶段，从多源数据中提取特征，如将文本转化为词袋表示或从图像中提取特征，会进一步增加特征维度，如 BERT 模型的词向量就达到了 768 维。然而，高维数据中包含了更多的无用信息和噪声，传统数据处理方法难以有效处理高维数据中的冗余问题。在分类问题中，由于高维数据存在噪声积累，使用所有特征的传统分类方法的表现可能并不比随机猜测更准确。高维数据还会引发虚假相关性问题，即许多不相关的随机变量在高维度上可能表现出很高的样本相关性，这在建模时会导致不恰当的模型选择和错误的研究结果。

3. 网络关联复杂

随着数据量的增加，数据背后的复杂性和关系也在增加。数据对象和数据维度之间的二元或多元关系异常复杂，不仅包含线性关系，还包括非线性关系和多对多的数据关系，这构成了大数据中的复杂关系网络。在数据信息系统的早期阶段，人们通常使用多个单独的样本字段（如年龄、性别、学历等）来表示个体，而不考虑个体之间的联系。然而，现实中个体之间广泛存在线上与线下的社会关联；同样，互联网中的网页也通过超链接形成复杂的网络结构。随着数据收集能力的增强和对数据深层价值挖掘需求的增强，数据对象间和变量间的多层次关联已成为数据挖掘中不可忽视的重要研究对象。这些关系常常随时间、空间或其他上下文因素动态演化，极大提升了数据的复杂性，也显著增加了对高阶依赖结构和因果关系进行建模与挖掘的难度。

4. 分析要求实时

数据量爆炸增长导致用户对数据的使用逐渐从离线数据分析场景转向实时数据分析场景。许多用户在离线场景分析历史数据，如连锁超市会收集每周的销售数据进行可视化分析，研究销售商品与地域之间的联系，以及各类商品的销售情况等。然而，随着业务规模的扩大，离线数据处理的局限性日益凸显，业务和决策方对实时数据处理提出了更高的要求。用户希望从业务端获取数据后，能够立即对数据进行清洗处理，以满足基于数据的事前预测、事中判断和事后分析的需求，如实时风险识别、反欺诈、异常交易识别、路况计算以及电商平台的实时推荐等。此外，虽然一些应用没有实时处理的需求，但仍希望“越快越好”。例如，数据仓库系统和商务智能应用需要在最短时间内获取并处理数据，以支持更快速的业务决策和洞察。此外，数据所蕴含的知识价值具有时效性，会随着时间推移而快速衰减。在大数据时代，数据的价值衰减速度更快，进一步凸显了对实时数据处理与分析能力的迫切需求。

5. 算法可扩展性

算法的可扩展性是指算法在处理大规模数据时能够有效地进行扩展和适应。具备可扩展性的算法能够适应数据量的增加而不需要对算法本身进行重大改动。许多人工智能和统计方法适用于中等规模数据集的处理和分析，但不适用于大数据，其计算复杂度在面对大规模数据时快速上升，性能大幅下降，无法真正释放大数据的价值。此外，大数据通常采用分布式存储，数据分散在多个地理位置或系统节点之中。为了实现对分布式数据的有效分析，数据挖掘方法需具备良好的并行处理能力，能够充分利用多核处理器、分布式计算架构和云计算资源。因此，提升算法的可扩展性是实现大规模数据处理、高效建模与快速响应的关键。

1.4 大数据挖掘的典型应用

在数字经济时代，新质生产力以数字化、网络化和智能化技术为支撑，以科技创新为核心驱动力，深化高技术应用作为主要特征，被视为推动经济增长、优化资源配置和提升产业竞争力的关键驱动力量。在这一背景下，大数据挖掘作为一种数据驱动型技术，正逐步深入到各个行业的核心运营和战略决策中，对各行业的发展路径和未来进行了深刻的塑造。本节主要介绍大数据挖掘在金融、医学、制造业、社交媒体等行业的运用。

1.4.1 金融大数据

金融机构为个人、企业和社会提供的全面金融支持，包括存款、贷款、支付转账、投资、保险、外汇交易和财务咨询等服务，形成由金融机构、企业和个人组成的金融网络，产生和积累了规模庞大的金融数据。以银行机构为例，它作为一个线上系统与线下网点相结合的综合体系，汇总了来自多渠道的海量数据。首先是线上交易系统中的存款、取款、转账、支付、贷款申请和还款等日常金融交易记录，其次是银行收集的客户个人信息、账户信息、信用评分、收入和职业等基本资料，还有银行线下网点采集的集中作业、授权和监控的视频、录音等非结构化数据。金融机构每天处理的数据量可达到上亿GB，全球金融机构每年产生的数据总量可能超过2.5万亿GB。

当金融机构处理如此大量纷繁复杂的数据时，数据挖掘变得至关重要。它允许这些机构利用海量数据并建立各种预测模型和分析工具，从而进行信用风险评估、市场趋势分析、欺诈检测、客户关系管理和风险管理，以帮助监管部门和投资部门更有效地管理金融市场和资产。这样的需求导致数据挖掘在金融行业广泛应用。

延伸阅读

根据中国中小微企业协会数据，截至2024年6月，中国的中小微企业数量已超过5300万户，占企业总数的90%以上，贡献全国60%以上的税收和GDP（gross domestic product，国内生产总值），但它们通常面临融资和贷款难题。传统银行通常依赖财务指标和信用记录进行贷款决策，而小微企业缺乏完整的经营信息和高价值的质押物，因此很难获得银行信用贷款。这种情况严重制约了小微企业的发展。

微众银行是一家互联网民营银行，于 2017 年底推出了全线上、无须抵质押和纸质资料的企业流动资金贷款产品，名为“微业贷”。该产品利用多种数据源，包括传统征信数据和腾讯平台数据，以及核心企业交易和知识产权数据等，构建信用评级数据源，采用大数据挖掘和机器学习技术进行风险管理。微业贷通过数据源的引入来扩大服务范围，提供供应链贷款和科创贷款，并不断优化风险策略和模型工具。

截至 2023 年末，微业贷已覆盖 30 个省、自治区、直辖市，累计授信小微企业超过 140 万家，企业征信白户占比超 50%，帮助小微企业破解首贷难题，信用贷款余额占比超 90%，有助于解决小微企业缺少抵质押物而融资难的问题。

1.4.2 医疗大数据

医疗活动涉及诊断和治疗、远程医疗、公共健康监测、临床研究、健康管理和预防，产生了涵盖多种类型的医疗大数据，主要包括：①包含患者诊断、治疗、药物处方和病史的电子健康记录和电子病历数据；②涵盖视频会议记录、聊天记录和远程监控数据的远程医疗数据；③包含个人基因组序列和遗传信息的基因组数据；④可穿戴设备收集的心率、步数、睡眠模式等健康指标数据；⑤涵盖临床试验数据、药物反应和疗效数据的临床研究数据。

医院信息系统（hospital information system，HIS）是一种综合性的电子化管理系统，能够协助医院和医疗机构管理及整合各种医疗与管理信息，提高医疗服务的质量和效率。目前，医学领域通过使用数据挖掘技术分析大规模的患者病历、医学影像、基因数据等，不仅可以揭示出医学领域的有用信息，如帮助医生更好地理解患者的疾病风险、病情发展趋势和最佳治疗方案，还可用于预测疾病暴发和传播、药物研发等，有助于改善医疗体系的质量。

延伸阅读

早产问题是一个全球性的健康问题，也是工业化国家最严重的围产期健康问题之一。2019 年的全球早产新生儿数量为 1522 万例，早产新生儿死亡数约 66 万人。早产可能导致多种潜在并发症，包括感染和对发育中的大脑、肺或眼睛的损伤，使早产儿在新生儿期面临严重的疾病和死亡风险，甚至在成长过程中可能遭受终身问题，如肺损伤、失明、神经问题等。

在应对早产儿的重症监测和治疗方面，现代医疗设备能够产生大量的生命体征数据，如心率、呼吸频率、血氧饱和度和血压等。然而，目前医院的应用仅限于监测患者的生理状态，缺乏深入开发和利用这些数据的能力。医生通常需要依赖自己的经验和知识来进行疾病预测、诊断和治疗。

为了改善早产儿的重症监测和临床决策支持，加拿大卡罗琳·麦格雷戈博士及其研究团队与 IBM（International Business Machines Corporation，国际商业机器公司）合作开发了名为“Artemis 平台”的在线健康分析系统。该系统整合了大量的早产儿身体数据，每秒钟会读取 1000 个以上数据点，用于监测早产儿的多个生命体征。Artemis 平台利用数据挖掘等技术对这些数据进行分析和评估，能够及早预测早产儿感染信号，并发出警报，帮助医生采取及时措施，以防止感染的恶化。此外，系统还能够检测早产儿败血症等疾病的发作，为医生提供更准确的诊断和治疗建议。

1.4.3 制造业大数据

制造业大数据指的是在制造业领域中产生的大规模数据集合，包含了生产、运营、供应链等方面的各种数据。这些数据的产生源于多个因素。首先，现代制造过程中使用的传感器、控制系统以及智能化设备能够实时收集和传输大量数据，如生产设备的运行状态和生产工艺参数。其次，物联网技术的普及使得生产设备能够联网并产生数据，智能化制造设备的使用也增加了数据的产生。此外，为了提高生产效率、质量和灵活性，制造企业需要对生产过程进行实时监控和优化，从而产生了大量生产数据。随着消费者对个性化产品的需求增加，制造企业需要更加灵活地调整生产计划和生产过程，因此需要收集并分析大量客户需求数据。最后，为了提高供应链的可靠性和效率，制造企业需要对供应链中的各个环节进行监控和优化，从而产生了大量供应链数据，如供应商的交付准时率和物流运输数据。

分析和挖掘制造业大数据，可以帮助制造企业优化生产过程、提高产品质量、降低成本，从而提升竞争力和盈利能力。在新的智造时代，应用大数据与数据挖掘技术是制造企业实现智能化转型必不可少的一部分。

延伸阅读

长安汽车是中国知名的汽车制造企业，已将战略重心转向智能制造和服务，以提高生产效率和产品质量。以该公司某工厂为例，该工厂冲压车间共建有三条冲压生产线，主要负责生产轮廓尺寸较大且具有空间曲面形状的乘用车车身覆盖件，如侧围、翼板、车门、发动机盖等。这些零部件对汽车的外观和性能至关重要，但在生产过程中存在两个问题：首先，由于多种因素的波动，部分侧围可能在拉伸工序中开裂，需要反复调整参数；其次，现有的外观质量检测方式依赖于人工，效率低且数据不易量化和存储。

为了解决这些问题，长安汽车借助大数据存储与处理平台，通过数据挖掘和机器学习技术，成功实现了冲压侧围件开裂预测和产品表面缺陷的智能识别检验；利用冲压设备的加工参数、板材参数、模具性能参数以及维修历史等数据，构建智能预测模型，能够准确预测冲压侧围件发生开裂的风险，并制定生产过程参数组合控制策略。同时，采用图像采集系统和大数据分析技术，实现了表面缺陷的自动识别和数据存储。这些技术为冲压制造过程工艺优化和质量把控提供了支持，形成了冲压产品质量问题分析管理的闭环连接，实现了冲压产品质量的精确控制和优化提升。

1.4.4 社交媒体大数据

社交媒体大数据指的是通过各种社交媒体平台（如微信、抖音等）产生的大量数据。每天数以亿计的用户在社交媒体上发布各种类型的内容，如文字、图片、视频等，这些数据量庞大且不断增长，形成了海量且多样化的信息。此外，用户之间的互动行为也产生了大量数据，如点赞、评论、分享等，为分析用户行为和偏好提供了重要的依据。社交媒体大数据具有实时性、广泛性、多样性和交互性等特点。

通过分析用户的发帖内容、评论观点以及互动行为，可以洞察到他们的兴趣、喜好、态度和行为趋势。这些洞察帮助企业和组织了解用户需求、进行精准营销、优化产品设计和改进服务质量，从而提高用户满意度和品牌价值。社交媒体大数据还为舆情监测和社会问题研究提供了重要的数据来源。通过分析社交媒体上的舆情信息，可以了解人们对某一特定事件、产品或品牌的看法和态度。这对企业和政府机构来说是宝贵的市场和舆论反馈，能够帮助其及时做出决策和调整策略。

延伸阅读

SHEIN 是一家以年轻时尚消费者为主要目标受众的快时尚跨境电商平台。他们通过精湛的社交媒体和大数据策略，实现了令人瞩目的营收增长。

SHEIN 运用大数据技术和人工智能来进行精准的广告投放和定位，通过分析不同地区和用户群体的需求与行为特征，对用户投送特定广告，提高广告效果和转化率，以及优化用户体验。此外，他们利用大数据技术分析用户行为、购买历史和趋势等数据，以优化营销策略和产品定位。通过分析用户搜索关键词，可以更好地了解流行元素和热门款式，从而调整选品策略和采购计划。这种数据驱动的决策使 SHEIN 能够不断满足市场需求，确保产品的时尚性和吸引力。

根据 2022 年 11 月 15 日《财新网》的报道，SHEIN 在 2021 财年的营业收入同比增长了 73.5%，达到 465 亿元人民币（约合 72 亿美元），其中海外市场销售额占总销售额的 80%以上。这一成绩的背后，是 SHEIN 充分利用社交媒体的影响力，以及大数据挖掘的智慧，不断优化他们的业务策略和用户体验。

1.5 大数据挖掘隐私与伦理问题

1.5.1 数据挖掘隐私问题

隐私指的是个人、组织或团体希望保密或限制他人访问的信息或活动。保护隐私意味着确保个人拥有控制自己个人信息的权利，并防止他人非法获取、使用或滥用个人信息。数据挖掘技术能够有效提升处理复杂事务的决策能力，增强预测的精准度。然而，随着大规模数据的收集和分析，数据挖掘过程中隐私问题的凸显也引起了广泛关注。

数据挖掘过程中，首要的隐私问题是信息泄露问题。数据挖掘涵盖了从数据收集、数据处理到建立模型和业务决策的整个过程，每个环节都可能发生信息泄露。即使在匿名化或脱敏的数据集中，通过巧妙的数据重组和交叉引用，个人身份或其他敏感信息仍可能被揭示。在数据规模较小时，各个行业通常采取"一数一用"的模式，即为特定用途收集数据，并通过个人信息模糊化处理和隐匿来避免数据泄露，难以重新建立数据关联。然而，在大数据环境下，数据集中包含大量个体的敏感信息，如医疗记录、金融交易、社交媒体活动等。即使这些数据形式是碎片化的，仍然可以通过数据挖掘算法发现其中隐匿的数据关联或进行数据预测，最终导致个人隐私泄露。这样的泄露不仅会对个体的隐私构成威胁，还可能影响其声誉和安全，对相关组织也会产生不利影响。

延伸阅读

美国 Target 公司通过分析女性客户的购买记录，挖掘出与怀孕高度相关的 25 种典型商品的购买行为，构建了"怀孕预测"指数。例如，他们发现女性在怀孕四个月左右会购买大量无香味乳液。基于这一指数，Target 能够提前预测孕妇的预产期，并向她们发放孕妇装、婴儿床等商品的折扣券，吸引她们购物。根据这一"怀孕预测"指数，该公司成功获取到一名 17 岁的在校高中生的妊娠隐私，并向其邮递婴儿尿片和童车优惠券，这比她的家人知悉这一隐私还要早一个月。

数据挖掘的另一个隐私问题是对用户知情权和允许权的侵犯。组织对数据进行二次乃至多次分析，使用数据挖掘结果开展商业行为，往往忽视了个人的数据知情权和允许权。在数据收集过程中，用户能够通过明确的知情同意来掌控自己的数据。然而，在进行数据挖掘时，确保这种同意的实施变得更加复杂。即使在主体明确授权组织使用其个人数据的情况下，要确保数据不被用于其他目的也十分困难。很多数据在收集时可能并没有特定的用途，但最终却被用于各种创新的目的。由于组织无法就未来可能进行的某种数据挖掘获得个人的明确同意，在二次挖掘过程中回访成千上万甚至上亿个数据生产者并征求同意也难以实现，因此，组织常常越过数据生产者自行决定是否进行数据挖掘。这导致个人逐渐失去对自己数据的知情权和允许权，并面临隐私权被侵犯的风险。

延伸阅读

当涉及在线隐私保护时，美国联邦贸易委员会认定"告知-同意"规则是最重要的原则之一。该规则要求在收集和处理个人数据之前，信息控制者和信息处理者必须事先告知用户，并获得其明示或默示同意。这确保了用户在决定是否分享个人信息时有明确的知情和选择权。然而，"告知-同意"机制未覆盖信息的二次利用，即一旦用户同意了初始的数据收集和处理行为，他们可能无法控制或预测将来个人信息的二次利用。这导致用户难以掌控当前和未来的信息分析、处理和利用行为，也使他们对信息的二次利用行为毫无察觉。

1.5.2 数据挖掘伦理问题

数据挖掘中的伦理问题指的是在整个数据挖掘活动过程中涉及的道德规范、行为准则，以及对数据挖掘技术应用的道德和法律约束。数据挖掘的伦理问题正变得越来越突出，除了以上提到的隐私问题，还包括数据挖掘对用户进行分类与行为预测导致的权利侵犯和歧视问题。

数据挖掘过程和结果可能侵犯用户自主权。自主权是指个体在不受外界干预或控制的情况下，根据自己的意志和价值观进行决策与采取行动的权利。商业公司通过收集用户的个人信息、社交互动、浏览记录等数据，分析用户的兴趣爱好、社交关系和行为习惯，然后通过广告定向推送和推荐系统来影响用户的消费行为和决策。这种数据使用方式缺乏透明度，缺少公共监督。用户并不清楚他们的个人数据是如何被收集和利用的，也完全无法掌控自己的数据被用于何种目的。在推荐机制营造的信息茧房中，用户更容易受到偏见和虚假信息的影响，从而无法有效行使其自主权。此外，从数据挖掘获益的只有商业公司，作为数据提供方的用户并未被考虑过支付任何费用。

延伸阅读

英国的政治咨询公司剑桥分析（Cambridge Analytica）曾利用 Facebook 上的一个性格测试游戏以及 Facebook 系统的漏洞，获取了超过 5000 万名用户的行为数据。这些数据包括用户的喜好、观点以及社交互动等信息。之后剑桥分析公司利用数据挖掘技术对这些数据进行了分析和建模，以识别出政治倾向仍不明确或者具有易受影响性格的选民，并通过社交媒体平台向这些特定群体持续投放具有偏向性或者诋毁内容的广告，试图左右他们的投票倾向。这种行为被认为对选举结果产生了不良影响，并引发了公众对于信息安全和隐私保护的广泛担忧。

数据挖掘还可能存在算法歧视，并导致歧视性行为，如种族歧视、性别歧视、消费歧视、年龄歧视和基于其他特征的歧视。消费歧视的一个典型例子是“大数据杀熟”现象，即一些在线服务平台通过收集和分析用户的消费记录、浏览习惯等数据，构建用户画像，从而针对不同用户实施个性化定价策略。一些电商平台可能会对新用户显示较低的价格以吸引其消费，而对老用户则显示较高的价格，利用老用户对平台的忠诚度和购买意愿来提高利润。当银行等机构根据用户特征对用户进行分类或评级时，人们将被视为群体成员而不是个人来评判和对待。人们可能仅仅因为被标记为某个群体的成员或被标记某些特征而受到歧视或污名化。

1.5.3 数据挖掘行为规范

针对数据挖掘过程中的隐私和伦理问题，一些国家陆续发布了数据挖掘中的法律法规作为应对方案。通用数据保护条例（General Data Protection Regulation，GDPR），GDPR规定了个人数据的收集、处理、存储和共享的规则，以及对个人数据保护的权利和义务。我国在2021年实施的《中华人民共和国个人信息保护法》，明确了个人信息的处理规则。这些法规强调了对个人数据的保护和隐私权利，要求组织在收集和处理数据时遵循一系列规定，包括明确的知情同意和数据主体权利的尊重等。结合上述法规的要求，本书提出大数据挖掘过程中的七条行为规范。

（1）明确目的和合理性。在进行数据挖掘之前，机构应明确目的，并确保目的是合理的。机构应确保数据与数据挖掘目的一致，不得过度收集信息，避免将数据用于与原始目的不相关的用途。

（2）最小影响原则。数据挖掘过程中应采取措施以减少对个人权益的负面影响。只有在确保没有更小干预方式时，才能使用特定数据。

（3）公开透明原则。机构应在数据挖掘之前告知数据主体数据挖掘目的，并提供数据使用的透明信息，如明确的隐私政策和通知，以向数据主体解释数据处理的方式和目的。

（4）数据质量原则。数据挖掘应基于准确和完整的数据进行，机构应确保个人信息的质量，以避免因信息不准确或不完整而对个人权益造成不利影响。

（5）数据安全原则。机构应采取适当的安全措施来保护挖掘的个人数据，以防止数据泄露和滥用。这包括加密、访问控制和监控等安全措施。

（6）个人权利尊重原则。数据主体应具有控制其个人数据的权利，机构应尊重数据主体的权利，包括访问、更正、删除等权利。

（7）合规性与监管原则。机构应遵守相关的法律法规，包括个人数据保护法规，同时应积极与监管机构合作，并提供必要的报告和信息。

本章小结

核心概念	**大数据**：数据规模和增长速度使常用软件工具无法在短时间内获取、存储、分析和管理，而需要新的处理模式，如并行化、分布式等，来实现更可靠决策支撑，更深刻洞察发现和更迅捷流转优化的数据集。 **大数据挖掘**：从大量的、不完全的、有噪声的、模糊的、随机的实际应用数据中，提取隐含的具有应用价值的模式或规则等有用知识的过程。

	规模性	多样性	高速性	价值性
大数据特征	√ 数据规模大 √ 数据量逐年爆炸式增长 √ 数据洪流	√ 结构化数据 √ 非结构化数据 √ 半结构化数据	√ 快速变化 √ 要求实时处理 √ 准确性与时效性	√ 以数据为中心 √ 价值密度低 √ 数据生产自主性

	知识发现	人工智能
相关领域	√ 数据挖掘常常被认为是知识发现的同义词，指知识发现的全过程； √ 数据挖掘也常被认为是数据库中的知识发现的一个基本步骤。	√ 人工智能技术发展对大数据挖掘产生了积极影响； √ 人工智能和大数据挖掘都与大数据处理相关； √ 人工智能与数据挖掘分别侧重于智能系统的开发和数据中知识的发现。

	准备阶段	发现阶段
基本流程		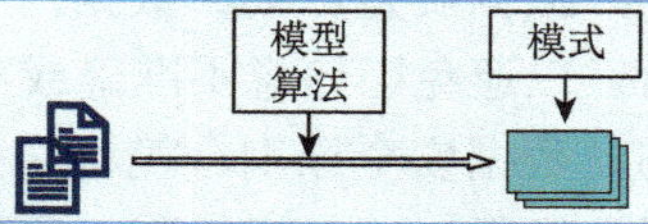
主要内容	√ 确定目的 √ 数据预处理	√ 对数据进行深入分析 √ 发现数据中的模式与规律

	解释阶段	
基本流程		√ 解释和评估大数据中的模式

	数据描述与统计指标	相关分析	回归分析	数据降维	关联规则挖掘
技术体系		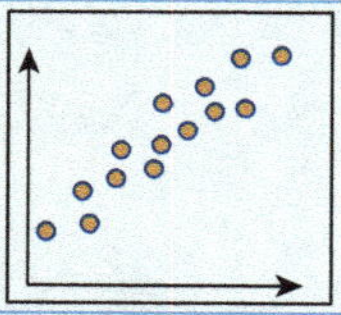	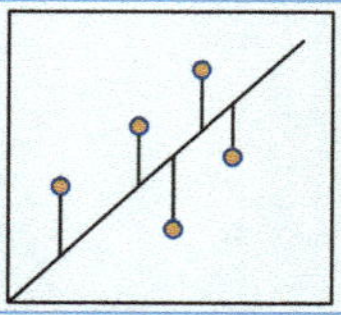	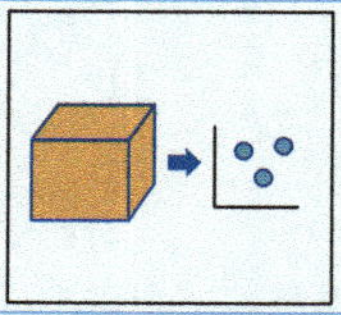	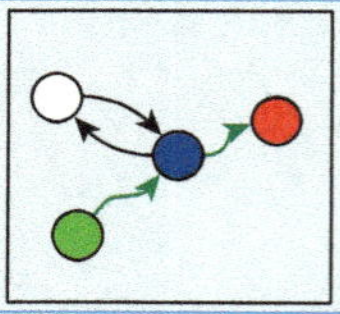
主要内容	√ 数据预处理 √ 数据描述性统计 √ 数据可视化	√ 线性相关分析 √ 非线性相关分析 √ 偏相关分析 √ 距离相关分析	√ 线性回归 √ 岭回归 √ LASSO 回归 √ 非线性回归	√ 将样本从高维空间映射到低维空间 √ 线性映射 √ 非线性映射	√ 频繁项集生成 √ 关联规则生成

	分类	聚类	异常检测	集成学习
技术体系	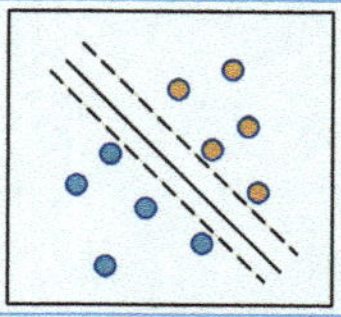	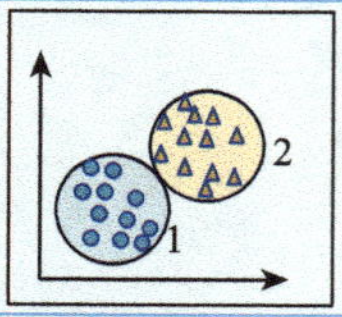	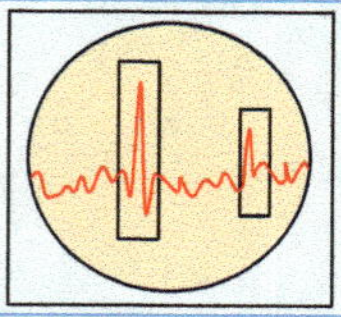	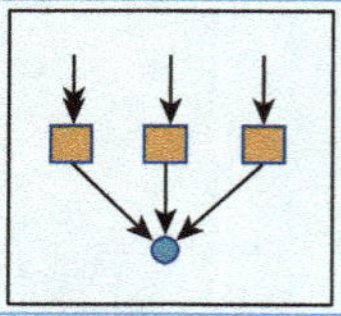
主要内容	√ 标记部分数据的类别进行训练 √ 判别数据的类别或标签	√ 将未进行类别标记的数据集划分为不同簇类	√ 识别异常 √ 分析或预警异常	√ 构建集成模型 √ 进行预测、分类、回归等任务

学习效果检验

第 2 章　数据描述与统计指标

本章学习目标

- ✓ 掌握常用的数据预处理方法及其适用场景
- ✓ 掌握标称属性、序数属性、数值属性的基本概念
- ✓ 掌握集中趋势、离散程度、分布形态的度量指标
- ✓ 掌握基本可视化图形的绘制方法及其适用场景

随着信息技术的飞速发展，数据正以指数级速度增长。然而，其中常常存在错误、缺失值、一致性问题等挑战，这些都需要通过有效的数据预处理来解决。此外，大数据时代对数据分析和处理能力提出了更高的要求。以电商数据为例，2023 年“双十一”期间，天猫的累计访问用户数超 8 亿人，如果按照逐一分析的方式处理，即使每秒分析一个用户，也需耗费长达 25 年的时间，这显然无法满足现实需求。因此，高效的数据描述与统计分析变得尤为重要。描述性统计可以帮助了解数据的基本性质、分布和趋势。通过描述性统计，我们可以获得关于数据中心趋势、变异范围和离散程度的关键信息，为后续的详尽分析和决策提供科学依据。

本章将深入介绍数据预处理和描述性统计的理论与实践，结合具体案例分析，展示如何在大数据时代高效应对数据质量问题，并利用统计指标进行深入的数据分析，从而提高数据挖掘的效率和准确性。

2.1 数据预处理

数据预处理是数据挖掘中至关重要的一个环节，它通过一系列操作，将原始数据转化为适合进一步分析和建模的格式。

2.1.1 数据预处理概要

1. 数据质量

定义 2-1 数据质量（data quality）是跨多维度对数据健康状况的评估，用于衡量数据集满足完整性、一致性、准确性、可靠性、可用性和时效性标准的程度。

数据质量分析是在进行数据挖掘前对数据质量进行分析和评估的过程，其目的是判断数据的质量是否可以支持准确、有效的分析和挖掘。数据质量分析涉及要素如表 2-1 所示。

表 2-1 数据质量分析涉及要素

要素	描述
完整性	数据是否包含所有必要信息，是否缺失重要字段或记录
一致性	数据是否在不同的数据源、数据集或时间中保持一致
准确性	数据与真实情况的匹配程度，是否存在错误或异常值
可靠性	数据是否来自可信的来源
可用性	数据能否访问和使用，数据存储、检索、传输和分析的便捷性
时效性	数据是否及时更新，是否过时

2. 数据预处理的主要任务

定义 2-2 数据预处理（data preprocessing）是根据数据质量分析中发现的错误、缺失、重复、异常等问题，对原始数据进行清洗、转换、整合等处理，或将数据处理成适合下游任务的格式，进而提高数据质量的过程。

数据预处理是进行数据分析和挖掘的必要步骤，对于保证数据质量、优化分析效率和提高模型准确度都具有重要的意义。数据预处理主要包括数据清洗、数据集成、数据规约和数据变换等，如图 2-1 所示。

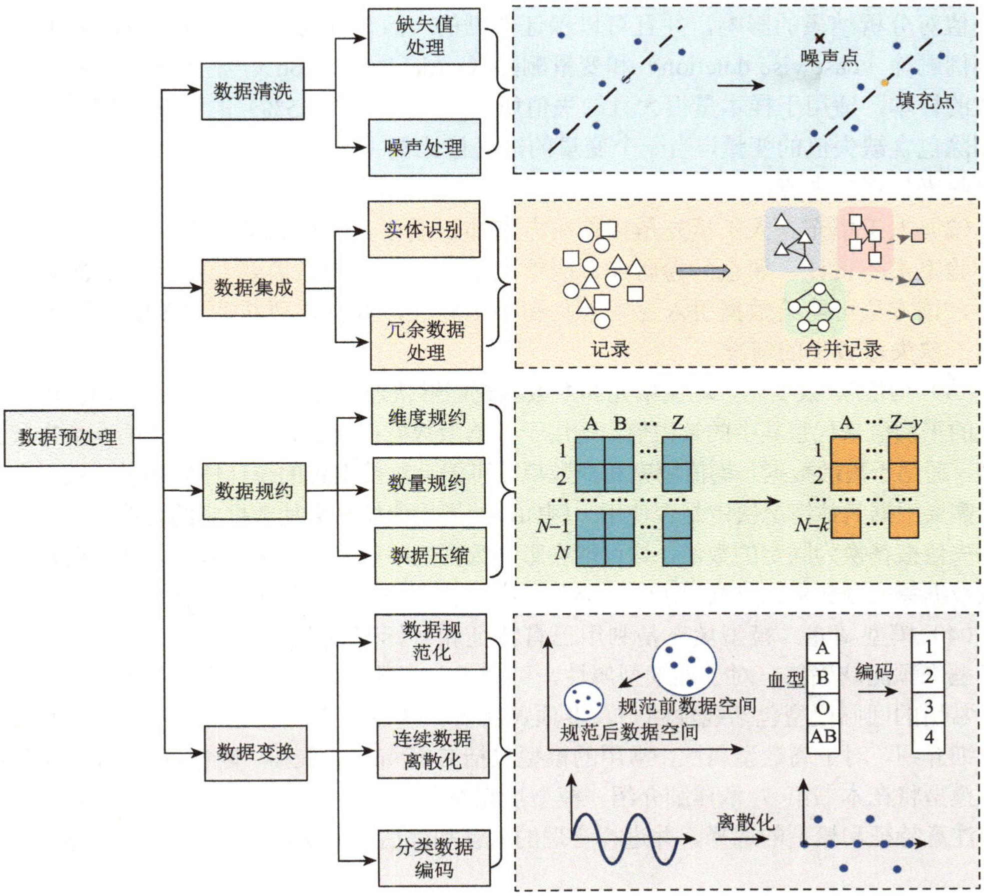

图 2-1　数据预处理任务

2.1.2 数据清洗

定义 2-3　数据清洗（data cleaning）是去除数据中的缺失值、噪声，并提高数据质量的数据预处理方法。

数据清洗旨在减少数据偏差，以及降低不必要的计算和存储成本。常见的数据清洗方法包括缺失值处理和噪声处理。

1. 缺失值处理

缺失值是指由于人为错误、设备故障、数据转换错误等导致数据因未被记录或无法获取而为空的属性值。为了确保数据集的质量，需要综合数据类型、缺失值数量和目标任务等因素对缺失值进行删除或填充处理。常用的缺失值处理方法包括删除数据、人工填充、均值/众数填充、模型填充等。

（1）删除数据。删除数据是指从数据集中删除缺少某些变量的记录，这样可以减少缺失值对分析结果的影响，并且可以保证数据的一致性和可靠性。删除数据可进一步分为整例删除（casewise deletion）和变量删除（variable deletion）。整例删除是剔除含有缺失值的样本，适用于样本量很大且缺失值所占比例较小（<5%）的情况。变量删除是直接删除包含缺失值的变量，当一个变量的缺失值比例（>70%）很高时，可以考虑采用变量删除来处理缺失值。

（2）人工填充。人工填充是指使用专家知识或者其他外部信息来填补缺失值，适用于实验室实验设计、调查问卷研究、医疗记录等场景，通常需要专业判断或领域知识。然而，该方法可能给数据引入主观因素和不确定性，并且需要花费较多的时间和资源，适用于缺失值较少的情况。

（3）均值/众数填充。均值填充和众数填充能够快速简便地填充缺失值。均值填充指用变量的平均值来代替其中的缺失值，适用于数值型数据；众数填充是用变量的众数来代替缺失值，适用于离散数据。均值填充和众数填充可能会对数据集的统计性质和模型效果产生影响，需要根据具体情况决定是否使用。例如，使用均值填充会使数据集的均值产生偏移，因为缺失值被替换为固定的数值，这可能会影响数据的中心趋势和离散程度。使用众数填充会导致数据集的众数更加频繁出现，可能使数据的类别分布不再符合实际情况。

（4）模型填充。模型填充是利用已有特征和目标变量之间的关系，基于已知数据建立模型来预测缺失值。对于连续型属性，可基于已有数据建立回归模型来预测缺失数据的值，常用的回归模型包括线性回归、多项式回归、岭回归等，这些回归模型将在本书第 4 章详细介绍。对于离散型属性，常用的模型包括 K-近邻、决策树、随机森林、神经网络等，这些模型将在本书第 7 章详细介绍。模型填充充分利用了数据之间的相关性，但在使用时需要注意特征和模型的选择，并进行合理的验证和评估，以保证填充结果的可靠性。

延伸阅读

插值方法也是一种常见且有效的填充技术。插值通过在已知数据点之间进行估计来推断缺失值，主要有以下几种经典方法。

线性插值：假设在已知数据点之间的数据变化是线性的。例如，对于一维数据，线性插值通过连接相邻数据点的直线来估计中间的缺失值。

多项式插值：通过拟合一个多项式函数来逼近已知数据点之间的数据变化，可以通过拉格朗日插值或牛顿插值等方法实现。

克里金插值：是一种基于空间统计的插值方法，通过在空间上建立半变异函数来估计未知位置的值。它考虑了数据点之间的空间相关性，能提供更加平滑和逼真的插值结果。

这些插值方法在数据填充过程中能够有效地利用已有数据点之间的关系，帮助预测和填补缺失值。

2. 噪声处理

定义 2-4 噪声（noise）是指数据集中由于测量误差、环境干扰、传感器故障等多种随机性因素引起的错误或异常的部分。

摄像头捕捉图像时，可能会因为光线不足或镜头质量等导致图像中出现噪点，从而对数据分析结果造成不良影响，因此需要采取合适的措施处理噪声。常见处理方法包括分箱、回归、离群点检测、均值平滑、小波降噪等。

1）分箱

定义 2-5　分箱（binning）是将有序数据按特定的规则进行分组，进而实现数据离散化的降噪技术。

在分箱处理中，首先按照属性值划分子区间，如果一个属性值处于某个子区间范围内，就称为把该属性值放进这个子区间所代表的“箱”内。箱的宽度表示箱中数据的取值范围差值，箱的深度表示箱中数据的数量，具体的分箱方式可分为等宽分箱和等深分箱。

（1）等宽分箱是指每个箱的宽度区间一致。假设有一个数据集$\{x_1,x_2,\cdots,x_n\}$，要将其分为k个等宽的箱，每个箱的宽度用公式表示为

$$w=\frac{x_{\max}-x_{\min}}{k} \tag{2-1}$$

（2）等深分箱是指每个箱中数据的个数基本相等。假设有一个数据集$\{x_1,x_2,\cdots,x_n\}$，要将其分为k个等深的箱，每个箱的数据点个数用公式表示为

$$d=\frac{n}{k} \tag{2-2}$$

完成分箱之后，需要对数据进行平滑处理。

（1）箱均值平滑将箱内的数据替换为该箱中数据的均值；

（2）箱中位数平滑将箱内的数据替换为该箱中数据的中位数；

（3）箱边界平滑将箱中的最大值和最小值作为箱边界，其余数据替换为距离边界最近的边界值。

由于分箱方法考虑相邻的值，因此是一种局部平滑方法，箱的宽度越大，平滑效果越好。

算一算

假设某商品在近 9 天的销量从小到大排序后分别为 3，8，16，22，25，25，31，39，44。使用等深分箱将数据分为 3 组，再分别使用箱均值平滑、箱中位数平滑、箱边界平滑。对该商品 9 天的销量分箱平滑结果如表 2-2 所示。

表 2-2　箱均值、箱中位数和箱边界平滑结果

	等深分箱	箱均值平滑	箱中位数平滑	箱边界平滑
箱 1	3，8，16	9，9，9	8，8，8	3，3，16
箱 2	22，25，25	24，24，24	25，25，25	22，25，25
箱 3	31，39，44	38，38，38	39，39，39	31，44，44

2）回归

回归分析是一种利用统计学方法对数据进行平滑处理的技术，旨在从包含噪声的数据中提取出真实的趋势和模式，用公式表示为

$$y^*_{(\text{缺失值})}=g\left(\{x_1,x_2,\cdots,x_m\}\right) \tag{2-3}$$

回归降噪的实现原理基于回归分析，对数据进行拟合并去除噪声，从而使数据更加稳定和可靠。

在使用回归进行降噪时，首先，将原始数据按照一定的顺序排列。其次，通过回归模型拟合这些数据，如最小二乘法或局部加权回归。再次，用回归模型的输出值替代原始数据中的噪声部分，从而去除噪声的影响。值得注意的是，在使用回归降噪前，需要观察数据的变化趋势，判断其是否存在规律性，如果存在，才能通过回归的方式进行有效降噪。图 2-2 展示了某高温反应釜在实验过程中的温度变化，其变化存在明显的周期趋势，使用多项式回归法可以将该趋势较好地提取出来。

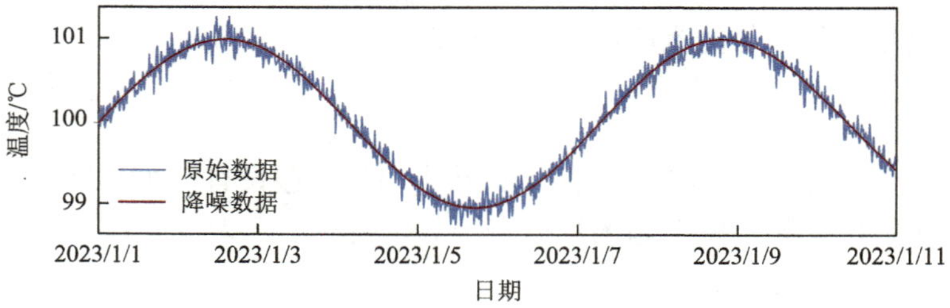

图 2-2　多项式回归降噪案例

3）离群点检测

定义 2-6　离群点（outlier）是数据集中不同于其他大部分数据对象，或是相对于其属性的典型值来说不同寻常的数据点。

常用的离群点检测方法包括聚类和 3σ 准则，如图 2-3 所示。在基于聚类的离群点检测中，根据相似性原则将数据集分为不同的簇，使得簇内数据相似，簇间数据相异，因此落在簇集合之外的样本被直观地标记为离群点。在 3σ 准则中，若数据服从正态分布，

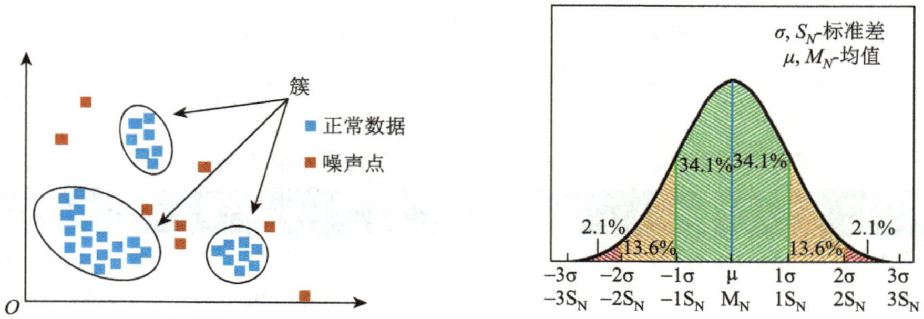

图 2-3　离群点检测示意图

约 99.7%的数据落在平均值 μ 附近的三个标准差 σ 范围内，因此将该范围外的数据视为离群点。关于离群点检测的更多方法详见第 9 章。

注 意

通常情况下，离群点是需要剔除的，但在一些特殊应用场景中，离群点具有较高的价值，如热点事件、技术趋势、欺诈和网络攻击的检测等。

4）均值平滑

均值平滑方法基于一个简单的假设：数据中的噪声是随机波动的，即该波动不是由真实的趋势或周期性变化造成的，通过平均多个数据点可以消除这种噪声。均值平滑通过计算一组数据点的平均值来减少随机波动，从而使数据更加平滑，以便更好地观察数据中的趋势和周期性变化。假设对一组数据 $x_t,\cdots,x_{t+g}$ 均值平滑后的结果如下：

$$\tilde{x}_t = (x_t + \cdots + x_{t+g})/g \tag{2-4}$$

在均值平滑中，数据点被分成数量相等的子组，再将每个子组的所有数据替代为该组的平均值。子组中数据点的个数 g 也称为“窗口”，其用于控制平滑程度，窗口越大，平滑效果越明显。一般来说，窗口大小应该足够大以捕获数据中的趋势和周期性，但也不能太大，以免模糊了数据的细节。

5）小波降噪

小波降噪是一种信号处理技术，旨在通过使用小波变换将信号转换到小波域来降低噪声和提高信号质量，其基本思想是通过去除小波域中的低幅度高频噪声系数来过滤掉噪声。这种方法可以避免信号失真，并且在保留信号细节的同时去除噪声。

在小波变换中，待分析信号 $x(t)$ 是一维连续或离散信号，通常表示为关于时间 t 的函数。小波变换先把某一被称为基本小波的函数 $\varphi(t)$ 作位移 τ 后，再在不同尺度 α 下，与待分析信号 $x(t)$ 作内积，即

$$\mathrm{WT}_x(\alpha,\tau) = \frac{1}{\sqrt{\alpha}}\int_{-\infty}^{+\infty} x(t)\varphi^*\left(\frac{t-\tau}{\alpha}\right)\mathrm{d}t \tag{2-5}$$

其中，$\alpha > 0$，称为尺度因子，其作用是对基本小波函数 $\varphi(t)$ 作伸缩，τ 反映位移，其值可正可负，τ 和 α 都是连续的变量，故又称为连续小波变换。

小波降噪可以分为分解和重构两个阶段。在分解阶段中，每个小波子带代表不同频率的信号成分，其中高频子带包含噪声成分。在重构阶段中，通过保留信号中的重要小波系数，并去除低幅度高频噪声系数，重构出降噪后的信号。图 2-4 展示了某股票的开盘价格变化趋势，使用小波降噪可保留主要变动趋势，有助于提高投资决策的可靠性。值得一提的是，不同于均值平滑，小波降噪在去除噪声的同时尽可能保留了数据的重要细节和结构，能为数据分析和决策提供更为可靠和精确的结果。

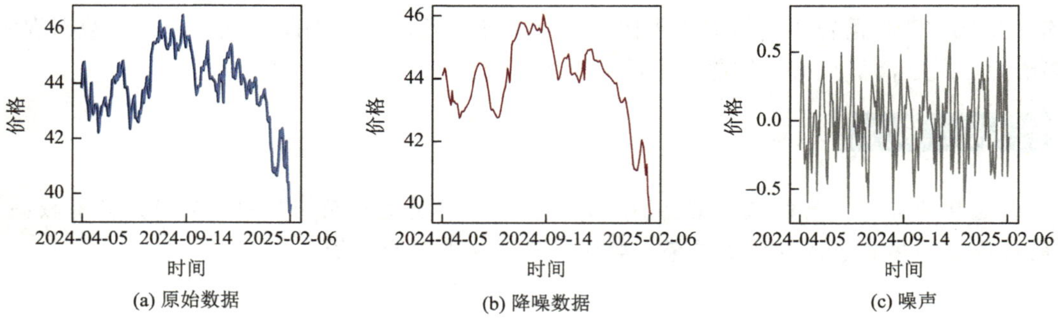

图 2-4　小波降噪示例

2.1.3 数据集成

定义 2-7　数据集成（data integration）是将不同格式、来源以及性质的数据合并为一个完整数据集的数据预处理方法。

数据集成可以扩大数据的范围和覆盖面，提高数据综合价值和可用性。数据集成主要包括实体识别和冗余数据处理。

1. 实体识别

实体识别是指识别一个或多个数据源中的两条不同记录是否描述同一实体。具体地，实体识别主要解决数据的字段意义和字段结构问题，如表 2-3 所示。在数据字段中，同名字段可能表示不同的含义，异名字段也可能表示相同的含义，因此需要对字段命名规则进行统一处理。此外，属性值的数据类型、数据格式、规格单位、取值范围不同，也会使得同一对象在不同的数据源中属性值不同，需进行统一处理。

表 2-3　实体识别需解决的问题

需解决的问题		描述	示例	解决方式
字段意义	同名异义	不同数据集中，同名字段表示不同含义	两个数据源中均包含“价格”字段，但分别表示 A 商品价格和 B 商品价格	重命名字段或添加注释
	异名同义	不同数据集中，不同名字段表示相同含义	两个数据源中均包含描述“性别”的字段，但分别使用 gender 和 sex 表示	统一字段名或建立字段映射表
字段结构	数据类型	不同数据集中，相同含义的字段使用不同的数据类型	两个数据源中均包含“薪资”的字段，但分别使用 int（整数）和 float（浮点数）存储	进行数据类型转换或规范化
	数据格式	不同数据集中，相同含义的字段使用不同的数据格式	两个数据源中均包含“销量”的字段，但分别使用逗号分隔大数值和科学记数法记录数值	标准化数据格式
	规格单位	不同数据集中，相同含义的字段使用不同的计量单位	两个数据源中均包含“身高”的字段，但分别使用厘米和米作为计量单位	进行单位转换或统一规格
	取值范围	不同数据集中，相同含义的字段使用不同的取值范围	两个数据源中均包含“年龄”的字段，但一个数据源中允许出现空值，而另一个数据源中不允许出现空值	进行数据填充或者数据清洗

2. 冗余数据处理

在数据集成过程中，往往会产生冗余数据，它可能会影响数据分析的效率和准确性，同时也会浪费存储空间和计算资源。常见的冗余数据及其处理方式如下。

（1）重复数据：数据集中存在完全相同或几乎相同的记录或观测值，这些数据可能是由于数据输入错误、重复录入或其他原因导致的。为处理重复数据，可以先通过比较记录或观测值来确定是否存在重复数据，再删除其中的一条或多条重复记录。

（2）重复属性：数据集中存在具有相同信息的属性，这些属性以不同的形式出现。重复属性的处理是将具有相同信息或可以相互转化（如出生年份与年龄）的属性合并为一个属性，进而减少属性数量，提高数据处理效率。如果两个或多个属性完全相同，可以选择删除其中一个属性。如果重复属性具有略微不同的值，但表达的是相同的含义，可以将它们合并为一个属性。

（3）高相关属性：数据集中存在相关程度极高的不同属性，通过其中一个数据可很大程度上推导出另一个属性。对于高相关属性的处理，可通过删除其中一个或多个属性、合并属性或降维的方式减少冗余。标称属性和数值属性的相关性评估方式不尽相同。标称属性可使用卡方检验评估不同属性的关联程度，数值数据可通过计算相关系数和协方差来评估两个属性值间的相关关系。关于标称属性和数值属性的相关分析详见 2.2 节。

2.1.4　数据规约

定义 2-8　数据规约（data reduction）是对数据进行采样、聚合、抽取等，进而降低数据的维度和规模的数据预处理方法。

在实际应用中，海量数据往往会占据大量的存储空间和计算资源，数据规约在尽可能保持数据原貌的前提下，最大限度地精简数据量，可以提高数据加工处理和开发利用的效率。不仅如此，数据规约还对模型的通用性和模型性能有重要作用。数据规约适用于数据集非常大，超出处理能力，需要减少数据量的情况。数据规约策略包括维度规约、数量规约和数据压缩。

1. 维度规约

定义 2-9　维度规约（dimensionality reduction）通过减少数据中的属性个数，摒弃掉不重要的属性，保留少数关键属性来描述数据。

维度规约的核心思想是通过去除数据中的冗余属性或者将数据投影到低维空间中，从而降低数据的复杂性。本小节介绍的主要方法包括主成分分析、属性子集选择。在本书第 4 章将详细介绍更多降维方法。

（1）主成分分析

主成分分析的核心思想是将高维数据映射到低维空间中，同时保留数据的主要特征。具体来说，主成分分析通过计算数据集中的协方差矩阵，然后找到最大的协方差方向，即第一主成分，将数据映射到这个方向上。接着，找到与第一主成分正交的方向，即第二主成分，将数据再次映射到这个方向上。以此类推，可以得到一组新的低维特征，它们是原始数据的线性组合，同时保留了原始数据的大部分方差。最后，根据主成分的重要性（根据方差解释比例计算）进行降序排列，可以通过去掉重要性较低的成分来达到规约数据的目的。本书 5.1 节将对主成分分析进行详细介绍。

2）属性子集选择

属性子集选择是将原数据中冗余或者不相关的属性进行删减，或者通过对属性进行重组来减少属性个数。其中，判断属性优劣的方法是对其进行显著性检验：将一个或多个属性加入回归模型，并判断是否使残差平方和显著减少。如是，则说明有必要将该属性保留，否则，可将该属性删除。如表 2-4 所示，常用的属性子集选择方法包括合并属性、逐步向前选择、逐步向后删除、组合法、决策树归纳法等。

表 2-4　属性子集选择方法

方法	描述	示例
合并属性	将原属性集的部分属性合并为新属性	初始属性集：$\{A_1, A_2, B_1, B_2, B_3, C\}$ 过程： $\{A_1, A_2\} \Rightarrow A$ $\{B_1, B_2, B_3\} \Rightarrow B$ 规约后的属性集：$\{A, B, C\}$
逐步向前选择	①构建一个空属性集 S； ②将原属性集中最优属性添加到 S 中； ③将剩下的属性集中的最优属性添加进 S，直到无法选出最优属性或满足一定阈值	初始属性集：$\{\ \}$ 过程： $\Rightarrow \{A_2\}$ $\Rightarrow \{A_2, A_4\}$ 规约后的属性集：$\{A_2, A_4\}$
逐步向后删除	①构建一个全属性集 S； ②将原属性集中最差属性从 S 中删除； ③将剩下的属性集中的最差属性从 S 中删除，直到无法选出最差属性或满足一定阈值	初始属性集：$\{A_1, A_2, A_3, A_4, A_5, A_6\}$ 过程： $\Rightarrow \{A_1, A_2, A_4, A_5\}$ $\Rightarrow \{A_2, A_4\}$ 规约后的属性集：$\{A_2, A_4\}$
组合法	①构建一个空属性集 S； ②将原属性集中最优属性添加到 S； ③将剩下的属性集中的最优属性添加进 S，并查看是否需要在 S 中剔除某个属性，直到满足停止条件	初始属性集：$\{\ \}$ 过程： $\Rightarrow \{B_2\}$ $\Rightarrow \{B_2, B_4\}$ $\Rightarrow \{B_4, B_5\}$ 规约后的属性集：$\{B_4, B_5\}$
决策树归纳法	以自顶向下递归的方式构造决策树，没有出现在决策树上的属性均可认为是无关属性，可予以删除	初始属性集：$\{B_1, B_2, B_3, B_4, B_5\}$ 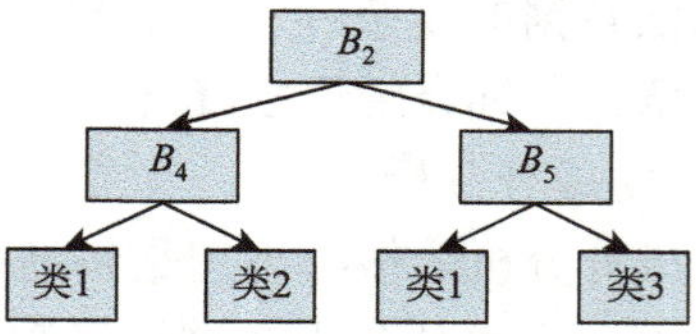 规约后的属性集：$\{B_2, B_4, B_5\}$

2. 数量规约

定义 2-10　数量规约（numerosity reduction）是通过直方图、聚类、抽样等方法用更少数量级的数据替换原始数据。

数量规约旨在减少数据量的同时保持数据特征和信息价值，减少数据处理的复杂性和计算成本，提高计算效率，改善模型性能和方便可视化。常用的数量规约方法包括直方图和抽样。

1）直方图规约

直方图规约是使用分箱的方式来近似原始数据的分布进而实现数据归约。图 2-5 展现了某产品在一年内的每日销量情况，并分别通过等宽分箱和等深分箱对销量数据进行了处理。

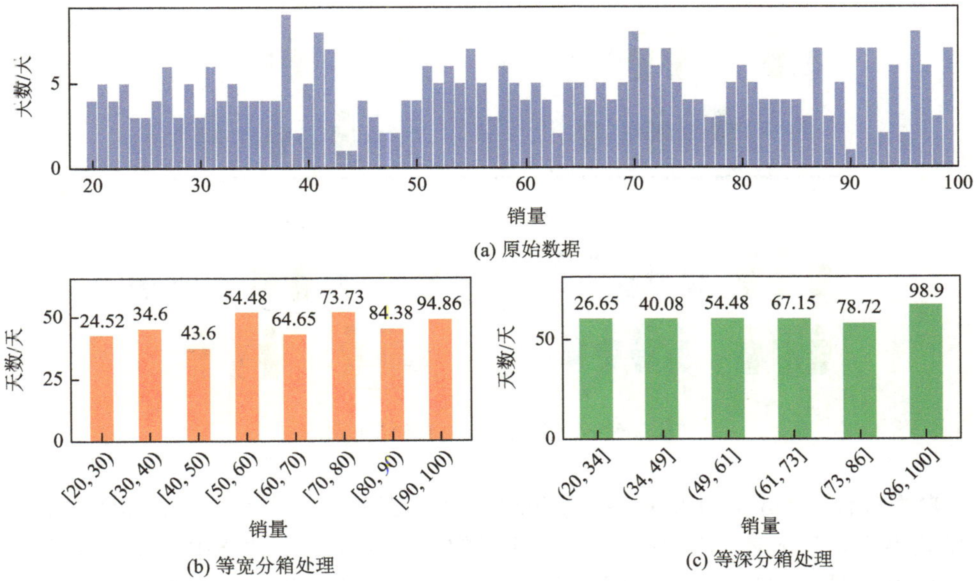

图 2-5　直方图数据规约案例

2）抽样规约

抽样规约通过在原始数据集中进行抽样来减少数据量。抽样（sampling）是常用的数据规约技术，它用比原始数据规模小很多的随机样本表示原始数据集，从而减少对原始数据的处理和存储需求。常用的抽样方法按照是否遵循随机原则分为概率抽样和非概率抽样。

概率抽样（probability sampling）是指抽样时按一定的概率以随机原则抽取样本，总体中每个单位 i 有一定的机会（Pr_i = 入样概率）被选入样本。概率抽样通常是基于概率理论的基础上进行的，可以通过严格的概率分布来推断总体参数的估计和抽样误差。表 2-5 和图 2-6 分别展示了部分常用的概率抽样方法及其示意图。

表 2-5　常用的概率抽样方法

抽样方法	描述	入样概率
简单随机抽样	从包括总体 N 个单位的数据集中随机地、单个地抽取 n 个单位作为样本，每个单位的入样概率是相等的。根据抽取的单位是否放回总体，可进一步分为有放回简单随机抽样和无放回简单随机抽样	$\mathrm{Pr}_i = n / N$
系统抽样	先对数据集中 N 个单位进行编号，然后确定分段间隔 k 并对数据分段。在第一段中随机选择一个起始点，然后以 k 为间隔逐个抽样，直到获取所有样本	$\mathrm{Pr}_i = n / N = 1 / k$
分层随机抽样	按某种特征或某种规则，将总体分为多个不相交的部分（称为层），然后按照某个固定的比例在每层进行独立抽样，如简单随机抽样或系统抽样	$\mathrm{Pr}_{ij} = n_j / N_j$（分层 j 中单位 i 的入样概率）
整群抽样	将总体分为 G 个若干不相交的集合（称为群），以 g 个群为抽样单位抽取样本	$\mathrm{Pr}_{ik} = (g / G)(n_k / N_k)$（单位 i 在集群 k 中的入样概率）

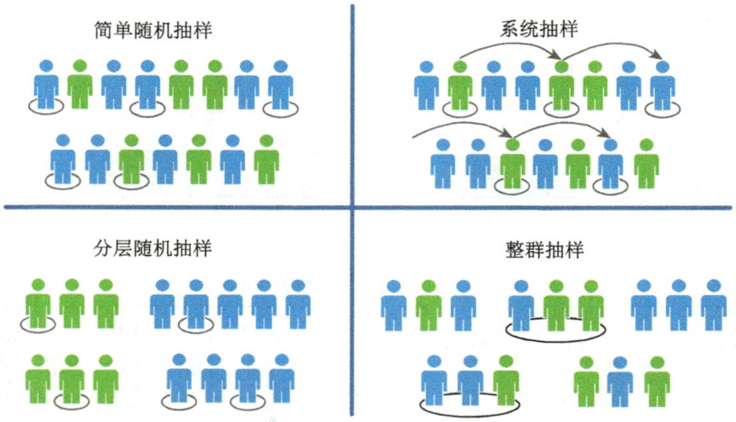

图 2-6　常用的概率抽样方法示意图

非概率抽样（non-probability sampling）是基于某些特定因素进行的抽样方法，如样本的可获得性、研究者的经验判断、研究目的等。在非概率抽样中，每个单位被选为样本的概率不是已知的。由于样本选择的主观性和不确定性，所得到的样本可能并不能很好地反映总体的特征。尽管如此，在样本数量有限或研究目的较为特殊的情况下，该方法仍然是一种有用的抽样方式。表 2-6 展示了部分常用的非概率抽样方法。

表 2-6　常用的非概率抽样方法

抽样方法	描述
判断抽样	研究者依据自己的专业知识和经验选择样本。适用于对象稀少或难以获取的情况。由于研究者主观判断的影响，可能导致样本选择偏差
配额抽样	在抽样前，将抽样单位按照某些特定属性划分为若干组，并且对每组制定一个特定的配额。然后，通过方便抽样或判断抽样的方式在每组中选择符合配额要求的样本

延伸阅读

抽样不仅可以完成数据规约，还可以处理不平衡数据集。不平衡数据集是在机器学习和数据挖掘任务中常见的问题，是指不同类别的样本数量差异很大。这可能会导致模型对多数类别过于偏向，而对少数类别预测效果不佳。以下是一些处理不平衡数据集的常见方法。

过采样：增加少数类别的样本数量，可以复制已有的少数类样本或通过算法生成合成样本。

欠采样：减少多数类别的样本数量，随机删除一些多数类样本。

3. 数据压缩

定义 2-11　数据压缩（data compression）是指通过一系列算法和技术，在不丢失有用信息的前提下，缩减数据量以节省存储空间，提高其传输、存储和处理效率。

数据压缩技术可以通过多种方式实现，包括无损压缩和有损压缩。无损压缩在压缩过程中不丢失任何数据，使得压缩后的数据能够完全还原为原始数据，适用于需要精确还原数据的情况。其原理是利用数据的冗余信息和统计性质进行压缩，可完全恢复原始数据而不引起任何失真。无损压缩的常用算法包括霍夫曼编码、字典编码、预测编码等。有损压缩在压缩过程中会牺牲一些数据精度以获得更高的压缩率，广泛应用于图像、音频、视频等多媒体数据中。其基本原理是利用人对细微变化的不敏感性，去除或近似人类感知上不明显的信息。有损压缩的常用算法包括转换编码、量化等。维度规约和数量规约也可以视为某种形式的数据压缩。

2.1.5 数据变换

定义 2-12　数据变换（data transformation）是通过对原始数据进行特定的转换使其更易于理解和分析的数据预处理方法。

数据变换旨在将原始数据转换成更便于处理的格式。在数据挖掘任务中，原始数据的格式可能各不相同，需要经过一定的转换和处理，才能够进行数据分析和建模。常用的数据变换策略包括数据规范化、连续数据离散化和分类数据编码。

1. 数据规范化

在实际应用中，不同变量的数据单位、大小、范围和精度等方面可能存在差异，这会影响到数据分析的结果。数据规范化的主要目的就是消除数据之间量纲的差异，使得不同数据可以在同一个基准上进行比较和分析。常用的数据规范化方法包括最小-最大规范化、Z 分数规范化、小数定标规范化。表 2-7 展示了部分常用的数据规范化方法。

表 2-7 常用的数据规范化方法

数据规范化方法	描述	公式
最小-最大规范化（min-max normalization）	将原始数据缩放到[0, 1]范围内，最小值和最大值分别映射为 0 和 1，中间的数值按照线性比例进行映射	$x^{*}=\frac{x-x_{\min}}{x_{\max}-x_{\min}}$，其中 $x_{\max}$ 是样本最大值，$x_{\min}$ 是样本最小值
Z 分数规范化（Z-score normalization）	将原始数据按照均值和标准差进行线性变换，使数据具有标准正态分布的特性，均值为 0，标准差为 1	$x^{*}=\frac{x-\bar{x}}{\sigma}$，其中 $\bar{x}$ 是数据的平均值，σ 是数据的标准差
小数定标规范化（decimal scaling normalization）	将所有数据除以一个固定基数，使所有数据绝对值小于 1。这个基数通常是数据集最大绝对值的幂次方	$x^{*}=\frac{x}{10^{j}}$，其中 j 是使 $\max\left(\lvert x^{*}\rvert\right)<1$ 的最小整数

注 意

当数据中存在离群点或极端值时，最小-最大规范化后的数据可能会偏离原始分布。假设有以下一组数据表示某小区的房屋面积（单位：m^2）：[80, 90, 100, 110, 120, 500]。最小最大规范化后的数据如下：[0.0, 0.0294, 0.0588, 0.0882, 0.1176, 1.0]。从结果可以看出，由于原始数据中存在离群点 500，规范化后的数据整体上偏离了原始分布，使得其他值集中分布在较小范围内，差异变得不明显。

2. 连续数据离散化

数据离散化是将连续变量划分成有限数量的离散区间的数据预处理技术，有助于简化数据分析和建模过程、降低计算复杂度、削弱异常值影响等。

常用数据离散化方法包括分箱离散化、聚类分析离散化、决策树离散化。其中，前面介绍的分箱就是一种非监督的离散化技术，首先通过指定箱的深度或宽度完成数据分箱，然后利用箱均值或箱中位数等方法对箱中的数值进行平滑处理，实现属性值的离散化。聚类分析通过将属性的观测值划分为簇，实现对数据的离散化，本书第 8 章将对聚类进行详细介绍。决策树分析是一种监督的离散化方法，其核心思想是基于数据集的特征值选择最优划分点，将连续的数值型数据转化为离散的类别型数据，本书 6.4 节将对决策树进行详细介绍。

3. 分类数据编码

在数据挖掘中，分类变量是常见的一种数据类型。然而，许多机器学习算法和统计分析方法都只能处理数值变量。因此需要将分类变量转换为数值变量，常见的方法包括序数编码、独热编码、二进制编码等。表 2-8 展示了部分常用的分类数据编码方法。

表 2-8 常用的分类数据编码方法

编码方法	描述	示例	
		初始变量	编码后的变量
序数编码	将分类变量按照顺序关系映射到整数	类别数为 4，向量为 $\boldsymbol{a}=[a_1,a_2,a_3,a_4]$	$\boldsymbol{a}=[1,2,3,4]$

续表

编码方法	描述	示例	
		初始变量	编码后的变量
独热编码	将分类变量编码为长度等于变量取值个数的向量，其中只有一个元素为 1，其余为 0	类别数为 4，向量为 $\boldsymbol{a}=[a_1,a_2,a_3,a_4]$	$\boldsymbol{a}_1=[1,0,0,0],\boldsymbol{a}_2=[0,1,0,0]$ $\boldsymbol{a}_3=[0,0,1,0],\boldsymbol{a}_4=[0,0,0,1]$
哑变量编码	将分类变量转换为多个二值变量的编码方式	类别数为 4，向量为 $\boldsymbol{a}=[a_1,a_2,a_3,a_4]$	$\boldsymbol{a}_1=[1,0,0],\boldsymbol{a}_2=[0,1,0]$ $\boldsymbol{a}_3=[0,0,1],\boldsymbol{a}_4=[0,0,0]$
二进制编码	先用序号为每个类别设定一个唯一 ID，然后将 ID 对应的二进制编码作为编码结果	类别数为 4，向量为 $\boldsymbol{a}=[a_1,a_2,a_3,a_4]$，各类别 ID 分别为 0，1，2，3	$\boldsymbol{a}_1=[0,0],\boldsymbol{a}_2=[1,0]$ $\boldsymbol{a}_3=[0,1],\boldsymbol{a}_4=[1,1]$
频率编码	将每个类别映射为该类别在整个数据集中的频率	类别数为 4，向量为 $\boldsymbol{a}=[a_1,a_2,a_3,a_4]$，各类别在数据集中的频率分别为 10，20，30，40	$\boldsymbol{a}=[0.1,0.2,0.3,0.4]$
目标编码	将每个类别映射到该类别在给定目标变量的统计量，如平均值、中位数、众数等	房屋朝向有四种取值{‘东’,‘南’,‘西’,‘北’}，朝向为东的租金均值为 3000 元，朝向为南的租金均值为 3200 元，朝向为西的租金均值为 2800 元，朝向为北的租金均值为 2900 元	“东”编码为 3000，“南”编码为 3200，“西”编码为 2800，“北”编码为 2900

2.1.6 实践案例：线上零售交易数据预处理

数字化经济时代，线上零售已经成为现代商业领域中不可忽视的重要组成部分，越来越多的消费者选择通过网络购物，产生了海量的线上零售交易数据。这些数据包含了关于商品、消费者行为、购买习惯以及市场趋势等宝贵信息。然而，这些数据复杂多变，通常包含噪声、缺失值等。因此，为了能够更好地利用这些数据来指导业务决策和市场战略，需要对其进行有效的预处理。

本节将对线上零售交易数据进行预处理，该数据集由 2021 年 12 月 1 日至 2023 年 12 月 9 日期间发生的英国注册非商店在线零售的所有交易订单组成（数据集来源：https://www.kaggle.com/datasets/puneetbhaya/online-retail），共包含 541909 个样本，部分数据样例见表 2-9，具体字段包括发票编号、商品代码、商品描述、数量、发票日期、单价、客户 ID、国家（交易发生的国家）。本案例的详细步骤、完整代码及处理结果，请访问在线数字平台查看。

表 2-9　线上零售交易数据样例

发票编号	商品代码	商品描述	数量	发票日期	单价	客户 ID	国家
536365	85123A	WHITE HANGING HEART T-LIGHT HOLDER	6	01-12-2021 08:26	2.55	17850	United Kingdom
536365	71053	WHITE METAL LANTERN	6	01-12-2021 08:26	3.39	17850	United Kingdom
536365	84406B	CREAM CUPID HEARTS COAT HANGER	8	01-12-2021 08:26	2.75	17850	United Kingdom

续表

发票编号	商品代码	商品描述	数量	发票日期	单价	客户 ID	国家
…	…	…	…	…	…	…	…
581587	23255	CHILDRENS CUTLERY CIRCUS PARADE	4	09-12-2023 12:50	4.15	12680	France
581587	22138	BAKING SET 9 PIECE RETROSPOT	3	09-12-2023 12:50	4.95	12680	France

完整数据：“./chapter2/data/transaction.csv”

2.2 数据属性

在数据挖掘中，结构化数据是一种最常见的数据形式，通常以表格或矩阵的方式展现，其中每行代表一个数据对象，也称为样本或实例，每列代表一个属性（attribute），用以描述数据对象的特定特征。

根据性质和可测量程度，属性可分为标称属性、序数属性和数值属性。另外，基于属性值的类型和范围，属性也可以分为离散属性和连续属性。表 2-10 展示了某平台的二手车交易数据，包括交易 ID、汽车注册年份、车身类型、燃油类型等属性信息。

表 2-10　二手车交易数据

交易 ID	汽车注册年份	车身类型	燃油类型	变速器	发动机功率	汽车已行驶公里数	交易价格
1	2004	微型车	汽油	手动	60	12.5	1850
2	2003	厢型车	汽油	手动	0	15	3600
3	2004	微型车	汽油	手动	163	12.5	6222
…	…	…	…	…	…	…	…
99999	1999	豪华轿车	汽油	手动	136	15	800
100000	2004	大巴车	柴油	手动	64	12.5	3350

完整数据：“./data/chapter2/car.csv”

2.2.1 标称属性

定义 2-13　标称属性（nominal attribute）是由离散的符号或名称表示的属性，代表不同的类别、状态或编码。

标称属性的取值是枚举型的，即它们是一个预定义集合中的元素，而不是连续或可度量的数值。例如，表 2-10 中“车身类型”就是一个标称属性，其取值可能是“微型车”“厢型车”“豪华轿车”等。“燃油类型”也是一个标称属性，其取值可能是“汽油”“柴油”“液化石油气”等。这些取值通常不具有数学意义，不能进行大小比较。

定义 2-14　二元属性（binary attribute）是只有两种可能取值的属性，是标称属性的特例。

在统计学和数据分析中，二元属性常常用来表示两种互斥的状态或类别，如是/否、成功/失败、有/无等。二元属性可进一步分为对称的二元属性和非对称的二元属性。如果属性的两种状态结果同等重要，则为对称的二元属性，例如，表 2-10 中“变速器”属性，取值可能是“自动”和“手动”，以及生活中常见的“性别”属性，一般具有“男”和“女”两种状态；若两种结果的重要性不同，则为非对称的二元属性，例如，疾病诊断中的“阴性”和“阳性”，舆情监测中信息是“虚假”或“真实”，在这类任务中，“阳性”和“虚假”是稀有但更加受关注的结果。

数据不平衡性

在对具有非对称二元属性的数据集进行挖掘时，数据集中两个类别的样本数量可能存在严重的不均衡问题。当其中一个类别的样本数量远远少于另一个类别时，称为数据不平衡。这种不平衡性会对数据挖掘算法的性能产生负面影响。

例如，当使用深度学习算法解决分类问题时，训练集中不平衡类别的样本数量过少，导致模型难以学习到该类别数据的特征，从而影响模型对该类别数据的识别能力。因此，在挖掘具有非对称二元属性的数据集时，需要对数据进行预处理，如重采样、使用不同的成本敏感权重、合成少数类过采样技术等，以降低数据类别失衡对结果的影响。

2.2.2 序数属性

定义 2-15　序数属性（ordinal attribute）是一种用来描述对象在一组事物中相对排列顺序的属性。

序数属性的取值存在有意义的秩，可以进行大小和顺序的比较，但不能进行加减乘除等数学计算。该属性取值的大小能够表示数据对象的等级、方位、大小等顺序关系。例如，学生的“考试名次”就是一个序数属性，表示学生在这组学生中的排名。服装的“尺码”也是一个序数属性，用 S、M、L、XL、XXL 等尺码表示服装的尺寸大小。

秩（rank）

在统计学中，“秩”是指将一组数据按照从小到大（或从大到小）的顺序排列后，每个数据所在的位置或排名，用于表示每个数据在整个数据集中的相对位置。例如，数据集[5, 3, 8, 2, 7]按照从小到大排列为[2, 3, 5, 7, 8]，则每个数据的秩分别为[3, 2, 5, 1, 4]。

2.2.3 数值属性

定义 2-16 数值属性（numeric attribute）用于表示具有数值含义的属性，其取值是一个数字。

数值属性是可度量的量，既可以进行大小比较，也可以进行数学计算。例如，表 2-10 中“发动机功率”“汽车已行驶公里数”“交易价格”均为数值属性，它们的取值通常用数值表示。数值属性可进一步分为比率标度属性和区间标度属性。

定义 2-17 比率标度属性(ratio-scaled attribute)是存在绝对零点的数值属性。

在比率标度属性中，属性的取值可进行比例运算，如果某物体的长度是 20cm，宽度是 10cm，则可认为该物体的长度是宽度的两倍。此外，比率标度属性的不同数值之间具有相等的间隔，例如，在速度属性中，1m/s 和 2m/s 的差距与 100m/s 和 101m/s 的差距是相等的。表 2-10 中“发动机功率”“汽车已行驶公里数”“交易价格”均为比率标度属性。比率标度属性的例子还包括重量、开尔文温度、年龄、货币量等。

绝对零点

绝对零点是指一个具体的零值，表示完全没有某种属性或数量。绝对零点表示了属性的最小可能值，存在绝对零点的数据其取值不存在负值。

定义 2-18 区间标度属性（interval-scaled attribute）是不存在绝对零点的数值属性。

区间标度属性没有固有零点，如摄氏温度（℃），0℃并不表示完全没有温度，而是表示冰点。区间标度属性只能进行大小比较，不能进行比率比较。例如，30℃和 20℃的温差是 10℃，可以认为前者比后者温度高，但不能认为前者是后者的 1.5 倍热。同样地，华氏温度（℉）也是区间标度属性，但开尔文温度（K）是比率标度属性。区间标度属性的例子还包括日期、经纬度、成绩评分等。

开尔文温度与摄氏、华氏温度

开尔文温度（K）是比率标度属性，而摄氏温度（℃）和华氏温度（℉）是区间标度属性。从温度测量尺度的原理理解，开尔文温度基于热力学温标，通过绝对温度零点的概念进行定义和测量。绝对零度是温度的最低可能值，表示物质中粒子的运动完全停止，即没有任何热量的状态。摄氏温度和华氏温度是以水的冰点（0℃）和沸点（100℃）

为基准的温度尺度。其零点不代表绝对零度，因为温度的负值在摄氏温度和华氏温度的尺度上是有意义的。三者之间的转换公式为 K = ℃ + 273.15 = (℉ + 459.67) / 1.8 。

2.2.4 离散属性与连续属性

在数据挖掘中，将数据正确地标识为离散属性或连续属性非常重要，这直接影响到数据处理和分析的方法选择以及结果的解释和可靠性。

定义 2-19 离散属性（categorical attribute）是指数据取值个数有限的属性，可定性地将每个观察单位分配给特定类别。

例如，一个人的“发色”就是一个离散属性，其取值可能是“黑色”“金色”“白色”等；一个地区的“邮政编码”也是一个离散属性，其取值可能是“100010”“410073”等。

定义 2-20 连续属性（continuous attribute）是具有无限个可能取值的属性，这些取值通常表示一定范围内的测量结果或数量，可无限细分。

连续属性的取值通常用浮点变量来表示，例如，人的身高数据是连续的，其取值是无限的（1.7m、1.71m、1.72m、1.7234m 等）。

数据类型分类总结如表 2-11 所示。

表 2-11 数据类型分类总结

属性类型		描述	例子
离散属性	标称属性	仅用于区分对象	颜色、性别、职业
	序数属性	可确定对象的秩	衣服尺码{S，M，L}、成绩等级{A，B，C，D}
连续属性	比率标度	具有绝对零点，可进行比率计算、数值计算	身高、电流、价格、重量、开尔文温度、年龄
	区间标度	不具有绝对零点，可进行大小比较，不可进行数值计算	日期、时间、摄氏温度、华氏温度、经纬度、成绩评分

2.3 数据描述性统计

描述性统计是最基本的数据探索方式，它应用基本统计分析方法对数据进行分析，旨在了解数据分布的基本特性，主要包括集中趋势度量、离散程度度量和分布形态度量。

2.3.1 集中趋势度量

集中趋势度量是寻找数据水平的代表值或中心值的计算方法，常用于表征一组数据向某一中心值靠拢的程度。常见的集中趋势度量主要包括平均值、中位数、众数。

1. 平均值

定义 2-21 平均值（mean）又称算术平均值，是一组数据的和除以数据的个数得到的结果，在统计中常用于表示统计对象的一般水平。对于包含 N 个样本的数据集 $D=[x_1,x_2,\cdots,x_N]^{\mathrm{T}}$，其平均值 $\overline{x}$ 的计算公式为

$$\overline{x}=\frac{1}{N}\sum_{i=1}^{N}x_i \tag{2-6}$$

在实际应用中，有时需要考虑不同样本的重要性，如在计算学生的总成绩时，可能希望期末考试成绩比平时作业和课堂测试有更大的影响力。在这种情况下，可以采用加权平均值的方法，即对每个样本 x_i 赋予一个权重 ω_i（$\sum_{i=1}^{N}\omega_i=1$），以便不同样本能够根据其重要性或质量不同程度地影响总体平均值。加权平均值 $\overline{x}_\omega$ 的计算公式为

$$\overline{x}_\omega=\sum_{i=1}^{N}\omega_i x_i \tag{2-7}$$

平均值的数学性质

（1）平均值最小化了数据点偏离中心位置的平方和。也就是说，如果对每个数据点 x_i 计算其与平均值 $\overline{x}$ 的偏差 $x_i-\overline{x}$，那么这些偏差的平方和将会是所有可能的中心位置 c 中最小的。数学上，这可以表述为平均值是偏差平方和的最小化问题的解：

$$\overline{x}=\arg\min_{c}(x_i-c)^2$$

（2）所有数据点相对于平均值的偏差之和为零：

$$\sum_{i=1}^{N}(x_i-\overline{x})=0$$

这意味着数据集中高于平均值的偏差总和与低于平均值的偏差总和相等，从几何角度来看，平均值是数据分布的“平衡点”。

2. 中位数

定义 2-22 中位数（median）是一组数据排序后处于50%位置上的变量值，通常用 M_e 表示，计算公式为

$$M_e = \begin{cases} x_{\left(\frac{N+1}{2}\right)}, & N\text{为奇数} \\ \dfrac{1}{2}\left(x_{\left(\frac{N}{2}\right)} + x_{\left(\frac{N}{2}+1\right)}\right), & N\text{为偶数} \end{cases} \tag{2-8}$$

中位数不受极端值的影响，常用于度量分布偏斜程度较大的数据的集中趋势。计算中位数时，需要将N个数据按照递增顺序进行排列。如果N为奇数，中位数是位于第$(N+1)/2$位的数值；如果N为偶数，中位数则是处于中间位置（$N/2$和$N/2+1$）的两个值的均值。

中位数的数学性质

中位数是最小化所有数据点到该点的绝对偏差之和的数值：

$$M_e = \underset{Y^*}{\arg\min}\left|x_i - Y^*\right|$$

其中，Y^*表示目标值，即优化过程中需要接近或达到的数值。

这个性质说明了中位数实质上是最佳的中心位置，使得数据点在其周围平均分布。这使得中位数成为衡量集中趋势的一个稳健的度量，特别是当数据包含异常值或极端值时。相对于算术平均数，异常值对中位数的影响较小。

3. 众数

定义 2-23　众数（mode）是一组数据中出现频率最高的变量值，通常用M_o表示。

众数不易受极端值影响，常用于数据分布偏斜程度较大且有明显峰值的情况。如图 2-7 所示，一组数据的众数可分为以下三种情况：唯一众数、多个众数和无众数。唯一众数表示数据中出现次数最多的数值只有一个，这样的数据集称为单峰（unimodal）数据集。多个众数表示数据中具有两个或更多众数，这样的数据集称为多峰（multimodal）数据集。若数据分布缺乏明显的集中趋势或最高峰值，则称该数据集无众数。

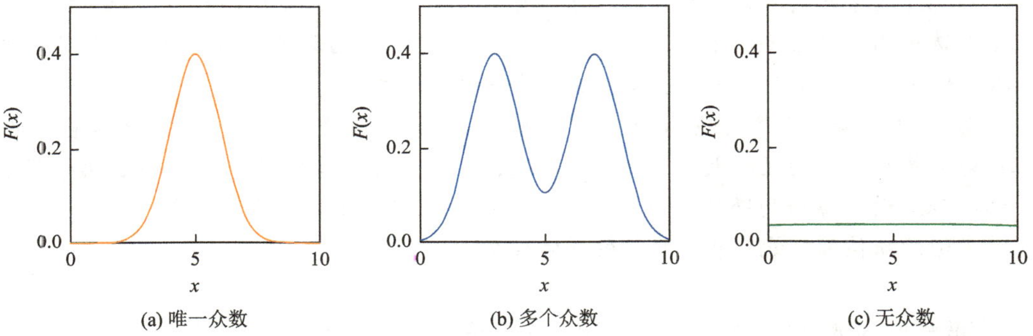

图 2-7　众数示意图

算一算

某股票在连续10个交易日内的收盘价格分为是33.60、33.85、33.75、33.75、33.81、33.88、33.89、33.80、33.84、33.85，请计算这些数据的平均值、中位数和众数。

（1）$\bar{x}$=(33.60+33.85+33.75+33.75+33.81+33.88+33.89+33.80+33.84+33.85)/10=33.802

（2）首先将股票收盘价格按递增顺序排列，结果为33.60、33.75、33.75、33.80、33.81、33.84、33.85、33.85、33.88、33.89。由于共有10个数据值，中位数为第5位和第6位的平均值，因此$M_e=(33.81+33.84)/2=33.825$

（3）通过统计股票收盘价格的出现次数，发现33.75和33.85均出现2次，而其余数值均出现1次，因此M_o为33.75和33.85。

2.3.2 离散程度度量

在衡量数据的特性时，平均值等集中趋势度量指标能反映数据整体的中心位置或一般水平，但它们往往无法全面揭示数据的复杂性。仅仅依赖于平均值，我们可能会忽略数据点的离散情况，即数据点围绕平均值的波动或偏离程度。

示例

下图展示了两组具有相同平均值但分布差异显著的数据。

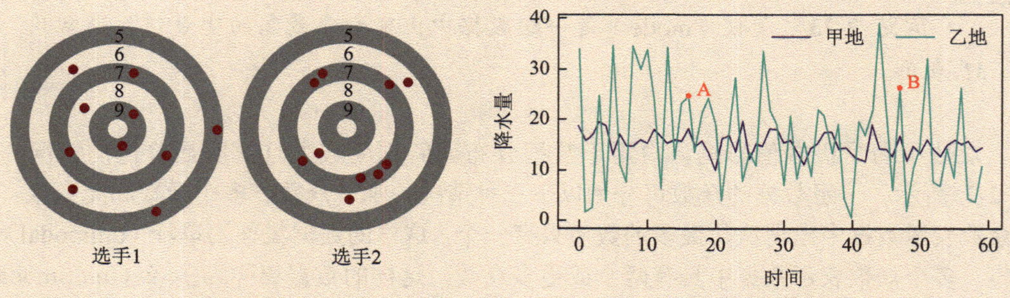

(a) 打靶图　　(b) 降水量变化图

图（a）为某次打靶比赛中两名选手射中的环数图。虽然两个选手的平均环数相同，但2号选手的环数主要集中在6、7环附近，而1号选手的环数更为分散，有时能高达9环，有时却低至5环。这种分布的不同是平均值无法反映的。

图（b）描绘了甲乙两地60天内的降水量变化。尽管甲乙两地的平均降水量相同，但乙地的降水量波动显著大于甲地。在乙地，A、B对应的数值虽然为峰值，由于降水量的频繁波动，类似的峰值出现较为常见，因此可视为正常。然而，在波动较小的甲地，类似的峰值则可能代表降水量的异常增加。

离散程度为掌握数据特征提供了另一个角度，常见的离散程度度量统计量有极差、平均差、方差、标准差、异众比率、四分位差等。

1. 极差和平均差

定义 2-24　极差（range）又称全距，是数据中最大值与最小值的差值，计算公式为

$$R = x_{\max} - x_{\min} \tag{2-9}$$

极差反映了数据的取值范围，是最基本的衡量数据离散程度的指标。极差可直接反映数据分布情况，易受极端值的影响且不考虑数据的分布。

定义 2-25　平均差（mean deviation）是一个数据中每个变量值与平均值之差的绝对值的平均值，计算公式为

$$M_d = \frac{\sum |x - \bar{x}|}{N} \tag{2-10}$$

平均差以平均值为中心，能全面地反映一组数据的离散程度。平均差越大，说明数据离散程度越大，反之，离散程度越小。

2. 方差和标准差

定义 2-26　方差（variance）是数据中各变量值与平均值离差平方的算术平均值，计算公式为

$$\sigma^2 = \frac{\sum_{i=1}^{N}(x_i - \mu)^2}{N} \tag{2-11}$$

其中，μ 是总体均值。

方差在实际应用中使用最广，能较好地反映各变量值与平均值的平均差异，从而全面体现一组数据的离散程度。在统计研究中，有时会对数据进行分组，依据特定的标准将原始数据划分为不同的区间（组），每个组包含一定范围内的数据值，并统计每个组内的频数或频率 f_i。分组数据的方差计算公式为

$$\sigma^2 = \frac{\sum_{i=1}^{N}(M_i - \mu)^2 f_i}{N} \tag{2-12}$$

其中，M_i 是第 i 组的中位数，f_i 是其频数，N 为组数。

对于数据量为 n 的样本数据，通常使用样本方差来估计总体方差，未分组数据和分组数据的样本方差计算公式分别为

$$s^2 = \frac{\sum_{i=1}^{n}(x_i - \bar{x})^2}{n-1} \tag{2-13}$$

$$s^2=\frac{\sum_{i=1}^{k}(M_i-\bar{x})^2 f_i}{n-1} \tag{2-14}$$

延伸阅读

假设样本方差的分母为n，则

$$\begin{aligned}\frac{\sum_{i=1}^{n}(x_i-\bar{x})^2}{n}&=\frac{1}{n}\sum_{i=1}^{n}[(x_i-\mu)+(\mu-\bar{x})]^2\\&=\frac{1}{n}\sum_{i=1}^{n}[(x_i-\mu)^2+2(x_i-\mu)(\mu-\bar{x})+(\mu-\bar{x})^2]\\&=\frac{1}{n}\sum_{i=1}^{n}[(x_i-\mu)^2-(\bar{x}-\mu)^2]\end{aligned}$$

因此，除非$\bar{x}=\mu$，$\frac{\sum_{i=1}^{n}(x_i-\bar{x})^2}{n}<\sigma^2=\frac{\sum_{i=1}^{N}(x_i-\mu)^2}{N}$始终成立，此时样本方差是有偏的。

定义 2-27 标准差（standard deviation）是方差的算术平方根。未分组数据和分组数据的样本标准差、总体标准差分别用s和σ表示。

标准差描述了数据点相对于平均值的平均偏离程度，标准差越小，说明数据的离散程度越小，数据越集中在平均值附近；标准差越大，说明数据的离散程度越大。标准差是方差的平方根，具有与原始数据相同的量纲，这使得标准差能够方便地与原始数据进行比较和解释。在比较不同数据集的离散程度时，可以将数据标准化为标准差为 1 的 Z-score，从而消除不同数据集之间的量纲差异，以进行更合理的比较。

3. 异众比率

定义 2-28 异众比率（variation ratio）是指非众数变量值的频数占总频数的比例，计算公式为

$$V_r=\frac{\sum f_i-f_m}{\sum f_i}=1-\frac{f_m}{\sum f_i} \tag{2-15}$$

其中，$\sum f_i$为变量值的总频数，f_m为众数组的频数。异众比率主要用于衡量众数对一组数据的代表程度，适用于测度分类数据的离散程度。

异众比率越大，说明非众数组的频数占总频数的比重越大，众数对数据中心的代表性越差；异众比率越小，说明非众数组的频数占总频数的比重越小，众数对数据中心的代表性越好。

4. 四分位差

定义 2-29 四分位数（quartile）也称四分位点，是指把所有数据按照递增顺序排列并将其分成四等份后，处于三个分割点位置的变量值。当 $(N-1)/4$ 可以整除时，$Q_1 = x_{1/4\times(N-1)+1}$，$Q_2 = x_{1/2\times(N-1)+1}$，$Q_3 = x_{3/4\times(N-1)+1}$。

第一个四分位数（Q_1）又称下四分位数，即将数据集从小到大排列后，处于第 25%位置的数值；第二个四分位数（Q_2）是中位数；第三个四分位数（Q_3）又称上四分位数，即处于第 75%位置的数值。四分位数示意图如图 2-8 所示。

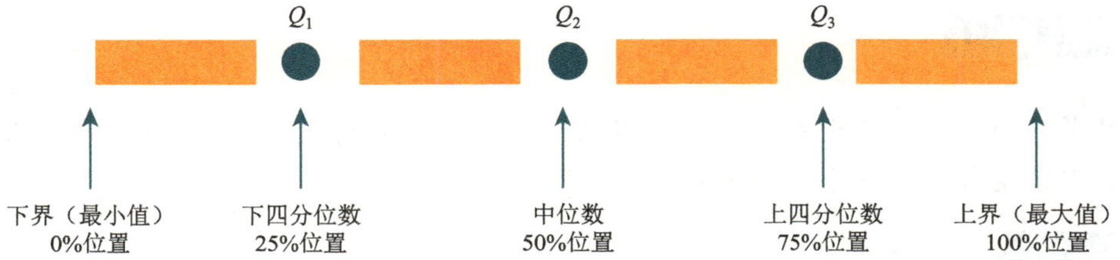

图 2-8 四分位数示意图

注 意

当 $(N-1)/4$ 不能整除时，Q_1 在更靠近 $1/4\times(N-1)+1$ 的位置。例如，当 $N=10$ 时，$1/4\times(N-1)+1=3.25$，此时 Q_1 为第 3 位的值；当 $N=7$ 时，$1/4\times(N-1)+1=2.5$，此时 Q_1 为第 2 位与第 3 位的平均值。同理可得 Q_2、Q_3 的位置。

定义 2-30 四分位差（interquartile range, IQR）是上四分位数与下四分位数之差，计算公式为

$$\text{IQR} = Q_3 - Q_1 \tag{2-16}$$

四分位差表示排序后处于中间 50%的数据覆盖范围，其值越小，说明中间的数据越集中；其值越大，说明中间的数据越离散。由于中位数位于四分位数之间，故四分位差也能反映出中位数对于数据样本的代表程度，四分位差越小，中位数的代表程度越高，反之，代表程度越低。

在数据可视化中，四分位差与箱线图（boxplot）紧密相关，后者是一种直观展示数据分布情况的图形工具。箱线图通过箱体、中线和边缘线等元素，综合展示数据的中心趋势、分散程度以及异常值的情况。其中，箱体的宽度正是四分位差。关于箱线图的详细介绍，请参见本书 2.4.3 节。

5. 变异系数

定义 2-31 变异系数（coefficient of variation）是一组数据的标准差与平均值的比值，通常用百分比表示，计算公式为

$$V_s = \frac{s}{\bar{x}} \times 100\% \tag{2-17}$$

变异系数用于衡量数据的相对变异程度，可比较不同数据集之间的变异性且不受其测量单位的影响。变异系数越大说明数据的离散程度越大，变异系数越小说明数据的离散程度越小。

注 意

变异系数并不适用于所有情况。当数据集的均值接近零或数据集中包含过多的零值时，可能会导致变异系数的值异常大或无法计算。

算一算

某城市近七日的温度分别是 32℃、34℃、35℃、28℃、18℃、20℃、18℃，请计算该城市近七日内温度的极差、平均值、方差、异众比率、四分位差和变异系数。

①将数据按递增顺序排列，得 18，18，20，28，32，34，35

最大值为 35，最小值为 18，极差：$R = 35 - 18 = 17$

②数据平均值：$\bar{x} = (18+18+20+28+32+34+35)/7 \approx 26.43$

③方差：$\sigma^2 = \sum_{i=1}^{7}(x_i - 26.43)^2 / 7 = 49.67$

④众数为 18，频数为 2，异众比率：$V_r = 1 - 2/7 \approx 0.71$

⑤由于$1/4 \times (7-1) + 1 = 2.5$，因此$Q_1$为第 2 位与第 3 位的平均值，$Q_3$为第 5 位与第 6 位的平均值，四分位差：$\text{IQR} = (32+34)/2 - (18+20)/2 = 14$

⑥变异系数：$V_s = \sqrt{49.67} / 26.43 \approx 0.27$

2.3.3 分布形态度量

数据的分布形态度量主要包括对称性、偏斜与扁平程度等。

1. 偏态及其测度

定义 2-32 偏态（skewness）是对一组数据分布相较于标准正态分布的偏斜方向和程度的度量，计算公式为

$$\mathrm{SK}=\frac{n\sum(x_i-\bar{x})^3}{(n-1)(n-2)s^3} \tag{2-18}$$

其中，s 为样本的标准差。偏态反映数据分布的非对称程度，偏态系数是衡量偏态的统计量。

偏态系数越接近于 0，表明数据集的偏斜程度越小。如图 2-9 所示，若 $\mathrm{SK}=0$，则表明数据呈现对称分布。若 $\mathrm{SK}\neq 0$，则表明数据呈现偏态分布。根据偏移的方向，偏态分布可进一步分为如下两种。

（1）右偏分布（positive skewness）：$\mathrm{SK}>0$，众数＜中位数＜平均值。右偏分布的数据中有一些较大的极端值，使得平均值被拉向右侧。

（2）左偏分布（negative skewness）：$\mathrm{SK}<0$，平均值＜中位数＜众数。左偏分布的数据中有一些较小的极端值，使得平均值被拉向左侧。

偏度的绝对值越大，说明数据分布的偏斜程度越严重。若 $|\mathrm{SK}|>1$，则该数据为高度偏态分布；若 $0.5\leqslant|\mathrm{SK}|\leqslant 1$，则为中等偏态分布。

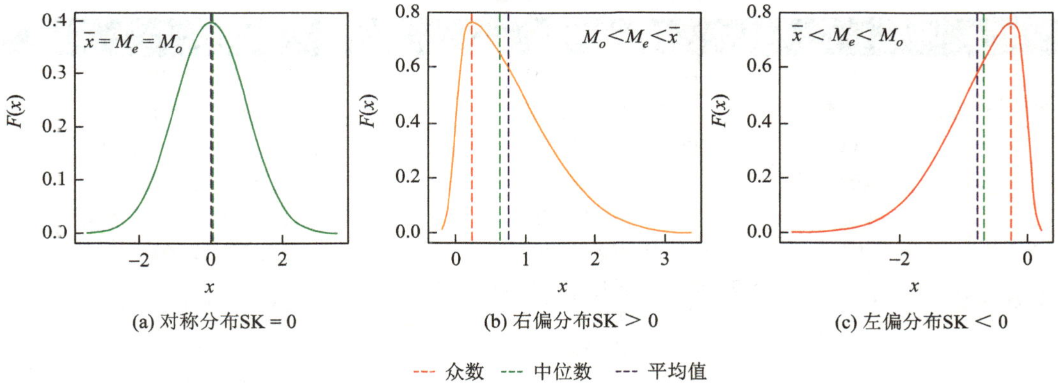

图 2-9　偏态分布

2. 峰态及其测度

定义 2-33　峰态（kurtosis）是对数据分布相较于标准正态分布的平峰或尖峰程度的度量。可以用峰态系数 K 来衡量峰态，计算公式为

$$K=\frac{N(N+1)\sum(x_i-\bar{x})^4-3\left[\sum(x_i-\bar{x})^2\right]^2(N-1)}{(N-1)(N-2)(N-3)s^4} \tag{2-19}$$

峰态是相对于标准正态分布而言的，如果一组数据服从标准正态分布，则 $K=0$；若 $K>0$，则为尖峰分布，表示数据更为集中；若 $K<0$，则为扁平分布，数据更为离散，如图 2-10 所示。

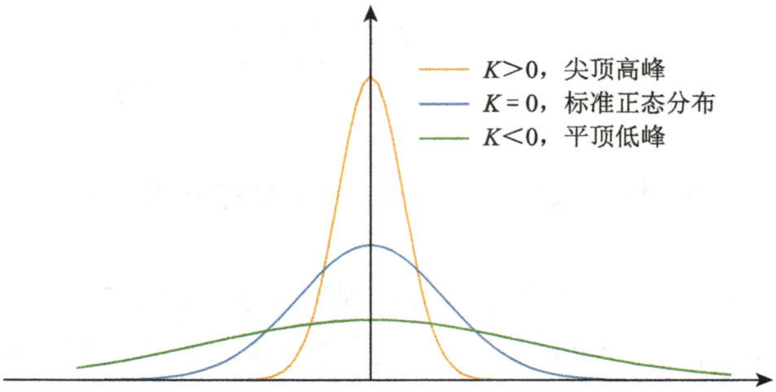

图 2-10　峰态分布

本节主要介绍了数据分布特征的各种统计量，如表 2-12 所示，这些统计量从集中趋势、离散程度、分布形态三个方面帮助我们更好地理解和描述数据。在数据挖掘中，描述统计量是一组常见且重要的指标，用于对数据进行初步的整理、概括和分析，为后续的建模分析提供基础。

表 2-12　数据描述性统计指标评价

统计量	指标	优点	缺点
集中趋势度量	平均值	包含了所有数据的信息	容易受极端值的影响
	中位数	对异常值不敏感	无法反映数据的具体分布
	众数	描述出现频率最高的值	可能存在多个众数或无众数
离散程度度量	极差	简单明了	受极端值影响大
	平均差	相对鲁棒性较强	计算使用绝对值，不适合代数运算
	方差	包含了所有数据点的信息	受极端值的影响较大
	标准差	直观理解数据分散程度，统一量纲，便于比较	容易受极端值的影响
	异众比率	可帮助检测异常值	定义较为主观
	四分位差	不受极端值影响	只能提供分布的分位情况
	变异系数	直观反映相对分散程度	依赖于平均值
分布形态度量	偏度	描述数据分布的对称性	无法区分异常值
	峰度	描述数据分布的峰度	受样本量影响较大

2.3.4　描述性统计常用工具

在 Python 中，NumPy、Pandas 和 SciPy.stats 等库为数据的描述性统计分析提供了极大的便利，它们包含丰富的函数和方法，可以轻松地进行各种计算。

NumPy 是 Python 中用于科学计算和数值运算的核心库。它提供了高效的多维数组对象，并且包含了许多用于数组操作的函数。在数据预处理中，NumPy 常用于数据存储、重构、计算统计指标等操作。Pandas 是建立在 NumPy 之上的一个强大的数据分析库，提供了更高级的数据结构，如 Series 和 DataFrame 等，常用于数据导入、数据清洗、缺失值处理等。另外，SciPy.stats 是 SciPy 库的一个子模块，专注于统计分析和概率分布。它提供了丰富的函数和方法来计算各种统计指标，如众数、偏度、峰度等。此外，该库还支持更复杂的统计分析任务。

表 2-13 总结了数据描述性统计分析的常用 Python 函数。

表 2-13　数据描述性统计分析的常用 Python 函数

指标	NumPy	Pandas	SciPy.stats
平均值	np.mean(data)	data.mean()	—
中位数	np.median(data)	data.median()	stats.median(data)
众数	—	data.mode()	stats.mode(data)
极差	np.ptp(data)	—	—
平均差	np.mean(np.abs(data-np.mean(data)))	—	—
方差	np.var(data)	data.var()	stats.variance(data)
标准差	np.std(data)	data.std()	stats.std(data)
异众比率	np.std(data) / np.median(data)	—	—
四分位差	np.percentile(data, p)，p 表示百分位	—	stats.iqr(data)
变异系数	np.std(data) / np.median(data)	—	—
偏度	—	data.skew()	stats.skew(data)
峰度	—	data.kurtosis()	stats.kurtosis(data)

2.3.5　实践案例：化妆品销售数据描述性统计分析

本节利用 2.3 节介绍的数据描述性统计指标对化妆品销售数据进行统计分析，数据来自 Kaggle 数据集 Sephora Skincare Ingredients（丝芙兰护肤成分）。该数据包含 1472 条化妆品销售数据，具体字段包括类型、价格、等级、混合性、干性、正常、油性、敏感性（后五列表示产品是否适合此类皮肤）。本节主要对不同产品类型的价格进行描述性统计，其中产品类型包括保湿霜、洁面乳、面膜、面霜、眼霜和防晒霜六类，部分数据样例如表 2-14 所示。

表 2-14　化妆品销售数据集样例

类型	价格	等级	混合性	干性	正常	油性	敏感性
保湿霜	175	4.1	1	1	1	1	1
保湿霜	179	4.1	1	1	1	1	1
保湿霜	68	4.4	1	1	1	1	0
…	…	…	…	…	…	…	…
防晒霜	20	1	0	0	0	0	0
防晒霜	45	0	1	1	1	1	1

完整数据：“./chapter2/data/skincare.csv”

本案例主要使用 NumPy 库和 Pandas 库进行描述性统计，具体操作如下。

（1）数据分组。本例中使用 Pandas 库的 groupby 函数将“价格”数据按照“类型”进行拆分，将相同类别的数据分为一组。

（2）描述性统计。对不同类型的化妆品的价格进行描述性统计，包括集中程度度量、离散程度度量以及分布形态度量。大部分指标可直接调用 Pandas、NumPy 库中的统计函数，少数指标（平均差、异众比率、四分位差和变异系数）需自定义计算。

（3）多函数聚合统计。利用 agg 函数对 groupby 的结果同时应用多个函数。如 grouped_data.agg(['mean', 'median'])表示同时计算分组后的 grouped_data 的平均值和中位数。

（4）输出结果。汇总并输出集中趋势、离散程度和分布形态三个角度的描述性统计结果。

完整代码见 chapter2/code/2-2 descriptive statistics.py。

输出结果：

集中趋势度量结果：

类型	平均值	中位数	众数
保湿霜	69.09	50.0	39
洁面乳	32.60	28.0	28
眼霜	63.60	52.0	38
防晒霜	45.91	38.0	36
面膜	42.62	36.0	6
面霜	79.18	64.5	95

分布形态度量结果：

类型	偏度	峰度
保湿霜	2.31	6.12
洁面乳	1.37	2.17
眼霜	2.28	6.41
防晒霜	4.81	29.23
面膜	2.28	7.48
面霜	2.48	7.96

离散程度度量结果：

类型	极差	平均差	方差	标准差	异众比率	四分位差	变异系数
保湿霜	321	35.14	2575.95	50.75	0.06	43.00	0.73
洁面乳	91	12.99	327.88	18.11	0.09	16.00	0.56
眼霜	255	27.88	1760.84	41.96	0.06	34.00	0.66
防晒霜	242	16.49	943.63	30.72	0.09	17.00	0.67
面膜	247	28.17	1663.07	40.78	0.12	48.25	0.96
面霜	352	36.19	2964.77	54.45	0.04	48.25	0.69

集中趋势度量显示，面霜价格均处于高位，反映其普遍较高的定价；而洁面乳的平均价格和中位数明显低于其他化妆品。在离散程度方面，洁面乳和防晒霜的价格波动较小，数据相对集中；其他产品则价格波动较大。分布形态度量表明，所有产品均呈现右偏尖峰分布，偏度和峰度均大于 0。

2.4 数据可视化

数据可视化（data visualization）是一种将数据转化为图表、图形或地图的技术，从而便于直观理解和分析数据。这不仅包括数据的简单转换，还涉及根据分析目标设计视觉呈现的方式，并常常具有交互性，使用户能够通过操作图像来深入探索数据。通过这种方式，数据可视化有助于揭示数据中的关联、趋势和异常，从而支持更有效的数据分析和决策制定。

2.4.1 条形图

条形图（bar chart）是用不同的条形显示一组数据中各项的数量或频率的图形。它可以横置，也可以纵置，纵置时也称为柱状图（column chart）。条形图适用于离散数据，可用于展示多个分类的数据变化或同类别各变量之间的比较情况，但当分类过多时则难以对数据类型进行有效辨识。

以表 2-10 的二手车交易数据为例，图 2-11（a）展示了交易记录中不同车身类型的成交数量，从条形图中可以直观地看到“豪华轿车”的交易量最高，“搅拌车”的交易量最低。

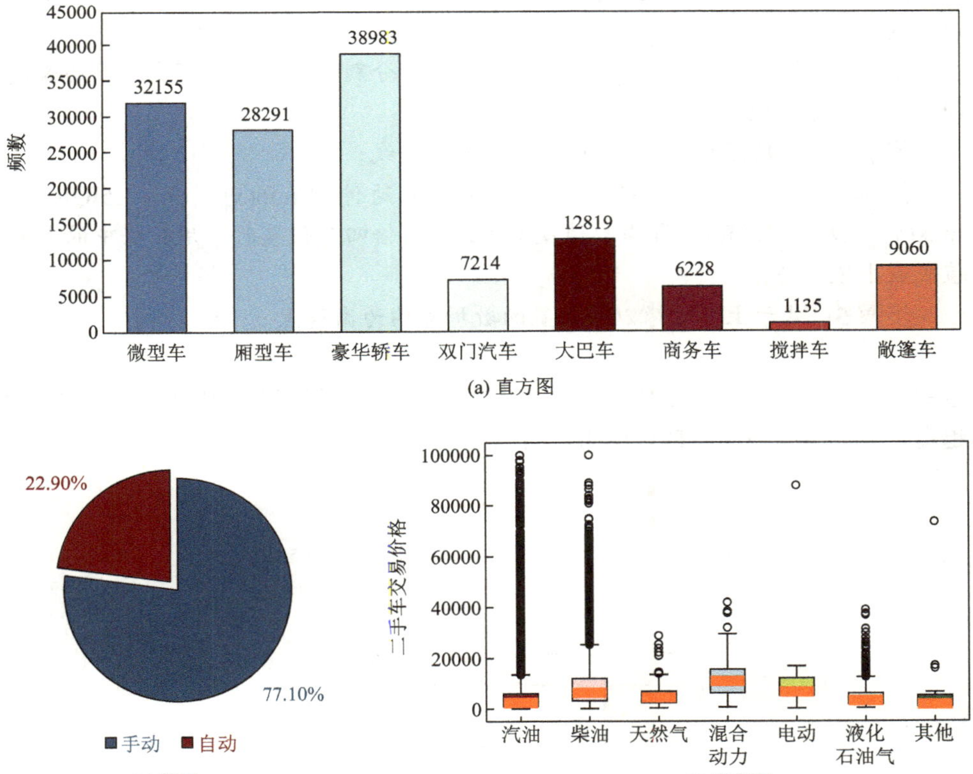

(a) 直方图

(b) 饼图

(c) 箱线图

图 2-11　二手车交易数据可视化

2.4.2 饼图

饼图（pie chart）是用圆形和圆内扇形角度显示一组数据中各项的数量或频率的图形，通常用于展示不同类别的数据所占的比例。饼图的每一部分都是一个扇形，扇形的角度表示数据的比例。饼图有助于快速了解数据的构成情况，但是当分类过多时每个扇面的角度会很小，导致结果展示不清晰。

图 2-11（b）展示了不同变速器类型车辆的成交量，可以清楚地发现手动挡二手车的交易量占比为 77.1%，自动挡二手车的交易量占比为 22.9%。

2.4.3 箱线图

箱线图（box plot）是根据一组或多组连续型数据的最大值、最小值、中位数、上下四分位数这五个特征绘制而成的图形，可较为全面地反映数据的分布特征，箱线图的绘图步骤如下。

步骤 1：计算数据的最大值 $x_{\max}$、最小值 $x_{\min}$、中位数 M_e 和上下四分位数 Q_3、Q_1；

步骤 2：将上四分位数 Q_3 和下四分位数 Q_1 分别作为箱的上下底，箱的长度即为四分位差 IQR；

步骤 3：将数据的中位数 M_e 作为箱内的横线；

步骤 4：箱外两条虚线的上下边缘分别延伸到 $\min(x_{\max}, Q_3+1.5\text{IQR})$ 和 $\max(x_{\min}, Q_1-1.5\text{IQR})$，即当数值没有达到 1.5 倍四分位差时，用数据中的最大值或最小值代替；

步骤 5：处于上下边缘以外位置的数据点均为离群点。

绘制完毕的箱线图如图 2-12 所示，箱子的高度在一定程度上反映了数据的离散程度，箱体越扁、上下边缘的距离越短说明数据越集中。

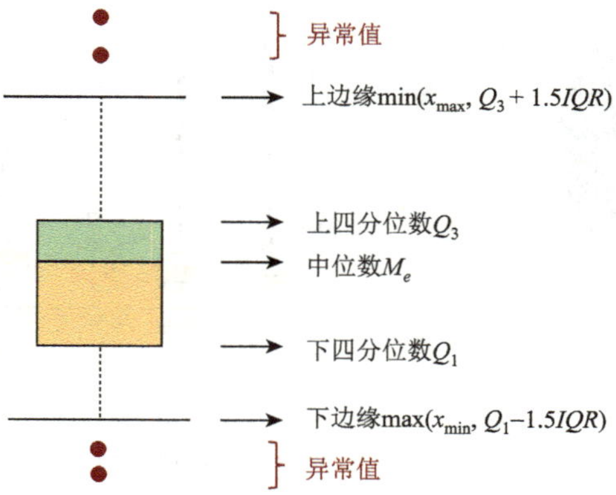

图 2-12　箱线图组成元素

图 2-11（c）展示了不同燃油类型车辆的交易价格，可以清楚地看到每种车型的成交价格分布，大量二手车的成交价格在 20000 元以内，混合动力二手车的成交价格中位数最高，汽油和柴油二手车存在较多交易价格格外高的情况。

2.4.4 直方图

直方图（histogram）是一种用于展示数据分布频率的统计图表。它通过将数据范围划分为多个连续的、互不重叠的区间或“箱子”，并以柱形的高度表示每个区间内数据点的频数或频率，从而清晰地展示数据的分布情况。具体绘图步骤如下。

步骤 1： 计算极差 R。用数据的最大值减去最小值得到极差；
步骤 2： 确定组距。将数据按照一定的间隔范围分成多个组别；
步骤 3： 计算频数 f_i。计算每个分组 i 中的数据频数 f_i；
步骤 4： 绘制图形。将不同分组数据绘制成条形，频数 f_i 表示高度，组距表示宽度。

直方图的组距决定了每组数据的范围，组距的大小会影响直方图的粗细。如果组距过大，直方图会过于稀疏，会引起较大计算误差；如果组距过小，直方图会过于紧密，会导致数据分布规律呈现不清晰。常用组距确定方法见表 2-15。

表 2-15　常用组距确定方法

方法名称	方法简介	计算公式
极差法	将数据的最大值与最小值之差除以样本容量，得到平均每组的值，再根据数据的分布情况作适当调整	组距 = (最大值 − 最小值) × 组数
四分位法	使用数据的四分位数来确定组距，组距等于四分位差除以 1.5	组距 = IQR / 1.5
经验法则	根据某种特定规则或经验法则确定组距。例如，Sturges 公式适用于样本容量较大的情况；Freedman-Diaconis 法则适用于数据呈偏态分布或含有较多极端值的情况	Sturges：组距 = 1 + lg(样本容量) / lg 2 Freedman-Diaconis 法则：组距 = 2×IQR/样本容量 $^{1/3}$

图 2-13（a）展示了组数为 20 时二手车交易价格的直方图，从图中可以清楚看到成交价格呈现右偏分布，说明大多数二手车的成交价格处于相对较低的水平。

2.4.5 折线图

折线图（line plot）是一种用线段连接数据点以展示数据随时间或其他连续变量变化趋势的图形表示方法。在折线图中，横坐标通常代表时间或其他连续变化的自变量，如日期、序列数等；纵坐标则代表对应的因变量数值，用于衡量某一指标的大小或变化。折线图适用于展示数据随时间变化的趋势、分析数据间的波动情况以及比较不同数据序列之间的变化差异。

图 2-13（b）展示了不同注册年份的二手车交易平均价格，可见汽车注册年份越靠后，二手车交易平均价格明显上升，表明使用时间越短的二手车交易平均价格越高。

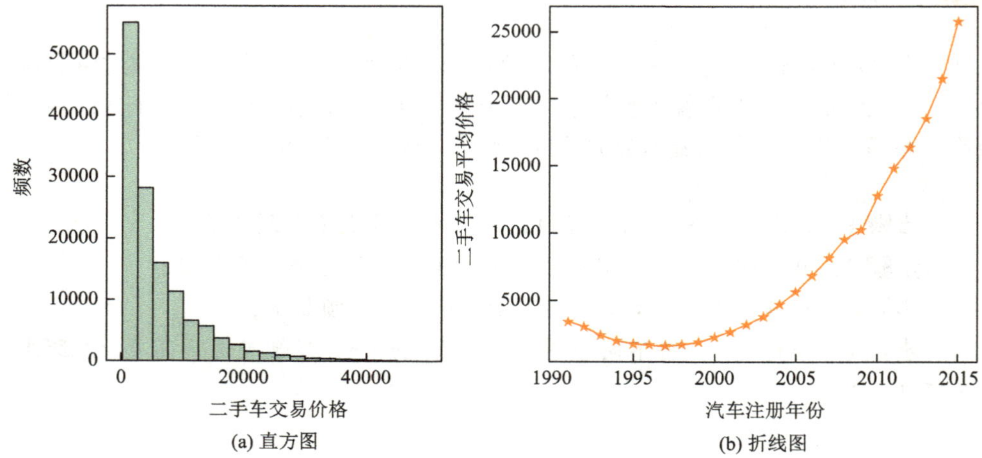

图 2-13　二手车交易价格直方图、注册年份与交易平均价格折线图

2.4.6 散点图

散点图（scatter diagram）是在直角坐标系中将两个变量的取值组合成一个点的图形，可以用于展示两个变量之间的关系。如图 2-14 所示，假设有两个变量 X 和 Y，每个数据点 i 由其对应的 x_i 和 y_i 值表示。在散点图中，每个数据点 (x_i, y_i) 被绘制为坐标系中的一个点。通过考察数据散点的分布，可以判断两变量之间是否存在某种关联，如果存在关联趋势，还可以直观观测出拟合曲线是线性还是非线性的。本书第 3 章将详细介绍相关分析的内容。

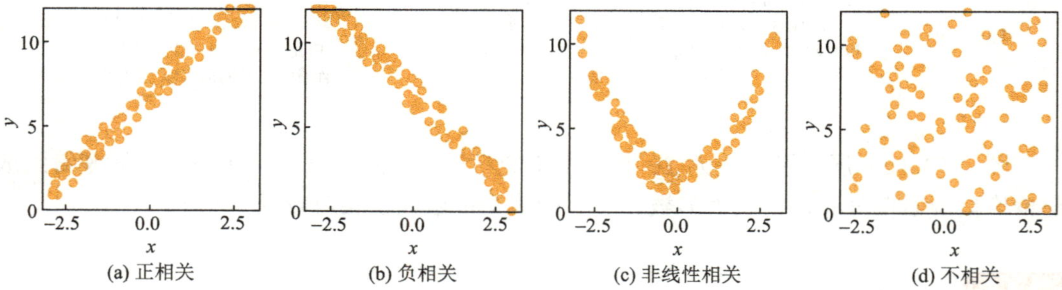

图 2-14　不同相关关系的散点图

此外，散点图也可以通过展示数据点的分布模式，进而识别离群点。如果有某一个点或者某几个点偏离大多数点，通过散点图可以清楚地观察出来。如图 2-15（a）的散点

图中可以发现存在部分 y 值极高的离群点，在离群点的影响下无法直观观察到大多数 x 与 y 的相关关系。图 2-15（b）中剔除了部分离群点，仅保留 y 值在 25 以内的样本，从处理后的散点图中观察到 x 与 y 之间存在明显的相关性。

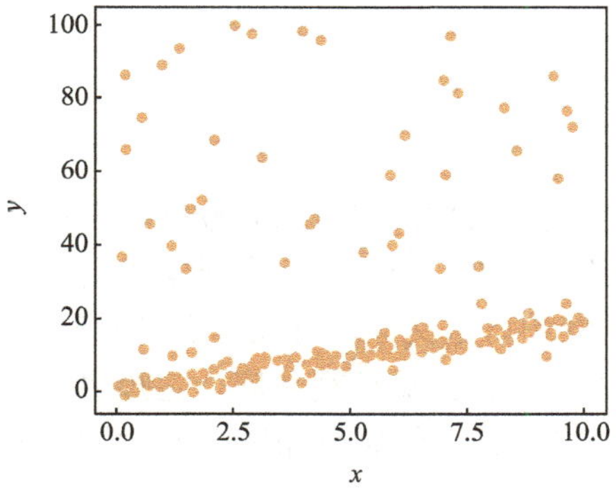

(a) 原始数据的散点图

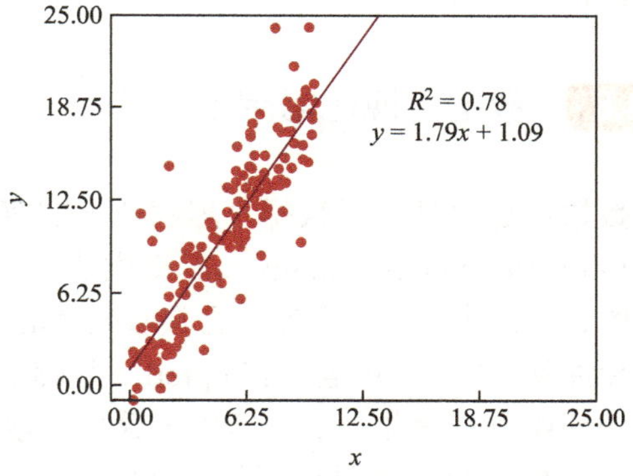

(b) 去除离群值后的散点图

图 2-15　示例数据的散点图

2.4.7 气泡图

气泡图(bubble chart)是用于展示多个变量之间关系的图形，在绘制时可以将变量 X_1 用横轴展示，变量 X_2 用纵轴展示，而第三个变量 X_3 则用气泡的大小来表示，第四个变量 X_4 则用气泡颜色加以区分，这样便可以展示四维的信息。图 2-16 展示了二手车交易数据中“发动机功率”（横轴）、“交易价格”（纵轴）、“操纵形式”（气泡颜色）、“汽车已行驶公里数”（气泡大小）这四个属性的分布。从气泡图中可以观察到发动机功率与交易价格存在一定的正相关关系，对于三种不同的燃油类型的汽车，其交易价格都随发动机功率的增加而提高。在一些可视化应用中，还可展示“气泡”随时间的变化轨迹，从而达到在二维平面上体现五维特征的效果。

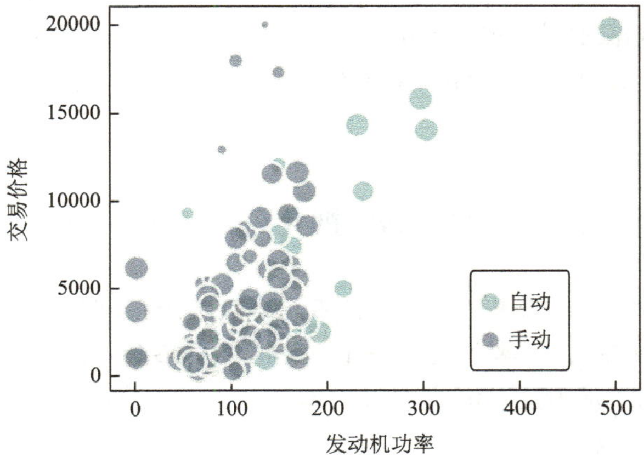

图 2-16　二手车交易信息气泡图

在大数据时代，可视化的重要性变得尤为突出。可视化能以更直观的方式呈现数据的特征、关联和趋势，有助于将数据转化为具有故事性的视觉呈现，并且提供了灵活的交互性，是大数据时代理解、认识数据的重要工具。更多可视化技术和方法参见《大数据可视化技术》。

2.4.8 数据可视化常用工具

数据可视化是展示数据、理解数据的有效手段，常用的 Python 数据可视化库包括 Matplotlib 和 Seaborn。Matplotlib 提供了灵活的绘图功能，可以创建各种类型的图表，如折线图、散点图、条形图等。它具有高度的灵活性和自定义性，可以自定义图表的样式、标签和注释。Seaborn 是在 Matplotlib 基础上构建的统计数据可视化库，它提供了更高级别的统计图表和美化功能，适用于数据探索、模型评估、绘制分布图、热力图和散点图等。表 2-16 总结了数据可视化的常用 Python 函数。

表 2-16 数据可视化的常用 Python 函数

图表类型	Matplotlib	Seaborn
条形图	plt.bar(x, y)	sns.barplot(x, y)
饼图	plt.pie(data, labels)	sns.pieplot(data)
箱线图	plt.boxplot(data)	sns.boxplot(data)
直方图	plt.hist(data)	sns.histplot(data)
折线图	plt.plot(x, y)	sns.lineplot(x, y)
散点图	plt.scatter(x, y)	sns.scatterplot(x, y)
气泡图	plt.scatter(x, y, s = area)	sns.scatterplot(x, y, size = area)

其中，为了使代码变得更加简洁和易读，通过将 matplotlib.pyplot 别名为 plt，将 seaborn 别名为 sns，这里 plt 表示导入的 Matplotlib 库，sns 表示导入的 Seaborn 库。x 和 y 分别代表数据的变量名或数值序列，data 代表数据集。在绘制气泡图时，通过 area 参数控制点的大小。

2.4.9 实践案例：钻石属性数据可视化分析

本节利用 2.4 节介绍的可视化方法对钻石属性数据进行可视化分析，数据来自 Kaggle 数据集 Diamonds（钻石），该数据集包含了 53940 颗钻石的 10 个属性。具体字段包括克拉、切割质量、颜色、清晰度、深度占比、工作台宽度、价格、长、宽、深度。表 2-17 展示了钻石属性数据集样例。

表 2-17 钻石属性数据集样例

克拉	切割质量	颜色	清晰度	深度占比	工作台宽度	价格	长	宽	深度
0.23	完美	E	SI2	61.5	55	326	3.95	3.98	2.43
0.21	优	E	SI1	59.8	61	326	3.89	3.84	2.31
0.23	好	E	VS1	56.9	65	327	4.05	4.07	2.31
…	…	…	…	…	…	…	…	…	…
0.86	优	H	SI2	61	58	2757	6.15	6.12	3.74
0.75	完美	D	SI2	62.2	55	2757	5.83	5.87	3.64

完整数据："./chapter2/data/diamonds.csv"

本案例主要使用 Matplotlib 库进行数据可视化分析。

绘制条形图。使用 collections 模块的 Counter 函数统计了不同钻石颜色的数量，然后使用 plt.bar 函数绘制了表示颜色数量的条形图。

绘制饼图。使用 value_counts 函数统计了不同清晰度等级的钻石数量，然后使用 plt.pie 函数绘制了表示清晰度等级分布的饼图。

绘制箱线图。使用 plt.boxplot 函数绘制了钻石长度属性的箱线图。

绘制直方图。使用 plt.hist 函数绘制了钻石价格属性的频数分布直方图。

绘制折线图。与饼图类似，首先使用 value_counts 函数统计了各切割质量等级的钻石数量，然后使用 plt.plot 函数绘制对应的折线图。

绘制散点图。首先提取切割质量为"好"的钻石数据，然后使用 plt.scatter 函数绘制刻画钻石克拉与价格关系的散点图。

完整代码如下。

文件名称	2-3 data visualization.py	说明	钻石属性数据可视化

```python
import pandas as pd
import matplotlib
import matplotlib.pyplot as plt
import collections

# 1.读取数据
df = pd.read_csv('../data/Diamonds.csv', encoding="gb2312")
plt.rcParams['font.sans-serif'] = 'SimSun'  # 设置字体为宋体
plt.rcParams.update({'font.size': 18})
plt.figure(figsize=(12, 8))  # 设置图形的宽和高
# 2.绘制条形图
plt.subplot(2, 3, 1)
color_list = collections.Counter(df['颜色'])  # 使用collections模块的Counter函数统计每个字母的数量
colors = ['D', 'E', 'F', 'G', 'H', 'I', 'J']  # 指定颜色列表的顺序创建字母和对应数量的列表
counts = [color_list[color] for color in colors]  # 按照colors列表中的顺
```

```
                                                                    序依次获取各颜色的数量，存储在 counts 中
plt.bar(colors, counts, facecolor='#F7C4C1', edgecolor='k', alpha=0.8)  # 利用plt.bar()函数绘制条形图
plt.xlabel('颜色')
plt.ylabel('数量')
plt.title('条形图（颜色）')
# 3.绘制饼图
plt.subplot(2, 3, 2)
clarity = df['清晰度'].value_counts()  # 统计各清晰度等级的钻石数量
plt.pie(clarity.values, labels=clarity.index, colors=['#FCDFBE', '#F3DAC0', '#F7C4C1', '#E3C6E0', '#CECCE5', '#C3E2EC', '#BCD1BC', '#DBEDC5'])  # 利用plt.pie()函数绘制饼图
plt.title('饼图（清晰度）')
# 4.绘制箱线图
plt.subplot(2, 3, 3)
plt.grid(True)  # 显示网格
plt.boxplot(df['长'],
            medianprops={'color': 'red', 'linewidth': '1.5'},
            meanline=True,
            showmeans=True,
            meanprops={'color': 'blue', 'ls': '--', 'linewidth': '1.5'},
            flierprops={"marker": "o", "markeredgecolor": "k", "markersize": 5})
plt.title('箱线图（长）')
plt.ylabel('长')
# 5.绘制直方图
plt.subplot(2, 3, 4)
plt.hist(df['价格'], bins=10, facecolor='#BCD1BC', edgecolor='k',alpha=0.8)  # 利用plt.hist()函数绘制直方图
plt.title("直方图（价格）")
plt.xlabel("价格")
plt.ylabel("频数")
# 6.绘制折线图
plt.subplot(2, 3, 5)
counts = df['切割质量'].value_counts()  # 统计各切割质量等级的钻石数量
plt.plot(counts, alpha=0.8, marker='*', color='#DB7093')  # 利用plt.plot()函数绘制折线图
plt.title('折线图（切割质量）')
plt.xlabel('切割质量')
plt.ylabel('数量')
# 7.绘制散点图
df_data = df[df['切割质量'] == '好']  # 提取切割质量为“好”的钻石数据
plt.subplot(2, 3, 6)
plt.scatter(df_data['克拉'], df_data['价格'], color='#E3C6E0', alpha=0.5,
```

```
    s=20)  # 利用plt.scatter()函数绘制散点图
plt.title('散点图（克拉与价格）')
plt.xlabel('克拉')
plt.ylabel('价格')
plt.tight_layout()  # 调整子图位置
plt.show()
```

输出结果：

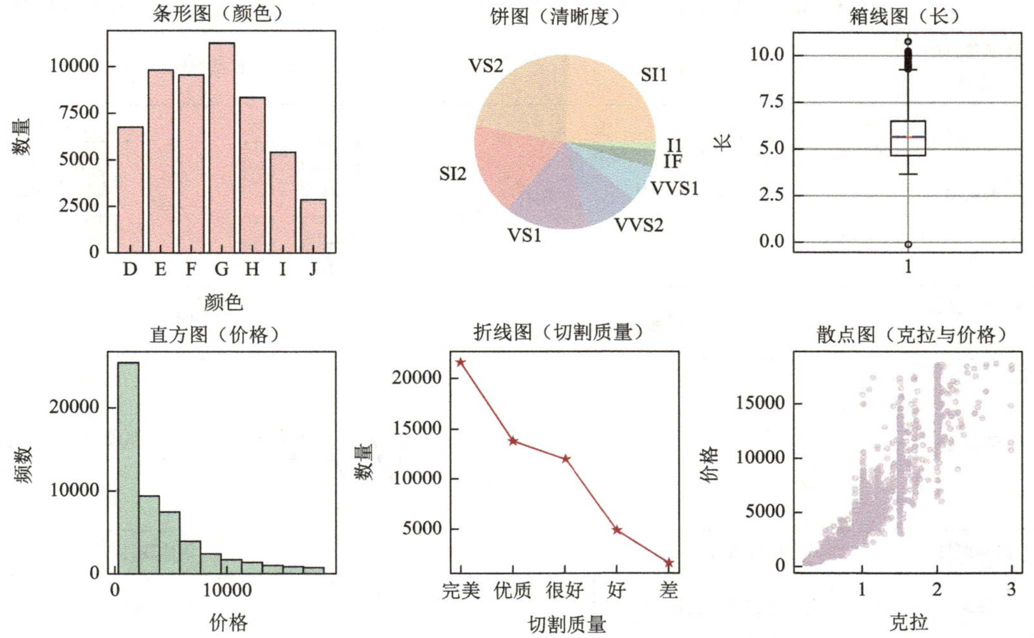

根据代码运行结果可发现，条形图描述了不同颜色的钻石的数量分布情况（钻石品质由 J 到 D 逐级提高，其中 J 类品质最差，D 类品质最好），可以看到 G 类钻石的数量最多，J 类钻石的数量最少。饼图反映了不同清晰度的钻石的数量占比情况，清晰度为 VS2 的钻石最多，为 I1 的钻石最少。箱线图展示了钻石长度的分布情况，可见箱体较扁，说明数据分布比较集中。直方图刻画了钻石价格的频数分布情况，可以发现极少数钻石价格高于 7500 元。折线图描绘了不同切割质量的钻石的数量分布情况，可见钻石切割质量普遍处于较高水平。散点图刻画了切割质量为“好”的钻石的克拉数与价格的关系，可见二者之间存在正相关关系，克拉数越大，钻石价格越高。

本章小结

核心概念	**数据预处理：** 一方面根据数据质量分析中发现的错误、缺失、重复、异常等问题，对原始数据进行清洗、转换、整合等处理，进而提高数据的质量和准确性；另一方面将数据处理成适合下游任务或数据挖掘任务的格式，以使数据更适于分析。常用方法包括数据清洗、数据集成、数据规约和数据变换等。 **描述性统计：** 应用基本统计分析方法对数据进行分析，旨在了解数据分布的基本特性，主要包括集中趋势度量、离散程度度量和分布形态度量。 **数据可视化：** 将数据转换为图形、图表或其他视觉元素的过程，以便更直观地理解和分析数据的方法。

数据预处理方法	数据清洗	数据规约
示意图	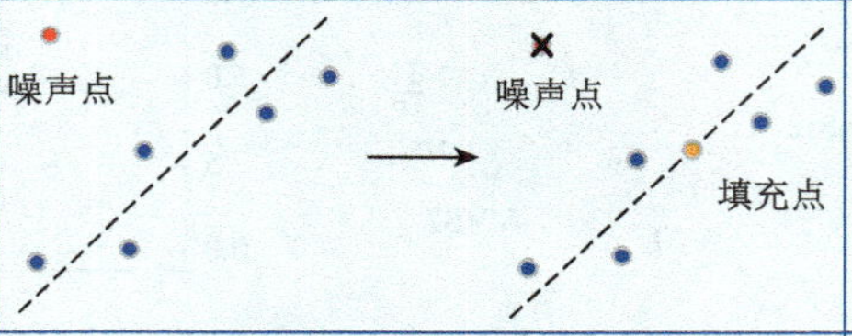	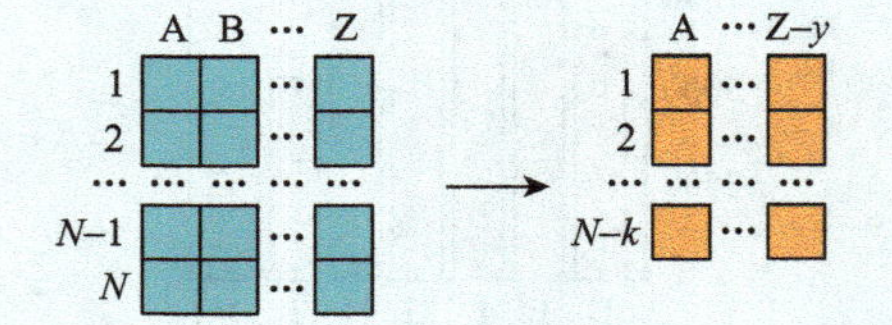

数据预处理方法	数据集成	数据变换
示意图	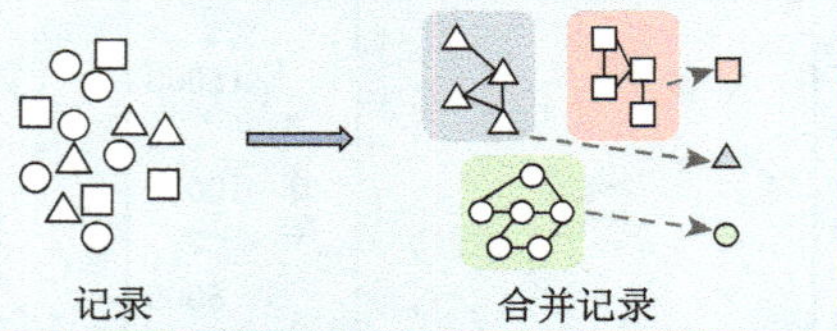	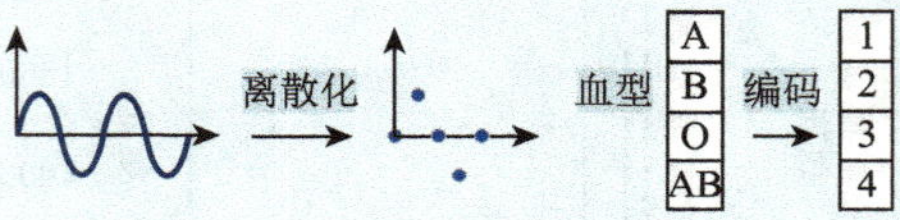

数据属性	标称属性	序数属性	数值属性
定义	枚举型的类别变量	描述对象在一组事物中排名的属性	具有数值含义的属性
能否比较大小	否	是	是
能否数学计算	否	否	是
离散属性	是	是	否
连续属性	否	否	是
指标类型	集中趋势度量	离散程度度量	分布形态度量
统计指标	平均值：$\bar{x}=\frac{1}{N}\sum_{i=1}^{N}x_i$ 中位数： $M_e=\begin{cases} x_{\left(\frac{n+1}{2}\right)}, & n为奇数 \\ \frac{1}{2}\left(x_{\left(\frac{n}{2}\right)}+x_{\left(\frac{n}{2}+1\right)}\right), & n为偶数 \end{cases}$ 众数：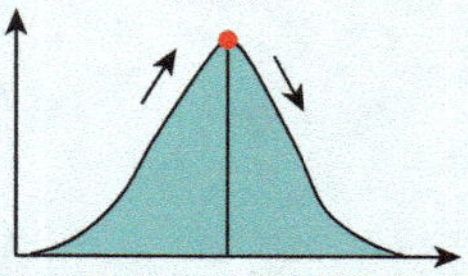	极差：$R=\max(x_i)-\min(x_i)$ 平均差：$M_d=\frac{\sum\lvert x-\bar{x}\rvert}{N}$ 方差：$s^2=\frac{\sum_{i=1}^{n}(x_i-\bar{x})^2}{n-1}$ 四分位差：$\mathrm{IQR}=Q_3-Q_1$ 变异系数：$V_s=s/\bar{x}\times 100\%$ 异众比率： $V_r=\frac{\sum f_i-f_m}{\sum f_i}=1-\frac{f_m}{\sum f_i}$	偏态： $\mathrm{SK}=\frac{n\sum(x_i-\bar{x})^3}{(n-1)(n-2)s^3}$ 峰态： $K=\frac{n(n+1)\sum(x_i-\bar{x})^4-3\left[\sum(x_i-\bar{x})^2\right]^2(n-1)}{(n-1)(n-2)(n-3)s^4}$ 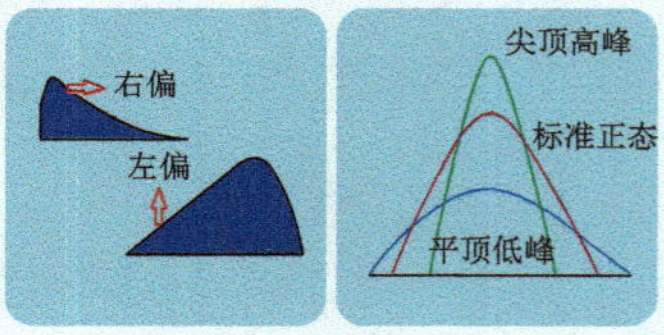

续表

适用场景	描述数据集中大部分数值的平均水平或倾向	衡量数据集的分散程度，了解数据中的变异、波动或不一致性	描述数据分布的形态特征，了解数据的集中趋势、偏斜程度以及峰度
图表类型	条形图	饼图	箱线图
示意图	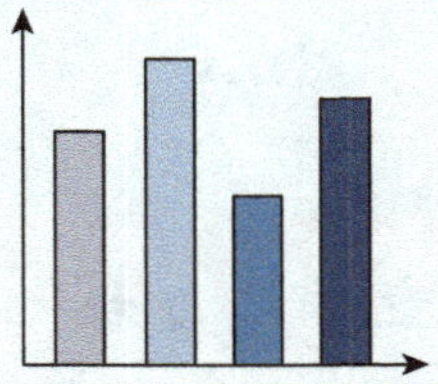	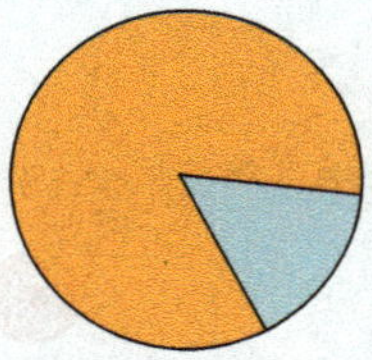	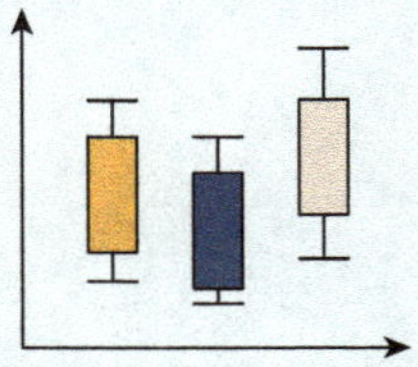
适用场景	展示不同类别数据的大小或频率	展示数据的相对比例	展示数据的分布情况和异常值
图表类型	直方图	折线图	气泡图
示意图	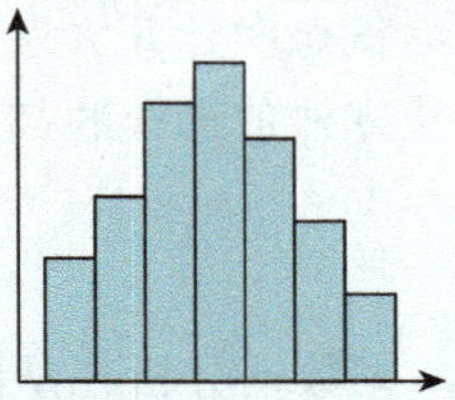	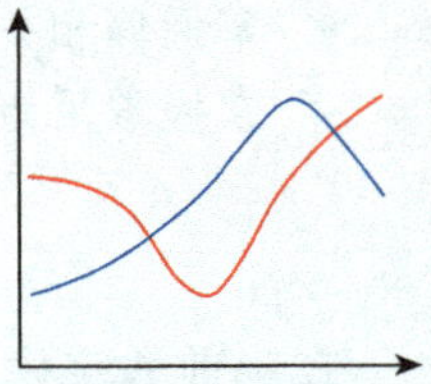	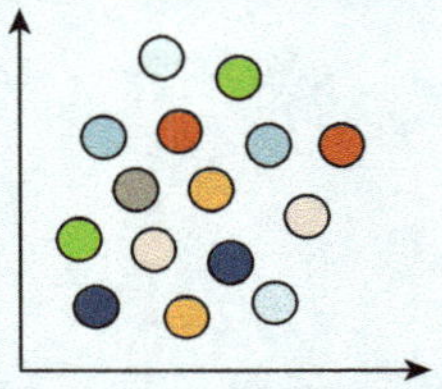
适用场景	展示数据的分布情况和频率	展示数据随时间变化的趋势	展示多个变量之间的关系
核心知识点	数据属性： √ 各类数据属性的概念 √ 判断属性的类别	数据描述性统计： √ 各指标的适用范围和优缺点 √ 常用的 Python 数据描述工具	数据可视化： √ 图表的绘制步骤 √ 图表的适用范围 √ 常用的 Python 数据可视化工具

学习效果检验

第3章 相关分析

本章学习目标

- ✓ 了解函数关系和相关关系的区别
- ✓ 掌握常用相关系数的计算方法及适用场景
- ✓ 掌握偏相关分析的概念和计算方法
- ✓ 掌握常用距离度量方法的选择和应用

在当前数字化时代，大数据分析在从海量数据中挖掘有价值信息和深层次关联性方面发挥着关键作用。假设一家医疗保健公司拥有大量患者病历和医疗记录，现希望探究患者的生活习惯与慢性疾病之间的关联。为深入了解这种关联，可利用大数据分析技术，对患者的医疗记录（如糖尿病、高血压等）和生活习惯数据（如饮食、运动频率）进行相关分析。相关分析有助于医疗保健公司更好地了解患者健康状况，制定更有效的健康管理策略和预防措施。通过揭示患者生活习惯与慢性疾病之间的联系，相关分析帮助我们更深入地理解和预测人类健康及疾病发展趋势，为个体和社会提供更为精准的健康管理服务。

本章结合案例介绍相关分析的常用模型和算法，围绕大规模数据集的关联性挖掘，从线性相关、非线性相关、偏相关以及距离相关等方面进行分类介绍和总结，帮助读者更迅速地选择合适的相关分析方法，以深入研究事物之间的相关性。

3.1 认识函数关系与相关关系

人们在分析问题时常常将事物之间的关系抽象为变量之间的关系。变量之间的关系主要包括两类：一类是确定性关系，也称为函数关系；另一类是非确定性关系，即相关关系。

3.1.1 函数关系

定义 3-1 函数关系是指变量之间存在的严格确定性依存关系，即当一个或几个变量取一定值时，另一个变量有唯一确定的值与之对应。对于给定变量 $\{x_1, x_2, \cdots, x_p\}$ 和 y，函数关系可以表达为 $y = f(x)$，其中 x 称为自变量，y 称为因变量。

函数关系的典型特征是变量之间的关系可以通过确定的函数表达。例如，某种商品的销售额 y 与销售量 x 之间的关系可表示为 $y = px$（p 为单价），体质指数（BMI）与身高体重的关系可表示为 BMI = 体重(kg) / 身高(m)^2，圆的面积 S 与半径 R 之间的关系可表示为 $S = \pi R^2$。函数关系的图示能更直观地展示这一特点，如图 3-1 所示，图 3-1（a）展示的是速度 v、时间 t 和路程 s 的线性函数关系 $s = vt$，图 3-1（b）展示的是圆的面积 S 与半径 R 的非线性函数关系 $S = \pi R^2$。不难发现，因变量的取值由自变量确定，且二者一一对应。

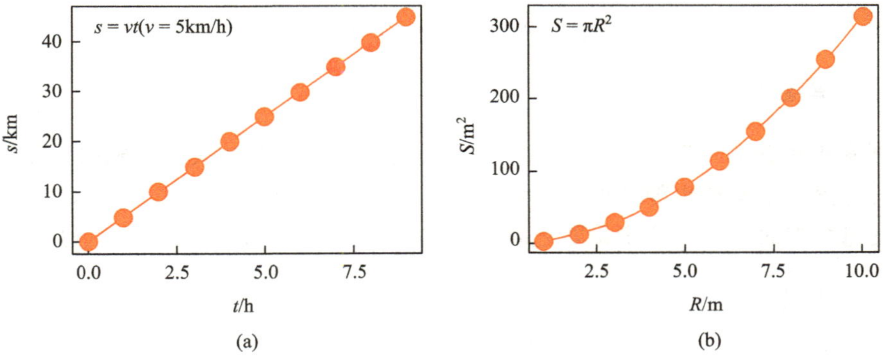

图 3-1 函数关系示意图

3.1.2 相关关系

定义 3-2 相关关系是指变量之间存在的一种非确定依存关系，即变量间的关系不能用函数表达式精确表达。由于受随机因素影响，一个变量的值不能由另一个变量唯一确定。

定义 3-3 相关系数是衡量两个变量之间相关关系强弱程度的统计指标。

例如，一般来说，广告投入越多，销售业绩越高，但广告数量与销售业绩之间没有确定的数量关系。此情况下，广告数量和销售业绩之间的关系属于相关关系。图 3-2 展示了变量之间存在不同相关关系时的散点图。（a）～（e）反映了不同类别的相关关系以及相关关系的方向，相关关系的强弱从左到右依次由强变弱再变强；（f）～（j）是相关系数为±1 的完全相关情况；（k）～（o）是非线性相关的情况。

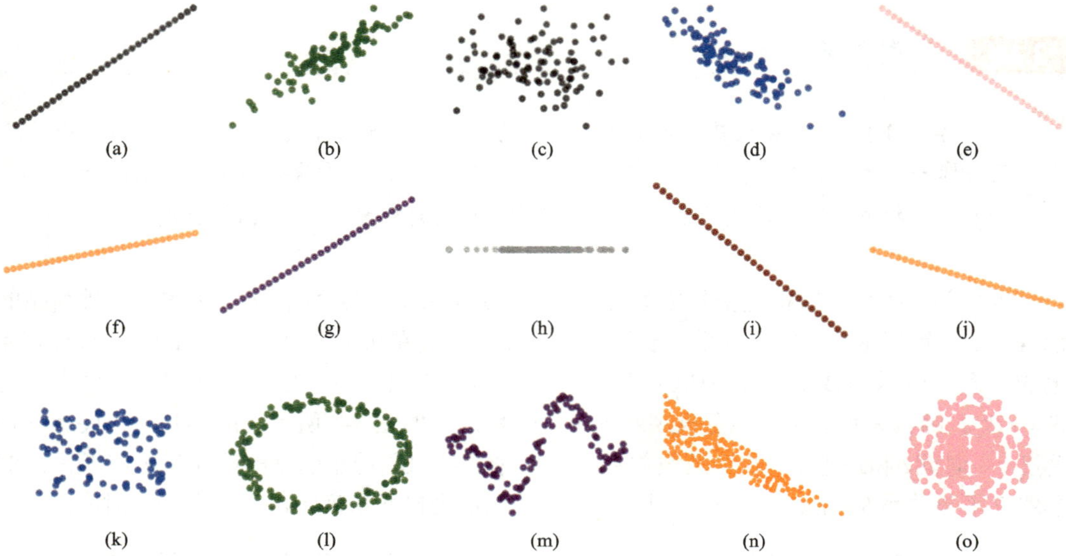

图 3-2　不同相关关系下的散点图示例

1. 正相关和负相关

根据变量相关的方向，可以将相关关系分为正相关和负相关。正相关是指当一个变量增加时，另一个变量也随之增加，如图 3-2 中（a）、（b）、（f）、（g）所示。负相关是指当一个变量增加时，另一个变量随之减小，如图 3-2 中（d）、（e）、（i）、（j）所示。

2. 线性相关和非线性相关

定义 3-4　线性相关是指两个或多个变量之间存在线性关系，可以通过一条直线来描述它们之间的关系。具体地说，如果非空向量组 $\boldsymbol{x}_1,\boldsymbol{x}_2,\cdots,\boldsymbol{x}_n$ 中存在某个向量可由其他向量线性表示，则称向量组 $\boldsymbol{x}_1,\boldsymbol{x}_2,\cdots,\boldsymbol{x}_n$ 线性相关。

定义 3-5　非线性相关是指自变量和因变量既不是正比例也不是反比例的情形，即它们不呈线性关系，而是呈现曲线、抛物线关系或不为定量。

线性相关是指两个变量间的相关关系大致呈现一条直线，故也称直线相关，如图 3-2 中（a）、（b）、（d）、（e）所示。非线性相关也称曲线相关，如图 3-2 中（k）、（l）、（m）、（n）、（o）所示。

3. 完全相关、不完全相关和不相关

根据关系强弱程度，相关性可以分为完全相关、不完全相关和不相关。完全相关是指两个变量之间存在线性关系，即一个变量的数量变化由另一个变量的数量变化唯一确定，其相关系数为+1或–1，在该情况下，两个变量的散点图呈现出一条直线。斜率为正则为完全正相关，见图3-2中（a）、（f）、（g）；斜率为负则为完全负相关，见图3-2中（e）、（i）、（j）。

然而，现实生活中大部分相关关系并非完全相关，而存在一定程度的不完全相关。不完全相关是指存在相关关系，但这种关系不能完全由线性模型所描述，即不能通过一条直线来准确表示两个变量之间的全部变化。根据斜率的正负，不完全相关具体可分为不完全正相关和不完全负相关，分别见图3-2（b）和图3-2（d）。不相关则是指变量之间不存在相关关系，如图3-2（c）、（h）所示。

4. 单相关和复相关

根据变量个数，相关可分为单相关和复相关。单相关是指两个变量之间的相关关系，也称一元相关。例如，身高与体重、单产机床使用寿命与维修费用等都是单相关。复相关考虑三个及以上变量之间的相关关系，也称多元相关。例如，气温、降水量、施肥量、播种面积与粮食总产量的相关关系，资金周转率、流通费用、销售量、销售价格与销售利润的相关关系等均是复相关关系。在复相关分析中，相关系数矩阵和相关散点图矩阵等工具被广泛应用，以全面地揭示多个变量之间的线性或非线性关系，为更深入的数据探索和预测建模提供基础。

相关与因果

因果关系指一个变量的变化导致另一个变量的变化，这是一种单向的关系，即只有一个变量会影响另一个变量。因果在日常生活中普遍存在，如吸烟与肺癌之间的因果联系，已有大量研究证明吸烟是肺癌的主要致病因素。

尽管相关关系和因果关系密切相关，但它们并不相同。相关性是因果关系的必要条件，但并非充分条件。具体而言，如果两个变量之间存在因果关系，它们必然具有相关性，但相关关系本身并不能证明因果关系。例如，数据显示夏天溺水人数和雪糕销售量存在显著相关性。然而，这并不能证明吃雪糕导致溺水，反之亦然。它们之间的关联仅仅因为高温作为第三个变量，同时影响这两个变量。

相关性可以看作因果关系的一个潜在线索。当两个变量相关时，需要通过实验设计或者其他因果推断方法更深入研究以确定是否存在因果关系。因此，相关关系是指向潜在因果关系的暗示，而非直接证据。

3.2 线性相关分析

定义 3-6 相关分析是指通过对大量数据的观察，消除偶然因素的影响，探求变量之间相关关系的强弱程度和表现形式的一种方法。

本节主要介绍二元变量的简单线性相关分析，常用的相关系数见表 3-1。

表 3-1 简单线性相关系数

简单线性相关系数	适用数据	优缺点
Pearson 相关系数	二元定距变量	要求正态分布，对异常值比较敏感
Spearman 秩相关系数	二元定序变量	对异常值不敏感，适用于小样本数据
Kendall 等级相关系数	二元定序变量	对异常值不敏感，适用于大样本数据

相关分析通常包括如下步骤。

步骤 1： 收集数据。收集需要进行相关分析的变量的数据。

步骤 2： 绘制散点图。将变量的数据绘制在散点图上，以观察它们之间的整体趋势。

步骤 3： 计算相关系数。使用合适的方法计算变量之间的相关系数。

3.2.1 相关分析的正态性检验

在进行线性相关分析之前，了解数据是否符合正态分布是至关重要的。常用的正态性检验方法有两种：图示法和假设检验。

1. 图示法

正态检验的图示法提供一种直观了解数据分布特征的方式，其主要包括直方图、P-P 图和 Q-Q 图。直方图通过将数据划分为不同的区间（又称为“箱子”）来展示数据的分布情况，每个箱子的高度表示该区间内数据点的数量或频率。P-P 图以实际数据累积比例为 X 轴，标准正态分布（均值为 0，标准差为 1）的累积比例为 Y 轴，绘制散点图。Q-Q 图的绘制过程为：先将数据升序排列并算出累积概率；再根据累积概率，反算出数据符合标准正态分布时，对应的标准正态分布的分位数；取正态分位数为横坐标，数据点为纵坐标，画出 Q-Q 图。

若数据服从正态分布，则直方图通常呈钟形，P-P 图和 Q-Q 图近似呈现为一条对角直线，如图 3-3 所示。然而，这只是初步判断，更严格的正态性检验还需要使用假设检验方法。

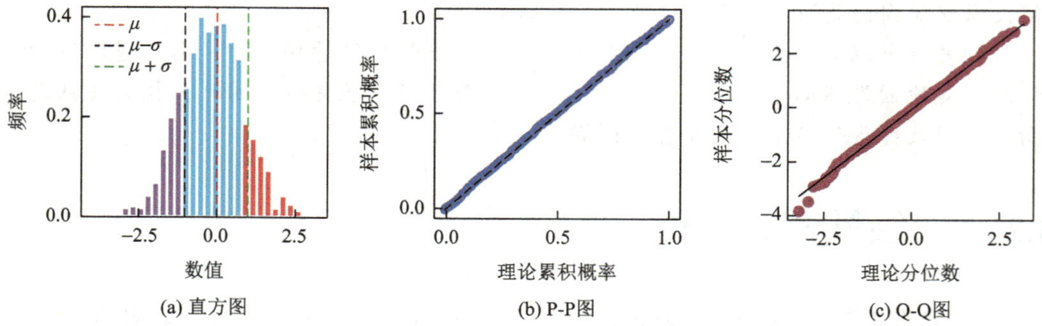

图 3-3 直方图、P-P 图和 Q-Q 图示例

扩展说明

累积分布函数又称分布函数，用于描述随机变量在某个给定点之前取值的概率。具体地，对于随机变量 x，其累积分布函数定义为

$$F(x) = \int_{-\infty}^{x} p(t)\mathrm{d}t \tag{3-1}$$

其中，$p(t)$ 是 x 的概率密度函数。

2. 假设检验

除图示法外，还可以使用基于正态性检验 t 统计量的假设检验结果来判断数据的正态性。表 3-2 列出了正态分布假设检验统计量的使用条件及其计算公式。如果在检验过程中得到显著性结果（如 p 值小于 0.05），就意味着样本均值与假设均值之间的差异是显著的。在这种情况下，可以认为数据不符合正态性假设。

表 3-2 正态分布假设检验统计量

假设检验统计量	检验方法	适用条件	计算公式
D 统计量	Kolmogorov-Smirnov 检验	适用于中大样本	$D_n = \sup_x \lvert F_n(x) - F(x) \rvert$，$F_n(x)$，$F(x)$ 分别代表样本的累积分布函数和理论的累积分布函数。
W 统计量	Shapiro-Wilk 检验	适用于中小样本（$n \leqslant 5000$）	$W = \dfrac{\left(\sum_{i=1}^{n} a_i x_i\right)^2}{\sum_{i=1}^{n}(x_i - \bar{x})^2}$，$x_i$ 是第 i 个顺序统计量，即第 i 个最小的样本观测值。a_i 是常数。

延伸阅读

假设检验是指先提出关于总体的某种假设，然后对提出的假设进行检验，再通过对样本观测值的统计分析做出接受或拒绝某种假设的决策。在进行假设检验时，首先要确定两个假设，一个为原假设 H_0，一个为备择假设 H_1；然后判断两个假设的真伪。检验过程中可能会犯两类错误："弃真"错误和"取伪"错误。当原假设 H_0 为真，但经过样本推断得出 H_0 不真的结论并做出拒绝原假设的决策时，称犯了第 I 类错误，即"弃真"错误；当原假设 H_0 实际为不真，但经过样本推断得出 H_0 为真的结论并做出不拒绝原假设的决策时，称犯了第 II 类错误，即"取伪"错误。从正态性检验的角度来说，可以通过"数据服从正态分布"的原假设进行假设检验，再对样本观测值构建统计量以判断检验结果。

在假设检验中，为了使拒绝规则更容易制定，通常只对犯第 I 类错误的概率加以控制，使其不超过某个给定的值 α（$0<\alpha<1$），该值称为显著性水平，这种假设检验称为显著性检验。常取 $\alpha = 0.05$，$\alpha = 0.025$，$\alpha = 0.01$ 三种情况，代表检验结论犯第 I 类错误的概率必须低于 5%，2.5%，1%。

在进行显著性检验时，也常用 p 值来评估正态分布的显著性。p 值（$0<p<1$）表示在 H_0 为真的情况下，得到比样本观察结果更极端的结果的概率。

3.2.2 Pearson 相关系数

定义 3-7 Pearson 相关系数是用于研究变量之间线性相关程度的统计指标，一般用字母 r 表示。假设有两个随机变量 x 和 y，它们的 n 个样本组合为 $(x_1,x_2,\cdots,x_n)$ 和 $(y_1,y_2,\cdots,y_n)$，则相关系数 r 定义为

$$r=\frac{\mathrm{Cov}(x,y)}{\sigma_x\sigma_y}=\frac{\frac{1}{n}\sum_{i=1}^{n}(x_i-\bar{x})(y_i-\bar{y})}{\sqrt{\frac{1}{n}\sum_{i=1}^{n}(x_i-\bar{x})^2}\sqrt{\frac{1}{n}\sum_{i=1}^{n}(y_i-\bar{y})^2}}=\frac{\sum_{i=1}^{n}(x_i-\bar{x})(y_i-\bar{y})}{\sqrt{\sum_{i=1}^{n}(x_i-\bar{x})^2}\sqrt{\sum_{i=1}^{n}(y_i-\bar{y})^2}} \tag{3-2}$$

由定义可知，$|r|$ 越接近 1，表示 x 与 y 的线性相关程度越高。$|r|$ 的数值越接近 0，表示 x 与 y 的线性相关程度越低。其中 $|r|=0$ 为线性不相关，$|r|<0.3$ 称为微弱相关，$0.3\leqslant|r|<0.5$ 称为低度相关，$0.5\leqslant|r|<0.8$ 称为显著相关，$0.8\leqslant|r|<1$ 称为高度相关或强相关，$|r|=1$ 为完全相关，如图 3-4 所示。

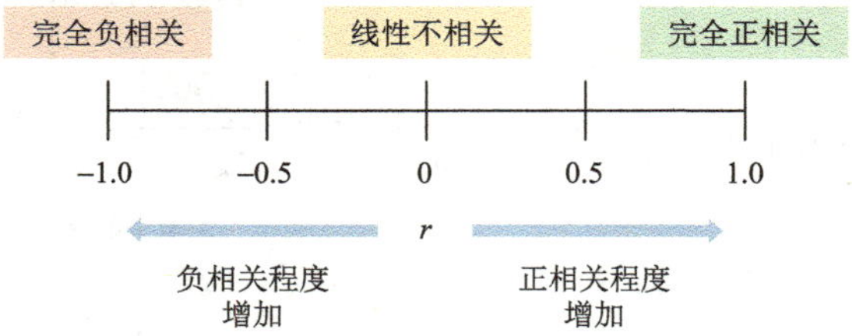

图 3-4 相关关系在数轴上的表示

然而，Pearson 相关系数也存在一些局限性。例如，对异常值非常敏感、只能反映线性关系、无法衡量分类变量相关性等。此外，如果一个变量的取值极度偏斜或者方差接近于零（如取值都是 0 或 1），即使该变量与另一个变量之间存在一定程度的相关性，由于方差极小，相关系数仍会趋近零，这将导致二者相关性被低估。因此，在使用 Pearson 相关系数时，需要谨慎考虑这些局限性。

针对非线性关系或者含有异常值的数据集，Spearman 秩相关系数可能是更好的选择。Spearman 秩相关系数能够衡量变量之间的单调关系，且对于含有异常值的数据集更加鲁棒。

3.2.3 Spearman 秩相关系数

定义 3-8 Spearman 秩相关系数是等级变量之间的 Pearson 相关系数，其将原始数据转化为秩来进行相关系数的计算。设二元总体 (X,Y) 的一个容量为 N

的配对样本集为 (x_1, y_1)，(x_2, y_2)，…，(x_N, y_N)。将待计算的两个变量以及对应的观测值按照升序或降序排列后，为每个变量的观测值分配一个秩。假设 x_i 在 $x_1, x_2, \cdots, x_N$ 中的秩为 R_i，y_i 在 $y_1, y_2, \cdots, y_N$ 中的秩为 S_i，其中，$i = 1, 2, \cdots, N$。则 (X, Y) 的样本 Spearman 秩相关系数定义为

$$r_s = \frac{\sum_{i=1}^{N}(R_i - \bar{R})(S_i - \bar{S})}{\sqrt{\sum_{i=1}^{N}(R_i - \bar{R})^2 \sum_{i=1}^{N}(S_i - \bar{S})^2}} \tag{3-3}$$

秩的分配

样本如果有相同的观测值，则将它们的秩排名平均。如果没有相同的观测值，直接使用观测值在排序后的位置作为秩。

例如，对于一组数据 2、7、300、5，经升序排列后为 2、5、7、300，则该组数据的秩分别为 1、3、4、2。而对于另一组数据 1、3、3、9、66，该组数据的秩依次分别为 1、2.5、2.5、4、5。

Spearman 秩相关系数的取值范围为 $[-1, 1]$，其越趋近于−1，负相关性越强；其越趋近于 1，正相关性越强；值为 0 则不相关。

延伸阅读

为了简化计算，对式（3-3）做如下推导：由于 R_i 和 S_i 是从 1 到 N 的整数，为等差数列，所以有 $\bar{R} = (1/N)\sum_{i=1}^{N} R_i = (N+1)/2$，$\bar{S} = (1/N)\sum_{i=1}^{N} S_i = (N+1)/2$，$\sum_{i=1}^{N} R_i^2 = N(N+1)(2N+1)/6$，$\sum_{i=1}^{N} S_i^2 = N(N+1)(2N+1)/6$。则

$$\sum_{i=1}^{N}(R_i - \bar{R})^2 = \sum_{i=1}^{N}(S_i - \bar{S})^2 = \sum_{i=1}^{N} R_i^2 - N\bar{R}^2 = \frac{N(N+1)(2N+1)}{6} - N\left(\frac{N+1}{2}\right)^2 = \frac{N(N^2-1)}{12} \tag{3-4}$$

$$\sum_{i=1}^{N}(R_i - \bar{R})(S_i - \bar{S}) = \sum_{i=1}^{N}(R_i S_i - R_i\bar{S} - S_i\bar{R} + \bar{R}\bar{S}) = \sum_{i=1}^{N} R_i S_i - N\bar{R}\bar{S} = \sum_{i=1}^{N} R_i S_i - \frac{N(N+1)^2}{4} \tag{3-5}$$

定义秩 R_i 和 S_i 之间的距离为 $D_i^2 = (R_i - S_i)^2$，将 $\sum_{i=1}^{N} D_i^2$ 展开得到：

$$\sum_{i=1}^{N} D_i^2 = \sum_{i=1}^{N}(R_i - S_i)^2 = \sum_{i=1}^{N} R_i^2 + \sum_{i=1}^{N} S_i^2 - 2\sum_{i=1}^{N} R_i S_i = \frac{2N(N+1)(2N+1)}{6} - 2\sum_{i=1}^{N} R_i S_i \tag{3-6}$$

将式（3-4）、式（3-5）和式（3-6）代入式（3-3），得

$$r_s = \frac{6\times\left(\frac{2N(N+1)(2N+1)}{6}-\sum_{i=1}^{N}D_i^2\right)-3N(N+1)^2}{N(N^2-1)} = 1-\frac{6\sum_{i=1}^{N}D_i^2}{N(N^2-1)} \tag{3-7}$$

算一算

根据表 3-3 所列 8 位患者的血小板数与出血症状程度数据，计算血小板数与出血症状程度之间的 Spearman 秩相关系数。

表 3-3　8 位患者的血小板数与出血症状程度数据

患者编号	1	2	3	4	5	6	7	8
血小板数	310	740	155	120	1060	540	130	423
出血症状	–	–	+	+++	–	++	++	++

在本例中，先按由小到大的顺序对血小板数和出血症状进行排序，再为各观测值分配秩并计算秩差得到表 3-4。

表 3-4　秩分配和秩差计算表

血小板数排序	120	130	155	310	423	540	740	1060
秩 p（血小板数）	1	2	3	4	5	6	7	8
秩 q（出血症状）	8	6	4	2	6	6	2	2
$p-q$	−7	−4	−1	2	−1	0	5	6

得到秩差后，将秩差代入 Spearman 秩相关系数计算公式中求解得到：

$$r_s = 1-\frac{6\sum_{i=1}^{N}D_i^2}{N(N^2-1)} = 1-\frac{6\times(49+16+1+4+1+25+36)}{8\times(64-1)} = -0.57 < 0$$

因此，血小板数和出血症状之间的 Spearman 秩相关系数为−0.57，呈负相关。该结论符合医学解释：当人体受伤出血时，血小板就会以最快的速度成群结队地聚集在伤口周围，释放使血管收缩的物质，让受损血管不同程度紧闭而减少流血量。

3.2.4 Kendall 等级相关系数

对于二元总体 (X,Y)，假设有 N 对观测值 $(x_1,y_1),(x_2,y_2),\cdots,(x_N,y_N)$，则数对 (x_i,y_i) 与 (x_j,y_j) 存在以下两种关系，见图 3-5。

（1）同序对：若乘积 $(x_j-x_i)(y_j-y_i)>0$，即在两个变量上的顺序等级一致，称为同序对，其数量用 N_c 表示。例如，观测值 (1,2) 与 (2,5) 是同序对，观测值 (2,4) 与 (1,3) 也是一组同序对，见图 3-5（a）。

（2）异序对：如果 $(x_j-x_i)(y_j-y_i)<0$，即 $x_i>x_j$ 且 $y_i<y_j$，或 $x_i<x_j$ 且 $y_i>y_j$，则该不一致序对为异序对，其数量用 N_d 表示。例如，观测值 (1,2) 与 (2,1)，观测值 (3,2) 与 (1,3) 分别是一组异序对，见图 3-5（b）。

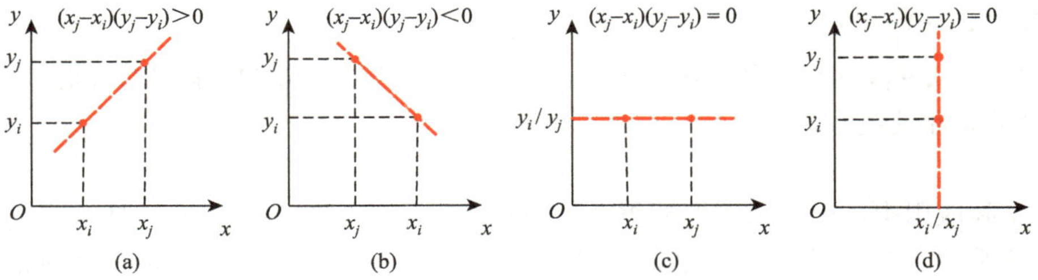

图 3-5 数对 (x_i, y_i) 与 (x_j, y_j) 的三种关系

定义 3-9 Kendall 等级相关系数通过考虑两个变量在排名上的一致性程度来评估它们之间的相关性，也是一种非参数的相关系数。其公式定义为

$$\tau=\frac{N_c-N_d}{N(N-1)/2}=\frac{2(N_c-N_d)}{N(N-1)} \tag{3-8}$$

易知，当同序对数量大于异序对数量时，变量 X 与 Y 之间存在正相关关系，并且差异越大，正相关关系越强；当同序对数量小于异序对数量时，变量 X 与 Y 之间存在负相关关系，并且差异越大，负相关关系越强。Kendall 等级相关系数基于此思想进行相关性的度量。

Kendall 等级相关系数的取值范围为 $[-1,1]$，越趋近于−1，负相关性越强；越趋近于 1，正相关性越强；若为 0 则变量相互独立。

算一算

社交媒体平台包含大量用户的活动数据，比如，每个用户在不同帖子上的点赞数和评论数。点赞数表示用户对某个帖子的喜欢程度，评论数则表示用户对帖子的参与程度。现有某平台 8 位用户的点赞评论数等级数据，见表 3-5。数字 1～8 分别表示 8 人点赞评论等级情况，1 表示最少，8 表示最多。请计算点赞数和评论数的 Kendall 等级相关系数。

表 3-5 8 位用户的点赞数与评论数等级数据

用户 ID	A	B	C	D	E	F	G	H
点赞数等级	1	2	3	4	5	6	7	8
评论数等级	3	4	1	2	5	7	8	6

步骤 1：计算同序对的数量。以 A 为例，AB，AE，AF，AG，AH 为同序对，同理可得 B、C、D、E、F、G、H 分别贡献 4、5、4、3、1、0、0 个同序对。同序对总数 N_c 为 $N_c=5+4+5+4+3+1+0+0=22$。

步骤 2：计算异序对个数。由于异序对总数 = 总对数−同序对总数，且总对数为 $7+6+5+4+3+2+1=28$。因此，异序对总数为 $N_d=28-22=6$。

步骤 3：将 N_c 和 N_d 代入 Kendall 等级相关系数计算公式求解得到 $\tau=[2\times(22-6)]/(8\times7)=0.57$。

因此，点赞数和评论数之间的 Kendall 等级相关系数为 0.57，表明两者之间存在一定程度的正相关关系。

在实际应用中，研究者需要根据数据特点以及要探究的关系类型等具体情况选择合适的相关系数，以清晰、准确地解释数据间的关系。Pearson、Spearman 和 Kendall 相关系数，虽然都用于衡量变量间的相关性，但它们适用场景有所不同，如图 3-6 所示（灰色区域中所有点与标红数据点构成同序对，白色区域中所有点与标红数据点构成异序对）。当数据呈非线性但单调时，Spearman 和 Kendall 相关系数的值为 1，它们能够更好地捕捉非线性情况下的相关性，见图 3-6（a）。当样本尾部存在离群值时，Spearman 相关系数更高，因为 Spearman 相关性根据排名而非数值计算相关性，从而减少离群值的影响，见图 3-6(b)。当数据大致呈椭圆形分布且没有显著异常值时，Pearson、Spearman 和 Kendall 相关系数的值都比较低，见图 3-6（c）。

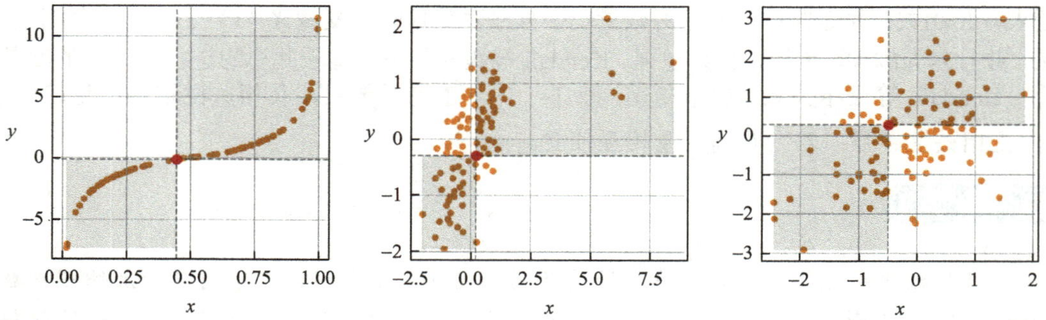

(a) $r=0.87, r_s=1.00, \tau=1.00$　　(b) $r=0.58, r_s=0.69, \tau=0.50$　　(c) $r=0.45, r_s=0.43, \tau=0.30$

图 3-6　Pearson、Spearman 和 Kendall 相关系数对比示意图

3.2.5 实践案例：网络直播大数据和亚马逊评论数据相关分析

1. 网络直播大数据相关分析

作为互联网应用之一，网络直播因其交互性强、不受时空限制等特点迅速发展，成为一种非常受欢迎的娱乐方式。通过对网络直播平台中不同因素如主播的人气、直播内容的热度、观众的活跃度等之间的相关性进行分析，可以帮助网络直播平台更好地了解

用户需求和行为，以便更好地规划和优化平台资源与服务，提高用户黏性，优化广告投放效果和增加收入，规避风险。

本节选取 2019 年 3 月 6 日 0 时至 2019 年 3 月 16 日 24 时的某直播平台负载时序数据作为样本，详细阐述二元定距变量的相关分析。数据集中包含三个字段，分别为时间（time）、平台各时段的主播数量（streamers_count）和观众数量（viewers_count），共计 264 条样本记录，数据示例见表 3-6。现要研究平台的观众数量和主播数量之间是否存在相关性。

表 3-6　某平台直播流量数据示例

time	2019-3-6 00:00:00	2019-3-6 01:00:00	2019-3-6 02:00:00	…	2019-3-16 23:00:00
streamers_count	18981	13892	10587	…	28596
viewers_count	270126714	188527323	139727415	…	340597872

完整数据：“./chapter3/data/livestreaming.csv”

数据准备。使用 pandas 读取数据文件，再从数据中选择最后 24 行，存储在名为 df1 的 DataFrame 中。

绘制散点图和折线图。使用 matplotlib 库中的 plt.scatter 和 plt.plot 函数分别绘制主播数量和观众数量的散点图以及随时间变化的折线图。结果显示，主播数量和观众数量的散点图大致呈直线，并且主播数量和观众数量的折线图呈现出极强的正相关性。二者几乎在同一时间到达峰值，随着主播数量增加，观众数量也相应增加，反之亦然。因此，可以计算 Pearson 相关系数来描述二者之间的相关性。

计算 Pearson 相关系数。在 Python 中，可以使用 pandas 库中的 corr 函数计算主播数量和观众数量的 Pearson 相关系数，判断变量间相关性，使用方法如下：

```python
pearson_corr = df1['streamers_count'].corr(df1['viewers_count'])
```

完整代码见 chapter3/code/3-1 correlation.py。

输出结果：

Pearson 相关系数：0.9526739143065315

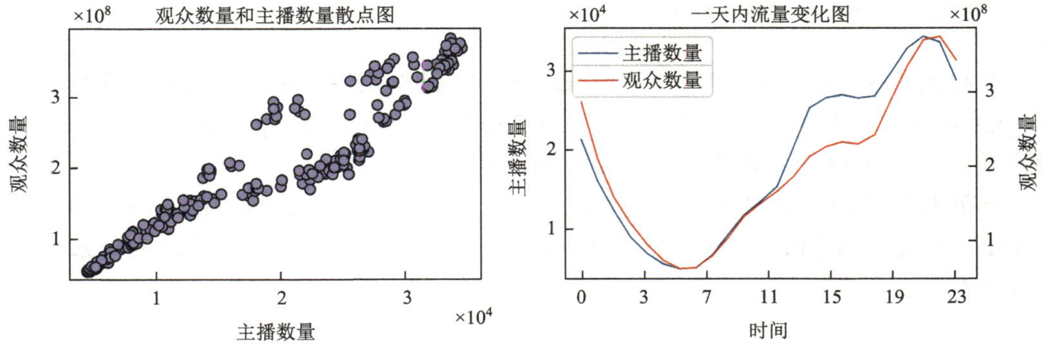

从输出结果可以得到，该样本的主播数量和观众数量的相关系数为 0.952，呈现高度

相关。因此，网络直播平台在制定相关策略时，需要考虑主播数量和观众数量之间的关系，以实现平台的可持续发展。

2. 亚马逊评论数据的相关关系

亚马逊评论数据集包含了用户对不同商品的评价、评论以及商品的相关信息（如商品类别、价格、品牌等），可以用于分析用户对于商品的偏好和需求，评估商品的质量和口碑，以及预测商品的销售情况和趋势。

本节使用亚马逊评论数据集中提取的一个小样本数据集完成相关系数计算，分析相关关系。该数据集包含 70 条亚马逊评论数据，具体字段及其含义见表 3-7，数据样例见表 3-8。

表 3-7 亚马逊评论数据集字段名及其含义

字段名	含义
marketplace	评论所在的市场，如美国、英国、德国等
product_id	每个产品的唯一标识符。它是亚马逊分配给每个产品的一串数字和字母组合，用于区分不同的产品
review_id	亚马逊上每个评论的唯一标识符。它由亚马逊系统自动生成，并用于在数据集中标识和跟踪每个评论
star_rating	用户对商品或服务的评分，范围为 1 星到 5 星。其中，1 星表示非常不满意，5 星表示非常满意
helpful_votes	其他用户给该评论投票的数量，表示该评论的被认可程度。这可以帮助其他用户更好地了解该产品或服务，并决定是否购买

表 3-8 亚马逊评论数据示例

	1	2	…	70
marketplace	US	US	…	US
product_id	B00L9EPT8O	B00L9EPT8O	…	B00L9EPT8O
review_id	R3OW6KZQVW8JG	RVN4P3GJ8QMTA	…	R4U4P4Z4P4Z4P4
helpful_votes	0	1		4
star_rating	1	2		5

完整数据："./chapter3/data/amazon_reviews.csv"

数据预处理。导入数据后使用 lambda 函数和 apply 方法，将亚马逊评论数据集中的 star_rating 星级评分进行逻辑判断并转换为定序数据 ordinal_rating，具体为：将 1～2 星评分设为 1，3 星评分设为 2，4～5 星评分设为 3。

计算相关系数。使用来自 scipy.stats 库的统计函数 kendalltau 和 spearmanr 计算 ordinal_rating 与 helpful_votes 之间的 Spearman 秩相关系数和 Kendall 等级相关系数，使用方法如下：

```
kendall_corr, kendall_pval = kendalltau(ordinal_rating, helpful_votes)
spearman_corr, spearman_pval = spearmanr(ordinal_rating, helpful_votes)
```

完整代码如下：

文件名称	3-2 Spearman_kendall.py	说明	基于亚马逊评论数据集计算 Kendall 和 Spearman 相关系数

```
import pandas as pd
from scipy.stats import kendalltau, spearmanr
df = pd.read_csv('../data/amazon_reviews.csv')   # 读取数据集
df['ordinal_rating'] = df['star_rating'].apply(lambda x: 1 if x <= 2 else 2 if x == 3 else 3)   # 将评分转换为数据
# 1.计算 Kendall 相关系数和 p 值
kendall_corr, kendall_pval = kendalltau(df['ordinal_rating'], df['helpful_votes'])
# 2.计算 Spearman 相关系数和 p 值
spearman_corr, spearman_pval = spearmanr(df['ordinal_rating'], df['helpful_votes'])
print('Kendall 相关系数:', kendall_corr)
print('Spearman 相关系数:', spearman_corr)
```

输出结果：

```
Kendall 相关系数: 0.894427190999916
Spearman 相关系数: 0.9486832980505138
```

由于 star_rating 表示商品的评分，而 helpful_votes 表示其他用户对该评论的投票数。因此，这两个变量之间的相关系数可以用来评估商品评分和评论的有用程度之间的关系。

（1）Kendall 相关系数的值为 0.894，表明商品评分和评论的有用程度之间存在较强的正相关关系。这个结果符合直观认知，因为人们通常会更倾向于投票给他们认为有价值的评论。

（2）Spearman 相关系数的值为 0.949，比 Kendall 相关系数更高，说明商品评分和评论的有用程度之间的顺序关系更加明显，等级关系更强。此结果表明，商品评分和评论的有用程度之间的关系不仅是线性的，还可能是非线性的。

综上所述，此数据集中的 Spearman 秩相关系数和 Kendall 等级相关系数都表明商品评分和评论的有用程度之间存在较强的正相关关系。且该结果可以帮助商家和消费者更好地理解商品评分和评论的关系，从而更好地做出购买和销售决策。

3.3 非线性相关分析

3.3.1 认识非线性相关性

在狭义上，非线性关系指的是不成比例、不能用直线表示的数量关系，通常以曲线或曲面等形式呈现。在广义上，非线性关系指的是自变量按照特殊形式变化时，产生的映射关系不符合传统线性模型的情况。例如，迭代关系，其上一次计算结果是下一次计算的自变量，这明显无法用通常的线性函数来描述。与线性关系相比，非线性关系更贴近客观事物的本质特征，更好地反映了复杂系统的特性，为人类提供了深入了解和建模复杂现象的工具。本节主要介绍常用的非线性相关系数，主要包括互信息和最大信息系数等。

3.3.2 互信息

定义 3-10 互信息（mutual information）是指两个变量 X 和 Y 间相互依赖程度的度量，其表示 X 和 Y 之间信息量的相互关系。互信息计算公式定义为

$$I(X;Y)=\sum_{y\in Y}\sum_{x\in X}p(x,y)\log\left(\frac{p(x,y)}{p(x)p(y)}\right) \tag{3-9}$$

其中，$p(x,y)$ 是 X 和 Y 的联合概率分布函数，$p(x)$ 和 $p(y)$ 分别是 X 和 Y 的边缘概率分布函数。

在随机变量为连续型的情况下，式（3-9）转换为

$$I(X;Y)=\int_Y\int_X p(x,y)\log\left(\frac{p(x,y)}{p(x)p(y)}\right)\mathrm{d}x\mathrm{d}y \tag{3-10}$$

互信息是信息论中的一项重要指标，它用于定量衡量两个随机变量间的相关程度。具体而言，互信息量度量一个随机变量包含关于另一随机变量的信息量，或可以视为一个随机变量在已知另一个随机变量情况下的不确定性减少量。互信息的值越高表明两个变量之间的相关性越强，即根据一个变量的值能够更准确地预测另一个变量的值。

（1）正的互信息量：若 $I(X;Y)>0$，即 X 和 Y 之间存在正相关性或信息共享。这意味着已知 X 的取值时，对于 Y 的不确定性减少。

（2）互信息量为零：若 $I(X;Y)=0$，即 X 和 Y 之间不存在信息共享或依赖性，它们是相互独立的。

互信息可以等价地表示为

$$\begin{aligned}I(X;Y)&=H(X)-H(X|Y)\\&=H(Y)-H(Y|X)\\&=H(X)+H(Y)-H(X,Y)\\&=H(X,Y)-H(X|Y)-H(Y|X)\end{aligned} \tag{3-11}$$

其中，$H(X)$ 和 $H(Y)$ 是信息熵，$H(X|Y)$ 和 $H(Y|X)$ 是条件熵，$H(X,Y)$ 是 X 和 Y 的联合熵。

上述公式还可以用韦恩图直观体现，见图3-7。其中，两个圆所包含的面积是联合熵 $H(X,Y)$，左边的圆圈（红色和紫色）是信息熵 $H(X)$，红色是条件熵 $H(X|Y)$，右边的圆圈（蓝色和紫色）是信息熵 $H(Y)$，蓝色是条件熵 $H(Y|X)$，紫色是互信息 $I(X;Y)$。

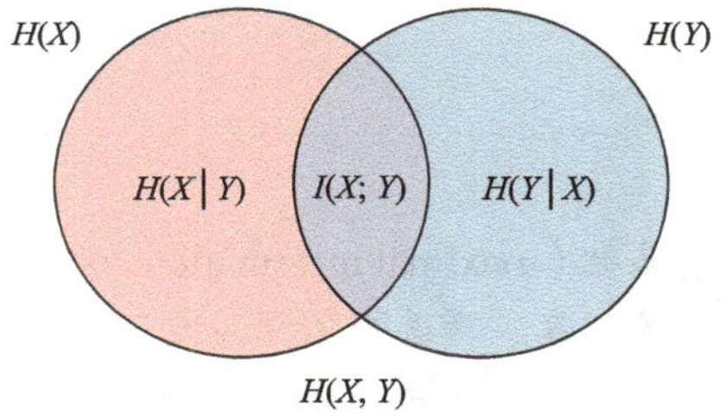

图3-7 互信息示意图

延伸阅读

信息论中常用的概念有信息熵、联合熵、条件熵等。

信息熵：一个离散随机变量 X 的熵 $H(X)$ 定义为

$$H(X)=-\sum_{x\in X}p(x)\log_2 p(x) \tag{3-12}$$

联合熵：对于服从联合分布为 $p(x,y)$ 的一对离散随机变量 (X,Y)，其联合熵 $H(X,Y)$ 定义为

$$H(X,Y)=-\sum_{x\in X}\sum_{y\in Y}p(x,y)\log_2 p(x,y) \tag{3-13}$$

条件熵：若 $(X,Y)\sim p(x,y)$，条件熵 $H(Y|X)$ 定义为

$$\begin{aligned}H(Y|X)&=\sum_{x\in X}p(x)H(Y|X=x)=-\sum_{x\in X}p(x)\sum_{y\in Y}p(y|x)\log_2 p(y|x)\\&=-\sum_{x\in X}\sum_{y\in Y}p(x,y)\log_2(y|x)=-\sum_{x\in X}\sum_{y\in Y}p(x,y)\log_2\frac{p(x,y)}{p(x)}\end{aligned} \tag{3-14}$$

算一算

假设有两个二进制的变量 X 和 Y，其中 $x=[1\quad 0\quad 1\quad 1\quad 0]$，$y=[1\quad 1\quad 1\quad 0\quad 0]$。求解 X 和 Y 的信息熵、联合熵和互信息。

步骤 1： 计算 X 和 Y 的信息熵 $H(X)$ 和 $H(Y)$。由题可得概率 $p(x=0)=2/5$，$p(x=1)=3/5$，$p(y=0)=2/5$，$p(y=1)=3/5$，因此可以得到 $H(X)=-\frac{2}{5}\times\log_2\left(\frac{2}{5}\right)-\frac{3}{5}\times\log_2\left(\frac{3}{5}\right)=0.9710$，同理计算得到 $H(Y)=0.9710$。

步骤 2： 计算 X 和 Y 的联合熵 $H(X,Y)$。根据 X 和 Y 的值可得 $P(X,Y)$ 分别为

$p(x=0;y=0)=1/5$，$p(x=0;y=1)=1/5$，$p(x=1;y=0)=1/5$，$p(x=1;y=1)=2/5$，从而计算得到 $H(X,Y)=-\frac{1}{5}\times\log_2\left(\frac{1}{5}\right)-\frac{1}{5}\times\log_2\left(\frac{1}{5}\right)-\frac{1}{5}\times\log_2\left(\frac{1}{5}\right)-\frac{2}{5}\times\log_2\left(\frac{2}{5}\right)=1.9219$。

步骤 3：计算 X 和 Y 的互信息 $I(X;Y)$。将求得的信息熵和联合熵代入公式可以求出 $I(X;Y)=H(X)+H(Y)-H(X,Y)=0.9710+0.9710-1.9219=0.0201$。

3.3.3 最大信息系数

定义 3-11 最大信息系数（maximal information coefficient，MIC）使用互信息衡量两个随机变量间的相关程度，再选择不同维度下互信息的最大值作为 MIC。对于二维联合随机变量 (X,Y)，其样本集合记为 $D=\{(x_i,y_i)|\ i=1,2,\cdots,N\}$。通过将 X 和 Y 的值域划分为 a 和 b 个区间，从而将样本空间离散为 $a\times b$ 的网格 G。在离散化样本集合 D 时，同样的规模 $a\times b$ 下可能存在多种不同的值域划分方式，那么所有可能的网格 G 上的最大互信息记为

$$I^*(D,a,b)=\max_G I\left(D|_G\right) \tag{3-15}$$

为了比较不同规模网格 G 上的最大互信息，需要将 $I^*(D,a,b)$ 标准化为

$$M(D)_{a,b}=\frac{I^*(D,a,b)}{\log_2\min\{a,b\}} \tag{3-16}$$

基于最大互信息，可以得出二维联合随机变量 X 和 Y 之间的 MIC 为

$$\mathrm{MIC}(X,Y)=\max_{a\times b<B}\frac{I(D,a,b)}{\log_2\min(a,b)} \tag{3-17}$$

其中，$a\times b<B$ 是指网格划分数小于 B。

MIC 的计算图解见图 3-8，具体解释如下。

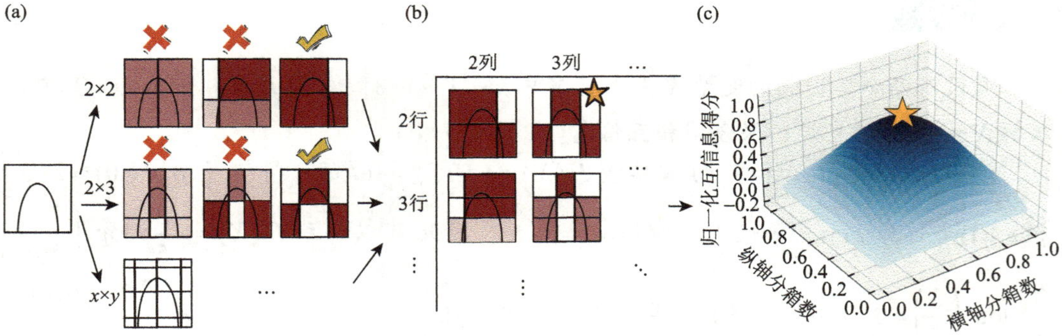

图 3-8 MIC 示意图

（1）计算每一个 $a \times b$ 划分对应的最大互信息。图 3-8（a）中，第一行的 3 个图是 2×2 划分下对应的几种不同的划分方法，第三个划分方法可以得到该划分下的最大互信息。中间 3 个图是 2×3 划分下对应的几种不同的划分方法，其中第三个划分方法可以得到该划分下的最大互信息。

（2）由标准化后的互信息得分组成的矩阵。图 3-8（b）的矩阵保存了所有的 m_{ab} 及其相应的划分方法。该矩阵中的元素分别对应图 3-8（a）各 $a \times b$ 划分下划分位置最好时得到的互信息值。例如，第二行第二列对应的是 2×2 划分方法下区信息最大时的划分方式。

（3）特征矩阵 $\boldsymbol{M} = [m_{xy}]$ 可表示为可视化的一个表面，MIC 对应于这个表面上的最大值点。图 3-8（c）的星号标示了这个得分在表面上的位置。

MIC 可以理解为一种网格离散化的、被归一化的最大互信息，且相较于互信息有更高的准确度，其值介于 0 和 1 之间，其中 0 表示没有相关性，1 表示完全相关。MIC 的优点在于可以发现各种类型的关系且不受线性假设的限制，不论变量是函数相关、超函数相关还是没有任何函数关系的相关，MIC 都可以探测到变量间的相关性，因此在复杂数据分析中尤其适用。然而，MIC 的计算可能比传统的相关性方法更耗时，特别是对于大型数据集，在应用时需要考虑计算成本。

延伸阅读

Delicado 在考虑变量间的相关性时，通过对协方差矩阵和相关系数矩阵进行谱分解，得到二者的主成分表示。基于这一基础，提出了新的相关性度量方法——CorGc（covariance generating along a generating curve）相关性。GorGc 是二维随机变量在 R^2 上沿着一条一维曲线来定义相关性的方法。假设 $(X,Y) = \chi_c(S,T)$ 是沿着曲线 $c(I)$ 分布的二维随机变量，$S \in I$，其 CorGc 相关系数公式定义为

$$\mathrm{CorGc}(X,Y) = \left\{ E_s \left[\left(\mathrm{LCor}_{XY}(S) \right)^2 \right] \right\}^{\frac{1}{2}} \tag{3-18}$$

其中：E_s 是沿着曲线 $c(s)$ 的局部相关系数的期望值，LCor_{XY} 是在 $c(s)$ 处的局部相关系数。

CorGc 相关性度量的适用范围非常广泛，可用于衡量变量间的独立性、线性关系以及相似性。例如，当 X 和 Y 的样本数据分布在一个环或者矩形上时，CorGc 能捕捉到其相关性，得到较高的值；当 X 和 Y 呈线性相关时，CorGc 的值与 Pearson 相关系数几乎相等。

3.3.4 实践案例：桥梁振动的相关分析

本研究选取 2020 年 8 月 6 日 0 时至 2020 年 8 月 9 日 0 时的某沿海桥梁潮汐影响振动时序数据作为样本，数据集包含三个字段，分别为时间戳（timestamp）、桥梁振动幅度（amplitude）和桥梁振动频率（frequency），共计 2499 条样本记录，数据示例见表 3-9。现要探究潮汐周期与桥梁振动幅度的相关性。

表 3-9 桥梁振动数据示例

timestamp	2020/8/6 0:00:00	2020/8/6 0:01:44	2020/8/6 0:03:28	…	2020/8/9 0:00:00
amplitude	15.2922	11.2759	13.0871	…	12.0148
frequency	1.0319	0.9098	0.9737	…	0.9804

完整数据："./chapter3/data/bridge.csv"

数据准备。使用 pandas 库的 read_csv 函数加载数据文件，再把数据存储在名为 vibration_data 的 DataFrame 中。

绘制散点图。使用 matplotlib 库中的 plt.scatter 函数将时间戳与振动幅度的关系绘制成散点图。结果显示，潮汐周期与桥梁振动幅度之间呈现接近正弦波形的周期变化模式。为了全面了解线性相关性与非线性相关性度量在不同条件下的适用性及其差异，运用线性相关系数（如 Pearson 相关系数）和非线性相关系数（如互信息和 MIC）同时定量衡量时间和振动幅度之间的相关性。

相关性分析。为保证分析过程的精确性，计算出每个时间戳距离观测开始时刻的总秒数。分别使用 sklearn.feature_selection 模块中的 mutual_info_regression 函数和 MINE 库中的 MINE 类计算互信息和 MIC 值，再计算 Pearson、Spearman 和 Kendall 相关系数。其中，互信息和 MIC 的计算方法如下：

```
mutual_info = mutual_info_regression(np.expand_dims(time_in_ seconds, axis=
  1), vibration_data['amplitude'].values)[0]  # 计算互信息
mine = MINE(alpha=0.6, c=15)  # 计算MIC
mine.compute_score(time_in_seconds, vibration_data['amplitude']. values)
```

完整代码见 chapter3/code/3-3 nonlinear.py。

输出结果：

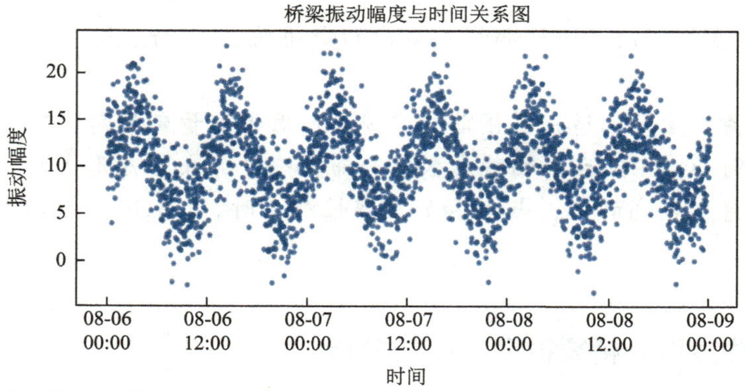


```
互信息：0.44000134210884845
MIC 值：0.5184138187959586
Pearson 相关系数：-0.09501360828617346
Spearman 相关系数：-0.09623069749917582
Kendall 相关系数：-0.06455328328288883
```

从输出结果可以看出，潮汐周期和桥梁的振动幅度之间的互信息和 MIC 值分为 0.440 和 0.518，两者存在较为显著的非相关性，这说明时间可能是影响振动幅度的一个重要因素。而线性相关系数的结果分别为–0.095，–0.096 和–0.065，说明数据之间呈现出非线性相关性，尤其是周期性变化时，使用非线性相关系数如互信息和 MIC 能更准确地捕捉到数据间的相关性。

3.4 偏相关分析

在现实世界中，变量之间往往存在错综复杂的关系，两种变量的相关常常会受其他一种或多种因素的影响。当存在多个影响因素时，二元变量的相关分析往往会忽略其他潜在的影响因素，这使其无法真实准确地反映事物之间的相关关系。例如，在研究商品需求和价格之间的关系时，商品需求同时受收入水平和价格的影响。根据经济学理论，收入水平不变的情况下，商品的价格越高，需求量就越少。但在实际经济生活中，由于供需关系、生产成本和通货膨胀预期等因素的相互作用，收入水平与价格往往会同时上升，如果只计算需求和价格的简单相关系数，而忽略收入对需求的影响，则容易得到不准确的结论。因此，在这种情况下，单纯计算简单相关系数已经不能准确地反映变量之间的相关关系。为满足多变量分析的需求，并准确反映此情况下变量之间的相关关系，偏相关分析被提出。

3.4.1 偏相关分析概述

定义 3-12 偏相关分析也称净相关分析，是在剔除其他相关因素影响的条件下计算两个变量之间的相关系数，研究两个变量的相关性。

经偏相关分析后得到的偏相关性是两个随机变量在排除了其余部分或全部随机变量影响情况下的净相关性或纯相关性，因此，与简单相关分析相比，它能够反映更真实、更本质的两个变量间的联系。在商品需求和价格的例子中，在保证收入这一变量不变的前提下，计算商品需求和价格之间的偏相关系数，才能准确地衡量商品需求与价格的内在关联。

定义 3-13 偏相关系数是偏相关分析时用于度量变量间相关性的相关系数。

根据控制变量的个数，可以定义各阶偏相关系数：控制变量为零个时，偏相关系数称为零阶偏相关系数，也就是两个变量之间的简单相关系数；控制变量为一个时，偏相关系数为一阶偏相关系数；控制变量为两个时，偏相关系数为二阶相关系数，以此类推，控制变量为 n 个时，偏相关系数为 n 阶相关系数。

下面重点介绍一阶偏相关系数的计算方法。首先，分别计算三个变量中两两变量间的相关系数；然后，通过这三个相关系数计算偏相关系数。假设有三个变量：x_1，x_2，x_3，

剔除变量 x_3 的影响后，变量 x_1 和 x_2 之间的偏相关系数 $r_{12,3}$ 为

$$r_{12,3}=\frac{r_{12}-r_{13}r_{23}}{\sqrt{1-r_{13}^2}\sqrt{1-r_{23}^2}} \tag{3-19}$$

其中，r_{12} 表示变量 x_1 与变量 x_2 的简单相关系数；r_{13} 表示变量 x_1 与变量 x_3 的简单相关系数；r_{23} 表示变量 x_2 与变量 x_3 的简单相关系数，此处简单相关系数为 Pearson 相关系数。

偏相关系数的取值范围为 $[-1,1]$。$r_{12,3}$ 为正值，表示当 x_3 不变的情况下，x_1 与 x_2 为正相关关系；$r_{12,3}$ 为负值，表示当 x_3 不变的情况下，x_1 与 x_2 为负相关关系。

偏相关系数的绝对值越大，其偏相关程度就越高。当 $|r_{12,3}|=1$ 时，表示当 x_3 不变的情况下，x_1 与 x_2 为完全相关；当 $|r_{12,3}|=0$ 时，表示当 x_3 不变的情况下，x_1 与 x_2 为完全不相关。

$r_{13,2}$ 和 $r_{23,1}$ 的定义同上述。

延伸阅读

偏相关系数的推导过程（结合第 4 章理解）考虑 x_1 与 x_3 之间的关系以及 x_2 与 x_3 之间的关系分别满足方程：

$$x_1=a_{13}+b_{13}x_3\text{，}\quad x_2=a_{23}+b_{23}x_3 \tag{3-20}$$

并假设变量 x_1'、x_2'、x_3' 根据 x_1、x_2、x_3 的平均值求得，即

$$x_1'=x_1-\overline{x}_1\text{，}\quad x_2'=x_2-\overline{x}_2\text{，}\quad x_3'=x_3-\overline{x}_3 \tag{3-21}$$

则 x_1' 与 x_3' 之间的关系以及 x_2' 与 x_3' 之间的关系分别满足方程：

$$x_1'=b_{13}x_3'\text{，}\quad x_2'=b_{23}x_3' \tag{3-22}$$

记 x_1' 和 x_2' 的残差分别为 e_{13} 和 e_{23}，则

$$e_{13}=x_1'-b_{13}x_3'\text{，}\quad e_{23}=x_2'-b_{23}x_3' \tag{3-23}$$

式（3-23）可分别认为是变量 x_1' 和 x_2' 的一部分，即消除 x_3' 对 x_1'/x_2' 的线性影响的剩余部分。因此，e_{13} 和 e_{23} 之间的相关系数值即为变量 x_1 和 x_2 之间的偏相关系数 $r_{12,3}$：

$$r_{12,3}=\frac{\mathrm{Cov}(e_{13},e_{23})}{\sqrt{V(e_{13})}\sqrt{V(e_{23})}} \tag{3-24}$$

（1）对于 $\mathrm{Cov}(e_{13},e_{23})$

由于变量 x_1'、x_2'、x_3' 根据 x_1、x_2、x_3 的平均值求得，所以：

$$\sum x_1'=\sum x_2'=\sum x_3'=0 \tag{3-25}$$

结合式（3-23），可得

$$\overline{e}_{13}=\overline{e}_{23}=0 \tag{3-26}$$

则

$$\begin{aligned}\mathrm{Cov}(e_{13},e_{23}) &= \frac{1}{n}\sum(e_{13}-\overline{e}_{13})(e_{23}-\overline{e}_{23}) \\ &= \frac{1}{n}\sum e_{13}e_{23} \\ &= \frac{1}{n}\sum(x_1'-b_{13}x_3')(x_2'-b_{23}x_3') \\ &= \frac{1}{n}\sum x_1'x_2' - b_{13}\frac{1}{n}\sum x_2'x_3' - b_{23}\frac{1}{n}\sum x_1'x_3' + b_{13}b_{23}\sum(x_3')^2\end{aligned} \tag{3-27}$$

由式（3-25）得到 $\overline{x}_1'=\overline{x}_2'=0$，且 $\mathrm{Cov}(x_1',x_2')=\frac{1}{n}\sum(x_1'-\overline{x}_1')(x_2'-\overline{x}_2')=r_{12}\sigma_1\sigma_2$，得

$$\mathrm{Cov}(e_{13},e_{23})=r_{12}\sigma_1\sigma_2-b_{13}r_{23}\sigma_2\sigma_3-b_{23}r_{13}\sigma_1\sigma_3+b_{13}b_{23}\sigma_3^2 \tag{3-28}$$

又因为相关系数与回归系数满足以下关系式：

$$b_{13}=r_{13}\frac{\sigma_1}{\sigma_3}，\quad b_{23}=r_{23}\frac{\sigma_2}{\sigma_3} \tag{3-29}$$

所以式（3-28）可变换为

$$\begin{aligned}\mathrm{Cov}(e_{13},e_{23}) &= r_{12}\sigma_1\sigma_2-r_{13}\frac{\sigma_1}{\sigma_3}r_{23}\sigma_2\sigma_3-r_{23}\frac{\sigma_2}{\sigma_3}r_{13}\sigma_1\sigma_3+r_{13}\frac{\sigma_1}{\sigma_3}b_{23}\sigma_3^2 \\ &= \sigma_1\sigma_2(r_{12}-r_{13}r_{23})\end{aligned} \tag{3-30}$$

（2）对于 $\sqrt{V(e_{13})}$ 和 $\sqrt{V(e_{23})}$

由于 $V(e_{13})=\frac{1}{n}\sum(e_{13}-\overline{e}_{13})^2$ 且 $\overline{e}_{13}=0$，得

$$V(e_{13})=\frac{1}{n}\sum e_{13}^2=\frac{1}{n}\sum x_1'e_{13}=\frac{1}{n}\sum x_1'(x_1'-b_{13}x_3')=\sigma_1^2(1-r_{13}^2) \tag{3-31}$$

同理，$V(e_{23})=\sigma_2^2(1-r_{23}^2)$，则

$$r_{12,3}=\frac{\sigma_1\sigma_2(r_{12}-r_{13}r_{23})}{\sqrt{\sigma_1^2(1-r_{13}^2)\sigma_2^2(1-r_{23}^2)}}=\frac{r_{12}-r_{13}r_{23}}{\sqrt{1-r_{13}^2}\sqrt{1-r_{23}^2}} \tag{3-32}$$

同理可得 $r_{13,2}$ 以及 $r_{23,1}$。

3.4.2 实践案例：国内主要城市年度统计指标数据偏相关分析

国内主要城市年度统计指标数据是指中国各大城市在特定时间范围内收集的关于经济、社会和人口等方面的数据。通过分析这些指标数据，我们可以了解各个城市的发展状况，比较城市之间的差异和相似性。这对于制定城市规划和政策具有重要的参考与指导意义。

本节选取 2016 年国内主要城市年度统计指标数据进行偏相关分析。该数据集包括 36 条数据样本，数据样例见表 3-10。

表 3-10　2016 年国内主要城市年度统计指标数据样例

地区	北京	天津	石家庄	…	乌鲁木齐
地区生产总值	25669.13	17885.39	5927.73	…	2458.98
第一产业增加值	129.79	220.22	480.88	…	28.14
第二产业增加值	4944.44	7571.35	2693.92	…	704.08
第三产业增加值	20594.9	10093.82	2752.93	…	1726.76
社会商品零售总额	11005.1	5635.8	2975.2	…	1236.7
货物进出口总额	282348.96	102655.95	12160.29	…	4902.58
年末总人口	1362.86	1044.4	1038	…	267.87
在岗职工平均工资	122749	87806	61189	…	73254
普通高等学校在校学生数	59.9188	51.3842	44.1812	…	17.3847
医院、卫生院数	713	571	425	…	152
房地产开发投资额	4000.57	2300.01	1015.77	…	344.71

完整数据：“./chapter3/data/Annual Statistical Indicators Data.csv”

数据预处理。导入数据后使用 deopna 函数来处理数据中的缺失值。

计算相关系数。使用.pcorr 和.corr 函数分别计算各个指标之间的偏相关系数矩阵和 Pearson 相关系数矩阵。

可视化相关系数。使用 sns.heatmap 函数绘制偏相关系数矩阵和 Pearson 相关系数矩阵热力图。完整代码见 chapter3/code/3-4 Partial-Corr.py。

输出结果：

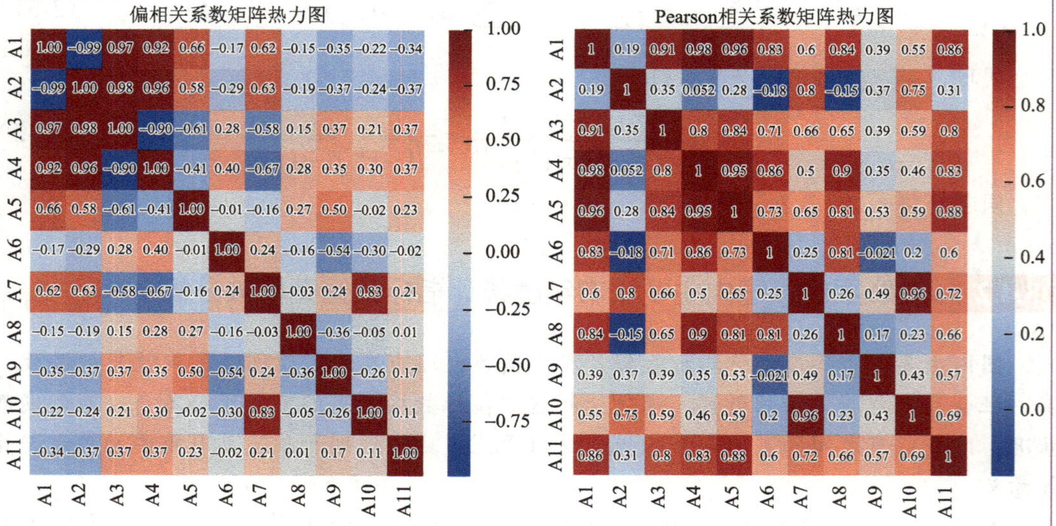

以“地区生产总值”和“第一产业增加值”为例，二者的 Pearson 相关系数为 0.19，有一定的相关关系但相关关系弱；但二者之间的偏相关系数为–0.99，即除去其他因素影响后，二者之间呈现极强的负相关性。这表明国内生产总值和第一产业增加值之间的相关性在考虑其他因素的影响时被弱化或掩盖。

3.5 距离相关分析

简单线性相关分析和偏相关分析均可描述和度量两个变量之间的线性相关方向和相关程度的大小。其中，简单线性相关分析具备计算简单、易于理解的优势，而偏相关分析可以排除其他变量的影响，更为准确。但传统的相关性方法（如 Pearson 相关系数）主要用于测量线性关系，并且对变量的度量尺度可能较为敏感。

定义 3-14 距离相关分析是一种基于距离度量的统计分析方法，可以通过计算不同样本或者变量之间的距离来衡量差异度或者相似程度。

距离相关分析能够更好地捕捉到非线性关系，也不受变量尺度的影响，因此其在数据包含复杂模式或非线性关系时更为适用。距离相关分析的结果也可以为其他分析过程提供重要参考，如因子分析和聚类分析，以帮助理解数据集中的复杂结构和模式。

延伸阅读

距离相关分析根据分析对象不同，分为样本间距离分析和变量间距离分析。

（1）样本间距离分析：样本和样本之间的距离相关分析。

样本间距离分析是一种用于比较不同样本之间相似度或差异性的统计方法。样本间距离分析通常将样本表示为向量或者矩阵，然后计算样本间的距离或相似度，继而将相似的样本归为一类，从而识别潜在的模式或结构以进行聚类分析、分类任务、异常检测等。

（2）变量间距离分析：变量和变量之间的距离相关分析。

变量间距离分析是一种用于比较不同变量之间关联程度的统计方法。变量间距离分析通常将变量表示为向量或者矩阵，而后计算变量间距离或相似度，进而识别出具有高关联性的变量或特征，有利于特征选择或降维处理。

变量间和样本间的距离分析方法具备相同的基本原理。常见的距离度量方法包括欧氏距离、曼哈顿距离、马氏距离、切比雪夫距离等。

3.5.1 距离度量方法

距离度量方法用于计算样本或者变量之间的距离或相似度，不同的距离度量方法适用于不同类型的数据和场景。

1. 欧氏距离

定义 3-15 欧氏距离（Euclidean distance）也称为欧几里得距离，是一种用于计算两个向量之间直线距离的度量方法。在 m 维空间中，对于点 $(x_1, x_2, \cdots, x_n)$ 和点 $(y_1, y_2, \cdots, y_n)$，欧氏距离公式定义为

$$\text{EUCLID}(m) = \sqrt{\sum_{i=1}^{n}(x_i - y_i)^2} \tag{3-33}$$

在二维空间中，欧氏距离指在平面直角坐标系中两个点之间的直线距离，见图 3-9（a）和式(3-34)。在三维空间中对于点 (x_1, y_1, z_1) 和点 (x_2, y_2, z_2)，欧氏距离计算公式如式(3-35)所示。

$$\text{EUCLID}(2) = \sqrt{(x_2 - x_1)^2 + (y_2 - y_1)^2} \tag{3-34}$$

$$\text{EUCLID}(3) = \sqrt{(x_2 - x_1)^2 + (y_2 - y_1)^2 + (z_2 - z_1)^2} \tag{3-35}$$

欧氏距离可以用于计算数值型数据之间的相似度或差异性，常用于聚类分析、异常检测等领域。

2. 切比雪夫距离

定义 3-16 切比雪夫距离（Chebyshev distance）是两点之间各个维度距离差的绝对值的最大值，常用于图像处理、路径规划等领域。在 m 维空间中，对于点 $(x_1, x_2, \cdots, x_n)$ 和点 $(y_1, y_2, \cdots, y_n)$，切比雪夫距离公式定义为

$$\text{CHEBYSHEV}(x, y) = \max|x_i - y_i| \tag{3-36}$$

其中，x_i 表示第一个样本在第 i 个变量上的取值；y_i 表示第二个样本在第 i 个变量上的取值。

二维空间中，对于点 (x_1, y_1) 和点 (x_2, y_2)，其切比雪夫距离为 $\max(|x_1 - x_2|, |y_1 - y_2|)$，在平面直角坐标系中的表示见图 3-9（b）。在图 3-9（b）中，绿色和蓝色的线段分别表示两个点在 x 轴和 y 轴上的距离差，而红色的线段表示这两个距离差中的最大值，即两点之间的切比雪夫距离。

3. 曼哈顿距离

定义 3-17 曼哈顿距离（Manhattan distance）将两点之间各个维度距离差的绝对值之和定义为两点之间的距离，常用于特征选择、模式识别等领域。在 m 维空间中，对于点 $(x_1, x_2, \cdots, x_n)$ 和点 $(y_1, y_2, \cdots, y_n)$，曼哈顿距离公式定义为

$$\text{BLOCK}(x,y)=\sum_{i=1}^{n}|x_i-y_i| \tag{3-37}$$

在二维空间中，对于点(x_1,y_1)和点(x_2,y_2)，曼哈顿距离为$|x_1-y_1|+|x_2-y_2|$，在平面直角坐标系中的表示见图3-9（c）。在图3-9（c）中，绿色和蓝色的线段分别表示两个点在x轴和y轴上的距离差的绝对值，而红色的线段表示这两个绝对值之和，即两点之间的曼哈顿距离。

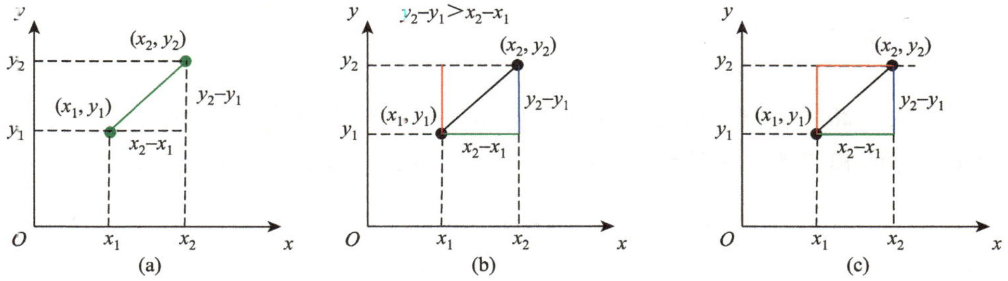

图3-9 距离度量方法图示

延伸阅读

曼哈顿距离，又称城市街区距离、L1范数距离或制图距离，源自纽约曼哈顿下岛部分的规整网格状街道布局。该地区的街道网络以直角相交而著称，曼哈顿距离的命名正是受到这种街道网络的启发，它模拟了这种无法直接穿越街区只能在网格上行走的情形。

4. 闵可夫斯基距离

定义3-18 闵可夫斯基距离（Minkowski distance）将两点之间各个维度距离差的p次方和的$1/p$次方定义为两点之间的距离，常用于权重计算、最近邻分类等领域。在m维空间中，对于点$(x_1,x_2,\cdots,x_n)$和点$(y_1,y_2,\cdots,y_n)$，闵可夫斯基距离公式定义为

$$\text{MINKOWSKI}(x,y)=\sqrt[p]{\sum_{i=1}^{n}|x_i-y_i|^p}=\left(\sum_{i=1}^{n}|x_i-y_i|^p\right)^{\frac{1}{p}} \tag{3-38}$$

在计算样本间距离时，p是可任意指定的。当$p=1$时就是曼哈顿距离，当$p=2$时就是欧氏距离，当$p=\infty$时就是切比雪夫距离。

5. 卡方距离

定义3-19 卡方距离（Chi-square distance）通过比较两个样本的实际频数与期望频数之间的差异来衡量两组分类数据之间的差异，常用于文本分类、图像检索等领域。其公式定义为

$$\text{CHISQ}(x,y)=\sqrt{\sum_{i=1}^{k}\frac{(x_i-E(x_i))^2}{E(x_i)}+\sum_{i=1}^{k}\frac{(y_i-E(y_i))^2}{E(y_i)}} \tag{3-39}$$

卡方距离越小，两个分类数据越相似。在计算卡方距离时，对于分类变量 X 和 Y ，x_i 是分类变量 X 的第 i 个类别的取值（即在第 i 类上的实际频数），$E(x_i)$ 是分类变量 X 在第 i 个类别上的期望频数；y_i 是分类变量 Y 的第 i 个类别的取值，$E(y_i)$ 是分类变量 Y 在第 i 个类别上的期望频数。

6. 余弦相似度

定义 3-20 余弦相似度（Cosine distance）使用两向量夹角的余弦值来表征两个向量的相似性，常用于文本挖掘、推荐系统等领域。其公式定义为

$$\cos\theta=\frac{\vec{a}\times\vec{b}}{|\vec{a}|\times|\vec{b}|} \tag{3-40}$$

余弦相似度取值范围为 $[-1,1]$，两向量夹角越小，余弦值越接近于 1，向量之间越相似。

7. 马氏距离

定义 3-21 马氏距离（Mahalanobis distance）可以看作欧氏距离的一种修正，弥补了欧氏距离中各个维度尺度不一致且相关的问题。当存在一个具有 M 个样本向量的集合时，假设协方差矩阵为 M ，均值向量为 $\boldsymbol{\mu}$ ，则样本向量 X_i 到样本向量 X_j 的马氏距离定义为

$$\text{MD}(x_i,x_j)=\sqrt{(X_i-X_j)^{\text{T}}M^{-1}(X_i-X_j)} \tag{3-41}$$

若协方差矩阵为单位矩阵，那么马氏距离可被简化为欧氏距离。若协方差矩阵为对角阵，则其转换为标准化的欧氏距离。马氏距离可被合理地用于统一不同要素之间的数据，因为其计算过程考虑了比例单位在不同方向上不同的事实，如图 3-10 所示。

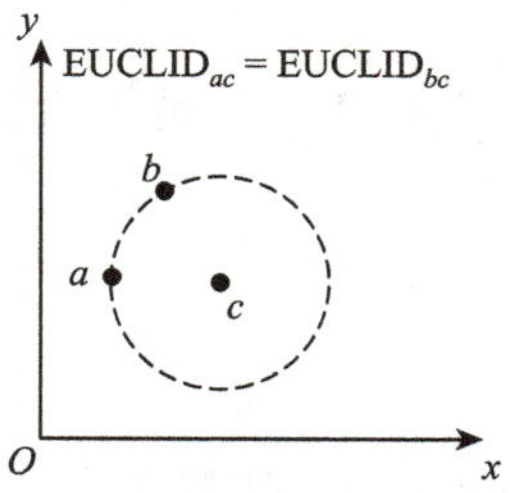

(a) 欧氏距离

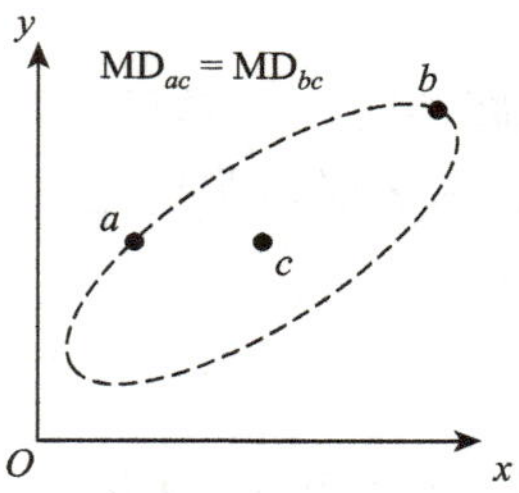

(b) 马氏距离

图 3-10 欧氏距离和马氏距离的区别示意图

延伸阅读

马氏距离在统计学中被广泛应用，尤其适用于多元正态分布的定距数据。多元正态分布假设数据在各个特征上呈正态分布，并且通过考虑特征之间的协方差，马氏距离能够提供更为精确的样本点相似性度量。

在异常检测方面，马氏距离可用于识别远离数据集中心的样本点，因为它考虑了各个特征之间的相关性。异常值通常表现为与正常样本点相比在多个特征上明显不同的行为，而马氏距离的使用能够捕捉到这些异常的模式，使其在异常检测任务中具有较高灵敏性。

在信号处理领域，马氏距离可用于衡量信号之间的相似性或差异性。通过考虑信号在不同特征上的变化模式，可以更准确地评估信号之间的相似性，为信号处理任务提供更精确的信息。

8. 汉明距离

定义 3-22 汉明距离（Hamming distance）是一种度量两个等长字符串之间差异性的指标，适用于二进制数据。它衡量了将一个字符串转换为另一个字符串所需的最小替换、插入和删除操作次数，其常用于信息安全、编码理论等领域。对于长度为 n 的字符串 x，y，其汉明距离定义为

$$\mathrm{HD}(x,y)=\sum_{i=1}^{n}(x_i \oplus y_i) \tag{3-42}$$

两组等长字符串 s_1 和 s_2 之间的汉明距离为：将其中一个字符串变为另一个字符串所需要进行替换的最少字符数。以字符串‘1101’和‘1001’为例，它们之间的汉明距离为 1。

9. 杰卡德相似系数

定义 3-23 杰卡德相似系数（Jaccard similarity coefficient）通过计算两个集合之间的交集元素个数与并集元素个数之比来描述两个集合的相似性。杰卡德相似系数的公式表示为

$$J(A,B)=|A\cap B|/|A\cup B| \tag{3-43}$$

杰卡德相似系数的取值范围在 0～1。当两个集合完全相同时，杰卡德相似系数为 1，表示两个集合完全相似。当两个集合没有共同元素时，杰卡德相似系数为 0，表示两个集合完全不相似。杰卡德相似系数常用于文本挖掘、推荐系统、信息检索等领域。在文本分类中，可以使用杰卡德相似系数来衡量文本之间的相似程度。杰卡德相似系数越高，则两个样本相似度越高。

距离相关分析作为一种常用的数据分析方法，应用非常广泛。在聚类领域，距离相

关分析可将数据集中相似的数据点归为同一类别，进而更好地理解和解释数据；在特征选择方面，通过计算特征之间的距离确定哪些特征对于分类或回归任务最具有区分性；在异常检测领域，根据数据点与其他数据点之间的距离可检测出数据集中的异常值（与其他数据点距离远）；在自然语言处理领域，使用距离度量来计算文本之间的相似度，用于文本分类、信息检索等；此外，使用距离度量可以比较两个样本之间的距离，还可以辅助进行相似性匹配，如图像分类、推荐系统等。

距离度量的应用

从聚类分析到轨迹推断，不同的距离度量标准，如欧氏距离、曼哈顿距离或杰卡德距离，已被广泛应用于图像识别、异常检测、生物信息学等众多领域，成为理解复杂数据模式的关键。以下展示了距离度量在推动科学发现上发挥的关键作用。

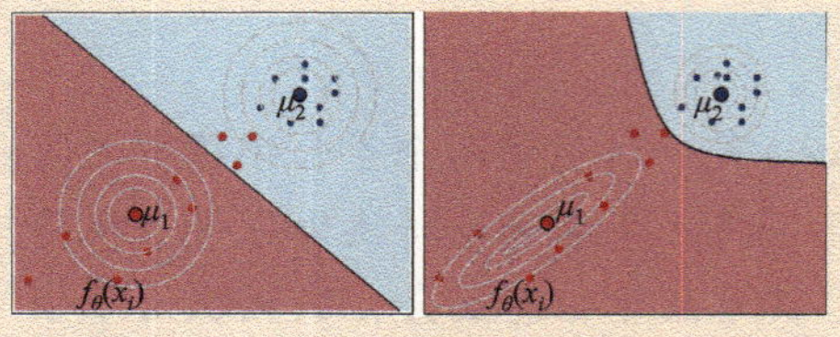

在图像分类方面，作者使用马氏距离反映特征空间的协方差结构，为每个类别提供一种考虑特征相关性和数据分布的方法，使得模型的分类性能显著提高。（Peyman et al., IEEE/CVF Conference on Computer Vision and Pattern Recognition, 2020：14481-14490）

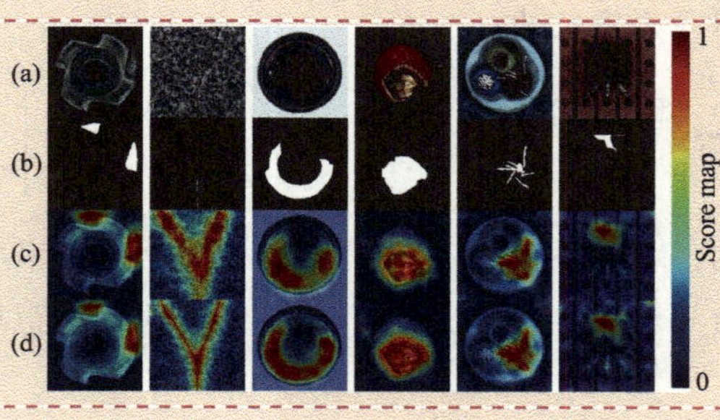

在异常检测任务中，余弦相似性知识蒸馏被应用于表面异常检测，其核心思想是使用余弦相似性作为知识蒸馏损失函数的核心指标，以实现精确检测和定位异常区域。（Sheng et al., Scientific Reports，2024，14（1）：8150）

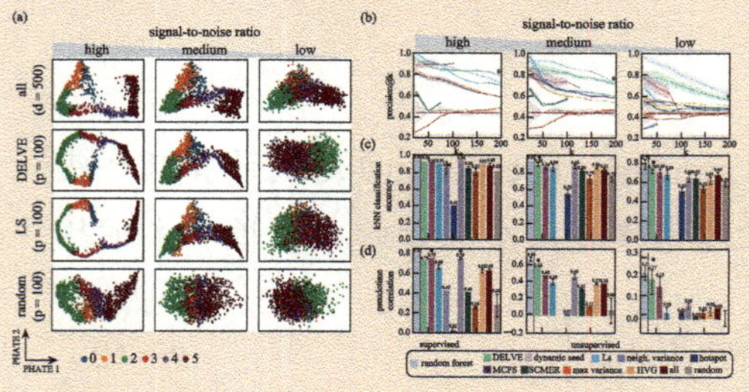

在特征选择场景中，可以使用杰卡德系数评估特征选择方法是否保留了能准确表示细胞在生物轨迹中进展的特征。（Ranek et al., Nature Communications，2024，15（1）：2765）

3.5.2 实践案例：用户相似性度量

了解用户之间的相似性和差异性对个性化推荐、社交网络分析、市场细分以及其他数据驱动的任务至关重要。基于特征向量的相似度计算是衡量用户间相似性和差异性的常用方法。在该方法中，每个用户被表示为一个特征向量，其中每个特征代表一个属性或行为。

例如，在社交网络中，特征包括用户年龄、性别、地理位置、兴趣爱好等。然后，使用各种相似性度量方法（如欧氏距离、余弦相似度等）计算用户之间的相似性分数。较高的相似性分数表示用户之间有更多的共同特征和行为，较低的分数则表示差异性较大。

以 MovieLens 的 ml-latest-small 数据集为例，该数据集源于论文 The MovieLens Datasets: History and Context，包含 610 位用户在 1996 年 3 月 29 日至 2018 年 9 月 24 日期间对 9742 部电影的 100836 个评级和 3683 个标签分类，数据样例见表 3-11。本节主要利用数据集中的 ratings.csv 文件进行用户评价的相似度和差异度衡量。

表 3-11 电影评分数据示例

	1	2	3	…	100835	100836
用户 ID	1	1	1	…	610	610
电影 ID	1	3	6	…	168252	170875
5 星制评分	4	4	4	…	5	3
时间戳	964982703	964981247	964982224	…	1493846352	1493846415

完整数据：“./chapter3/data/ratings.csv”

数据预处理。使用 pivot 函数将数据表格转换为以 userId 为行索引，movieId 为列索引，rating 为值的数据表格，并填充缺失值为 0。

计算距离相关系数。使用 euclidean 函数和 cosine 函数计算各用户评分的欧氏距离和余弦相似度，使用方法如下：

```
distance = euclidean(pivot_df_subset.loc[i], pivot_df_subset. loc[j])
similarity = 1 - cosine(pivot_df_subset.loc[i], pivot_df_subset. loc[j])
```

完整代码如下：

文件名称	3-5 Distance.py	说明	基于距离相关分析的用户相似度度量

```
import numpy as np
import pandas as pd
from scipy.spatial.distance import euclidean
 # 1.导入数据
data = pd.read_csv('../data/ratings.csv')
 # 2.根据 userId、movieId、rating 三列得到评分行
pivot_df = data.pivot(index='userId', columns='movieId', values='rating')
 # 3.填充 NaN 值为 0
pivot_df_subset = pivot_df.fillna(0)
 # 4.创建新的 DataFrame 用于存储矩阵
matrix_df_a = pd.DataFrame(index=pivot_df_subset.index, columns= pivot_df_subset.index)
matrix_df_b = pd.DataFrame(index=pivot_df_subset.index, columns= pivot_df_subset.index)
```

```
# 5.填充欧氏距离矩阵
for i in pivot_df_subset.index:
    for j in pivot_df_subset.index:  # 计算用户 i 和用户 j 之间的欧氏距离
        distance = euclidean(pivot_df_subset.loc[i], pivot_df_subset.loc[j])
        matrix_df_a.loc[i, j] = distance
print(matrix_df_a)
# 6.填充余弦相似度矩阵
for i in pivot_df_subset.index:
    for j in pivot_df_subset.index:  # 计算用户 i 和用户 j 之间的余弦相似度
        similarity = 1 - cosine(pivot_df_subset.loc[i], pivot_df_subset.loc[j])
        matrix_df_b.loc[i, j] = similarity
print(matrix_df_b)
# 7.保存结果
matrix_df_a.to_csv('Euclidean Distance.csv')
matrix_df_b.to_csv('Cosine distance.csv')
```

本例中，欧氏距离计算结果和余弦相似度计算结果示例分别见表 3-12 和表 3-13。欧氏距离通过数值大小反映了向量之间的差异程度，而余弦相似度则揭示了向量的方向和相似性。根据表 3-12 和表 3-13 的计算结果，可得出以下结论。

（1）以用户 1 与用户 2 之间的计算结果为例，欧氏距离为 70.43614129，而用户 1 与用户 609 之间的欧氏距离为 68.70225615。这表明用户 1 与用户 2 之间在电影评分上的行为差异更大，而与用户 609 可能具有更为相似的电影喜好和评价标准，与余弦相似度计算结果反映的信息一致。

（2）以用户 2 和用户 3 之间的计算结果为例，欧氏距离为 29.45759664，表示二者在特征空间中的差异程度较大。此外，余弦相似度为 0，表示两个向量的方向垂直，二者之间没有任何相关性或相似性。综合来看，用户 2 和用户 3 在特征空间中的表现不相似，他们可能对电影有着截然不同的品位或评价标准。

虽然欧氏距离和余弦相似度是常用的度量方法，但它们都存在局限性。欧氏距离只考虑距离而忽略了方向和相关性，而余弦相似度忽略了向量的长度。因此，在某些情况下，仅依靠这两种度量方法可能无法准确衡量用户之间的差异程度和相似程度。为了更准确地衡量用户之间的差异程度和相似程度，读者可以考虑其他度量方法或结合多个度量方法进行综合分析。例如，可以使用 Pearson 相关系数衡量向量之间的线性相关性，或者使用曼哈顿距离来衡量向量之间的差异程度。

表 3-12　欧氏距离计算结果（部分）

userId	1	2	3	…	609	610
1	0	70.43614129	69.33613776	…	68.70225615	143.3762533
2	70.43614129	0	29.45759664	…	29.14189424	136.1396342

续表

userId	1	2	3	…	609	610
3	69.33613776	29.45759664	0	…	28.2931087	137.4527191
⋮	⋮	⋮	⋮	…	⋮	⋮
609	68.70225615	29.14189424	28.2931087	…	0	137.0465249
610	143.3762533	136.1396342	137.4527191	…	137.0465249	0

完整数据：“./chapter3/result/Euclidean Distance.csv”

表 3-13 余弦相似度计算结果（部分）

userId	1	2	3	…	609	610
1	1	0.027283	0.05972	…	0.093572	0.145321
2	0.027283	1	0	…	0.027565	0.102427
3	0.05972	0	1	…	0	0.032119
⋮	⋮	⋮	⋮	…	⋮	⋮
609	0.093572	0.027565	0	…	1	0.053225
610	0.145321	0.102427	0.032119	…	0.053225	1

完整数据：“./chapter3/result/Cosine distance.csv”

本章小结

核心概念	**相关关系**：变量之间存在的一种非确定依存关系，即变量间的关系不能用函数表达式精确表达。由于受随机因素影响，一个变量的值不能由另一个变量唯一确定。 **相关分析**：通过对大量数据的观察，消除偶然因素的影响，探求变量之间相关关系的强弱程度和表现形式的一种方法。 **相关系数**：衡量两个变量之间相关关系强弱程度的统计指标。

相关分析方法	线性相关分析		
	Pearson 相关系数	Spearman 秩相关系数	Kendall 等级相关系数
基本思想	是用于研究变量之间线性相关程度的统计指标，一般用字母 r 表示。	将原始数据转化为秩来进行相关系数的计算。	通过考虑两个变量在排名上的一致性程度来评估它们之间的相关性。
公式	$r=\dfrac{\mathrm{Cov}(x,y)}{\sigma_x\sigma_y}$，$0\leqslant r\leqslant 1$	$r_s=\dfrac{\sum_{i=1}^{N}(R_i-\bar{R})(S_i-\bar{S})}{\sqrt{\sum_{i=1}^{N}(R_i-\bar{R})^2\sum_{i=1}^{N}(S_i-\bar{S})^2}}$	$\tau=\dfrac{2(N_c-N_d)}{N(N-1)}$

相关分析方法	非线性相关分析	
	互信息	最大信息系数
基本思想	是指两个变量 X 和 Y 间相互依赖程度的度量。 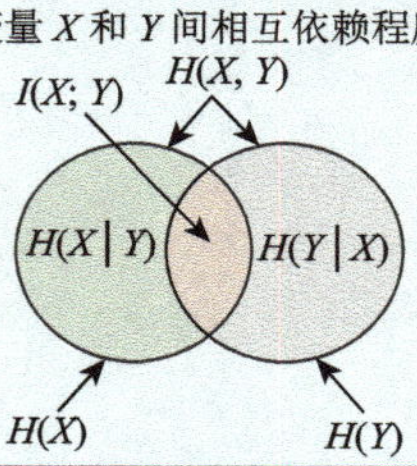	最大信息系数的核心思想是寻找两个变量之间的最大相关性。其中，相关性使用互信息来度量，且选择不同维度下互信息的最大值作为 MIC 值。
公式	$I(X;Y)=\sum_{y\in Y}\sum_{x\in X}p(x,y)\log_2\left(\dfrac{p(x,y)}{p(x)p(y)}\right)$	$\mathrm{MIC}(X,Y)=\max_{a\times b<B}\dfrac{I(D,a,b)}{\log_2\min(a,b)}$，$0\leqslant\mathrm{MIC}\leqslant 1$

相关分析方法	偏相关分析
基本概念	偏相关分析：在剔除其他相关因素影响的条件下计算两个变量之间的相关系数，研究两个变量的相关性。 偏相关系数：偏相关分析时用于度量变量间相关性的相关系数。 一阶偏相关系数：$r_{12,3}=\dfrac{r_{12}-r_{13}r_{23}}{\sqrt{1-r_{13}^2}\sqrt{1-r_{23}^2}}$

相关分析方法	距离相关分析
基本概念	距离相关分析：一种基于距离度量的统计分析方法，可以通过计算不同样本或者变量之间的距离来衡量差异度或者相似程度。

相关分析方法	欧氏距离	切比雪夫距离	曼哈顿距离
示意图	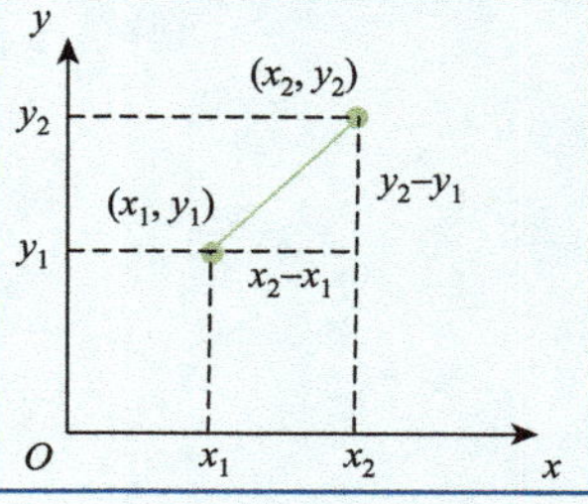	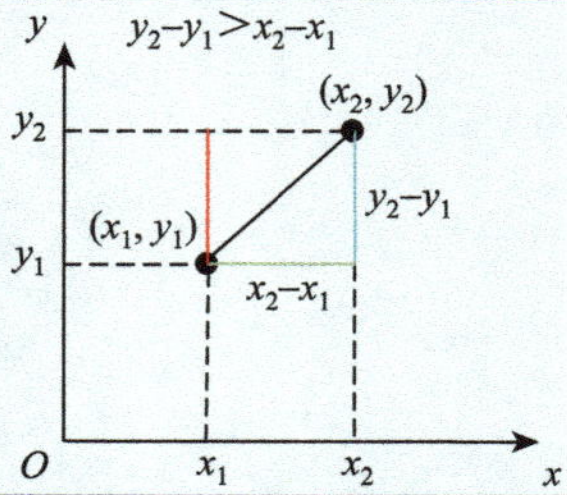	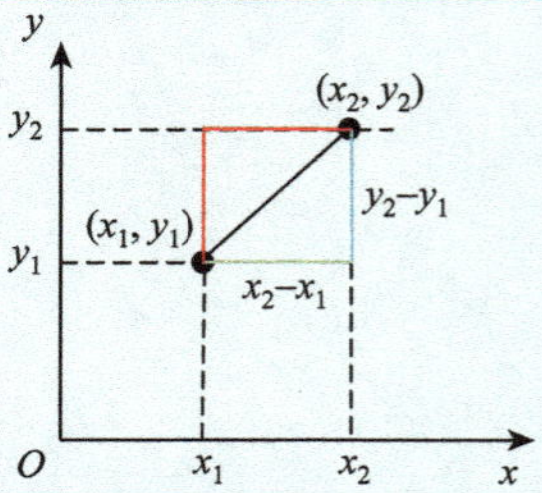

续表

公式	$\mathrm{EUCLID}(m)=\sqrt{\sum_{i=1}^{n}(x_i-y_i)^2}$	$\mathrm{CHEBYSHEV}(x,y)=\max\lvert x_i-y_i\rvert$	$\mathrm{BLOCK}(x,y)=\sum_{i=1}^{n}\lvert x_i-y_i\rvert$
相关分析方法	闵可夫斯基距离	卡方距离	余弦相似度
公式	$\mathrm{MINKOWSKI}(x,y)=\left(\sum_{i=1}^{n}\lvert x_i-y_i\rvert^p\right)^{\frac{1}{p}}$	$\mathrm{CHISQ}(x,y)=\sqrt{\sum_{i=1}^{k}\frac{(x_i-E(x_i))^2}{E(x_i)}+\sum_{i=1}^{k}\frac{(y_i-E(y_i))^2}{E(y_i)}}$	$\cos\theta=\frac{\vec{a}\times\vec{b}}{\lvert\vec{a}\rvert\times\lvert\vec{b}\rvert}$
相关分析方法	杰卡德相似系数	马氏距离	汉明距离
公式	$J(A,B)=\lvert A\cap B\rvert/\lvert A\cup B\rvert$	$\mathrm{MD}(x_i,x_j)=\sqrt{(X_i-X_j)^{\mathrm{T}}M^{-1}(X_i-X_j)}$	$\mathrm{HD}(x,y)=\sum_{i=1}^{n}(x_i\oplus y_i)$

学习效果检验

第4章 回归分析

本章学习目标

- ✓ 理解回归分析的基本概念及评价指标
- ✓ 掌握线性和非线性回归分析方法及应用
- ✓ 掌握多重共线性的诊断方法及解决方案

回归分析是研究变量间定量相互关系的统计方法，可划分为一元回归分析和多元回归分析。以研究电商平台上的用户购买频率与浏览行为之间的关系为例，通过收集用户的购买历史（如购买量、购买频率、购买金额）、浏览行为（如搜索关键词、页面停留时间）、用户属性（如性别、年龄、地理位置）等，并计算用户购买频率和浏览行为之间的相关系数，可以初步了解用户购买频率和浏览行为的相关关系。进一步运用一元回归分析，可以建立具体的数学模型来描述二者的关系，并实现对购买频率的预测。多元回归分析则可以综合考虑多种因素，建立更为复杂和全面的模型。

本章结合案例对回归分析进行分类介绍和总结，帮助读者更好地理解回归分析方法及其应用，并知悉如何利用回归模型进行预测。

4.1 回归分析概论

4.1.1 高尔顿身高回归研究

1855 年，在英国著名统计学家高尔顿发表的论文《遗传的身高向平均数方向的回归》中，“回归”一词首次出现。为探究父代与子代身高之间的关系，高尔顿和皮尔逊收集了 1078 对夫妇及其一个成年儿子的身高数据。经过数据分析，他们发现：

（1）子代身高与父母平均身高存在“线性”关系。以儿子身高为纵坐标 y，父母平均身高为横坐标 x 作散点图，数据点大致呈线性分布，可拟合成一条直线。计算得出如下方程：

$$y = 0.8567 + 0.516x \tag{4-1}$$

（2）子代身高向父母平均身高“回归”。儿子的身高在一定程度上呈现出向他们父母的平均身高“回归”的趋势。身高较高的父母，他们的孩子也较高，但这些孩子的平均身高并未超过其父母的平均身高；较矮的父母，他们的孩子也较矮，但这些孩子的平均身高却比他们父母的平均身高更高。换言之，当父母身高偏离平均身高时，子代的身高不会像父母身高那样继续偏离，而是比父母的身高更接近平均身高，即“向平均数方向的回归”。

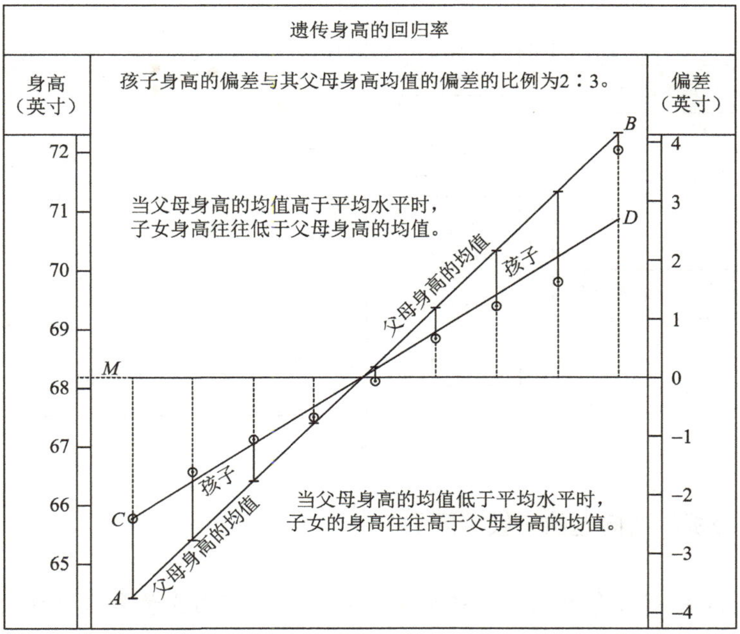

图 4-1　遗传身高的回归率

（来源：Galton F S. Regression Towards Mediocrity in Hereditary Stature. The Journal of the Anthropological Institute of Great Britain and Ireland，15，246.）其中，左侧栏表示父母的平均身高，从 64.5 英寸到 72.5 英寸，步长为 1；小圆圈表示每对父母平均身高对应的子代平均身高；直线 AB 为父母身高实际观察值的平滑结果，直线 CD 为对应孩子身高实际观察值的平滑结果；M 表示收敛点（直线 AB 与直线 CD 的交点）为 68.1 英寸。

当时的“线性”和“回归”只是上述研究得出的两个方面的结论，与线性关系拟合的一般规则无关。尽管如此，“线性回归”的术语却因此沿用下来，用于描述两种或两种以上变量间的定量相关关系。

4.1.2 回归分析概述

定义 4-1 回归分析（regression analysis）是研究一个随机变量（y，也称因变量、被解释变量）关于另一个变量（x，也称自变量、解释变量）或一组变量（$x_1,x_2,\cdots,x_p$）之间定量相互关系的统计分析方法，常用于时间序列分析、变量之间的因果发现以及预测估计等。

定义 4-2 回归模型（regression model）是通过回归分析建立起来的数学模型 $y=f(x)$，用于定量描述变量之间的相互关系。

根据自变量个数的不同，回归模型可划分为一元回归模型和多元回归模型。根据函数 $f(x)$ 的具体形式，回归模型又可划分为线性和非线性回归模型，见图 4-2。

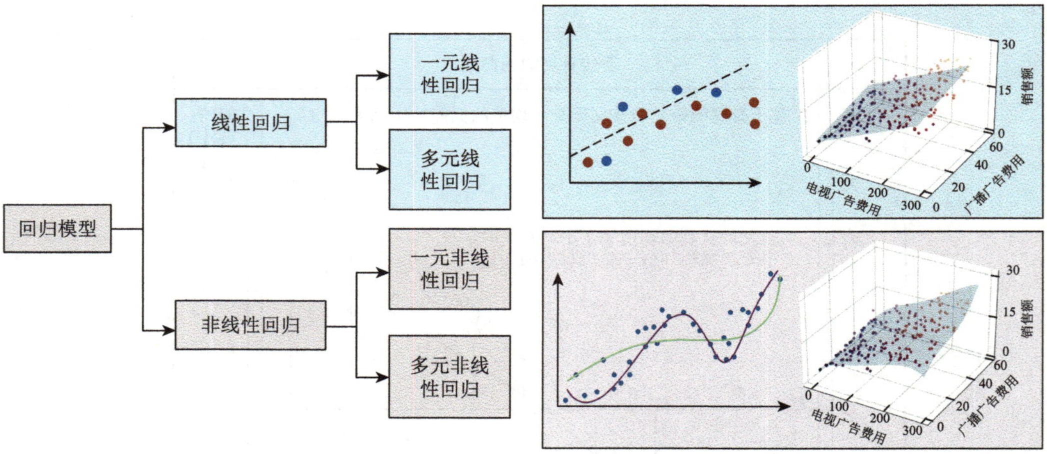

图 4-2　回归模型分类

使用回归分析解决问题的一般步骤如下。

步骤 1：根据任务目的收集并处理得到一组具有因变量和自变量的数据，即样本观察值。

步骤 2：根据样本观察值分析变量之间相关关系的具体形式，并选定适合描述变量间关系的模型。

步骤 3：按照一定准则（如最小二乘法）估计模型中的未知参数，以求得回归模型具体方程。

步骤 4： 对回归模型和参数估计值进行显著性检验。
步骤 5： 利用模型对因变量做出解释或预测。

4.1.3 回归模型的评价指标

回归模型的评价指标用于评估回归模型预测结果与实际观测值之间的差异，常用指标如下。

1. 拟合优度检验

拟合优度检验通过一个统计量来检验样本数据点聚集在回归线周围的密集程度，以衡量模型对样本观测值的拟合程度。常用统计量为判定系数 R^2。

设 y 的样本均值为 $\bar{y}$，第 i 个观测值为 y_i、回归拟合值为 $\hat{y}_i$。则离差 $y_i - \bar{y}$ 可以分解为两部分之和，见图 4-3，即

$$y_i - \bar{y} = (y_i - \hat{y}_i) + (\hat{y}_i - \bar{y}) \tag{4-2}$$

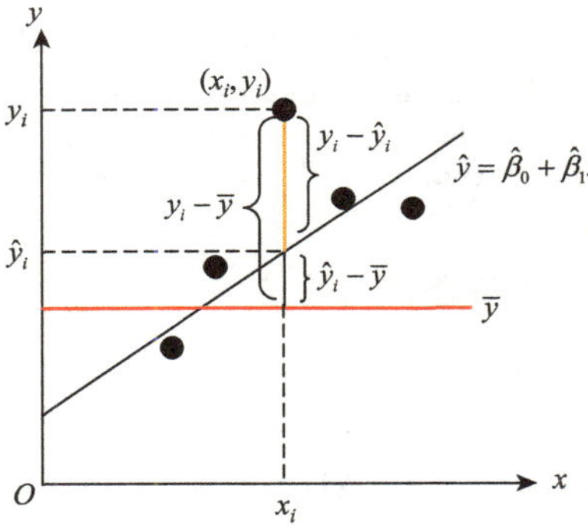

图 4-3 离差分解示意图

对于所有样本点，定义总平方和（total sum of squares，TSS）为所有点与样本均值离差的平方和，反映样本观测值总体离差的大小；回归平方和（explained sum of squares，ESS），也称为可解释的平方和，反映模型中解释变量所解释的那部分离差的大小，即自变量 x 的变化对因变量 y 取值变化的影响；残差平方和（residual sum of squares，RSS），也称为不可解释的平方和或剩余平方和，反映样本观测值与估计值偏离的大小，即随机因素（除 x 以外的其他因素）对 y 取值的影响。则总平方和可分解为

$$\begin{aligned}\sum_{i=1}^{N}(y_i - \bar{y})^2(\text{TSS}) &= \sum_{i=1}^{N}(\hat{y}_i - \bar{y})^2 + \sum_{i=1}^{N}(y_i - \hat{y}_i)^2 + 2\sum_{i=1}^{N}(\hat{y}_i - \bar{y})(y_i - \hat{y}_i) \\ &= \sum_{i=1}^{N}(\hat{y}_i - \bar{y})^2(\text{ESS}) + \sum_{i=1}^{N}(y_i - \hat{y}_i)^2(\text{RSS})\end{aligned} \tag{4-3}$$

其中，N 是指样本数量，后同。

依据上述分解，定义判定系数 R^2（回归平方和占总平方和的比例）来检验模型的拟合优度：

$$R^2=\frac{\text{ESS}}{\text{TSS}}=1-\frac{\text{RSS}}{\text{TSS}}=\frac{\sum_{i=1}^{N}(\hat{y}_i-\overline{y})^2}{\sum_{i=1}^{N}(y_i-\overline{y})^2} \tag{4-4}$$

显然，$R^2\subset[0,1]$。回归平方和在总平方和中的占比越大，表示能被自变量解释的部分占比越大。此时，判定系数 R^2 值就越高，能有效反映回归方程的拟合效果。

注 意

需要指出的是，由于 R^2 的计算基于线性回归模型的假设，因此 R^2 只适用于线性回归模型。对于非线性回归模型，R^2 的解释和应用可能不准确。另外，在带有截距项的线性最小二乘多元回归中，R^2 等于实测值 y_i 和拟合值 $\hat{y}_i$ 的相关系数的平方，即

$$R^2=\left(\frac{\sum_{i=1}^{N}(y_i-\overline{y})(\hat{y}_i-\overline{\hat{y}})}{\sqrt{\sum_{i=1}^{N}(y_i-\overline{y})^2\sum_{i=1}^{N}(\hat{y}_i-\overline{\hat{y}})^2}}\right)^2$$

其中，$\overline{y}$ 是实测值的均值，$\overline{\hat{y}}$ 是拟合值的均值。

2. 平均绝对误差

平均绝对误差（mean absolute error，MAE）是绝对误差的平均值：

$$\text{MAE}=\frac{1}{N}\sum_{i=1}^{N}\left|\hat{y}_i-y_i\right| \tag{4-5}$$

取值范围是 $[0,+\infty)$。MAE 值越趋近于 0，表示模型的预测误差越小，即模型的预测结果与实际观测值越接近，拟合效果越好。

3. 均方根误差

均方根误差（root mean square error，RMSE）是预测值与实际观测值之间差值的平方的平均值的平方根：

$$\text{RMSE}=\sqrt{\frac{1}{N}\sum_{i=1}^{N}(\hat{y}_i-y_i)^2} \tag{4-6}$$

与 MAE 相比，“平方后再求平方根”的计算方式使得 RMSE 对较大的误差更加敏感。因此，RMSE 更加关注较大误差的影响，对异常值更敏感。

4. 平均绝对百分比误差

平均绝对百分比误差（mean absolute percentage error，MAPE）计算的是预测值与实际观测值之间的绝对百分比差值的平均值，使用绝对值来避免正误差和负误差之间的相互抵消：

$$\mathrm{MAPE}=\frac{1}{N}\sum_{i=1}^{N}\left|\frac{\hat{y}_i-y_i}{y_i}\right|\times 100\% \tag{4-7}$$

MAPE 可以直观地表示预测误差的百分比，使得不同规模的数据具有可比性，但其对较小的实际观测值更敏感，可能会导致误差放大。

注 意

以上指标均有其适用范围和局限性，在实际运用过程中，常常需要考虑问题目标、数据特点、领域知识和经验，并综合多个指标进行评估，以得到更全面准确的模型性能评估结果。例如，可以同时考虑 MAE、RMSE 和 R^2 等指标，以全面了解模型的预测能力、拟合程度和解释能力。

4.2 线性回归

定义 4-3 线性回归（linear regression）是指因变量（y）和一个或多个自变量（$x/x_1,x_2,\cdots,x_p$）之间为线性关系时的回归，通用回归模型表达式为

$$y=\beta_0+\beta_1x_1+\beta_2x_2+\cdots+\beta_px_p+\varepsilon \tag{4-8}$$

在线性回归中，因变量和自变量间的关系被拟合成一条直线，即回归直线，该回归直线的方程即为该回归问题的线性回归模型。

4.2.1 一元线性回归

定义 4-4 一元线性回归（simple linear regression）是指只涉及一个自变量，且因变量 y 与自变量 x 之间呈线性关系的回归，回归模型表达式形如：

$$y=\beta_0+\beta_1x+\varepsilon \tag{4-9}$$

记随机误差为 ε，一元线性回归模型需要满足以下基本假设。

（1）线性关系。观测数据相互独立且自变量和因变量之间存在线性关系。

（2）正态性和齐方差性。误差 ε 服从 $\varepsilon \sim N(0,\sigma^2)$ 分布，且在不同的自变量取值上，满足 $E(\varepsilon)=0$，$D(\varepsilon)=\sigma^2$，即残差的方差恒定。

（3）独立性。误差彼此之间不相关且误差和自变量不相关。

一元线性回归模型的一般形式见式（4-9），其中，β_0、β_1 是不依赖于 x 的固定未知参数，前者称为回归常数，后者称为回归系数。被解释变量 y 的变化可以分为两部分：一部分是由解释变量 x 的变化引起的 y 的线性变化部分，即能通过模型中的变量来解释的部分，由 $\beta_0+\beta_1 x$ 表示；另一部分是由其他随机因素引起的变化部分，即不能由模型中的变量来解释的部分，体现在模型的误差项 ε 中。

1. 一元线性回归模型的参数估计

一元线性回归模型常用的估计方法为最小二乘法。最小二乘法通过最小化每个数据点到回归线的垂直距离的平方和来计算最佳拟合线。具体而言，最小二乘法的目标是找到一条直线，使得残差平方和最小。

设 $\hat{\beta}_0$、$\hat{\beta}_1$ 是回归常数 β_0 和回归系数 β_1 的最小二乘估计，则回归模型方程为

$$\hat{y}=\hat{\beta}_0+\hat{\beta}_1 x \tag{4-10}$$

此时，残差平方和（RSS）的计算公式为

$$\text{RSS}=\sum_{i=1}^{N}(y_i-(\hat{\beta}_0+\hat{\beta}_1 x_i))^2 \tag{4-11}$$

求得残差平方和后，对其求导并令导数等于零，即可求解回归模型参数的最优估计值。令 RSS 对 $\hat{\beta}_0$ 和 $\hat{\beta}_1$ 的一阶偏导数为 0，有

$$\begin{cases}\dfrac{\partial \text{RSS}}{\partial \hat{\beta}_0}=-2\sum\limits_{i=1}^{N}(y_i-\hat{\beta}_0-\hat{\beta}_1 x_i)=0\\ \dfrac{\partial \text{RSS}}{\partial \hat{\beta}_1}=-2\sum\limits_{i=1}^{N}(y_i-\hat{\beta}_0-\hat{\beta}_1 x_i)x_i=0\end{cases} \tag{4-12}$$

将式（4-12）整理后可得

$$\begin{cases}N\hat{\beta}_0+N\bar{x}\hat{\beta}_1=N\bar{y}\\ N\bar{x}\hat{\beta}_0+\sum\limits_{i=1}^{N}x_i^2\hat{\beta}_1=\sum\limits_{i=1}^{N}x_i y_i\end{cases} \tag{4-13}$$

其中，$\bar{x}=\dfrac{1}{N}\sum\limits_{i=1}^{N}x_i$，$\bar{y}=\dfrac{1}{N}\sum\limits_{i=1}^{N}y_i$。式（4-12）和式（4-13）称为正规方程组。通过求解正规方程组可得 β 的最小二乘估计 $\hat{\beta}$：

$$\begin{cases}\hat{\beta}_0=\bar{y}-\hat{\beta}_1\bar{x}\\ \hat{\beta}_1=\dfrac{\sum\limits_{i=1}^{N}(x_i-\bar{x})(y_i-\bar{y})}{\sum\limits_{i=1}^{N}(x_i-\bar{x})^2}\end{cases} \tag{4-14}$$

若引入：

$$L_{xx}=\sum_{i=1}^{N}(x_i-\overline{x})^2=\sum_{i=1}^{N}x_i^2-\frac{1}{N}\left(\sum_{i=1}^{N}x_i\right)^2 \tag{4-15}$$

$$L_{xy}=\sum_{i=1}^{N}(x_i-\overline{x})(y_i-\overline{y})=\sum_{i=1}^{N}x_iy_i-\frac{1}{N}\left(\sum_{i=1}^{N}x_i\right)\left(\sum_{i=1}^{N}y_i\right) \tag{4-16}$$

$$L_{yy}=\sum_{i=1}^{N}(y_i-\overline{y})^2 \tag{4-17}$$

则式（4-14）可写为

$$\begin{cases}\hat{\beta}_0=\overline{y}-\hat{\beta}_1\overline{x}\\ \hat{\beta}_1=\dfrac{L_{xy}}{L_{xx}}\end{cases} \tag{4-18}$$

将式（4-14）代入式（4-10），可得到回归方程的另一种形式：

$$\hat{y}-\overline{y}=\hat{\beta}_1(x-\overline{x}) \tag{4-19}$$

由此可见，回归方程式（4-19）经过点$(\overline{x},\overline{y})$。

2. 一元线性回归模型的统计检验

除拟合优度检验外，一元线性回归模型常用F检验、t检验进行显著性检验。表4-1列出了不同检验方法构造的统计量和自由度。

表4-1　一元线性回归系数的显著性检验

	原假设/备择假设	统计量	自由度	拒绝域
F检验	H_0: $\beta_1=0$ H_1: $\beta_1\neq 0$	$F=\dfrac{\mathrm{ESS}/1}{\mathrm{RSS}/N-2}$	$(1,N-2)$	$F>F_\alpha(1,N-2)$
t检验	H_0: $\beta_1=0$ H_1: $\beta_1\neq 0$	$t=\dfrac{\hat{\beta}\sqrt{L_{xx}}}{\hat{\sigma}}$	$N-2$	$\lvert t\rvert>t_{1-\frac{\alpha}{2}}(N-2)$

F检验用于评估整体回归模型的显著性，检验解释变量和被解释变量之间的线性关系是否显著。t检验用于评估每个自变量的回归系数是否显著不为零。利用对应的自由度和所设定的显著性水平，可以计算出临界值，从而判断结果是否显著。

在进行显著性检验时，也常用p值来评估回归系数的显著性。通常，回归系数的p值小于预先设定的显著性水平，则拒绝原假设，认为回归系数显著不为零。

需要注意的是，p值只用于评估观察数据与原假设之间的差异程度，并不提供关于效应大小或实际重要性的信息。因此，在解释回归结果时，除考虑 p 值外，还应综合考虑回归系数的大小、方向及其实际意义。

4.2.2 实践案例：直播平台观众数预测

本节使用 3.2.5 节的直播平台样本数据集（livestreaming.csv）进行线性回归分析，建立主播数量预测观众数量的回归模型。

绘制散点图。自变量和因变量分别为主播数量和观众数量，散点图见 3.2.5 节输出结果（左图）。经观察，自变量和因变量之间存在较强的线性关系，可以创建关于主播数量和观众数量的一元线性回归方程来描述二者之间的相关关系。

构建模型。在 Python 中，可以使用 statsmodels 库中.add_constant 方法和.OLS 函数添加截距项并建立一元线性回归模型。其中，参数“data”表示要添加常数项的对象；参数“endog”和“exog”分别表示因变量和自变量。

```
sm.add_constant(data, prepend=False)
sm.OLS(endog, exog, missing='None')
```

本例调用 sm.OLS( )函数创建一个 OLS 模型对象，并使用 fit( )方法对模型进行拟合。然后，通过调用 summary( )方法打印回归模型的摘要信息。

使用 Python 中的 plt.plot( )函数绘制散点图以及拟合直线，以展示模型效果。具体代码如下：

文件名称	4-1 Simple linear regression.py	说明	基于一元线性回归构建模型衡量主播数量与观众数量之间的相关关系

```
import pandas as pd
import statsmodels.api as sm
from matplotlib import pyplot as plt
# 1.读取数据集
data = pd.read_csv('../data/livestreaming.csv')
X = data['streamers_count']
y = data['viewers_count']
# 2.构建一元线性回归模型
X = sm.add_constant(X)  # 添加截距项
model = sm.OLS(y, X).fit()  # 拟合模型
print(model.summary())  # 输出模型摘要信息
print("\n 一元线性回归拟合模型结果图: ")
# 3.绘制一元线性回归拟合图
plt.rcParams['font.sans-serif']=['STSong']
plt.rcParams['axes.unicode_minus']=False
plt.rcParams.update({'font.size': 15})
plt.figure(figsize=(5, 3))
plt.plot(X['streamers_count'], y,'c.')  # X['streamers_count']: 只画出 X 变量
```

```
    的值，不包括截距项
plt.plot(X['streamers_count'],model.predict(X),'salmon')
plt.xlabel('主播数量')
plt.ylabel('观众数量')
plt.show()
```

输出结果：

```
                            OLS Regression Results
==============================================================================
Dep. Variable:          viewers_count   R-squared:                       0.896
Model:                            OLS   Adj. R-squared:                  0.895
Method:                 Least Squares   F-statistic:                     2248.
Date:                Wed, 02 Aug 2023   Prob (F-statistic):         1.41e-130
Time:                        17:40:32   Log-Likelihood:                -4920.6
No. Observations:                 264   AIC:                             9845.
Df Residuals:                     262   BIC:                             9852.
Df Model:                           1
Covariance Type:            nonrobust
==============================================================================
                     coef    std err          t      P>|t|      [0.025      0.975]
------------------------------------------------------------------------------
const           2.448e+07   3.89e+06      6.289      0.000    1.68e+07    3.21e+07
streamers_count 9221.6550    194.484     47.416      0.000    8838.705    9604.605
==============================================================================
Omnibus:                        6.999   Durbin-Watson:                   0.260
Prob(Omnibus):                  0.030   Jarque-Bera (JB):                6.861
Skew:                           0.389   Prob(JB):                       0.0324
Kurtosis:                       3.134   Cond. No.                     4.19e+04
==============================================================================
```

一元线性回归拟合模型结果图：

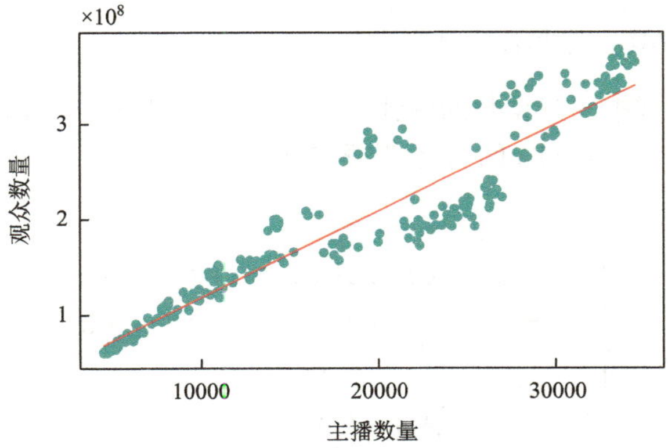

根据代码输出的“OLS Regression Results”，可得 $\beta_0 = 2.448\times10^7$，$\beta_1 = 9221.6550$，则一元线性回归模型为 $y = 2.448\times10^7 + 9221.6550x$。其余检验结果如下。

（1）回归系数的 t 检验结果为 $p = 0.000 < 0.05$，拒绝原假设，认为回归系数显著不为 0。这意味着回归系数的估计值不由随机误差解释，具有统计显著性和实际应用意义。

（2）回归方程的 $R^2 = 0.896$，说明自变量 streamers_count 能够解释因变量 viewers_count 的 89.6%的变异程度，拟合效果较好。

（3）回归方程 F 检验结果为 $p = 1.41\times10^{-130} < 0.05$，拒绝原假设，认为回归方程整体显著。这意味着回归模型中的主播数量与观众数量之间存在显著的线性关系。

4.2.3 多元线性回归

在实际问题中，回归预测往往要考虑多个相关因素才能建立更具解释性的模型。例如，通过用户的历史浏览记录、点击行为、购买记录以及其他个人特征和偏好信息数据来预测用户的购买行为。因此，为更加全面地分析问题，需要构建多个自变量与一个因变量之间的关系模型。

定义 4-5 多元线性回归模型（multivariable linear regression model）是指有多个解释变量的线性回归模型，用于揭示 y 与多个解释变量（$x_1, x_2, \cdots, x_p$）之间的线性关系，一般形式为

$$y = \beta_0 + \beta_1 x_1 + \beta_2 x_2 + \cdots + \beta_p x_p + \varepsilon \tag{4-20}$$

其中，β_0 是回归常数，$\beta_1, \beta_2, \cdots, \beta_p$ 是回归系数。

在该多元线性回归模型中，变量 y 的变化可由两个部分解释，一部分是由 p 个解释变量 $x_1, x_2, \cdots, x_p$ 的变化引起的 y 的线性变化，即 $\beta_0 + \beta_1 x_1 + \beta_2 x_2 + \cdots + \beta_p x_p$；另一部分是由其他随机因素引起的 y 的变化，即 ε。

1. 多元线性回归模型的参数估计

多元线性回归模型中回归系数的估计与一元线性回归类似，具体如下。

对于总体 $(X_1, X_2, \cdots, X_p; Y)$ 的 N 组观测值 $(x_{i1}, x_{i2}, \cdots, x_{ip}; y_i)$，其中，$i = 1, 2, \cdots, N$，$N > p$，满足：

$$\begin{cases} y_1 = \beta_0 + \beta_1 x_{11} + \beta_2 x_{12} + \cdots + \beta_p x_{1p} + \varepsilon_1 \\ y_2 = \beta_0 + \beta_1 x_{21} + \beta_2 x_{22} + \cdots + \beta_p x_{2p} + \varepsilon_2 \\ \cdots \\ y_N = \beta_0 + \beta_1 x_{N1} + \beta_2 x_{N2} + \cdots + \beta_p x_{Np} + \varepsilon_N \end{cases} \tag{4-21}$$

记：

$$\boldsymbol{Y}=\begin{pmatrix} y_1 \\ y_2 \\ \vdots \\ y_N \end{pmatrix}, \boldsymbol{X}=\begin{pmatrix} 1 & x_{11} & x_{12} & \cdots & x_{1p} \\ 1 & x_{21} & x_{22} & \cdots & x_{2p} \\ \vdots & \vdots & \vdots & & \vdots \\ 1 & x_{N1} & x_{N2} & \cdots & x_{Np} \end{pmatrix}, \boldsymbol{\beta}=\begin{pmatrix} \beta_0 \\ \beta_1 \\ \vdots \\ \beta_p \end{pmatrix}, \boldsymbol{\varepsilon}=\begin{pmatrix} \varepsilon_1 \\ \varepsilon_2 \\ \vdots \\ \varepsilon_N \end{pmatrix}$$

则模型的矩阵形式表示为

$$\boldsymbol{Y}=\boldsymbol{X}\boldsymbol{\beta}+\boldsymbol{\varepsilon} \tag{4-22}$$

其中，$\boldsymbol{Y}$ 称为观测向量；$\boldsymbol{X}$ 称为设计矩阵；$\boldsymbol{\beta}$ 称为待估计向量；$\boldsymbol{\varepsilon}$ 是不可观测的 n 维随机向量，其分量相互独立。建立模型后使用最小二乘法来估计回归参数。设 $\hat{\beta}_0,\hat{\beta}_1,\hat{\beta}_2,\cdots,\hat{\beta}_p$ 分别为参数 $\beta_0,\beta_1,\beta_2,\cdots,\beta_p$ 的最小二乘估计，则回归方程为

$$\hat{y}=\hat{\beta}_0+\hat{\beta}_1x_1+\hat{\beta}_2x_2+\cdots+\hat{\beta}_px_p \tag{4-23}$$

由最小二乘法原理可知，$\hat{\beta}_0,\hat{\beta}_1,\hat{\beta}_2,\cdots,\hat{\beta}_p$ 应使得全部观察值 y_i 与回归值 $\hat{y}$ 的残差平方和达到最小，即

$$\min(\text{RSS})=\min\sum_{i=1}^{N}(y_i-\hat{\beta}_0-\hat{\beta}_1x_{i1}-\cdots-\hat{\beta}_px_{ip})^2 \tag{4-24}$$

令 RSS 关于待估计参数 $\hat{\beta}_0,\hat{\beta}_1,\hat{\beta}_2,\cdots,\hat{\beta}_p$ 的偏导数为 0：

$$\begin{cases} \dfrac{\partial \text{RSS}}{\partial \hat{\beta}_0}=-2\sum_{i=1}^{N}(y_i-\hat{\beta}_0-\hat{\beta}_1x_{i1}-\cdots-\hat{\beta}_px_{ip})=0 \\ \dfrac{\partial \text{RSS}}{\partial \hat{\beta}_j}=-2\sum_{i=1}^{N}(y_i-\hat{\beta}_0-\hat{\beta}_1x_{i1}-\cdots-\hat{\beta}_px_{ip})x_{ij}=0,\ j=1,2,\cdots,p \end{cases} \tag{4-25}$$

即

$$\begin{cases} \hat{\beta}_0N+\hat{\beta}_1\sum_{i=1}^{N}x_{i1}+\hat{\beta}_2\sum_{i=1}^{N}x_{i2}+\cdots+\hat{\beta}_p\sum_{i=1}^{N}x_{ip}=\sum_{i=1}^{N}y_i \\ \hat{\beta}_0\sum_{i=1}^{N}x_{i1}+\hat{\beta}_1\sum_{i=1}^{N}x_{i1}^2+\hat{\beta}_2\sum_{i=1}^{N}x_{i1}x_{i2}+\cdots+\hat{\beta}_p\sum_{i=1}^{N}x_{i1}x_{ip}=\sum_{i=1}^{N}x_{i1}y_i \\ \vdots \\ \hat{\beta}_0\sum_{i=1}^{N}x_{ip}+\hat{\beta}_1\sum_{i=1}^{N}x_{ip}x_{i1}+\hat{\beta}_2\sum_{i=1}^{N}x_{ip}x_{i2}+\cdots+\hat{\beta}_p\sum_{i=1}^{N}x_{ip}^2=\sum_{i=1}^{N}x_{ip}y_i \end{cases} \tag{4-26}$$

由于：

$$\boldsymbol{X}^{\mathrm{T}}\boldsymbol{X}=\begin{pmatrix} 1 & 1 & \cdots & 1 \\ x_{11} & x_{21} & \cdots & x_{N1} \\ \vdots & \vdots & & \vdots \\ x_{1p} & x_{2p} & \cdots & x_{Np} \end{pmatrix}\begin{pmatrix} 1 & x_{11} & x_{12} & \cdots & x_{1p} \\ 1 & x_{21} & x_{22} & \cdots & x_{2p} \\ \vdots & \vdots & \vdots & & \vdots \\ 1 & x_{N1} & x_{N2} & \cdots & x_{Np} \end{pmatrix}=\begin{pmatrix} N & \sum_{i=1}^{N}x_{i1} & \cdots & \sum_{i=1}^{N}x_{ip} \\ \sum_{i=1}^{N}x_{i1} & \sum_{i=1}^{N}x_{i1}^2 & \cdots & \sum_{i=1}^{N}x_{i1}x_{ip} \\ \vdots & \vdots & & \vdots \\ \sum_{i=1}^{N}x_{ip} & \sum_{i=1}^{N}x_{ip}x_{i1} & \cdots & \sum_{i=1}^{N}x_{ip}^2 \end{pmatrix} \tag{4-27}$$

$$
\boldsymbol{X}^{\mathrm{T}}\boldsymbol{Y}=\begin{pmatrix} 1 & 1 & \cdots & 1 \\ x_{11} & x_{21} & \cdots & x_{N1} \\ \vdots & \vdots & & \vdots \\ x_{1p} & x_{2p} & \cdots & x_{Np} \end{pmatrix}\begin{pmatrix} y_1 \\ y_2 \\ \vdots \\ y_N \end{pmatrix}=\begin{pmatrix} \sum_{i=1}^{N} y_i \\ \sum_{i=1}^{N} x_{i1}y_i \\ \vdots \\ \sum_{i=1}^{N} x_{ip}y_i \end{pmatrix} \tag{4-28}
$$

于是，式（4-26）可写为

$$
\boldsymbol{X}^{\mathrm{T}}\boldsymbol{X}\hat{\boldsymbol{\beta}}=\boldsymbol{X}^{\mathrm{T}}\boldsymbol{Y} \tag{4-29}
$$

式（4-29）是式（4-26）的矩阵形式。在满足多元线性回归模型基本假设（各个自变量之间不存在严格线性相关性，即无完全多重共线性（见 4.3 节））的条件下，由 $\boldsymbol{X}$ 的列满秩性可得 $\boldsymbol{X}^{\mathrm{T}}\boldsymbol{X}$ 为满秩对称矩阵，故在式（4-29）两边左乘 $\boldsymbol{X}^{\mathrm{T}}\boldsymbol{X}$ 的逆矩阵 $(\boldsymbol{X}^{\mathrm{T}}\boldsymbol{X})^{-1}$ 便可得到式（4-29）的解：

$$
\hat{\boldsymbol{\beta}}=\begin{pmatrix} \hat{\beta}_0 \\ \hat{\beta}_1 \\ \vdots \\ \hat{\beta}_p \end{pmatrix}=(\boldsymbol{X}^{\mathrm{T}}\boldsymbol{X})^{-1}\boldsymbol{X}^{\mathrm{T}}\boldsymbol{Y} \tag{4-30}
$$

2. 多元线性回归模型的统计检验

多元线性回归模型的统计检验包括拟合优度检验、回归系数的显著性检验等。

1）拟合优度检验

与一元线性回归模型一致，多元线性回归模型的拟合优度检验也可以使用判定系数 R^2。R^2 越接近于 1，回归模型的拟合效果越好。然而，在多元线性回归中，增加方程中解释变量的个数（无论这些解释变量是否真正与被解释变量相关）会引起判定系数 R^2 的增加，进而导致过度拟合的问题，即模型在样本内表现良好但在样本外效果较差。因此，为解决此问题，需要考虑模型的自由度对 R^2 进行修正，使用调整的判定系数进行检验：

$$
\bar{R}^2=1-\frac{\mathrm{RSS}/(N-p-1)}{\mathrm{TSS}/(N-1)} \tag{4-31}
$$

调整的判定系数也称复判定系数，取值范围为 0 到 1，值越大表示模型的拟合优度越好。其中，N 为样本量，p 为自变量的个数。$N-p-1$ 为残差平方和的自由度，$N-1$ 为总离差平方和的自由度。

扩展说明

自由度在统计学中用于衡量数据集中取值不受限制的变量个数。在回归分析中，自由度用于衡量模型中独立的信息量。

在线性回归中，自由度的总数等于样本数量减去模型中的参数个数，其中，模型中的参数个数等于解释变量的个数加上常数项（截距）的个数。在一元线性回归中，若模型中有一个解释变量和一个截距，则自由度为$N-2$；在多元线性回归中，若有p个解释变量和一个截距，则自由度为$N-(p+1)$。

2）回归系数的显著性检验

（1）F检验法。

在多元线性回归中，F检验用于检验回归模型的整体显著性。其原假设为自变量对因变量的联合影响不显著，即所有自变量的系数都等于零：

$$H_0: \ \beta_1=\beta_2=\cdots=\beta_p=0, \quad H_1: \ \exists\beta_p\neq 0 \tag{4-32}$$

当H_0成立时，$y\sim N(\beta_0,\sigma^2)$。此外，ESS与RSS相互独立且满足：

$$\frac{\text{ESS}}{\sigma^2}\sim\chi^2(p), \quad \frac{\text{RSS}}{\sigma^2}\sim\chi^2(N-p-1) \tag{4-33}$$

因此有

$$F=\frac{\text{ESS}/p}{\text{RSS}/(N-p-1)}\sim F(p,N-p-1) \tag{4-34}$$

根据样本求出F统计量的数值后，对于给定的显著性水平α，若$F>F_\alpha(p,N-p-1)$，则拒绝原假设，认为模型的线性关系在α的显著性水平下成立。相反，如果接受H_0，则表明回归模型中的自变量整体上对因变量的解释能力不显著。

（2）t检验。t检验用于对回归方程中每个自变量的显著性进行逐个检验，对第j个回归系数进行显著检验的原假设和备择假设分别为

$$H_0: \ \beta_j=0, \quad H_1: \ \beta_j\neq 0, \quad j=1,2,\cdots,p \tag{4-35}$$

定义统计量：

$$t_j=\frac{\hat{\beta}_j-\beta_j}{\sqrt{c_{jj}}\hat{\sigma}}, \quad j=1,2,\cdots,p \tag{4-36}$$

式（4-36）中，$\hat{\beta}_j$是回归系数β_j的估计值；c_{jj}为矩阵$(\boldsymbol{X}^{\mathrm{T}}\boldsymbol{X})^{-1}$的第$j$行第$j$列元素；$\hat{\sigma}=\sqrt{\dfrac{\text{RSS}/\sigma^2}{N-p-1}}$；$N-p-1$为自由度。当$H_0$成立时，统计量$t_j$服从自由度为$N-p-1$的$t$分布：

$$t_j=\frac{\hat{\beta}_j}{\sqrt{c_{jj}}\hat{\sigma}}\sim t(N-p-1) \tag{4-37}$$

给定显著性水平 α，若 $|t_j| > t_{\alpha/2}(N-p-1)$，则拒绝原假设 H_0，认为该自变量的系数是显著不为零的。

延伸阅读

在建立多元回归模型时，由于遗漏重要自变量会引入偏差，因此常将与因变量相关的所有自变量都引入方程。然而，部分自变量的引入对拟合优度没有明显影响，甚至可能降低回归方程的性能。因此，为建立更优、更合适的回归模型，常采用向前选择、向后剔除、逐步回归的方法来纳入重要的自变量或剔除不必要的自变量。

（1）向前选择。向前选择是将变量逐步纳入回归方程的过程。①计算各个变量对因变量 y 的影响显著程度（线性相关系数）并排序。②按照该排序，从大到小依次将自变量逐个引入方程并进行 t 检验。一旦在引入新变量后发现其对 y 的影响作用不显著，则将其剔除。③反复进行这个过程，直至既无显著变量引入回归方程，也无不显著变量从回归方程中剔除。

（2）向后剔除。向后剔除是逐步剔除自变量的过程，适用于自变量少或无显著性自变量的情况。①建立包含全部自变量的回归方程并进行 t 检验。②按照既定的显著性水平 α，筛选出不显著的变量，并剔除其中 t 检验值最小的自变量。③剔除该自变量后，重新进行 t 检验，并重复上述过程，直至没有自变量需要剔除。

（3）逐步回归。逐步回归在向前选择策略的基础上结合向后剔除策略实现对自变量的选择。①实现向前选择的各项步骤将变量引入方程。②二次判断是否存在应该剔除出方程的变量，进行向后剔除。

4.2.4 实践案例：基于多元线性回归的汽车燃油效率预测

Auto MPG 数据集收集了不同型号汽车的基本特征信息以及对应的燃油效率数据（以每加仑英里数①表示），共 398 条数据样本。为了更好地理解不同因素对汽车燃油效率的影响，并建立预测模型，本例选择其中 8 列数据进行多元线性回归分析，数据示例见表 4-2。

表 4-2　汽车燃油效率数据示例

	1	2	3	…	396	397	398
displacement（发动机排量，x_1）	307	350	318	…	135	120	119
cylinders（发动机气缸数，x_2）	8	8	8	…	4	4	4
horsepower（发动机功率，x_3）	130	165	150	…	84	79	82
weight（汽车重量，x_4）	3504	3693	3436	…	2295	2625	2720
acceleration（汽车加速度，x_5）	12	11.5	11	…	11.6	18.6	19.4
model_year（生产年份，x_6）	70	70	70	…	82	82	82

① 加仑为非法定单位，1gal（UK）= 4.54609L，英里为非法定单位，1mi = 1.609344km。

续表

	1	2	3	…	396	397	398
origin（产地，x_7）	1	1	1	…	1	1	1
mpg（燃油效率，y）	18	15	18	…	32	28	31

完整数据：“./chapter4/data/auto_mpg.csv”

数据准备与处理。导入数据并使用.dropna( )函数处理缺失值。

相关性分析。使用seaborn库中的.heatmap函数绘制热力图展示各变量间的相关程度。结果显示，燃油效率与发动机排量、发动机气缸数、发动机功率、汽车重量之间的相关性较强。

建立模型。使用向后剔除方法建立多元线性回归模型。首先，选取燃油效率为因变量，其余变量为自变量，建立全模型（包含所有自变量的模型）并输出模型摘要信息：$R^2=0.821$，F检验结果显著，发动机气缸数、发动机功率和汽车加速度的t检验结果不显著。然后，根据该模型检验结果逐个剔除汽车加速度和发动机气缸数，分别得到新的回归模型和摘要信息。结果显示，在剔除发动机气缸数后，F检验和t检验结果均显著。部分代码如下。

文件名称	4-2 Multiple linear regression.py	说明	汽车燃油效率预测

```
import pandas as pd
import seaborn as sns
import statsmodels.api as sm
import matplotlib.pyplot as plt
# 1.读取数据集
data = pd.read_csv('../data/auto_mpg.csv')  # 读取数据集
data = data.dropna()  # 缺失值处理
corr_matrix = data.corr()  # 计算相关系数矩阵
# 2.可视化相关系数矩阵
plt.rcParams['font.sans-serif'] = ['STSong']  # 设置显示中文
plt.rcParams['axes.unicode_minus'] = False
plt.rcParams.update({'font.size': 20})
plt.figure(figsize=(12, 10))
sns.set(font='STSong', font_scale=2)
sns.heatmap(corr_matrix, annot=True, cmap='coolwarm')
plt.title('皮尔逊相关系数矩阵热力图', pad=20)
plt.show()
# 3.确定因变量和自变量
X = data[['displacement', 'horsepower', 'weight', 'model_year', 'origin']]
y = data.iloc[:, 7]
# 4.构建模型
X = sm.add_constant(X)  # 添加截距项
model = sm.OLS(y, X).fit()  # 拟合模型
print(model.summary())  # 输出模型摘要信息
```

输出结果：

相关性分析结果：

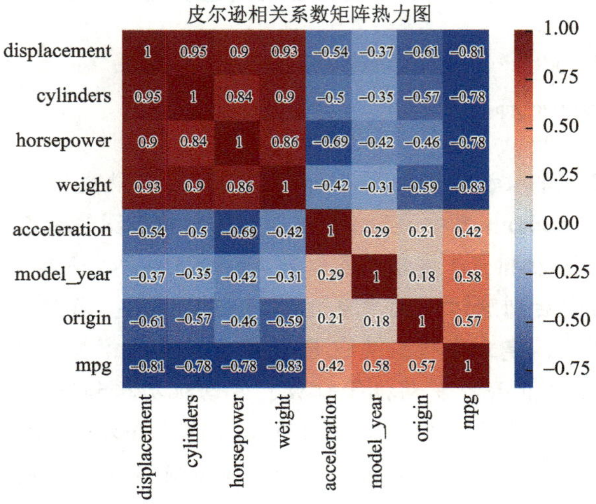

最终模型摘要：

```
                            OLS Regression Results
==============================================================================
Dep. Variable:                    mpg   R-squared:                       0.820
Model:                            OLS   Adj. R-squared:                  0.818
Method:                 Least Squares   F-statistic:                     351.7
Date:                Sat, 20 Jan 2024   Prob (F-statistic):          2.73e-141
Time:                        20:58:05   Log-Likelihood:                -1025.1
No. Observations:                 392   AIC:                             2062.
Df Residuals:                     386   BIC:                             2086.
Df Model:                           5
Covariance Type:            nonrobust
==============================================================================
                 coef    std err          t      P>|t|      [0.025      0.975]
------------------------------------------------------------------------------
const        -16.6939      4.120     -4.051      0.000     -24.795      -8.592
displacement   0.0114      0.006      2.054      0.041       0.000       0.022
horsepower    -0.0219      0.011     -2.033      0.043      -0.043      -0.001
weight        -0.0063      0.001    -11.124      0.000      -0.007      -0.005
model_year     0.7484      0.051     14.707      0.000       0.648       0.848
origin         1.3853      0.277      4.998      0.000       0.840       1.930
==============================================================================
Omnibus:                       34.200   Durbin-Watson:                   1.295
Prob(Omnibus):                  0.000   Jarque-Bera (JB):               58.468
Skew:                           0.552   Prob(JB):                     2.01e-13
Kurtosis:                       4.536   Cond. No.                     7.61e+04
==============================================================================
```

最终建立的多元线性回归模型为

$$y=-16.6939+0.0114x_1-0.0219x_3-0.0063x_4+0.7484x_6+1.3853x_7$$

建立模型后需要对模型和回归系数进行检验，从输出的模型信息可以得到以下检验结果：

（1）该模型的 $R^2=0.82$，说明自变量能够解释因变量82%的变异程度。

（2）回归系数的 t 检验结果 p 值分别为 0.041、0.043、0.000、0.000 和 0.000，均小于设定的显著性水平 0.05，拒绝原假设，回归系数显著不为 0，即自变量对因变量的影响均显著。

（3）模型的 F 检验结果为 $p=2.73\times10^{-141}<0.05$，拒绝原假设，认为自变量与因变量间存在显著的线性关系。

通过输出的模型摘要信息，可知模型的拟合效果良好。其中，发动机排量（displacement）系数为 0.0114，这意味着在其他变量不变的条件下，每增加一单位排量，燃油效率提高 0.0114 单位。发动机功率（horsepower）系数为 –0.0219，表示在其他变量不变的条件下，每增加一单位，燃油效率会减少 0.0219 单位。而生产年份和产地的系数分别为 0.7484 和 1.3853，表示生产年份、产地与燃油效率之间存在正相关关系，即车型年份越新，燃油效率越高，且某些特定的生产地区与较高的燃油效率相关。

4.3 多重共线性

4.3.1 认识多重共线性

定义 4-6 多重共线性（multicollinearity）当样本量大于回归系数个数时，如果矩阵 $\boldsymbol{X}$ 的列向量之间线性相关，则称自变量 $x_1,x_2,\cdots,x_p$ 之间存在多重共线性。

对于自变量 $x_1,x_2,\cdots,x_p$，如果存在不全为 0 的常数 $c_0,c_1,c_2,\cdots,c_p$，使得

$$c_0+c_1x_1+c_2x_2+\cdots+c_px_p=0 \tag{4-38}$$

则称自变量间存在完全多重共线性。

如果存在不全为 0 的 $c_0,c_1,c_2,\cdots,c_p$，使得

$$c_0+c_1x_1+c_2x_2+\cdots+c_px_p+v=0 \tag{4-39}$$

则称自变量 $x_1,x_2,\cdots,x_p$ 之间存在不完全多重共线性，其中 v 为随机干扰项。完全多重共线性在实际中不多见，常见的是不完全多重共线性。

假设 x_1,x_2 与 y 之间存在形如 $y=\beta_0+\beta_1x_1+\beta_2x_2+\varepsilon$ 的关系，且 $\beta_0=10$，$\beta_1=2$，$\beta_2=3$。自变量有 10 组新的观测值，设计矩阵如下：

$$\boldsymbol{X}=\begin{pmatrix}1.0 & 1.0 & 1.0 & 1.0 & 1.0 & 1.0 & 1.0 & 1.0 & 1.0 & 1.0\\ 1.1 & 1.4 & 1.7 & 1.7 & 1.8 & 1.8 & 1.9 & 2.0 & 2.3 & 2.4\\ 1.1 & 1.5 & 1.8 & 1.7 & 1.9 & 1.8 & 1.8 & 2.1 & 2.4 & 2.5\end{pmatrix}^{\mathrm{T}} \tag{4-40}$$

显然，该设计矩阵的列之间存在较强的相关性。在此基础上，使用随机模拟产生随机误差的 10 次观测值（符合正态分布）：

$$\boldsymbol{\varepsilon}=(0.8\quad -0.5\quad 0.4\quad -0.5\quad 0.2\quad 1.9\quad 1.9\quad 0.6\quad -1.5\quad -0.5)^{\mathrm{T}} \tag{4-41}$$

然后，代入模型 $y=10+2x_1+3x_2+\varepsilon$，得到 y 的 10 次观测值：

$$\boldsymbol{Y}=(16.3\quad 16.8\quad 19.2\quad 18.0\quad 19.5\quad 20.9\quad 21.1\quad 20.9\quad 20.3\quad 22.0)^{\mathrm{T}} \tag{4-42}$$

最后，利用最小二乘法得到 $\boldsymbol{\beta}$ 的估计：

$$\hat{\boldsymbol{\beta}}=(11.292\quad 11.307\quad -6.591)^{\mathrm{T}} \tag{4-43}$$

结果显示，该回归系数估计值与参数真值差异很大。可见，存在多重共线性时，数据的微小扰动会导致回归系数的巨大变化，使得模型难以准确估计每个自变量对因变量的独立贡献，进而导致参数估计量方差偏大，影响后续的变量显著性检验，造成错误的检验结果。因此，需要进行多重共线性的诊断并采取措施以消除多重共线性的影响。

4.3.2 多重共线性的诊断

多重共线性诊断的任务是检验多重共线性是否存在以及判断哪些变量之间存在多重共线性。具体方法如下。

1. 判定系数法

（1）计算各判定系数。将 x_j 作为因变量，剩余的 $x_1,x_2,\cdots,x_{j-1},x_{j+1},\cdots,x_p$ 作为自变量进行线性回归，计算判定系数 R_j^2（自变量 x_j 的判定系数）。若某次回归的判定系数较大，则表明在该次回归中作为因变量的 x_j 可以用其他剩余解释变量的线性组合代替，即 x_j 与其他剩余解释变量间存在多重共线性。

（2）对回归方程进行检验。在求得各判定系数后，可进一步对出现较大判定系数的回归方程作 F 检验，构造如式（4-44）所示的 F 统计量：

$$F_j=\frac{R_j^2/(k-2)}{(1-R_j^2)/(N-k+1)}\sim F(k-2,N-k+1) \tag{4-44}$$

若存在较强的多重共线性，则 R_j^2 较大且接近于 1，从而 F_j 值较大。因此，对于给定的显著性水平 α，若 $F_j>F_\alpha(k-2,N-k+1)$，则可以判断存在多重共线性。

2. 方差膨胀因子

方差膨胀因子（variance inflation factor，VIF）是一种常用的检测回归模型中自变量之间是否存在多重共线性的指标。VIF 量化了每个自变量受到其他自变量影响的程度，计算公式为

$$\mathrm{VIF}_j=\frac{1}{1-R_j^2}\geqslant 1,\quad j=1,2,\cdots,p \tag{4-45}$$

在 Python 中，可以使用 statsmodels 库中的 variance_inflation_factor 函数来计算 VIF。经验表明，$\text{VIF}_j \geqslant 10$ 时，自变量 x_j 与其余自变量之间有严重的多重共线性，且这种多重共线性可能会严重影响最小二乘估计值。

4.3.3 多重共线性的解决方案

若自变量间存在多重共线性，常用以下方法消除多重共线性。

1. 剔除引起多重共线性的变量

此为应对多重共线性的常用方法，核心思想是将一个或者多个相关的自变量从模型中剔除。具体可以采用向前选择、向后剔除和逐步回归方法，详见 4.2.3 节。

2. 减小参数估计值的方差

多重共线性的存在会增加参数估计值的方差。为降低参数估计值的方差，可采用增大样本容量、岭回归等方法，以减少多重共线性带来的不利影响。岭回归在 4.4 节有相关介绍，此处主要介绍增大样本容量的方法。

以只有两个自变量 x_1、x_2 的回归为例，假定因变量 y 与自变量 x_1、x_2 都已经中心化，则回归常数项为 0，回归方程为

$$\hat{y} = \hat{\beta}_1 x_1 + \hat{\beta}_2 x_2 \tag{4-46}$$

记 $L_{11} = \sum_{i=1}^{N} x_1^2$，$L_{12} = \sum_{i=1}^{N} x_1 x_2$，$L_{22} = \sum_{i=1}^{N} x_2^2$，则 x_1 与 x_2 之间的相关系数为

$$r_{12} = \frac{L_{12}}{\sqrt{L_{11} L_{22}}} \tag{4-47}$$

$\hat{\boldsymbol{\beta}} = (\hat{\beta}_1, \hat{\beta}_2)^{\mathrm{T}}$ 的协方差矩阵为

$$\mathrm{Cov}(\hat{\boldsymbol{\beta}}) = \sigma^2 (\boldsymbol{X}^{\mathrm{T}} \boldsymbol{X})^{-1} \tag{4-48}$$

$$\boldsymbol{X}^{\mathrm{T}} \boldsymbol{X} = \begin{pmatrix} L_{11} & L_{12} \\ L_{12} & L_{22} \end{pmatrix} \tag{4-49}$$

$$\begin{aligned} (\boldsymbol{X}^{\mathrm{T}} \boldsymbol{X})^{-1} &= \frac{1}{\det(\boldsymbol{X}^{\mathrm{T}} \boldsymbol{X})} \begin{pmatrix} L_{22} & -L_{12} \\ -L_{12} & L_{11} \end{pmatrix} \\ &= \frac{1}{L_{11} L_{22} - (L_{12})^2} \begin{pmatrix} L_{22} & -L_{12} \\ -L_{12} & L_{11} \end{pmatrix} \\ &= \frac{1}{L_{11} L_{22} (1 - r_{12}^2)} \begin{pmatrix} L_{22} & -L_{12} \\ -L_{12} & L_{11} \end{pmatrix} \end{aligned} \tag{4-50}$$

可得

$$D(\hat{\beta}_1) = \frac{\sigma^2}{(1 - r_{12}^2) L_{11}} \tag{4-51}$$

$$D(\hat{\beta}_2)=\frac{\sigma^2}{(1-r_{12}^2)L_{22}} \tag{4-52}$$

由式（4-51）和式（4-52）可知，在 r_{12} 固定不变时，样本容量 N 增大，L_{11} 和 L_{22} 均会增大，方差 $D(\hat{\beta}_1)$ 和 $D(\hat{\beta}_2)$ 均会减小，从而降低多重共线性的影响。

4.4 岭回归

4.4.1 岭回归概述

定义 4-7 岭回归是加入了 L2 正则项（岭惩罚项）的最小二乘回归方法。其目标是最小化残差平方和与正则化项之和，以有偏估计为代价来提高估计量的稳定性，消除多重共线性。目标函数为

$$\min_{\hat{\beta}}\left\|\boldsymbol{Y}-\boldsymbol{X}\hat{\boldsymbol{\beta}}\right\|_2^2+\lambda\left\|\hat{\boldsymbol{\beta}}\right\|_2^2 \tag{4-53}$$

其中，第一项残差平方和用于拟合数据；第二项 L2 正则化项用于限制回归系数的大小，使其趋向于稳定和收敛；$\hat{\boldsymbol{\beta}}$ 为岭回归系数估计值；λ 为控制正则化项权重的岭参数。

岭回归估计值的求解推导过程如下：

$$\begin{aligned}V&=\min_{\hat{\beta}}\left\|\boldsymbol{Y}-\boldsymbol{X}\hat{\boldsymbol{\beta}}\right\|_2^2+\lambda\left\|\hat{\boldsymbol{\beta}}\right\|_2^2\\&=(\boldsymbol{Y}-\boldsymbol{X}\hat{\boldsymbol{\beta}})^{\mathrm{T}}(\boldsymbol{Y}-\boldsymbol{X}\hat{\boldsymbol{\beta}})+\lambda\hat{\boldsymbol{\beta}}^{\mathrm{T}}\hat{\boldsymbol{\beta}}\\&=\boldsymbol{Y}^{\mathrm{T}}\boldsymbol{Y}-\boldsymbol{Y}^{\mathrm{T}}\boldsymbol{X}\hat{\boldsymbol{\beta}}-\hat{\boldsymbol{\beta}}^{\mathrm{T}}\boldsymbol{X}^{\mathrm{T}}\boldsymbol{Y}+\hat{\boldsymbol{\beta}}^{\mathrm{T}}\boldsymbol{X}^{\mathrm{T}}\boldsymbol{X}\hat{\boldsymbol{\beta}}+\lambda\hat{\boldsymbol{\beta}}^{\mathrm{T}}\hat{\boldsymbol{\beta}}\end{aligned} \tag{4-54}$$

令 $\dfrac{\partial V}{\partial\hat{\boldsymbol{\beta}}}=0$，则

$$\begin{aligned}\frac{\partial V}{\partial\hat{\boldsymbol{\beta}}}&=-\boldsymbol{X}^{\mathrm{T}}\boldsymbol{Y}-\boldsymbol{X}^{\mathrm{T}}\boldsymbol{Y}+2\boldsymbol{X}^{\mathrm{T}}\boldsymbol{X}\hat{\boldsymbol{\beta}}+2\lambda\hat{\boldsymbol{\beta}}\\&=2(\boldsymbol{X}^{\mathrm{T}}\boldsymbol{X}+\lambda\boldsymbol{I})\hat{\boldsymbol{\beta}}-2\boldsymbol{X}^{\mathrm{T}}\boldsymbol{Y}=0\end{aligned} \tag{4-55}$$

可以得到最优解：

$$\hat{\boldsymbol{\beta}}=(\boldsymbol{X}^{\mathrm{T}}\boldsymbol{X}+\lambda\boldsymbol{I})^{-1}\boldsymbol{X}^{\mathrm{T}}\boldsymbol{Y} \tag{4-56}$$

为区分最小二乘估计，以下将 $\boldsymbol{\beta}$ 的岭回归估计记为 $\hat{\boldsymbol{\beta}}(\lambda)$，即

$$\hat{\boldsymbol{\beta}}(\lambda)=(\boldsymbol{X}^{\mathrm{T}}\boldsymbol{X}+\lambda\boldsymbol{I})^{-1}\boldsymbol{X}^{\mathrm{T}}\boldsymbol{Y} \tag{4-57}$$

4.4.2 岭参数的选择

在实际应用中，需要通过样本数据来确定岭回归中的岭参数 λ。以下简要介绍几种常用的岭参数选取方法。

1. 岭迹法

岭迹是随着岭参数 λ 的变化而发生的系数变化的轨迹。通过绘制不同岭参数下岭回归模型的系数变化岭迹图，可以根据曲线的形状和趋势来确定适当的 λ 值和选取自变量。当岭迹曲线稳定时，可以得到目标 λ 值。

示例

本节使用 Scikit-learn 库中的 load_diabetes 函数加载糖尿病数据集绘制岭迹图示例，见图 4-4。该数据集包含 442 名患者的 10 个生理特征和一个反映 1 年后疾病进展情况的定量测量值。其中，10 个生理特征具体为：年龄（age）、性别（sex）、身体质量指数（BMI）、血压（blood pressure，bp）、S1［血清总胆固醇（serum total cholesterol）］、S2［低密度脂蛋白胆固醇（LDL cholesterol）］、S3［高密度脂蛋白胆固醇（HDL cholesterol）］、S4［血清甘油三酯（serum triglycerides）］、S5［血清胰岛素（serum insulin）］、S6［血清尿酸（serum uric acid）］；因变量为血糖的定量测量值。

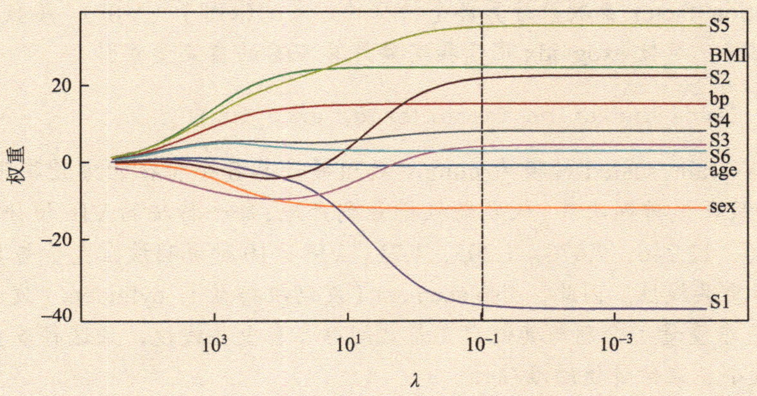

图 4-4 岭迹图示例

观察图 4-4，岭迹曲线在 $\lambda=0.1$ 左右趋于稳定，即可选择 $\lambda=0.1$ 建立岭回归模型。

2. 交叉验证

交叉验证是一种常用的模型选择和超参数调优方法。在 k 折交叉验证中，数据集将被划分为 k 个大小相似的互斥子集（即折叠），然后执行 k 次模型训练和评估。在每次训练中，使用不同的折叠作为验证集，其余折叠作为训练集。最终，将 k 次训练得到的模型的性能评估指标取平均值作为最终的评估结果。

在选择岭参数时，可以采用交叉验证来评估每个岭参数的性能，并选择性能最好的岭参数。使用 k 折交叉验证进行岭参数选取的具体步骤如下。

步骤 1：将数据集划分为 k 个折叠。

步骤 2：对每个候选的岭参数 λ，重复以下操作：选择其中的一折作为验证集，其余折作为训练集；在训练集上拟合岭回归模型；使用验证集评估岭回归模型的性能，例如 R^2。

步骤 3：选择具有最小评价指标值的岭参数 λ，作为最终的岭参数。

4.4.3 实践案例：基于岭回归的汽车燃油效率预测

本节使用 4.2.4 节的数据进行岭回归分析。

数据准备和数据预处理。因变量为燃油效率，自变量为剩余所有变量。然后使用 sklearn 中的 train_test_split 函数划分训练集和测试集。具体的，将自变量和因变量传入 train_test_split 函数并设置 test_size 为 0.3，random_state 为 1。函数将按照 7∶3 的比例将数据划分成训练集和测试集，并保证随机数生成具有可复现性（每次运行结果一致）。最后再使用 Z 分数对数据进行标准化处理，使得不同特征之间的数值范围一致。

多重共线性检验。为判断自变量间是否存在多重共线性，使用 statsmodels 库中的 variance_inflation_factor 函数来计算各个特征的方差膨胀因子（VIF）。参数 exog 表示自变量数组或矩阵，参数 exog_idx 用于指定要计算 VIF 的自变量索引。

```
VIF = variance_inflation_factor(exog, exog_idx)
```

本例将 X_train_scaled 转换为 numpy 数组并计算各个特征的方差膨胀因子。根据输出结果，按照表格排列次序，从发动机排量到产地，每个特征的 VIF 值分别为 22.787，11.317，9.886，12.246，2.676，1.205，1.71。VIF≥10 时说明该自变量与其余自变量之间有严重的多重共线性。因此，displacement（发动机排量）、cylinders（发动机气缸数）和 weight（汽车重量）分别与其他自变量之间存在多重共线性，且这种多重共线性可能会严重影响最小二乘估计值的准确性。

建立岭回归模型。使用 sklearn 库中的 Ridge 岭回归模型拟合数据。参数 alpha 表示用于控制正则化强度的岭参数；参数 fit_intercept 指定是否拟合截距项，默认值为 True。

```
class sklearn.linear_model.Ridge(alpha=1.0, *, fit_intercept=True, copy_X=
True, max_iter=None, tol=0.0001, solver='auto', positive=False, random_state=
None)
```

首先创建一个岭回归模型，alpha 设置为 1，并使用.fit 方法来拟合数据。然后使用 ridge.intercept_和 ridge.coef_打印截距和系数。最后使用已经训练好的岭回归模型 ridge 进行预测，得到预测值 y_pred，并计算 R^2、均方误差（MSE）和均方根误差（RMSE）以评价模型效果。

完整代码见 chapter4/code/4-3 Ridge regression.py。

输出结果：
```
VIF: [22.787, 11.317, 9.886, 12.246, 2.676, 1.205, 1.71]
Intercept: 23.414
Coefficients: [1.688, -0.284, -0.17, -5.837, 0.707, 2.708, 1.092]
Ridge RMSE: 3.425
Ridge R2: 0.824
```

最终得到的模型方程为

$$\begin{aligned} y = 23.414 + 1.688x_1 - 0.284x_2 - 0.17x_3 \\ -5.837x_4 + 0.707x_5 + 2.708x_6 + 1.092x_7 \end{aligned}$$

发动机气缸数、发动机功率和汽车重量的系数为负，表明这些变量增加时，燃油效率会下降。这可能是因为多气缸、高功率和大重量的汽车通常需要消耗更多的燃料来维持其性能。汽车加速度、生产年份和产地的系数为正，这可能是因为较高的加速度、较新的生产年份和某些产地的汽车通常采用了更先进的技术和更高效的发动机设计，从而提高了燃油效率。此外，RMSE 值为 3.425，R^2 值为 0.824，说明模型的拟合效果较好，且模型能够解释因变量（燃油效率）变异性的 82.4%。

4.5 LASSO 回归

岭回归通过 L2 正则化可以压缩部分回归系数使其接近 0，以减少不重要变量的影响，但实际中回归系数无法真正达到 0，且当模型中变量增多时，岭回归对变量的解释效果也会变差，无法实现有效的变量筛选。

4.5.1 LASSO 回归概述

定义 4-8 LASSO 回归（least absolute shrinkage and selection operator regression）是一种基于 L1 正则化的线性回归方法，旨在最小化残差平方和的同时，通过对模型参数进行约束，使模型系数的绝对值之和最小。其目标函数为

$$\min_{\beta}\left\{\sum_{i=1}^{N}(y_i - \sum_{j=1}^{p}\hat{\beta}_j x_{ij})^2 + \lambda\sum_{j=1}^{p}\left|\hat{\beta}_j\right|\right\} \qquad (4\text{-}58)$$

其中，λ（$\lambda > 0$）是决定惩罚力度的调和参数。

通过使用 L1 正则化，LASSO 回归可以将对模型因变量影响较小的自变量的回归系数压缩至 0，实现对自变量的筛选，即降维。因此，LASSO 回归适用于处理具有大量特征和共线性的高维数据，可以帮助生成更加稀疏、可解释、泛化能力更强和更可靠的模型。

4.5.2 坐标下降法

坐标下降法是 LASSO 求解方法中最快速、最简单的方法。由目标函数可得

$$\begin{aligned}\text{RSS}(\hat{\boldsymbol{\beta}}) &= \sum_{i=1}^{N}\left(y_i - \sum_{j=1}^{p}\hat{\beta}_j x_{ij}\right)^2 \\ &= \sum_{i=1}^{N}\left(y_i^2 + \left(\sum_{j=1}^{p}\hat{\beta}_j x_{ij}\right)^2 - 2y_i\left(\sum_{j=1}^{p}\hat{\beta}_j x_{ij}\right)\right)\end{aligned} \tag{4-59}$$

对 $\text{RSS}(\hat{\boldsymbol{\beta}})$ 求偏导：

$$\begin{aligned}\frac{\partial \text{RSS}(\hat{\boldsymbol{\beta}})}{\partial \hat{\beta}_j} &= -2\sum_{i=1}^{N}x_{ij}\left(y_i - \sum_{k\neq j}\hat{\beta}_k x_{ik} - \hat{\beta}_j x_{ij}\right) \\ &= -2\sum_{i=1}^{N}x_{ij}\left(y_i - \sum_{k\neq j}\hat{\beta}_k x_{ik}\right) + 2\hat{\beta}_j\sum_{i=1}^{N}x_{ij}^2\end{aligned} \tag{4-60}$$

令 $m_j = \sum_{i=1}^{N}x_{ij}\left(y_i - \sum_{k\neq j}\hat{\beta}_k x_{ik}\right)$，$n_j = \sum_{i=1}^{N}x_{ij}^2$，则 $\frac{\partial \text{RSS}(\hat{\boldsymbol{\beta}})}{\partial \hat{\beta}_j} = -2m_j + 2\hat{\beta}_j n_j$。由于目标函数的惩罚项 $\sum_{j=1}^{p}\left|\hat{\beta}_j\right|$ 不是可导函数，因此不能使用梯度下降法，但可以使用次梯度下降法（使用惩罚项的次导函数作为梯度的近似值），对于某个分量 $\hat{\beta}_j$ 来说，惩罚项可以表示为 $\lambda\left|\hat{\beta}_j\right|$，所以惩罚项对 $\hat{\beta}_j$ 的次导函数为

$$\frac{\partial \lambda l_1(\hat{\boldsymbol{\beta}})}{\partial \hat{\beta}_j} = \begin{cases}\lambda, & \hat{\beta}_j > 0 \\ [-\lambda, \lambda], & \hat{\beta}_j = 0 \\ -\lambda, & \hat{\beta}_j < 0\end{cases} \tag{4-61}$$

将 $\text{RSS}(\hat{\boldsymbol{\beta}})$ 和 $\lambda l_1(\hat{\boldsymbol{\beta}})$ 的关于 $\hat{\beta}_j$ 的导数相加，并令其导函数等于 0：

$$\frac{\partial \text{RSS}(\hat{\boldsymbol{\beta}})}{\partial \hat{\beta}_j} + \frac{\partial \lambda l_1(\hat{\boldsymbol{\beta}})}{\partial \hat{\beta}_j} = \begin{cases}-2m_j + 2\beta_j n_j + \lambda = 0, & \hat{\beta}_j > 0 \\ -2m_j - \lambda \leqslant 0 \leqslant -2m_j + \lambda, & \hat{\beta}_j = 0 \\ -2m_j + 2\beta_j n_j - \lambda = 0, & \hat{\beta}_j < 0\end{cases} \tag{4-62}$$

由式（4-62）可得 LASSO 回归模型的回归系数如下：

$$\beta_j=\begin{cases}\dfrac{m_j-\dfrac{\lambda}{2}}{n_j}, & m_j>\dfrac{\lambda}{2}\\ 0, & m_j\in\left[-\dfrac{\lambda}{2},\dfrac{\lambda}{2}\right]\\ \dfrac{m_j+\dfrac{\lambda}{2}}{n_j}, & m_j<-\dfrac{\lambda}{2}\end{cases} \tag{4-63}$$

最后通过迭代 $j=1,2,\cdots,p$，可得到目标函数的解。可见，LASSO 回归的回归系数依赖于 λ 值。而 λ 的取值通常通过交叉验证（见 4.4.2 节）来确定，且随着 λ 增大，LASSO 回归可以将更多的回归系数压缩至 0。

4.5.3 实践案例：基于 LASSO 回归的汽车燃油效率预测

本节使用 4.2.4 节的数据进行 LASSO 回归分析。数据准备、数据预处理部分与 4.4.3 节保持一致，此处不再赘述。

建立 LASSO 回归模型。使用 sklearn.linear_model 包中的 Lasso 类构建 LASSO 回归模型拟合数据。参数 alpha 表示 LASSO 回归中的正则化项系数 λ。

```
class sklearn.linear_model.Lasso(alpha=1.0, *, fit_intercept=True, precompute=
False, copy_X=True, max_iter=1000, tol=0.0001, warm_start=False, positive=False,
random_state=None, selection='cyclic')
```

本例中的模型参数为 Lasso（alpha=0.1）。然后使用 lasso.intercept_和 lasso.coef_打印截距和系数。最后使用已经训练好的回归模型 lasso 对燃油效率进行预测，得到预测值 y_pred_lasso。

模型效果评价和结果对比分析。通过绘制真实值和预测值为横纵坐标的散点图来直观地展示模型的拟合效果。此外，为进一步对比不同回归模型的特征选择效果，使用.barh 函数绘制系数图比较三种模型（多元线性回归、岭回归和 LASSO 回归）对各个特征的重要性评估结果，其中每个条形代表一个特征，条形的长度表示该特征在对应模型中的系数大小。部分代码如下。

文件名称	4-4 LASSO regression.py	说明	燃油效率预测

```
from sklearn.linear_model import Lasso
import matplotlib.pyplot as plt  # 其余库导入同岭回归
# 5.建立 LASSO 回归模型
lasso = Lasso(alpha=0.1)
lasso.fit(X_train_scaled, y_train)
print("LASSO 模型系数: ", np.round(lasso.coef_, 3))
print("LASSO 模型截距: ", round(lasso.intercept_, 3))
y_pred_lasso = lasso.predict(X_test_scaled)  # 预测测试集结果
# 6.模型评估
```

```python
mse_lasso = mean_squared_error(y_test, y_pred_lasso)
rmse_lasso = np.sqrt(mse_lasso)
r2_lasso = r2_score(y_test, y_pred_lasso)
print('LASSO 回归 R2:', round(r2_lasso, 3))
print('LASSO 回归 RMSE:', round(rmse_lasso, 3))
# 7.结果对比分析，此处略，详见 4-4 LASSO regression.py
```

输出结果：

```
LASSO 模型系数：[ 0.      0.    -0.    -4.862  0.471  2.578  0.822]
LASSO 模型截距：23.414
LASSO 回归 R2：0.824
LASSO 回归 RMSE：3.423
```

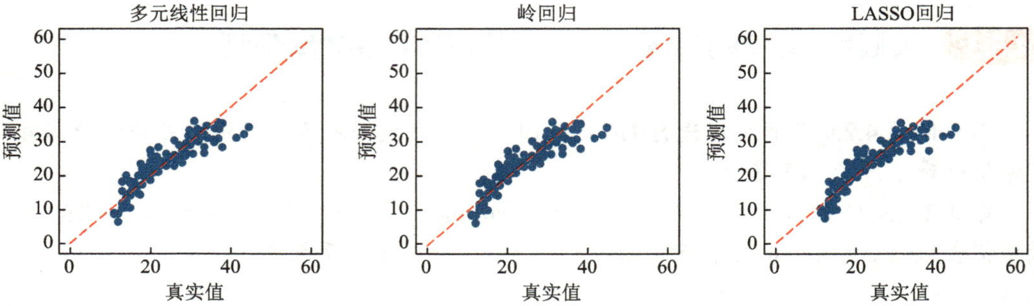

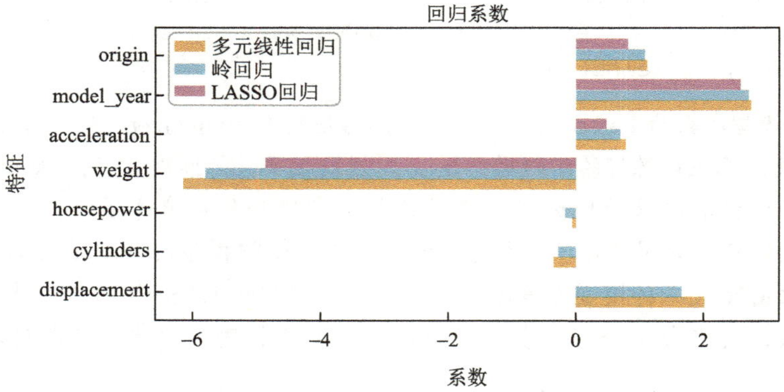

最终得到回归模型方程为

$$y = 23.414 - 4.862x_4 + 0.471x_5 + 2.578x_6 + 0.822x_7$$

其中，发动机排量、发动机气缸数和发动机功率这三个自变量的系数被压缩为0，说明发动机排量、发动机气缸数和发动机功率这三个自变量对于目标变量的预测没有显著的贡献。RMSE 为 3.423，R^2 为 0.824，表明 LASSO 回归模型表现良好，预测误差较小，能够解释因变量变异性的 82.4%。

结合三种回归模型的输出结果来看，由于部分自变量之间存在多重共线性，因此岭回归和 LASSO 回归表现优于多重线性回归。其中，多元线性回归的 RMSE 值最高、R^2 最低；LASSO 回归的 RMSE 值最低、R^2 最高。从自变量系数的角度来看，相比于普通线性回归，岭回归通过 L2 正则化对自变量系数进行了限制，使得每个系数都相对较小；而 LASSO 回归通过 L1 正则化进一步将某些自变量的系数压缩为零，从而实现了特征选择的效果，剔除了部分影响效果不显著的自变量，减少了模型的复杂度。可见，此问题上，LASSO 回归模型表现最好。

注 意

案例中多元线性回归是在进行了与岭回归和 LASSO 回归过程一致的数据选取和预处理操作后直接使用 LinearRegression( )进行拟合得到的结果。

4.6 非线性回归

非线性回归是一种用于处理自变量和因变量之间非线性关系的回归分析方法。在非线性回归中，自变量和因变量之间的关系可以是曲线、指数、对数、幂函数等非线性形式，需要使用非线性模型来描述。非线性模型包括本质线性模型（函数、对数函数、幂函数等）和本质非线性模型（生长曲线模型、广义线性模型、混合效应模型等）。

4.6.1 本质线性模型

定义 4-9 本质线性模型指可以通过对自变量进行非线性变换，将原本的非线性关系转换成为线性关系的一类模型。

1. 常见的本质线性模型

表 4-3 列出了常见的几种本质线性模型及其变换思路和变换后的方程形式。图 4-5 绘制了部分常用的本质线性回归模型图像。

表 4-3 本质线性模型及其变换思路

模型名称	原方程	变换思路	变换后方程
二次曲线	$y=\beta_0+\beta_1 x+\beta_2 x^2$	使用数学变换：$x_1=x^2$，再用逆变换还原	$y=\beta_0+\beta_1 x+\beta_2 x_1$
复合曲线	$y=\beta_0\beta_1^x$	两边同时取对数	$\ln(y)=\ln(\beta_0)+\ln(\beta_1)x$
增长曲线	$y=\mathrm{e}^{\beta_0+\beta_1 x}$	两边同时取对数	$\ln(y)=\beta_0+\beta_1 x$
乘法模型	$y=\beta_0 x_1^{\beta_1} x_2^{\beta_2}\cdots x_m^{\beta_m}\varepsilon$	两边同时取对数	$\ln(y)=\ln(\beta_0)+\beta_1\ln(x_1)$ $+\beta_2\ln(x_2)+\cdots$ $+\beta_m\ln(x_m)+\ln(\varepsilon)$

续表

模型名称	原方程	变换思路	变换后方程
对数曲线	$y=\beta_0+\beta_1\ln(x)$	使用数学变换：$x_1=\ln(x)$，再用逆变换还原	$y=\beta_0+\beta_1x_1$
三次曲线	$y=\beta_0+\beta_1x+\beta_2x^2+\beta_3x^3$	使用数学变换：$x_1=x^2$、$x_2=x^3$ 再用逆变换还原	$y=\beta_0+\beta_1x+\beta_2x_1+\beta_3x_2$
指数曲线	$y=\beta_0e^{\beta_1x}$	两边同时取对数	$\ln(y)=\ln(\beta_0)+\beta_1x$
逆函数	$y=\beta_0+\beta_1/x$	使用数学变换：$x_1=1/x$，再用逆变换还原	$y=\beta_0+\beta_1x_1$
幂函数	$y=\beta_0(x^{\beta_1})$	两边同时取对数	$\ln(y)=\ln(\beta_0)+\beta_1\ln(x)$
逻辑函数	$y=\dfrac{1}{1/\mu+\beta_0\beta_1^x}$	两边同时取倒数再同时取对数	$\ln\left(\dfrac{1}{y}-\dfrac{1}{\mu}\right)=\ln(\beta_0)+\ln(\beta_1)x$

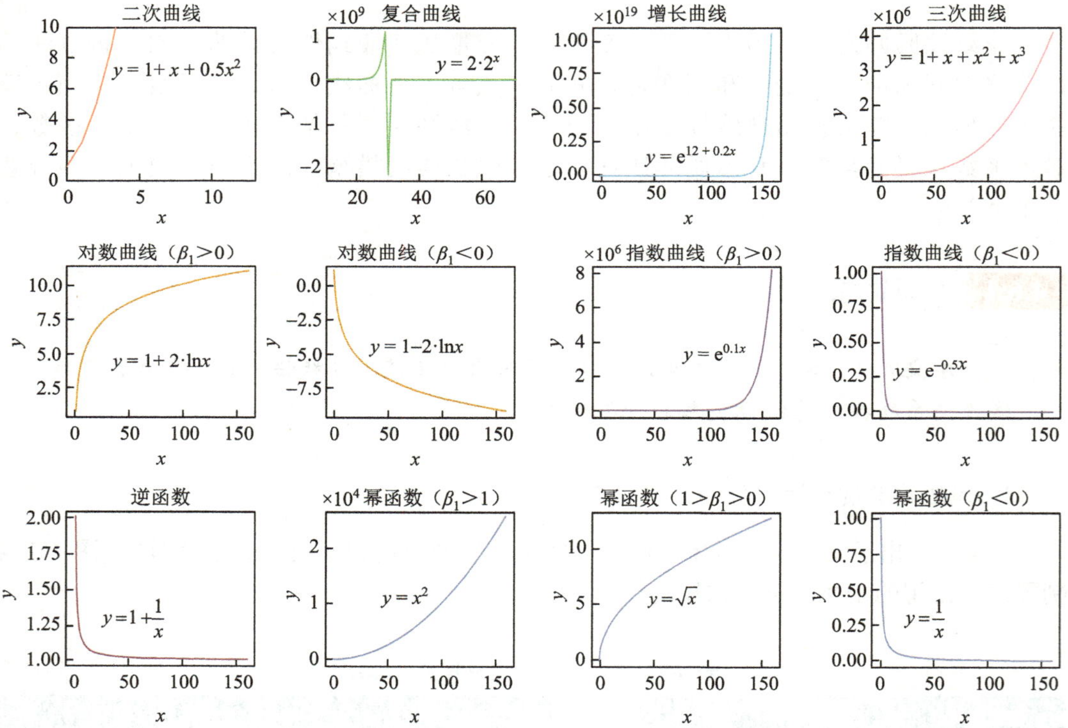

图 4-5　本质线性回归模型

2. 多项式回归

定义 4-10　多项式回归（polynomial regression）通过引入自变量的多项式来拟合因变量和自变量之间的非线性关系，以预测因变量的值，一般表达式为

$$y=\beta_0+\beta_1x+\beta_2x^2+\cdots+\beta_mx^m+\varepsilon \tag{4-64}$$

多项式回归通过引入多项式来拟合非线性关系，由于可以通过变换转换为线性回归来解决问题，因此多项式回归是本质线性模型的一个特例。

（1）一元多项式回归。一元 m 次多项式回归模型的形式为

$$y=\beta_0+\beta_1 x+\cdots+\beta_m x^m+\varepsilon$$

（2）多元多项式回归。p 元一次多项式回归模型的形式为

$$y=\beta_0+\beta_1 x_1+\cdots\beta_p x_p+\varepsilon$$

在实际应用中常用到二元二次多项式回归模型，形如：

$$y=\beta_0+\beta_1 x_1+\beta_2 x_2+\beta_3 x_1^2+\beta_4 x_2^2+\beta_5 x_1 x_2+\varepsilon$$

二元二次多项式回归模型的回归系数包括回归常数 β_0、两个自变量的线性项系数 β_1 和 β_2、二次项系数 β_3 和 β_4、交叉乘积项系数 β_5。交叉乘积项刻画两个自变量的交互作用，系数 β_5 通常称为交互影响系数。

4.6.2 本质非线性模型

定义 4-11 本质非线性模型指难以通过变量变换转换为线性模型的非线性模型，一般形式为

$$y_i=g(x_i,\boldsymbol{\beta})+\varepsilon_i \tag{4-65}$$

其中，$g(x_i,\boldsymbol{\beta})$ 是 $\boldsymbol{\beta}$ 的非线性函数，$i=1,2,\cdots,N$，$N>p$。

非线性回归模型仍然可以使用最小二乘法对 $\boldsymbol{\beta}$ 进行估计，即

$$\arg\min_{\boldsymbol{\beta}}\left(Q(\boldsymbol{\beta})=\sum_{i=1}^{N}(y_i-g(x_i,\boldsymbol{\beta}))^2\right) \tag{4-66}$$

取得最小值的 $\hat{\boldsymbol{\beta}}$。为此，令

$$\left.\frac{\partial Q(\boldsymbol{\beta})}{\partial\beta_j}\right|_{\beta_j=\hat{\beta}_j}=-2\sum_{i=1}^{N}(y_i-g(x_i,\hat{\boldsymbol{\beta}}))\left.\frac{\partial g}{\partial\beta_j}\right|_{\beta_j=\hat{\beta}_j}=0,\quad j=1,2,\cdots,p \tag{4-67}$$

式（4-67）是未知参数的非线性方程组，可用数值优化法（一般使用牛顿迭代法）求解，其解即为 $\hat{\boldsymbol{\beta}}$。

4.6.3 实践案例：基于工龄的月薪预测

过去的研究表明，工龄与薪水之间呈现一种复杂的非线性相关关系，且工龄越长，薪水水平越高。本节选取 IT（information technology，信息技术）行业工龄月薪数据进行非线性回归分析，建立工龄与薪水之间关系的数学模型。此数据集总计 100 条样本，包含两列数据：工龄 x（年）以及不同工龄对应的月薪数据 y（元），数据示例见表 4-4。

表 4-4　不同工龄对应薪水数据

	1	2	3	4	…	99	100
工龄	0	0.1	0.2	0.3	…	7.9	8
薪水	10808	13611	12306	12151	…	35204	36053

完整数据："./chapter4/data/IT income.csv"

数据准备。本例中因变量为薪水，自变量为工龄（加以区分记为 X_1 与 X_2，分别用于二次曲线和幂函数拟合）。其中，使用 X_1 = [['工龄']]提取数据集中的“工龄”列是为了得到一个二维的 DataFrame 对象而非 Series 对象，以便后续使用 fit_transform 方法转换数据。

使用二次曲线 $y=\beta_0+\beta_1x+\beta_2x^2$ 拟合数据。在构建模型之前，使用 Scikit-learn 调用 PolynomialFeatures 类生成多项式特征，并使用 fit_transform 方法将原始的特征数据转换为包含多项式特征的数据。参数 degree 表示多项式特征的最高次数；X 表示输入的特征数据。

```
poly = PolynomialFeatures(degree)
X_poly = poly.fit_transform(X)
```

使用 poly=PolynomialFeatures（degree=2）创建一个最高次项为二次项的多项式特征转换器对象 poly。然后使用 fit_transform 方法将 X_1 转换为包含一次项和二次项的二维特征矩阵 X_{11}。再使用 Scikit-learn 提供的 LinearRegression 类构建线性回归模型，并使用.fit 方法传入数据 X_{11} 和 Y 进行模型拟合。最后使用 r2_score 方法计算 R^2，并打印模型系数和 R^2 值。

使用幂函数 $y=\beta_0(x^{\beta_1})$ 拟合数据。首先自定义幂函数 power_func(x, a, b)，x 为自变量，a 和 b 为幂函数的参数，np.power(x, y)用于计算 x 的 y 次方（例如，np.power(2, 3)将返回 8，即 2 的 3 次方）。然后，使用 curve_fit( )函数进行拟合。curve_fit( )函数通过最小化残差平方和来拟合给定的函数模型，参数“f”指定用于拟合数据的模型函数，“xdata”和“ydata”分别表示自变量和因变量数据。

```
curve_fit(f, xdata, ydata, p0=None, sigma=None, absolute_sigma=False, check_
finite=None, bounds=(-inf, inf), method=None, jac=None, *, full_output=False,
nan_policy=None, **kwargs)[source]
```

将自定义的幂函数、自变量 X_2 和因变量 Y 传入 curve_fit( )函数进行拟合得到最优参数 popt 和协方差矩阵 pcov。然后使用 r2_score 方法计算幂函数模型的 R^2，并打印模型方程和 R^2 值。

绘制拟合曲线。首先使用 subplots( )方法创建一个包含 1 行 2 列的子图布局，然后，分别使用 scatter( )方法和 plot( )方法在子图一和子图二上绘制散点图、二次曲线拟合曲线以及幂函数拟合曲线，并设置标签和图例等相关信息。具体代码如下。

文件名称	4-5 Nonlinear regression.py	说明	基于一元非线性回归构建月薪与工龄之间的关系模型

```
import pandas as pd
import numpy as np
```

```python
import matplotlib.pyplot as plt
from sklearn.linear_model import LinearRegression
from sklearn.preprocessing import PolynomialFeatures
from sklearn.metrics import r2_score
from scipy.optimize import curve_fit
# 1.读取数据集
data = pd.read_excel('../data/IT income.xlsx')
X1 = data[['工龄']]
X2 = data['工龄']
Y = data['薪水']
# 2.二次曲线拟合数据
poly = PolynomialFeatures(degree=2)  # 设置最高次项为二次项
X11 = poly.fit_transform(X1)  # 将原有的X转换为一个新的二维数组X1，该二维数组包含新生成的二次项数据和原有的一次项数据。
model = LinearRegression()
model.fit(X11, Y)
r2 = r2_score(Y, model.predict(X11))
print("-----------------二次曲线-------------")
print("R2:", round(r2, 3))
print("模型系数：", np.round(model.coef_, 3))
# 3.幂函数拟合数据
def power_func(x, a, b):
    return a * np.power(x, b)
popt, pcov = curve_fit(power_func, X2, Y)
r_squared = r2_score(Y, power_func(X2, *popt))
print("-----------------幂函数-------------")
print('模型方程为：y = {:.3f} * x^({:.3f})'.format(*popt))
print('R2 = {:.3f}'.format(r_squared))
# 4.绘制模型拟合图
plt.rcParams['font.sans-serif'] = ['STSong']  # 设置显示中文
plt.rcParams['axes.unicode_minus'] = False
plt.rcParams.update({'font.size': 16})
fig, axs = plt.subplots(1, 2, figsize=(10, 4))  # 创建一个包含两个子图的图形
# 5.在第一个子图上绘制散点图和二次曲线拟合曲线
axs[0].plot(X1, model.predict(X11), color='red', label='二次曲线')  # 绘制二次曲线拟合曲线
axs[0].scatter(X1, Y, color='#F4B183', label='数据')  # 绘制散点图
axs[0].set_xlabel('工龄')  # 设置 x 轴标签
axs[0].set_ylabel('薪水')  # 设置 y 轴标签
axs[0].legend(prop={'size': 15})  # 添加图例，prop参数设置图例中字体大小
# 6.在第二个子图上绘制散点图和幂函数拟合曲线
axs[1].plot(X2, power_func(X2, *popt), 'r-', label='幂函数')  # 绘制幂函数拟合曲线
axs[1].scatter(X2, Y, label='数据')
```

```
axs[1].set_xlabel('工龄')
axs[1].set_ylabel('薪水')
axs[1].legend(prop={'size': 15})
plt.tight_layout()  # 调整子图布局
plt.show()  # 展示图像
```

输出结果：

```
------------------二次曲线------------------
R2: 0.931
模型系数: [   0.    -743.681  400.804]
------------------幂函数-------------------
模型方程为: y=12345.704 * x^(0.399)
R2=0.706
二次曲线和幂函数拟合结果:
```

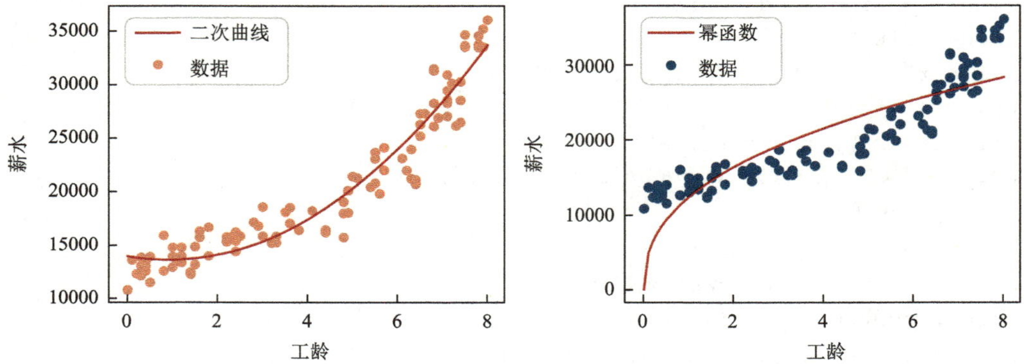

结果分析。二次曲线和幂函数的最终方程分别为 $y=400.804x^2-743.681x$ 和 $y=12345.704\times x^{0.399}$，$R^2$ 值分别为 93.1%和 70.6%。根据 R^2 和曲线拟合程度可知：

（1）二次曲线的拟合效果比幂函数更好，也更贴合数据点。这表明，在工龄和月薪之间的关系中，二次曲线更能够描述实际情况。

（2）工龄对月薪的影响呈现出一定程度的非线性特征。这与实际情况相符，随着工龄的增加，员工的技能和经验也会提升，进而月薪呈现出幅度更大的非线性变化。

本 章 小 结

核心概念	**回归分析**：研究一个随机变量（ y ）关于另一个（ x ）或一组变量（ $x_1,x_2,\cdots,x_p$ ）之间定量相互关系的统计分析方法。 **回归模型**：通过回归分析建立起来的数学模型 $y=f(x)$ ，用于定量描述变量之间的相互关系。			
评价指标	**拟合优度检验**： $\sum_{i=1}^{N}(\hat{y}_i-\bar{y})^2\Big/\sum_{i=1}^{N}(y_i-\bar{y})^2$	**平均绝对误差**： $\frac{1}{n}\sum_{i=1}^{N}\lvert\hat{y}_i-y_i\rvert$	**均方根误差**： $\sqrt{\frac{1}{n}\sum_{i=1}^{N}(\hat{y}_i-y_i)^2}$	**平均绝对百分比误差**： $\frac{1}{n}\sum_{i=1}^{N}\left\lvert\frac{\hat{y}_i-y_i}{y_i}\right\rvert\times100\%$

回归分析方法	线性回归	
	一元线性回归	多元线性回归
示意图	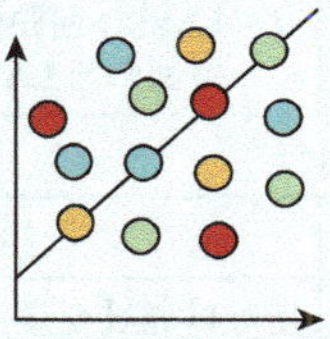	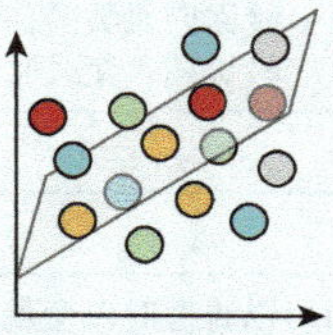
定义	是指只涉及一个自变量，且因变量 y 与自变量 x 之间呈线性关系的回归。	是指有多个解释变量的线性回归模型，用于揭示 y 与多个解释变量（ $x_1,x_2,\cdots,x_p$ ）之间的线性关系。
一般形式	$y=\beta_0+\beta_1x+\varepsilon$	$y=\beta_0+\beta_1x_1+\beta_2x_2+\cdots+\beta_px_p+\varepsilon$
回归系数估计值	$\begin{cases}\hat{\beta}_0=\bar{y}-\hat{\beta}_1\bar{x}\\ \hat{\beta}_1=\dfrac{L_{xy}}{L_{xx}}\end{cases}$	$\hat{\beta}=\begin{pmatrix}\hat{\beta}_0\\ \hat{\beta}_1\\ \vdots\\ \hat{\beta}_p\end{pmatrix}=(X^{\mathrm{T}}X)^{-1}X^{\mathrm{T}}Y$
核心知识点	√　基本假设：线性关系、正态性、齐方差性、独立性 √　最小二乘估计过程 √　拟合优度检验、F 检验、t 检验	√　基本假设：线性关系、正态性、齐方差性、独立性、无严格多重共线性 √　模型的矩阵形式以及最小二乘估计过程 √　拟合优度检验、F 检验、t 检验 √　向前选择、向后剔除、逐步回归法

	多重共线性	
基本概念	多重共线性：当样本量大于回归系数个数时，如果矩阵 X 的列向量之间线性相关，则称自变量 $x_1,x_2,\cdots,x_p$ 之间存在多重共线性 完全多重共线性： $c_0+c_1x_1+c_2x_2+\cdots+c_px_p=0$ ， $c_0,c_1,c_2,\cdots,c_p$ 不全为 0 不完全多重共线性： $c_0+c_1x_1+c_2x_2+\cdots+c_px_p+v=0$ ， $c_0,c_1,c_2,\cdots,c_p$ 不全为 0	
诊断	判定系数法： R_j^2 检验： $F_j=\dfrac{R_j^2/(k-2)}{(1-R_j^2)/(N-k+1)}\sim F(k-2,N-k+1)$	方差膨胀因子： $\mathrm{VIF}_j=\dfrac{1}{1-R_j^2}\geqslant1$ 判定条件： $\mathrm{VIF}_j\geqslant10$
核心知识点	√　多重共线性的概念、影响 √　多重共线性的诊断：判定系数法、方差膨胀因子 √　多重共线性的解决方案：剔除造成影响的自变量、增大样本容量、岭回归、LASSO 回归等	
回归分析方法	岭回归	LASSO 回归

续表

示意图	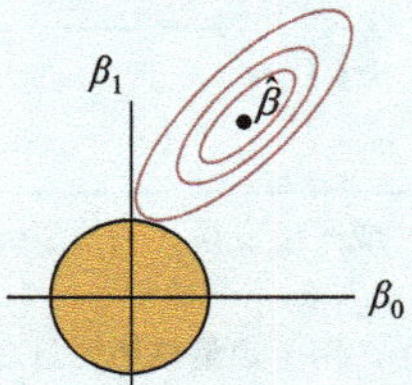	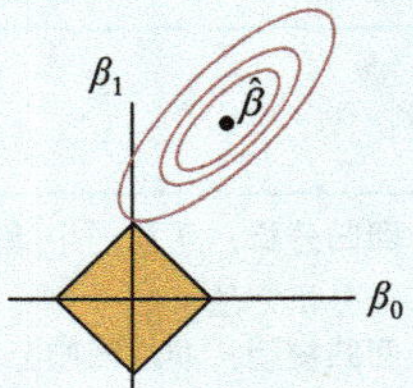
基本思想	在线性回归目标函数的基础上添加 L2 正则项（岭惩罚项），以有偏估计为代价来提高估计量的稳定性，消除多重共线性	在普通线性回归的基础上引入 L1 正则化项，通过对模型系数的绝对值进行约束，实现对模型的稀疏性和特征选择
目标函数	$\min\limits_{\beta}\left\|Y-X\hat{\beta}\right\|_2^2+\lambda\left\|\hat{\beta}\right\|_2^2$	$\min\limits_{\beta}\left\{\sum_{i=1}^{N}\left(y_i-X_i^{\mathrm{T}}\hat{\beta}\right)^2+\lambda\sum_{j=1}^{p}\left\|\hat{\beta}_j\right\|\right\}$
核心知识点	√ 岭回归系数的估计过程和估计值 √ 岭迹图、交叉验证	√ LASSO 回归作用：特征筛选 √ 岭回归与 LASSO 回归的异同
回归分析方法	非线性回归	
	本质线性模型	本质非线性模型
定义	指可以通过对自变量进行非线性变换，将原本的非线性关系转换成为线性关系的一类模型	指难以通过变量变换转换为线性模型的非线性模型
一般形式	举例：多项式回归 $y=\beta_0+\beta_1x+\beta_2x^2+\cdots+\beta_mx^m+\varepsilon$	$y_i=g(x_i,\beta)+\varepsilon_i$
核心知识点	√ 常见的本质线性回归模型：指数曲线、幂函数等 √ 一元多项式回归、多元多项式回归	√ 本质非线性回归的基本概念及一般形式

学习效果检验

第5章 数据降维

本章学习目标

- ✓ 掌握主成分分析的基本原理
- ✓ 理解因子分析与主成分分析的联系与区别
- ✓ 掌握多维尺度变换和等距特征映射的核心思想与实现步骤
- ✓ 掌握线性判别分析的基本原理
- ✓ 了解 t-SNE、UMAP 的基本思想与实现步骤

在大数据背景下，空间维数不断增加，相同数量的数据集在高维空间中更为分散，样本稀疏性和计算复杂度上升，导致欧氏距离计算失效、模型过拟合等维数灾难问题的出现。高维数据不仅需要更多的计算和存储资源，还容易受到冗余和噪声特征的影响。数据降维技术可以将高维数据映射到低维空间，尽可能保留数据的主要结构和信息的同时，降低数据维度。

作为解决维数灾难的有效方法，降维技术对于减少计算负担、提高模型性能以及发现数据中的隐藏模式具有重要意义。本章将重点介绍数据降维有关的各类算法及其应用场景，帮助读者理解降维思想，并学会应用不同的降维算法解决实际问题。

5.1 降维的基本概念

5.1.1 降维的定义及原理

定义 5-1 数据降维（dimensionality reduction）是一种用来减少数据矩阵中特征数量的方法。它通过线性或非线性映射将样本从高维空间映射到低维空间，以此消除噪声或不相关特征对预测准确度的影响。降维映射函数 f 定义为

$$f: D_x \to D_y \tag{5-1}$$

其中，D_x 为原始高维（p 维）空间的一个数据集，D_y 为 d（$d \ll p$）维空间中的一个数据集，称 D_y 为 D_x 的低维表示。

为了揭示隐藏在复杂表象下事物的客观规律，人们不断研制新的观察工具、发展新的观察技术，进一步完善描述观察对象的能力。例如，在气象领域，随着气象学的不断发展，描述天气情况的特征越来越多，可以使用温度、湿度、气压、风力、降水量、辐射强度等，表达更完整确切的天气信息。这些描述某一现象的多指标数据称为高维数据。随着大数据、人工智能等技术的迅速发展，数据规模的增大与维数的增加，计算复杂度与存储需求增加、维数灾难加剧、模型预测准确度下降等，给数据处理工作带来了巨大挑战。其中最为典型的是“维数灾难”问题。

维数灾难

最早是由 Bellman 在考虑优化问题时提出来的，具体是指：当（数学）空间维数增加时，估计多变量函数所需的采样点数会随着变量个数的增加呈指数增长。随着维数的增加，计算数据集的相似性、估计模型参数等过程变得更加困难和耗时。

为了克服维数灾难问题，去除高维数据中的冗余和噪声，数据降维技术通过将高维数据映射到更低维的空间，在降低数据集的复杂性的同时尽可能保留数据的主要结构和信息。例如，在人脸识别任务中，可以通过仅保留少量能够反映人脸样本集内部信息和结构关系的特征向量，从而在减少数据量的同时保留原始图像的关键信息。

5.1.2 降维算法分类

数据降维过程中使用的方法分为线性降维方法和非线性降维方法。当数据集中各个属性（特征）独立无关，或者非线性数据可以在一定程度上用线性结构近似表达的时候，可以运用线性方法来对数据进行降维；当数据为高度非线性或数据属性存在较强的相关性时，需要用非线性方法对数据集进行降维，非线性降维方法通过引入核函数、流形学习或神经网络等技术来实现。常用的降维算法如表 5-1 所示。

表 5-1 常用的降维算法

类别	算法名称	算法描述
线性降维方法	奇异值分解（SVD）	SVD 通过将高维矩阵分解为三个矩阵的乘积，减少奇异值的数量，保留最重要的信息，实现原始数据的降维
	主成分分析（PCA）	PCA 通过正交变换将原有数据的特征变量线性组合为一组线性无关的综合指标，实现用少量综合指标来表示原有数据的大部分信息
	因子分析（FA）	FA 根据变量之间的相关性将变量进行分组，用少数几个公共因子来描述观测变量的内在规律
	线性判别分析（LDA）	LDA 找到原始数据特征变量的一个线性组合，将数据投影到一个新的空间，使得类间方差最大化，类内方差最小化
非线性降维方法	多维尺度变换（MDS）	MDS 通过对数据之间的距离矩阵进行矩阵分解来获得数据的低维重构坐标，保持原始空间中数据点之间的相对距离实现数据的降维映射
	等距特征映射（IsoMap）	IsoMap 通过低维嵌入的结果反映高维数据空间的本质几何特点，实现原始数据的降维
	t 分布随机邻域嵌入（t-SNE）	t-SNE 通过条件概率度量数据点之间的相似性，最小化高维空间和低维空间中数据点相似度以实现样本数据的非线性降维
	统一流形逼近与投影（UMAP）	UMAP 先构建高维空间的局部流形，然后通过梯度下降算法实现目标函数的最优化，使低维空间中的数据点尽可能地保持原始数据点之间的局部关系和全局结构

5.2 奇异值分解

5.2.1 奇异值分解基本原理

奇异值分解（singular value decomposition，SVD）是一种将高维矩阵表示为三个低维矩阵乘积的矩阵分解方法，通过用低维、少量的简单矩阵表示原始数据矩阵来实现数据降维。

1. 奇异值分解算法

定义 5-2 特征值、特征向量对于 n 阶矩阵 $\boldsymbol{A}^{n\times n}$，若存在一个 n 维非零向量 $\boldsymbol{w}$，满足：

$$\boldsymbol{A}\boldsymbol{w}=\lambda\boldsymbol{w} \tag{5-2}$$

则称 λ 为 $\boldsymbol{A}$ 的特征值，$\boldsymbol{w}$ 为对应的特征向量。

若向量经过矩阵变换后保持方向不变，只是进行长度上的伸缩，那么该向量就是矩阵的特征向量，伸缩倍数就是特征值。

若矩阵 $\boldsymbol{A}$ 有 n 个特征值 $\lambda_i(i=1,2,\cdots,n)$，对应的 n 个线性无关的特征向量为 $\boldsymbol{w}_i$，可对 $\boldsymbol{A}$ 进行特征值分解：

$$\boldsymbol{A}=\boldsymbol{W}\boldsymbol{\Lambda}\boldsymbol{W}^{-1} \tag{5-3}$$

其中，$\boldsymbol{\Lambda}=\text{diag}(\lambda_1,\lambda_2,\cdots,\lambda_n)$，对应的特征向量矩阵 $\boldsymbol{W}=(\boldsymbol{w}_1,\boldsymbol{w}_2,\cdots,\boldsymbol{w}_n)$。通常需要对特征

向量矩阵 $\boldsymbol{W}$ 进行单位正交化处理，即要求 $\boldsymbol{w}_i^{\mathrm{T}}\boldsymbol{w}_i=1, \boldsymbol{w}_i^{\mathrm{T}}\boldsymbol{w}_j=0, i\neq j$，此时矩阵 $\boldsymbol{W}$ 满足 $\boldsymbol{W}^{\mathrm{T}}\boldsymbol{W}=\boldsymbol{I}$，其中 $\boldsymbol{I}$ 为单位矩阵。则式（5-3）变形为

$$\boldsymbol{A}=\boldsymbol{W}\boldsymbol{\Lambda}\boldsymbol{W}^{\mathrm{T}} \tag{5-4}$$

特征值描述了矩阵在不同方向上的“作用”程度，即数据在对应特征向量方向上的变化情况。特征值越大，表示矩阵在对应特征向量方向上的变化幅度越大，也就意味着数据在这个方向上的方差较大。特征值分解方法要求数据矩阵必须为方阵，但在现实情况中，原始数据矩阵往往很难满足方阵的形式。例如，原始数据矩阵 $\boldsymbol{A}^{N\times p}$，数据维数为 p，数据量为 N，当 $N\neq p$ 时，无法对 $\boldsymbol{A}$ 进行特征值分解。SVD 算法是为解决这一问题而提出的，SVD 可以对任意形状的矩阵进行分解，适用范围更广。

2. 奇异值分解原理推导

一般来说，数据量 N 远大于数据维数 p。对于数据矩阵 $\boldsymbol{A}^{N\times p}$，SVD 算法希望将其分解为以下形式：

$$\boldsymbol{A}^{N\times p}=\boldsymbol{U}^{N\times N}\boldsymbol{\Sigma}^{N\times p}(\boldsymbol{V}^{\mathrm{T}})^{p\times p} \tag{5-5}$$

其中，$\boldsymbol{U}^{N\times N}$ 为左奇异矩阵，$\boldsymbol{V}^{p\times p}$ 为右奇异矩阵，且 $\boldsymbol{U}$ 、$\boldsymbol{V}$ 均为正交矩阵；$\boldsymbol{\Sigma}^{N\times p}$ 为奇异值矩阵，其主对角线上的值称为奇异值，其他位置元素都为 0。

1）求解左、右奇异矩阵

由于 N 维矩阵 $\boldsymbol{A}^{\mathrm{T}}\boldsymbol{A}$ 为一个方阵，则可将其进行特征值分解：

$$(\boldsymbol{A}^{\mathrm{T}}\boldsymbol{A})\boldsymbol{v}_i=\lambda_i\boldsymbol{v}_i \tag{5-6}$$

求得矩阵 $\boldsymbol{A}^{\mathrm{T}}\boldsymbol{A}$ 的特征值矩阵 $\mathrm{diag}(\lambda_1,\lambda_2,\cdots,\lambda_p)$，其中 $\lambda_1\geqslant\lambda_2\geqslant\cdots\geqslant\lambda_p$。对应的正交化的特征向量矩阵 $\boldsymbol{V}=(\boldsymbol{v}_1,\boldsymbol{v}_2,\cdots,\boldsymbol{v}_p)$，矩阵 $\boldsymbol{V}$ 满足 $\boldsymbol{V}^{\mathrm{T}}\boldsymbol{V}=\boldsymbol{I}$，得到了 SVD 分解中的右奇异矩阵 $\boldsymbol{V}$。同理，可对 N 维方阵 $\boldsymbol{A}\boldsymbol{A}^{\mathrm{T}}$ 进行特征值分解：

$$(\boldsymbol{A}\boldsymbol{A}^{\mathrm{T}})\boldsymbol{u}_i=\omega_i\boldsymbol{u}_i \tag{5-7}$$

同样得到矩阵 $\boldsymbol{A}\boldsymbol{A}^{\mathrm{T}}$ 的特征值矩阵 $\mathrm{diag}(\omega_1,\omega_2,\cdots,\omega_N)$，以及对应的正交化的特征向量矩阵 $\boldsymbol{U}=(\boldsymbol{u}_1,\boldsymbol{u}_2,\cdots,\boldsymbol{u}_N)$，矩阵 $\boldsymbol{U}$ 满足 $\boldsymbol{U}^{\mathrm{T}}\boldsymbol{U}=\boldsymbol{I}$，得到了 SVD 分解中的左奇异矩阵 $\boldsymbol{U}$。

2）求解奇异值矩阵

奇异值矩阵 $\boldsymbol{\Sigma}$ 的对角线元素称为奇异值，非对角元素全为 0。因此记 $\boldsymbol{\Sigma}=\begin{pmatrix}\boldsymbol{\Sigma}_1 & 0\\ 0 & 0\end{pmatrix}$，其中 $\boldsymbol{\Sigma}_1=\mathrm{diag}(\sigma_1,\sigma_2,\cdots,\sigma_p)$，则有 $\boldsymbol{\Sigma}^{\mathrm{T}}\boldsymbol{\Sigma}=\boldsymbol{\Sigma}^2$。根据 SVD 的分解形式 $\boldsymbol{A}=\boldsymbol{U}\boldsymbol{\Sigma}\boldsymbol{V}^{\mathrm{T}}$，有

$$\boldsymbol{A}^{\mathrm{T}}\boldsymbol{A}=\boldsymbol{V}\boldsymbol{\Sigma}^{\mathrm{T}}\boldsymbol{U}^{\mathrm{T}}\boldsymbol{U}\boldsymbol{\Sigma}\boldsymbol{V}^{\mathrm{T}}=\boldsymbol{V}\boldsymbol{\Sigma}^2\boldsymbol{V}^{\mathrm{T}} \tag{5-8}$$

由式（5-6）得，矩阵 $\boldsymbol{A}^{\mathrm{T}}\boldsymbol{A}$ 的特征值为 $\lambda_1,\lambda_2,\cdots,\lambda_p$，由式（5-8）得，奇异值 $\sigma_i=\sqrt{\lambda_i}$，进而求出奇异值矩阵 $\boldsymbol{\Sigma}=\begin{pmatrix}\boldsymbol{\Sigma}_1 & 0\\ 0 & 0\end{pmatrix}$，其中 $\boldsymbol{\Sigma}_1=\mathrm{diag}(\sqrt{\lambda_1},\sqrt{\lambda_2},\cdots,\sqrt{\lambda_p})$。

3）奇异值分解结果

求解出矩阵 $\boldsymbol{U},\boldsymbol{\Sigma},\boldsymbol{V}$，将分解结果写成向量形式如下：

$$\boldsymbol{A}=\boldsymbol{U\Sigma V}^{\mathrm{T}}=(\boldsymbol{u}_1,\boldsymbol{u}_2,\cdots,\boldsymbol{u}_N)\begin{pmatrix}\sqrt{\lambda_1} & & \\ & \ddots & \\ & & \sqrt{\lambda_p} \\ & \vdots & \\ 0 & & 0\end{pmatrix}\begin{pmatrix}\boldsymbol{v}_1^{\mathrm{T}} \\ \boldsymbol{v}_2^{\mathrm{T}} \\ \vdots \\ \boldsymbol{v}_p^{\mathrm{T}}\end{pmatrix} \tag{5-9}$$

其中，$(\boldsymbol{u}_1,\boldsymbol{u}_2,\cdots,\boldsymbol{u}_N)$ 为矩阵 $\boldsymbol{AA}^{\mathrm{T}}$ 的特征向量，$(\lambda_1,\lambda_2,\cdots,\lambda_p)$ 为矩阵 $\boldsymbol{A}^{\mathrm{T}}\boldsymbol{A}$ 的特征值，$(\boldsymbol{v}_1,\boldsymbol{v}_2,\cdots,\boldsymbol{v}_p)$ 为矩阵 $\boldsymbol{A}^{\mathrm{T}}\boldsymbol{A}$ 的特征向量。SVD 分解如图 5-1 所示。

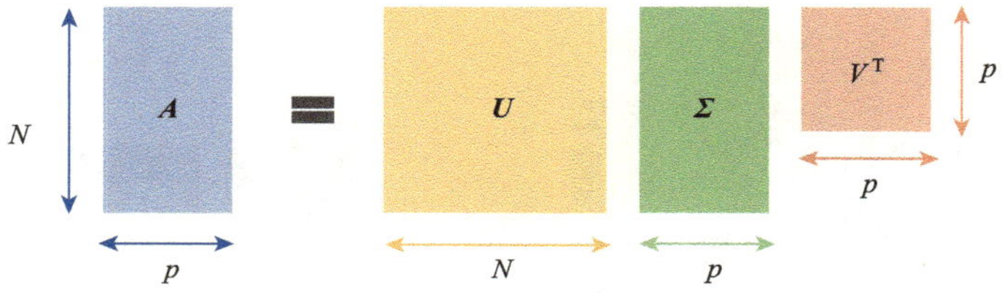

图 5-1　奇异值分解的矩阵表示图

对于 N 维空间的数据集 $\boldsymbol{A}^{N\times p}$，SVD 算法的具体实现步骤如下。

步骤 1： 求解矩阵 $\boldsymbol{A}^{\mathrm{T}}\boldsymbol{A}$ 的特征值 $\lambda_1,\lambda_2,\cdots,\lambda_p(\lambda_1\geqslant\lambda_2\geqslant\cdots\geqslant\lambda_p)$，以及对应的特征向量矩阵 $(\boldsymbol{v}_1,\boldsymbol{v}_2,\cdots,\boldsymbol{v}_p)$，得到右奇异值矩阵 $\boldsymbol{V}$。

步骤 2： 求解矩阵 $\boldsymbol{AA}^{\mathrm{T}}$ 的特征值 $\omega_1,\omega_2,\cdots,\omega_N$，以及对应的特征向量矩阵 $(\boldsymbol{u}_1,\boldsymbol{u}_2,\cdots,\boldsymbol{u}_N)$，得到左奇异值矩阵 $\boldsymbol{U}$。

步骤 3： 求出奇异值矩阵 $\boldsymbol{\Sigma}^{N\times p}=\begin{pmatrix}\boldsymbol{\Sigma}_1 & 0 \\ 0 & 0\end{pmatrix}$，$\boldsymbol{\Sigma}_1=\mathrm{diag}\left(\sqrt{\lambda_1},\sqrt{\lambda_2},\cdots,\sqrt{\lambda_p}\right)$，$\lambda_i$ 为矩阵 $\boldsymbol{A}^{\mathrm{T}}\boldsymbol{A}$ 的特征值。

步骤 4： 得到奇异值分解结果 $\boldsymbol{A}=\boldsymbol{U\Sigma V}^{\mathrm{T}}$。

4）截断奇异值分解

为了实现降维，截断奇异值分解（truncated SVD）在对矩阵进行 SVD 分解时，用前 $d(d<<p)$ 个最大的奇异值和对应的左右奇异向量矩阵对原始数据矩阵 $\boldsymbol{A}^{N\times p}$ 进行近似描述，从而得到 $\boldsymbol{\Sigma}^{N\times p}$ 的近似分解结果。经截断奇异值分解后的矩阵计算公式为

$$\boldsymbol{A}^{N\times p}=\boldsymbol{U}^{N\times N}\boldsymbol{\Sigma}^{N\times p}(\boldsymbol{V}^{\mathrm{T}})^{p\times p}\approx\boldsymbol{U}^{N\times d}\boldsymbol{\Sigma}^{d\times d}(\boldsymbol{V}^{\mathrm{T}})^{d\times p} \tag{5-10}$$

一个大的矩阵 $\boldsymbol{A}^{N\times p}$ 可以用三个小的矩阵 $\boldsymbol{U}^{N\times d},\boldsymbol{\Sigma}^{d\times d},(\boldsymbol{V}^{\mathrm{T}})^{d\times p}$ 来表示，截断奇异值分解如图 5-2 所示。

SVD 算法在分解过程中，仅保留最大的 d 个奇异值对应的部分，其中 d 远远小于 p（原始数据维数）；利用截断后的部分奇异值和对应的左右奇异矩阵，重构近似的数据矩阵，实现对原始数据的压缩和降维，有效降低数据处理和存储的成本。

5.2.2 奇异值分解算法评价

SVD 算法是一种线性降维方法，能够降低数据维数，节约模型训练计算时间，常用于推荐系统（用于对用户—物品的评分矩阵进行降维，以发现隐藏的用户偏好和物品特征）、图像处理（如图像压缩和特征提取）、自然语言处理（用于词嵌入和语义分析）等领域。但使用 SVD 算法对数据矩阵分解后得到的结果（奇异值和奇异矩阵），无法直接对应于原始数据的特征，导致降维后的数据可读性与可解释性较低。

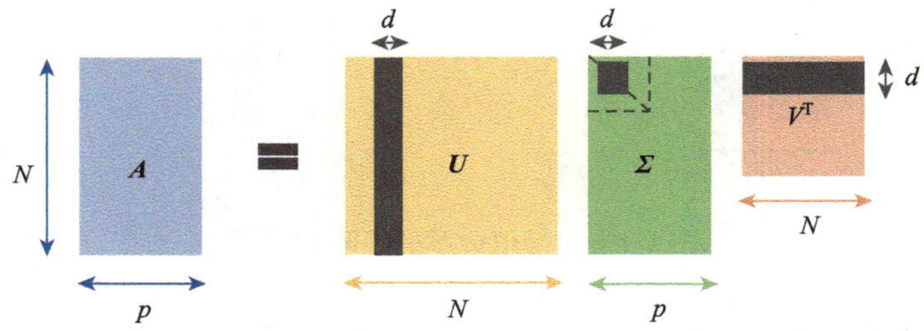

图 5-2　截断奇异值分解的矩阵表示图

5.2.3 实践案例：基于奇异值分解的图像压缩

本例使用 SVD 算法对图像矩阵进行分解，通过保留最重要的奇异值和对应的左右奇异向量，重构近似的图像数据矩阵，实现原始图像的压缩。

模型构建。在 Python 中，SVD 算法可以通过使用 NumPy 库中 linalg 模块的 svd 函数实现。

```
numpy.linalg.svd(a,full_matrices = 1,compute_uv = 1,hermitian = False)
```

参数调整。参数“a”代表输入一个 $N\times p$ 的数据矩阵；“full_matrices”表示是否返回完整的奇异矩阵，取值为‘True’时，返回的左奇异矩阵为 N 阶方阵，右奇异矩阵为 p 阶方阵；取值为‘False’时，返回的左、右奇异矩阵分别为 $N\times k$、$k\times p$ 阶矩阵，其中 $k=\min(N,p)$。

模型训练。对一张 RGB 图像进行奇异值分解（SVD），构建 restore 函数接受 SVD 分解后得到的奇异值矩阵与左、右奇异矩阵，保留不同数量的奇异值对图像重构，并展示重建图像随奇异值数量变化的效果。使用 SVD 算法进行图像压缩的具体代码实现如下。

文件名称	5-1 SVD.py	说明	基于 SVD 的图像压缩

```python
import numpy as np
import os
from PIL import Image
import matplotlib.pyplot as plt
# 1.定义恢复函数，由分解后的矩阵恢复到原矩阵
def restore(u, s, v, K):
    n, p = len(u), len(v[0])
    a = np.zeros((n, p))
    for k in range(K):
        uk = u[:, k].reshape(n, 1)
        vk = v[k].reshape(1, p)
        a += s[k] * np.dot(uk, vk)
    a = a.clip(0, 255)
    return np.rint(a).astype('uint8')
# 2.读取图像
A = np.array(Image.open("./svd.jpg", 'r'))
# 3.对 RGB 图像进行奇异值分解
u_r, s_r, v_r = np.linalg.svd(A[:, :, 0])
u_g, s_g, v_g = np.linalg.svd(A[:, :, 1])
u_b, s_b, v_b = np.linalg.svd(A[:, :, 2])
# 4.保存奇异值为10，20，30，40，50 的图像，并输出特征数
selected_svd_values = [10, 20, 30, 40, 50]
output_images = []
original_image = Image.fromarray(A)
output_images.append(original_image)
for k in selected_svd_values:
    R = restore(u_r, s_r, v_r, k)
    G = restore(u_g, s_g, v_g, k)
    B = restore(u_b, s_b, v_b, k)
    I = np.stack((R, G, B), axis=2)
    img = Image.fromarray(I)
    output_images.append(img)
fig, axes = plt.subplots(2, 3, figsize=(20, 10))
for i, ax in enumerate(axes.flat):
    ax.imshow(output_images[i])
    if i == 0:
        ax.set_title('原图', fontname='SimSun', fontsize=40)
    else:
        ax.set_title(f'k={selected_svd_values[i-1]}', fontname='Times New Rom
an', fontsize=40)
    ax.axis('off')
plt.tight_layout()
```

```
42.plt.savefig('svd_images_output.jpg', dpi=600)
43.plt.show()
```

输出结果：

本例选取不同的奇异值数量，将压缩后的图像与原始图像进行对比分析。通过观察发现，保留前 50 个奇异值的图像压缩情况较好，能够还原原始图像的大部分特征。SVD 算法可以获得原始图像的压缩近似值，在减小图像尺寸的同时保留原始图像主要的特征信息。

5.3 主成分分析

5.3.1 主成分分析基本原理

主成分分析（principal component analysis，PCA）采用线性变换将一组统计变量（指标）变换为新的一组综合变量，转换后的这组变量称为主成分，且主成分之间互不相关，其着重解释各变量的总方差。PCA 用少量的主成分尽可能地代表原来变量的信息。

1. 主成分分析基本思想

PCA 算法是一种无监督算法，其通过正交线性变换将原始数据投影到一个新的坐标系，并计算方差来衡量某一特征所包含的信息量的大小，使数据在新坐标轴上的方差递减。如图 5-3 所示，PCA 首先确定一个最优的投影方向（即第一主成分 PC1），使原始数据在该方向上的投影方差达到最大，从而保证该方向包含的信息量最多。随后，在与 PC1 正交的空间中继续寻找方差次大的方向，作为第二主成分 PC2。图中蓝色箭头表示第一主成分方向，紫色箭头表示第二主成分方向。PCA 正是通过最大化各主成分方向上的方差，实现对原始数据的有效降维与特征提取。

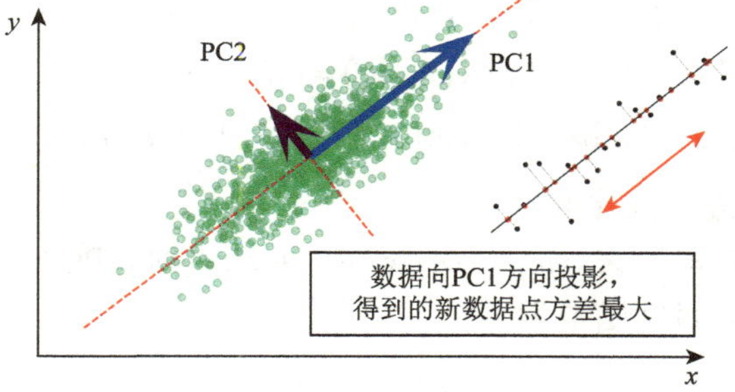

图 5-3 数据点投影示意图

2. 主成分分析理论推导

在实际应用中，如果数据特征的量纲不同，或相同量纲下，数据值差异过大，则不适合直接进行主成分分析。例如，在对某上市公司的财务数据进行分析时，发现其销售额的取值范围在几亿到几十亿元，市盈率在几百元波动，每股净利润大致在几元，不同变量的取值存在较大差异。如果直接对原始数据进行主成分分析，最终求出的主成分将多倾向于解释取值大的特征变量，而会忽略取值小的特征变量。因此，为消除由量纲不同可能带来的影响，一般在主成分分析中会首先对原始数据进行标准化处理：

$$\boldsymbol{X}^* = \frac{\boldsymbol{x}_i - E(\boldsymbol{x}_i)}{\sqrt{D(\boldsymbol{x}_i)}} \tag{5-11}$$

对数据进行标准化处理后，可以确保各个变量在相同的尺度上进行比较和分析，避免由于数据范围不同而导致的结果偏差，同时也能保证求解的主成分具有实际意义，有助于进一步分析实际问题。

1）构建主成分分析模型

记标准化后的数据矩阵为 $\boldsymbol{X}^{N\times p} = (\boldsymbol{x}_1, \boldsymbol{x}_2, \cdots, \boldsymbol{x}_p)$，其中 $\boldsymbol{x}_i = (x_{1i}, x_{2i}, \cdots, x_{Ni})^{\mathrm{T}}$。记 $\boldsymbol{X}$ 的协方差矩阵为 $\boldsymbol{\Sigma}$。PCA 算法对 p 个指标进行线性组合，构建新的综合指标，记为主成分 $\boldsymbol{F}_1, \boldsymbol{F}_2, \cdots, \boldsymbol{F}_p$：

$$\begin{aligned} \boldsymbol{F}_1 &= a_{11}\boldsymbol{x}_1 + a_{21}\boldsymbol{x}_2 + \cdots + a_{p1}\boldsymbol{x}_p \\ \boldsymbol{F}_2 &= a_{12}\boldsymbol{x}_1 + a_{22}\boldsymbol{x}_2 + \cdots + a_{p2}\boldsymbol{x}_p \\ &\cdots \\ \boldsymbol{F}_p &= a_{1p}\boldsymbol{x}_1 + a_{2p}\boldsymbol{x}_2 + \cdots + a_{pp}\boldsymbol{x}_p \end{aligned} \tag{5-12}$$

用矩阵描述为

$$\boldsymbol{F} = \boldsymbol{A}^{\mathrm{T}}\boldsymbol{X} \tag{5-13}$$

其中，$\boldsymbol{F} = (\boldsymbol{F}_1, \boldsymbol{F}_2, \cdots, \boldsymbol{F}_p)^{\mathrm{T}}$，$\boldsymbol{A} = (\boldsymbol{A}_1, \boldsymbol{A}_2, \cdots, \boldsymbol{A}_p) = \begin{pmatrix} a_{11} & a_{12} & \cdots & a_{1p} \\ a_{21} & a_{22} & \cdots & a_{2p} \\ \vdots & \vdots & & \vdots \\ a_{p1} & a_{p2} & \cdots & a_{pp} \end{pmatrix}$。

为了使主成分 $\boldsymbol{F}_1, \boldsymbol{F}_2, \cdots, \boldsymbol{F}_p$ 能够充分反映原变量 $(\boldsymbol{x}_1, \boldsymbol{x}_2, \cdots, \boldsymbol{x}_p)$ 的信息，则需主成分的方差 $\mathrm{Var}(\boldsymbol{F}_i)$ 尽可能大，且 $\boldsymbol{F}_1, \boldsymbol{F}_2, \cdots, \boldsymbol{F}_p$ 之间相互独立。即该线性变换需要满足以下条件：

（1）每个主成分的系数平方和为 1，即 $a_{1i}^2+a_{2i}^2+\cdots+a_{pi}^2=1$；

（2）主成分之间相互独立，即 $\mathrm{Cov}(\boldsymbol{F}_i,\boldsymbol{F}_j)=0, i\neq j$；

（3）主成分的方差依次递减，即 $\mathrm{Var}(\boldsymbol{F}_1)\geqslant\cdots\geqslant\mathrm{Var}(\boldsymbol{F}_p)$。

2）求解主成分方差最大化问题

求解第一主成分 $\boldsymbol{F}_1=\boldsymbol{A}_1^{\mathrm{T}}\boldsymbol{X}=a_{11}\boldsymbol{x}_1+a_{21}\boldsymbol{x}_2+\cdots+a_{p1}\boldsymbol{x}_p$ 时，PCA 的目标是寻找使 $\boldsymbol{F}_1$ 的方差最大的单位向量 $\boldsymbol{A}_1$。目标函数为

$$\begin{aligned}&\max\{\mathrm{Var}(\boldsymbol{F}_1)\}\\&\text{s.t.}\quad \boldsymbol{A}_1^{\mathrm{T}}\boldsymbol{A}_1=1\end{aligned}\tag{5-14}$$

其中，$\mathrm{Var}(\boldsymbol{F}_1)=\mathrm{Var}\left(\boldsymbol{A}_1^{\mathrm{T}}\boldsymbol{X}\right)=\boldsymbol{A}_1^{\mathrm{T}}\boldsymbol{\Sigma}\boldsymbol{A}_1$。为求解该最大化问题，构造拉格朗日函数 $L(\boldsymbol{A}_1,\lambda)$：

$$L(\boldsymbol{A}_1,\lambda)=\boldsymbol{A}_1^{\mathrm{T}}\boldsymbol{\Sigma}\boldsymbol{A}_1+\lambda\left(1-\boldsymbol{A}_1^{\mathrm{T}}\boldsymbol{A}_1\right)\tag{5-15}$$

对式（5-15）中 $\boldsymbol{A}_1$ 求导并使偏导为 0，可得

$$\frac{\partial L(\boldsymbol{A}_1,\lambda)}{\partial \boldsymbol{A}_1}=2\boldsymbol{\Sigma}\boldsymbol{A}_1-2\lambda\boldsymbol{A}_1=0\tag{5-16}$$

即

$$\boldsymbol{\Sigma}\boldsymbol{A}_1=\lambda\boldsymbol{A}_1\tag{5-17}$$

显然此时 λ 为协方差矩阵 $\boldsymbol{\Sigma}$ 的特征值，$\boldsymbol{A}_1$ 为对应的特征向量。代入目标函数得最大值 $\mathrm{Var}(\boldsymbol{F}_1)=\boldsymbol{A}_1^{\mathrm{T}}\boldsymbol{\Sigma}\boldsymbol{A}_1=\lambda_1$，其中 λ_1 表示协方差矩阵 $\boldsymbol{\Sigma}$ 的最大特征根，$\boldsymbol{A}_1$ 为 λ_1 对应的单位特征向量。

寻找第二主成分时，λ 取矩阵 $\boldsymbol{\Sigma}$ 的第二大特征值 λ_2，$\boldsymbol{A}_2$ 为 λ_2 对应的单位特征向量。以此类推，最多可以求出 p 个主成分，主成分 $\boldsymbol{F}_1,\boldsymbol{F}_2,\cdots,\boldsymbol{F}_p$ 的方差分别为 $\lambda_1,\lambda_2,\cdots,\lambda_p$ $(\lambda_1\geqslant\lambda_2\geqslant\cdots\geqslant\lambda_p)$，$\lambda$ 为协方差矩阵 $\boldsymbol{\Sigma}$ 的特征值，对应的特征向量矩阵 $\boldsymbol{U}=(\boldsymbol{u}_1,\boldsymbol{u}_2,\cdots,\boldsymbol{u}_p)$。主成分的计算公式为

$$\boldsymbol{F}=\boldsymbol{U}^{\mathrm{T}}\boldsymbol{X}\tag{5-18}$$

3）确定主成分个数

PCA 算法的目标是减少数据特征的个数，所以一般不会使用 p 个主成分，忽略带有较小方差的主成分将不会给数据的总方差带来太大的影响，因此可用方差贡献率来度量主成分对原始数据的解释能力，记主成分 F_i 的方差贡献率 η_i 为 F_i 的方差在总方差中所占比例，其计算公式为

$$\eta_i=\lambda_i\Big/\sum_{j=1}^{p}\lambda_j\tag{5-19}$$

若取前 m 个主成分，则前 m 个主成分的累计方差贡献率 $\eta(m)$ 为 $\sum_{i=1}^{m}\lambda_i/\sum_{j=1}^{p}\lambda_j$。根据累计方差贡献率来确定主成分的个数 m，一般需满足累计方差贡献率为 80%以上，既

能尽可能地保留原始数据的主要信息，又可以实现数据的降维。需要注意的是，PCA 的所有主成分彼此正交。

3. 主成分分析实现步骤

PCA 算法的具体实现步骤如下。

步骤 1： 求解标准化后的数据矩阵 $\boldsymbol{X}$ 的协方差矩阵 $\boldsymbol{\Sigma}$ 的特征值，并进行降序排列 $\lambda_1,\lambda_2,\cdots,\lambda_p(\lambda_1 \geqslant \lambda_2 \geqslant \cdots \geqslant \lambda_p)$。

步骤 2： 求解各特征值对应的单位化特征向量矩阵 $\boldsymbol{U}=(\boldsymbol{u}_1,\boldsymbol{u}_2,\cdots,\boldsymbol{u}_p)$。

步骤 3： 确定主成分个数 m。前 m 个主成分的累计方差贡献率为 $\sum_{i=1}^{m}\lambda_i / \sum_{j=1}^{p}\lambda_j$，一般可要求累计方差贡献率大于 80%。

步骤 4： 得到降维后的主成分 $\boldsymbol{F}=\boldsymbol{U}^{\mathrm{T}}\boldsymbol{X}$。

算一算

表 5-2 记录了十名学生的体测数据，数据包含三个特征，分别是身高、胸围和体重，对表中数据进行主成分分析。

表 5-2　学生体测数据表

序号	身高/cm	胸围/cm	体重/kg
1	149.5	69.5	38.5
2	162.5	77.0	55.5
3	162.7	78.5	50.8
4	162.2	87.5	65.5
5	156.5	74.5	49.0
6	156.1	74.5	45.5
7	172.0	76.5	51.0
8	173.2	81.5	59.5
9	159.5	74.5	43.5
10	157.7	79.0	53.5

（1）计算样本均值和样本协方差矩阵

样本均值矩阵 $(\bar{x}_1,\bar{x}_2,\bar{x}_3)^{\mathrm{T}}=(161.2,77.3,51.2)^{\mathrm{T}}$，计算标准化后的数据矩阵 $(\boldsymbol{x}_1-\bar{\boldsymbol{x}}_1,\boldsymbol{x}_2-\bar{\boldsymbol{x}}_2,\boldsymbol{x}_3-\bar{\boldsymbol{x}}_3)^{\mathrm{T}}$ 的协方差矩阵 $\boldsymbol{\Sigma}$，求得 $\boldsymbol{\Sigma}=\begin{pmatrix} 46.67 & 17.12 & 30.00 \\ 17.12 & 21.11 & 32.58 \\ 30.00 & 32.58 & 55.53 \end{pmatrix}$。

（2）求解协方差矩阵的特征值以及对应的单位特征向量

由 $|\boldsymbol{\Sigma}-\lambda\boldsymbol{I}|=\begin{vmatrix}46.67-\lambda & 17.12 & 30.00\\ 17.12 & 21.11-\lambda & 32.58\\ 30.00 & 32.58 & 55.53-\lambda\end{vmatrix}=0$ 得，特征值为 $\lambda_1=98.15,\lambda_2=23.60,\lambda_3=1.56$；

特征向量矩阵为

$$\boldsymbol{U}=(\boldsymbol{u}_1,\boldsymbol{u}_2,\boldsymbol{u}_3)=\begin{pmatrix}0.56 & 0.81 & 0.03\\ 0.42 & -0.33 & 0.85\\ 0.71 & -0.48 & -0.53\end{pmatrix}$$

（3）写出对应的主成分表达式

$$\boldsymbol{F}_1=0.56(\boldsymbol{x}_1-161.2)+0.42(\boldsymbol{x}_2-77.3)+0.71(\boldsymbol{x}_3-51.2)$$
$$\boldsymbol{F}_2=0.81(\boldsymbol{x}_1-161.2)-0.33(\boldsymbol{x}_2-77.3)-0.48(\boldsymbol{x}_3-51.2)$$

（4）求出主成分的方差贡献率

$$\eta_1=\frac{\lambda_1}{\sum_{j=1}^{3}\lambda_j}=\frac{98.15}{98.15+23.60+1.56}=\frac{98.15}{123.31}=79.6\%$$
$$\eta_2=\frac{\lambda_2}{\sum_{j=1}^{3}\lambda_j}=\frac{23.60}{123.31}=19.1\%$$
$$\eta_3=\frac{\lambda_3}{\sum_{j=1}^{3}\lambda_j}=\frac{1.56}{123.31}=1.3\%$$

（5）通过累计方差贡献率确定主成分个数

$$\eta(2)=\frac{\lambda_1+\lambda_2}{\sum_{j=1}^{3}\lambda_j}=\frac{121.75}{123.31}=98.7\%$$

前两个主成分的累计方差贡献率为98.7%，因此可确定主成分个数为 2。

5.3.2 主成分分析算法评价

原始数据的低方差主成分中通常存在噪声，PCA 算法保留高方差的主成分并过滤掉较小方差的主成分，能够有效地去除噪声并保留数据的主要特征。PCA 算法常用于特征工程、图像处理、数据压缩和模式识别等领域。PCA 算法适用于变量间有较强相关性的数据，如果原始数据相关性较弱，则方差小的成分可能含有影响样本差异的重要信息，降维丢弃可能对后续数据处理有影响，这时主成分分析算法就不能起到很好的降维效果。

5.3.3 实践案例：基于主成分分析的鸢尾花数据集分析

本节选取模式识别领域的经典基准数据集——鸢尾花（Iris）数据集作为分析对象。该数据集包含 150 个均衡分布的样本，涵盖鸢尾属植物的三个亚种（Iris setosa 山鸢尾、Iris versicolor 变色鸢尾和 Iris virginica 维吉尼亚鸢尾），每个亚种各含 50 个样本。每个样本均精确测量了四个形态学特征变量（单位：mm）：萼片长度、萼片宽度、花瓣长度、花瓣宽度。数据集的部分样例见表 5-3。

表 5-3 鸢尾花数据集样例

萼片长度	萼片宽度	花瓣长度	花瓣宽度	鸢尾花亚属
5.1	3.5	1.4	0.2	setosa
4.9	3.0	1.4	0.2	setosa
4.7	3.2	1.3	0.2	setosa
…	…	…	…	…
6.2	3.4	5.4	2.3	virginica
5.9	3.0	5.1	1.8	virginica

数据处理。鉴于各特征变量的量纲存在差异，为避免尺度效应导致的分析偏差，首先对原始数据进行标准化处理（Z-score 标准化），使各特征均值为 0，方差为 1。

模型构建。在 Python 中，PCA 算法可通过 Scikit-learn 中 decomposition 模块的 PCA 函数实现。核心步骤包括：初始化 PCA 对象并设置降维参数、拟合训练数据并执行特征变换、提取降维后的主成分得分。

```
class sklearn.decomposition.PCA(n_components=None, *, copy=True, whiten=False, svd_solver='auto', tol=0.0, iterated_power='auto', n_oversamples=10, power_iteration_normalizer='auto', random_state=None)
```

参数调整。PCA 中的参数“n_components”用于指定保留的主成分数目；参数“whiten”表示是否对主成分进行白化处理（各维度方差归一化），默认为 False；参数“svd_solver”代表奇异值分解策略，默认取值‘auto’，表示根据输入数据的大小和特征数量来自动选择解决方法，取值‘full’表示使用传统全矩阵分解，取值‘randomized’表示使用随机化 SVD 算法。完整代码如下：

文件名称	5-2 PCA.py	说明	PCA 对鸢尾花数据集降维

```
import pandas as pd
import numpy as np
from sklearn.datasets import load_iris
from sklearn.preprocessing import StandardScaler
from sklearn.decomposition import PCA
```

```
import seaborn as sns
import matplotlib.pyplot as plt
from matplotlib.patches import Ellipse

# 1. 数据加载与预处理
iris = load_iris()
iris_df = pd.DataFrame(iris.data, columns=iris.feature_names)
iris_scaled = pd.DataFrame(StandardScaler().fit_transform(df), columns=df.columns)
species_names = iris.target_names

# 2. PCA 降维
pca = PCA(n_components=2)
pca_2D = pca.fit_transform(iris_scaled)
pca2D_df = pd.DataFrame(pca_2D, columns=['PC1', 'PC2'])
pca2D_df['cluster'] = species_names[iris.target]  # 直接使用品种名称

# 3. 可视化设置
plt.rcParams.update({'font.family':'sans-serif', 'font.sans-serif':['SimSun'], 'font.size': 15})
palette = sns.color_palette("husl", 3)
def confidence_ellipse(data, ax, n_std=3.0, facecolor='none', **kwargs): # 椭圆绘制函数
    x, y = data['PC1'], data['PC2']
    cov = np.cov(x, y)
    lambda_, v = np.linalg.eigh(cov)
    lambda_ = np.sqrt(lambda_)
    ellipse = Ellipse(xy=(np.mean(x), np.mean(y)), width=lambda_[0]*n_std*2, height=lambda_[1]*n_std*2, angle=np.degrees(np.arctan2(*v[:, 0][::-1])), facecolor=facecolor,**kwargs)
    return ax.add_patch(ellipse)
fig, ax = plt.subplots(figsize=(7, 5.5), dpi=150) # 创建画布
scatter = sns.scatterplot(x='PC1', y='PC2', hue='cluster', palette=palette, data=pca2D_df, s=60, alpha=0.85, edgecolor='w', linewidth=0.8, ax=ax) # 绘制带品种名称的散点图
for idx, species in enumerate(species_names):  # 为每个品种添加椭圆
    cluster_data = pca2D_df[pca2D_df['cluster'] == species]
    confidence_ellipse(cluster_data, ax=ax, n_std=2.2,edgecolor=palette[idx], linewidth=1.8,zorder=0, facecolor=palette[idx],alpha=0.12, linestyle='--')
ax.legend(loc='lower right',frameon=False)
ax.set_xlabel('主成分 1 (PC1)')
ax.set_ylabel('主成分 2 (PC2)')
```

```
ax.grid(True, alpha=0.25, linestyle=':')
plt.tight_layout()
plt.show()
```

输出结果：

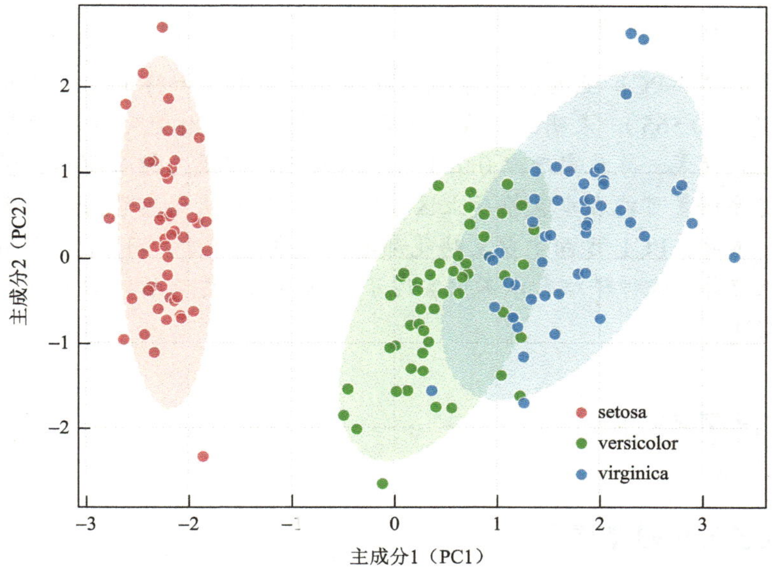

PCA 将四维特征空间降维至二维后（PC1-PC2 平面），观察到显著的类别分离现象。Iris setosa 与其他两个亚种形成明显分离，Iris versicolor 与 Iris virginica 存在部分重叠，但仍保持相对独立的分布簇。这表明 PCA 在保留约 95%原始信息量的前提下（累计方差贡献率），有效提取了数据的本质特征结构。

为进一步理解 PCA 算法所提取的各主成分的实际含义，观察原始变量在主成分上的权重分布，实验通过构建主成分载荷矩阵来识别出对维度变化贡献最大的核心特征。

```
# 4. 主成分载荷分析
loadings = pd.DataFrame(
    pca.components_.T,
    columns=['PC1', 'PC2'],
    index=iris_scaled.columns)
print("\nPC1 主要载荷特征: \n", loadings['PC1'].abs().nlargest(5))
print("\nPC2 主要载荷特征: \n", loadings['PC2'].abs().nlargest(5))
```

输出结果：

```
PC1 主要载荷特征:
petal length (cm)    0.580413
petal width (cm)     0.564857
sepal length (cm)    0.521066
```

```
sepal width (cm)      0.269347
Name: PC1, dtype: float64

PC2 主要载荷特征:
sepal width (cm)      0.923296
sepal length (cm)     0.377418
petal width (cm)      0.066942
petal length (cm)     0.024492
Name: PC2, dtype: float64
```

实验结果表明，PC1 呈现多维特征协同影响，其中花瓣特征贡献显著（花瓣长度 0.580，花瓣宽度 0.565），表明该主成分主要反映花器官整体尺寸的协同变化。PC2 则呈现单特征主导模式，萼片宽度以 0.923 的绝对载荷优势成为核心解释变量，说明萼片形态的独立变异模式可能在垂直维度上区分物种。该结果从形态学角度揭示了不同鸢尾亚种的分类学差异：PC1 方向主要反映花部器官的发育程度，而 PC2 方向则体现萼片结构的特异性变异。这种降维表示不仅实现了数据压缩，更为后续的分类任务提供了可解释的特征空间。

5.4 因子分析

5.4.1 因子分析基本原理

1. 因子分析基本思想

因子分析（factor analysis，FA）是用较少几个因子表示原始数据的大部分信息的一种线性降维方法。FA 算法的基本思想是把每个研究变量分解为几个影响因素变量，将每个原始变量分解成两部分因素，一部分是由所有变量共同具有少数几个公共因子组成的，另一部分是每个变量独自具有的因素，即特殊因子。因子分析通过使用少数公共因子与特殊因子来描述原有的变量，并着重分析各变量之间的协方差，以此实现数据的降维。

2. 因子分析与主成分分析的联系与区别

5.2 节已经介绍过主成分分析的主要思想。主成分分析采用线性变换将一组统计变量变换为新的互不相关的综合变量，而因子分析采用公共因子和特殊因子对变量进行解释。如图 5-4 所示，某校的体育测试共有 100m、400m、标枪、铅球和跳高五个项目。主成分分析方法对该五个项目进行线性组合，对学生的综合成绩区分度最大的记为综合素质 1，其次为综合素质 2，通过这两个主成分可以对学生的综合能力进行比较；因子分析法认为这五个项目主要是对学生的爆发力、耐力、力量和灵敏性进行测试，此外每个项目对具体能力也进行考察，例如，100m 项目考察学生的反应速度，跳高考察学生的弹跳力等。

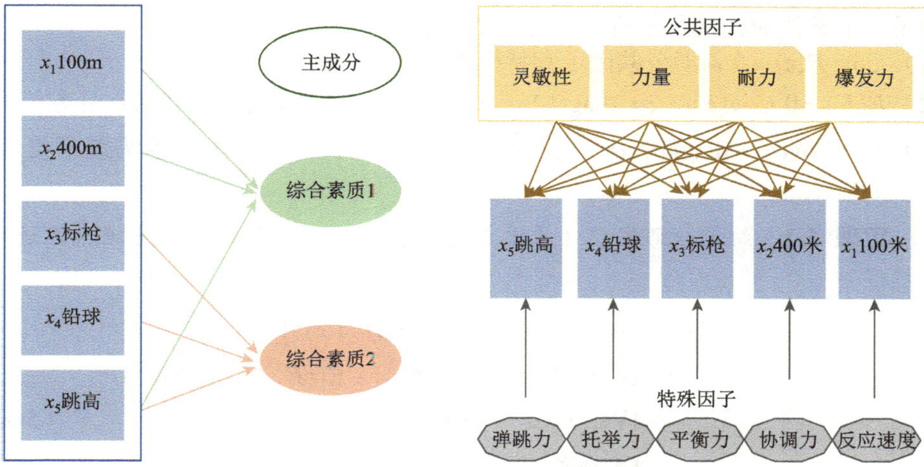

(a) 主成分分析算法示意图　　(b) 因子分析算法示意图

图 5-4　算法示意图

与主成分分析相比，因子分析中可以对因子进行旋转，在解释和可读性方面更加有优势。因此，如果某项任务需要寻找潜在的因子，并对这些因子进行解释，则更倾向于使用因子分析的方法；如果想把现有的变量变成少数几个新的变量（新的变量几乎带有原来所有变量的信息），则一般使用主成分分析方法。

3. 因子分析原理推导

1）构建正交因子模型

记数据集 $X=(\boldsymbol{x}_1,\boldsymbol{x}_2,\cdots,\boldsymbol{x}_p)^{\mathrm{T}}$，$X$ 的协方差矩阵为 $\boldsymbol{\Sigma}$，$\boldsymbol{x}_i$ 的期望值 $E(\boldsymbol{x}_i)=\mu_i$。引入 $m(m<p)$ 个随机变量 $\boldsymbol{f}_1,\boldsymbol{f}_2,\cdots,\boldsymbol{f}_m$，记为公共因子；每个变量 $\boldsymbol{x}_i$ 的特殊因子为 $\boldsymbol{\varepsilon}_i(i=1,2,\cdots,p)$，$\boldsymbol{\varepsilon}_i$ 只对变量 $\boldsymbol{x}_i$ 有影响。通常假设 $\boldsymbol{\varepsilon}_i\sim N\left(0,\sigma_i^{\ 2}\right)$，其中 $\sigma_i^{\ 2}$ 为特殊因子的方差，记特殊因子的协方差矩阵为 K。

引入因子模型为

$$\begin{aligned}\boldsymbol{x}_1-\mu_1&=a_{11}\boldsymbol{f}_1+a_{12}\boldsymbol{f}_2+\cdots+a_{1m}\boldsymbol{f}_m+\boldsymbol{\varepsilon}_1\\ \boldsymbol{x}_2-\mu_2&=a_{21}\boldsymbol{f}_1+a_{22}\boldsymbol{f}_2+\cdots+a_{2m}\boldsymbol{f}_m+\boldsymbol{\varepsilon}_2\\ &\cdots\\ \boldsymbol{x}_p-\mu_p&=a_{p1}\boldsymbol{f}_1+a_{p2}\boldsymbol{f}_2+\cdots+a_{pm}\boldsymbol{f}_m+\boldsymbol{\varepsilon}_p\end{aligned}\tag{5-20}$$

将模型（5-20）用矩阵表示为

$$\boldsymbol{X}-\boldsymbol{\mu}=\boldsymbol{AF}+\boldsymbol{\varepsilon}\tag{5-21}$$

其中，$\boldsymbol{F}=(\boldsymbol{f}_1,\boldsymbol{f}_2,\cdots,\boldsymbol{f}_m)^{\mathrm{T}},\boldsymbol{\varepsilon}=(\boldsymbol{\varepsilon}_1,\boldsymbol{\varepsilon}_2,\cdots,\boldsymbol{\varepsilon}_p)^{\mathrm{T}}$，因子载荷矩阵 $\boldsymbol{A}=\begin{pmatrix}a_{11}&a_{12}&\cdots&a_{1m}\\a_{21}&a_{22}&\cdots&a_{2m}\\\cdots&\cdots&&\cdots\\a_{p1}&a_{p2}&\cdots&a_{pm}\end{pmatrix}$。系数 a_{ij} 称为因子载荷，表示变量 $\boldsymbol{x}_i$ 在公共因子 $\boldsymbol{f}_j$ 上的载荷。

满足以下条件的公共因子模型称为正交因子模型：

（1）$\mathrm{Cov}(\boldsymbol{F},\boldsymbol{\varepsilon})=0$，即公共因子和特殊因子之间不相关；

（2）$E(\boldsymbol{F})=0,\mathrm{Cov}(\boldsymbol{F})=\boldsymbol{I}=\mathrm{diag}(1,1,\cdots,1)$，即各公共因子之间不相关，且方差均为 1；

（3）$K=\mathrm{Cov}(\boldsymbol{\varepsilon})=\mathrm{diag}\left(\sigma_1^2,\sigma_2^2,\cdots,\sigma_p^2\right)$，即各特殊因子之间不相关且方差不相等。

定理 5-1 结构分解定理 基于正交因子模型，对 $\boldsymbol{X}$ 的协方差矩阵 $\boldsymbol{\Sigma}$ 进行分解得

$$\begin{aligned}\boldsymbol{\Sigma}&=\mathrm{Cov}(\boldsymbol{X})=E[(\boldsymbol{AF}+\boldsymbol{\varepsilon})(\boldsymbol{AF}+\boldsymbol{\varepsilon})^{\mathrm{T}}]\\&=\boldsymbol{A}E(\boldsymbol{FF}^{\mathrm{T}})\boldsymbol{A}^{\mathrm{T}}+\boldsymbol{A}E(\boldsymbol{F\varepsilon}^{\mathrm{T}})+E(\boldsymbol{\varepsilon F}^{\mathrm{T}})\boldsymbol{A}^{\mathrm{T}}+E(\boldsymbol{\varepsilon\varepsilon}^{\mathrm{T}})\\&=\boldsymbol{A}\mathrm{Var}(\boldsymbol{F})\boldsymbol{A}^{\mathrm{T}}+\mathrm{Cov}(\boldsymbol{\varepsilon})\\&=\boldsymbol{AA}^{\mathrm{T}}+K\\\mathrm{Cov}(\boldsymbol{X},\boldsymbol{F})&=\boldsymbol{A}\end{aligned}\tag{5-22}$$

其中，

$$\begin{aligned}&\mathrm{Var}(\boldsymbol{x}_i)=a_{i1}^2+a_{i2}^2+\cdots+a_{im}^2+\sigma_i^2\\&\mathrm{Cov}(\boldsymbol{x}_i,\boldsymbol{x}_j)=a_{i1}a_{j1}+\cdots+a_{im}a_{jm}\\&\mathrm{Cov}(\boldsymbol{x}_i,\boldsymbol{f}_j)=a_{ij}\end{aligned}\tag{5-23}$$

根据结构分解定理，公共因子模型有如下性质。

记载荷矩阵 $\boldsymbol{A}$ 中第 i 行元素的平方和 h_i^2 为第 i 共同度。

$$h_i^2=a_{i1}^2+a_{i2}^2+\cdots+a_{im}^2\tag{5-24}$$

根据式（5-23）可得，$\mathrm{Var}(\boldsymbol{X}_i)=h_i^2+\sigma_i^2$。若 h_i^2 越大，则该变量能被公共因子解释的程度越高。同时，记载荷矩阵 $\boldsymbol{A}$ 中第 j 列元素的平方和 g_j^2 为 p 个观测变量在该因子的载荷平方和，其计算公式为

$$g_j^2=a_{1j}^2+a_{2j}^2+\cdots+a_{pj}^2\tag{5-25}$$

若 g_j^2 越大，则说明该公共因子对于解释原始变量的作用就越大。

2）基于主成分法的载荷矩阵求解

对数据矩阵 $\boldsymbol{X}$ 进行因子分析，需要估计因子分析模型的参数，重点是因子载荷矩阵 $\boldsymbol{A}$。记协方差矩阵 $\boldsymbol{\Sigma}$ 的特征值矩阵 $\boldsymbol{\Lambda}=\mathrm{diag}(\lambda_1,\lambda_2,\cdots,\lambda_p),\lambda_1\geqslant\lambda_2\geqslant\cdots\geqslant\lambda_p$，$\boldsymbol{U}=(\boldsymbol{u}_1,\boldsymbol{u}_2,\cdots,\boldsymbol{u}_p)$ 为对应的特征向量矩阵。根据 5.3.1 节介绍的求解主成分的方法，记 $\boldsymbol{Y}$ 为主成分。其计算公式为

$$\boldsymbol{Y}=\boldsymbol{U}^{\mathrm{T}}(\boldsymbol{X}-\boldsymbol{\mu})\tag{5-26}$$

则式（5-26）可写为

$$\boldsymbol{X}-\boldsymbol{\mu}=\boldsymbol{UY}=(\boldsymbol{u}_1,\boldsymbol{u}_2,\cdots,\boldsymbol{u}_p)\boldsymbol{Y}\tag{5-27}$$

若只保留前 m（$m<p$）个主成分，并考虑特殊因子 $\boldsymbol{\varepsilon}=(\varepsilon_1,\varepsilon_2,\cdots,\varepsilon_p)^{\mathrm{T}}$，可得

$$\boldsymbol{X}-\boldsymbol{\mu}=(\boldsymbol{u}_1,\boldsymbol{u}_2,\cdots,\boldsymbol{u}_m)\boldsymbol{Y}+\boldsymbol{\varepsilon} \tag{5-28}$$

对于主成分 $\boldsymbol{Y}$，由于 $\mathrm{Cov}(\boldsymbol{Y})=\mathrm{diag}(\lambda_1,\lambda_2,\cdots,\lambda_m)$，可令公共因子 $f_i=\dfrac{1}{\sqrt{\lambda_i}}\boldsymbol{Y}_i$，$(i=1,2,\cdots,m)$，用矩阵形式表示为

$$\boldsymbol{F}=\boldsymbol{\varLambda}^{-1/2}\boldsymbol{Y} \tag{5-29}$$

其中，$\boldsymbol{\varLambda}^{-1/2}=\mathrm{diag}\left(1/\sqrt{\lambda_1},1/\sqrt{\lambda_2},\cdots,1/\sqrt{\lambda_m}\right)$。此时 $\mathrm{Cov}(\boldsymbol{F})=\boldsymbol{I}$，满足正交因子模型。式(5-28)可写为

$$\boldsymbol{X}-\boldsymbol{\mu}=\boldsymbol{U}\boldsymbol{Y}+\boldsymbol{\varepsilon}=\boldsymbol{U}\boldsymbol{\varLambda}^{1/2}\boldsymbol{\varLambda}^{-1/2}\boldsymbol{Y}+\boldsymbol{\varepsilon}=\boldsymbol{U}\boldsymbol{\varLambda}^{1/2}\boldsymbol{F}+\boldsymbol{\varepsilon} \tag{5-30}$$

结合因子模型（5-21）可得，因子载荷矩阵 A 的估计为

$$\boldsymbol{A}=\boldsymbol{U}\boldsymbol{\varLambda}^{1/2}=\left(\sqrt{\lambda_1}\boldsymbol{u}_1,\sqrt{\lambda_2}\boldsymbol{u}_2,\cdots,\sqrt{\lambda_m}\boldsymbol{u}_m\right) \tag{5-31}$$

3）旋转因子载荷矩阵

根据结构分解定理（定理 5-1），如果引入一个正交矩阵 $\boldsymbol{Q}$，可得

$$\boldsymbol{\Sigma}=\mathrm{Cov}(\boldsymbol{X})=\boldsymbol{A}\boldsymbol{Q}\boldsymbol{Q}^{\mathrm{T}}\boldsymbol{A}^{\mathrm{T}}+\boldsymbol{D}=\boldsymbol{A}^*(\boldsymbol{A}^*)^{\mathrm{T}}+\boldsymbol{D} \tag{5-32}$$

此时，正交因子模型(5-21)变为

$$\boldsymbol{X}-\boldsymbol{\mu}=\boldsymbol{A}\boldsymbol{Q}\boldsymbol{Q}^{\mathrm{T}}\boldsymbol{F}+\boldsymbol{\varepsilon}=\boldsymbol{A}^*\boldsymbol{F}^*+\boldsymbol{\varepsilon} \tag{5-33}$$

其中，$\boldsymbol{F}^*=\boldsymbol{Q}^{\mathrm{T}}\boldsymbol{F}$，且满足 $E(\boldsymbol{F}^*)=0,\mathrm{Cov}(\boldsymbol{F}^*)=\boldsymbol{I},\mathrm{Cov}(\varepsilon,\boldsymbol{F}^*)=0$，这说明根据变量的协方差矩阵难以确定唯一的载荷矩阵，其被称为公共因子模型的旋转不定性。

为了使载荷矩阵对公共因子做出更好的解释，使每个变量只在少数公共因子上的因子载荷绝对值较大，并且满足不同的公共因子尽可能说明不同的变量，基于公共因子模型的旋转不定性，可以对载荷矩阵进行旋转。因子旋转是指用一个正交矩阵 $\boldsymbol{Q}$ 对载荷矩阵 $\boldsymbol{A}$ 旋转，记旋转因子载荷矩阵 $\boldsymbol{A}^*=\boldsymbol{A}\boldsymbol{Q}$，此时正交因子模型可写为

$$\boldsymbol{X}-\boldsymbol{\mu}=\boldsymbol{A}^*(\boldsymbol{Q}^{\mathrm{T}}\boldsymbol{F})+\boldsymbol{\varepsilon} \tag{5-34}$$

对因子进行旋转时，常用方法有四次方最大法、方差最大法、等量最大法等。

延伸阅读

四次方最大法的主要思想是通过正交变换使因子载荷矩阵中每一行的因子载荷平方的方差达到最大。四次方最大法旋转是从简化载荷矩阵的行出发，对因子载荷矩阵进行正交旋转，得到一个初始解，然后对初始解的因子载荷矩阵进行四次方变换，对变换后的因子载荷矩阵再进行正交旋转，最后使每个变量只在一个因子上有较高的载荷，而在其他的因子上有尽可能低的载荷。四次方最大法对于因子载荷矩阵中的小值和大值进行了惩罚，从而减少了方案中的噪声和偏差，提高了因子的辨别度和解释性。

方差最大法的主要思想是旋转后使载荷矩阵每一列中的各个元素之间呈现出较大差异性，即不同的变量在同一公共因子上的载荷尽量拉大距离，分为较明显的两组，一组取值尽可能接近于 0，另一组取值尽可能接近于 1。方差最大法通过最大化因子上

变量的方差，使得每个因子上的变量更加集中和解释性更强，从而提高因子的可解释性；但方差最大法只考虑了变量在因子上的方差，没有考虑变量之间的相关性。

等量最大法把四次方最大法和方差最大法结合起来，旨在平衡方差最大化和因子负荷平方和最大化之间的权衡。旋转初始的因子载荷矩阵，使得方差和因子负荷平方和都得到一定程度的最大化。等量最大法综合了四次方最大法和方差最大法的优点，既能够使因子载荷矩阵更容易解释变量之间的独立性，又能够减少因子载荷的数量，将相关性较高的变量更紧密地聚集在同一个因子上。

4）计算因子得分

得到因子载荷矩阵 $\boldsymbol{A}$ 后，需要利用公共因子进行聚类分析或回归分析等，此时需要对因子进行测度。针对因子模型 $\boldsymbol{X}-\boldsymbol{\mu}=\boldsymbol{AF}+\boldsymbol{\varepsilon}$，称每个变量对应的公共因子值为因子得分。由于特殊因子的方差不同，采用最小二乘法计算因子得分 $\hat{\boldsymbol{F}}_i$，也就是求 $\hat{\boldsymbol{F}}_1,\hat{\boldsymbol{F}}_2,\cdots,\hat{\boldsymbol{F}}_m$ 使得加权的“残差”平方和最小，其计算公式为

$$\min\sum_{i=1}^{p}\varepsilon_i^2=\sum_{i=1}^{p}[(\boldsymbol{X}_i-\boldsymbol{\mu}_i)-(a_{i1}\hat{\boldsymbol{F}}_1+a_{i2}\hat{\boldsymbol{F}}_2+\cdots+a_{im}\hat{\boldsymbol{F}}_m)]^2 \tag{5-35}$$

用矩阵形式表示为

$$\min\sum_{i=1}^{p}\varepsilon_i^2=\boldsymbol{\varepsilon}^{\mathrm{T}}\boldsymbol{\varepsilon}=(\boldsymbol{X}-\boldsymbol{\mu}-\boldsymbol{A}\hat{\boldsymbol{F}})^{\mathrm{T}}(\boldsymbol{X}-\boldsymbol{\mu}-\boldsymbol{A}\hat{\boldsymbol{F}}) \tag{5-36}$$

最终求得

$$\hat{\boldsymbol{F}}=(\boldsymbol{A}^{\mathrm{T}}\boldsymbol{A})^{-1}\boldsymbol{A}^{\mathrm{T}}(\boldsymbol{X}-\boldsymbol{\mu}) \tag{5-37}$$

其中，$\hat{\boldsymbol{F}}_i=\left(\dfrac{\boldsymbol{u}_1^{\mathrm{T}}(\boldsymbol{x}_i-\boldsymbol{\mu})}{\sqrt{\lambda_1}},\dfrac{\boldsymbol{u}_2^{\mathrm{T}}(\boldsymbol{x}_i-\boldsymbol{\mu})}{\sqrt{\lambda_2}},\cdots,\dfrac{\boldsymbol{u}_m^{\mathrm{T}}(\boldsymbol{x}_i-\boldsymbol{\mu})}{\sqrt{\lambda_m}}\right)$。即样本 $\boldsymbol{x}_i$ 的因子得分是 $\boldsymbol{x}_i$ 中心化处理后的主成分值除以其标准差。

算一算

原始数据集有生产成本、技术成本、交通成本和资源成本四个指标，要求因子分析后的模型反映的信息量占总体信息量的90%以上。四个指标的协方差矩阵 $\boldsymbol{\Sigma}$ 为

$$\boldsymbol{\Sigma}=\begin{bmatrix}1 & 0.64 & 0.29 & 0.1\\ 0.64 & 1 & 0.7 & 0.3\\ 0.29 & 0.7 & 1 & 0.84\\ 0.1 & 0.3 & 0.84 & 1\end{bmatrix}$$

（1）求解协方差矩阵的特征值与特征向量。计算特征值分别为 $\lambda_1=2.49$，$\lambda_2=1.13$，$\lambda_3=0.35$，$\lambda_4=0.03$，对应的特征向量矩阵为

$$[\boldsymbol{u}_1,\boldsymbol{u}_2,\boldsymbol{u}_3,\boldsymbol{u}_4]^{\mathrm{T}}=\begin{bmatrix}0.38 & 0.67 & 0.62 & -0.14\\ 0.54 & 0.36 & -0.61 & 0.46\\ 0.59 & -0.3 & -0.2 & -0.72\\ 0.47 & -0.58 & 0.45 & 0.50\end{bmatrix}$$

（2）计算累计特征值所占百分比。

特征值	累计百分比×100%
2.49	62.25
1.13	90.50
0.35	99.24
0.03	100.00

根据表中累计特征值所占百分比，要使所取特征值反映的信息量占总体信息量的90%以上，只需取前两个特征值即可，即可提取的因子个数为2。

（3）求解因子载荷矩阵。求解公共因子数为2的正交因子模型，即将其分解为 $\boldsymbol{\Sigma}=\boldsymbol{A}\boldsymbol{A}^{\mathrm{T}}+\boldsymbol{K}$，其中 $\boldsymbol{A}^{4\times 2}$ 为因子载荷矩阵，$\boldsymbol{K}$ 为特殊方差的协方差矩阵。

$$\boldsymbol{A}=\left[\sqrt{\lambda_1}\boldsymbol{u}_1,\sqrt{\lambda_2}\boldsymbol{u}_2\right]=\begin{bmatrix}0.60 & 0.85 & 0.93 & 0.74\\ 0.71 & 0.38 & -0.32 & -0.40\end{bmatrix}^{\mathrm{T}}$$

（4）得到因子模型。根据因子载荷矩阵可以得到因子数量为2的模型为

$$\boldsymbol{X}_1=0.60\boldsymbol{f}_1+0.71\boldsymbol{f}_2$$
$$\boldsymbol{X}_2=0.85\boldsymbol{f}_1+0.38\boldsymbol{f}_2$$
$$\boldsymbol{X}_3=0.93\boldsymbol{f}_1-0.32\boldsymbol{f}_2$$
$$\boldsymbol{X}_4=0.74\boldsymbol{f}_1-0.40\boldsymbol{f}_2$$

由因子数为2的模型可以看出，$\boldsymbol{f}_1$ 是反映生产、技术、交通和环境的因子，对四项指标的增长都有利；而 $\boldsymbol{f}_2$ 却不同，它是对生产和技术这两项增长有利，而对交通和环境增长不利的因子。

因子分析的具体实现步骤如下。

步骤1： 进行适用性检验。对数据矩阵 X 进行标准化处理后，求得协方差矩阵 $\boldsymbol{\Sigma}$，利用KMO检验和Bartlett球形度检验方法判断是否可以对变量进行因子分析。

步骤2： 确定公共因子个数。根据原有变量求解协方差矩阵并求解特征值及特征向量，可根据因子特征值大于1或累计特征值所占百分比大于80%，确定公共因子个数 m，求得对应的特征向量。

步骤3： 求解初始因子载荷矩阵。根据公式 $\boldsymbol{A}=\boldsymbol{U}\boldsymbol{\Lambda}^{1/2}=\left(\sqrt{\lambda_1}\boldsymbol{u}_1,\sqrt{\lambda_2}\boldsymbol{u}_2,\cdots,\sqrt{\lambda_m}\boldsymbol{u}_m\right)$，求得初始因子载荷矩阵。

步骤4： 进行因子旋转 $\boldsymbol{A}^*=\boldsymbol{A}\boldsymbol{Q}$。采用方差最大法将因子载荷矩阵正交旋转，使得因子变量更具有可解释性。

步骤5： 计算因子得分。采用最小二乘法计算因子得分 $\hat{\boldsymbol{F}}_i$，$\hat{\boldsymbol{F}}_i=\left(\dfrac{\boldsymbol{u}_1^{\mathrm{T}}(\boldsymbol{x}_i-\boldsymbol{\mu})}{\sqrt{\lambda_1}},\dfrac{\boldsymbol{u}_2^{\mathrm{T}}(\boldsymbol{x}_i-\boldsymbol{\mu})}{\sqrt{\lambda_2}},\cdots,\dfrac{\boldsymbol{u}_m^{\mathrm{T}}(\boldsymbol{x}_i-\boldsymbol{\mu})}{\sqrt{\lambda_m}}\right)$，并对因子进行命名。

适用性检验

进行因子分析前需要检验特征之间是否具有相关性，如果相关性太低则不适合使用因子分析。常用的适用性检验方法有 KMO 检验和 Bartlett 球形度检验。

KMO 检验主要测量各变量间的相关性，KMO 取值在 0 到 1 之间，如果 KMO 值大于 0.6，则适合做因子分析；该值越接近于 1，说明各变量间相关性越强，对其进行因子分析的效果越好。

Bartlett 球形度检验是关于变量相关系数矩阵的假设检验，检验各个变量是否各自独立。如果 p 值小于显著性水平（一般取 0.05），则认为变量之间存在一定的相关性，适合做因子分析。

5.4.2 因子分析算法评价

因子分析可以帮助降低数据的维数，通过识别数据中的共性和模式，可以将大量的变量归纳为较少数量的因子，简化数据的解释和分析过程，同时可以减少数据中的噪声和冗余信息。但因子分析依赖于对数据的特定假设，如变量之间的线性相关性等，如果这些假设不符合实际情况，可能会导致因子分析结果不准确或失效。

5.4.3 实践案例：基于因子分析的人格特征潜在因子挖掘

本案例使用 FA 算法对人格特征数据集中的潜在因子进行分析。选取的数据集是从国际人格测验项目库（http://ipip.ori.org/ipip/）中提取的 2800 个受试者的人格测试报告。该数据集共有 28 个特征，其中包含三个人口统计变量，分别为性别、教育和年龄；此外 25 个指标由五类特征组成，分别为亲和力（A_1、A_2、A_3、A_4、A_5），尽责性（C_1、C_2、C_3、C_4、C_5），外向性（E_1、E_2、E_3、E_4、E_5），神经质（N_1、N_2、N_3、N_4、N_5）和开放性（O_1、O_2、O_3、O_4、O_5）。部分数据见表 5-4。

表 5-4 受试者数据表

	A_1	A_2	A_3	A_4	A_5	…	O_3	O_4	O_5	性别	教育	年龄
1	2	4	3	4	4	…	3	4	3	1		16
2	2	4	5	2	5	…	4	3	3	2		18
3	5	4	5	4	4	…	5	5	2	2		17
…	…	…	…	…	…	…	…	…	…	…	…	…
2799	5	2	2	4	4	…	5	5	1	1	4	31
2800	2	3	1	4	2	…	3	5	1	2	4	50

完整数据：“./chapter5/data/character.csv”

模型构建。在 Python 中，FA 算法可以通过调用 factor_analyzer 库的 FactorAnalyzer 类实现，包含了计算方差、求解因子载荷矩阵、提取主成分、计算因子得分等基本功能。

```
class factor_analyzer.factor_analyzer.FactorAnalyzer(n_factors = 3, rotation
 = 'promax', method = 'minres', use_smc = True,is_corr_matrix = False, bounds
 = (0.005, 1), impute = 'median', svd_method = 'randomized', rotation_kwargs
 = None)
```

参数调整。函数 FactorAnalyzer 中的参数"n_factors"为要选择的因子数量；参数"rotation"为拟合因子分析模型后要使用的旋转方法，取值'varimax'为方差最大旋转、'quartimax'为四次方最大旋转、'equamax'为等量最大旋转；参数"method"表示要使用的估计方法，取值'wls'加权最小二乘法，'ml'为最大似然估计法，'uls'为最小平方无偏估计。利用因子分析算法挖掘决定人格特征的潜在因子的完整代码见 chapter5/code/5-3FA. py。

输出结果：

```
p 值:0.0
KMO:0.8486452309468394
```

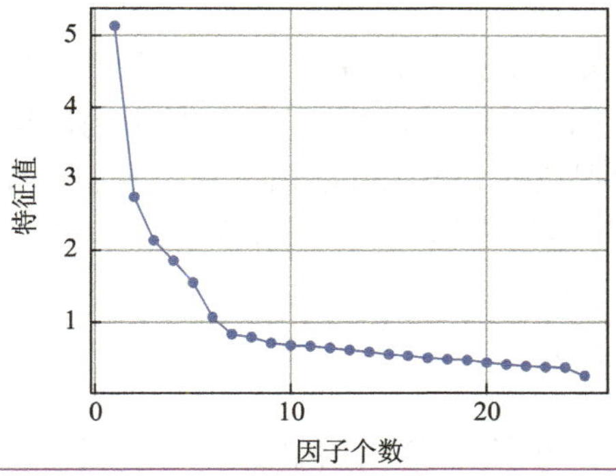

求得 p 值小于 0.05，KMO 值为 0.849（大于 0.6），通过适用性检验，可以进一步做因子分析。通过碎石图可以看出，有 6 个因子的特征值大于 1，因此选取因子个数为 6。

输出结果：

```
          0      1      2      3      4      5
0    -0.351  0.034 -1.300 -0.512 -1.429 -0.693
1     0.082  0.571 -0.612 -0.201 -0.243 -0.017
2     0.565  0.327  0.083 -0.824  0.210 -0.236
3    -0.232  0.071 -0.964 -0.268 -1.187  0.834
4    -0.337  0.365 -0.137 -0.798 -0.675 -0.190
...     ...    ...    ...    ...    ...    ...
2431  1.408 -1.159 -0.152 -0.935  0.527 -0.551
2432  0.711  0.302 -0.467 -0.568  0.924  0.677
2433 -0.166  0.703  0.763 -1.001  0.942 -0.428
```

```
2434  0.942  0.701  0.120 -2.207  0.682 -0.194
2435 -1.531 -1.424 -0.260 -1.465  0.069 -1.428

[2436 rows x 6 columns]
                      factor1  factor2  factor3  factor4  factor5  factor6
variance                 2.727    2.602    2.073    1.713    1.505    0.630
proportional_variance    0.109    0.104    0.083    0.069    0.060    0.025
cumulative_variances     0.109    0.213    0.296    0.365    0.425    0.450
```

根据上表可以看出，6个因子可以解释45%的方差。因此，通过因子分析，得到了6个新的特征变量来描述原始数据集，将原始数据转成 6 个新的特征。在保留了原始数据主要信息的情况下，实现了数据的降维。

5.5 多维尺度变换

5.5.1 多维尺度变换基本原理

1. 多维尺度变换基本思想

多维尺度变换（multidimensional scaling，MDS）的基本思想是在尽可能保持数据点之间的相似性不变的前提下，将高维坐标的数据点投影到低维的坐标系中的一种降维方法。MDS 可以在不知道数据点的具体坐标的情况下，通过对数据之间的距离矩阵进行特征值分解来获得数据的低维重构坐标，使降维后数据点间的相对距离变形最小，从而有效地对数据集进行降维。

2. 多维尺度变换原理推导

令矩阵 $\boldsymbol{D}_d^{N\times N}=\{\boldsymbol{d}_{ij}\}$ 为 N 个数据点的距离矩阵，d_{ij} 为数据点 $\boldsymbol{x}_i$ 和 $\boldsymbol{x}_j$ 间的距离，其计算公式为

$$d_{ij}=\|\boldsymbol{x}_i-\boldsymbol{x}_j\| \tag{5-38}$$

假设低维（d 维）空间中的数据矩阵为 $\boldsymbol{Z}^{N\times d}=\{z_i\}$，则降维后数据点的内积矩阵为 $\boldsymbol{B}^{N\times N}=\{b_{ij}\}=\boldsymbol{Z}^{\mathrm{T}}\boldsymbol{Z}$，其中 $b_{ij}=\boldsymbol{z}_i^{\mathrm{T}}\boldsymbol{z}_j, b_{ii}=\boldsymbol{z}_i^{\mathrm{T}}\boldsymbol{z}_i=\|\boldsymbol{z}_i\|^2$。为了使降维后的低维坐标中心在原点并与坐标轴对齐，可假设数据矩阵 $\boldsymbol{Z}$ 已被中心化处理。

MDS 的目的是在不改变数据点间距离的前提下，从距离集合中重构出数据集的坐标表示，实现数据降维，即 k 维空间中任意两个数据点的距离等于高维空间的距离，即 $\|\boldsymbol{z}_i-\boldsymbol{z}_j\|=d_{ij}$，则有

$$\begin{aligned}d_{ij}^2&=\|\boldsymbol{z}_i-\boldsymbol{z}_j\|^2=\|\boldsymbol{z}_i\|^2-2\boldsymbol{z}_i^{\mathrm{T}}\boldsymbol{z}_j+\|\boldsymbol{z}_j\|^2\\&=b_{ii}-2b_{ij}+b_{jj}\end{aligned} \tag{5-39}$$

即 $b_{ij}=-\dfrac{1}{2}\left(d_{ij}^2-b_{ii}-b_{jj}\right)$。

由于数据矩阵 $\boldsymbol{Z}$ 已被中心化处理，即 $\sum_{i=1}^{N}\boldsymbol{z}_i=0$，则内积矩阵 $\boldsymbol{B}$ 各行与各列的和分别为

$$\begin{aligned}\sum_{i=1}^{N}b_{ij}&=\sum_{i=1}^{N}\boldsymbol{z}_i^{\mathrm{T}}\boldsymbol{z}_j=0\\ \sum_{j=1}^{N}b_{ij}&=\sum_{j=1}^{N}\boldsymbol{z}_i^{\mathrm{T}}\boldsymbol{z}_j=0\end{aligned}\tag{5-40}$$

定义 5-3 矩阵的迹　对于 N 阶矩阵 $\boldsymbol{A}^{N\times N}$，$\boldsymbol{A}$ 的迹 $\mathrm{tr}(\boldsymbol{A})$ 为主对角线（从左上方至右下方的对角线）上各个元素的总和。

根据定义，矩阵 $\boldsymbol{B}$ 的迹 $\mathrm{tr}(\boldsymbol{B})=\sum_{i=1}^{N}b_{ii}=\sum_{i=1}^{N}\boldsymbol{z}_i^{\mathrm{T}}\boldsymbol{z}_i=\sum_{i=1}^{N}\|\boldsymbol{z}_i\|^2$。

按列对 d_{ij}^2 求和得

$$\sum_{j=1}^{N}d_{ij}^2=\sum_{j=1}^{N}(b_{ii}-2b_{ij}+b_{jj})=\mathrm{tr}(\boldsymbol{B})+Nb_{ii}\tag{5-41}$$

按行对 d_{ij}^2 求和得

$$\sum_{i=1}^{N}d_{ij}^2=\sum_{i=1}^{N}(b_{ii}-2b_{ij}+b_{jj})=\mathrm{tr}(\boldsymbol{B})+Nb_{jj}\tag{5-42}$$

则有

$$\sum_{i=1}^{N}\sum_{j=1}^{N}d_{ij}^2=2N\mathrm{tr}(\boldsymbol{B})\tag{5-43}$$

令

$$\begin{aligned}d_{\cdot j}^2&=\frac{1}{N}\sum_{i=1}^{N}d_{ij}^2\\ d_{i\cdot}^2&=\frac{1}{N}\sum_{j=1}^{N}d_{ij}^2\\ d_{\cdot\cdot}^2&=\frac{1}{N^2}\sum_{i=1}^{N}\sum_{j=1}^{N}d_{ij}^2\end{aligned}\tag{5-44}$$

则式（5-41）、式（5-42）和式（5-43）可写为

$$\begin{aligned}Nd_{\cdot j}^2&=\mathrm{tr}(\boldsymbol{B})+Nb_{jj}\\ Nd_{i\cdot}^2&=\mathrm{tr}(\boldsymbol{B})+Nb_{ii}\\ Nd_{\cdot\cdot}^2&=2\mathrm{tr}(\boldsymbol{B})\end{aligned}\tag{5-45}$$

根据式（5-39）、式（5-45），可得

$$
\begin{aligned}
b_{ij} &= -\frac{1}{2}\left(d_{ij}^2 - b_{ii} - b_{jj}\right) \\
&= -\frac{1}{2}\left(d_{ij}^2 - d_{i\cdot}^2 - d_{\cdot j}^2 + \frac{2\mathrm{tr}(\boldsymbol{B})}{N}\right) \\
&= -\frac{1}{2}\left(d_{ij}^2 - d_{i\cdot}^2 - d_{\cdot j}^2 + d_{\cdot\cdot}^2\right)
\end{aligned} \tag{5-46}
$$

因此，内积矩阵 $\boldsymbol{B}=\{b_{ij}\}$ 可以通过高维空间的距离矩阵 $\boldsymbol{D}_d$ 求出。对 $\boldsymbol{B}$ 进行特征值分解：

$$
\boldsymbol{B}=\boldsymbol{V\Lambda V}^{\mathrm{T}} \tag{5-47}
$$

其中，矩阵 $\boldsymbol{\Lambda}=\mathrm{diag}(\lambda_1,\lambda_2,\cdots,\lambda_d)$，矩阵 $\boldsymbol{V}$ 为对应的特征向量矩阵 $\boldsymbol{V}=(\boldsymbol{v}_1,\boldsymbol{v}_2,\cdots,\boldsymbol{v}_d)$。

若将原始数据降维到 k 维空间，那么从大到小选择 $\boldsymbol{B}$ 的前 k 个非零特征值记为 $\boldsymbol{\Lambda}_k=\mathrm{diag}(\lambda_1,\lambda_2,\cdots,\lambda_k)$，并取矩阵 $\boldsymbol{V}$ 的前 k 列记为矩阵 $\boldsymbol{V}_k=(\boldsymbol{v}_1,\boldsymbol{v}_2,\cdots,\boldsymbol{v}_k)$，则降维后得到 k 维空间中的点集坐标矩阵 $\boldsymbol{Z}^{N\times k}$ 为

$$
\boldsymbol{Z}^{N\times k}=\boldsymbol{V}_k\boldsymbol{\Lambda}_k^{1/2}=\left(\boldsymbol{v}_1\sqrt{\lambda_1},\boldsymbol{v}_2\sqrt{\lambda_2},\cdots,\boldsymbol{v}_k\sqrt{\lambda_k}\right) \tag{5-48}
$$

综上，MDS 算法首先计算出原始数据的距离矩阵，对该矩阵进行平方处理并中心化后得到内积矩阵，对内积矩阵进行特征值分解，根据特征值的大小或者降维的维数确定需要保留的主要特征向量的数量，最终计算出降维后的矩阵。多维尺度变换算法步骤如下。

步骤 1： 计算数据集的距离矩阵 $D_d^{N\times N}=\{d_{ij}\}$，求出 $d_{ij}^2,d_{\cdot j}^2,d_{i\cdot}^2,d_{\cdot\cdot}^2$。

步骤 2： 根据公式 $b_{ij}=-\frac{1}{2}\left(d_{ij}^2-d_{\cdot j}^2-d_{i\cdot}^2+d_{\cdot\cdot}^2\right)$ 得到内积矩阵 $\boldsymbol{B}$。

步骤 3： 对矩阵 $\boldsymbol{B}$ 进行特征值分解，得 $\boldsymbol{B}=\boldsymbol{V\Lambda V}^{\mathrm{T}}$，选择前 k 个最大的特征值 $\boldsymbol{\Lambda}_k$ 及对应的特征向量 $\boldsymbol{V}_k$。

步骤 4： 计算降维后矩阵 $\boldsymbol{Z}^{N\times k}=\boldsymbol{V}_k\boldsymbol{\Lambda}_k^{1/2}$。

5.5.2 多维尺度变换算法评价

MDS 算法是一种非参数化的降维方法。能够有效地保留数据的全局结构，使得降维后的数据布局反映原始数据的相似性和差异性。MDS 算法处理数据速度快且无须进行参数的调整。但 MDS 算法使用的前提是原始数据集为线性的，即数据点之间的距离可以用线性函数表示，采用欧氏距离作为数据点之间的距离度量，这使得 MDS 算法在处理非线性数据时可能效果不佳。然而，在实际应用中，众多数据集是非线性的，本章将在 5.6 节介绍非线性数据的降维方法。

5.5.3 实践案例：基于多维尺度变换的人脸数据集降维

本案例使用 MDS 算法对人脸数据集进行降维。Scikit-learn 中内置数据集——Olivetti

Faces（人脸数据库）共有 40 个志愿者的不同表情和光照条件下的人脸照片。为了更好地演示 MDS 的降维效果，下面分析过程只处理 5 个人的数据。

模型构建。在 Python 中，MDS 算法可以通过调用 Scikit-learn 库中的 manifold 模块的 MDS 函数实现。首先创建 MDS 对象并设置参数，然后通过调用 fit_transform 方法拟合数据并进行降维。

```
class sklearn.manifold.MDS(n_components = 2, *, metric = True, n_init = 4,
max_iter = 300, verbose = 0, eps = 0.001, n_jobs = None, random_state =
None, dissimilarity = 'euclidean')
```

参数调整。MDS 类的参数“n_components”表示嵌入空间的维数，默认值为 2；参数“metri”表示用于计算距离矩阵的距离度量，默认取值‘True’表示执行度量 MDS，通过在低维空间中优化数据点之间的欧氏距离或其他度量距离来实现；否则，执行非度量 MDS，此时要求在低维空间中的排序或秩次与原始数据点之间的排序关系相似，而不要求精确地重建原始数据点之间的距离。使用 MDS 算法进行降维的部分实现代码如下。

文件名称	5-4 MDS.py	说明	基于 MDS 的人脸数据集降维

```
import seaborn as sns
import matplotlib.pyplot as plt
from matplotlib import patches
from matplotlib.offsetbox import OffsetImage, AnnotationBbox
from sklearn.manifold import MDS
from sklearn.metrics import euclidean_distances
from sklearn.datasets import fetch_olivetti_faces as fof

# 1.读取数据
faces = fof()
X_faces = faces.data
y_faces = faces.target
ind = y_faces < 5
X_faces = X_faces[ind, :]
y_faces = y_faces[ind]

plt.figure(figsize=(20, 10))
for i in range(50):  # 显示前 50 张面孔
    plt.subplot(5, 10, i + 1)
    plt.imshow(X_faces[i].reshape(64, 64), cmap='gray')
    plt.axis('off')
plt.subplots_adjust(wspace=0.2, hspace=0.2)
plt.show()

```

```
# 2.调用MDS算法对距离矩阵降维
def mapData(dist_matrix, X, y, metric, title):
    mds = MDS(metric=metric, dissimilarity='precomputed', random_state=0)
    pts = mds.fit_transform(dist_matrix)
    fig, ax = plt.subplots(figsize=(5, 5))
    # 设置分类颜色
    palette = sns.color_palette("hsv", len(set(y)))
    # 绘制散点图，使zorder高于图像
    sns.scatterplot(x=pts[:, 0], y=pts[:, 1], hue=y, palette=palette,
                    ax=ax, legend='full', s=60, edgecolor='k', zorder=3)
    # 叠加图像，使zorder低于散点图
    for x, (xi, yi) in zip(X, pts):
        im = x.reshape(64, 64)
        imagebox = OffsetImage(im, zoom=0.3, cmap='gray')
        ab = AnnotationBbox(imagebox, (xi, yi), frameon=False, zorder=1)
        ax.add_artist(ab)
    ax.legend(fontsize='large', title_fontsize='large')
    plt.rcParams['font.family'] = ['sans-serif']
    plt.rcParams['font.sans-serif'] = ['Times New Roman']
    plt.rcParams.update({'font.size': 20})
    plt.tick_params(axis='both', which='major', labelsize=20)
    plt.savefig('mds1.png', dpi=600)
    plt.show()

# 3.计算欧氏距离矩阵
dist_euclid = euclidean_distances(X_faces)
mapData(dist_euclid, X_faces, y_faces, True, 'MDS')
```

输出结果：

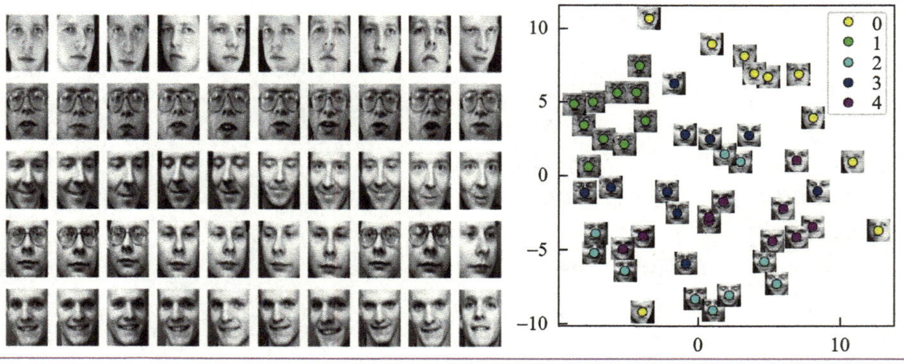

MDS 算法在二维空间中展示了不同人脸数据点的分布情况，不同的人脸被表示为不同的点，颜色以及编码代表不同的人物类别，具有一定的相似性或关联性的一些点在二维空间中聚集在一起。

5.6 等距特征映射

5.6.1 等距特征映射基本原理

1. 等距特征映射基本思想

等距特征映射（isometric mapping，IsoMap）是一种基于全局特征保持的流形学习算法。IsoMap 算法是基于 MDS 算法提出的，两者原理基本一致。MDS 算法的输入为高维空间中点与点之间的直线距离，而 IsoMap 算法认为，低维流形嵌入到高维空间后，在高维空间计算点之间的直线距离不恰当，因为高维空间中的直线距离在低维流形上通常不可达。

流形学习

流形是局部具有欧氏空间性质的空间，能在局部用欧氏距离来进行距离计算，具有连续性、可微性、可曲性和可度量性等特性。流形学习的主要思想是认为我们所能观察到的数据实际上是由一个低维流形映射到高维空间上的。由于数据内部特征的限制，一些高维空间中的数据会产生维数上的冗余。流形学习通过非线性映射，将高维数据集投影到一个低维空间，还原出该数据集的真实低维流形结构。虽然数据点在高维空间的分布较为复杂，但在局部仍具有欧氏空间的性质。因此，可以考虑在局部建立降维映射关系，然后再设法将该局部映射关系推广到全局。当数据被降至二维或三维，则可以对数据进行可视化展示。传统的线性降维方法主要是将相似度低的点投射到低维空间后的距离尽可能大，但对于处于非线性流形上的高维数据而言，更重要的是使得相似的近邻点在低维空间中靠近。

如图 5-5 所示，以 3D 空间中瑞士卷（Swiss roll）为例，在低维嵌入流形上，两点之间的真实距离是测地线距离，即图 5-5 中黑色曲实线标注的距离；而欧氏距离为图 5-5 中红色虚线标注的距离，因此在高维空间中，欧氏距离并不能很好地反映流形数据点之间的真实距离。然而，当两个数据点之间的欧氏距离足够小时，它们的真实距离通常也是相对接近的。因此，在局部区域上可以近似地用欧氏空间来描述流形，在该区域内，欧氏距离可以较好地表示数据点之间的关系。

IsoMap 算法首先计算原始数据集中任意两点的距离，对每个点找出近邻点，然后建立一个近邻图，通过近邻图计算数据点之间的最短路径，将计算两点之间测地线距离的问题转变为寻找近邻连接图上两点之间的最短路径问题。

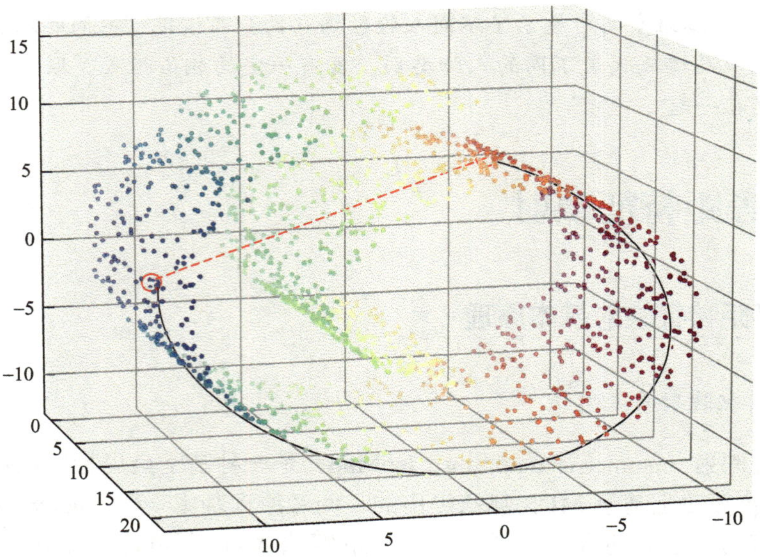

图 5-5　Swiss roll 数据集两点距离图

近邻图的确定通常有两种方法，一种是指定近邻点的个数，如欧氏距离最近的 k 个点构成的 k 近邻图；另一种是指定距离阈值 ε，距离小于 ε 的点构成 ε 近邻图。

定义 5-4　k 近邻图　给定数据集 X, k 近邻图 $G=\langle X,\boldsymbol{E}\rangle$ 是一个有向图，$\boldsymbol{E}$ 表示边的集合，每个顶点 $\boldsymbol{x}_i$ 表示一个数据点，从每个顶点出发，有 k 条有向边分别指向其 k 个最近邻。

定义 5-5　ε 近邻图　给定数据集 X，ε 近邻图 $G=(X,\boldsymbol{E})$ 是一个无向图，$\boldsymbol{E}$ 表示边的集合，每个顶点 $\boldsymbol{x}_i$ 表示一个数据点，在相似度大于 ε 的数据对象之间建立无向边 $e\in\boldsymbol{E}$。

近邻图中近邻点之间存在连接，非近邻点之间不存在连接。于是，计算任意两点之间测地距离的问题变成了计算近邻图上两点之间的最短路径问题。在得到任意两点的距离之后，可以通过 MDS 算法来获得数据点在低维空间中的坐标。

延伸阅读

常用最短路径算法包括以下几类。

Dijkstra 算法使用类似广度优先搜索的方法解决赋权图的单源最短路径问题。该算法采用贪心算法的策略，每次遍历到始点距离最近且未访问过的顶点的邻接节点，直到扩展到终点。Dijkstra 算法适用于没有负权边的带权有向图，可以求解单源最短路径问题；但该算法需要遍历所有节点，因此时间复杂度取决于图的大小。

Floyd 算法是一种寻找加权有向图中多源点之间最短路径的算法。该算法的基本思想是动态规划，通过一个图的权值矩阵求出它的每两点间的最短路径矩阵。但 Floyd 算法不能处理具有负权重环的图，这些环会导致最短路径没有定义。

Bellman-Ford 算法是一种求解单源最短路径问题的算法。该算法的基本思想是对图进行松弛操作。逐遍地对图中每一个边去迭代计算起始点到其余各点的最短路径，执行 $N-1$ 遍（N 为图的顶点数），最终得到起始点到其余各点的最短路径。

SPFA 算法是一种用于求含负权边的单源最短路径的算法。该算法的基本思想是建立一个队列，初始时队列里只有起始点 s，再建立一个数组记录起始点 s 到所有点的最短路径（初始值都要赋为极大值，该点到他本身的路径赋为 0）。从队列中取出一个点 u，遍历 u 的所有邻接点 v，如果通过 u 到达 v 的路径长度更短，则更新 v 的距离值为经过 u 到达 v 的路径长度，并将 v 加入队列中，重复执行直到队列为空。

IsoMap 算法通过流形中的测地距离来表示高维空间的距离，然后通过 MDS 算法进行降维。首先根据输入的高维数据集，计算样本之间的距离矩阵。根据指定近邻点的个数或者设定的距离与之构建近邻图。然后通过最短路径算法计算近邻图中数据点之间的最短路径，得到数据点的实际测地距离矩阵，最后通过 MDS 算法对测地距离矩阵进行降维。

5.6.2 等距特征映射算法评价

IsoMap 算法是保留全局特征的非线性数据降维算法。IsoMap 算法能够在降维的同时尽量保持原始数据之间的相对位置关系，在保留原始数据的总体结构和流形结构特性的同时进行降维，在较低维数下对数据进行可视化展示。IsoMap 算法通常用于处理和分析地理空间数据，如地图数据的可视化、路径规划和地理数据挖掘等。但该算法适用于内部平坦的低维流形等非线性结构，而且需要计算所有点之间的距离，因此其计算复杂度和空间复杂度都较高，不适用于数量级较大的数据集。

5.6.3 实践案例：基于等距特征映射的 S 状流形模型降维

本案例中，对 5.6.1 节提到的 Swiss roll 数据集进行降维分析。Swiss roll 数据集是一个经典的二维流形数据集，在三维空间中具有螺旋状的结构。

构建数据集。在 Python 中，通过调用 Scikit-learn 库中 datasets 模块的 make_s_curve 函数生成 S 状流形数据集。

模型构建。在 Python 中，IsoMap 算法可以通过调用 Scikit-learn 库中的 manifold 模块的 IsoMap 函数实现。首先创建 IsoMap 对象并设置参数，然后调用 fit_transform 方法拟合数据并进行降维。

```
class sklearn.manifold.Isomap(n_neighbors = 5, n_components = 2,eigen_
solver = 'auto', tol = 0, max_iter = None, path_method = 'auto', neighbors_
algorithm ='auto', n_jobs = 1)
```

参数调整。IsoMap 函数中的参数“n_neighbors”指每个点要考虑的近邻参数，默认为 5，“n_components”为指定低维的维数，默认为 2，“eigen_solver”为指定求解特征值的算法，取值‘auto’表示由算法自动选取，取值‘arpack’使用 Arpack 分解算法，取值‘dense’使用直接求解特征值的算法；参数“path_method”用于查找最短路径的方法，取值‘auto’由算法自动选取，取值‘FW’使用 Floyd_Warshall 算法，取值‘D’使用 Dijkstra 算法，即尝试自动选择最佳算法；参数“neighbors_algorithm”指定计算最近邻的算法，取值‘ball_tree’使用 BallTree 算法，取值‘kd_tree’使用 KDTree 算法，取值‘brute’使用暴力搜索法。完整代码实现如下。

文件名称	5-5 IsoMap.py	说明	S 状流形模型降维

```python
import numpy as np
import matplotlib.pyplot as plt
from sklearn.datasets import make_s_curve
from sklearn.manifold import Isomap
from matplotlib.ticker import MaxNLocator
# 1.构建数据集
n_points = 5000
X, color = make_s_curve(n_points, random_state=0)
n_neighbors = 30
n_components = 2
plt.rcParams['font.sans-serif']=['Times New Roman']
plt.rcParams.update({'font.size': 35})
fig = plt.figure(figsize=(20, 10))
ax = fig.add_subplot(121, projection='3d')
ax.scatter(X[:, 0], X[:, 1], X[:, 2], c=color, cmap=plt.cm.Spectral)
ax.view_init(4, -72)
ax.tick_params(axis='both', which='major')  # Increase axis label size
ax.xaxis.set_major_locator(MaxNLocator(integer=True))
ax.yaxis.set_major_locator(MaxNLocator(integer=True))
ax.zaxis.set_major_locator(MaxNLocator(integer=True))
# 2.设置近邻点个数为50，将样本点映射至二维空间中
Y = Isomap(n_neighbors=n_neighbors, n_components=n_components).fit_transform(X)
ax2 = fig.add_subplot(122)
scatter = ax2.scatter(Y[:, 0], Y[:, 1], c=color, cmap=plt.cm.Spectral)
ax2.tick_params(axis='both', which='major')
ax2.xaxis.set_major_locator(MaxNLocator(integer=True))
ax2.yaxis.set_major_locator(MaxNLocator(integer=True))
plt.show()
```

输出结果：

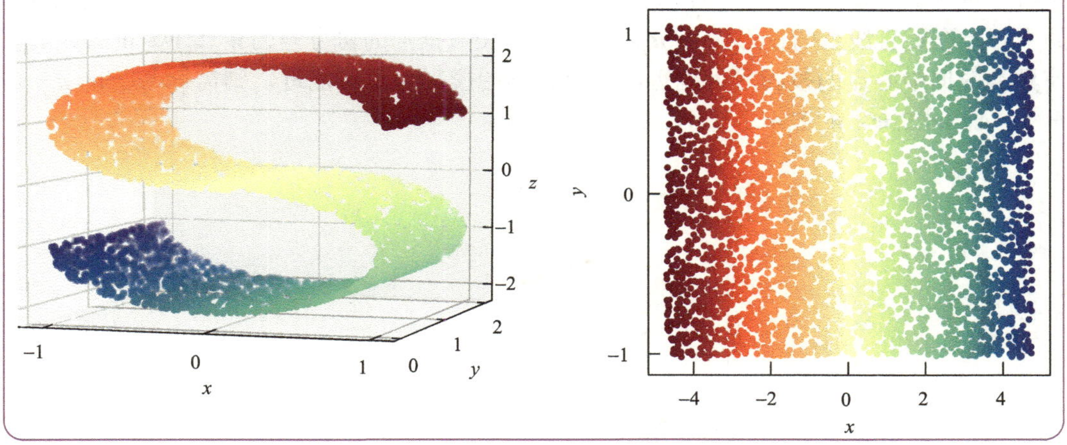

通过降维前后对比可以发现，IsoMap 算法对 S 状流形模型的降维效果较好，能够将不同类别的数据集进行有效的分离，几乎不存在重叠。这说明 IsoMap 算法在保持数据之间相对距离关系的同时，也能够保持不同类别之间的差异性，使得数据点在降维后的空间中更容易区分。

5.7 线性判别分析

5.7.1 线性判别分析基本原理

1. 线性判别分析基本思想

线性判别分析（linear discriminant analysis，LDA）是一种有监督的线性降维算法，其旨在找到原始数据特征变量的一个线性组合，然后将数据投影到一个新的空间。这使得不同类别数据投影点的中心尽可能远，同类别数据的投影点尽可能接近，即类间方差最大化，类内方差最小化。

2. 二类线性判别分析原理推导

给定数据集 $\{(\boldsymbol{x}_1,\boldsymbol{y}_1),(\boldsymbol{x}_2,\boldsymbol{y}_2),\cdots,(\boldsymbol{x}_n,\boldsymbol{y}_n)\}$， $\boldsymbol{y}_i\in\{0,1\}$。根据 $\boldsymbol{y}_i$ 的取值可以将 $\boldsymbol{x}_i$ 分为两类，记类别为 j 的数据集为 $D_j\,(j=0,1)$，数据点的个数为 N_j，均值向量为 $\boldsymbol{\mu}_j$，协方差矩阵为 $\boldsymbol{\Sigma}_j$，其计算公式为

$$
\begin{aligned}
\boldsymbol{\mu}_j &= \frac{1}{N_j}\sum_{\boldsymbol{x}\in\boldsymbol{X}_j}\boldsymbol{x} \\
\boldsymbol{\Sigma}_j &= \sum_{\boldsymbol{x}\in\boldsymbol{X}_j}(\boldsymbol{x}-\boldsymbol{\mu}_j)(\boldsymbol{x}-\boldsymbol{\mu}_j)^{\mathrm{T}}
\end{aligned}
\tag{5-49}
$$

如图 5-6 所示，对于二分类数据，只需要将数据投影到一条直线上即可，记投影直线 $\boldsymbol{y}$ 的方向向量为 $\boldsymbol{w}$。对任意一个数据点 $\boldsymbol{x}_i$，它在该直线上的投影为 $\boldsymbol{w}^{\mathrm{T}}\boldsymbol{x}_i$，则两类数据集的中心点在该直线上的投影为 $\boldsymbol{w}^{\mathrm{T}}\boldsymbol{\mu}_0$，$\boldsymbol{w}^{\mathrm{T}}\boldsymbol{\mu}_1$，两类数据点的协方差为 $\boldsymbol{w}^{\mathrm{T}}\boldsymbol{\Sigma}_0\boldsymbol{w}+\boldsymbol{w}^{\mathrm{T}}\boldsymbol{\Sigma}_1\boldsymbol{w}$。要使异类数据中心点的投影尽可能远，同类数据的投影点尽可能近，则需 $\left\|\boldsymbol{w}^{\mathrm{T}}\boldsymbol{\mu}_0-\boldsymbol{w}^{\mathrm{T}}\boldsymbol{\mu}_1\right\|^2$ 尽量大，而 $\boldsymbol{w}^{\mathrm{T}}\boldsymbol{\Sigma}_0\boldsymbol{w}+\boldsymbol{w}^{\mathrm{T}}\boldsymbol{\Sigma}_1\boldsymbol{w}$ 尽量小。

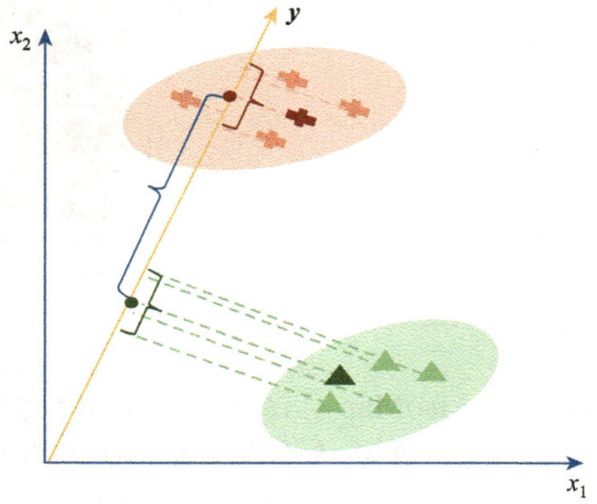

图 5-6　二分类示意图

综上，LDA 的主要目标是最大化目标函数 J：

$$\max J(\boldsymbol{w})=\frac{\left\|\boldsymbol{w}^{\mathrm{T}}\boldsymbol{\mu}_0-\boldsymbol{w}^{\mathrm{T}}\boldsymbol{\mu}_1\right\|^2}{\boldsymbol{w}^{\mathrm{T}}\boldsymbol{\Sigma}_0\boldsymbol{w}+\boldsymbol{w}^{\mathrm{T}}\boldsymbol{\Sigma}_1\boldsymbol{w}}=\frac{\boldsymbol{w}^{\mathrm{T}}(\boldsymbol{\mu}_0-\boldsymbol{\mu}_1)(\boldsymbol{\mu}_0-\boldsymbol{\mu}_1)^{\mathrm{T}}\boldsymbol{w}}{\boldsymbol{w}^{\mathrm{T}}\boldsymbol{\Sigma}_0\boldsymbol{w}+\boldsymbol{w}^{\mathrm{T}}\boldsymbol{\Sigma}_1\boldsymbol{w}} \tag{5-50}$$

记类内散度矩阵 $\boldsymbol{S}_w$ 和类间散度矩阵 $\boldsymbol{S}_b$ 为

$$\begin{aligned}\boldsymbol{S}_w&=\boldsymbol{\Sigma}_0+\boldsymbol{\Sigma}_1\\&=\sum_{\boldsymbol{x}\in X_0}(\boldsymbol{x}-\boldsymbol{\mu}_j)(\boldsymbol{x}-\boldsymbol{\mu}_j)^{\mathrm{T}}+\sum_{\boldsymbol{x}\in X_1}(\boldsymbol{x}-\boldsymbol{\mu}_j)(\boldsymbol{x}-\boldsymbol{\mu}_j)^{\mathrm{T}}\end{aligned} \tag{5-51}$$

$$\boldsymbol{S}_b=(\boldsymbol{\mu}_0-\boldsymbol{\mu}_1)(\boldsymbol{\mu}_0-\boldsymbol{\mu}_1)^{\mathrm{T}} \tag{5-52}$$

此时目标函数变为

$$\max J(\boldsymbol{w})=\frac{\boldsymbol{w}^{\mathrm{T}}\boldsymbol{S}_b\boldsymbol{w}}{\boldsymbol{w}^{\mathrm{T}}\boldsymbol{S}_w\boldsymbol{w}} \tag{5-53}$$

为简化目标函数，令 $\boldsymbol{w}^{\mathrm{T}}\boldsymbol{S}_w\boldsymbol{w}=1$ 并将其作为约束条件构造拉格朗日函数：

$$L(\boldsymbol{w})=\boldsymbol{w}^{\mathrm{T}}\boldsymbol{S}_b\boldsymbol{w}-\lambda(\boldsymbol{w}^{\mathrm{T}}\boldsymbol{S}_w\boldsymbol{w}-1) \tag{5-54}$$

对 $\boldsymbol{w}$ 求导可得

$$\frac{\mathrm{d}L(\boldsymbol{w})}{\mathrm{d}\boldsymbol{w}}=2\boldsymbol{S}_b\boldsymbol{w}-2\lambda\boldsymbol{S}_w\boldsymbol{w}=0 \tag{5-55}$$

若矩阵 $\boldsymbol{S}_w$ 可逆，有

$$\lambda\boldsymbol{w}=\boldsymbol{S}_w^{-1}\boldsymbol{S}_b\boldsymbol{w} \tag{5-56}$$

其中，λ 为矩阵 $\boldsymbol{S}_w^{-1}\boldsymbol{S}_b$ 的特征值，$\boldsymbol{w}$ 为对应的特征向量。因此，可以通过对矩阵 $\boldsymbol{S}_w^{-1}\boldsymbol{S}_b$ 进行特征值求解来得到参数 $\boldsymbol{w}$。

矩阵不可逆情况

对式（5-55）求导的过程中，若矩阵 $\boldsymbol{S}_w$ 不可逆，可使用以下两种方法。

（1）对矩阵 $\boldsymbol{S}_w$ 进行 SVD 分解。5.2 节提及的 SVD 分解方法可用于任意矩阵。求矩阵 $\boldsymbol{S}_w\boldsymbol{S}_w^{\mathrm{T}}$ 的特征值及对应的特征向量，将特征向量单位化后构成矩阵 $\boldsymbol{U}$；同理矩阵 $\boldsymbol{S}_w^{\mathrm{T}}\boldsymbol{S}_w$ 的单位化特征向量构成矩阵 $\boldsymbol{V}$，得到矩阵 $\boldsymbol{S}_w$ 为

$$\boldsymbol{S}_w = \boldsymbol{U\Sigma V}^{\mathrm{T}}$$

其中，$\boldsymbol{\Sigma}$ 为实对角矩阵，对角线元素为矩阵的奇异值，一般将奇异值由大到小进行排序，此时 $\boldsymbol{S}_w^{-1} = \boldsymbol{V\Sigma}^{-1}\boldsymbol{U}^{\mathrm{T}}$。

（2）先用 PCA 对数据进行降维，使得降维后的矩阵 $\boldsymbol{S}_w^*$ 可逆。

由于 $\boldsymbol{S}_b\boldsymbol{w} = (\boldsymbol{\mu}_0 - \boldsymbol{\mu}_1)(\boldsymbol{\mu}_0 - \boldsymbol{\mu}_1)^{\mathrm{T}}\boldsymbol{w}$ 成立，可以得到 $\boldsymbol{S}_b\boldsymbol{w}$ 与 $(\boldsymbol{\mu}_0 - \boldsymbol{\mu}_1)$ 共线，令 $\boldsymbol{S}_b\boldsymbol{w} = \lambda(\boldsymbol{\mu}_0 - \boldsymbol{\mu}_1)$，则 $\lambda\boldsymbol{w} = \lambda\left(\boldsymbol{S}_w^*\right)^{-1}(\boldsymbol{\mu}_0 - \boldsymbol{\mu}_1)$，进一步可得 $\boldsymbol{w} = \left(\boldsymbol{S}_w^*\right)^{-1}(\boldsymbol{\mu}_0 - \boldsymbol{\mu}_1)$，最终得到 $\left(\boldsymbol{S}_w^*\right)^{-1} = \boldsymbol{w}(\boldsymbol{\mu}_0 - \boldsymbol{\mu}_1)^{-1}$。

因此，求出数据点的均值与协方差便能确定最佳投影方向 $\boldsymbol{w}$，再通过公式 $\boldsymbol{w}^{\mathrm{T}}\boldsymbol{x}_i$ 计算出投影后的数据点 z_i，即可将原始数据投影到直线 $\boldsymbol{y} = \boldsymbol{w}_1\boldsymbol{x}_1 + \boldsymbol{w}_2\boldsymbol{x}_2$ 上。

3. 多类线性判别分析原理推导

有了二类 LDA 的原理推导过程，进一步将其扩展到多类 LDA 上。假设有数据集 $\{(\boldsymbol{x}_1,\boldsymbol{y}_1),(\boldsymbol{x}_2,\boldsymbol{y}_2),\cdots,(\boldsymbol{x}_m,\boldsymbol{y}_m)\}$，$\boldsymbol{y}_i \in \{1,2,\cdots,k\}$。根据 $\boldsymbol{y}_i$ 的取值可以将 $\boldsymbol{x}_i$ 分为 k 类数据，记第 j 类数据集为 $D_j(j=1,2,\cdots,k)$，定义 $N_j(j=1,2,\cdots,k)$ 为第 j 类数据的个数，$\boldsymbol{\mu}$ 为所有数据均值向量，$\boldsymbol{\mu}_j$ 为第 j 类数据的均值向量，$\boldsymbol{\Sigma}_j$ 为协方差矩阵。此时最大化目标函数：

$$\max J(\boldsymbol{w}) = \frac{\boldsymbol{w}^{\mathrm{T}}\boldsymbol{S}_b\boldsymbol{w}}{\boldsymbol{w}^{\mathrm{T}}\boldsymbol{S}_w\boldsymbol{w}} \tag{5-57}$$

其中，$\boldsymbol{S}_b = \sum_{j=1}^{k} N_j(\boldsymbol{\mu}_j - \boldsymbol{\mu})(\boldsymbol{\mu}_j - \boldsymbol{\mu})^{\mathrm{T}}$，$\boldsymbol{S}_w = \sum_{j=1}^{k}\sum_{x\in X_j}(\boldsymbol{x} - \boldsymbol{\mu}_j)(\boldsymbol{x} - \boldsymbol{\mu}_j)^{\mathrm{T}}$。

将多维数据投影到低维空间时，假设投影到的低维空间的维数为 d，则对应的基向量为 $\boldsymbol{w} = [\boldsymbol{w}_1, \boldsymbol{w}_2, \cdots, \boldsymbol{w}_d]$。考虑到 $\boldsymbol{w}^{\mathrm{T}}\boldsymbol{S}_b\boldsymbol{w}$ 和 $\boldsymbol{w}^{\mathrm{T}}\boldsymbol{S}_w\boldsymbol{w}$ 皆为矩阵，因此在不同的基向量 $\boldsymbol{w}_i$ 下，对分子分母进行累乘计算，此时目标函数 $J(\boldsymbol{w})$ 转化为

$$J(\boldsymbol{w}) = \frac{\prod \boldsymbol{w}^{\mathrm{T}}\boldsymbol{S}_b\boldsymbol{w}}{\prod \boldsymbol{w}^{\mathrm{T}}\boldsymbol{S}_w\boldsymbol{w}} = \frac{\prod_{i=1}^{d} \boldsymbol{w}_i^{\mathrm{T}}\boldsymbol{S}_b\boldsymbol{w}_i}{\prod_{i=1}^{d} \boldsymbol{w}_i^{\mathrm{T}}\boldsymbol{S}_w\boldsymbol{w}_i} = \prod_{i=1}^{d} \frac{\boldsymbol{w}_i^{\mathrm{T}}\boldsymbol{S}_b\boldsymbol{w}_i}{\boldsymbol{w}_i^{\mathrm{T}}\boldsymbol{S}_w\boldsymbol{w}_i} \tag{5-58}$$

在二类 LDA 推导的结果中，$\dfrac{\boldsymbol{w}^{\mathrm{T}}\boldsymbol{S}_b\boldsymbol{w}}{\boldsymbol{w}^{\mathrm{T}}\boldsymbol{S}_w\boldsymbol{w}}$ 的最大值是矩阵 $\boldsymbol{S}_w^{-1}\boldsymbol{S}_b$ 的最大特征值，则多类

LDA 目标函数的最大值为矩阵 $S_w^{-1}S_b$ 的前 d 个最大特征值的乘积，参数 w 则由前 d 个最大的特征值所对应的特征向量构成。

类似地，在多类 LDA 中，求出数据点的均值与协方差亦能确定最佳投影方向 w，再通过公式 w^Tx_i 计算出投影后的数据点 z_i，即可将原始数据投影到直线 $y=w_1x_1+w_2x_2+\cdots+w_dx_d$ 上。

LDA 算法步骤如下。

步骤 1： 构造最大化目标函数 $J(w)=\prod_{i=1}^{d}\frac{w_i^TS_bw_i}{w_i^TS_ww_i}$。

步骤 2： 计算类内散度矩阵 S_w 与类间散度矩阵 S_b，求出矩阵 $S_w^{-1}S_b$。

步骤 3： 通过对矩阵 $S_w^{-1}S_b$ 进行特征值求解得到投影方向 w。

步骤 4： 计算投影后的数据点 $z_i=w^Tx_i$，将原始数据投影到直线 y 上。

5.7.2 线性判别分析算法评价

LDA 算法是一种监督学习的降维技术，能够将带有标签的数据降至低维空间的同时，寻找满足最大化类间距离和最小化类内距离的最佳投影方向，在低维空间中能够区分不同类别的数据。LDA 算法常用于生物医学领域（如将肿瘤组织分类为良性或恶性）、金融领域（如将客户分为不同的信用评级）、市场营销（如根据购买行为将客户分类）、文本分类（如根据文本内容将评论分类为正面、负面或中性）和图像识别（如根据面部特征将人脸进行分类识别）等分类问题中。但 LDA 算法的计算复杂度较高，而且当样本数量较少或者类别之间的方差差异很大时，容易出现过拟合现象。

5.7.3 实践案例：基于线性判别分析的三维数据集降维

本案例使用 LDA 算法对三维空间中的数据集进行降维。

构建数据集。在 Python 中，通过调用 Scikit-learn 库中 datasets 模块的 make_classification 函数构建三维空间中的数据集，共有 1000 个数据点，每个数据点都有一个类别标签，共有 3 个类别。

模型构建。在 Python 中，LDA 算法可以通过调用 Scikit-learn 中 discriminant_analysis 模块的 LinearDiscriminantAnalysis 函数实现。首先创建 LinearDiscriminantAnalysis 对象并设置参数，然后调用 fit_transform 方法拟合数据并进行降维。

```
class sklearn.discriminant_analysis.LinearDiscriminantAnalysis(solver = 'svd',
shrinkage = None,priors = None,n_components = None,store_covariance = False,
tol = 0.0001,covariance_estimator = None)
```

参数调整。LinearDiscriminantAnalysis 函数中的参数 “solver” 指定求解最优化问题的算法，例如：取值 ‘svd’ 为使用 SVD 算法求解，取值 ‘Lsqr’ 为使用最小二乘法求解，取值 ‘eigen’ 为使用特征值分解法求解；参数 “n_components” 为要保留的特征数；参数“shrinkage”表示是否使用收缩估计来估计协方差矩阵，其可以改善分类器在协方差矩阵的估计不可靠或样本数较少的情况下的表现。利用 LDA 算法对三维数据集降维的完整实现代码如下。

文件名称	5-6 LDA.py	说明	三维数据集降维

```
import numpy as np
import matplotlib.pyplot as plt
from mpl_toolkits.mplot3d import Axes3D
from sklearn.datasets import make_classification
from sklearn.discriminant_analysis import LinearDiscriminantAnalysis
#1.生成三维数据集
X, y = make_classification(n_samples=1000, n_features=3, n_informative=2, n_redundant=0, n_repeated=0,n_classes=3, n_clusters_per_class=1, class_sep=0.5, random_state=10)

plt.rcParams['font.sans-serif']=['Times New Roman']
plt.rcParams.update({'font.size': 35})
fig = plt.figure(figsize=(20, 10))
#2.绘制原始数据集的散点图
ax = fig.add_subplot(121, projection='3d')
shapes = ['o', '^', 's']
colors = ['blue', 'green', 'yellow']
color_mapping = {0: colors[0], 1: colors[1], 2: colors[2]}
for i in range(3):
    markers = shapes[i]
    scatter_colors = color_mapping[i]
    ax.scatter(X[y == i, 0], X[y == i, 1], X[y == i, 2], marker=markers, c=scatter_colors, label=f'Class {i}')
ax.legend(frameon=False)
#3.调用 LDA 算法进行降维，并拟合数据
lda = LinearDiscriminantAnalysis(n_components=2)
X_new = lda.fit_transform(X, y)
plt.subplot(122)
for i in range(3):
    markers = shapes[i]
    scatter_colors = colors[i]
    plt.scatter(X_new[y == i, 0], X_new[y == i, 1], marker=markers, c=scatter_colors, label=f'Class {i}')
plt.legend(frameon=False)
plt.xticks(fontsize=14)
plt.yticks(fontsize=14)
plt.tight_layout()
plt.show()
```

输出结果：

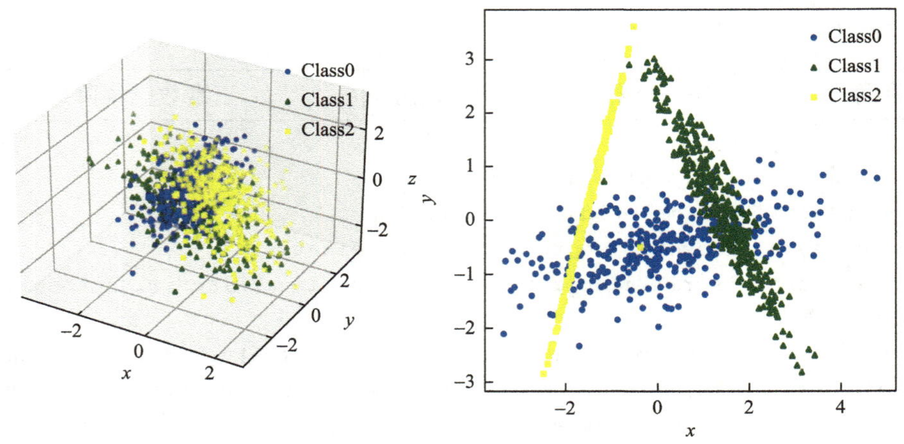

在降维后的二维空间中可以清晰地对三个类别的数据进行区分。因此，LDA 算法能够找到一个投影方向，使得不同类别的数据点在投影后能够有很好的可分性，利用类别信息来最大限度地保留数据的判别性能。

5.8 t-SNE

5.8.1 t-SNE 基本原理

t-SNE（t-distributed stochastic neighbor embedding）是一种关注数据的局部结构流形学习方法。t-SNE 算法用条件概率度量数据点之间的相似性，并最小化高维空间和低维空间中数据点相似度的差异来实现数据的非线性降维。t-SNE 是由随机邻域嵌入（stochastic neighbor embedding，SNE）发展而来的，因此本节首先介绍 SNE 的基本原理。

1. SNE 基本思想

SNE 算法的基本思想是利用样本数据邻近点的分布实现非线性降维。不同于 MDS 和 IsoMap 算法中基于距离不变的思想，SNE 算法构建高维数据之间的概率分布 P，将欧氏距离转换为条件概率分布，用条件概率来描述数据点之间的相似性。

1）构建高维空间数据点的条件概率分布

给定一组高维空间中的数据矩阵 $\boldsymbol{X}^{n\times d}=[\boldsymbol{x}_1,\boldsymbol{x}_2,\cdots,\boldsymbol{x}_n]$，对于高维空间的数据点，构建条件概率分布 P_i，P_i 表示给定数据点 $\boldsymbol{x}_i$ 时，其他所有数据点的条件概率分布。以 $\boldsymbol{x}_i(i=1,2,\cdots,n)$ 为中心构建方差为 σ_i 的高斯分布，$\boldsymbol{x}_i$ 以条件概率 $p_{j|i}$ 选择 $\boldsymbol{x}_j$ 作为它的邻近点，定义 $p_{j|i}$ 为

$$p_{j|i}=\frac{\exp\left(-\left\|\boldsymbol{x}_i-\boldsymbol{x}_j\right\|^2/2\sigma_i^2\right)}{\sum_{k\neq i}\exp\left(-\left\|\boldsymbol{x}_i-\boldsymbol{x}_k\right\|^2/2\sigma_i^2\right)} \tag{5-59}$$

根据式（5-59），若 $\boldsymbol{x}_j$ 越靠近 $\boldsymbol{x}_i$ ，则 $p_{j|i}$ 越大；反之，若两者相距较远，则 $p_{j|i}$ 越小。SNE 算法只关注不同数据点之间的相似度，所以认为 $p_{i|i}=0$ 。

2）构建低维空间数据点的条件概率分布

在低维空间中也使用条件概率来描述数据点之间的相似性。假设 $\boldsymbol{x}_1,\boldsymbol{x}_2,\cdots,\boldsymbol{x}_n$ 在低维空间的映射点分别为 $\boldsymbol{y}_1,\boldsymbol{y}_2,\cdots,\boldsymbol{y}_n$ ，构建条件概率分布 Q_i 。SNE 在低维空间中指定 $\sigma_i=1/\sqrt{2}$ （ σ_i 也可以取其他值，对结果只有缩放的影响），则数据点 $\boldsymbol{y}_i$ 选择 $\boldsymbol{y}_j$ 为其邻近点的条件概率 $q_{j|i}$ 为

$$q_{j|i}=\frac{\exp\left(-\|\boldsymbol{y}_i-\boldsymbol{y}_j\|^2\right)}{\sum_{k\neq i}\exp\left(-\|\boldsymbol{y}_i-\boldsymbol{y}_k\|^2\right)} \tag{5-60}$$

在低维空间中，SNE 同样认为 $q_{i|i}=0$ 。通过以上步骤，得到高维空间中的条件概率分布 P_i 和低维空间中的条件概率分布 Q_i 。

3）优化目标函数

SNE 算法的基本思想是保留数据点的局部特征，希望降维后的数据仍能保持原数据点之间的相似性，即 $p_{j|i}=q_{j|i}$ 。SNE 使用 KL 散度来度量概率分布之间的相似性。

定义 5-6 KL 散度（Kullback-leibler divergences）是一种用于衡量两个概率分布之间差异的度量指标。设 $P(x),Q(x)$ 是随机变量 X 的两个概率分布，在离散变量的情形下，KL 散度的计算公式为

$$\mathrm{KL}(P\,\|\,Q)=\sum P(x)\log\frac{P(x)}{Q(x)} \tag{5-61}$$

KL 散度越小，说明低维空间数据点与高维空间中数据点的概率分布相似度越高；若散度等于 0，则说明高低维数据点的概率分布相同。SNE 的目标就是最小化 KL 散度，其目标函数为

$$C=\sum_i \mathrm{KL}(P_i\,\|\,Q_i)=\sum_i\sum_j p_{j|i}\log\frac{p_{j|i}}{q_{j|i}} \tag{5-62}$$

为了将高维数据嵌入到低维空间（通常是二维或三维），同时尽可能保持原始数据点之间的邻近关系，SNE 算法采用梯度下降法获取低维数据点：

$$\frac{\partial C}{\partial y_i}=2\sum_j(p_{j|i}-q_{j|i}+p_{i|j}-q_{i|j})(y_i-y_j) \tag{5-63}$$

由于 SNE 算法的优化过程是一个非线性优化问题，直接求解较为困难，而梯度下降法可通过调整低维数据点的位置来减少目标函数的值，以此逐步逼近最优解，使得高维和低维空间的概率分布尽可能接近。

2. SNE 算法的局限性

使用 SNE 算法进行降维存在以下问题。

（1）条件概率不对称问题。高维空间和低维空间的条件概率均为不对称的，即 $p_{j|i} \neq p_{i|j}$。这意味着需要对数据点 i 和 j 之间的条件概率进行单独处理，而不能简单地对称化处理，这种不对称性导致梯度计算过程中需要处理更多的项。

（2）数据“拥挤”问题。SNE 算法使用高斯函数构建条件概率分布，但高斯分布在远离均值处呈现指数式下降趋势，导致数据“拥挤”问题的出现。

为解决问题（1）中的条件概率不对称问题，SNE 算法采用联合概率代替原始的条件概率，使得 $p_{ij} = p_{ji}, q_{ij} = q_{ji}$。

为解决问题（2）中的数据“拥挤”问题，SNE 算法在低维空间中使用 t 分布构建条件概率函数。如图 5-7 所示，相较于高斯分布，t 分布函数具有更宽的尾部，保证数据点更为分散，避免数据点的过度聚集；而且 t 分布趋近于零的速度较慢，对远离均值的数据点的拟合效果更好，因此避免出现数据“拥挤”问题。

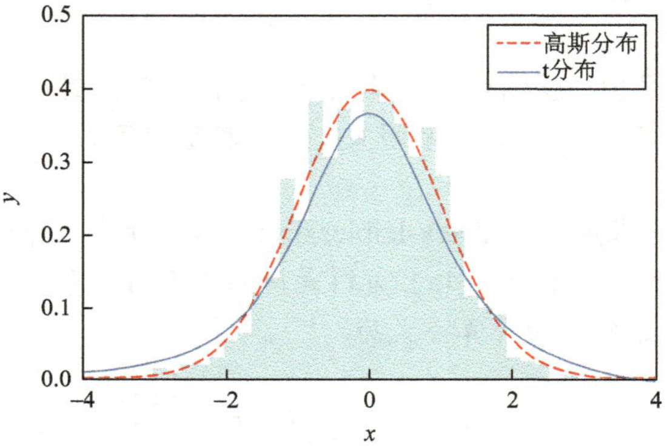

图 5-7　高斯分布与 t 分布

3. t-SNE 原理推导

在高维空间中，t-SNE 采用高斯分布构建条件概率分布函数 P_i，对条件概率 $p_{j|i}$ 的计算见式（5-59），同样认为 $p_{i|i} = 0$。为更方便求解，t-SNE 将条件概率进行对称简化，记 $p_{j|i}$ 为

$$p_{j|i} = \frac{p_{ij} + p_{ji}}{2N} \tag{5-64}$$

在低维空间中，t-SNE 用自由度为 1 的 t 分布构建条件概率分布函数 Q_i。此时 $q_{j|i}$ 的计算公式为

$$q_{j|i} = \frac{\left(1 + \left\| \boldsymbol{y}_i - \boldsymbol{y}_j \right\|^2\right)^{-1}}{\sum_{k \neq l} \left(1 + \left\| \boldsymbol{y}_k + \boldsymbol{y}_l \right\|^2\right)^{-1}} \tag{5-65}$$

t-SNE 也采用 KL 散度度量概率分布的相似性，运用梯度下降算法求解目标函数 C：

$$\frac{\delta C}{\delta \boldsymbol{y}_i} = 4\sum_j (p_{j|i} - q_{j|i})(\boldsymbol{y}_i - \boldsymbol{y}_j)\left(1 + \left\| \boldsymbol{y}_i - \boldsymbol{y}_j \right\|^2\right)^{-1} \tag{5-66}$$

求解结果为优化数据点在低维空间中的分布 $q_{j|i}$，以最小化目标函数 C，从而更好地反映高维空间中的局部结构。

t-SNE 算法步骤如下。

步骤 1: 对于给定的高维数据集，构建条件概率 $p_{j|i}=\dfrac{\exp\left(-\|x_i-x_j\|^2/2\sigma_i^2\right)}{\sum_{k\neq i}\exp\left(-\|x_i-x_k\|^2/2\sigma_i^2\right)}$。

步骤 2: 在低维空间中，引入 t 分布函数构建条件概率 $q_{j|i}=\dfrac{\left(1+\|\boldsymbol{y}_i-\boldsymbol{y}_j\|^2\right)^{-1}}{\sum\limits_{k\neq l}\left(1+\|\boldsymbol{y}_k+\boldsymbol{y}_l\|^2\right)^{-1}}$。

步骤 3: 计算联合概率 $p_{ij}=\dfrac{p_{i|j}+p_{j|i}}{2n}$。

步骤 4: 使用梯度下降算法求解 $\dfrac{\delta C}{\delta \boldsymbol{y}_i}=4\sum\limits_j(p_{j|i}-q_{j|i})(\boldsymbol{y}_i-\boldsymbol{y}_j)\left(1+\|\boldsymbol{y}_i-\boldsymbol{y}_j\|^2\right)^{-1}$，获得数据点在低维空间中的分布 $q_{j|i}$，以最小化目标函数 C。

5.8.2 t-SNE 算法评价

t-SNE 算法能够有效保留数据样本之间的局部结构和非线性关系，在处理复杂数据集时更具优势，可适用于多种非线性降维任务，如图像压缩与特征提取、词嵌入和文本数据分析等。同时，t-SNE 算法常用于数据可视化和探索性数据分析（EDA），主要应用场景包括研究数据集中的聚类结构和类别分布，以及在二维或三维空间中展示数据点之间的相对关系。然而，t-SNE 算法在处理数据时对异常值较为敏感，且其计算复杂度较高，因此不适用于处理高维稀疏数据和大规模数据。此外，由于其局部优化性质，t-SNE 算法在降维过程中通常无法保留全局数据结构，这使其在需要完整保留数据集的整体分布和关系的情况下可能表现不佳。

5.8.3 实践案例：基于 t-SNE 的手写数字数据集降维

本例使用 t-SNE 算法对手写数字图片数据集进行降维。该数据集常用于机器学习和模式识别领域，一共有 1797 张分辨率为 8 像素×8 像素的手写数字图片，包含从 0 到 9 共十类数字，本案例中选取从 0 到 4 共五类数字。在手写数字数据集中，每个样本是一个图像，其被展平为一个长度为 64 的特征向量（8×8 = 64），即图像的每个像素点信息均为高维空间中的一个特征。t-SNE 算法根据这些像素特征计算样本之间的相似度，将其转化为二维或三维空间的坐标，并进行可视化展示。

构建数据集。在 Python 中，通过调用 Scikit-learn 库中 datasets 模块的 load_digits 函数加载手写数字图片数据集。参数 n_samples 为样本数量，默认为 100；noise 代表添加到数据中的高斯噪声标准差，默认为 0.1。

模型构建。在 Python 中，t-SNE 算法可以通过调用 Scikit-learn 中 manifold 模块中的 TSNE 函数。首先创建对象并设置参数，然后调用 fit_transform 方法拟合数据并进行降维。

```
class sklearn.manifold.TSNE(n_components = 2,*,perplexity = 30.0,early_exaggeration = 12.0,learning_rate = 'auto',n_iter = 1000,n_iter_without_progress = 300,min_grad_norm = 1e07,metric = 'euclidean',metric_params = None,init = 'pca',verbose = 0,random_state = None,method = 'barnes_hut',angle = 0.5,n_jobs = None)
```

参数调整。参数 n_components 为数据降维后的维数；参数 perplexity 控制每个点周围的近邻数；参数 early_exaggeration 控制嵌入空间中点间距离的大小，较大的值会增加聚类之间的间距。参数 learning_rate 为 t-SNE 算法的学习率，用于控制点在梯度下降中的移动步长，较大的学习率会导致更快的收敛，但可能会导致结果不稳定。具体实现代码如下。

文件名称	5-7 t-SNE.py	说明	t-SNE 手写数字降维

```
import numpy as np
import matplotlib.pyplot as plt
from sklearn import manifold, datasets
#1.构建数据集
digits = datasets.load_digits(n_class=5)
X, y = digits.data, digits.target
n_samples, n_features = X.shape
n = 15
img = np.zeros((10 * n, 10 * n))
#2.可视化原始数据集
for i in range(n):
    ix = 10 * i + 1
    for j in range(n):
        iy = 10 * j + 1
        img[ix:ix + 8 , iy:iy +8 ] = X[i * n + j].reshape((8,8))
plt.figure(figsize=(8,8))
plt.imshow(img, cmap=plt.cm.binary)
plt.xticks([])
plt.yticks([])
plt.show()
# 3.调用 TSNE 函数，拟合数据
tsne = manifold.TSNE(n_components=2, random_state=501)
X_tsne = tsne.fit_transform(X)
x_min, x_max = X_tsne.min(0), X_tsne.max(0)
X_norm = (X_tsne - x_min) / (x_max - x_min)
#4.可视化降维结果
plt.figure(figsize=(8,8))
```

```
for i in range(X_norm.shape[0]):
    plt.text(X_norm[i,0], X_norm[i,1], str(y[i]), color=plt.cm.Set1(y[i]), fontdict={'weight': 'bold', 'size': 9})
plt.xticks([])
plt.yticks([])
plt.show()
```

输出结果：

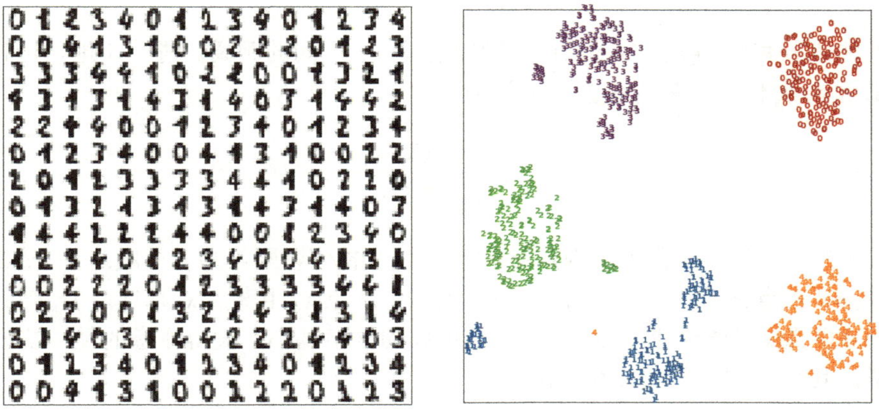

通过观察 t-SNE 算法降维后的结果，发现在二维空间中，具有相似特征的数据点形成紧密的簇，不同类别的数据簇相距较远，这表明 t-SNE 能够有效地区分不同类别的数据点，提高了数据的可分离性。

5.9 UMAP

5.9.1 UMAP 算法基本思想

UMAP（uniform manifold approximation and projection）是一种在降低数据样本维数的同时尽可能最大限度地保留数据的全局结构特性的降维技术。

UMAP 算法与 t-SNE 算法类似，其基本思想是先构建高维空间的局部结构，然后通过梯度下降算法最优化目标函数，以保持低维空间中数据点的局部关系和全局结构。由 5.8 节可知，t-SNE 使用 KL 散度来度量概率分布之间的相似性，其最小化目标函数的目的是让 $p_{j|i}$ 和 $q_{j|i}$ 的值尽可能接近。同时，分析目标函数（5-62）发现，当 $p_{j|i}$ 较大，$q_{j|i}$ 较小时，目标函数值较高；而当 $p_{j|i}$ 较小，$q_{j|i}$ 较大时，目标函数值较低。换句话说，当高维空间中两个数据点距离较近，映射到低维空间后距离较远时，将得到一个很高的惩罚值；但如果高维空间中两个数据点距离较远，映射到低维空间距离较近时，惩罚值反而很低。因此，为进一步改进对数据点局部结构的描述，UMAP 算法构造了新的目标函数以度量两个概率分布之间的相似性。

1. UMAP 算法原理推导

1）构造高维空间的条件概率分布函数 P

对于高维空间的原始数据集 $X=\{\boldsymbol{x}_1,\boldsymbol{x}_2,\cdots,\boldsymbol{x}_n\}$，给定参数 k 为近邻点个数。记 $\boldsymbol{x}_i$ 的 k 个最近邻数据点为 $\{\boldsymbol{x}_{i1},\boldsymbol{x}_{i2},\cdots,\boldsymbol{x}_{ik}\}$，计算点 $\boldsymbol{x}_i$ 与最近 k 个点之间的距离为 $d(\boldsymbol{x}_i,\boldsymbol{x}_{ij})$，其中 $j=1,2,\cdots,k$，记 $\boldsymbol{x}_i$ 的最近邻值 ρ_i 为

$$\rho_i=\min\{d(x_i,x_{ij})\,|\,1\leqslant j\leqslant k,d(x_i,x_{ij})>0\} \tag{5-67}$$

最近邻值 ρ_i 可以得到与 $\boldsymbol{x}_i$ 最近邻的数据点和 $\boldsymbol{x}_i$ 之间的距离。进一步地，可将数据点 $\boldsymbol{x}_i$ 选择数据点 $\boldsymbol{x}_{ij}$ 作为其最近邻的概率记为 $p_{j|i}$，其计算如下：

$$p_{j|i}=\exp\left(-\frac{d(\boldsymbol{x}_i,\boldsymbol{x}_{ij})-\rho_i}{\sigma_i}\right) \tag{5-68}$$

在式（5-68）中，如果点 $\boldsymbol{x}_{ij}$ 为点 $\boldsymbol{x}_i$ 的最近邻数据点，则可知 $\rho_i=d(x_i,x_{ij})$ 成立，进一步得出 $p_{j|i}=1$；点 $\boldsymbol{x}_{ij}$ 不为点 $\boldsymbol{x}_i$ 的最近邻数据点，则点 $\boldsymbol{x}_{ij}$ 距离点 $\boldsymbol{x}_i$ 越远，$p_{j|i}$ 值越小，换句话说，数据点 $\boldsymbol{x}_i$ 选择数据点 $\boldsymbol{x}_{ij}$ 作为其最近邻的概率越小。值得注意的是，参数 σ_i 为归一化因子，其可由如下公式计算得出：

$$\sum_{j=1}^{k}\exp\left(-\frac{d(x_i,x_{ij})-\rho_i}{\sigma_i}\right)=\log_2(k) \tag{5-69}$$

在高维空间中，点 $\boldsymbol{x}_i$ 选择 $\boldsymbol{x}_{ij}$ 作为最近邻的概率 $p_{j|i}$ 和 $\boldsymbol{x}_i$ 选择 $\boldsymbol{x}_{ij}$ 作为最近邻的概率 $p_{i|j}$ 不一定相等。为了简化计算，并且保持对称性，UMAP 将这两者的平均或者某种加权组合作为一个联合概率 p_{ij}，其计算公式如下：

$$p_{ij}=(p_{j|i}+p_{i|j})-p_{j|i}p_{i|j} \tag{5-70}$$

联合概率 p_{ij} 可以确保 $p_{j|i}$ 和 $p_{i|j}$ 的值是相近的，从而保持了点之间的对称性。同时，直接使用联合概率 p_{ij} 而不是分别处理 $p_{j|i}$ 和 $p_{i|j}$，能够减少计算量和复杂度。这种简化使得算法更高效，特别是在处理大规模数据时尤为重要。

2）构造低维空间的条件概率分布函数 Q

记 $\boldsymbol{x}_1,\boldsymbol{x}_2,\cdots,\boldsymbol{x}_n$ 在低维空间的映射点分别为 $\boldsymbol{y}_1,\boldsymbol{y}_2,\cdots,\boldsymbol{y}_n$。在低维空间中，UMAP 引入 a、b 两个参数计算概率分布函数，通常取参数 $a\approx1.929,b\approx0.7915$。$\boldsymbol{y}_i$ 和 $\boldsymbol{y}_j$ 之间的条件概率分布表示为

$$q_{ij}=\left(1+a\left(\|\boldsymbol{y}_i-\boldsymbol{y}_j\|_2^2\right)^b\right)^{-1} \tag{5-71}$$

其中，$\|\boldsymbol{y}_i-\boldsymbol{y}_j\|_2^2$ 表示低维空间中映射点 $\boldsymbol{y}_i$ 和 $\boldsymbol{y}_j$ 之间的欧氏距离的平方。参数 a 和 b 的选择是经过调优和实验确定的，用于调节低维空间中点之间的距离对应关系。

条件概率 q_{ij} 表示在给定 $\boldsymbol{y}_i$ 的条件下，$\boldsymbol{y}_j$ 出现的概率。它由距离 $\|\boldsymbol{y}_i-\boldsymbol{y}_j\|_2^2$ 经过非线性

变换得到，使得较远的点 $\boldsymbol{y}_i$ 和 $\boldsymbol{y}_j$ 有较小的概率相似性。这种构造方式能够在保持数据结构的全局和局部特征的基础上，在低维空间中有效地表示原始数据点之间的相似性和分布关系。

3）构建目标函数

UMAP 算法构建的目标函数为

$$C(P,Q)=\sum_{i\neq j}p_{ij}\log\left(\frac{p_{ij}}{q_{ij}}\right)+(1-p_{ij})\log\left(\frac{1-p_{ij}}{1-q_{ij}}\right) \tag{5-72}$$

其中，p_{ij} 为高维空间中点 $\boldsymbol{x}_i$ 和 $\boldsymbol{x}_{ij}$ 之间的距离概率，q_{ij} 为低维空间中对应数据点之间的条件概率分布。上述目标函数的构造主要考虑以下几个因素。

（1）保持局部结构：第一项 $p_{ij}\log\left(\frac{p_{ij}}{q_{ij}}\right)$ 鼓励在低维空间中保持高维空间中较近的样本也较近，即保持局部的结构信息。当 p_{ij} 和 q_{ij} 相等时，该项的值为零，表示在低维空间中的距离保持与高维空间中的距离一致。

（2）保持全局结构：第二项 $(1-p_{ij})\log\left(\frac{1-p_{ij}}{1-q_{ij}}\right)$ 则考虑了样本之间的远距离关系。它确保在高维空间中距离较远的数据样本，在降到低维空间时仍然保持分离，从而避免不同类别或数据组之间的重叠，保持各个数据群体的清晰性。

（3）对称性和对角线约束：目标函数中的 $i\neq j$ 确保了对称性，即 $p_{ij}=p_{ji}$，而 $i=j$ 时，$p_{ij}=0$（通常情况下，表示样本自身的距离为零，即自身与自身距离为零）。这种对称性和对角线约束是基于距离矩阵的性质而来的，确保了低维表示的合理性和有效性。

最后，通过使用梯度下降等优化方法最小化目标函数 $C(P,Q)$，可以获得最优的低维表示 Q，使得在保留原始数据集的结构和信息的同时，实现了高效的降维处理。

5.9.2 UMAP 算法评价

UMAP 算法适用于高维数据的降维，尤其是当数据具有非线性结构和复杂的局部关系时。它在聚类分析、可视化和特征提取方面表现出色，能够有效地保持数据的局部结构和全局结构，适用于探索性数据分析和模式识别任务。需要注意的是，UMAP 算法对于邻域大小、最小距离和其他超参数的选择非常敏感，这些选择会影响最终的降维结果。因此使用各种超参数多次运行 UMAP 算法并比较结果，可以更好地了解数据在低维空间中的分布情况。

5.9.3 实践案例：基于 UMAP 的手写数字数据集降维

本节使用 UMAP 算法对 5.8.3 节案例中的手写数据集进行降维。

模型构建。在 Python 中，UMAP 算法可以通过调用 Scikit-learn 中 umap 模块中的

UMAP 函数实现。首先创建对象并设置参数，然后调用 fit_transform 方法拟合数据并进行降维。

参数调整。UMAP 函数的主要参数 n_neighbors 为最近邻点数量，用于控制流形逼近的局部邻域的大小；n_components 为降维后的目标空间维数；metric 用于测量数据点之间距离的度量方式，其取值主要有：'euclidean'、'cosine'、'manhattan' 以及 'chebyshev' 等，其分别代表欧氏距离、余弦相似度、曼哈顿距离和切比雪夫距离。利用 UMAP 对手写数字数据集进行降维的完整代码见 chapter 5/code/5-8UMAP.py。

输出结果：

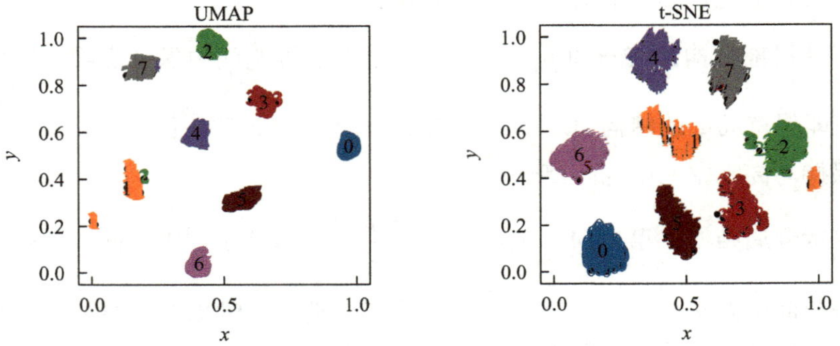

根据结果可以看出，UMAP 算法和 t-SNE 算法均可将不同类别的数字进行分离，形成清晰的簇，使其更容易区分。同时，相比于 t-SNE 算法，UMAP 算法形成的簇间距离更大，簇内距离更小，这充分地展示出了 UMAP 算法更好的分类效果。考虑到不同的参数对结果有较大的影响，读者可通过调整参数来观察算法的分类结果。

本 章 小 结

核心概念	**数据降维：** 通过线性或非线性映射将样本从高维空间映射到低维空间，以此消除噪声或不相关特征对预测准确度的影响。降维映射函数 $f:X \to Y$ ，X 是原始高维空间的数据集，Y 为降维后原始数据集的低维表示。 **常用方法：** 线性降维方法、非线性降维方法。	
方法	线性降维方法	非线性降维方法
概念	**线性降维：** 通过线性变换将高维数据映射到低维空间。 **常用算法：** 奇异值分解、主成分分析、因子分析、线性判别分析。	**非线性降维：** 通过非线性变换，如引入核函数、流形学习或神经网络等实现降维。 **常用算法：** 多维尺度变换、等距特征映射、t-SNE、UMAP。
算法	奇异值分解	多维尺度变换
核心思想	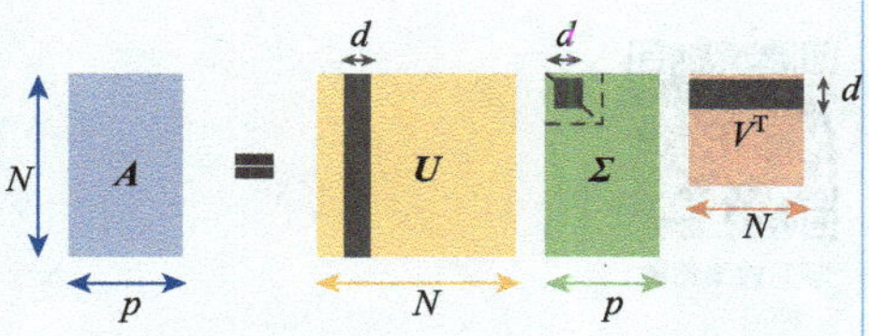	$b_{ij} = z_i^T z_j$ $d_{ij}^2 = b_{ii} - 2b_{ij} + b_{jj}$
主要任务	奇异值分解（SVD）算法将一个原始高维矩阵表示为三个矩阵的乘积，用低维、少量的简单矩阵来表示原始数据矩阵。	多维尺度变换（MDS）通过对数据之间的距离矩阵进行矩阵分解来获得数据的低维重构坐标。
算法	主成分分析	IsoMap
核心思想	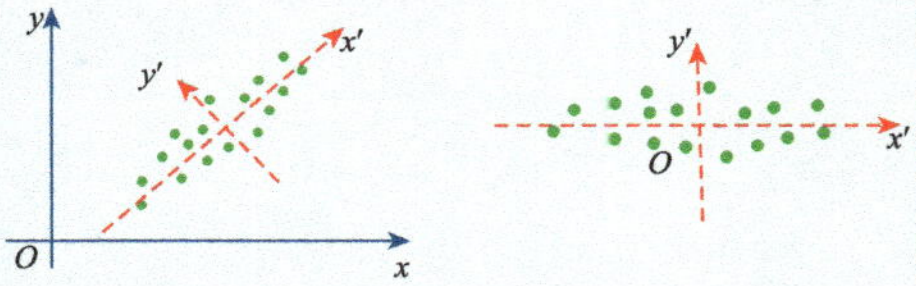	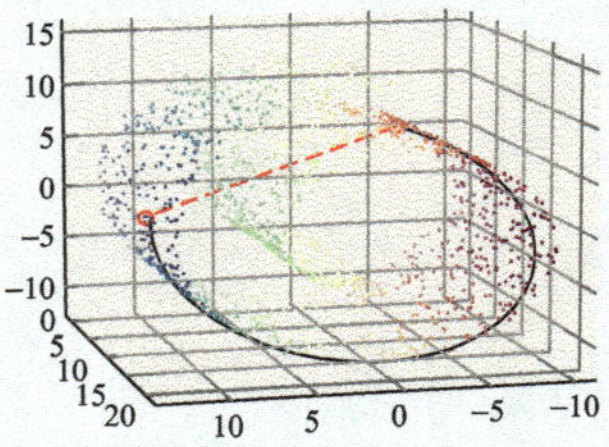 Dijkstra算法 Floyd算法 Bellman-Ford算法
主要任务	主成分分析（PCA）采用线性变换将一组统计变量变换为新的一组综合变量（主成分），用主成分代表原来变量的信息。	等距特征映射（IsoMap）基于流形学习的思想，基于测地距离来保持降维前后数据点间的相似性。
算法	因子分析	t-SNE
核心思想	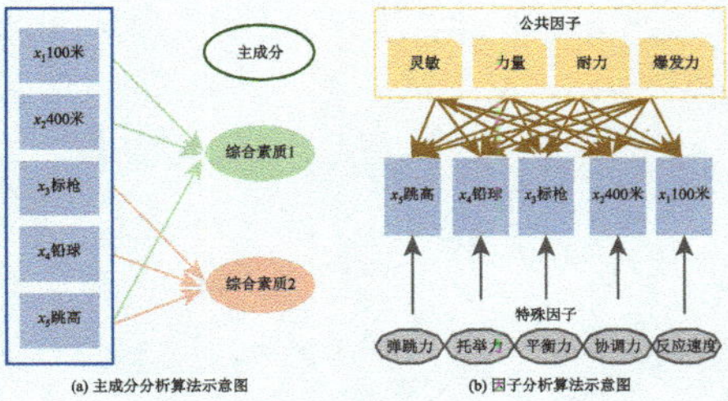(a) 主成分分析算法示意图　(b) 因子分析算法示意图	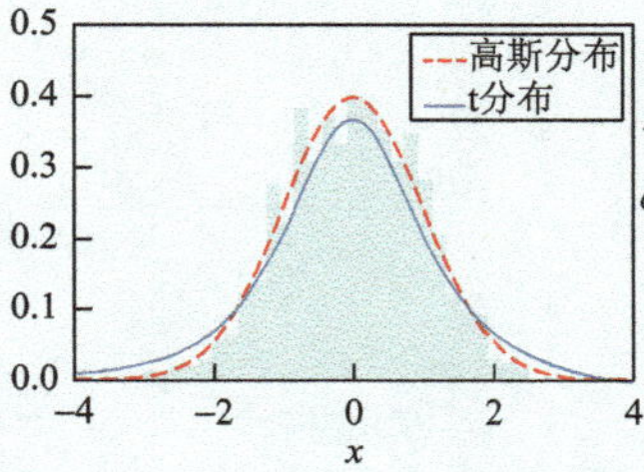 $p_{ij} = \frac{p_{i\mid j} + p_{j\mid i}}{2n}$ $C = \sum_i KL(P_i \parallel Q_i)$

主要任务	因子分析（FA）通过使用少数的公共因子与特殊因子来描述原有的变量，实现数据的降维。	t-SNE 通过条件概率度量数据点之间的相似性，最小化高维空间和低维空间中数据点相似度的差异以实现样本数据的非线性降维。
算法	**线性判别分析**	**UMAP**
核心思想	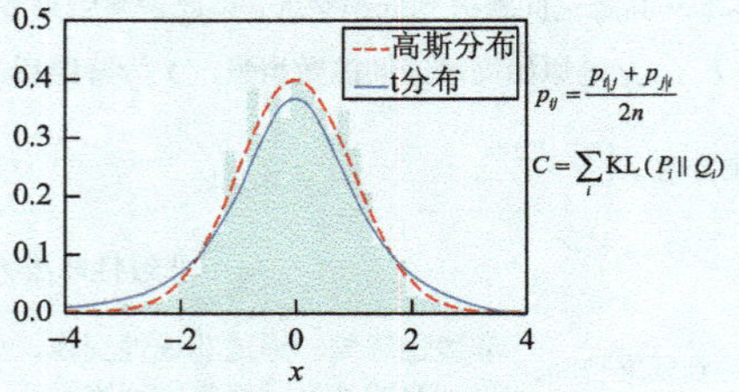	$p_{ij}=\left(p_{j\|i}+p_{i\|j}\right)-p_{j\|i}p_{i\|j}$ $C(P,Q)=\sum_i\sum_j p_{ij}\log\left(\frac{p_{ij}}{q_{ij}}\right)+(1-p_{ij})\log\left(\frac{1-q_{ij}}{1-q_{ij}}\right)$
主要任务	线性判别分析（LDA）通过最大化类间距离和最小化类内距离来区分不同类别的数据，并将其映射到低维空间。	UMAP 算法对数据进行降维的同时，尽可能地保持原始数据点之间的局部关系和全局结构。

学习效果检验

第 6 章　关联规则挖掘

本章学习目标

- ✓ 掌握关联规则挖掘的流程
- ✓ 了解闭频繁项集和极大频繁项集的概念
- ✓ 掌握关联规则的评估指标及其评估内容
- ✓ 掌握 Apriori、FP-growth、Eclat 算法的原理和实现过程
- ✓ 了解 H-mine 算法的原理与实现过程

在 20 世纪 90 年代，一家在美国中西部经营的便利店，使用来自 25 家分店、1200 多万条购买记录进行数据挖掘，发现下午 5 点到 7 点之间的购买记录里经常同时出现“啤酒”和“尿布”这两样看似毫无关联的商品。进一步调查发现，在美国通常是新生儿的母亲在家照顾孩子，年轻的父亲在购买尿布的同时，常会顺便为自己购买啤酒。这就是关联规则挖掘“啤酒和尿布”经典案例。关联规则挖掘用于发现隐藏在大型数据集中的令人感兴趣的联系，如人们通常会同时购买什么样的商品？购买一件商品后，接下来用户通常会有什么购物行为？关联规则挖掘广泛应用于多个领域，在医学领域中关联规则还用来研究不同 DNA 对某个新药的敏感程度。全球知名的打车平台 Uber，利用关联规则挖掘技术进行交通流量预测和交通规划优化。

本章将介绍关联规则挖掘相关概念，以及 Apriori、FP-growth、Eclat 等算法的原理与实现过程，帮助读者掌握关联规则挖掘的概念与方法。

6.1 关联规则挖掘概要

6.1.1 关联规则的含义

表 6-1 示例数据库

编号	事务
1	啤酒，面包，玉米
2	巧克力，牛奶，火腿，玉米
3	牛奶，面包
4	火腿，鸡蛋
5	啤酒，巧克力，鸡蛋
6	面包

关联规则挖掘的数据对象是事务数据库等大规模数据集。事务数据库如表 6-1 所示，每个事务包含多个项，这些项可能是商品、产品或属性。关联规则挖掘的目标是找到这些项之间的关联规则。

定义 6-1 项（item）：事务数据库中的基本元素或对象，用符号 i 表示。

项是任何可以在数据中单独识别和操作的元素。以消费记录为例，商品可视为项，一条消费记录可包含啤酒、牛奶、玉米等项。

定义 6-2 项集（itemset）：事务数据库中一组项的集合。

包含 k 个项的项集称为 k 项集，{巧克力}、{啤酒，面包}、{巧克力，牛奶，火腿，玉米}等分别为 1 项集，2 项集，4 项集。

定义 6-3 事务（transaction）：事务数据库中每条数据都是一条事务，如一条消费记录，一次订票记录等，事务由事务号和项集组成。

设有事务数据库 TDB，其中 $I=\{i_1, i_2, \cdots, i_m\}$ 是 TDB 中所有项的集合，TDB 中每个事务 T 是一个非空项集，且 $T \subseteq I$，事务的唯一标识符记为 TID。事务 T 包含项集 A，当且仅当 $A \subseteq T$ 时成立。在消费记录数据库中，商品集合可视为项的集合 $I=\{$啤酒，牛奶，…，面包$\}$，每位顾客的单次消费记录可视为一个事务 T，可包含若干商品，消费记录的集合为一个事务数据库。

定义 6-4 关联规则（association rule）是形如 $A \Rightarrow B$\{support, confidence\} 的蕴涵式，表示 A 发生时，B 也跟着发生的规律。其中 A、B 是包含于 I，不相交的两个非空项集。

关联规则 $A \Rightarrow B$ 也可表述为如果 A 发生，那么 B 也趋向于发生。关联规则 $A \Rightarrow B$ 在

TDB 中成立，具有支持度 support（sup）与置信度 confidence（conf）两个指标，用来评价关联规则的强度。

定义 6-5　支持度（support）：事务数据库 TDB 中同时包含 A 与 B 的事务的比例，即概率 $P(A \cup B)$。支持度表示关联规则的频繁程度。

$$\sup(A \Rightarrow B) = P(A \cup B) \tag{6-1}$$

支持度也称为相对支持度，而出现频度（support_count），即出现次数计数称为支持度计数或绝对支持度。

定义 6-6　置信度（confidence）：事务数据库 TDB 中包含 A 与 B 的事务在包含 A 的事务中所占的比例，即概率 $P(B \mid A)$。置信度表示关联规则的可靠程度。

$$\text{conf}(A \Rightarrow B) = P(B \mid A) \tag{6-2}$$

关联规则示例

在一项关于超市商品购买模式的包含 3250 人的调查数据中，有 100 人购买了爆米花，254 人购买了可乐，65 人同时购买了爆米花和可乐，爆米花和可乐的关联可以用以下关联规则（6-3）表示：

$$\text{爆米花} \Rightarrow \text{可乐}\left\{\text{support} = \frac{65}{3250} = 2\%,\ \text{confidence} = \frac{65}{100} = 65\%\right\} \tag{6-3}$$

关联规则（6-3）意味所有事务中有 2% 显示爆米花和可乐被同时购买，购买爆米花的顾客中 65% 也购买了可乐。

支持度和置信度是评估关联规则的两种常用指标，一般认为支持度和置信度较高的关联规则是有意义的关联规则，因此需要根据研究的目的与事务数据库的特点设定最小支持度阈值（min_sup）和最小置信度阈值（min_conf），并从数据库中生成满足 min_sup 和 min_conf 的关联规则。

定义 6-7　强关联规则（strong association rules）是满足最小支持度阈值和最小置信度阈值的关联规则。

为什么使用支持度和置信度？

支持度表示关联规则发生的概率，大多数情况下，支持度低的关联规则，很难在商业上推广运用并产生可观的收益。使用支持度过滤低频率的规则，可以发现更显著，适用性更强的规则。

置信度表示给定条件 A 下的 B 发生的概率，用来评价 A、B “关联”的可靠程度，

规则 $A \Rightarrow B$ 置信度越高，B 在 A 发生时出现的可能性就越大，关联规则 $A \Rightarrow B$ 的确定性和可靠度越高。利用置信度，可以将关联性较弱的关联规则排除。

关联规则{衣柜，书桌}⇒{电脑椅}的支持度为 14%，置信度为 15%，关联规则{台灯，电脑}⇒{电脑椅}的支持度为 8%，置信度为 35%。如果仅依据支持度，可得出人们购买衣柜、书桌、电脑椅的行为比购买台灯、电脑、电脑椅的行为频繁的结论，并依据此结论向衣柜、书桌购买用户推销电脑椅，以期取得更高的销售收入。但根据置信度，购买衣柜、书桌的人中仅有 15%购买了电脑椅，其对电脑椅的购买意愿远低于购买台灯、电脑的人，关联规则{台灯，电脑}⇒{电脑椅}的关联关系更强，在现实中的应用推广能取得更好的效果。

6.1.2 频繁项集

定义 6-8 频繁项集（frequent itemset）是在数据集中出现频率大于最小支持度的项集，含有 k 个项的频繁项集称为频繁 k 项集。

统计表 6-2（a）中项集的支持度如表 6-2（b），设定 min_sup 为 50%，有且仅有项集 $\{a\}$、$\{b\}$、$\{c\}$ 和 $\{a, c\}$ 的支持度满足阈值，因此 $\{a\}$、$\{b\}$、$\{c\}$ 和 $\{a, c\}$ 为频繁项集；若设置 min_sup 为 75%，有且仅有项集 $\{c\}$ 为频繁项集。

表 6-2 事务数据库及项集支持度

（a）事务数据库

TID	事务
1	$\{a, b, c\}$
2	$\{b\}$
3	$\{a, c, d\}$
4	$\{a, c\}$
5	$\{b, c\}$
6	$\{c\}$
7	$\{a, b, c, d\}$
8	$\{d\}$

⇒

（b）项集支持度表

项集	支持度	项集	支持度
$\{a\}$	50%	$\{b, d\}$	12.5%
$\{b\}$	50%	$\{c, d\}$	25%
$\{c\}$	75%	$\{a, b, c\}$	25%
$\{d\}$	37.5%	$\{a, b, d\}$	12.5%
$\{a, b\}$	25%	$\{a, c, d\}$	25%
$\{a, c\}$	50%	$\{b, c, d\}$	12.5%
$\{a, d\}$	25%	$\{a, b, c, d\}$	12.5%
$\{b, c\}$	37.5%		

挖掘强关联规则的步骤如下。

步骤 1： 生成所有频繁项集。找出支持度大于等于 min_sup 的项集。

步骤 2： 生成强关联规则。使用频繁项集生成满足 min_sup 和 min_conf 的关联规则。

关联规则 $A \Rightarrow B$ 的置信度可由 A 和 $A \cup B$ 的支持度计数得出：

$$\text{conf}(A \Rightarrow B) = \frac{\text{sup}(A \cup B)}{\text{sup}(A)} = \frac{\text{sup\_count}(A \cup B)}{\text{sup\_count}(A)} \tag{6-4}$$

式（6-4）表明一旦得到 A、B 和 $A \cup B$ 的支持度，可以直接导出对应的关联规则 $A \Rightarrow B$\{support, confidence\} 和 $B \Rightarrow A$\{support, confidence\}，并判断它们是否是强关联规则，因此挖掘关联规则的问题可以转换为挖掘频繁项集的问题。

6.1.3 闭频繁项集和极大频繁项集

事务数据库中频繁项集的数量由事务数据库本身的大小、特点，以及 min_sup 决定。min_sup 较小、事务数据库的规模较大或事务长度普遍较长时，会产生大量的频繁项集，造成过高的计算成本与时间成本。

频繁项集数量：给定一个事务数据集，包含四个事务：$\{a_1, a_2, a_3, \cdots, a_{97}, a_{98}, a_{99}, a_{100}\}$，$\{a_1, a_2, a_3, \cdots, a_{97}, a_{98}, a_{99}\}$，$\{a_1, a_2, a_3, \cdots, a_{97}, a_{98}\}$，$\{a_1, a_2, a_3, \cdots, a_{97}\}$，设定最小支持度计数（min_sup_count）为 4 时，频繁项集数为 $\sum_{i=1}^{97} C_{97}^{i} = 2^{97} - 1$，min_sup_count 为 2 时，频繁项集数为 $\sum_{i=1}^{99} C_{99}^{i} = 2^{99} - 1$。

频繁项集的紧凑表示，是通过选择小数量的、有代表性的、能推导出其他所有频繁项集的频繁项集进行研究，从而解决挖掘、存储大规模频繁项集的困难。闭频繁项集和极大频繁项集是两种频繁项集的紧凑表示。

定义 6-9 闭项集（closed itemset）：对项集 X，如果不存在项集 Y 使得 $X \subset Y$ 且 $\text{sup}(X) = \text{sup}(Y)$，则项集 X 在 TDB 中是闭（closed）的。

闭项集示例：表 6-2（a）中项集 $\{b, c\}$ 包含于事务 1、5、7，支持度为 37.5%，即 $\{b, c\}$:37.5%，$\{b, c\}$ 有且仅有三个真超项集，即 $\{b, c\} \subset \{a, b, c\}$、$\{b, c, d\}$、$\{a, b, c, d\}$，且 $\{a, b, c\}$:25%，$\{b, c, d\}$:12.5%，$\{a, b, c, d\}$:12.5%，都与 $\{b, c\}$ 的支持度不同，因此 $\{b, c\}$ 为闭项集。项集 $\{a, d\}$ 的支持度为 25%，存在 $\{a, d\}$ 的真超项集 $\{a, c, d\}$:25%，与其支持度相同，因此 $\{a, d\}$ 不是闭项集。
超项集和真超项集：若对项集 A，存在项集 B，使得 $A \subseteq B$，则项集 B 是项集 A 的超项集。若项集 A、B 还满足 $A \neq B$，即 $A \subset B$，则项集 B 是项集 A 的真超项集。

定义 6-10 闭频繁项集（closed frequent itemset）：如果 X 在 TDB 中是闭的和频繁的，则项集 X 是闭频繁项集。

闭频繁项集是支持度满足 min_sup 的闭项集。以表 6-2（a）的数据为例，设置 min_sup 为 25%，将闭频繁项集和极大频繁项集标注在如图 6-1 中。

定义 6-11 极大频繁项集（maximal frequent itemset）：如果 X 是频繁的，且不存在 Y 使得 $X \subset Y$ 且 $\sup(Y) \geqslant \min\_sup$，则项集 X 是 TDB 中的极大频繁项集。

极大频繁项集示例

以表 6-2（a）中的频繁项集 $\{a, b, c\}$ 与 $\{b, c\}$ 为例，$\{a, b, c\}$ 有且仅有一个真超项集 $\{a, b, c, d\}$，且 $\{a, b, c, d\}$ 不是频繁项集，因此频繁项集 $\{a, b, c\}$ 为极大频繁项集；频繁项集 $\{b, c\}$ 存在真超项集 $\{a, b, c\}$ 为频繁项集，因此 $\{b, c\}$ 不是极大频繁项集。

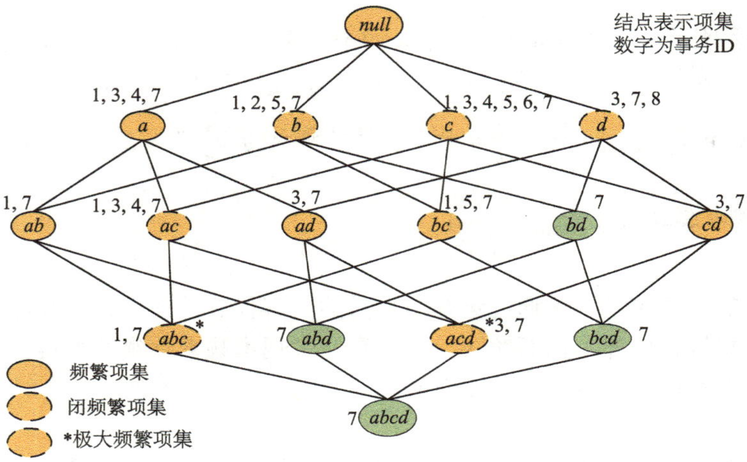

图 6-1 闭频繁项集和极大频繁项集示例

若 C 是数据集 TDB 中闭频繁项集的集合，M 是 TDB 中极大频繁项集的集合，C 和 M 存储了每个项集的支持度，则 C 和其中项集的支持度信息可以用来导出所有频繁项集与其对应支持度，C 存储了频繁项集的完整信息。利用 M 可求出所有频繁项集，但并不能确定其对应的支持度。利用闭频繁项集和极大频繁项集存储频繁项集，可以极大程度节约计算与存储资源。

扩展说明

为何闭频繁项集的集合及其支持度计数信息能导出频繁项集的完整信息？

已知 C 中包含了所有闭频繁项集和支持度，假设 TDB 中存在一个非闭的频繁项集为 X，由闭频繁项集的定义可知有项集 $Y_1, Y_2, \cdots, Y_n (n \geqslant 1)$，使得 $X \subset Y_1, Y_2, \cdots, Y_n$，且与

X 的支持度相同，则 $Y_1, Y_2, \cdots, Y_n$ 都为频繁项集；设 $Y_1, Y_2, \cdots, Y_n$ 中 Y 的长度最长，则对 Y 的任意真超项集 Z，有 $\sup(X) = \sup(Y) > \sup(Z)$，可知 Y 一定为闭频繁项集。非闭频繁项集（X）一定为某闭频繁项集（Y）的真子集，支持度等于其存储在 C 中的真超项集支持度的最大值。所有频繁项集和其支持度计数已全部存储在闭频繁项集的集合和它的支持度计数信息中。

以表 6-2（a）为例，对于非闭的频繁项集 $\{a\}$，存在唯一为闭频繁项集的真超项集 $\{a, c\}$，支持度计数为 4，表示为 $\{a, c\}:4$，则 $\{a\}$ 的支持度计数与闭频繁项集 $\{a, c\}$ 相同，表示为 $\{a\}:4$。

虽然利用极大频繁项集的集合，能够推导出所有频繁项集，但极大频繁项集的定义与闭频繁项集相比，缺少项集与它的真超项集在支持度上的关联信息，也就无法推导出完整的频繁项集支持度信息。

6.1.4 从频繁项集到关联规则

若 $A \Rightarrow B$ 为强关联规则，则 $A \cup B$ 必为频繁项集。任意频繁 $k(k \geq 2)$ 项集 l_k，都能被拆分为两个非空子集 s 与 $l_k - s$，且 s 与 $l_k - s$ 构成的关联规则的支持度等于 $\sup(l_k)$，一定满足 min_sup。因此，所有强关联规则都能通过这种方式由频繁项集生成。

根据式（6-4），利用 l_k、s、$l_k - s$ 的支持度计算 s 与 $l_k - s$ 构成的关联规则的置信度，具体如式（6-5）和式（6-6）。

$$\operatorname{conf}(s \Rightarrow l_k - s) = \frac{\sup(s \cup (l_k - s))}{\sup(s)} = \frac{\text{sup\_count}(l_k)}{\text{sup\_count}(s)} \tag{6-5}$$

$$\operatorname{conf}(l_k - s \Rightarrow s) = \frac{\sup((l_k - s) \cup s)}{\sup(l_k - s)} = \frac{\text{sup\_count}(l_k)}{\text{sup\_count}(l_k - s)} \tag{6-6}$$

计算出关联规则的置信度后，只需将满足最小置信度的关联规则输出即可。因此，频繁项集生成关联规则的过程可以表示为

步骤 1：逐个拆分频繁 $k(k \geq 2)$ 项集 l_k，产生 l_k 的所有非空子集。

步骤 2：对于 l_k 的每个非空子集 s，如果 $\text{sup\_count}(l_k)/\text{sup\_count}(s) \geq$ min_conf，则输出强关联规则“$s \Rightarrow (l_k - s)$”。

6.1.2 节已计算出所有项集的支持度，如果设置 min_sup 为 25%，则频繁项集如表 6-3 所示。

表 6-3　频繁项集

序号	项集	支持度	序号	项集	支持度
1	$\{a\}$	50%	3	$\{c\}$	75%
2	$\{b\}$	50%	4	$\{d\}$	37.5%

续表

序号	项集	支持度	序号	项集	支持度
5	{a，b}	25%	9	{c，d}	25%
6	{a，c}	50%	10	{a，b，c}	25%
7	{a，d}	25%	11	{a，c，d}	25%
8	{b，c}	37.5%			

设置 min_conf 为 70%，表中的频繁项集 6 存在非空子集 $\{a\}$ 和 $\{c\}$，可生成如下关联规则。

（1）对 $\{a\}$，$\sup(\{a, c\})/\sup(a) = 100\% > \text{min\_conf}$，生成强关联规则 $a \Rightarrow c$ $\{50\%, 100\%\}$。

（2）对 $\{c\}$，$\sup(\{a, c\})/\sup(c) = 66.67\% < \text{min\_conf}$，生成关联规则 $c \Rightarrow a$ $\{50\%, 66.67\%\}$，但 $c \Rightarrow a$ 非强关联规则。

根据以上步骤，从频繁项集得到完整的关联规则列表如表 6-4 所示。

表 6-4　关联规则

频繁项集	子集	关联规则	是否强关联规则
{a，b}	{a}	$a \Rightarrow b\{25\%, 50\%\}$	否
	{b}	$b \Rightarrow a\{25\%, 50\%\}$	否
{a，c}	{a}	$a \Rightarrow c\{50\%, 100\%\}$	是
	{c}	$c \Rightarrow a\{50\%, 66.67\%\}$	否
{a，d}	{a}	$a \Rightarrow d\{25\%, 50\%\}$	否
	{d}	$d \Rightarrow a\{25\%, 66.67\%\}$	否
{b，c}	{b}	$b \Rightarrow c\{37.5\%, 75\%\}$	是
	{c}	$c \Rightarrow b\{37.5\%, 50\%\}$	否
{c，d}	{c}	$c \Rightarrow d\{25\%, 33.33\%\}$	否
	{d}	$d \Rightarrow c\{25\%, 66.67\%\}$	否
{a，b，c}	{a}	$a \Rightarrow \{b, c\}\{25\%, 50\%\}$	否
	{b}	$b \Rightarrow \{a, c\}\{25\%, 50\%\}$	否
	{c}	$c \Rightarrow \{a, b\}\{25\%, 33.33\%\}$	否
	{a，b}	$\{a, b\} \Rightarrow c\{25\%, 100\%\}$	是
	{a，c}	$\{a, c\} \Rightarrow b\{25\%, 50\%\}$	否
	{b，c}	$\{b, c\} \Rightarrow a\{25\%, 66.67\%\}$	否
{a，c，d}	{a}	$a \Rightarrow \{c, d\}\{25\%, 50\%\}$	否
	{c}	$c \Rightarrow \{a, d\}\{25\%, 33.33\%\}$	否
	{d}	$d \Rightarrow \{a, c\}\{25\%, 66.67\%\}$	否
	{a，c}	$\{a, c\} \Rightarrow d\{25\%, 50\%\}$	否
	{a，d}	$\{a, d\} \Rightarrow c\{25\%, 100\%\}$	是
	{c，d}	$\{c, d\} \Rightarrow a\{25\%, 100\%\}$	是

6.1.5 关联模式的评估

1. 支持度-置信度框架的局限性

在支持度-置信度框架下，支持度指标常常导致非频繁项集的强关联关系被忽略。支持度要求关联规则中的项集都是频繁的，但一些有意义的关联规则包含的项集可能为非频繁项集，min_sup 较高时，这种情况尤其显著。例如，分析商场的购物记录时，奢侈品一般是非频繁项，但奢侈品间通常表现出极强的关联性，这种关联性在支持度-置信度框架下极易被忽略。min_sup 较低时，又会产生过多的无意义规则。

此外，当关联规则 $A \Rightarrow B$ 中 B 为高支持度项集时，$A \Rightarrow B$ 极易满足最小置信度阈值，得到与现实相反的误导性结论。$A \Rightarrow B$ 的置信度即条件概率 $P(B|A)$，当 $P(B|A)$ 满足最小置信度阈值时，认为 A、B 间表现出较强的关联。而 $\sup(B)$ 较高时，易出现 $\text{conf}(A \Rightarrow B) = P(B|A) \geqslant \min\_\text{conf}$，但 $P(B|A) < P(B)$，即 B 发生的概率大于 B 在 A 条件下发生的概率，这说明 A 对 B 的发生应该起抑制作用，而不是促进作用，这与根据支持度和置信度得出来的结论是完全相反的。

因此仅靠支持度-置信度评估关联规则存在局限性，有必要引入其他度量来评估关联规则。

2. 相关性度量

通过为关联规则引入相关性度量（correlation），可以将关联规则转化为相关规则，即

$$A \Rightarrow B\{\text{support, confidence, correlation}\} \tag{6-7}$$

本节将介绍两种常用的相关度度量。

定义 6-12 提升度（lift）是 $A \Rightarrow B$ 中置信度 $P(B|A)$ 和规则中后置项集支持度 $P(B)$ 的比率。提升度经常用于评估一个事件提升另一个事件发生概率的程度。

$$\text{lift}(A \Rightarrow B) = \frac{P(A \cup B)}{P(A)P(B)} = \frac{P(B|A)}{P(B)} = \frac{\text{conf}(A \Rightarrow B)}{\sup(B)} \tag{6-8}$$

当事件 A、B 独立，即满足 $P(A)P(B) = P(A \cup B)$ 时，$\text{lift}(A \Rightarrow B) = 1$，否则，认为事件 A 与事件 B 存在相关性。当 $\text{lift}(A \Rightarrow B) > 1$ 时，认为事件 A 与事件 B 存在正相关性，A 对 B 起促进作用；当 $\text{lift}(A \Rightarrow B) < 1$ 时，认为事件 A 与事件 B 存在负相关性，A 对 B 起抑制作用。

卡方（chi-squared，χ^2）检验通过构建 χ^2 值来评估关联规则中项集之间的关联性。卡方检验通过比较两个项集实际观测值和期望频数之间的差异，来判断这种差异是否超过了随机误差所能解释的范围，从而确定两个项集之间是否存在统计显著的关联。χ^2 值

的大小表示差异程度，较大的 χ^2 值表明观察到的频数与期望的频数之间的差异较大，可能存在显著的关联。

A 与 B 的相依表用于计算 A 与 B 的 χ^2 值，相依表如表 6-5 所示，其中 $\bar{A}$ 表示不包含 A 的事务，$\bar{B}$ 表示不包含 B 的事务。

表 6-5 显示期望值的相依表

		A	$\bar{A}$	观测值合计
B	观测值 （期望值）	$\text{num}(A\cup B)$ $(P(A)P(B)\times \text{sum})$	$\text{num}(\bar{A}\cup B)$ $(P(\bar{A})P(B)\times \text{sum})$	$\text{num}(B)$
$\bar{B}$	观测值 （期望值）	$\text{num}(A\cup \bar{B})$ $(P(A)P(\bar{B})\times \text{sum})$	$\text{num}(\bar{A}\cup \bar{B})$ $(P(\bar{A})P(\bar{B})\times \text{sum})$	$\text{num}(\bar{B})$
观测值合计		$\text{num}(A)$	$\text{num}(\bar{A})$	sum

使用 $O(\bullet)$ 表示观测值，$E(\bullet)$ 表示期望值，则衡量 A 与 B 的相关性的 χ^2 值为

$$\begin{aligned}\chi^2 = & \frac{[O(A\cup B)-E(A\cup B)]^2}{E(A\cup B)}+\frac{[O(\bar{A}\cup B)-E(\bar{A}\cup B)]^2}{E(\bar{A}\cup B)} \\ & +\frac{[O(A\cup \bar{B})-E(A\cup \bar{B})]^2}{E(A\cup \bar{B})}+\frac{[O(\bar{A}\cup \bar{B})-E(\bar{A}\cup \bar{B})]^2}{E(\bar{A}\cup \bar{B})}\end{aligned} \tag{6-9}$$

卡方检验的原假设为 A、B 互相独立。χ^2 值的自由度为 $(2-1)\times(2-1)=1$，服从自由度为 1 的卡方分布。当 χ^2 值大于 $\chi^2_{1-\alpha}$ 时（一般取显著性水平 $\alpha=1\%$、5%、10%），拒绝原假设，认为两个事件是相关的。使用卡方检验确认项集间的相关性存在后，可进一步使用 $P(A\cup B)$ 和 $P(A)P(B)$ 的大小方向，即 $A\cup B$ 的观测值和实际值，来判断 A 和 B 之间相关性的正负。

算一算

建立某事务数据库中项集 A 与项集 B、项集 E 与项集 F 的相依表如表 6-6 所示。

表 6-6 相依表

（a）A 与 B 的相依表

	A	$\bar{A}$	总计
B	150（100）	100（150）	250
$\bar{B}$	50（100）	200（150）	250
总计	200	300	500

（b）E 与 F 的相依表

	E	$\bar{E}$	总计
F	10（60）	90（40）	100
$\bar{F}$	290（240）	110（160）	400
总计	300	200	500

使用表 6-6 的数据计算 $A\Rightarrow B$ 的 χ^2 相关性度量的计算过程如下：

$$\chi^2=\frac{(150-100)^2}{100}+\frac{(100-150)^2}{150}+\frac{(50-100)^2}{100}+\frac{(200-150)^2}{150}=83.33$$

$\chi^2>\chi^2_{0.95}(1)=3.84$，因此事件 A、B 存在相关性。

由于 $O(A\cup B)=150>E(A\cup B)=100$，认为 A 与 B 之间为正相关关系。

同理，计算 $E\Rightarrow F$ 的 χ^2 相关性度量的计算过程如下：

$$\chi^2=\frac{(10-60)^2}{60}+\frac{(90-40)^2}{40}+\frac{(290-240)^2}{240}+\frac{(110-160)^2}{160}=130.21$$

$\chi^2>\chi^2_{0.95}(1)$，因此事件 E、F 存在相关性。

由于 $O(E\cup F)=10<E(E\cup F)=60$，认为 E 与 F 之间为负相关关系。

3. 其他模式评估度量

1）全置信度

全置信度（all confidence）可以看作两个与项集 A 和 B 相关的关联规则“$A\Rightarrow B$”和“$B\Rightarrow A$”的置信度中的最小值，用于衡量模式中各项集双向关联的强度和可靠性。它考虑某个项集支持度过高或低时对置信度的影响，能有效过滤掉由高频项导致的高置信度但具有误导性的关联规则。全置信度的取值范围为[0, 1]，全置信度越大，表示 A 和 B 之间的关联越强。

$$\text{All\_conf}(A,B)=\frac{\sup(A\cup B)}{\max\{\sup(A),\ \sup(B)\}}=\min\{P(A\mid B),\ P(B\mid A)\} \tag{6-10}$$

2）优势比

优势比（odds ratio）表示在包含与不包含 A 的事务中，包含 B 的机会比之比，用于衡量 A 与 B 之间的关联性。优势比的取值范围为[0, ∞]，值越大，表示项集之间的正向关联越强，值为 1 表示项集之间没有关联，值小于 1 表示项集之间存在负向关联。

$$\text{Odds\_ratio}(A\Rightarrow B)=\frac{\dfrac{\text{conf}(A\Rightarrow B)}{1-\text{conf}(A\Rightarrow B)}}{\dfrac{\text{conf}(\bar{A}\Rightarrow B)}{1-\text{conf}(\bar{A}\Rightarrow B)}}=\frac{\dfrac{P(B|A)}{1-P(B|A)}}{\dfrac{P(B|\bar{A})}{1-P(B|\bar{A})}}=\frac{P(A\cup B)P(\bar{A}\cup\bar{B})}{P(\bar{A}\cup B)P(A\cup\bar{B})} \tag{6-11}$$

3）Kulczynski 度量

Kulczynski（Kulc）度量是关联规则“$A\Rightarrow B$”和“$B\Rightarrow A$”的置信度的平均值。Kulc 度量使用对称的方式来衡量两个项集之间的关联强度，克服了单方向置信度存在的偏差，适用于评估双向关联关系的情况。Kulc 度量的取值范围为[0, 1]，值越大，A 和 B 之间的关系越紧密。

$$\text{Kulc}(A,B)=\frac{1}{2}(\text{conf}(A\Rightarrow B)+\text{conf}(B\Rightarrow A))=\frac{1}{2}(P(B\mid A)+P(A\mid B)) \tag{6-12}$$

4）余弦度量

余弦度量（Cosine）是对项集 A 与项集 B 条件概率的乘积取平方根。余弦度量基于向量空间模型，提供了一种衡量两个项集之间关联强度的对称度量方法。余弦度量的取值范围为[0, 1]，值越高表示 A 、 B 关联越强。

$$\text{Cosine}(A,B)=\frac{\sup(A\cup B)}{\sqrt{\sup(A)\times\sup(B)}}=\frac{P(A\cup B)}{\sqrt{P(A)\times P(B)}}=\sqrt{P(A|B)\times P(B|A)} \quad (6\text{-}13)$$

5）杠杆率

杠杆率（leverage）是项集 A 与项集 B 在同一个事务中出现的实际联合概率和相互独立条件下的期望联合概率之间的差值，表示规则出乎意料程度的“绝对”度量，揭示了项集之间的关联性。杠杆率的取值范围为[−1, 1]，值等于 0 表示 A、B 独立，值大于 0 表示 A、B 之间存在正关联，值小于 0 表示 A、B 之间存在负关联。

$$\text{leverage}(A\Rightarrow B)=\sup(A\cup B)-\sup(A)\sup(B)=P(A\cup B)-P(A)P(B) \quad (6\text{-}14)$$

6）确信度

确信度（conviction）是 A 与 B 独立情况下 A 发生而 B 不发生的期望概率与实际频率的比值。确信度相比置信度，考虑了关联规则的方向性，即正关联与负关联关系，更适合处理 A 和 B 支持度相差较大的情况，在评估规则的实际关联强度和排除误导性关联方面表现更好。确信度的取值范围为[0, ∞]，值越大，表示事务在包含 A 的情况下，同时包含 $\overline{B}$ 的概率相对于独立假设下的期望概率越低，A 与 $\overline{B}$ 之间的负向关系越强。确信度等于 1 表示 A 和 B 独立，值大于 1 表示 A 和 B 有正相关关系，值小于 1 表示 A 和 B 有负相关关系。

$$\text{conviction}(A\Rightarrow B)=\frac{1-\sup(B)}{1-\text{conf}(A\Rightarrow B)}=\frac{P(A)\times P(\overline{B})}{P(A\cup\overline{B})} \quad (6\text{-}15)$$

7）Added Value

Added Value（AV）衡量项集之间的实际关联程度相对于基准关联程度的提升或改进程度。AV 的取值范围为[−0.5, 1]，如果 AV 为正，表示项集 A 的出现显著提高了项集 B 出现的概率，A、B 之间存在正关联；值为零表示项集 A 和项集 B 的出现是独立的；值为负表示项集 A 的出现降低了项集 B 出现的概率，A、B 之间存在负关联。

$$\text{AV}(A\Rightarrow B)=\text{conf}(A\Rightarrow B)-\sup(B)=P(B|A)-P(B) \quad (6\text{-}16)$$

8）确定性因子

确定性因子（certainty factor，CF）表示仅考虑包含项集 A 的事务时，项集 B 也出现的概率相对于 B 在所有事务中出现的概率的变化。确定性因子结合了规则的置信度与规则的提升度，以更好地衡量规则的可靠性。确定性因子的取值范围为[−1, 1]，确定性因子的值大于 0，表示 A 的出现提高了 B 出现的概率，A、B 之间存在正关联；值等于 0 表示 A 和 B 之间没有关联；值小于 0 表示 A 的出现降低了 B 出现的概率，A、B 之间存在负关联。

$$\text{CF}(A\Rightarrow B)=\frac{\text{conf}(A\Rightarrow B)-\sup(B)}{\sup(\overline{B})}=\frac{P(B|A)-P(B)}{1-P(B)} \quad (6\text{-}17)$$

9）Yule’Y

Yule’Y 用于衡量项集之间的关联方向和强度。它的定义如式（6-18）所示，其中

$\alpha = \text{Odds\_ratio}(A \Rightarrow B)$。Yule'Y 的取值范围为[−1, 1]，值大于 0，表示 A 与 B 存在正关联，值等于 0 表示 A 和 B 之间没有关联，值小于 0 表示 A 与 B 存在负关联。

$$Y(A \Rightarrow B) = \frac{\sqrt{\alpha} - 1}{\sqrt{\alpha} + 1} \tag{6-18}$$

10）Jaccard 系数

Jaccard 系数（Jaccard coefficient）通过计算同时包含两个项集的事务数与至少包含其中一个项集的事务数之比，来衡量两个项集在事务数据库中的关联强度。Jaccard 系数的取值范围是[0, 1]，值越接近 1，表示项集之间的关联越强；值为 1 表示两个项集完全重叠；值为 0 表示两个项集完全独立。

$$\text{Jaccard}(A \Rightarrow B) = \frac{\sup(A \Rightarrow B)}{\sup(A) + \sup(B) - \sup(A \Rightarrow B)} = \frac{P(A \cup B)}{P(A) + P(B) - P(A \cup B)} \tag{6-19}$$

关联规则评估度量对规则的评估可能存在差异，甚至得出相反的结果，因此，在实际应用时需要分析评估度量的性质，选择合适的度量，从而准确反映数据中的关联关系，为决策提供有价值的支持。以下几条属性用于描述评估度量的性质，使用这些属性描述评估度量性质的结果如表 6-7 所示。

定义 6-13　对称性指的是度量在变量置换下保持不变的性质。具体而言，如果一个度量 O 对所有的列联表 $\boldsymbol{M}$ 满足 $O(\boldsymbol{M}) = O(\boldsymbol{M}^{\mathrm{T}})$，那么这个度量是对称度量，否则为非对称度量。

列联表 $\boldsymbol{M}$ 如图 6-2（a）所示，表格中数值表示数据库中包含 A 和 B 等项集的事务数量，关联规则评估度量都基于列联表中的数据进行运算。在实际应用中，非对称度量通常用于区分规则 $A \Rightarrow B$ 和 $B \Rightarrow A$ 强度的场合，对称性度量适用于不需要区分方向性的场合，即只关心两个项集之间的关联强度，而不关心哪个项集是前提条件，哪个项集是结果。在这些场合，度量的对称性确保了分析结果不受项集排列顺序的影响，从而提供稳定和可靠的关联分析结果。例如，在研究基因共表达关系时，只关心基因是否一起表达，而不关心哪个基因是表达的前提。对称性度量适合评估基因之间的关联强度。

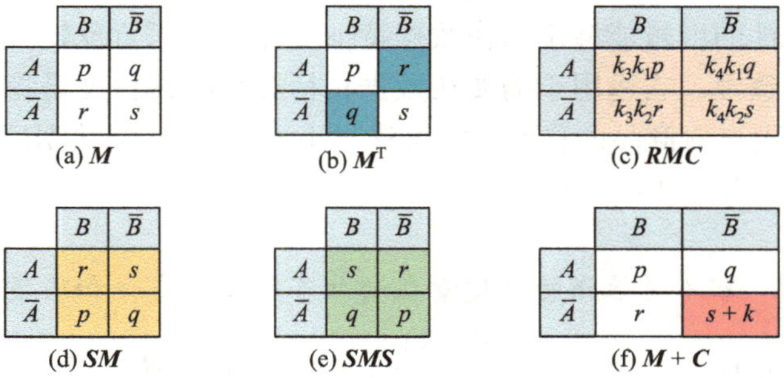

图 6-2　列联表

定义 6-14　定义 6-14 行/列缩放不变性指的是度量在对列联表 $\boldsymbol{M}$ 中的某一行或列进行等比例缩放时保持不变，即对 $\boldsymbol{M}$ 和任意矩阵 $\boldsymbol{R}=\begin{pmatrix}k_1 & 0\\ 0 & k_2\end{pmatrix}$、$\mathbf{C}=\begin{pmatrix}k_3 & 0\\ 0 & k_4\end{pmatrix}$（$k_1,k_2,k_3,k_4>0$），有 $O(\boldsymbol{M})=O(\boldsymbol{RM})$ 且 $O(\boldsymbol{M})=O(\boldsymbol{MC})$。

对 $\boldsymbol{M}$ 的行或列进行缩放后的列联表 $\boldsymbol{RMC}$ 如图 6-2（c）所示。行/列缩放不变性在包含性别、国籍等名义变量的数据集非常有用，因为这些变量的数据经常涉及样本比例的变化。具有这种不变性的度量能够确保分析结果在不同样本比例下的稳定性和一致性，从而提高分析的可靠性和有效性。例如，在比较不同国籍学生的教育成果时，样本中各国籍学生比例变化不应影响度量结果，以确保教育政策和方法评估的可靠性。

定义 6-15　行/列排列下的反对称性指的是度量在对列联表的行或列进行排列变换后变为原来的负值，即对 $\boldsymbol{M}$ 和行排列矩阵 $\boldsymbol{S}=\begin{pmatrix}0 & 1\\ 1 & 0\end{pmatrix}$，有 $O(\boldsymbol{SM})=-O(\boldsymbol{M})$，或 $O(\boldsymbol{MS})=-O(\boldsymbol{M})$。

行和列排列操作下对称的度量不区分表的正相关和负相关。反对称性度量适用于区分正负关联的场合，如在医疗数据分析中，确定某个因素是增加还是减少某种疾病的风险，反对称性的度量能有效地识别这些关联的方向。而在某些情况下，对称性的信息更有价值，如在某些社交网络分析中，了解两个节点是否有相似的连接模式更重要，而无论这种相似性是正相关还是负相关。

定义 6-16　反转不变性指的是度量在数据的正负翻转（即 0 和 1 的互换）下保持不变的性质，即 $O(\boldsymbol{M})=O(\boldsymbol{SMS})$。

反转可视为行与行、列与列的同时交换，数据反转后的列联表 $\boldsymbol{SMS}$ 如图 6-2（e）所示。具有反转不变性的度量能够确保在数据特征变化（如正负反转）时，关联规则分析结果的稳定性和一致性。它适用于需要在数据特征变化时保持度量稳定和一致的情境，如推荐系统中分析用户对商品的喜好（如喜欢与不喜欢），即使数据反转，度量结果仍应保持不变，以确保推荐结果的一致性。

定义 6-17　零不变性指的是度量在增加不包含项集 A 和项集 B 的事务时，其值保持不变的特性，即对 $\boldsymbol{C}=\begin{pmatrix}0 & 0\\ 0 & k\end{pmatrix}(k>0)$，有 $O(\boldsymbol{M})=O(\boldsymbol{M}+\boldsymbol{C})$。

零不变性度量不考虑不包含 A 和 B 的事务数量的影响，一些零不变性度量包括余弦度量和 Jaccard 系数。零不变性对于购物篮数据和文本文档等稀疏型数据集非常有用，这些数据集更关注项的共存，而非项共缺席，通过使用零不变性度量，可以确保分析结果不受大量无关记录的影响，从而更准确地反映实际关联。评估度量的属性见表 6-7。

表 6-7　评估度量的属性

	对称性	行/列缩放不变性	行/列排列下的反对称性	反转不变性	零不变性
支持度	√				
置信度					√
提升度	√				
卡方值	√			√	
全置信度	√				√
优势比	√	√		√	
余弦度量	√				√
Kulc 度量	√				√
杠杆率	√				
确信度					
Added Value					
确定性因子					
Yule'Y	√	√	√	√	
Jaccard 系数	√				√

6.2 Apriori 算法

对于含有 N 条事务的数据库，若使用穷举法找出其中的频繁项集，首先需扫描事务数据库得到所有项的集合 I，得到候选项集，其数量为 $\sum_{i=1}^{|I|} C_{|I|}^{i} = 2^{|I|} - 1$，接下来需再次扫描数据库，将每条事务与每个候选项集匹配，计算候选项集的支持度，这一步的计算量约为 $2^{|I|} \times N$。大型超市中商品种类的数量可以从几千到数万不等，每天产生数以万计的销售记录，购物篮分析的项集数量达到 2^{10000}，使用穷举法计算这些项集的支持度是极大的挑战。Apriori 算法是关联规则挖掘领域的经典算法，它利用频繁项集的先验性质，能显著提高频繁项集挖掘的效率。

6.2.1 Apriori 算法基本原理

定义 6-18　先验性质：项集 A 为频繁项集，若存在非空项集 B，满足 $B \subset A$，则 B 为频繁项集。

示例

项集 $A=\{a, b, c\}$ 为事务数据库TDB中的频繁项集，即 $P(A) \geqslant \text{min\_sup}$，对 A 的任一个非空子集，如 $B=\{b, c\}$，包含项集 $A=\{a, b, c\}$ 的事务也包含 $B=\{b, c\}$，则必有 $P(B) \geqslant P(A) \geqslant \text{min\_sup}$，即频繁项集 A 的子集都为频繁项集。

同理，若 $B=\{b, c\}$ 为非频繁项集，则 $P(B) < \text{min\_sup}$，对 B 的任一超集，如项集 $A=\{a, b, c\}$，则必有 $P(A) \leqslant P(B) < \text{min\_sup}$，非频繁项集的超集都不是频繁项集。

先验性质是Apriori算法的核心理论。Apriori算法采用逐层搜索的迭代方法来生成频繁项集，它先生成所有频繁 k 项集，再生成频繁 $k+1$ 项集，以此类推，直到找到所有频繁项集。在此过程中，Apriori 算法利用先验性质，使用频繁 $k(k \geqslant 1)$ 项集的集合 L_k 生成候选 $k+1$ 项集的集合 C_{k+1}，再对 C_{k+1} 中的候选项集进行支持度计数，得到 L_{k+1}，相比穷举法能有效减小计算量。生成 C_{k+1} 的过程可以分为连接步和剪枝步两个步骤。

（1）连接步。频繁 k 项集的集合 L_k 与自身进行连接，产生候选 $k+1$ 项集的集合 C_{k+1}。假设 $l_1=\{i_{1,1}, i_{1,2}, \cdots, i_{1,k}\}$ 与 $l_2=\{i_{2,1}, i_{2,2}, \cdots, i_{2,k}\}$ 是按照字典顺序给项排序的两个频繁 k 项集，其中字典顺序用于避免后续产生重复的候选项集。如果 l_1 与 l_2 有且仅有最后一项不同，即 $(i_{1,1}=i_{2,1}) \wedge (i_{1,2}=i_{2,2}) \wedge \cdots \wedge (i_{1,k-1}=i_{2,k-1}) \wedge (i_{1,k} \neq i_{2,k})$，则将 l_1 与 l_2 合并得到候选 $k+1$ 项集 $l_3=\{i_{1,1}, i_{1,2}, \cdots, i_{1,k}, i_{2,k}\}$。

（2）剪枝步。从 C_{k+1} 中剪除部分候选项集。C_{k+1} 中包含了所有频繁 $k+1$ 项集，即 $L_{k+1} \subseteq C_{k+1}$，但也可能存在非频繁项集。根据先验性质，如果候选项集 l 存在的子集不是频繁项集，则 l 也不是频繁项集。因此剪枝步生成 l 的 k 项子集，并判断是否存在 k 项子集不在 L_k 中，若是则将 l 从 C_{k+1} 中删除，后续无须对 l 进行支持度计数。

使用Apriori算法从事务数据库TDB中挖掘满足min_sup的频繁项集的过程如下。

步骤1：扫描事务数据库TDB，对项进行支持度计数，生成频繁1项集的集合 L_1。

步骤2：对 L_k 使用连接步产生候选 $k+1$ 项集的集合 C_{k+1}，使用剪枝步修剪 C_{k+1}。

步骤3：遍历扫描TDB，对 C_{k+1} 进行支持度计数，找到频繁 $k+1$ 项集的集合 L_{k+1}。

步骤4：重复步骤2和步骤3，直到 C_k 或 L_k 为空。

设定min_sup为25%，min_sup_count为2，以6.1.2节中表6-2（a）的数据为例，来说明使用Apriori算法生成频繁项集的过程如图6-3所示。

6.2.2 Apriori算法应用与评价

Apriori算法使用先验原理产生候选项集，相比穷举计算的方法，减少了在非频繁项

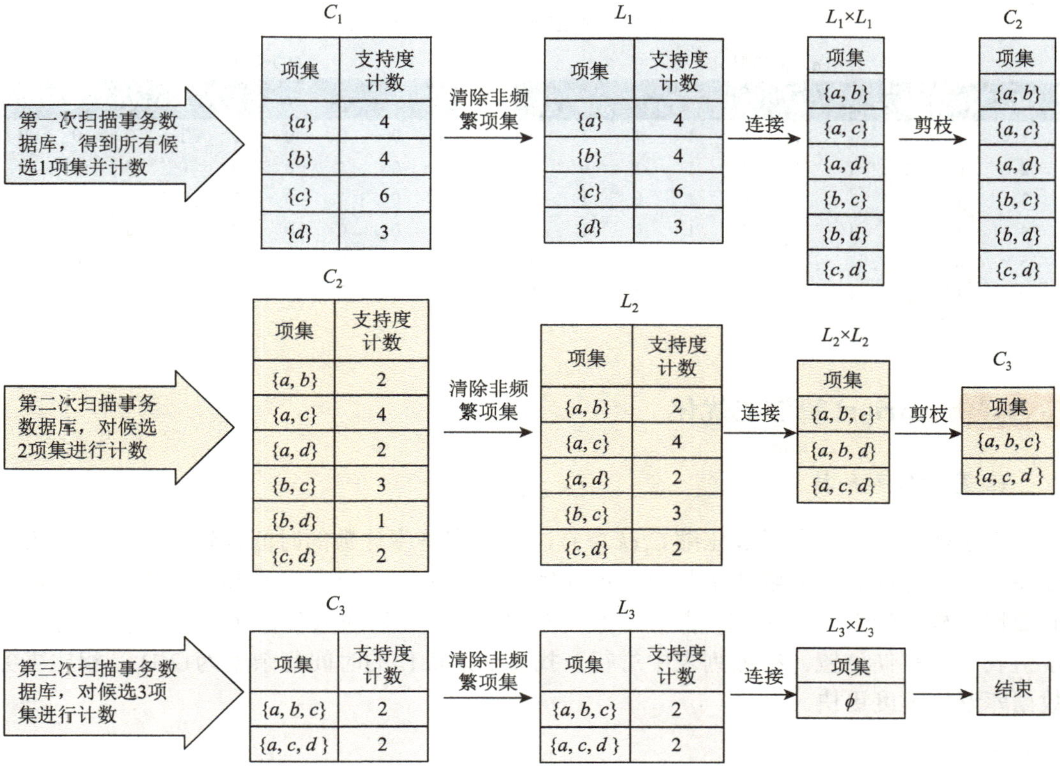

图 6-3　Apriori 算法生成候选项集和频繁项集

集上的运算，极大程度提高了运算效率；同时，Apriori 采用逐层搜索的迭代方法，算法简单明了，没有复杂的理论推导，易于实现，目前 Apriori 算法已发展出多种优化方法，广泛应用于多个领域。

Apriori 算法具有易于理解和实现、灵活性强等优点，但 Apriori 算法在多个步骤上也存在明显的缺陷。Apriori 算法实现过程中仍需生成大量的候选项集，在频繁项个数为 k 时，生成的候选 2 项集就达到了 k^2-k，存储大规模的候选项集，并进一步检验其是否为频繁项集，对计算机的内存和运算都是巨大挑战；此外，Apriori 算法多次遍历事务数据库来计算候选项集的支持度，大量的时间消耗在内存与数据库的数据交换中。Apriori 算法的缺陷导致它更适合事务数据库、稀疏型数据集和短模式的关联规则挖掘。

延伸阅读

密集型数据集是指数据集中大多数记录（事务）只包含少量的非零值或非空项，如表 6-8（a）所示。稀疏型数据集是指数据集中大多数记录包含了较多的非零值或非空项，如表 6-8（b）所示。

表 6-8　密集型布尔数据集和稀疏型布尔数据集

（a）密集型

TID	i_1	i_2	i_3	i_4	i_5	i_6	i_7	i_8	i_9
1	1	1	1	1	0	1	1	1	0
2	0	0	1	1	1	1	1	0	1
3	1	1	1	1	0	1	0	1	1
4	1	1	1	1	1	1	0	1	1
5	0	1	1	1	1	1	1	1	0
6	1	1	1	0	1	1	1	1	1

（b）稀疏型

i_1	i_2	i_3	i_4	i_5	i_6	i_7	i_8	i_9
1	0	0	0	0	1	0	0	0
0	0	1	0	0	0	0	0	0
0	0	1	0	1	0	0	0	0
0	0	0	0	0	0	0	1	1
0	1	0	1	0	0	0	0	0
0	1	0	0	0	0	0	0	0

6.2.3 Apriori 算法的优化

1. 基于散列的技术

基于散列的技术是通过压缩 $C_k(k>1)$，减少支持度计数的时间开销。散列表（Hash table）是一种通过映射函数 f 将每个键映射到一个索引，进而实现高效数据查找和插入的数据结构。映射函数 f 称为散列函数，它将键 key 转换成散列值 $f(\text{key})$，散列值用于索引表中的存储位置。在散列表中进行查找和插入操作的时间复杂度为 $O(1)$，相比事务数据库遍历速度更快。

步骤 1： 遍历事务数据库对候选 k 项集进行计数，同时生成单个事务中所有的 $k+1$ 项集。

步骤 2： 为每个项集 $I=\{i_1,i_2,\cdots,i_n\}$ 生成 $\text{value}=f(I)=f(i_1,i_2,\cdots,i_n)$，按照 value 将其分配到不同桶中。

步骤 3： 从候选 $k+1$ 项集中删除所有桶计数低于 min_sup_count 的项集，从而减少寻找频繁 $k+1$ 项集的计算量。

如果有 k 个频繁项，则产生的候选 2 项集的数量约为 k^2，由于无法剪枝，所有候选 2 项集都需进行计数，因此寻找频繁 2 项集工作量很大。基于散列的技术在扫描事务数据库时，建立散列表如表 6-9 所示，其中 $\text{value}=f(i_1, i_2)=10i_1+i_2$，如项集 $\{1, 3\}$ 对应的值即 $\text{value}(\{1, 3\})=10\times1+3=13$，被分配到地址为 13 的桶中。若设置最小支持度计数为 3，则桶 15、23 中项集将直接被删除。

表 6-9　散列表

桶地址	13	15	18	23	24
桶计数	4	2	3	2	3
桶内容	（1，3） （1，3） （1，3） （1，3）	（1，5） （1，5）	（1，8） （1，8） （1，8）	（2，3） （1，13）	（2，4） （2，4） （1，14）

2. 事务压缩技术

事务压缩技术通过减少事务的数量，来减少计算 C_k 支持度的开销，从而提高算法运行的效率。如果一个事务不包含任何频繁 k 项集，那么这个事务也不包含任何频繁 $k+1$ 项集。在扫描数据库找到所有频繁 k 项集 L_k 后，如果识别出一条事务不包含任何频繁 k 项集，可对这类事务进行标记或删除，后续搜寻 $L_j(j>k)$ 时也不需要对这类事务进行扫描。

3. 划分技术

划分技术通过将事务数据库划分为多个分区进行并行计算，避免大规模数据的运算，从而提高计算效率。划分技术先将数据划分为多个分区，若项集 A 满足 $\sup(A)>\text{min\_sup}$，则在至少一个分区中，项集 A 是频繁的，即存在分区 TDB_i，使得 A 在 TDB_i 中的支持度 $\sup_i(A)$ 满足 $\sup_i(A)>\text{min\_sup}$。划分技术基于此原理在各个分区中寻找分区中的频繁项集作为候选项集，并在总数据集上进一步验证候选项集是否频繁。划分技术的基本步骤如下。

步骤 1： 将事务数据库 TDB 划分为 n 个互不相交的分区：$\text{TDB}_1,\text{TDB}_2,\cdots,\text{TDB}_n$，即各个分区不存在相同的事务。

步骤 2： 对各个分区使用 Apriori 算法，生成分区中的频繁项集，作为 TDB 中频繁项集的候选项集。

步骤 3： 对 TDB 中事务进行全局遍历扫描，对步骤 2 中候选项集进行支持度计数，找到 TDB 中所有频繁项集。

4. 抽样

抽样方法是从数据库中随机抽样，并对抽样数据使用 Apriori 算法得到局部数据中的频繁项集，再使用数据库数据来验证这些频繁项集在全局上是否是频繁的。Apriori 的计算效率受事务数据库的规模影响，通过抽样算法能降低挖掘频繁项集过程中的 I/O 开销。抽样方法的基本步骤如下。

步骤 1： 从事务数据库 TDB 中抽取随机样本 S，在 S 中使用 Apriori 算法搜索局部频繁项集，作为 TDB 中频繁项集的候选项集，得到局部频繁项集的集合 L^S。

步骤 2： 使用数据库 TDB 抽样后余下的数据 $\text{TDB}-S$，对 L^S 中的项集进行支持度计数，得到频繁项集的集合 L。

抽样方法简单易行，但由于仅对 S 中得到的局部频繁项集进行支持度计数并判断是否为频繁项集，仍然可能存在一些全局频繁项集在 S 中为非频繁项集，则将会被遗漏。为了减小这种可能性，抽样方法一般使用比最小支持度更小的支持度阈值来找出 S 中的局部频繁项集。

5. 动态项集计数

动态项集计数将数据库划分为若干个区段，逐个扫描区段，并动态添加频繁项集和生成候选项集，从而减少 Apriori 算法过程中的数据库遍历次数。动态项集计数在生成候选项集后，逐个扫描区段来对候选项集进行支持度计数，扫描数个区段后，若候选项集在这些区段的支持度计数已大于最小支持度计数阈值，则添加为频繁项集，并利用新的频繁项集生成新的候选项集，继续扫描下个区段对候选项集进行支持度计数。

6.2.4 实践案例：基于 Apriori 算法的超市商品购买记录关联分析

本节使用 Apriori 算法对欧洲某超市一个月的销售数据进行购物篮分析，该超市在当月一共售卖 169 种商品，完成 9835 笔订单，每笔订单包含若干种商品。部分购物篮数据如表 6-10 所示。

表 6-10 购物篮数据示例

	宠物护理用品	罐头蔬菜	朗姆酒	面粉	酸奶	…	特色奶酪	腐蚀性清洁剂	猪肉	硬奶酪
0	0	0	0	0	0	…	0	0	0	0
1	0	0	0	0	1	…	0	0	0	0
2	0	0	0	0	0	…	0	0	0	0
…	…	…	…	…	…	…	…	…	…	…
9832	0	0	1	0	0	…	0	0	0	0
9833	0	0	0	0	0	…	0	0	0	0
9834	0	0	0	0	0	…	0	0	0	0

完整数据：“./chapter6/data/groceries.csv”

1. Apriori 算法生成频繁项集

为了从超市商品购买记录中挖掘关联规则，本例首先利用 Apriori 算法得到商品的频繁项集，然后使用频繁项集生成关联规则。在实验中，利用 mlxtend 库中封装好的 apriori 函数来挖掘频繁项集。apriori 函数的使用方法如下：

```
apriori(df, min_support=0.5, use_colnames=False, max_len=None, verbose=0,
low_memory=False)
```

apriori 函数的输入数据为 DataFrame 格式的布尔型数据集；min_support 是最小支持度，默认值为 0.5，取值范围为 0～1 的小数；use_colnames 为布尔型变量，如果为 True 表示使用列名表示项，默认值 False 表示使用列索引作为项的重新编码；max_len 是生成频繁项集的最大长度，None 为默认值，表示不设置频繁项集长度上限，也可取值为大于

数据挖掘

0 的数值，作为频繁项集的长度上限；verbose 为布尔型变量，默认值 0 表示不输出详细的频繁项集信息；low_memory 为布尔型变量，默认值 False 表示不以低内存占用的模式运行算法。Apriori 函数的返回值为 DataFrame 格式的数据集，由支持度和项集两列构成，各项集都满足最小支持度和项集最大长度条件。

文件名称	6-1 Apriori.py	说明	基于 Apriori 算法生成频繁项集和关联规则

```
import pandas as pd
from mlxtend.frequent_patterns import apriori   # 生成频繁项集
from mlxtend.frequent_patterns import association_rules   # 生成强关联规则
# 1.导入数据
dataSet = pd.read_csv('../data/groceries.csv')
# 2.调用 apriori 函数，生成频繁项集与关联规则
if __name__ == '__main__':
  frequent_itemsets = apriori(dataSet, min_support=0.02, use_colnames=True)  # apriori 算法生成频繁项集
 rules = association_rules(frequent_itemsets, metric="confidence", min_threshold=0.35)  # 使用频繁项集生成强关联规则
# 3.结果展示
print(frequent_itemsets)
print(rules[['antecedents', 'consequents', 'support', 'confidence', 'lift']])
```

运行以上代码，得到满足最小支持度 2%的所有频繁项集如表 6-11 所示。

表 6-11 购物篮数据中的频繁项集

	support	itemsets
0	0.139502	(酸奶)
1	0.033452	(超高温杀菌的牛奶)
2	0.031012	(洋葱)
…	…	…
120	0.022267	(全脂牛奶，其他蔬菜，酸奶)
121	0.023183	(全脂牛奶，其他蔬菜，根茎类蔬菜)

完整数据：“./chapter6/res/购物篮数据频繁项集.csv”

2. 从频繁项集生成关联规则

在生成频繁项集后，可以使用 mlxtend 库中封装好的 association_rules 函数来生成关联规则：

```
association_rules(df, metric='confidence', min_threshold=0.8, support_only=False)
```

association_rules 函数以 DataFrame 格式存储的频繁项集及其对应的支持度作为输入变量；metric 表示用于筛选关联规则的评估指标，常用的度量指标有 support、confidence、lift、leverage 和 conviction，默认值为 confidence；min_threshold 表示选取的 metric 参数的阈值，默认评估指标 confidence 的默认值为 0.8；support_only 为布尔型变量，True 表示仅计算支持度，其他度量设置为空值，默认值为 False。

本案例中将 min_conf 设置为 35%。由表 6-10 的频繁项集生成强关联规则如表 6-12 所示。

表 6-12　购物篮数据中的关联规则

	antecedents	consequents	support	confidence	lift
0	（酸奶）	（全脂牛奶）	0.056024	0.401603	1.571735
1	（柑橘类水果）	（全脂牛奶）	0.030503	0.368550	1.442377
2	（猪肉）	（其他蔬菜）	0.021657	0.375661	1.941476
…	…	…	…	…	…
24	（其他蔬菜，根茎类蔬菜）	（全脂牛奶）	0.023183	0.489270	1.914833
25	（全脂牛奶，根茎类蔬菜）	（其他蔬菜）	0.023183	0.474012	2.449770

完整数据：“./chapter6/res/购物篮数据关联规则.csv”

根据表 6-12 的关联规则 2 可以判断出，该超市的顾客习惯在购买猪肉时，购买一些其他蔬菜；由关联规则 24 可知，顾客在购买其他蔬菜和根茎类蔬菜的同时，常常购买一些全脂牛奶。超市可以将猪肉和其他蔬菜摆放在一起，提升其他蔬菜的销量；或是将其他蔬菜、根茎类蔬菜和全脂牛奶进行捆绑销售，提升全脂牛奶的销量。

6.3 FP-growth 算法

6.3.1 FP-growth 算法基本原理

1. FP-树

FP-growth（frequent pattern growth）算法将数据库转化为被称作频繁模式树（FP-tree）的紧凑数据结构，直接从 FP-树中提取频繁项集，无须生成候选项集，整个挖掘过程只遍历两次数据库。FP-树能紧凑而高效地表示数据库，使用表 6-2（a）的数据构建的 FP-树见图 6-4。FP-树的组成元素如下。

（1）根节点（root node）：FP-树的根节点代表一个空集。它没有关联的项，但是有指向树中每个事务的第一个节点的节点链。

（2）项节点（item node）：FP-树中的每个项节点代表数据集中的一个项。它存储项 ID、数据集中到达该项节点的事务计数、指向相同项 ID 的下一个项节点（按照节点添加顺序）的节点链。图 6-4 中的项节点 d:1 中存储节点 ID（d）、事务计数（1）以及指向下一个 d 的节点链（见图 6-4 中的虚线）。

（3）项头表（header table）：项头表列出数据集中所有频繁项，以及它们的支持度计数，并存储指向该频繁项在 FP-树中第一个节点的节点链。

（4）节点链（node link）：节点链是一个指针，连接项头表的每个项与 FP-树中该项的第一个节点，以及相同 ID 的节点（见图 6-4 中的虚线）。节点链有助于方便快速地访问树中的项。

（5）父节点（parent node）与子节点（child node）：FP-树每个项节点为从该点出发的实线的结尾点的父节点，结尾点为该项节点的子节点。父子节点表示两个项在数据集中的至少一条事务中共同出现，用于存储项集在数据库中的关联信息。

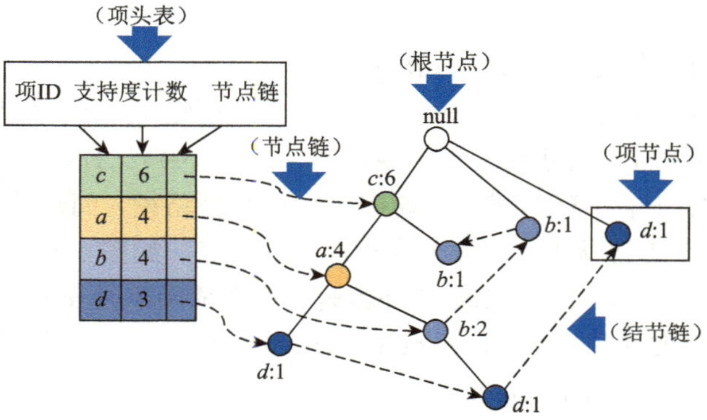

图 6-4　FP-树示意图

从事务数据库 TDB 构建 FP-树的步骤如下。

步骤 1： 扫描 TDB，对 1 项集进行支持度计数。

步骤 2： 从事务中剔除不满足 min_sup 的项，按照支持度递减顺序将事务中的项重排序。

步骤 3： 创建空的根节点 null，代表空集。

步骤 4： 逐条读取事务，对事务 $\{i_1, i_2, \cdots, i_n\}$，如果 FP-树中已有路径 $\text{null} \to i_1 \to i_2 \to \cdots \to i_k (k \leqslant n)$，增加前缀路径 $\text{null} \to i_1 \to i_2 \to \cdots \to i_k$ 上节点的支持度计数，以前缀路径结尾为起点，为事务剩余项创建新路径 $i_k \to i_{k+1} \to \cdots \to i_n$；若无则创建路径 $\text{null} \to i_1 \to i_2 \to \cdots \to i_n$。

步骤 5： 重复步骤 4，直到读取所有事务。

设置 min_sup = 25%，min_sup_count = 2，使用 6.1.2 节中表 6-2（a）的数据构造 FP-树的过程见图 6-5 与图 6-6，具体步骤如下。

（1）扫描数据库，计算每个项的支持度计数，得到 $\text{sup}(c) > \text{sup}(a) = \text{sup}(b) > \text{sup}(d) \geqslant$ min_sup，删除事务中的非频繁项，将事务的项按照支持度递减顺序进行重排序，得到表 6-13。

表 6-13　按项支持度递减重排序后的事务数据库

TID	事务
1	{*c*，*a*，*b*}
2	{*b*}
3	{*c*，*a*，*d*}
4	{*c*，*a*}
5	{*c*，*b*}
6	{*c*}
7	{*c*，*a*，*b*，*d*}
8	{*d*}

（2）为 FP-树构建名为 null 的起始节点。

（3）第二次扫描数据库，读入 TID1：$\{c, a, b\}$，创建 c、a、和 b 三个节点，且三个节点的支持度计数都为 1，构建路径 $\text{null} \to (c:1) \to (a:1) \to (b:1)$，见图 6-5（a）。

（4）读入 TID2：$\{b\}$，TID2 在 FP-树中不存在前缀路径，创建节点 $(b:1)$，形成路径 $\text{null} \to (b:1)$，创建节点链从上一个 b 节点指向新 b 节点，如图 6-5（b）中的虚线所示。

（5）读入 TID3：$\{c, a, d\}$，TID3 在 FP-树中存在前缀路径 $\text{null} \to (c:1) \to (a:1)$，前缀路径上节点的支持度计数增加 1，即 $\text{null} \to (c:2) \to (a:2)$，并创建节点 $(d:1)$ 作为前缀路径上 $(a:2)$ 的子节点，见图 6-5（c）。

（6）读入 TID4：$\{c, a\}$，增加前缀路径 $\text{null} \to (c:2) \to (a:2)$ 上支持度计数，即 $\text{null} \to (c:3) \to (a:3)$，其他节点的支持度计数不变，见图 6-5（d）。

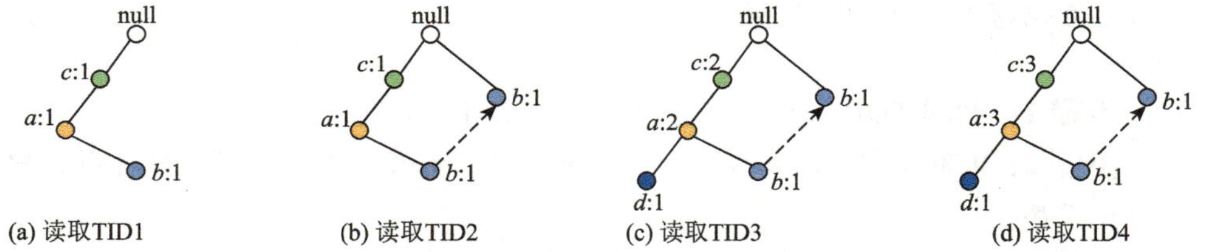

图 6-5　读取事务 TID1-TID4

（7）FP-树依次读入 TID5：$\{c, b\}$、TID6：$\{c\}$、TID7：$\{c, a, b, d\}$ 和 TID8：$\{d\}$ 的过程与各节点的支持度计数如图 6-6 所示。

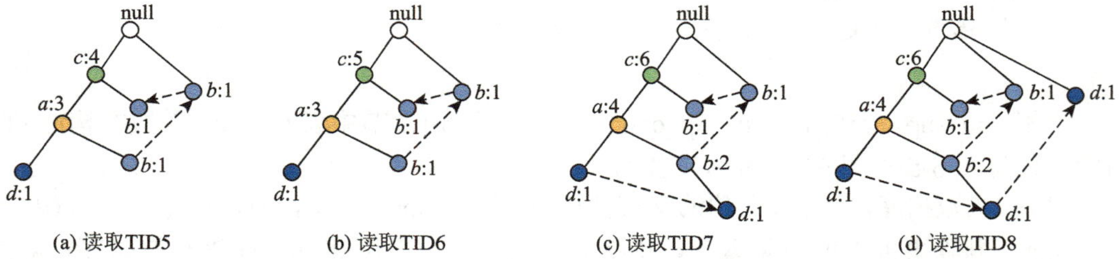

图 6-6　读取事务 TID5-TID8

由上述示例可见，FP-树是一个高度压缩的数据结构，任意一条路径 null $\rightarrow i_1 \rightarrow i_2 \rightarrow \cdots \rightarrow i_n$ 存储了所有最大项集形式为 $\{i_1, i_2, \cdots, i_k\}(1 \leqslant k \leqslant n)$ 的事务数据。因此，FP-树在内存利用方面表现优于原始数据库以及 Apriori 算法所需的空间。此外，FP-树在处理事务时，对事务中的项按照支持度降序排序。支持度高的项更接近 FP-树的根节点，更有机会共享节点，进一步提升了 FP-树的数据压缩效果。FP-树的“枝叶”结构越简单，压缩效果就越显著，如果 FP-树的“枝叶”结构较为复杂，压缩效果较差。

2. FP-growth 算法生成频繁项集

由于 FP-树实质上是由事务生成的路径集合，可以使用 FP-树中的节点链来遍历包含各个频繁项的路径。通过遍历图 6-4 节点链而构建的包含各节点的路径如图 6-7 所示。

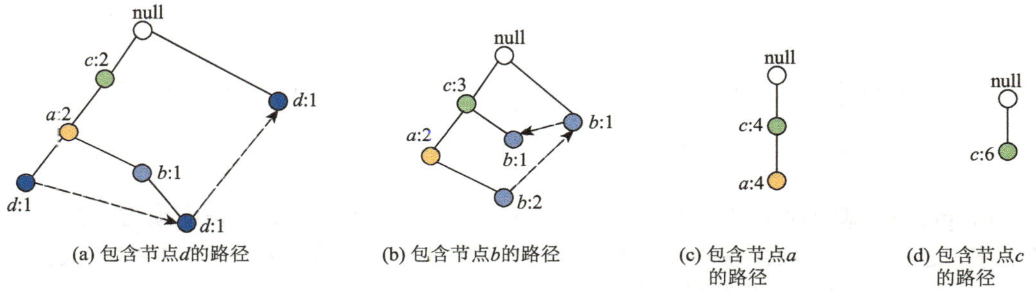

图 6-7　包含不同节点的路径

FP-growth 算法通过这种方式实现对数据库的分区，并在每个分区中构建不同频繁项的条件模式基（conditional pattern base），即在 FP-树中以某个频繁项为后缀（末节点）的路径集合，如表 6-14 所示。

表 6-14　创建条件模式基和 FP-树

项	条件模式基	条件 FP-树
d	$\{$ null $\rightarrow c \rightarrow a \rightarrow b$:1， null $\rightarrow c \rightarrow a$:1 $\}$	$\{$ null $\rightarrow (c$:2$) \rightarrow (a$:2$)$ $\}$
b	$\{$ null $\rightarrow c \rightarrow a$:2， null $\rightarrow c$:1 $\}$	$\{$ null $\rightarrow (c$:3$) \rightarrow (a$:2$)$ $\}$
a	$\{$ null $\rightarrow c$:4 $\}$	$\{$ null $\rightarrow (c$:4$)$ $\}$
c	$\varnothing$	$\varnothing$

FP-growth 算法在条件模式基上，构造条件数据库（又称条件子树，见图 6-8），每个条件子树关联一个频繁模式，仅需分别对这些条件数据库进行挖掘，将挖掘出的频繁项与“模式段”组合，可以构成长模式的频繁项集。各个项的条件模式基与关联的条件 FP-树如表 6-14 所示，null $\rightarrow c \rightarrow a \rightarrow b$:1 表示路径的支持度计数为 1，从项 d 的条件模式基

构建条件 FP-树时，节点b的计数为 1，不满足最小支持度计数，于是将节点b从该条件 FP-树中删除。

> 条件 FP-树（conditional FP-tree）：是在 FP-树的基础上，通过对 FP-树的每个频繁项进行条件模式基的挖掘而得到的子树。条件 FP-树用于在频繁模式挖掘中，构建与给定频繁项集相关联的频繁项集。
>
> FP-树只含有频繁项，条件 FP-树中的项也应满足频繁条件，从条件模式基构造条件 FP-树时，若项在条件模式基中的计数不满足最小支持度计数，则将项的对应节点从条件 FP-树中删除。

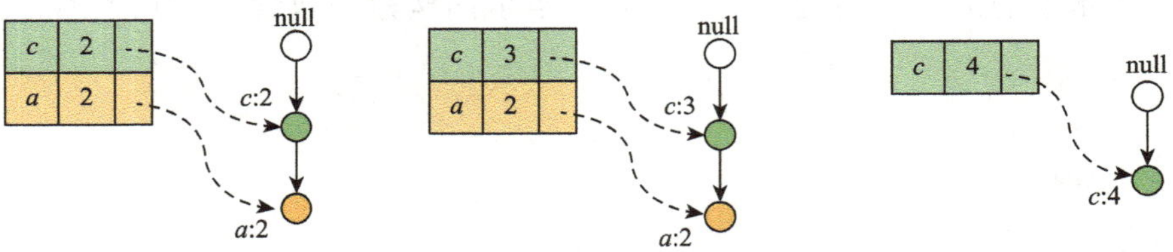

(a) 与项d关联的条件FP-树 (b) 与项b关联的条件FP-树 (c) 与项a关联的条件FP-树

图 6-8 不同项关联的条件 FP-树

FP-growth 算法使用自底向上的方式在 FP-树上挖掘频繁项集，按照项的支持度递增的顺序，逐次挖掘与项关联的条件 FP-树上的频繁项集，从项集I的条件 FP-树 Tree_I（起始I = null）中生成频繁项集的过程如下。

步骤 1： 通过项头表和节点链遍历 Tree_I，找到其中每个频繁项i的条件模式基。

步骤 2： 基于频繁项i的条件模式基，构造条件 FP-树 Tree_{Ii}。

步骤 3： 按照项支持度递增的顺序逐个挖掘 Tree_{Ii}。如果 Tree_{Ii} 不为空，首先挖掘 Tree_{Ii} 中的各个频繁项j，并将j和Ii组合成更长的频繁项集Iij；然后对 Tree_{Ii} 重复步骤 1～步骤 3，直到挖掘 Tree_{Ii} 中的所有频繁项集。

从图 6-4 的 FP-树中挖掘频繁项集，应依次生成与d、b、a、c关联的条件子树，然后在条件子树上分别执行 FP-growth 算法。设置 min_sup_count 为 2，从项d关联的条件 FP-树挖掘频繁项集的过程如下。

（1）从 FP-树中构建项d的条件模式基，见表 6-14。

（2）从节点d的条件模式基构造条件 FP-树，将不能满足最小支持度阈值要求的节点删除，节点c、a的支持度计数为 2，节点b的支持度计数为 1，所以节点c、a都保留，节点b将直接被删除，见图 6-8（a）。

（3）项d关联的条件 FP-树中频繁项为c:2、a:2，与后缀d构成频繁项集$\{c, d\}$:2、$\{a, d\}$:2。

（4）挖掘以 $\{a, d\}$ 为后缀的频繁项集。项集 $\{a, d\}$ 的条件模式基为 null → $c:2$，关联的条件 FP-树为 null → $c:2$，条件 FP-树中有且仅有一个项 c 且满足 min_sup_count，所以 $\{c, a, d\}$ 为频繁项集。

（5）$\{c, d\}$ 的条件模式基为空，以 $\{c, d\}$ 为后缀的频繁项集已全部挖掘。

此时以 d 为后缀的频繁项集已全部找到。

6.3.2 FP-growth 算法应用与评价

FP-growth 算法采用基于分区的搜索技术，它构建不同项集的条件 FP-树实现数据库分割，并在分区上挖掘，从而将长频繁项集转化为寻找短项集的问题。这种技术仅需进行两次数据库遍历，避免了产生长候选项集，能够减小搜索空间，提高挖掘效率。这使得 FP-growth 对不同长度的项集都有很好的适应性，同时在效率上较 Apriori 算法有较大的提高。

然而，FP-growth 算法实现过程中需动态地生成和释放条件 FP-树，在大型数据库中仍然要生成数量庞大的条件 FP-树，可能会耗费大量的时间和空间。此外，FP-growth 算法的效率与数据集的稀疏性相关，当数据集较为稀疏时，FP-树的压缩效果较差，算法效率会大幅度下降。这些特点使得它更适合挖掘密集型数据库，在大型数据库的挖掘上相比 Apriori 算法有明显优势。

6.3.3 实践案例：基于 FP-growth 算法消费者购物时间偏好关联分析

本次实验中数据为某购物网站的消费者购物时间数据，使用 FP-growth 算法发现消费者的偏好购物时间之间的关联规律。该数据集共 1572599 条数据，记录了 206209 位消费者分别在 0～23 点的购物次数。在实验过程中，为每位消费者构造一条数据，记录用户的购物时间偏好（购物次数超过总购物次数的 10%的时刻集合），并编码成布尔型数据集如表 6-15 所示。

表 6-15　消费者购物时间偏好数据

	0	1	2	…	14	15	16	…	21	22	23
0	False	False	False	…	True	True	False	…	False	False	False
1	False	False	False	…	False	False	False	…	False	False	False
2	False	False	False	…	True	True	True	…	False	False	False
…	…	…	…	…	…	…	…	…	…	…	…
206207	False	False	False	…	True	True	False	…	False	False	False
206208	False	False	False	…	False	True	True	…	False	False	False

完整数据：“./chapter6/data/user_orders_hourofday.csv”

本次实验利用 mlxtend 库中的 fpgrowth 函数来挖掘频繁项集，具体代码见代码 6-2。fpgrowth 函数的使用方法如下（fpgrowth 函数的输入变量与说明见 6.2.4 节）：

运行代码文件 6-2，得到满足 min_sup＝2% 的频繁项集，展示部分频繁项集如表 6-16 所示。

文件名称	6-2 Fp-growth.py	说明	基于 FP-growth 算法生成频繁项集与关联规则

```
from mlxtend.frequent_patterns import fpgrowth
from mlxtend.frequent_patterns import association_rules
import pandas as pd
# 1.导入数据
data = pd.read_csv('../data/user_orders_hourofday.csv')
# 2.调用 fpgrowth 函数，生成频繁项集与关联规则
frequent_itemsets = fpgrowth(data, min_support=0.03, use_colnames= True)  # 生成频繁项集
rules = association_rules(frequent_itemsets,metric = 'confidence', min_threshold = 0.35)  # 生成关联规则
rules = rules[rules['lift']>=1.2]  #设置提升度阈值，筛选关联规则
# 3.结果展示
print(frequent_itemsets)
print(rules[['antecedents', 'consequents', 'support', 'confidence', 'lift']])
```

表 6-16　消费者购物时间偏好数据中的部分频繁项集

	support	itemsets
0	0.330902	（15）
1	0.330601	（14）
2	0.316325	（12）
…	…	…
94	0.037064	（13，19）
95	0.033374	（19，11）

完整数据：“./chapter6/res/消费者购物时间偏好数据频繁项集”

设置 min_conf＝0.35，提升度阈值为 1.2，从消费者购物时间数据中挖掘的频繁项集生成满足阈值的所有强关联规则及对应的支持度、置信度、提升度信息，其中关联规则如表 6-17 所示。

表 6-17　消费者购物时间偏好数据中的关联规则

	antecedents	consequents	support	confidence	lift
5	（9）	（10）	0.105442	0.397132	1.268075
6	（11，9）	（10）	0.040585	0.438443	1.399983
8	（8）	（9）	0.067718	0.381885	1.438321

续表

	antecedents	consequents	support	confidence	lift
16	（12，10）	（11）	0.040333	0.401477	1.238603
20	（15，17）	（16）	0.035934	0.400541	1.258668
21	（18）	（17）	0.077053	0.361582	1.347115

表 6-17 中关联规则 5：(9)⇒(10) 的置信度为 0.397132，提升度为 1.268075，说明在 9 点频繁购物的消费者中，约有 39.7%的人在 10 点频繁购物，相比其他未表现出在 9 点频繁购物的消费者，在 10 点频繁购物的可能性提升了约 26.8%。另外关联规则 8：(8)⇒(9) 的提升度为 1.438321，说明在 8 点频繁购物的消费者在 9 点频繁购物的可能性也明显提升。这些关联规则表明消费者购物时间与相邻时间之间存在较强的关联关系，常在上午某个时刻购物的消费者往往也倾向于在其他上午时刻购物，常在下午某个时刻购物的消费者也表现出常在其他下午时刻购物的行为。同时，上午和下午的购物时刻之间并没有表现出较强的关联关系。上述分析结果表明消费者购物时间在不同时间段存在个人偏好，这对于进行用户细分，以及利用用户偏好来设置广告推送、分时营销等具有非常有意义的应用。

6.4 Eclat 算法

6.4.1 Eclat 算法基本原理

1. 垂直数据格式

定义 6-19　TID set 在事务数据库 TDB 中，包含项 i 的所有事务的标识符的集合称为项 i 的 TID set。

定义 6-20　垂直数据格式即形如{item：TID　set}的数据格式。item 为项的名称。垂直数据格式下数据库中的每一条记录由一个作为索引的项及其 TID set 构成。

事务数据库的两种数据格式表示如表 6-18 所示。

表 6-18　事务数据库的两种数据格式表示

（a）水平数据格式

TID	事务
1	{a，b，c}
2	{b}
3	{a，c，d}

（b）垂直数据格式

项集	TID 集
{a}	{1，3，4，7}
{b}	{1，2，5，7}
{c}	{1，3，4，5，6，7}

续表

TID	事务
4	{a，c}
5	{b，c}
6	{c}
7	{a，b，c，d}
8	{d}

项集	TID 集
{d}	{3，7，8}

2. Eclat 算法生成频繁项集

Eclat 算法利用先验性质，由 L_k 连接生成 C_{k+1}。每个候选 $k+1$ 项集由两个频繁 k 项集合并生成，Eclat 算法对这两个频繁 k 项集的 TID set 求交集，生成该候选 $k+1$ 项集对应的 TID set，TID set 的长度即为对应项集的支持度计数，可直接判断候选项集是否为频繁项集。

示例

$\{a, b\}:\{1, 3, 5, 6\}$ 与 $\{a, c\}:\{1, 3, 4, 6, 7\}$ 中项集合并产生候选项集 $\{a, b, c\}$，TID set 的交集为 $\{1, 3, 6\}$，根据 TID set 可以得到 $\{a, b, c\}$ 的支持度计数为 3。

使用 Eclat 算法挖掘频繁项集的完整步骤如下。

步骤 1： 首先扫描数据库，将水平数据格式转化为垂直数据格式。

步骤 2： 使用项的 TID set 计算项的支持度，得到频繁 1 项集和对应的 TID set，即 $L_1:T_1$。

步骤 3： 频繁 k 项集及其对应的 TID set 为 $L_k:T_k$，对 L_k 中两个前 $k-1$ 个项相同的项集 l_1 和 l_2 求并集，l_1 和 l_2 对应的 TID set 求交集，得到候选 $k+1$ 项集及其对应的 TID set $C_{k+1}:T_{k+1}$。

步骤 4： 对候选 $k+1$ 项集的 TID set 中的事务数进行计数，如果大于 min_sup_count，则该候选项集为频繁项集，得到 $L_{k+1}:T_{k+1}$。

步骤 5： 重复步骤 3 和步骤 4，直到 L_k 或 C_k 为空。

设置 min_sup = 25%，即 min_sup_count = 2，以下是以表 6-2（a）为例，使用 Eclat 算法挖掘频繁项集的过程。

（1）扫描数据库，将事务转化为垂直数据格式。得到的候选 1 项集与对应的 TID set，如表 6-18（b）所示。

（2）计算候选 1 项集的支持度。根据候选 1 项集对应的 TID set 中的元素个数计算项集支持度，消除不满足 min_sup_count 的候选 1 项集，得到频繁 1 项集的集合 $L_1=\{\{a\}, \{b\}, \{c\}, \{d\}\}$。

（3）对频繁 1 项集及其 TID set 分别执行并交集操作生成候选 2 项集与对应的 TID set。如表 6-19 所示，候选 2 项集 $\{b, d\}$ 对应的 TID set 只含有 1 个事务，不满足 min_sup_count，因此不是频繁项集，其他项集为频繁项集。

表 6-19　候选 2 项集与对应的 TID set

项集	TID 集
{a，b}	{1，7}
{a，c}	{1，3，4，7}
{a，d}	{3，7}
{b，c}	{1，5，7}
~~{b，d}~~	~~{7}~~
{c，d}	{3，7}

（4）频繁 2 项集及其 TID set 分别执行并交集操作生成候选 3 项集与对应的 TID set。如表 6-20 所示，候选 3 项集 $\{a, b, d\}$ 为非频繁项集，其他候选项集为频繁项集。

表 6-20　频繁 3 项集与对应的 TID 集

项集	TID 集
{a，b，c}	{1，7}
~~{a，b，d}~~	~~{7}~~
{a，c，d}	{3，7}

（5）使用频繁 3 项集生成候选 4 项集。由于 C_4 为空，Eclat 算法终止。

6.4.2　Eclat 算法应用与评价

Eclat 算法使用垂直数据格式，由于每个候选 k 项集的 TID set 携带了计算支持度所需的完整信息，Eclat 算法通过对候选项集的 TID set 中的元素直接计数来确定候选项集是否为频繁项集，无须像 Apriori 算法执行多次扫描事务数据库的操作。

但 Eclat 算法生成候选项集时，需要先判断两个项集是否满足连接条件，当项集的长度较长时，连接条件判断的时间也会增长，两个项集执行并集操作后，对应的两个 TID 集需要进行取交集操作，增加了时间消耗，长集合的交运算仍然运算时间较长，这使得 Eclat 算法更适合挖掘短模式的数据集。

6.4.3　实践案例：基于 Eclat 算法的糖尿病症状关联分析

本节使用 Eclat 算法分析糖尿病患者症状数据集，对患者的疾病症状数据进行关联规则挖掘，研究哪些症状与糖尿病有密切联系，以及症状间是否存在并发现象，经过数据处理后的具体症状说明如表 6-21 所示。

表 6-21　糖尿病患者症状数据说明

症状名称	症状说明
polyuria	排尿过多
polydipsia	过度口渴/过量饮酒
sudden_weight_loss	突然体重减轻
weakness	虚弱发作
polyphagia	过度/极度饥饿发作
genital_thrush	酵母菌感染
visual_blurring	视力模糊发作
itching	瘙痒发作
irritability	易怒
delayed_healing	愈合延迟
partial_paresis	部分轻瘫
muscle_stiffness	肌强直
alopecia	脱发
obesity	肥胖
Class	糖尿病
male	男性
female	女性
old	大于 45 岁

本次实验调用 pyEclat 库中的 Eclat 函数，用法如下：

```
eclat_instance = ECLAT(data=dataframe, verbose=True)
get_ECLAT_indexes, get_ECLAT_supports = eclat_instance.fit(min_support=0.08, min_combination=1, max_combination=3, separator=' & ',verbose=True)
```

data 是 DataFrame 格式的数据集，每行表示 1 条事务；verbose 表示是否显示具体进度，默认值 True 表示显示频繁项集挖掘的具体进度，False 表示不显示具体进度；min_support 为最小支持度；min_combination 和 max_combination 分别表示生成项集的最小和最大长度，默认值分别为 1 和 3；separator 表示项集中项的连接符号，为字符串格式，默认值为&；get_ECLAT_supports 是以字典格式存储的频繁项集及其对应支持度，键为频繁项集，值为对应的支持度；get_ECLAT_indexes 是以字典格式存储的频繁项集及其对应 TID 集，键为频繁项集，值为对应的 TID 集。

对糖尿病特征数据使用Eclat算法，具体代码见代码文件6-3，其中min_support设置为0.25。

文件名称	6-3 Eclat.py	说明	基于 Eclat 算法生成频繁项集和关联规则

```
import pandas as pd
from pyECLAT import ECLAT
from mlxtend.frequent_patterns import association_rules
# 1.导入数据，并将其处理为特定格式
Data = pd.read_csv('../data/symptoms_of_diabetes_patients.csv')
Data.columns = range(len(Data.columns))
eclat_instance = ECLAT(data = Data, verbose=True)
# 2.调用 eclat_instance.fit 函数生成频繁项集
get_ECLAT_indexes, get_ECLAT_supports = eclat_instance.fit(min_support=0.25, min_combination=1, max_combination=4, separator=' & ',verbose=True)
eclat_instance.df_bin # 数据展示
# 3.生成关联规则
items_list = [frozenset(element.split(' & ')) for element in list(get_ECLAT_supports.keys())]
frequentsets = pd.DataFrame(list(zip(list(get_ECLAT_supports.values()), items_list)), columns=['support', 'itemsets']) # 将频繁项集处理成特定格式
rules = association_rules(frequentsets, metric="confidence", min_threshold=0.8)
# 4.结果展示
print(frequentsets)
print(rules[['antecedents', 'consequents', 'support', 'confidence', 'lift']])
```

运行以上代码，得到频繁项集如表 6-22 所示。

表 6-22　糖尿病患者症状数据频繁项集

	support	itemsets
0	0.430769	（partial_paresis）
1	0.375000	（muscle_stiffness）
2	0.555769	（old）
…	…	…
107	0.250000	（polydipsia，diabete，polyphagia，polyuria）
108	0.251923	（diabete，polydipsia，polyuria，sudden_weight_loss）

完整数据：“./chapter6/res/糖尿病患者症状数据频繁项集”

从表 6-22 的频繁项集中挖掘关联规则，以进一步分析患者信息、症状、与糖尿病的关联关系，设定关联规则的置信度阈值为 0.8，得到关联规则及对应的支持度、置信度、提升度信息如表 6-23 所示。

表 6-23　糖尿病患者症状数据关联规则

	antecedents	consequents	support	confidence	lift
0	（女性）	（糖尿病）	0.332692	0.901042	1.464193
1	（突然体重减轻）	（糖尿病）	0.361538	0.866359	1.407834
2	（排尿过多）	（糖尿病）	0.467308	0.941860	1.530523
…	…	…	…	…	…
66	（部分轻瘫，排尿过多）	（糖尿病，过度口渴/过量饮酒）	0.269231	0.833333	1.925926
67	（部分轻瘫，过度口渴/过量饮酒）	（排尿过多，糖尿病）	0.269231	0.891720	1.908207

完整数据："./chapter6/res/糖尿病患者症状数据关联规则.csv"

关联规则 0:（女性）⇒（糖尿病）的提升度为 1.464193，表明在其他情况相同的条件下，女性患者比男性患者更易确诊糖尿病；关联规则 2:（排尿过多）⇒（糖尿病）的置信度为 0.941860，提升度为 1.530523，这个结果说明出现排尿过多症状的患者，有约 94.2%被确诊为糖尿病，其确诊概率比未表现出此症状的其他患者高出约 53.1%，这些症状与糖尿病表现出较强的关联关系。

6.5 H-mine 算法

6.5.1 H-mine 算法基本原理

1. H-struct

H-mine 算法是使用超链接数据结构（hyper-linked data structure）——H-struct 来挖掘频繁项集的算法。H-struct 由项头表、频繁项投影、超链接等组成，使用表 6-2（a）的数据构建的 H-struct 如图 6-9 所示。

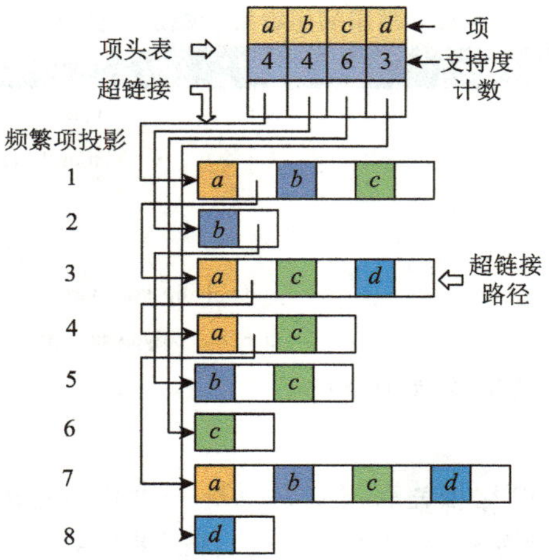

图 6-9　H-struct 示意图

（1）项头表（header table）：项头表列出数据集中所有频繁项，以及它们的支持度计数，并存储指向该频繁项在 H-struct 中第一个节点的超链接。

（2）频繁项投影（frequent-item projections of transaction）：由一系列频繁项组成，对应数据集中的一条事务，由事务剔除非频繁项得到。

（3）超链接（hyper-link）：用于链接首项相同的频繁项投影使其形成队列，项头表中的对应项作为队列头。

在 H-mine 算法中，首先扫描事务数据库，建立 H-struct，然后利用 H-struct 来挖掘频繁项集。使用 H-mine 算法建立图 6-9 中 H-struct 的过程如下。

（1）第一次扫描数据库，找到所有频繁 1 项集，并生成事务的频繁项投影。min_sup 分别设定为 25%和 50%时，事务的频繁项投影见表 6-24 的第三列和第四列，频繁项与对应的支持度计数为 $\{a:4, b:4, c:6, d:3\}$，$a:4$ 表示 a 的支持度计数为 4。

表 6-24　事务的频繁项投影

TID	事务	最小支持度为 25%	最小支持度为 50%
1	*a*，*b*，*c*	*a*，*b*，*c*	*a*，*b*，*c*
2	*b*	*b*	*b*
3	*a*，*c*，*d*	*a*，*c*，*d*	*a*，*c*
4	*a*，*c*	*a*，*c*	*a*，*c*
5	*b*，*c*	*b*，*c*	*b*，*c*
6	*c*	*c*	*c*
7	*a*，*b*，*c*，*d*	*a*，*b*，*c*，*d*	*a*，*b*，*c*
8	*d*	*d*	*null*

设定 min_sup 为 25%，继续构建 H-struct。

（2）按照频繁项的某种固定顺序将事务中项重新排序。在本例中，将事务中的项按照字典顺序（F-list）$a-b-c-d$ 排序。

（3）第二次扫描事务数据库，根据事务的频繁项投影建立 H-struct。首项相同的频繁项投影通过超链接形成队列，而这个队列的头节点就是项头表 H 中的项。例如，在头表 H 中的项 a 是 a-队列的头节点，它链接了事务 1、3、4 和 7 的频繁项投影，因为这四个投影的前缀均为 a；类似地，事务 2、5 被链接到 b-队列；事务 6 被链接到 c-队列；事务 8 被链接到 d-队列。

2. H-mine 算法生成频繁项集

事务数据库 TDB 若只包含频繁项 a、b、c、d，则可将该数据库中的频繁项集划分为 4 个互不干扰的类别：①包含项 a 的频繁项集；②包含项 b，且不含项 a 的频繁项集；③包含项 c，但不含项 a、项 b 的频繁项集；④频繁项集 $\{d\}$，如图 6-10 所示对投影数据库和频繁项集进行划分。

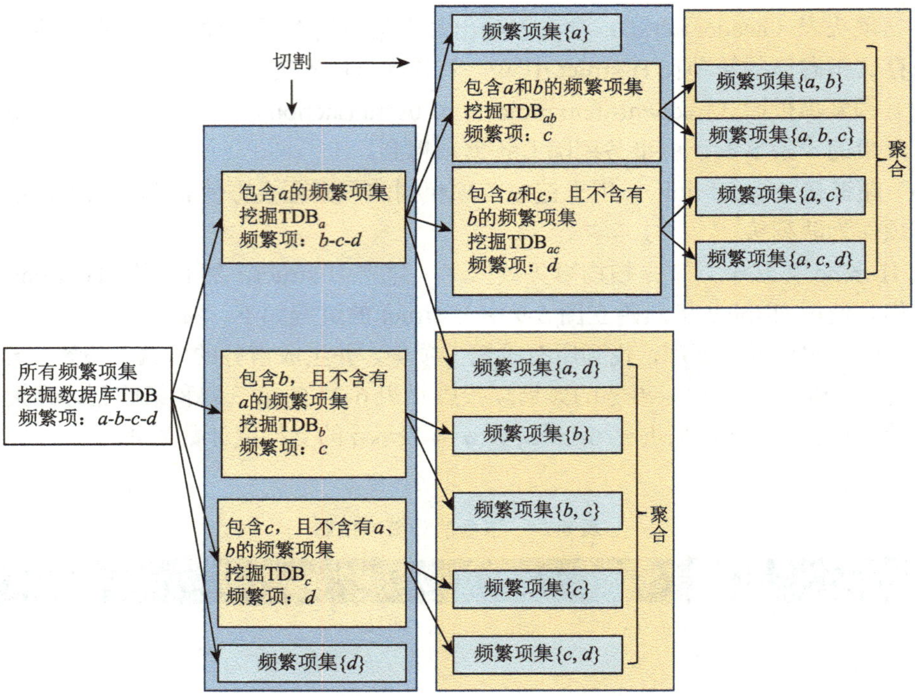

图 6-10　频繁项集的切割和聚合

如果要找出包含项集 I 的频繁项集，仅需扫描所有包含 I 的频繁项投影（TDB_I）。H-mine 算法中使用超链接将 TDB_I 链接成 I-队列，通过超链接快速遍历队列。此外，H-mine 采用递归的思想，它依序挖掘各类别的频繁项集，在挖掘出频繁项集 I 后，使用 I-队列作为数据集，重新构建项头表和 H-struct，利用超链接遍历 I-队列对项的支持度进行计数，并将频繁项 i 和 I 组合成新的频繁项集 Ii。H-mine 算法在挖掘过程中动态地创建和调整超链接，从而构建频繁项集的对应队列，而不创建新的频繁项投影，如频繁项投影 $\{a, c, d\}$ 最初属于 a-队列，第一类频繁项集挖掘结束后，H-struct 调整超链接，$\{a, c, d\}$ 加入投影中 a 的下一项的队列（c-队列）。

从 H-struct 中挖掘频繁项集的完整步骤如下。

步骤 1： 依据 F-list: $i_1 - i_2 - \cdots - i_n$ 顺序，对 H-struct 中每个频繁项 i 构成的项集 $\{I = i\}$ 执行步骤 2～步骤 5。

步骤 2： 频繁项集 $I = \{i_{k_1}, i_{k_2}, \cdots, i_{k_b}, i_{k_c}\}$，从项头表 H 开始遍历 I-队列，查找并按照 F-list 输出频繁项，形成 $\text{F-list}_I: i_{j_1} - i_{j_2} - \cdots - i_{j_{n'}}$，（要求 $j_1 > k_c$，即 F-list_I 中的项在 F-list 中都位于 I 中项的右侧），然后将 F-list_I 中的项逐个与 I 组成频繁项集，即 $I \cup \{i_{j_m}\}$（$i_{j_m} \in \text{F-list}_I$）。

步骤 3： 构建项头表 H_I，扫描 I-队列，若频繁项投影 P 中出现的第一个 F-list_I 中的项为 i_{j_m}，则利用超链接将 P 链接到 Ii_{j_m}-队列。

步骤 4： 依序对 F-list_I 中的每个项 i_{j_m} 与 I 组成的频繁项集 $I\cup\{i_{j_m}\}$，执行步骤 2～步骤 4，其中 $H=H_I$，$\text{F-list}=\text{F-list}_I$，$Ii_{j_m}$-队列频繁项集挖掘结束后，从 H_I 遍历 Ii_{j_m}-队列，将其中每个频繁项投影 P 链接到 P 中项 i_{j_m} 的下一个项 i_{j_x} 对应的 Ii_{j_x}-队列。

步骤 5： I-队列挖掘结束后，从 H 开始遍历 I-队列，将其中每个频繁项投影 P，链接到 P 中项 i_{k_c} 的下一个项 i_{k_x} 对应的 I'-队列，$I'=\{i_{k_1}, i_{k_2}, \cdots, i_{k_b}, i_{k_x}\}$。

以图 6-9 为例，设定 min_sup = 25%，min_sup_count = 2，使用 H-mine 算法从 H-struct 上挖掘所有包含 a 的频繁项集的过程如下。

（1）扫描 a-队列，对各项进行支持度计数，将频繁项与 a 组合成频繁 2 项集。遍历 a-队列，得到项及其支持度计数为 $\{b:2, c:4, d:2\}$ 都超过了 min_sup_count，因此输出频繁项集 $\{a, b\}$、$\{a, c\}$、$\{a, d\}$，此时已输出所有包含 a 的频繁 2 项集。

（2）为项 a 构建项头表 H_a，并将 a-队列中频繁项投影链接到 H_a。项头表 H_a 如图 6-11 所示，用于存储 a-队列中的项及支持度信息，H_a 中项 b 链接事务 1、7，项 c 链接事务 3、4。

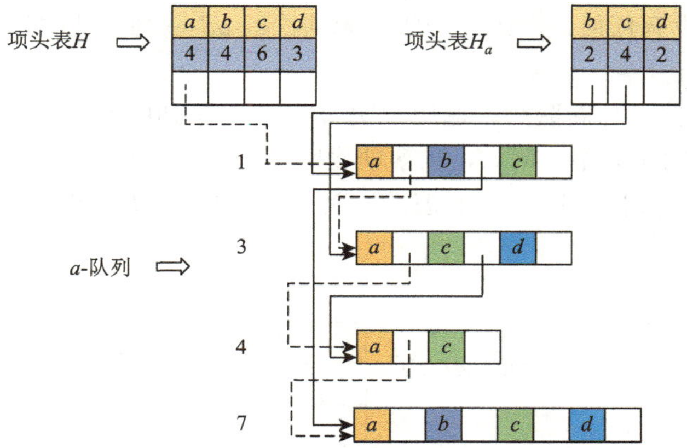

图 6-11 项头表 H_a 和 a-队列

（3）挖掘所有包含 a、b 的频繁项集。在 ab-队列中只有 c 是频繁项，输出频繁项集 $\{a, b, c\}$。建立一个项头表 H_{ab}，如图 6-12 所示。H_{ab} 中 c 之后的项都不是频繁项，这条路径上的频繁项集已全部被输出，无须继续挖掘。

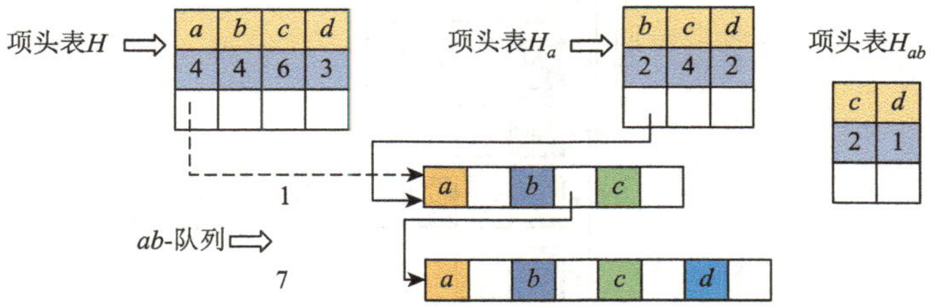

图 6-12 项头表 H_{ab} 和 ab-队列

（4）调整 ab-队列中事务的超链接，ab-队列中的每个投影加入该投影中项 b 的下一个项的队列中。事务 1、7 都链接到 ac-队列，如图 6-13 所示。

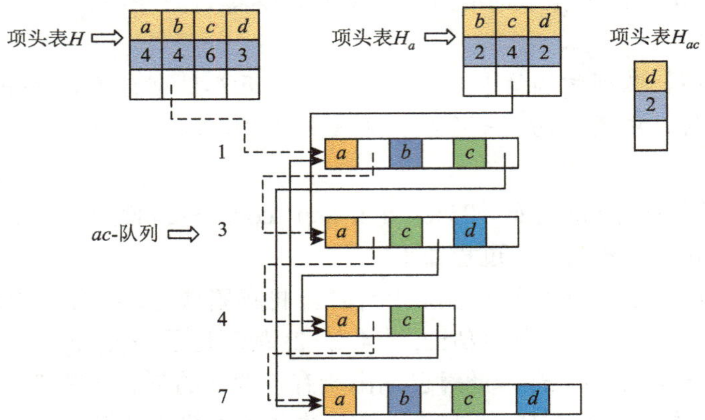

图 6-13　项头表 H_{ac} 和 ac-队列

（5）挖掘包含 a、c，且不包含 b 的频繁项集。扫描 ac-队列，d 为频繁项，输出频繁项集 $\{a, c, d\}$。d 没有任何下一级项，所以无须挖掘 ad-队列。此时认为所有包含 a 的频繁项集已经被找到。

（6）调整超链接，更新队列。遍历一次 a-队列，队列中的每个事务都被添加到投影中项 a 的下一个项的队列中。例如，频繁项投影 1：$\{a, b, c\}$ 与 7：$\{a, b, c, d\}$ 被插入到 b-队列中，3：$\{a, c, d\}$ 与 4：$\{a, c\}$ 被插入到 c-队列中，得到更新超链接的 H-struct 如图 6-14 所示。

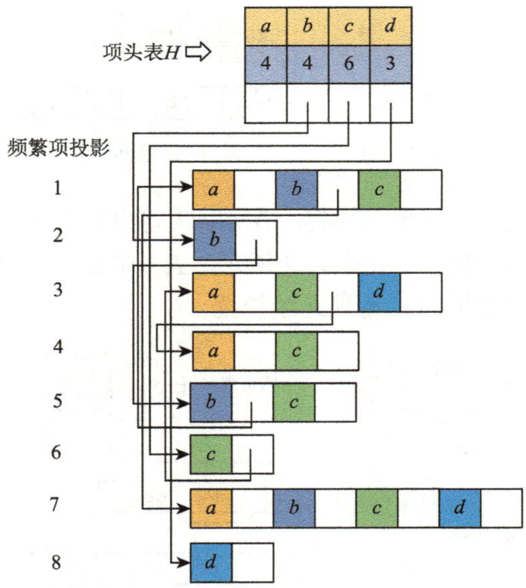

图 6-14　挖掘 a-队列后更新超链接的 H-struct

6.5.2 H-mine 算法应用与评价

H-mine 算法使用 H-struct 数据结构来挖掘频繁项，通过动态调整链接，实现了小而可精确预测的空间开销，并且运行速度快。它仅需少量内存即可构建项头表，用于存储频繁项、支持度信息和超链接信息，与事务的频繁项投影链接构成新的数据结构，占用空间更少。H-mine 算法具有多项式空间复杂度，在挖掘稀疏数据库时，比 FP-growth 等方法具有更高的空间效率，也比基于 Apriori 算法产生大量候选项集的效率更高。此外，H-mine 算法需要将事务读入内存，面对大型数据库时可能会对内存有较高要求。H-mine 算法通过数据库分区的方法来解决这一问题，在挖掘大型数据库时展现出良好的可扩展性。

多项式空间复杂度：算法的空间复杂性指的是它所使用的额外存储空间，即除了输入数据本身所占用的空间。多项式空间复杂度（polynomial space complexity）意味着算法在处理输入规模为 n 的数据时，所需的额外存储空间的增长速度是多项式级别的，与输入规模 n 相关的多项式函数有关。相比于指数空间复杂性（exponential space complexity），多项式空间复杂性的算法通常更加高效和可行。

H-mine 算法在处理大型和稀疏数据库时表现优异，但在处理密集数据库时仍面临挑战。由于 H-struct 中的频繁项之间没有直接的纵向链接，算法只能通过从头到尾遍历事务来查找项间的关联信息。当数据库非常密集时，这种遍历的次数会急剧增加，导致性能大幅下降。实际上，许多数据库本身就是密集的，即使最初不是，随着挖掘过程的推进，H-mine 算法处理的数据库规模会不断缩小，当事务数量减少到一定程度时，剩余的项会更频繁地一起出现，使数据变得更加密集。这种情况对 H-mine 算法构成了挑战。

6.5.3 实践案例：基于 H-mine 算法的新闻推荐

众多新闻门户网站与 APP 使用推荐的方式为用户推送其可能感兴趣的新闻。用户点击的新闻之间可能存在某种关联，这一定程度上反映了用户的偏好。新闻网站可根据点击记录中表现出的用户点击/浏览过程中体现出来的频繁模式和规律，为用户推送新闻。

用户每次浏览网站，并点击自己感兴趣的新闻，形成点击流数据。本实验使用 H-mine 算法从匈牙利在线新闻门户的点击流数据集来挖掘频繁项集，该数据集共包含 990002 条数据，每条数据是一个用户每次浏览网站点击的一系列新闻编号，部分数据如表 6-25 所示，此数据集可被进一步转换成布尔型数据集 Spare_kosarak.csv。

表 6-25　新闻门户点击流示例数据

	data
0	[1，2，3]
1	[1]
2	[4，5，6，7]
…	…
990000	[3]
990001	[1056]

完整数据：“./chapter6/data/kosarak.csv”

实验利用 mlxtend 库中封装好的 hmine 函数来挖掘频繁项集，具体代码见代码 6-4。hmine 包的使用方法如下（输入变量与说明见 6.2.4 节）。

```
hmine(df, min_support=0.5, use_colnames=False, max_len=None, verbose=0)
```

文件名称	6-4 H-mine.py	说明	基于 H-mine 算法生成频繁项集和关联规则

```
import pandas as pd
import ast
from mlxtend.preprocessing import TransactionEncoder
from mlxtend.frequent_patterns import hmine
from mlxtend.frequent_patterns import association_rules
# 1.数据导入
data = pd.read_csv('../data/kosarak.csv')
retrieved_data = [ast.literal_eval(row) for row in data['data']]
# 2.数据热编码，并使用稀疏表示
te = TransactionEncoder()
oht_ary = te.fit(retrieved_data).transform(retrieved_data, sparse=True)
sparse_df = pd.DataFrame.sparse.from_spmatrix(oht_ary, columns=te.columns_)
# 3.调用 hmine 函数，生成频繁项集和关联规则
frequent_pattern = hmine(sparse_df, min_support=0.01, use_colnames=True, verbose=0)
rules = association_rules(frequent_pattern ,metric = 'confidence', min_threshold = 0.85)
rules = rules[rules['lift'] >= 1]
# 4.结果展示
print(frequent_pattern)
print(rules[['antecedents', 'consequents', 'support', 'confidence', 'lift']])
```

运行代码文件 6-4，得到满足最小支持度 1%的频繁项集及对应的支持度信息如表 6-26 所示。

表 6-26　点击流数据集中的频繁项集及支持度信息

	support	itemsets
0	0.199517	(1)
1	0.092810	(1，11)
2	0.024591	(1，11，148)
…	…	…
381	0.012372	(91)
382	0.017984	(987)

完整数据："./chapter6/res/点击流数据频繁项集.csv"

设置置信度阈值为 0.85，提升度阈值为 1，从表 6-25 的频繁项集中挖掘关联规则如表 6-27 所示。

表 6-27　点击流数据关联规则

	antecedents	consequents	support	confidence	lift
0	(1，148)	(11)	0.024591	0.867945	2.360204
1	(1，11，218)	(148)	0.022729	0.920928	12.353557
2	(1，11，148)	(218)	0.022729	0.93645	10.328173
…	…	…	…	…	…
271	(87)	(7)	0.016666	0.92703	10.169227
272	(897)	(7)	0.012877	0.924846	10.158356

完整数据："./chapter6/res/点击流数据关联规则.csv"

关联规则 0:（1，148）⇒（11）的置信度达到了 0.867945，提升度为 2.360204，说明点击新闻 1、148 的用户中有约 86.8%也点击了新闻 11，比其他用户点击新闻 11 的可能性高出约 136.0%，新闻（1，148）与新闻（11）表现出较强的关联关系；关联规则 271:（87）⇒（7）的置信度为 0.92703，提升度为 10.169227，这个关联规则表明如果用户点击新闻（87），则其点击新闻（7）的概率也显著提升，因此在进行新闻推荐时，当用户已有新闻（87）的点击记录时，即可向用户推荐新闻（7）。利用关联规则挖掘的 273 条关联规则，网站可对用户进行有效的新闻推荐。

本章小结

<table>
<tr><td>核心概念</td><td colspan="3">关联规则：是形如 $A\Rightarrow B$\{support, confidence\} 的蕴涵式，表示 A 发生时，B 也跟着发生的规律。其中 A、B 是包含于 I，不相交的两个非空项集。
频繁项集：是在数据集中出现频率大于最小支持度的项集，含有 k 个项的频繁项集称为频繁 k 项集。</td></tr>
<tr><td>核心步骤</td><td colspan="3">√ 步骤 1：生成所有频繁项集，即找出支持度大于等于最小支持度阈值的项集。
√ 步骤 2：生成强关联规则，即找出频繁项集中大于等于最小置信度阈值的关联规则。</td></tr>
<tr><td>评估指标</td><td>支持度
$\sup(A\Rightarrow B)=P(A\cup B)$</td><td>置信度
$\mathrm{con}(A\Rightarrow B)=P(B\mid A)$</td><td>提升度
$\mathrm{lift}(A\Rightarrow B)=\dfrac{P(A\cup B)}{P(A)P(B)}$</td></tr>
<tr><td>算法</td><td>Apriori 算法</td><td colspan="2">Eclat 算法</td></tr>
<tr><td>核心理论</td><td>先验性质：项集 A 为频繁项集，若存在非空项集 B，满足 $B\subset A$，则 B 为频繁项集。</td><td colspan="2">垂直数据格式：即形如{item:TID set}的数据格式。item 为项的名称。垂直数据格式下数据库中的每一条记录由一个作为索引的项及其 TID set 构成。</td></tr>
<tr><td>基本原理</td><td>Apriori 算法根据先验性质，将频繁 k 项集连接生成候选 $k+1$ 项集，对候选项集剪枝后，扫描数据库对候选项集计数，得到所有频繁 $k+1$ 项集，以此类推，生成所有频繁项集。</td><td colspan="2">Eclat 算法中由频繁 k 项集连接生成候选 $k+1$ 项集，对这两个频繁 k 项集的 TID set 做交集操作，生成该候选 $k+1$ 项集对应的 TID set，TID set 的长度即候选项集的支持度计数，用于判断项集是否为频繁项集。</td></tr>
<tr><td>算法流程</td><td>扫描数据库 ⇒ 频繁k项集 ⇒（连接 剪枝） 候选$k+1$项集 ⇒ …</td><td colspan="2">构建垂直数据格式数据库 ⇒…⇒ 频繁k项集 ⟹（并交集操作） 候选$k+1$项集 ⟹（TID set 长度计数） …</td></tr>
<tr><td>优势</td><td>原理简单易实现，优化方法多</td><td colspan="2">无须多次扫描数据库</td></tr>
<tr><td>适合场景</td><td>事务数据库、稀疏数据集、短模式挖掘</td><td colspan="2">短模式数据库</td></tr>
<tr><td>核心知识点</td><td>√ Apriori 算法的原理
√ 连接步与剪枝步的实现过程
√ Apriori 算法的优化方法</td><td colspan="2">√ 垂直数据格式的定义与优势
√ Eclat 算法的实现流程
√ Eclat 算法与 Apriori 算法的异同点</td></tr>
<tr><td>算法</td><td>FP-growth 算法</td><td colspan="2">H-mine 算法</td></tr>
<tr><td>基本原理</td><td>FP-growth 算法使用 FP-树来压缩数据库信息，通过 FP-树中的指针快速遍历数据，实现从 FP-树中生成频繁项集，避免频繁的事务数据库遍历操作。</td><td colspan="2">H-mine 算法使用 H-struct 结构来存储数据库信息，利用 H-struct 结构中的超链接为频繁项集构建事务队列，支持队列的快速遍历和频繁项集的深度优先挖掘策略。</td></tr>
<tr><td>数据结构</td><td>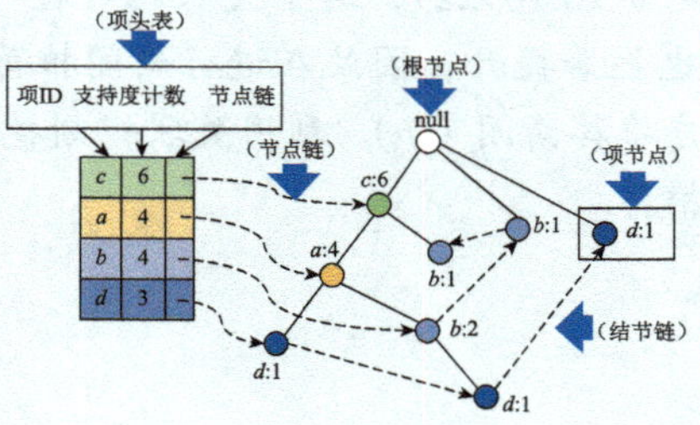
</td><td colspan="2">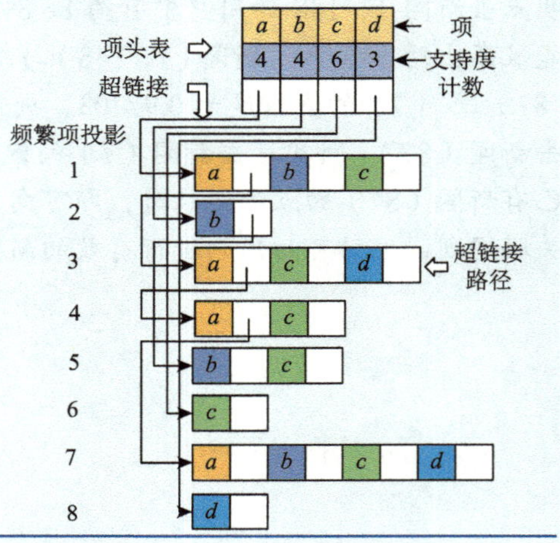
</td></tr>
</table>

算法流程	频繁项集I ⇨ 构建条件模式基 ⇨ 构建条件子树 ⇨ 频繁项集aI… ↳ 频繁项集cI…	频繁项集I ⇨ 构建项头表 ⇨ 构建事务队列 ⇨ 遍历事务队列 ⇨ 频繁项集Ia… ↳ 频繁项集Ic…
优势	数据分区，避免产生长候选项集，减小搜索空间	空间开销小，运行速度快
适合场景	密集数据库和大型数据库	稀疏数据库和大型数据库
核心知识点	√ FP-树的结构与构建过程 √ FP-growth 算法的分区方式 √ FP-growth 算法从 FP-树生成频繁项集的步骤与优势	√ H-struct 的结构与构建过程 √ H-mine 算法挖掘频繁项集过程中 H-struct 结构的生成与调整方式 √ H-mine 算法的实现原理与优势

学习效果检验

第7章 分　　类

本章学习目标

- ✓ 掌握分类的定义
- ✓ 掌握分类算法的评价指标
- ✓ 掌握K-近邻、朴素贝叶斯、决策树的基本原理
- ✓ 了解支持向量机、人工神经网络的算法推导

分类任务在不同领域和行业有广泛应用。在金融行业中，根据客户的历史交易和信用记录，可将其信用评级分为高风险、中风险或低风险；在医疗领域中，根据患者的症状和医学检查结果可开展疾病诊断或病情分级；在舆情分析中，根据用户在社交平台上发布的内容，可识别用户的情感，如积极、消极或中性。通过构建和训练分类模型，人们能够从大量的数据中提取有用的信息，并预测未知的类别标签，提供准确的决策依据，从而提高分析效率、降低决策成本和改善用户体验。

本章将着重介绍常用的分类算法及其适用场景。通过对分类算法的学习，读者将能够更好地理解和应用这些算法来解决各种实际分类问题。

7.1 分类算法概要

7.1.1 分类定义及原理

定义 7-1 分类（classification）对于数据集 $D=\{\boldsymbol{x}_1,\boldsymbol{x}_2,\cdots,\boldsymbol{x}_n\}$，其中的每一个样本 $\boldsymbol{x}_n=(x_{n1},x_{n2},\cdots,x_{nd};c)$ 均有 $d(d\geqslant 1)$ 个特征 $x_{n1},x_{n2},\cdots,x_{nd}$，以及与之对应的类别标签 c。分类便是根据数据特征对事物所属类别进行判断的数据挖掘技术。

定义 7-2 决策边界（decision boundary）是指在分类数据的特征空间中，将不同类别的数据样本分隔开的一条直线、曲线或超平面，用于判定新样本的所属类别。

分类算法的基本目标是计算出一个决策边界来分离不同类别的样本。作为监督学习算法的一种，分类需要利用训练集中每个样本的特征及其所属类别来训练分类模型，再使用训练好的模型预测新样本的类别。

根据预测类别的数目，分类任务可进一步分为二分类、多分类和多标签分类。其中，二分类任务是指预测样本属于两个类别中的其中一个，多分类任务是指预测样本属于两个以上类别中的其中一个，多标签分类任务则是为每个样本预测一个或多个类别。

7.1.2 常用分类算法

表 7-1 展示了常用的分类算法，本章后续小节将对表中每种算法进行详细介绍。

表 7-1　常用的分类算法及描述

算法名称	示意图	算法描述
K-近邻		K-近邻算法基于距离度量，从训练集中找出与待预测样本距离最近的 K 个训练样本，然后参考这 K 个“邻居”样本的类别来推断给定样本的类别
朴素贝叶斯	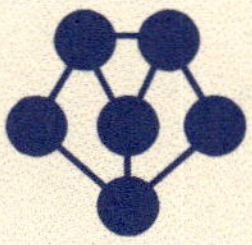	朴素贝叶斯法基于贝叶斯定理和特征条件独立性假设，通过计算给定样本属于各个类别的概率来实现分类

续表

算法名称	示意图	算法描述
决策树	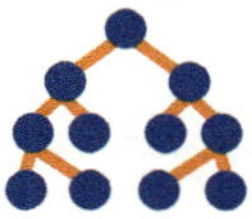	决策树通过训练集样本计算不同特征的分类能力来构建模型，从而对未知的数据进行分类
Logistic 回归		Logistic 回归是通过对数几率建模来学习分类决策边界，并以此进行分类，通常用于二分类问题
支持向量机		支持向量机把分类问题转化为寻找分类超平面的问题，并通过最大化分类边界点到分类平面的距离来实现分类
神经网络	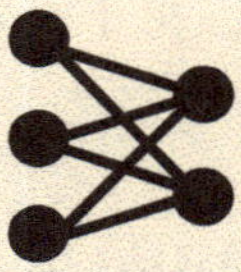	神经网络是由输入层、隐藏层和输出层组成的多层模型，通过学习将输入映射到输出的函数参数实现分类

7.1.3 分类算法评价指标

分类算法评价指标用于评估和比较不同分类算法的性能。常用的分类算法评价指标如下。

1. 混淆矩阵

定义 7-3 混淆矩阵（confusion matrix）也称误差矩阵，用于比较模型的预测结果与真实情况，行代表真实标签，列代表预测标签。

对于二分类问题，其混淆矩阵可用 2 行 2 列的矩阵表示，如表 7-2 所示，两类样本分别为正类（positive）或负类（negative），在实际分类中会出现以下四种情况。

（1）真正（true positive，TP）：预测为正类，实际为正类；

（2）真负（true negative，TN）：预测为负类，实际为负类；

（3）假正（false positive，FP）：预测为正类，实际为负类；

（4）假负（false negative，FN）：预测为负类，实际为正类。

表 7-2 混淆矩阵

		预测值		
		正类	负类	
真实值	正类	TP	FN	召回率 $\frac{TP}{TP+FN}$
	负类	FP	TN	特异度 $\frac{TN}{TN+FP}$
		精准率 $\frac{TP}{TP+FP}$	—	准确率 $\frac{TP+TN}{TP+TN+FP+FN}$

2. 准确率

定义 7-4 准确率（accuracy）表示被正确分类的样本数占总样本数的比例。其计算为

$$\text{Accuracy}=\frac{TP+TN}{TP+TN+FP+FN} \tag{7-1}$$

准确率能反映模型对所有样本进行正确分类的概率，但在样本不均衡的情况下，即不同类别的训练样本数差别很大，准确率并不能作为很好的指标来衡量预测性能。例如，对于某发病率为 0.01%的疾病，直接预测全部样本为不患病也可以有 99.99%的准确率，这种情况下，准确率是没有意义的，因此使用准确率时需注意样本的均衡性。

3. 精准率

定义 7-5 精准率（precision）又称查准率，是指预测为正样本的数据中真正为正样本的比例。其计算为

$$\text{Precision}=\frac{TP}{TP+FP} \tag{7-2}$$

精准率适用于希望使模型的预测结果尽可能不出错的场景。例如，在股价预测中，“宁可漏报，不能误报”，即不需要将所有会涨的股票预测出来，但是希望预测为股价上涨的股票大概率会上涨。

4. 召回率

定义 7-6 召回率（recall）又称查全率、灵敏度（sensitivity），是指实际为正样本的数据中被预测为正样本的比例。其计算为

$$\text{Recall} = \frac{\text{TP}}{\text{TP} + \text{FN}} \tag{7-3}$$

召回率衡量了模型将所有正样本成功识别出的比例，适用于希望尽可能全地预测出正样本的场景。例如，在贷款违约用户识别场景中，“宁可误检，不要漏检”，希望能将信用不好的用户尽可能全地识别出来，若将信用不好用户误当成信用良好用户，后续可能发生的违约金额会远超过信用良好用户偿还的借贷利息金额。

5. 特异度

定义 7-7 特异度（specificity）又称真负率（true negative rate，TNR），是指实际为负样本的数据中被预测为负样本的比例。其计算为

$$\text{Specificity} = \frac{\text{TN}}{\text{TN} + \text{FP}} \tag{7-4}$$

特异度衡量了模型将所有负样本成功识别出的比例。特异度的值越高，表示模型在识别负样本方面的能力越强。特异度通常与召回率相互补充，双方共同评估了模型的性能，尤其是在不平衡数据集的应用中。

6. F_1 得分

在大多数情况下，精准率和召回率呈一定的权衡关系，提升一个可能导致另一个下降，因此难以判断模型预测性能提升与否。F_1 得分将精准率和召回率合并为一个指标以便模型之间性能的比较。其计算为

$$F_1 = 2 \times \frac{\text{Precision} \times \text{Recall}}{\text{Precision} + \text{Recall}} \tag{7-5}$$

F_1 得分的取值范围为[0, 1]，其值越接近 1 表示模型性能越好。F_1 得分同时考虑了模型在正样本和负样本上的表现，适用于数据集类别分布不平衡的分类任务。

延伸阅读

在二元分类问题中，分类阈值是一个决定样本属于哪个类别的临界值。当模型输出一个概率值或分数时，通常需要将这个连续的输出转换为二元的分类决策。这一过程通过设定分类阈值来完成。具体而言，如果模型输出的概率值大于或等于分类阈值，样本被预测为正类；反之，样本被预测为负类。

随着分类阈值增加，模型更倾向于将样本预测为负类别，这可能提高精准率，但可能降低召回率。相反，随着分类阈值减小，模型更倾向于将样本预测为正类别，这可能提高召回率，但可能降低精准率。因此，通过调整分类阈值，可以在精准率和召回率之间找到平衡点，最大化 F_1 得分。

7. AUC

定义 7-8 ROC 曲线（receiver operating characteristic curve）是通过改变分类阈值来展示分类器效果的曲线。其横轴表示假正率（false positive rate，FPR），即负样本被错分为正样本的比例；纵轴表示真正率（true positive rate，TPR），即正样本被正确分类的比例。

通过对分类器的分类阈值进行多次改变，计算每次改变后的 TPR 和 FPR 并将其连接即可绘制出 ROC 曲线，如图 7-1 所示。通过观察 ROC 曲线，可以评估模型在不同阈值下的性能表现，同时选择合适的分类阈值，以满足具体应用的需求。

定义 7-9 AUC（area under curve）是 ROC 曲线下方与坐标轴围成的面积，其取值范围为[0, 1]。

当 AUC = 0.5 时，表明预测准确率接近于随机猜测，模型没有应用价值。ROC 曲线越靠近左上角，AUC 越接近于 1，说明分类模型的预测效果越好。

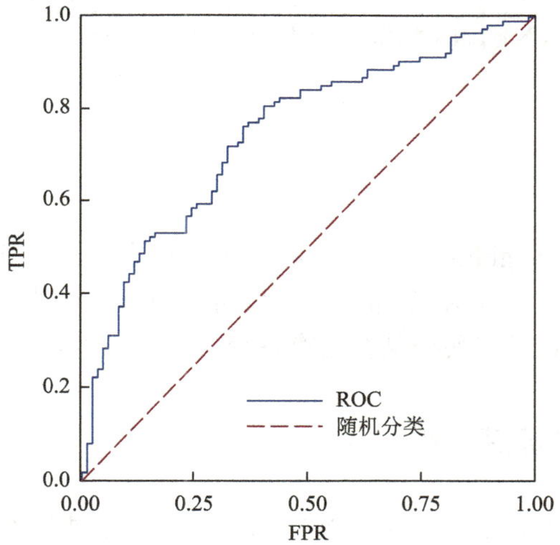

图 7-1 ROC 曲线示意图

8. 马修斯相关系数

定义 7-10 马修斯相关系数（Matthews correlation coefficient，MCC）是一种考虑了真正例、真负例、假正例和假负例的二分类模型性能评估指标。它的取值介于−1 和 1 之间，其中 1 表示完美的分类器，0 表示随机分类器，−1 表示完全相反的分类器。其计算为

$$\mathrm{MCC}=\frac{\mathrm{TP}\times\mathrm{TN}-\mathrm{FP}\times\mathrm{FN}}{\sqrt{(\mathrm{TP}+\mathrm{FP})(\mathrm{TP}+\mathrm{FN})(\mathrm{TN}+\mathrm{FP})(\mathrm{TN}+\mathrm{FN})}} \tag{7-6}$$

马修斯相关系数在评估分类模型的性能时同时考虑了真正例、假正例、真负例和假负例的影响，因此该指标适用于不平衡数据集的模型评价。

算一算

某疾病预测模型在测试集中的表现为25个真正例、60个真负例、10个假正例、5个假负例，计算该模型的准确率、精准率、召回率、特异度、F_1得分、马修斯相关系数。

准确率： $\mathrm{Accuracy}=(\mathrm{TP}+\mathrm{TN})/(\mathrm{TP}+\mathrm{TN}+\mathrm{FP}+\mathrm{FN})=(25+60)/(25+60+10+5)=0.85$

精准率： $\mathrm{Precision}=\mathrm{TP}/(\mathrm{TP}+\mathrm{FP})=25/(25+10)\approx 0.71$

召回率： $\mathrm{Recall}=\mathrm{TP}/(\mathrm{TP}+\mathrm{FN})=25/(25+5)\approx 0.83$

特异度： $\mathrm{Specificity}=\mathrm{TN}/(\mathrm{TN}+\mathrm{FP})=60/(60+10)\approx 0.86$

F_1得分： $F_1=2\times\frac{\mathrm{Precision}\times\mathrm{Recall}}{\mathrm{Precision}+\mathrm{Recall}}=2\times(0.71\times0.83)/(0.71+0.83)\approx 0.77$

马修斯相关系数：

$$\mathrm{MCC}=\frac{\mathrm{TP}\times\mathrm{TN}-\mathrm{FP}\times\mathrm{FN}}{\sqrt{(\mathrm{TP}+\mathrm{FP})(\mathrm{TP}+\mathrm{FN})(\mathrm{TN}+\mathrm{FP})(\mathrm{TN}+\mathrm{FN})}}=\frac{25\times60-10\times5}{\sqrt{(25+10)(25+5)(60+10)(60+5)}}\approx 0.66$$

7.2 K-近邻

K-近邻（K-nearest neighbor，KNN）是一种经典的监督学习算法，其核心思想可概括为“物以类聚，人以群分”。K-近邻算法是最简单的分类算法，没有显式的学习训练过程，适用于对数据的分布只有很少甚至没有任何先验知识的情况。

7.2.1 K-近邻基本原理

K-近邻算法的实现非常简单直观，其基本原理是基于特征空间中的距离度量，通过找到待分类样本的K个最近邻居(即特征空间中距离最小的样本)，来确定其所属的类别。具体地，在一个包含N个样本的训练集$D=\{(\boldsymbol{x}_i,f(\boldsymbol{x}_i)),i=1,2,\cdots,n\}$中，对某测试样本$\boldsymbol{x}_q$的类别$f(\boldsymbol{x}_q)$进行预测时，K-近邻的计算步骤如下。

步骤1： 基于距离计算公式（详见3.5.1节）计算待预测样本与每个训练样本之间的距离$\{d_1,d_2,\cdots,d_n\}$。

步骤2： 对距离$\{d_1,d_2,\cdots,d_n\}$进行升序排序。

步骤3： 筛选出与该测试样本距离最近的K个训练样本。

步骤 4：将 K 个样本所属类别的频数与决定权重（详见 7.2.2 节）相乘，将乘积最高的类别输出为测试样本的类别。

以图 7-2 为例，根据 K-近邻的工作原理，当 $K=3$ 时，与待分类样本最相近的是 2 个 A 类样本和 1 个 B 类样本，根据多数投票规则预测待分类样本的类别为 A。当 $K=7$ 时，与待分类样本距离最近的样本为 3 个 A 类样本和 4 个 B 类样本，则预测待分类样本的类别为 B。因此，K 值的变化可能改变最终的预测类别。

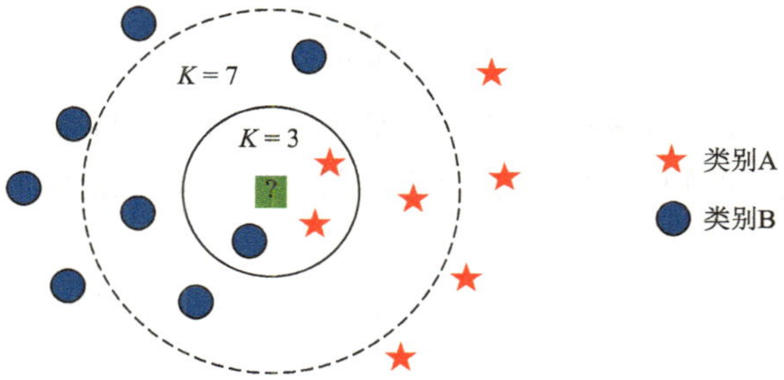

图 7-2 K-近邻分类示意图

7.2.2 K-近邻主要参数

1. K 值

K-近邻中 K 值的选取对算法性能至关重要。如果 K 值选取过小，相当于用较少的训练样本进行预测，只有与待分类样本非常相似的训练样本才会对预测结果起作用，会导致待预测样本对近邻的训练样本十分敏感。如果训练集中存在噪声，则极易导致预测出错。相反，如果 K 值选取过大，相当于用参考范围过大邻域内的样本作为决策依据，会导致模型欠拟合。在实际应用中，K 值的大小取决于数据集的大小、数据的特征以及类别的平衡性。

（1）从数据集大小的角度出发，如果数据集较小，选择较小的 K 值可能更合适，通常 K 的取值一般不超过 20，或低于训练样本数 N 的平方根，即 $K<\sqrt{N}$。

（2）从数据特征的角度出发，如果数据集中样本的特征具有较大的方差或噪声，选择较大的 K 值更合适，因为较大的 K 值可以提供更平滑的决策边界。相反，如果数据集中的样本具有较小的方差，则较小的 K 值更合适。

（3）从类别平衡性的角度出发，如果类别之间的样本数差异较大，则较大的 K 值更合适。否则，选取较小的 K 值可能会导致预测结果被样本数较多的类别主导。

2. 距离度量方法

距离度量是指计算待预测样本与训练样本在特征空间上的距离。常用的距离度量方法包括欧氏距离、曼哈顿距离、闵可夫斯基距离、余弦距离等。值得注意的是，为了避免特征量纲不一致对距离度量带来的误差，在计算距离之前通常会对特征做规范化处理。具体的距离计算方法在 3.5.1 节已经详细讲解，本节不再赘述。

3. 权重函数

权重函数用于给 K 个最近邻居的投票进行加权，以确定待预测样本的类别。常用权重函数包括统一函数和距离权重函数。

在统一函数中，所有 K 个最近邻样本对最终决策的影响是相同的。对于待预测样本 $\boldsymbol{x}_q$，统计各类别在 K 个邻居样本中出现的频数，将频数最大的类别作为测试样本的类别，即

$$\hat{f}(\boldsymbol{x}_q)=\sum_{i=1}^{K} f(\boldsymbol{x}_i) \tag{7-7}$$

在距离加权函数中，不同最近邻样本对最终决策的影响是根据其与待预测样本 $\boldsymbol{x}_q$ 的距离的倒数来加权的。在预测时，距离越近的最近邻样本对最终决策的影响越大，距离越远的样本影响越小，即

$$\left[\begin{array}{l} \hat{f}(\boldsymbol{x}_q) \leftarrow \dfrac{\sum_{i=1}^{K} w_i f(\boldsymbol{x}_i)}{\sum_{i=1}^{K} w_i} \\ w_i=\dfrac{1}{d(\boldsymbol{x}_q,\boldsymbol{x}_i)} \end{array}\right] \tag{7-8}$$

7.2.3 K-近邻算法应用与评价

K-近邻是一种懒惰学习算法，没有显式的学习过程，该算法不在训练时建立模型，而是在预测时才去查找最近邻居来做预测。此外，K-近邻是一种非参数化方法，不需要假设数据的分布形式，适应各种类型的数据集。然而，当训练集中的类别不平衡时，即某些类别的样本数量远远超过其他类别时，K-近邻可能会偏向于那些具有更多样本的类别，从而影响分类结果的准确性。

懒惰学习

懒惰学习（lazy learning）是机器学习中的一种策略，也称为基于实例的学习（instance-based learning）或记忆型学习（memory-based learning）。与传统的急切学习（eager learning）算法相对应，懒惰学习的主要思想是将训练数据集存储在内存中，并在需要进行预测时直接使用已有的训练样本，而不是显式地构建模型。

7.2.4 实践案例：基于 K-近邻的广告点击预测

本节利用 K-近邻算法对某网站投放的广告是否被用户点击进行分类预测。数据为数据科学家 Jose Portilla 和数据科学培训机构 Pierian Data 创建的广告点击数据集，该数据

集包含1000条广告点击数据，具体字段包括：每日网站浏览时长、用户年龄、地区平均收入、每天上网时间、广告标题、城市、是否男性、国家、时间戳、是否点击广告。部分数据样例见表7-3。

表 7-3 广告点击数据集样例

每日网站浏览时长	用户年龄	地区平均收入	每天上网时间	…	是否点击广告
68.95	35	61833.9	256.09	…	0
80.23	31	68441.85	193.77	…	0
69.47	26	59785.94	236.5	…	0
…	…	…	…	…	…
55.55	19	41920.79	187.95	…	0
45.01	26	29875.8	178.35	…	1

完整数据："./chapter7/data/advertisement.csv"

注 意

为了避免量纲对距离计算的影响，使用K-近邻算法前，需要对特征进行归一化。

数据预处理。广告标题、城市、国家为离散特征，需要通过独热编码等方式将它们转换为数值特征。由于K-近邻是一种基于距离度量的分类算法，为了避免编码给样本距离度量带来的误差，本例在数据预处理阶段剔除了广告标题、城市、国家、时间戳这四个特征。对于保留的特征，本例中使用scikit-learn中的StandardScaler类实现对特征的Z-score归一化。

模型训练。使用scikit-learn调用KNeighborsClassifier类构建一个K-近邻模型。参数n_neighbors表示邻近点个数，即K值；参数weights的取值有uniform和distance，分别表示各样本权重一致、使用距离的倒数作为权重；参数p表示闵可夫斯基距离中的p值，$p=1$即曼哈顿距离，$p=2$即欧氏距离。

```
class sklearn.neighbors.KNeighborsClassifier(n_neighbors=5, *, weights=
'uniform', algorithm='auto', leaf_size=30, p=2, metric='minkowski',metric_
params=None, n_jobs=None)
```

本例中的模型参数为KNeighborsClassifier(n_neighbors=10, p=1, weights='distance')。由于广告点击和未点击样本各占50%，该数据集属于平衡数据集，在此类别平衡的任务中，准确率能够较全面地反映模型性能。因此使用准确率作为评价指标来判断模型的预测效果，代码如下。

文件名称	7-1 KNN.py	说明	基于K-近邻预测算法广告是否被点击

```
import pandas as pd
from sklearn.model_selection import train_test_split
from sklearn.preprocessing import StandardScaler
from sklearn.neighbors import KNeighborsClassifier
```

```
from sklearn.metrics import accuracy_score

# 1.读入数据集
data = pd.read_csv('../data/advertisement.csv', encoding='ansi')
# 2.划分训练集和测试集
X = data.iloc[:,:-1]
y = data.iloc[:,-1]
X_train, X_test, y_train, 976y_test = train_test_split(X, y, random_
    state=666)
# 3.特征归一化
standardScaler = StandardScaler()
standardScaler.fit(X_train)
X_train_standard = standardScaler.transform(X_train)
X_test_standard = standardScaler.transform(X_test)
# 4.构建、训练模型
knn_clf = KNeighborsClassifier(n_neighbors=10, p=1, weights='distance')
knn_clf.fit(X_train_standard, y_train)
y_predict = knn_clf.predict(X_test_standard)
# 5.评价模型
print('accuracy', accuracy_score(y_predict, y_test))
```

输出结果：

```
accuracy 0.976
```

输出结果显示该模型的准确率为0.976，意味着在测试广告样本中，该K-近邻模型能够以97.6%的正确率预测这些广告是否被点击。

在K-近邻算法中，K值越小，模型越趋于复杂；K值越大，模型越趋于简单。下面使用广告点击预测的数据集，测试不同K值下K-近邻模型的决策边界。为了便于可视化，在预测中只使用“每日网站浏览时长”和“用户年龄”两个特征。具体代码见chapter7/code/7-1 KNN.py。

输出结果：

```
K=1,accuracy=0.868
K=9,accuracy=0.92
K=49,accuracy=0.908
```

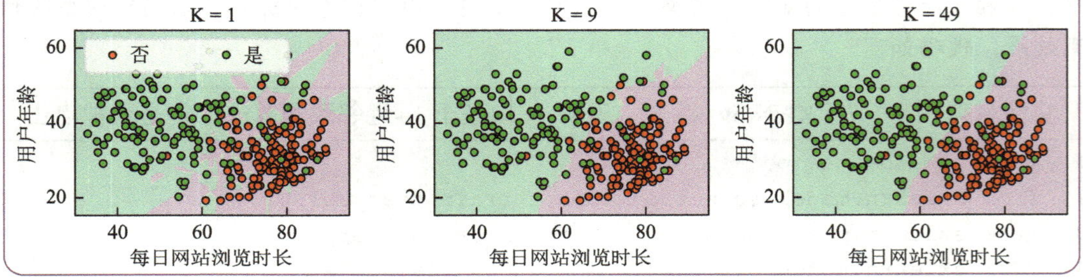

从输出结果可发现，K 值取 1、9、49 时模型的准确率分别为 0.868、0.92、0.908。圆点的颜色表示样本的真实分类（绿色为点击广告，红色为未被点击广告），背景色表示模型的分类结果（绿色为点击广告，红色为未被点击广告）。两种背景色的交界线即为模型的决策边界，从图中可以观察到 K 值越大，决策边界越光滑，这表明模型越简单。

7.3 朴素贝叶斯分类

贝叶斯分类是一种基于贝叶斯定理的统计学分类方法。在贝叶斯分类中，首先需要确定每个类别的先验概率，再计算给定样本属于每个类别的后验概率，最后通过比较后验概率的大小决定给定样本的所属类别。贝叶斯分类算法在许多领域有着广泛应用，如文本分类、垃圾邮件过滤和医学诊断等。

7.3.1 贝叶斯分类基本原理

定义 7-11 先验概率（prior probability）是在不考虑任何新证据之前，根据以往的知识或经验，对事件 A 发生概率的初始估计，通常用 $P(A)$表示。

定义 7-12 条件概率（conditional probability）是在已知某事件已经发生的情况下，另一个事件发生的概率。条件概率的计算公式为

$$P(A|B)=\frac{P(A\cap B)}{P(B)} \tag{7-9}$$

其中，$P(A|B)$ 表示已知事件 A 在已知事件 B 发生的条件下发生的概率，$P(A\cap B)$ 表示事件 A 和事件 B 同时发生的概率。

定义 7-13 后验概率（posterior probability）在观察到某些数据或事件之后，对某个假设或事件发生的概率进行更新后的概率，它是通过先验概率和观测到的数据的结合来得到的，通常通过贝叶斯定理计算得出：

$$P(H|D)=\frac{P(D)P(D|H)}{P(H)} \tag{7-10}$$

其中，$P(H|D)$ 是后验概率，表示在观察到数据 D 后，假设 H 成立的概率。

假设 $\boldsymbol{x}$ 是类别未知的数据样本，c 表示该数据样本的类别。分类问题需要确定 $P(c|\boldsymbol{x})$，即给定观测数据样本的特征 $\boldsymbol{x}$，该样本类别为 c 的概率。对此，贝叶斯定理给出了如下计算方法：

$$P(c|\boldsymbol{x})=\frac{P(c)P(\boldsymbol{x}|c)}{P(\boldsymbol{x})} \tag{7-11}$$

式中，$P(c)$是先验概率，$P(\boldsymbol{x}|c)$是条件概率，$P(c|\boldsymbol{x})$是后验概率。

算一算

以邮件分类为例，理解先验概率、条件概率和后验概率。

先验概率： 假设历史信息表明 100 封邮件中有 20 封邮件为垃圾邮件，那么先验概率 P（垃圾邮件）= 20/100 = 0.2，这是一个不依赖于其他条件（如邮件主题、邮件字数等）的客观存在的一个概率。

条件概率： 在已知某邮件为垃圾邮件的情况下，该邮件中存在“在家挣钱”关键词的概率，即 P（在家挣钱|垃圾邮件），就是条件概率。条件概率一般是通过历史数据统计得到的。

后验概率： 在已知某邮件中存在“在家挣钱”关键词的情况下该邮件为垃圾邮件的概率，即 P（垃圾邮件|在家挣钱），就是后验概率。

7.3.2 朴素贝叶斯分类原理

基于贝叶斯公式（7-11）不难发现，估计后验概率 $P(c|\boldsymbol{x})$ 的难点在于计算条件概率 $P(x|c)$，它是所有特征上的联合概率，难以从训练样本中直接估计。为了解决这一问题，朴素贝叶斯（naive Bayes）分类对特征条件概率分布 $P(\boldsymbol{x}|c)$ 做了条件独立性假设，在这一假设下，则有

$$P(\boldsymbol{x}|c)=\prod_{i=1}^{m}P(x_i|c) \tag{7-12}$$

因此，式（7-11）可改写为

$$P(c|\boldsymbol{x})\propto\frac{P(c)}{P(\boldsymbol{x})}\prod_{i=1}^{m}P(x_i|c) \tag{7-13}$$

其中，m 是样本的特征数量，x_i 是 $\boldsymbol{x}$ 的第 i 个特征的值。

对于类别未知的样本 $\boldsymbol{x}$，朴素贝叶斯分类会计算该样本属于每个类别（$c\in C$）的概率 $P(c|\boldsymbol{x})$，然后选择最大概率对应的类别作为预测结果。在特征条件独立性假设下，每个特征独立地对分类结果造成影响，因此对于所有类别 $P(\boldsymbol{x})$ 相同。鉴于此，朴素贝叶斯分类的预测准则如下：

$$\hat{f}(\boldsymbol{x})=\arg\max_{c\in C}P(c)\prod_{i=1}^{m}P(x_i|c) \tag{7-14}$$

在实际分类任务中，先验概率 $P(c)$和条件概率 $P(x_i|c)$ 均可以从训练集中估计得到。假设训练集为 D，D_c 是训练集中类别为 c 的样本集合，先验概率 $P(c)$可估计为

$$P(c)=\frac{|D_c|}{|D|} \tag{7-15}$$

其中，$|D|$和$|D_c|$分别表示数据集 D，D_c 的样本数量。

对于离散特征，假设 D_{c,x_i} 表示 D_c 中第 i 个特征取值为 x_i 的样本集合，条件概率 $P(x_i|c)$ 可估计为

$$P(x_i \mid c)=\frac{|D_{c,x_i}|}{|D_c|} \tag{7-16}$$

对于连续特征，假设 $P(x_i \mid c)$ 服从高斯分布，即 $P(x_i \mid c) \sim N(\mu_{c,i},\sigma_{c,i}^2)$， $\mu_{c,i}$ 和 $\sigma_{c,i}^2$ 分别是 D_c 中样本的第 i 个特征值的均值和方差，则有

$$P(x_i \mid c)=\frac{1}{\sqrt{2\pi}\sigma_{c,i}}\exp\left(-\frac{(x_i-\mu_{c,i})^2}{2\sigma_{c,i}^2}\right) \tag{7-17}$$

计算得到先验概率 $P(c)$ 和条件概率 $P(x_i \mid c)$，将二者代入式（7-14）即可得到待预测样本属于类别 c 的概率。

朴素贝叶斯算法的计算步骤如下。

步骤1： 对所有类别 $c \in C$，计算各类别的先验概率 $P(c)=|D_c|/|D|$。

步骤2： 估计每个特征 $x_i \in X$ 的对应的条件概率 $P(x_i \mid c)=|D_{c,x_i}|/|D_c|$。

步骤3： 计算待分类样本属于各类别的后验概率，将最大后验概率对应的类别 $\arg\max_{c\in C} P(c)\prod_{i=1}^{m}P(x_i \mid c)$，作为预测结果。

下面以一个具体案例展示如何使用朴素贝叶斯完成分类任务。

算一算

A公司的人力资源库记录了一份员工离职数据，如表7-4所示，数据记录的信息包括：员工满意度（简写为满意度）、最近1年考核等级（考核等级）、最近5年是否升职（升职）、工作年限、是否离职。请判断某名“满意度＝满意，考核等级＝良，升职＝否，工作年限＝8”的员工是否离职。

表7-4 A公司员工离职情况数据记录

ID	满意度	考核等级	升职	工作年限	是否离职	ID	满意度	考核等级	升职	工作年限	是否离职
1	满意	优	是	17	否	11	满意	良	是	17	否
2	不满意	差	否	2	是	12	一般	良	否	9	否
3	满意	优	是	1	否	13	满意	优	是	18	否
4	不满意	差	是	16	是	14	满意	良	否	4	是
5	一般	良	否	15	是	15	一般	优	否	10	否
6	满意	优	否	3	否	16	不满意	良	否	9	否
7	满意	优	是	7	否	17	不满意	差	否	7	是
8	不满意	良	是	13	否	18	满意	优	是	15	否
9	满意	良	否	14	是	19	一般	优	否	6	是
10	满意	良	是	1	否	20	满意	良	是	7	否

预测该员工是否离职的问题可转化为分别求该员工离职的概率，即 P（离职 = 是|满意度 = 满意，考核等级 = 良，升职 = 否，工作年限 = 8)，和该员工没有离职的概率，即 P（离职 = 否|满意度 = 满意，考核等级 = 良，升职 = 否，工作年限 = 8)，通过比较二者的大小，便可预测出该员工是否离职。

首先，计算先验概率 $P(c)$。表 7-4 的数据记录了 7 名员工离职，13 名员工没有离职，由此可计算出：

$$P(\text{离职}=\text{是})=\frac{7}{20}=0.350,\quad P(\text{离职}=\text{否})=\frac{13}{20}=0.650$$

接下来，估计每个特征的条件概率 $P(x_i|c)$：

$$P(\text{满意度}=\text{满意}\,|\,\text{离职}=\text{是})=\frac{2}{7}\approx 0.286,\quad P(\text{满意度}=\text{满意}\,|\,\text{离职}=\text{否})=\frac{9}{13}\approx 0.692$$

$$P(\text{考核等级}=\text{良}\,|\,\text{离职}=\text{是})=\frac{3}{7}\approx 0.429,\quad P(\text{考核等级}=\text{良}\,|\,\text{离职}=\text{否})=\frac{6}{13}\approx 0.462$$

$$P(\text{升职}=\text{否}\,|\,\text{离职}=\text{是})=\frac{1}{7}\approx 0.143,\quad P(\text{升职}=\text{否}\,|\,\text{离职}=\text{否})=\frac{4}{13}\approx 0.308$$

$$P(\text{工作年限}=8\,|\,\text{离职}=\text{是})=\frac{1}{\sqrt{2\pi}\times 5.303}\exp\left(-\frac{(8-9.143)^2}{2\times 5.303^2}\right)\approx 0.066$$

$$P(\text{工作年限}=8\,|\,\text{离职}=\text{否})=\frac{1}{\sqrt{2\pi}\times 5.727}\exp\left(-\frac{(8-9.770)^2}{2\times 5.727^2}\right)\approx 0.074$$

进一步，比较待分类样本属于每个类别的后验概率，根据式（7-14）有

$$\begin{aligned}&P(\text{离职}=\text{是})\times P(\text{满意度}=\text{满意}\,|\,\text{离职}=\text{是})\times P(\text{考核等级}=\text{良}\,|\,\text{离职}=\text{是})\\&\times P(\text{升职}=\text{否}\,|\,\text{离职}=\text{是})\times P(\text{工作年限}=8\,|\,\text{离职}=\text{是})\\&=0.350\times 0.286\times 0.429\times 0.143\times 0.066\approx 4.05\times 10^{-4}\end{aligned}$$

$$\begin{aligned}&P(\text{离职}=\text{否})\times P(\text{满意度}=\text{满意}\,|\,\text{离职}=\text{否})\times P(\text{考核等级}=\text{良}\,|\,\text{离职}=\text{否})\\&\times P(\text{升职}=\text{否}\,|\,\text{离职}=\text{否})\times P(\text{工作年限}=8\,|\,\text{离职}=\text{否})\\&=0.650\times 0.692\times 0.462\times 0.308\times 0.074\approx 4.37\times 10^{-3}\end{aligned}$$

由于 $4.05\times 10^{-4} < 4.37\times 10^{-3}$，因此预测该员工不会离职。

7.3.3 零频现象的拉普拉斯修正

在朴素贝叶斯分类中，当某个特征值在训练集中没有与某个类同时出现过时，分类器会出现“零频现象”，导致条件概率为零。例如，在表 7-4 的员工离职情况数据中，不存在“考核等级 = 差，离职 = 否”的样本，因此有

$$P(\text{考核等级}=\text{差}\,|\,\text{离职}=\text{否})=\frac{0}{13}=0$$

如果对一个“考核等级 = 差”的员工进行预测，基于式（7-14）计算得到的该员工“离职 = 否”的概率一定为零，意味着该员工无论其他方面的情况如何，预测结果都为“离职 = 是”，这显然是不合理的。

为了解决这个问题，通常会使用拉普拉斯修正。拉普拉斯修正是一种改进朴素贝叶斯分类器的方法，通过给所有未出现的特征值赋予一个小的非零权重来解决“零频现象”的问题。假设 N 是训练集 D 中样本的类别数，N_i 表示第 i 个特征可能的取值数，式（7-15）和式（7-16）分别修正为

$$\hat{P}(c)=\frac{|D_c|+1}{|D|+N} \tag{7-18}$$

$$\hat{P}(x_i\mid c)=\frac{|D_{c,x_i}|+1}{|D_c|+N_i} \tag{7-19}$$

拉普拉斯修正（Laplace smoothing）是一种用于处理概率估计中的零频现象的技术。它通过为所有可能事件的计数增加一个常数，并将分母加上样本空间的大小，来避免概率估计中的零概率情况。这种修正方法能够有效平衡已观察到的事件和未观察到的事件之间的概率分配，提供更平滑的估计结果。

以表 7-4 记录的员工离职情况为例，修正后的先验概率 $\hat{P}(c)$ 为

$$\hat{P}(离职=是)=\frac{7+1}{20+2}\approx 0.364,\qquad \hat{P}(离职=否)=\frac{13+1}{20+2}\approx 0.636$$

$P(考核等级=差\mid离职=否)$ 可估计为

$$P(考核等级=差\mid离职=否)=\frac{0+1}{13+3}=0.0625$$

7.3.4 朴素贝叶斯算法应用与评价

朴素贝叶斯算法基于概率原理，实现相对简单。因训练速度快，内存占用低，适合处理大规模数据集。此外，朴素贝叶斯算法对缺失数据不太敏感，因此即使某些特征存在数据缺失，也能够进行分类。然而，朴素贝叶斯算法有严格的独立性假设，以及对数据分布敏感，这些因素可能导致算法性能下降且无法学习特征之间的相互作用。因此，在实际应用时需要检查数据是否符合独立性假设，如果不符合，可以考虑使用其他更适合的分类算法。

7.3.5 实践案例：基于朴素贝叶斯预测恒星类型

本节利用朴素贝叶斯算法对恒星进行分类预测，使用的是 Kaggle 的星型分类数据集，该数据集包含 240 个样本，部分数据样例如表 7-5 所示，具体字段包括：温度、相对光度、相对半径、绝对幅度、颜色、SMASS 规格、类型。该数据集包含 6 种不同类型的恒星，分别是红矮星（在数据集中用 0 表示）、褐矮星（1）、白矮星（2）、主序星（3）、超巨星（4）、特超巨星（5）。

表 7-5　星型分类数据集样例

温度	相对光度	相对半径	绝对幅度	颜色	SMASS 规格	类型
3068	0.0024	0.17	16.12	Red	M	0
3042	0.0005	0.1542	16.6	Red	M	0
2600	0.0003	0.102	18.7	Red	M	0
…	…	…	…	…	…	…
9235	404940	1112	−11.23	White	A	5
37882	294903	1783	−7.8	Blue	O	5

完整数据：“./chapter7/data/star.csv”

数据预处理。查看“颜色”特征的不同取值时发现，存在 white 和 White，yellow-white 和 White-Yellow，以及 Blue white、Blue-White、Blue-white、Blue White 等数据不一致的情况，需要将其统一成其中一种值。此外，“颜色”和“SMASS 规格”这两个特征是离散特征。处理后的颜色特征有 11 种不同取值，各颜色不存在序数关系；SMASS（Small Main-Belt Asteroid Spectroscopic Survey）规格是美国天文学家舍尔特・巴斯和理查・宾泽尔基于对 1447 颗小行星的小规模主带光谱调查得到的一种分类结果，在该数据集中取值为 A、B 等 7 种不同类别，各类别之间同样不存在序数关系。本例使用 pandas 的 get_dummies 方法对这些特征进行独热编码。

模型构建。由于本例中大多数特征为数值型数据，因此使用 scikit-learn 中的 naive_bayes 模块提供的高斯朴素贝叶斯分类器（GaussianNB）。该模型有两个主要参数可以设置，prior 参数表示类别先验概率，默认为 None，该参数可输入一个长度为 n_classes 的数组，表示每个类别的先验概率，如果为 None，模型将会根据训练数据自动计算先验概率。var_smoothing 参数是为了防止概率值为零，对特征的方差进行平滑处理，即对每个特征的方差添加一个小的正数，通常情况下，不需要显式设置该参数，使用默认值 1e-9 即可。

```
class sklearn.naive_bayes.GaussianNB(*, priors=None, var_smoothing=1e-09)
```


延伸阅读

scikit-learn 中的 naive_bayes 模块提供了 5 种不同的朴素贝叶斯分类器，它们基于不同的数据处理方式，适用不同的数据类型。

（1）高斯朴素贝叶斯分类器（GaussianNB）：假设特征值服从高斯分布，其适用于连续型数据。

（2）多项式朴素贝叶斯分类器（MultinomialNB）：假设特征值是多项式分布的结果，其通常用于表示文本数据中特征的计数，适用于文本问题。

（3）伯努利朴素贝叶斯分类器（BernoulliNB）：假设特征值是布尔型变量，其适用于二值型数据。

（4）补集朴素贝叶斯分类器（ComplementNB）：是标准多项式朴素贝叶斯的一种变体，其通常用于不平衡数据集的分类任务。

（5）类别朴素贝叶斯分类器（CategoricalNB）：假设特征值是从一个类别中抽样的，其通常用于处理离散型数据。

本例使用高斯朴素贝叶斯算法完成恒星类别预测，具体代码如下。

文件名称	7-2 Naive Bayes.py	说明	基于朴素贝叶斯算法预测恒星类别

```python
import pandas as pd
from sklearn.model_selection import train_test_split
from sklearn.naive_bayes import GaussianNB
from sklearn.metrics import accuracy_score, confusion_matrix
import seaborn as sns
import matplotlib.pyplot as plt
import numpy as np
# 1.读入数据、数据一致性处理
data = pd.read_csv('../data/star.csv', encoding='ansi')  # 读入数据集
print("颜色特征的不同取值：", set(data['颜色']))  # 查看"颜色"特征的取值
data['颜色'] = data['颜色'].str.replace('Blue white|Blue-White|Blue-white', 'Blue White', regex=True)
data['颜色'] = data['颜色'].replace({'white': 'White', 'yellowish': 'Yellowish',
                'yellow-white': 'White-Yellow'})
# 2.特征编码
dummies_color = pd.get_dummies(data['颜色'],prefix='颜色')  # 对颜色特征进行独热编码
dummies_smass = pd.get_dummies(data['SMASS规格'],prefix='SMASS规格')  # 对SMASS规格特征进行独热编码
data = pd.concat([data, dummies_color, dummies_smass], axis=1)  # 将编码后的特征并入数据集
color = data['颜色']
data = data.drop(['颜色', 'SMASS规格'], axis=1)  # 删除编码前的特征
# 3.划分训练集和测试集
X, y = data.drop(columns=['类型']), data['类型']
X_train, X_test, y_train, y_test = train_test_split(X, y, random_state=200)  # 随即划分训练集和测试集
# 4.可视化数据样本，此处略，详见7-2 Naive Bayes.py
# 5.构建、训练、评价模型
clf = GaussianNB()  # 构建模型
clf.fit(X_train, y_train)  # 训练模型
y_pred = clf.predict(X_test)  # 用训练完成的模型对测试集进行预测
print('预测准确率：', round(accuracy_score(y_pred, y_test),3))  # 评价模型
# 6.计算混淆矩阵并绘制热力图
cm = confusion_matrix(y_test, y_pred)  # 计算混淆矩阵
f, ax = plt.subplots(figsize=(3,2.5))
```

```
sns.heatmap(cm, annot=True, fmt="d", cmap="Blues")
ax.set_xlabel('预测值') #x 轴
ax.set_ylabel('真实值') #y 轴
plt.tight_layout()
plt.show()
```

输出结果：

```
颜色特征的不同取值：{'Blue','yellowish','Whitish','Red','Blue-white','Blue White','Pale yellow orange','Yellowish White','White','yellow-white','Orange','White-Yellow','Yellowish','Orange-Red','Blue-White','Blue white','white'}
```

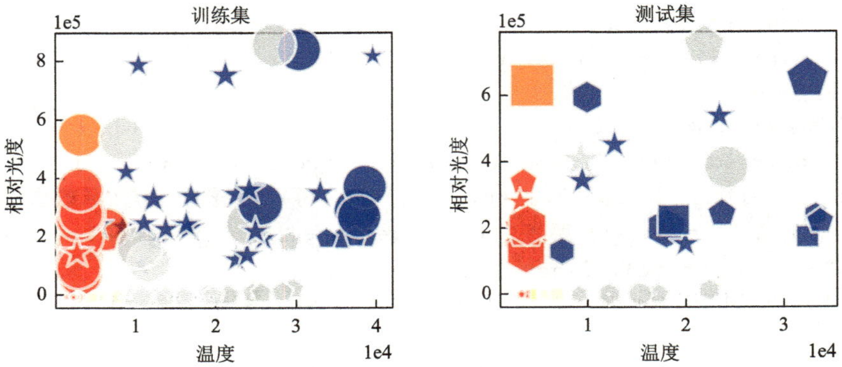

预测准确率：0.933

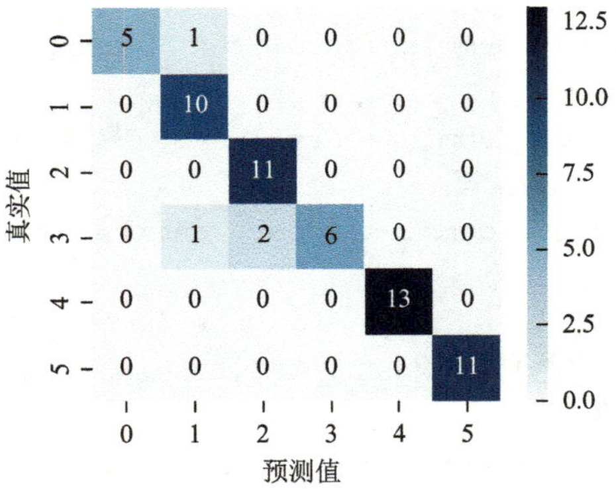

输出结果显示，使用高斯朴素贝叶斯算法对恒星分类的准确率为 0.933，共有 4 个样本被预测错误，具体为有 1 例实际为红矮星的样本被预测为褐矮星，1 例实际为主序星的样本被预测为褐矮星，2 例实际为主序星的样本被预测为白矮星。

7.4 决策树

决策树是一种基于树形结构的分类与回归算法，本节主要讨论用于分类的决策树。

决策树被认为是 if-then 规则的集合，它模拟了人类在面对决策时的思维过程，帮助人们理清各个条件的权重和影响，从而更好地做出决策。

7.4.1 决策树基本原理

从结构上，决策树由一个根节点、若干内部节点、若干叶节点和若干有向边构成。根节点是树的起始节点，它代表整个数据集 D；内部节点是树中除了根节点和叶节点之外的节点，它们表示特征 A 为某特定值时的数据子集 D_i；叶节点是决策树最末端的节点，其对应的数据子集用于判定最终的分类结果（图 7-3）。

通过一系列特征选择和判定，决策树逐步分割数据集形成树形结构。在建立完成的决策树中，待预测样本从根节点开始，经过内部节点判断特征，最终到达叶节点得出分类结果。构建决策树的关键步骤包括特征选择、决策树生成和剪枝。

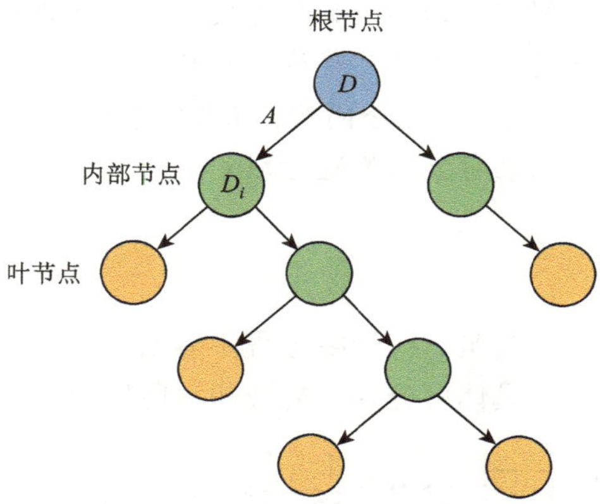

图 7-3　决策树示意图

1. 特征选择

在决策树中，通过特征的选择和分裂，可以将数据集分割为不同的子集，使得子集的纯度提高（即不确定性降低）。由于数据集包含多个特征，通常选择使子数据集纯度最高的特征为最优特征，并把数据分割成不同子集。

度量数据集的纯度有多种方法，如信息增益（见 7.4.2 节）、信息增益率（见 7.4.3 节）和基尼系数（见 7.4.4 节）等。

纯度

在决策树中，纯度（purity）是指一个节点中样本的“纯净”程度，衡量的是该节点中样本属于同一类别的程度。节点的纯度越高，表示该节点中的样本越趋向于属于相同类别，决策树在这个节点的决策越简单。

2. 决策树生成

决策树的生成是一个递归地选择最优特征，并根据该特征对训练数据进行分割，使得各子数据集纯度最高的过程。初始阶段，根据所有训练数据构建根节点。然后，选择最优特征将训练数据集分割成子集。如果子集中的样本能够基本正确分类（纯度高于指定阈值），则构建叶节点，并将子集分到相应的叶节点中；否则，选择新的最优特征，继续分割并构建相应的节点。这一过程将递归进行，直至达到终止条件之一。终止条件通常包括：①所有训练数据子集基本被正确分类；②决策树的高度到达指定阈值；③当前节点的特征集中无任何特征能有效提升纯度。

延伸阅读

决策树模型构建的本质是从训练数据集中归纳出一组分类规则，该规则可以使训练数据集中的样本被正确分类。这样的分类规则可能存在多个，也可能不存在。因此，决策树模型的学习目标是发现一组在训练数据集上表现良好且能够具备较强泛化能力的分类规则。为了实现这一目标，可以最小化优化损失函数来进行模型学习。然而，由于这是一个 NP 完全问题，在现实中通常采用启发式方法来近似求解，即递归地选择当前最优特征来对数据集进行划分。

3. 剪枝

决策树在训练过程中容易过拟合，剪枝（pruning）是一种用于减少模型复杂度的技术，具体可分为预剪枝和后剪枝两种类型。

定义 7-14 预剪枝（pre-pruning）是在构建决策树的过程中，在每个节点处判断是否停止分裂，以避免过拟合。通过设置条件，如限制最小样本数或最大深度，阻止决策树过度划分。

定义 7-15 后剪枝（post-pruning）是在树已经构建完成后，通过去除一些节点或分支来实现剪枝。通常从叶节点开始逐步向根节点的方向剪枝，剪枝时使用测试集评估剪枝后的决策树性能，若表现良好则保留剪枝后的决策树，否则保留原始决策树。

如图 7-4 所示，剪枝通常涉及去除决策树上的一些分支（子树），以便减少树的深度和节点数量，适当地剪枝能够使决策树更简洁、更容易理解。

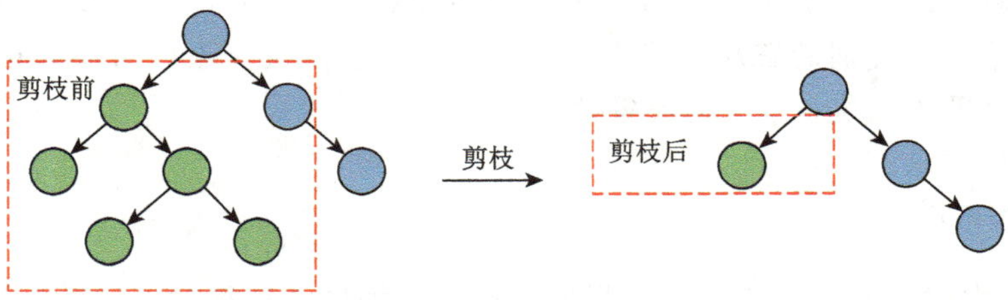

图 7-4 剪枝示意图

ID3、C4.5、CART 是三种常用的决策树算法，它们在特征选择、决策树生成、剪枝上有着不同的准则，下面将对这三种算法展开介绍。

7.4.2 ID3

ID3 的核心思想是通过信息增益对特征进行选择。在 ID3 决策树的生成过程中会计算每个特征的信息增益，选择给数据集带来的信息增益最大的特征作为决策树当前划分的节点。需要注意的是，ID3 决策树不存在剪枝操作。

定义 7-16 信息熵（information entropy）是用于衡量一个随机变量的不确定性的度量。假设训练数据集 D 中有 K 类不同的样本，C_k 是类别为 k 的数据子集，则 D 的信息熵为

$$H(D)=-\sum_{k=1}^{K}\frac{|C_k|}{|D|}\log_2\frac{|C_k|}{|D|} \tag{7-20}$$

其中，$|D|$表示数据集 D 的样本数，$|C_k|$表示类别为 k 的数据子集的样本数。

对于一组数据，不确定性越高则信息熵越大，不确定性越低则信息熵越小。显然，当 $K=1$，即数据中所有样本均为同类别时，$H(D)=0$，数据不存在不确定性。当数据中的 K 类样本等概率出现时，数据集的不确定最大，信息熵也最大，为 $\log_2 K$ 。

定义 7-17 条件熵（conditional entropy）是在给定另一个随机变量的条件下，一个随机变量的不确定性。假设决策树中的某个节点有一个特征 A，该特征有 d 个不同的取值，根据特征 A 的不同取值将数据集划分为 d 个子集。则在给定特征 A 条件下 D 的条件熵为

$$H(D|A)=\sum_{i=1}^{d}\frac{|D_i|}{|D|}H(D_i)=-\sum_{i=1}^{d}\frac{|D_i|}{|D|}\sum_{k=1}^{K}\frac{|D_{ik}|}{|D_i|}\log_2\frac{|D_{ik}|}{|D_i|} \tag{7-21}$$

其中，D_{ik} 表示第 i 个数据子集中类别为 k 的样本集合。

在决策树中，条件熵用于评估特征划分的效果。信息熵和条件熵都是衡量不确定性的度量，但信息熵是对整个随机变量的不确定性进行测量，条件熵是在给定一个随机变量的条件下，测量另一个随机变量的不确定性。

定义 7-18 信息增益（information gain）是用于衡量一个特征对数据集划分后，信息复杂度（不确定性）的减少程度的指标。对于一个数据集 D 和特征 A，其信息增益为

$$\text{Gain}(D|A)=H(D)-H(D|A) \tag{7-22}$$

在决策树中，某特征的信息增益越大，说明根据该特征对数据进行划分后的数据子

集纯度越高，该特征越适合作为决策树中的分裂节点。因此，信息增益最大的特征为最佳划分特征。

ID3 决策树使用信息增益度量特征对数据集划分的影响程度，其具体流程如下。

步骤 1：若训练集 D 中所有样本均属于同一类 C_k，则决策树 T 为单节点树，并将类 C_k 作为该节点的类标记，返回 T。

步骤 2：若特征集 $A=\varnothing$，则 T 为单节点树，并将 D 中样本数最大的类 C_k 作为该节点的类标记，返回 T。否则，按照式（7-22）计算 A 中各特征对 D 的信息增益，选择信息增益最大的特征 A_g。

步骤 3：如果 A_g 的信息增益小于阈值 ε，则 T 为单节点树，并将 D 中样本数最大的类 C_k 作为该节点的类标记，返回 T。否则，对 A_g 的每一个可能取值 a_i，依 $A_g=a_i$ 将 D 分割为若干非空子集 D_i，将 D_i 中样本数最多的类作为标记，构建子节点，由节点及子节点构成树 T，返回 T。

步骤 4：对于第 i 个子节点，以 D_i 为训练集，A_g-A 为特征集，递归地调用步骤 1～步骤 3，得到子树 T_i，返回 T_i。

下面以表 7-6 的数据为例，展示 ID3 决策树的构建过程。

算一算

表 7-6 展示了某银行产品认购的部分信息，用于记录客户信息及其是否认购银行的产品。产品认购记录的具体字段包括：是否有房贷（简写为房贷）、与业务员在一周内是否有过联系（联系）、是否就业（就业）、是否认购（认购）。根据该数据计算各特征对数据集 D 的信息增益。

表 7-6　某银行的产品认购记录

序号	房贷	联系	就业	认购	序号	房贷	联系	就业	认购
1	否	是	否	是	11	是	是	是	是
2	否	是	否	是	12	否	否	是	否
3	是	是	否	否	13	是	是	是	是
4	是	是	否	否	14	是	是	否	否
5	是	是	是	是	15	否	是	是	是
6	是	是	否	否	16	否	否	否	否
7	是	否	否	否	17	否	是	是	是
8	否	否	是	否	18	否	否	否	否
9	是	是	否	否	19	否	是	是	是
10	否	是	否	是	20	否	是	否	是

首先，根据式（7-20）计算总的信息熵。其中，数据中一共有20个样本，认购的样本数为10，未认购的样本数为10，则数据集D的信息熵为

$$H(D)=-\frac{10}{20}\log_2\left(\frac{10}{20}\right)-\frac{10}{20}\log_2\left(\frac{10}{20}\right)=1$$

接下来，根据式（7-21）计算各个特征的条件熵。

对于“是否有房贷”特征，取值包括“是”和“否”。在全部样本中，9个样本有房贷，11个样本无房贷。其中，在有房贷的条件下，认购的样本数为3，未认购的样本数为6；在无房贷的条件下，认购的样本数为7，未认购的样本数为4。“是否有房贷”特征的条件熵计算过程如下：

$$H(\text{是否认购}\mid\text{房贷}=\text{是})=-\frac{3}{9}\log_2\left(\frac{3}{9}\right)-\frac{6}{9}\log_2\left(\frac{6}{9}\right)=0.918$$

$$H(\text{是否认购}\mid\text{房贷}=\text{否})=-\frac{7}{11}\log_2\left(\frac{7}{11}\right)-\frac{4}{11}\log_2\left(\frac{4}{11}\right)=0.946$$

“与业务员在一周内是否有过联系”特征，取值包括“是”和“否”。在全部样本中，15个样本有联系，5个样本无联系。其中，在有联系的条件下，认购的样本数为10，未认购的样本数为5；在无联系的条件下，认购的样本数为0，未认购的样本数为5。“与业务员在一周内是否有过联系”特征的条件熵计算过程如下：

$$H(\text{认购}\mid\text{联系}=\text{是})=-\frac{10}{15}\log_2\left(\frac{10}{15}\right)-\frac{5}{15}\log_2\left(\frac{5}{15}\right)=0.918$$

$$H(\text{认购}\mid\text{联系}=\text{否})=-\frac{0}{5}\log_2\left(\frac{0}{5}\right)-\frac{5}{5}\log_2\left(\frac{5}{5}\right)=0$$

$$H(D\mid\text{联系})=\frac{15}{20}H(\text{认购}\mid\text{联系}=\text{是})+\frac{5}{20}H(\text{认购}\mid\text{联系}=\text{否})=0.689$$

对于“是否就业”特征，取值包括“是”和“否”。在全部样本中，8个样本就业，12个样本未就业。其中，在就业的条件下，认购的样本数为6，未认购的样本数为2；在未就业的条件下，认购的样本数为4，未认购的样本数为8。“是否就业”特征的条件熵计算过程如下：

$$H(\text{认购}\mid\text{就业}=\text{是})=-\frac{6}{8}\log_2\left(\frac{6}{8}\right)-\frac{2}{8}\log_2\left(\frac{2}{8}\right)=0.811$$

$$H(\text{认购}\mid\text{就业}=\text{否})=-\frac{4}{12}\log_2\left(\frac{4}{12}\right)-\frac{8}{12}\log_2\left(\frac{8}{12}\right)=0.918$$

$$H(D\mid\text{就业})=\frac{8}{20}H(\text{认购}\mid\text{就业}=\text{是})+\frac{12}{20}H(\text{认购}\mid\text{就业}=\text{否})=0.875$$

最后，根据式（7-22）计算“是否有房贷”、“与业务员在一周内是否有过联系”、“是否就业”对银行产品认购与否的信息增益，计算过程如下：

$$\text{Gain}(D\mid\text{房贷})=H(D)-H(D\mid\text{房贷})=1-0.933=0.067$$

$$\text{Gain}(D\mid\text{联系})=H(D)-H(D\mid\text{联系})=1-0.689=0.311$$

$$\text{Gain}(D\mid\text{就业})=H(D)-H(D\mid\text{就业})=1-0.875=0.125$$

7.4.3 C4.5

信息增益存在一个内生性的偏置，它更倾向于选择具有较多取值的特征作为划分依据。例如，某数据集的特征 ID 是样本的唯一标识符，那么该特征将有大量不同取值，等于样本的数量。以 ID 为划分的样本都是纯的，即每个分支中的样本都属于同一类别。这会导致决策树在构建过程中过分依赖于 ID 特征，而忽略了其他潜在的有用特征，这可能导致模型在未来的预测任务中过拟合，使模型泛化性能下降。

1. 信息增益率

C4.5 算法是从 ID3 算法演变而来的，该算法使用信息增益率作为特征选择的依据来克服信息增益存在的问题。

定义 7-19 信息增益率（gain ratio）：特征 A 对训练数据集 D 的信息增益比 $\text{GainRatio}(D|A)$ 为信息增益 $\text{Gain}(D|A)$ 与 D 关于特征 A 的熵 $H_A(D)$ 之比，其计算为

$$\text{GainRatio}(D|A)=\frac{\text{Gain}(D|A)}{H_A(D)} \tag{7-23}$$

其中，$H_A(D)=-\sum_{j=1}^{d}\frac{|D_j|}{|D|}\log_2\frac{|D_j|}{|D|}$，$d$ 为特征 A 取值的个数。

信息增益率引入 $E_A(D)$ 对信息增益进行了修正，对特征不同取值过多的情况起到惩罚作用，以更准确地评估特征的划分能力，进而解决信息增益的内生性偏置问题。

C4.5 决策树使用信息增益率作为特征划分的依据，其生成的具体流程如下。

步骤 1： 若训练集 D 中所有样本均属于同一类 C_k，则决策树 T 为单节点树，并将类 C_k 作为该节点的类标记，返回 T。

步骤 2： 若特征集 $A=\varnothing$，则 T 为单节点树，并将 D 中样本数最大的类 C_k 作为该节点的类标记，返回 T。否则，按照式（7-23）计算 A 中各特征对 D 的信息增益率，选择信息增益率最大的特征 A_g。

步骤 3： 如果 A_g 的信息增益率小于阈值 ε，则 T 为单节点树，并将 D 中样本数最大的类 C_k 作为该节点的类标记，返回 T。否则，对 A_g 的每一个可能取值 a_i，依 $A_g=a_i$ 将 D 分割为若干非空子集 D_i，将 D_i 中样本数最多的类作为标记，构建子节点，由节点及子节点构成树 T，返回 T。

步骤 4： 对于第 i 个子节点，以 D_i 为训练集，A_g-A 为特征集，递归地调用步骤 1～步骤 3，得到子树 T_i，返回 T_i。

2. 悲观错误剪枝

C4.5 决策树在生成后，使用悲观错误剪枝（pessimistic error pruning）的方法对决策树进行剪枝操作，这种剪枝方法属于后剪枝的一种形式。

假设某决策树有一个分支节点，以该节点为根节点的子树包含了 N 个样本。根据多数表决法赋予该子树中所有叶节点的预测类别，计算各叶节点分类错误的样本数 E，则单个叶节点的误差率为 $e=(E+0.5)/N$，其中 0.5 为连续性修正因子。假设误差率服从正态分布，修正误差最大值（最悲观误差）为该分支下所有叶节点的误差之和加上误差率的标准差，即 $N\times e+\sqrt{N\times e\times(1-e)}$。

悲观误差剪枝的基本思想是当决策树的某个分支被剪掉时，模型在未来数据上的性能可能会下降。因此，悲观误差剪枝会计算不剪枝情况下模型在未来数据上的性能的一个悲观估计，并与剪枝模型的性能进行比较。如果剪枝后的误差不大于最悲观误差，则执行剪枝操作。

算一算

图 7-5 展示了某决策树中的一个子树 T，请根据悲观剪枝来判断该子树是否被剪。

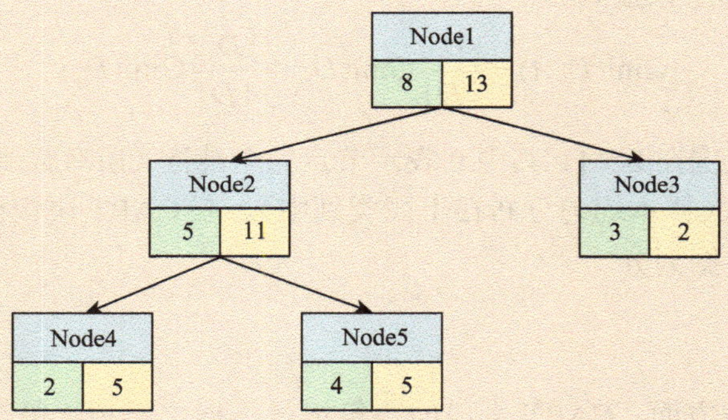

图 7-5　悲观剪枝计算练习

如果不剪枝，则所有叶节点的误差率和为

$$e(T)=e(\text{Node1})+e(\text{Node2})+e(\text{Node3})=\frac{2+0.5}{21}+\frac{4+0.5}{21}+\frac{2+0.5}{21}=\frac{19}{42}$$

最悲观误差下的修正错误样本数为

$$N\times e(T)+\sqrt{N\times e(T)\times(1-e(T))}=21\times\frac{19}{42}+\sqrt{21\times\frac{19}{42}\times\left(1-\frac{19}{42}\right)}\approx 11.781$$

如果剪枝，则裁剪后的修正错误样本数为

$$e(\text{Node1})\times N=\frac{8+0.5}{21}\times 21=8.5$$

因为剪枝后的修正错误样本数小于最悲观误差下的修正错误样本数，故应当剪枝。

7.4.4 CART

CART（classification and regression trees）决策树又称分类回归树，它既可用于分类，又可用于回归。本节主要介绍分类树的 CART，关于 CART 作为回归树的介绍见 10.4.1 节。

CART 同样由特征选择、树的生成及剪枝组成，在分类任务中，CART 决策树使用基尼系数衡量数据集的纯度。

1. 基尼系数

定义 7-20 基尼系数（Gini index）是用于度量一个数据集中随机选取两个不同样本时，这两个样本在类别上不一致的概率。假设数据集 D 中的样本具有 K 个不同的类别，p_k 是样本数据第 k 类的概率，则其基尼系数为

$$\text{Gini}(D)=\sum_{k=1}^{K}p_k\times(1-p_k)=1-\sum_{k=1}^{K}p_k^2 \tag{7-24}$$

如果 D 根据特征 A 是否取某一可能值 a 被分割为 D_1 和 D_2 两部分，则在特征 A 的条件下，数据集 D 的基尼系数为

$$\text{Gini}(D,A)=\frac{|D_1|}{|D|}\text{Gini}(D_1)+\frac{|D_2|}{|D|}\text{Gini}(D_2) \tag{7-25}$$

基尼系数的值范围在 0～1，其中 0 表示节点完全纯净（所有样本属于同一类别），而 1 表示节点最不纯净（样本均匀分布在不同类别中）。在 CART 决策树中，选择基尼系数最小的节点来进行数据划分。

2. 二叉分裂

在决策树的生成方面，CART 生成的决策树是一棵二叉树，每个节点都是一个二元判定规则，将输入样本分成两部分。例如，特征 A 是决策树中的一个节点，有 a_1,a_2,a_3 三种不同取值，C4.5 决策树会把特征 A 分为 $\{a_1,a_2\}$ 和 $\{a_3\}$，$\{a_1,a_3\}$ 和 $\{a_2\}$，$\{a_2,a_3\}$ 和 $\{a_1\}$ 三种情况，并计算对应的基尼系数，选择基尼系数最小的组合分裂二叉树。假设 $\{a_1,a_2\}$ 和 $\{a_3\}$ 这种组合的基尼系数最小，则二叉树分裂后的一个节点是 $\{a_1,a_2\}$ 对应的样本，另一个节点是 $\{a_3\}$ 对应的样本。显然，这样划分并不能将特征 A 所有不同取值的样本完全分开，因此后续还会对子节点继续依据特征 A 的 a_1 和 a_2 取值进行划分。

CART 决策树生成的具体流程如下。

步骤 1： 设根节点的训练数据集为 D，计算现有特征对该数据集的基尼系数。此时，对每一个特征 A，对其可能取的每个值 a，根据样本点对 $A=a$ 的测试为“是”或“否”将 D 分割成 D_1 和 D_2 两部分，利用式（7-25）计算 $A=a$ 时的基尼系数。

步骤2：在所有可能的特征 A 以及它们所有可能的切分点 a 中，选择基尼系数最小的特征及其对应的切分点作为最优特征与最优切分点。依据最优特征与最优切分点，从现节点生成两个子节点，将训练数据集依特征分配到两个子节点中。

步骤3：对两个子节点递归地调用步骤1、步骤2，直至满足停止条件，生成CART决策树。

3. 代价复杂度剪枝

在决策树生成之后，CART采用基于代价复杂度剪枝（cost complexity pruning）的方法对决策树进行剪枝，这种剪枝方法属于后剪枝的一种形式。

代价复杂度剪枝的损失函数包含树 T 的代价（cost）和复杂度，以及衡量代价和复杂度之间关系的参数 $\alpha \geqslant 0$。对于决策树 T，假设 t 为树 T 的叶节点，该节点对应的样本数量为 N_t，其中第 k 类样本数量为 N_{tk}，$k=1,2,\cdots,K$。$E_t(T)$ 为叶节点对于样本的信息熵，$\alpha \geqslant 0$ 为参数。在参数为 α 下，剪枝的损失函数 $C_\alpha(T)$ 为

$$C_\alpha(T)=C(T)+\alpha|T|$$
$$C(T)=\sum_{t=1}^{|T|}N_tE_t(T)=-\sum_{t=1}^{|T|}\sum_{k=1}^{K}N_{tk}\log_2\frac{N_{tk}}{N_t} \tag{7-26}$$

式中，$C(T)$ 表示模型对训练数据的预测误差，$|T|$ 表示模型的复杂度（可用叶节点数量表示），参数 α 则用于控制二者的影响程度，α 越大，模型越简单，反之，模型越复杂。

代价复杂度剪枝的基本思想是在决策树的不同剪枝方案之间进行权衡，寻找一个复杂性和预测性能的平衡点。具体地，从生成的决策树 T_0 开始修剪，对于 T_0 任意的内部节点 t，以 t 为单节点树的损失函数为

$$C_\alpha(t)=C(t)+\alpha \tag{7-27}$$

以 t 为根节点的子树 T_t 的损失函数为

$$C_\alpha(T_t)=C(T_t)+\alpha|T_t| \tag{7-28}$$

当 $\alpha=0$ 或 α 充分小时，有不等式 $C_\alpha(T_t)<C_\alpha(t)$，当 α 增大时，存在 α 满足 $C_\alpha(T_t)=C_\alpha(t)$，当 α 继续增大时，不等式反向，为 $C_\alpha(T_t)>C_\alpha(t)$。当 $\alpha=\dfrac{C(t)-C_\alpha(T_t)}{|T_t|-1}$ 时，T_t 与 t 有相同的损失函数值，而 t 的节点相对少，因此 t 比 T_t 更优，对 T_t 进行剪枝。

为此，对 T_0 中每一个内部节点 t，计算：

$$g(t)=\frac{C(t)-C(T_t)}{|T_t|-1} \tag{7-29}$$

式（7-29）表示剪枝后整体损失函数的减少程度。在 T_0 中减去 $g(t)$ 最小的 T_t，可将该子树作为 T_1，同时最小的 $g(t)$ 设为 α_1。T_1 是区间 $[\alpha_1,\alpha_2)$ 的最优子树。

如此继续剪枝，直到根节点。这一过程中，不断增加 α 的值，产生新的区间。最后，

利用验证数据集，计算子树序列 $T_0,T_1,\cdots,T_n$ 的基尼系数，基尼系数最小的决策树便是最优决策树。

代价复杂度剪枝的具体流程如下。

步骤 1：初始化 $k=0$，$T=T_0$。

步骤 2：设 $\alpha=+\infty$。

步骤 3：自下而上地对各内部节点 t 计算 $C(T_t)$、$|T_t|$ 以及 $g(t)$，这里 T_t 是以 t 为根节点的子树。

步骤 4：对于 $g(t)=\alpha$ 的内部节点 t 进行剪枝，并对叶节点 t 以多数投票法决定其类别，得到树 T。

步骤 5：设 $k=k+1,\alpha_k=\alpha,T_k=T$。

步骤 6：如果 T_k 不是由根节点及两个叶节点构成的树，则回到步骤 2，否则令 $T_k=T_n$。

步骤 7：基于测试集计算子树序列 $T_0,T_1,\cdots,T_n$ 的基尼系数，返回基尼系数最小的子树。

7.4.5 决策树算法应用与评价

ID3 算法逐节点遍历全部特征并计算信息增益，这将导致较高时间复杂度；而 C4.5 算法引入剪枝操作，故在时间开销上略低于 ID3。相较于二者，CART 算法采用二叉树结构，选用基尼系数或均方差等指标进行特征选择，因此训练时间与数据集大小以及特征数量成正比，但其通常相对较快。ID3、C4.5、CART 决策树均基于贪婪策略，表 7-7 展示了三种算法的差异。

表 7-7　决策树算法对比与总结

算法	树结构	划分标准	剪枝
ID3	多叉树	信息增益	不剪枝
C4.5	多叉树	信息增益率	悲观误差剪枝
CART	二叉树	基尼系数	代价复杂度剪枝

ID3 算法易于理解和实现，这使其生成的决策树通常具有清晰的结构。然而，ID3 没有剪枝操作，这可能导致生成的决策树过于复杂，泛化能力较差。同时，ID3 倾向于选择具有更多取值的特征作为划分依据，这也将导致其生成的决策树泛化能力较差。

相较于 ID3 算法，C4.5 算法使用信息增益率作为特征划分标准，以克服信息增益存在的内在偏置问题。然而，C4.5 使用的信息增益率需要进行极为耗时的对数运算。

相较于 ID3 和 C4.5 算法，CART 使用基尼系数来选择分裂节点，可减少大量对数运算。然而，CART 生成的树是二叉树，每个节点只能有两个子节点，这可能不足以捕捉某些复杂的关系。

7.4.6 实践案例：基于决策树的旅游业客户流失预测

本节利用 ID3 决策树算法对旅游业客户流失进行预测，数据集来源于一家旅游公司提供的 954 名客户信息，部分数据样例见表 7-8，具体字段包括：用户年龄、飞机乘坐情况（客户是否经常乘坐飞机）、年收入等级、服务次数（客户近几年选择服务的次数）、社交媒体同步情况（用户的公司账户是否与他们的社交媒体同步）、预订住宿情况（客户是否使用公司服务预订住宿）、流失情况（如果客户流失，则为 1；如果客户未流失，则为 0）。

表 7-8　旅游业客户流失数据集样例

用户年龄	飞机乘坐情况	年收入等级	服务次数	社交媒体同步情况	预订住宿情况	流失情况
34	No	Middle Income	6	No	Yes	0
34	Yes	Low Income	5	Yes	No	1
37	No	Middle Income	3	Yes	No	0
…	…	…	…	…	…	…
30	No	Low Income	1	Yes	Yes	0
31	Yes	High Income	1	No	No	0

完整数据：“./chapter7/data/Customer Churn.csv”

数据预处理。对于离散特征，使用 pandas 中 Series 对象内置的 value_counts 函数方法可查看某特征不同特征取值的样本数，结果显示特征“飞机乘坐情况”共有三种取值，分别是“No”，“Yes”，“No Record”，对应的样本数分别为 608、286、60。显然，“No Record”表示该特征的数据缺失，由于取值为“No”的样本明显比取值为“Yes”的样本多，本例使用众数填充法对该特征的缺失值进行填充。

特征工程。该数据集存在多个离散特征，在构建模型前需要对离散特征编码。“飞机乘坐情况”“社交媒体同步情况”“预订住宿情况”均为二元特征，适合用 01 编码，在本例中将“Yes”编码为 1，将“No”编码为 0。“年收入等级”有三种不同取值：“Low Income”“Middle Income”“High Income”，存在序数关系，本例分别编码为 1、2、3。

模型训练。使用 scikit-learn 中 tree 模块的 DecisionTreeClassifier 类构建 CART 决策树模型。参数 criterion 表示评价信息增益的标准，取值包括 gini、entropy，默认值为 gini。参数 max_depth 表示树的最大深度，默认不限制（None）。参数 min_samples_split 表示划分节点所需要的最小样本数，如果小于这个数就不再分裂，默认为 2。参数 min_samples_leaf 表示叶节点需要的最小样本数，默认为 1。参数 min_impurity_decrease 表示节点分裂的最小不纯度阈值，只有当节点的不纯度大于此阈值时才会继续分裂。

模型评价。使用 value_counts 函数发现数据集中有 730 例“未流失”样本，224 例“流失”样本，因此可判断该数据集为不平衡数据集。结合任务的实际背景，为了更全面地提升用户留存率，应该尽可能全地识别出可能流失的用户，因此算法评价指标应选择召回率。

```
class sklearn.tree.DecisionTreeClassifier(*, criterion='gini', splitter='best', max_depth=None, min_samples_split=2, min_samples_leaf=1, min_weight_fraction_leaf=0.0, max_features=None, random_state=None, max_leaf_nodes=None, min_impurity_decrease=0.0, class_weight=None, ccp_alpha=0.0)
```

本例中使用信息增益作为节点划分依据，并分别试验了 max_depth、min_samples_split、min_samples_leaf 参数在不同取值下模型的召回率。完整代码如下。

文件名称	7-3 Decision Tree.py	说明	基于决策树预测旅游业用户流失情况

```
import pandas as pd
from sklearn.tree import DecisionTreeClassifier, plot_tree
from sklearn.model_selection import train_test_split, GridSearchCV
from sklearn.metrics import recall_score
import matplotlib.pyplot as plt
import numpy as np

# 1.读入数据集
data = pd.read_csv('../data/Customer Churn.csv', encoding='ansi')
# 2.查看数据缺失情况并处理
print(data['飞机乘坐情况'].value_counts(), '\n')
data['飞机乘坐情况'].replace(to_replace='No Record', value='No', inplace=True)  # 缺失值众数填充
# 3.特征编码
mapping1 = {'Yes': 1, 'No': 0}
data['飞机乘坐情况'] = data['飞机乘坐情况'].map(mapping1)
data['社交媒体同步情况'] = data['社交媒体同步情况'].map(mapping1)
data['预订住宿情况'] = data['预订住宿情况'].map(mapping1)
mapping2 = {'Low Income': 1, 'Middle Income': 2, 'High Income': 3}
data['年收入等级'] = data['年收入等级'].map(mapping2)
# 4.划分训练集和测试集
X = data.iloc[:,:-1]
y = data.iloc[:,-1]
X_train, X_test, y_train, y_test = train_test_split(X, y, random_state=2024)
# 5.使用网格搜索寻找最佳参数组合
param_grid = {
    'max_depth': [3, 5, 7, 10],
    'min_samples_split': [0.02, 0.04, 0.06, 0.08, 0.1],
    'min_samples_leaf': [0.02, 0.04, 0.06, 0.08, 0.1]
}
grid_search = GridSearchCV(DecisionTreeClassifier(), param_grid)
```

```
grid_search.fit(X_train, y_train)
best_params = grid_search.best_params_
print("最佳参数组合为: ", best_params)
# 6.使用最佳参数构建模型
model = DecisionTreeClassifier(**best_params)
model.fit(X_train, y_train)
y_pred = model.predict(X_test)
# 7.输出模型评估指标
print("召回率: ", round(recall_score(y_test, y_pred), 3))
# 8.绘制决策树
plt.rcParams['font.sans-serif'] = ['STSong']
plt.rcParams['axes.unicode_minus'] = False
plt.figure(figsize=(20, 10))
plot_tree(model, filled=True, feature_names=list(X_train.columns), class_
    names=['流失' if x == 1 else '未流失' for x in model.classes_], fontsize=10)
plt.show()
```

输出结果:

```
No            608
Yes           286
No Record      60
Name: 飞机乘坐情况,dtype: int64

最佳参数组合为:{'max_depth':7,'min_samples_leaf':0.02,'min_samples_split':
0.04}
召回率: 0.815
```

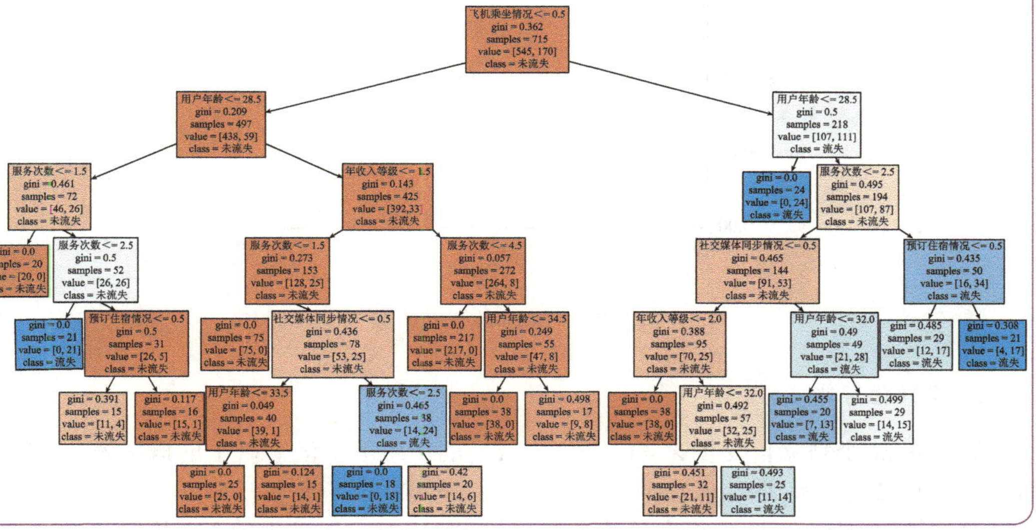

从输出结果可以发现,通过网格搜索出的最佳参数组合为最大深度为7,叶节点最小

样本数和分裂最小样本数分别为 0.02 和 0.04，当它们的取值为小数时，表示对应的样本数占总样本数的比例大小。最佳参数组合训练的模型在测试集上的召回率为 0.815。此外，通过 sklearn.tree 内置函数 plot_tree 可以对决策树进行可视化，提炼出一系列决策规则，出于清晰度考虑，本书截取了部分决策树进行展示，从树的层级关系中可以发现“飞机乘坐情况”是具有最高决策能力的特征。

7.5 Logistic 回归

Logistic 回归是一种经典的分类方法，它将样本的特征和样本发生的概率联系起来，通过求解一组参数来对输入特征进行线性组合，并通过一个阈值函数（Logistic 函数）将结果转换为概率值进而实现分类。

7.5.1 从线性回归到 Logistic 回归

1. Logistic 函数

Logistic 函数图像如图 7-6 所示，该函数的定义域为$(-\infty,+\infty)$，值域为(0, 1)，当$x>0$时，$\sigma(x)>0.5$，当$x<0$时，$\sigma(x)<0.5$。

$$\sigma(x)=\frac{1}{1+\mathrm{e}^{-x}} \tag{7-30}$$

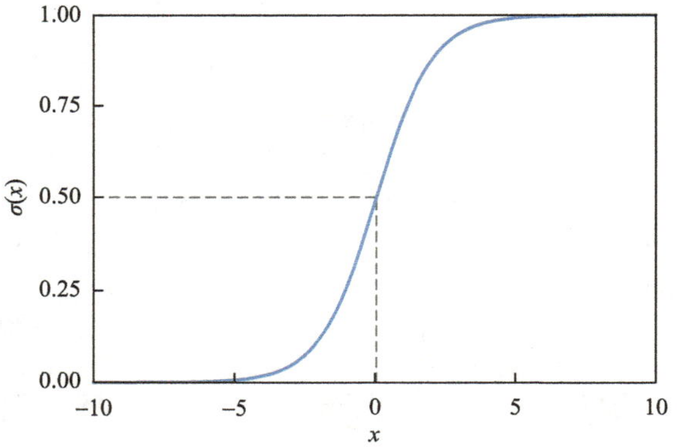

图 7-6　Logistic 函数图像

2. 事件优势比

假设在 m 个独立自变量 $X=[x_1,x_2,\cdots,x_m]$ 的作用下，记 y 取 1 的概率为 $p=P(y=1|X)$，y 取 0 的概率为 $1-p$。

事件的优势比（odds ratio）为事件发生的概率与事件不发生的概率的比值：

$$\text{odds}=\frac{p}{1-p} \tag{7-31}$$

对事件的优势比取自然对数即可得到 Logistic 变换：

$$\text{Logistic}(p)=\ln\left(\frac{p}{1-p}\right) \tag{7-32}$$

由式（7-32）可知：

$$p=\frac{1}{1+\mathrm{e}^{-x}} \tag{7-33}$$

事件优势比的可解释性

在 Logistic 回归中，每个特征的事件优势比表示在其他特征保持不变的情况下，该特征变化对事件发生概率的影响。若事件优势比为 1，表示该特征对事件发生无影响；若大于 1，则表示正向影响，即随该特征增加，事件概率增加；若小于 1，则表示负向影响，即随该特征增加，事件概率减小。例如，特征的事件优势比为 2，则在其他特征不变的情况下，该特征每增加一个单位，事件概率将增加两倍。在解读 Logistic 回归模型参数时，常常结合事件的优势比分析各特征的影响。

3. Logistic 回归模型构建

Logistic 回归是建立 $\ln\left(\frac{p}{1-p}\right)$ 与自变量的线性回归模型，即

$$\ln\left(\frac{p}{1-p}\right)=\theta_0+\theta_1x_1+\theta_2x_2+\cdots+\theta_mx_m \tag{7-34}$$

其中，$x_1,x_2,\cdots,x_m$ 是样本 $\boldsymbol{x}$ 的 m 个特征，$\boldsymbol{\theta}=[\theta_0;\theta_1;\cdots;\theta_m]$ 是权重矩阵，θ_0 是偏置项。

式（7-34）可改写为

$$p=\sigma(\boldsymbol{\theta}^{\mathrm{T}}\boldsymbol{x})=\frac{1}{1+\mathrm{e}^{-\boldsymbol{\theta}^{\mathrm{T}}\boldsymbol{x}}} \tag{7-35}$$

式（7-35）便是 Logistic 回归的基本形式。本质上，将线性回归的输出 $\boldsymbol{\theta}^{\mathrm{T}}\boldsymbol{x}$ 映射到 $(0,1)$ 的概率空间，因此在二分类问题中，Logistic 回归的输出值可以表示某个样本属于某一类的概率。

假设 $y=1$ 表示正样本，$y=0$ 表示负样本，p 可理解为样本 $\boldsymbol{x}$ 为正样本的概率。因此，可设置分类阈值 p^*，如式（7-36）所示，若 $p>p^*$ 则认为待预测样本的类别为 1，若 $p<p^*$ 则认为待预测样本的类别为 0。

$$\begin{cases}\hat{y}=1, & p>p^*\\ \hat{y}=0, & p<p^*\end{cases} \tag{7-36}$$

一般情况下，默认分类阈值 p^* 为 0.5。分类阈值可以根据具体问题的需求来调整。如果更希望降低假正类的情况，可以选择一个较高的阈值；如果更希望降低假负类的情况，可以选择一个较低的阈值。

7.5.2 Logistic 回归的损失函数

Logistic 回归模型的求解目标为对于给定数据集，找到合适的参数 $\boldsymbol{\theta}$，使得通过式（7-36）可以最大限度地对样本进行正确分类。为此，首先需要构建 Logistic 回归的损失函数。

给定 n 个样本的特征 $X=(\boldsymbol{x}_1;\boldsymbol{x}_2;\cdots;\boldsymbol{x}_n)$ 和对应类别 $Y=(y_1;y_2;\cdots;y_n)$，p 为预测 $\boldsymbol{x}_i$ 为正样本（$y=1$）的概率，则有

$$P(y_i=1\mid \boldsymbol{x}_i,\theta)=p \tag{7-37}$$

$$P(y_i=0\mid \boldsymbol{x}_i,\theta)=1-p \tag{7-38}$$

式（7-37）和式（7-38）的一般表达式则为

$$P(y_i\mid \boldsymbol{x}_i,\theta)=p^{y_i}(1-p)^{1-y_i} \tag{7-39}$$

对于一个样本 $(\boldsymbol{x}_i,y_i)$，其类别为 y_i 的概率为式（7-39）。对于 n 个样本，$\{(\boldsymbol{x}_1,y_1),(\boldsymbol{x}_2,y_2),\cdots,(\boldsymbol{x}_n,y_n)\}$，在独立性假设下，这些样本类别为 y_i 的概率为

$$P(Y\mid X,\boldsymbol{\theta})=\prod_{i=1}^{n}(p^{y_i}(1-p)^{1-y_i}) \tag{7-40}$$

式（7-40）表示事件发生的总概率，其值正比于模型性能，对其取负数便可表示模型的损失。

Logistic 回归算法的损失函数 $J(\boldsymbol{\theta})$ 如式（7-41）所示，其中，在式（7-40）的基础上取对数是为了便于运算，除以样本数 n 可避免样本数量对损失的影响。

$$J(\boldsymbol{\theta})=-\frac{1}{n}\sum_{i=1}^{n}(y_i\ln(p)+(1-y_i)\ln(1-p)) \tag{7-41}$$

将式（7-35）代入式（7-41）可得

$$J(\boldsymbol{\theta})=-\frac{1}{n}\sum_{i=1}^{n}(y_i\ln(\sigma(\boldsymbol{\theta}^{\mathrm{T}}\boldsymbol{x}_i))+(1-y_i)\ln(1-\sigma(\boldsymbol{\theta}^{\mathrm{T}}\boldsymbol{x}_i))) \tag{7-42}$$

通过观察式（7-42）可发现，对于每一个样本，当真实值 $y_i=1$ 时，损失函数为 $-\ln(\sigma(\boldsymbol{\theta}^{\mathrm{T}}\boldsymbol{x}_i))$，预测值越大损失越小，当 $\sigma(\boldsymbol{\theta}^{\mathrm{T}}\boldsymbol{x}_i)$ 接近于 1 时，损失接近于 0，并且随着 $\sigma(\boldsymbol{\theta}^{\mathrm{T}}\boldsymbol{x}_i)$ 减小，损失逐渐增大，当 $\sigma(\boldsymbol{\theta}^{\mathrm{T}}\boldsymbol{x}_i)$ 接近于 0 时，损失趋于正无穷；当 $y_i=0$ 时，损失函数为 $-\ln(1-\sigma(\boldsymbol{\theta}^{\mathrm{T}}\boldsymbol{x}_i))$，预测值越小损失越小，当 $\sigma(\boldsymbol{\theta}^{\mathrm{T}}\boldsymbol{x}_i)$ 接近于 0 时，损失接近于 0，反之，损失趋于正无穷。

7.5.3 通过梯度下降求解最优参数

已知 Logistic 回归的损失函数，通过求解最佳参数 θ^* 使得损失函数最小，便可求解模型。然而，Logistic 回归的损失函数并没有显式的解析解，无法通过数学公式直接求解出模型参数的解。因此，通常使用梯度下降法求解模型。梯度下降是一种用于寻找函数的最小值或最小化损失函数参数的优化算法，其基本步骤如下。

步骤1：随机初始化模型参数 θ。这些参数将被优化以最小化损失函数。

步骤2：计算梯度 $\nabla J(\theta)$。计算损失函数关于参数 θ 的梯度，即损失函数在当前参数值最快减小的方向。

步骤3：更新参数 $\theta_j = \theta_j - \alpha \nabla J(\theta)$。随机选择一个训练样本来计算梯度并更新参数，其中 α 是学习率，用于控制每次参数更新的步长。

步骤4：重复执行步骤2和步骤3，直到达到最大迭代次数，或达到预定的精度水平。

首先，计算损失函数的梯度 $\nabla J(\theta)$，由于 $J(\theta)$ 为复合函数，在对其求梯度前需要先对其中的部分函数进行求导，再使用链式法则对整体进行求导。这里先对 σ 求导。

$$\sigma(t)' = -(1+\mathrm{e}^{-t})^{-2}\mathrm{e}^{-t}(-1) = (1+\mathrm{e}^{-t})^{-2}\mathrm{e}^{-t} \tag{7-43}$$

进一步对 ln 函数部分求导可得

$$(\ln\sigma(t))' = \frac{1}{\sigma(t)}\sigma(t)' = \frac{1}{(1+\mathrm{e}^{-t})^{-1}}(1+\mathrm{e}^{-t})^{-2}\mathrm{e}^{-t} = 1 - \frac{1}{(1+\mathrm{e}^{-t})} = 1-\sigma(t) \tag{7-44}$$

$$(\ln(1-\sigma(t)))' = \frac{1}{1-\sigma(t)}(-1)\sigma(t)' = -\frac{1+\mathrm{e}^{-t}}{\mathrm{e}^{-t}}(1+\mathrm{e}^{-t})^{-2}\mathrm{e}^{-t} = -\sigma(t) \tag{7-45}$$

损失函数 $J(\theta)$ 由 $y_i\ln(\sigma(\theta^{\mathrm{T}}\boldsymbol{x}_i))$ 和 $(1-y_i)\ln(1-\sigma(\theta^{\mathrm{T}}\boldsymbol{x}_i))$ 两部分组成，对于前半部分，对其中一个 θ_j 求导可得

$$\frac{\mathrm{d}(y_i\ln(\sigma(\boldsymbol{\theta}^{\mathrm{T}}\boldsymbol{x}_i)))}{\mathrm{d}\theta_j} = y_i(1-\sigma(\boldsymbol{\theta}^{\mathrm{T}}\boldsymbol{x}_i))x_{ij} \tag{7-46}$$

对于后半部分，对其中一个 θ_j 求导可得

$$\frac{\mathrm{d}((1-y_i)\ln(1-h_\theta(\boldsymbol{x}_i)))}{\mathrm{d}\theta_j} = (1-y_i)(-\sigma(\boldsymbol{\theta}^{\mathrm{T}}\boldsymbol{x}_i))x_{ij} \tag{7-47}$$

将两部分的导数相加即可得到损失函数 $J(\boldsymbol{\theta})$ 的导数：

$$\begin{aligned}\frac{\mathrm{d}(J(\boldsymbol{\theta}))}{\mathrm{d}(\theta_j)} &= -\frac{1}{n}\sum_{i=1}^{n}(y_ix_{ij} - y_i\sigma(\boldsymbol{\theta}^{\mathrm{T}}\boldsymbol{x}_i)x_{ij} - \sigma(\boldsymbol{\theta}^{\mathrm{T}}\boldsymbol{x}_i)x_{ij} + y_i\sigma(\boldsymbol{\theta}^{\mathrm{T}}\boldsymbol{x}_i)x_{ij}) \\ &= -\frac{1}{n}\sum_{i=1}^{n}(y_ix_{ij} - \sigma(\boldsymbol{\theta}^{\mathrm{T}}\boldsymbol{x}_i)x_{ij}) = \frac{1}{n}\sum_{i=1}^{n}((\sigma(\boldsymbol{\theta}^{\mathrm{T}}\boldsymbol{x}_i) - y_i)x_{ij})\end{aligned} \tag{7-48}$$

按照上述方法，对 $J(\boldsymbol{\theta})$ 中每一个 θ 进行求导，可得

$$\nabla J(\boldsymbol{\theta}) = \begin{bmatrix}\dfrac{\partial J(\boldsymbol{\theta})}{\partial\theta_0} \\ \dfrac{\partial J(\boldsymbol{\theta})}{\partial\theta_1} \\ \cdots \\ \dfrac{\partial J(\boldsymbol{\theta})}{\partial\theta_m}\end{bmatrix} = \frac{1}{n}\begin{bmatrix}\sum_{i=1}^{n}(\sigma(\boldsymbol{\theta}^{\mathrm{T}}\boldsymbol{x}_i) - y_i)) \\ \sum_{i=1}^{n}((\sigma(\boldsymbol{\theta}^{\mathrm{T}}\boldsymbol{x}_i) - y_i)x_{i1}) \\ \cdots \\ \sum_{i=1}^{n}((\sigma(\boldsymbol{\theta}^{\mathrm{T}}\boldsymbol{x}_i) - y_i)x_{im})\end{bmatrix} = \frac{1}{n}\boldsymbol{x}_i^{\mathrm{T}}(\sigma(\boldsymbol{\theta}^{\mathrm{T}}\boldsymbol{x}_i) - y) \tag{7-49}$$

得到 $J(\boldsymbol{\theta})$ 的梯度后，即获得使 $J(\boldsymbol{\theta})$ 下降速度最快的方向，令 α 为学习率，θ 迭代更新的式子为

$$\theta = \theta - \alpha \frac{1}{n} x_i^{\mathrm{T}} (\sigma(\theta^{\mathrm{T}} x_i) - y) \tag{7-50}$$

通过上述训练过程可得到最佳模型参数 θ^*，进而得到 Logistic 回归算法的最终预测结果为

$$\hat{y} = \sigma(\theta^{*\mathrm{T}} \boldsymbol{x}_i) \tag{7-51}$$

7.5.4 OvR 和 OvO

Logistic 回归可完成二分类问题，但在实际应用中，有许多问题需要对多个类别进行分类。为此，可采用一些特定的策略使二元分类模型能够完成多分类任务，常用的方法包括 OvR（one-vs-rest）和 OvO（one-vs-one），如图 7-7 所示。

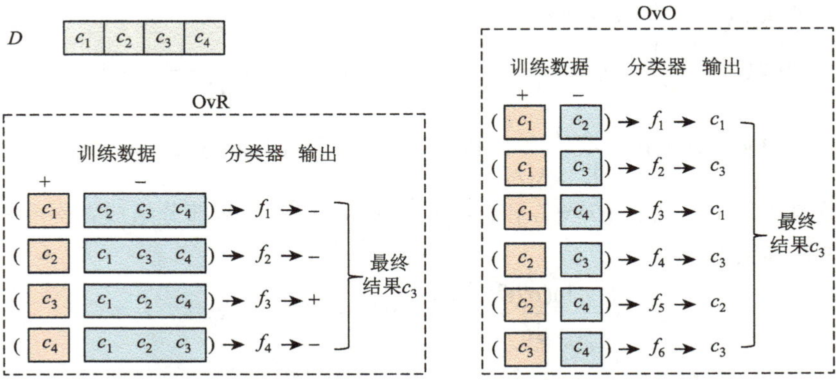

图 7-7　OvO 和 OvR 示意图

在 OvR 中，对于具有 N 个类别的问题，首先，将其转化为 N 个二元分类问题。然后，对于每个类别，训练一个分类器来区分该类别与其他所有类别的组合。因此，对于 N 个类别，需要训练 N 个分类器。在预测阶段，使用 N 个分类器分别进行预测，将置信度（在 Logistic 回归中，p 值可作为置信度）最高的类别作为最终的预测结果。

在 OvO 中，对于具有 N 个类别的问题，将其转化为 C_N^2 个二元分类问题，换言之，需要针对“每对”类别训练一个分类器。例如，对于某三分类问题，三个类别分别为 A、B 和 C，则需要训练三个分类器，分别是对 AB，BC，AC 进行分类。在预测阶段，通过对所有分类器的结果进行投票或应用其他决策规则来确定最终的预测结果。

选择使用 OvR 还是 OvO 应该考虑数据集大小、模型复杂度和类别之间的关系。对于大规模数据集和复杂模型，OvR 可能更合适；对于较小的数据集和简单模型，OvO 可能更适合。然而，具体选择仍然需要根据实际情况进行实验和评估。

注　意

在 Logistic 回归中，P 不是统计意义上的 P-value，而是指预测概率。

7.5.5 Logistic 回归算法应用与评价

Logistic 回归算法具有简单易实现、计算效率高、可解释性强、适用于稀疏数据和不容易过拟合等优点。然而，Logistic 回归也存在一些局限性，包括对非线性关系的建模能力相对较弱、对多重共线性敏感等。在处理复杂的非线性问题或存在高度相关性的特征时，Logistic 回归的表现可能不如其他更复杂的模型。

7.5.6 实践案例：基于 Logistic 回归的肝病预测

本节利用 Logistic 回归算法对是否患有肝病进行预测，使用的数据集是来自印度安得拉邦东北部的 416 位肝病患者记录和 167 位非肝病患者的部分医学指标记录，部分数据样例如表 7-9 所示，在"是否患有肝病"中，如果患者患有肝病，则为 1；如果没有，则为 2。

表 7-9 印度肝病预测数据集样例

患者年龄	患者性别	总胆红素	直接胆红素	碱性磷酸酶	铝胺转氨酶	天冬氨酸转氨酶	总蛋白质	白蛋白	白蛋白与球蛋白的比例	是否患有肝病
65	Female	0.7	0.1	187	16	18	6.8	3.3	0.9	1
62	Male	10.9	5.5	699	64	100	7.5	3.2	0.74	1
62	Male	7.3	4.1	490	60	68	7	3.3	0.89	1
…	…	…	…	…	…	…	…	…	…	…
31	Male	1.3	0.5	184	29	32	6.8	3.4	1	1
38	Male	1	0.3	216	21	24	7.3	4.4	1.5	2

完整数据："./chapter7/data/liver patient.csv"

数据预处理。使用 Python 的 pandas 库将数据以 DataFrame 格式读入。通过调用 DataFrame 的 describe 函数查看数值型数据的基本统计特征。

特征工程。数据集中"患者性别"是离散特征，本例使用 pandas 提供的 get_dummies 方法，用独热编码的方式将它们转换为数值特征。

模型训练。使用 scikit-learn 中 linear_model 模块的 LogisticRegression 类构建一个 Logistic 回归模型。参数"penalty"表示正则化方式，取值包括 None、l1、l2、elasticnet，该参数默认值为 l2。参数 C 表示正则化强度的倒数，该参数必须是大于 0 的浮点数，通常默认为 1。参数 C 越大，则表示对模型的正则化强度越小，即更强调拟合训练数据，可能导致模型过拟合。相反，参数 C 越小，则表示对模型的正则化强度越大，模型更倾向于简化，有助于防止模型过拟合。

```
class sklearn.linear_model.LogisticRegression(penalty='l2', *, dual=False,
tol=0.0001, C=1.0, fit_intercept=True, intercept_scaling=1, class_weight=None,
random_state=None, solver='lbfgs', max_iter=100, multi_class='auto',verbose=
0, warm_start=False, n_jobs=None, l1_ratio=None)
```

本例使用 Logistic 回归完成肝病预测，部分代码如下。

文件名称	7-4 Logistic Regression.py	说明	基于 Logistic 回归算法的患者肝病诊断

```
import pandas as pd
from sklearn.linear_model import LogisticRegression
from sklearn.model_selection import train_test_split
from sklearn.preprocessing import StandardScaler
from sklearn.metrics import precision_score
from matplotlib import pyplot as plt
# 1.读入数据
data = pd.read_csv('./data/liver patient.csv', encoding='ansi')
# 2.对性别特征进行独热编码
dummies = pd.get_dummies(data['患者性别'], prefix='患者性别')
data = data.join(dummies).drop(['患者性别'], axis=1)
# 3.用均值填充缺失值
print("数据的基本描述：")
print(round(data.describe(),2))
data['白蛋白与球蛋白的比例'] = data['白蛋白与球蛋白的比例'].fillna(data['白蛋
    白与球蛋白的比例'].mean())
# 4.划分训练集和测试集
X = data.drop(columns=['是否患有肝病'])
y = abs(data['是否患有肝病'] - 2)#原始数据中，1 表示患病，2 表示不患病，此处需转换
    为 1=阳性，0=阴性
X_train, X_test, y_train, y_test = train_test_split(X, y, random_state=666)
# 5.特征归一化
standardScaler = StandardScaler()
X_train_standard = standardScaler.fit_transform(X_train)
X_test_standard = standardScaler.transform(X_test)
# 6.构建及训练模型
log_reg = LogisticRegression(C=0.1)
log_reg.fit(X_train_standard, y_train)
# 7.预测并评估模型
y_predict = log_reg.predict(X_test_standard)
print("权重：", log_reg.coef_)
print("截距：", log_reg.intercept_)
print("精准率：", round(precision_score(y_predict, y_test),3))
```

输出结果：

```
数据为基本描述：
      患者年龄 总胆红素 直接胆红素 碱性磷酸酶 铝胺转氨酶 天冬氨酸转氨酶 总蛋白质 白蛋白

count 583.00  583.00   583.00    583.00    583.00    583.00       583.00  583.00
mean  44.75   3.30     1.49      290.58    80.71     109.91       6.48    3.14
std   16.19   6.21     2.81      242.94    182.62    288.92       1.09    0.80
min   4.00    0.40     0.10      63.00     10.00     10.00        2.70    0.90
25%   33.00   0.80     0.20      175.50    23.00     25.00        5.80    2.60
50%   45.00   1.00     0.30      208.00    35.00     42.00        6.60    3.10
75%   58.00   2.60     1.30      298.00    60.50     87.00        7.20    3.80
max   90.00   75.00    19.70     2110.00   2000.00   4929.00      9.60    5.50

      白蛋白与球蛋白的比例 是否患有肝病 患者性别_Female 患者性别_Male
count     579.00           583.00     583.00           583.00
mean      0.95             1.29       0.24             0.76
std       0.32             0.45       0.43             0.43
min       0.30             1.00       0.00             0.00
25%       0.70             1.00       0.00             1.00
50%       0.93             1.00       0.00             1.00
75%       1.10             2.00       0.00             1.00
max       2.80             2.00       1.00             1.00

权重：[[0.25201913 0.33499355 0.47955891 0.44798255 0.54922917 0.42248986
0.25482064 -0.25058909 -0.09958403 -0.05175169 0.05175169]]
截距：[1.27366904]
精准率：0.926
```

从数据的基本描述中发现，count表示数据集中各特征下不为空的样本数，结果显示“白蛋白与球蛋白的比例”存在四个缺失值，后续使用该特征的平均值对空值进行填充。结合问题的实际背景，选择使用精准率选为模型的评价指标，侧重于判断“预测为患病的人是否确实患病”，结果显示预测的精准率为0.926。

7.6 支持向量机

支持向量机（support vector machines，SVM）是一种二分类模型，它通过在特征空间中找到一个最大间隔超平面来划分不同类别的数据进而实现分类，此外，SVM还可以通过核函数将数据映射到高维空间以解决非线性分类问题。

7.6.1 支持向量机概述

SVM 的主要思想是寻找能够有效区分不同类别的决策边界（或超平面），并使得这个决策边界与各类别的最近数据点之间的间隔最大化。这种最大间隔的决策边界有助于提高模型的泛化能力，从而在新数据上表现更为优越。

SVM 从简单到复杂涵盖了一系列模型，包括线性可分 SVM、线性 SVM 以及非线性 SVM。简单模型不仅奠定了复杂模型的基础，同时也可视为复杂模型的特殊情况。

线性可分 SVM（详见 7.6.2 节）是 SVM 的一种特殊情况，它假设训练数据集是线性可分的，即存在一个超平面能够将正样本和负样本完全分开。其目标是找到一个最优的超平面，使得所有正样本和负样本到这个超平面的距离最大。

线性 SVM（详见 7.6.3 节）是 SVM 的一般形式，它并不假设训练数据集是线性可分的，即使数据集线性不可分，线性 SVM 仍然可以通过引入松弛变量来容忍一些分类错误。

非线性 SVM（详见 7.6.4 节）是 SVM 用于处理非线性可分数据集的一种扩展形式。在实际问题中，许多数据集并不是线性可分的，因此需要引入核函数将数据映射到高维空间，从而使其在高维空间中变得线性可分。通过使用核函数，非线性 SVM 可以在更高维的空间中找到一个能够划分不同类别的超平面。

7.6.2 线性可分支持向量机

线性可分 SVM 的基本原理是根据样本大小为 n、特征维度为 m 的数据集 D，在 $m-1$ 维空间中，训练得到一个能够将两类样本分隔开的超平面（在二维空间中是一条直线，三维空间中是一个平面），它能够尽可能多地将两类样本分开，并使得两类样本到超平面的距离尽可能大。

不同决策边界的分类效果存在差异，如图 7-8（a）所示，能将图中两类样本完全正确分隔开的直线并不唯一，H_1 和 H_2 均可以做到。直觉上，H_1 显然是优于 H_2 的，因为 H_2 太靠近黄色小圆的样本，而 H_1 相较之下拥有更好的泛化能力。由此引出了一个值得思考的问题——如何去衡量决策边界的优劣呢？

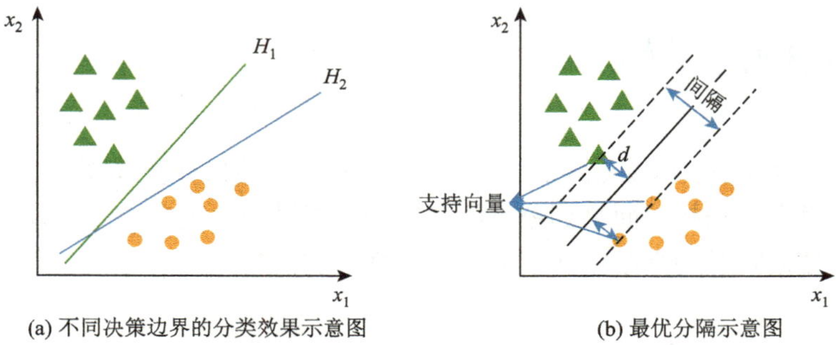

图 7-8　决策边界和最优分隔示意图

1. 间隔表示

定义 7-21 支持向量（support vector）是训练数据集中距离超平面最近的样本点，其直接决定了超平面的位置和方向。

定义 7-22 间隔（margin）是两类支持向量到超平面的距离之和。

图 7-8（b）中位于虚线上的样本即为支持向量，两条虚线之间的距离便是间隔。直观上看，最好的超平面应该位于两类训练样本“正中间”，该划分超平面对训练样本局部扰动的“容忍性”最好，所产生的分类结果理论上是最鲁棒的，对未见实例的泛化能力是最强的。

假设某数据集 D 有两类属于不同类别的样本，$\boldsymbol{x}$ 表示样本特征，y 表示类别（为便于推导，y 取 1 或者–1，分别代表两个不同的类别）。线性可分 SVM 的学习目标是在高维空间中找到一个超平面，将两类样本点分隔开，并且使得该超平面到最近的样本点的距离尽可能远，这个超平面的方程可以表示为

$$\boldsymbol{w}^{\mathrm{T}}\boldsymbol{x}+b=0 \tag{7-52}$$

其中，$\boldsymbol{w}=(w_1,w_2,\cdots,w_m)$ 为法向量，它决定了超平面的方向；b 为位移项，决定了超平面与原点之间的距离。

假设超平面 $(\boldsymbol{w},b)$ 能将 n 个训练样本全部正确分类，即对任意样本 $(\boldsymbol{x}_i,y_i)\in D$，该样本与决策边界的距离大于等于常数 d。因此有

$$\begin{cases}\dfrac{\boldsymbol{w}^{\mathrm{T}}\boldsymbol{x}_i+b}{\|\boldsymbol{w}\|}\geqslant d, & y_i=1\\[2ex] \dfrac{\boldsymbol{w}^{\mathrm{T}}\boldsymbol{x}_i+b}{\|\boldsymbol{w}\|}\leqslant -d, & y_i=-1\end{cases} \tag{7-53}$$

其中，$\|\boldsymbol{w}\|=\sqrt{w_1^2+w_2^2+\cdots+w_d^2}$。

将式（7-53）的左右两侧同时除以 $d(d>0)$ 可以得到：

$$\begin{cases}\dfrac{\boldsymbol{w}^{\mathrm{T}}\boldsymbol{x}_i+b}{\|\boldsymbol{w}\|d}\geqslant 1, & y_i=1\\[2ex] \dfrac{\boldsymbol{w}^{\mathrm{T}}\boldsymbol{x}_i+b}{\|\boldsymbol{w}\|d}\leqslant -1, & y_i=-1\end{cases} \tag{7-54}$$

因为 $\|\boldsymbol{w}\|d$ 为常数，则式（7-54）可转换为

$$\begin{cases}\boldsymbol{w}^{\mathrm{T}}\boldsymbol{x}_i+b\geqslant 1, & y_i=1\\ \boldsymbol{w}^{\mathrm{T}}\boldsymbol{x}_i+b\leqslant -1, & y_i=-1\end{cases} \tag{7-55}$$

对式（7-55）各项乘以 y_i，可将其进一步简化为

$$y_i(\boldsymbol{w}^{\mathrm{T}}\boldsymbol{x}_i+b)\geqslant 1 \tag{7-56}$$

根据式（7-56），支持向量到超平面$(\boldsymbol{w},b)$的距离可计算为

$$r=\frac{|\boldsymbol{w}^{\mathrm{T}}\boldsymbol{x}_i+b|}{\|\boldsymbol{w}\|} \tag{7-57}$$

2. 目标函数

训练线性可分 SVM 的目标是最大化“间隔”，即使得两类样本的支持向量到超平面的距离最大。

$$\begin{aligned}&\max\frac{2|\boldsymbol{w}^{\mathrm{T}}\boldsymbol{x}_i+b|}{\|\boldsymbol{w}\|}\\&\text{s.t.}\quad y_i(\boldsymbol{w}^{\mathrm{T}}\boldsymbol{x}_i+b)\geqslant 1,\quad i=1,2,\cdots,n\end{aligned} \tag{7-58}$$

对于任意支持向量$\boldsymbol{x}$，$|\boldsymbol{w}^{\mathrm{T}}\boldsymbol{x}+b|$均等于 1，故目标函数可简化为

$$\begin{aligned}&\max_{\boldsymbol{w},b}\frac{2}{\|\boldsymbol{w}\|}\\&\text{s.t.}\quad y_i(\boldsymbol{w}^{\mathrm{T}}\boldsymbol{x}_i+b)\geqslant 1,\quad i=1,2,\cdots,n\end{aligned} \tag{7-59}$$

为了最大化间隔，仅需最大化$\|\boldsymbol{w}\|^{-1}$，等价于最小化$\|\boldsymbol{w}\|^2$。于是，式（7-59）可改写为

$$\begin{aligned}&\min_{\boldsymbol{w},b}\frac{1}{2}\|\boldsymbol{w}\|^2\\&\text{s.t.}\quad y_i(\boldsymbol{w}^{\mathrm{T}}\boldsymbol{x}_i+b)\geqslant 1,\quad i=1,2,\cdots,n\end{aligned} \tag{7-60}$$

这就是线性可分 SVM 的目标函数。

3. 求解目标函数的对偶问题

求解线性可分 SVM 的目标函数是一个凸二次规划问题，原问题和对偶问题满足对偶关系。为了降低计算复杂度，可通过求解原问题的对偶问题得到原问题的解。下面使用对偶算法求解线性可分 SVM。

首先，对原问题式（7-60）的不等式约束引入拉格朗日乘子$\lambda_i\geqslant 0, i=1,2,\cdots,n$，构造拉格朗日函数如下：

$$L(\boldsymbol{w},b,\boldsymbol{\lambda})=\frac{1}{2}\|\boldsymbol{w}\|^2+\sum_{i=1}^{n}\lambda_i[1-y_i(\boldsymbol{w}^{\mathrm{T}}\boldsymbol{x}_i+b)],\quad i=1,2,\cdots,n \tag{7-61}$$

其中，$\boldsymbol{\lambda}=[\lambda_1,\lambda_2,\cdots,\lambda_n]^{\mathrm{T}}$是拉格朗日乘子向量。

由于$\lambda_i\geqslant 0$，当$1-y_i(\boldsymbol{w}^{\mathrm{T}}\boldsymbol{x}_i+b)\geqslant 0$时，$\max\limits_{\lambda}L(\boldsymbol{w},b,\boldsymbol{\lambda})=+\infty$；当$1-y_i(\boldsymbol{w}^{\mathrm{T}}\boldsymbol{x}_i+b)<0$时，$\max\limits_{\lambda}L(\boldsymbol{w},b,\boldsymbol{\lambda})=\dfrac{1}{2}\|\boldsymbol{w}\|^2$。因此，原问题等价于：

$$\min_{w,b} \max_{\lambda} L(\boldsymbol{w},b,\boldsymbol{\lambda}) \tag{7-62}$$

根据拉格朗日对偶性，原问题的对偶问题为

$$\max_{\lambda} \min_{w,b} L(\boldsymbol{w},b,\boldsymbol{\lambda}) \tag{7-63}$$

式（7-63）可分解为先求 $L(\boldsymbol{w},b,\boldsymbol{\lambda})$ 对 $\boldsymbol{w},b$ 的极小，再求 $\min_{w,b} L(\boldsymbol{w},b,\boldsymbol{\lambda})$ 对 $\boldsymbol{\lambda}$ 的极大。

（1）求解 $\min_{w,b} L(\boldsymbol{w},b,\boldsymbol{\lambda})$。

对 $\boldsymbol{w},b$ 求偏导得到：

$$\frac{\partial L(\boldsymbol{w},b,\lambda)}{\partial \boldsymbol{w}} = \boldsymbol{w} - \sum_{i=1}^{n} \lambda_i \boldsymbol{x}_i y_i = 0 \tag{7-64}$$

$$\frac{\partial L(\boldsymbol{w},b,\lambda)}{\partial b} = -\sum_{i=1}^{n} \lambda_i y_i = 0 \tag{7-65}$$

根据式（7-64）和式（7-65）可知：

$$\boldsymbol{w} = \sum_{i=1}^{n} \lambda_i \boldsymbol{x}_i y_i \tag{7-66}$$

$$\sum_{i=1}^{n} \lambda_i y_i = 0 \tag{7-67}$$

将式（7-66）和式（7-67）代入拉格朗日函数式（7-61）可得

$$\begin{aligned} L(\boldsymbol{w},b,\boldsymbol{\lambda}) &= \frac{1}{2}\sum_{i=1}^{n}\sum_{j=1}^{n}\lambda_i\lambda_j y_i y_j(\boldsymbol{x}_i\boldsymbol{x}_j) + \sum_{i=1}^{n}\lambda_i - \sum_{i=1}^{n}\lambda_i y_i\left(\left(\sum_{j=1}^{n}\lambda_j y_j \boldsymbol{x}_j\right)\boldsymbol{x}_i + b\right) \\ &= \frac{1}{2}\sum_{i=1}^{n}\sum_{j=1}^{n}\lambda_i\lambda_j y_i y_j(\boldsymbol{x}_i\boldsymbol{x}_j) + \sum_{i=1}^{n}\lambda_i - \sum_{i=1}^{n}\sum_{j=1}^{n}\lambda_i\lambda_j y_i y_j(\boldsymbol{x}_i\boldsymbol{x}_j) - b\sum_{i=1}^{n}\lambda_i y_i \\ &= \sum_{i=1}^{n}\lambda_i - \frac{1}{2}\sum_{i=1}^{n}\sum_{j=1}^{n}\lambda_i\lambda_j y_i y_j(\boldsymbol{x}_i\boldsymbol{x}_j) \end{aligned} \tag{7-68}$$

因此：

$$\min_{w,b} L(\boldsymbol{w},b,\boldsymbol{\lambda}) = \sum_{j=1}^{n}\lambda_i - \frac{1}{2}\sum_{i=1}^{n}\sum_{j=1}^{n}\lambda_i\lambda_j y_i y_j(\boldsymbol{x}_i\boldsymbol{x}_j) \tag{7-69}$$

（2）求 $\min_{w,b} L(\boldsymbol{w},b,\boldsymbol{\lambda})$ 对 $\boldsymbol{\lambda}$ 的极大。

$$\begin{aligned} &\max_{\lambda}\left[\sum_{i=1}^{n}\lambda_i - \frac{1}{2}\sum_{i=1}^{n}\sum_{j=1}^{n}\lambda_i\lambda_j y_i y_j(\boldsymbol{x}_i \cdot \boldsymbol{x}_j)\right] \\ &\text{s.t.} \quad \sum_{i=1}^{n}\lambda_i y_i = 0 \\ &\qquad \lambda_i \geqslant 0,\ i = 1,2,\cdots,n \end{aligned} \tag{7-70}$$

将式（7-70）的目标函数由求极大转为求极小，便得到求解线性可分 SVM 问题的对偶最优化问题：

$$\max_{\lambda}\left[\frac{1}{2}\sum_{i=1}^{n}\sum_{j=1}^{n}\lambda_i\lambda_j y_i y_j(\boldsymbol{x}_i\cdot\boldsymbol{x}_j)-\sum_{i=1}^{n}\lambda_i\right]$$

$$\text{s.t.}\quad \sum_{i=1}^{n}\lambda_i y_i=0 \qquad (7\text{-}71)$$

$$\lambda_i\geqslant 0,\ i=1,2,\cdots,n$$

4. 基于 SMO 算法求解目标函数

SMO（sequential minimal optimization）是一种启发式算法，其基本思想是每轮迭代只优化一个参数，并固定其他参数，仅求当前优化参数的极值。下面使用 SMO 算法求解式（7-71）。由于存在约束 $\sum_{i=1}^{n}\lambda_i y_i=0$，若固定 λ_i 以外的参数，则 λ_i 可由其他参数导出。因此，SMO 每次选择两个参数 λ_i 和 λ_j，固定其他参数，于是约束 $\sum_{i=1}^{n}\lambda_i y_i=0$ 可转换为

$$\lambda_i y_i+\lambda_j y_j=c,\quad \lambda_i\geqslant 0,\lambda_j\geqslant 0 \qquad (7\text{-}72)$$

其中，$c=-\sum_{k\neq i,j}\lambda_k y_k$。

根据式（7-72）可得 $\lambda_j=(c-\lambda_i y_i)/y_j$，因此，可使用 λ_i 的表达式代替 λ_j，进而将目标问题转换成只有一个约束条件的最优化问题，该约束为 $\lambda_i\geqslant 0$。

对于只有一个约束的最优化问题，可在 λ_i 上对优化目标求偏导，令导数为零，进而求得更新后的 λ_i 和 λ_j。通过多次迭代直至收敛，求得最优解 $\boldsymbol{\lambda}^*$。

接下来，根据 $\boldsymbol{\lambda}^*$ 求 $\boldsymbol{w}^*$，再由 $\boldsymbol{w}^*$ 求 b^*，即可得到：

$$\begin{cases}\boldsymbol{w}^*=\sum_{i=1}^{n}\lambda_i^* y_i\boldsymbol{x}_i\\ b^*=\frac{1}{|S|}\sum_{s\in S}(y_s-\boldsymbol{w}^*\boldsymbol{x}_s)\end{cases} \qquad (7\text{-}73)$$

其中，S 是支持向量集合，$(\boldsymbol{x}_s,y_s)$ 是其中任意一个支持向量。

最后，根据 $\boldsymbol{w}^*$ 和 b^* 求得最后结果

$$f(x)=\text{sign}(\boldsymbol{w}^{*\mathrm{T}}\boldsymbol{x}+b^*) \qquad (7\text{-}74)$$

将待预测样本点代入式（7-74）中，便可得到样本的类别。

7.6.3 线性支持向量机

在线性可分 SVM 中，训练样本假定在特征空间中是线性可分的，即存在一个超平面

能将不同类别的样本完全划分开。因此要求所有样本均满足约束（7-56），以确保每个样本都被正确分类。这种 SVM 的间隔称为硬间隔（hard margin）。

然而，在现实世界的数据中往往是硬间隔不可分的，即正样本和负样本很难被一个超平面完全分开，如图 7-9（a）所示，没有一条直线可以完美地分离这两类样本。即便恰好找到了一个超平面，使得训练集在特征空间中线性可分，这并不一定意味着建立的模型能在测试集中表现良好，因为这种完美的线性分隔可能是模型在训练集上过拟合而得到的结果。

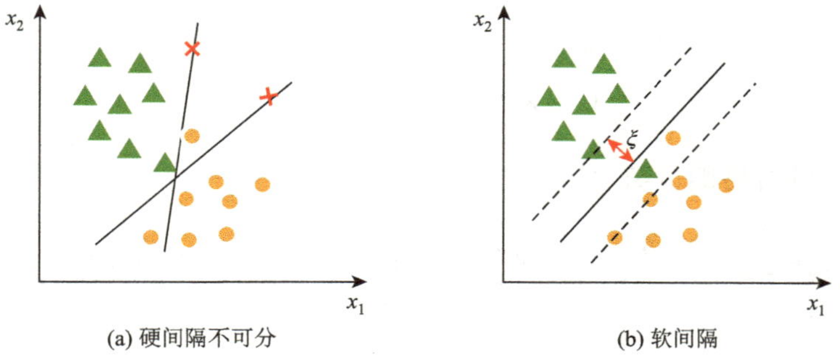

图 7-9　硬间隔不可分和软间隔示意图

1. 软间隔

为了解决上述线性不可分的情况，Cortes 和 Vapnik 于 1995 年提出了软间隔（soft margin）的概念。软间隔是指在 SVM 中允许一些样本点不被正确分类，也就是在求解最优间隔时允许一些样本点不严格满足约束条件，这类 SVM 称为线性 SVM。

线性 SVM 不仅可以更好地防止过拟合，同时更不易受数据集中异常值的影响。在线性 SVM 中，每一个样本都加入松弛变量 ξ，即训练过程中允许数据点位于超平面的错误一侧或位于间隔边界附近，如图 7-9（b）所示，落入两条虚线之间的样本不计算损失。

线性 SVM 的最优化目标可写为

$$\begin{aligned}&\min_{w,b}\frac{1}{2}\|\boldsymbol{w}\|^2+C\sum_{i=1}^{n}\xi_i\\&\text{s.t.}\quad y_i(\boldsymbol{w}^{\mathrm{T}}\boldsymbol{x}_i+b)\geqslant 1-\xi,\quad i=1,2,\cdots,n\\&\qquad\quad \xi\geqslant 0\end{aligned}\tag{7-75}$$

优化目标式（7-75）由 $\frac{1}{2}\|\boldsymbol{w}\|^2$ 和 $\sum_{i=1}^{n}\xi_i$ 两部分组成，C 是一个大于 0 的超参数，用于平衡两部分的重要程度。$C\sum_{i=1}^{n}\xi_i$ 部分可理解为给目标函数加入了 L1 正则项，C 越大，模型的容错空间就越小，若 C 趋于无穷大，则 ξ_i 趋于无穷小，那么该 SVM 就趋于一个硬间隔 SVM。

式（7-75）就是通用的线性 SVM，同样可形式化为一个凸二次规划的问题，可通过求解其对偶问题来完成模型求解。

2. 求解目标函数的对偶问题

原问题式（7-75）的对偶问题为

$$\begin{aligned}&\min_{\lambda}\left[\frac{1}{2}\sum_{i=1}^{n}\sum_{j=1}^{n}\lambda_i\lambda_j y_i y_j(\boldsymbol{x}_i\cdot\boldsymbol{x}_j)-\sum_{i=1}^{n}\lambda_i\right]\\&\text{s.t.}\quad \sum_{i=1}^{n}\lambda_i y_i=0\\&\qquad\ 0\leqslant\lambda_i\leqslant C, i=1,2,\cdots,n\end{aligned}\tag{7-76}$$

式（7-75）的拉格朗日函数为

$$L(\boldsymbol{w},b,\xi,\boldsymbol{\lambda},\boldsymbol{\mu})=\frac{1}{2}\|\boldsymbol{w}\|^2+C\sum_{i=1}^{n}\xi_i-\sum_{i=1}^{n}\lambda_i(y_i(\boldsymbol{w}^{\mathrm{T}}\boldsymbol{x}_i+b)-1+\xi)-\sum_{i=1}^{n}\mu_i\xi_i\tag{7-77}$$

其中，$\lambda_i>0,\mu_i>0$。

与线性可分 SVM 的求解类似，线性 SVM 的对偶问题是拉格朗日函数的极大极小问题 $\max_{\lambda}\min_{w,b,\xi}L(\boldsymbol{w},b,\xi,\boldsymbol{\lambda},\boldsymbol{\mu})$。可分解为先求 $L(\boldsymbol{w},b,\xi,\boldsymbol{\lambda},\boldsymbol{\mu})$ 对 $\boldsymbol{w},b,\xi$ 的极小，再求 $\min_{w,b,\xi}L(\boldsymbol{w},b,\xi,\boldsymbol{\lambda},\boldsymbol{\mu})$ 对 $\boldsymbol{\lambda}$ 的极大。

（1）求解 $\min_{w,b,\xi}L(\boldsymbol{w},b,\xi,\boldsymbol{\lambda},\boldsymbol{\mu})$。

对 $\boldsymbol{w},b,\xi$ 求偏导得到：

$$\frac{\partial L(\boldsymbol{w},b,\xi,\boldsymbol{\lambda},\boldsymbol{\mu})}{\partial \boldsymbol{w}}=\boldsymbol{w}-\sum_{i=1}^{n}\lambda_i\boldsymbol{x}_i y_i=0\tag{7-78}$$

$$\frac{\partial L(\boldsymbol{w},b,\xi,\boldsymbol{\lambda},\boldsymbol{\mu})}{\partial b}=-\sum_{i=1}^{n}\lambda_i y_i=0\tag{7-79}$$

$$\frac{\partial L(\boldsymbol{w},b,\xi,\boldsymbol{\lambda},\boldsymbol{\mu})}{\partial \xi}=C-\lambda_i-\mu_i=0\tag{7-80}$$

根据式（7-78）、式（7-79）、式（7-80）可知：

$$\boldsymbol{w}=\sum_{i=1}^{n}\lambda_i\boldsymbol{x}_i y_i\tag{7-81}$$

$$\sum_{i=1}^{n}\lambda_i y_i=0\tag{7-82}$$

$$C-\lambda_i-\mu_i=0\tag{7-83}$$

将式（7-81）～式（7-83）代入式（7-77）可得

$$\min_{w,b,\xi} L(\boldsymbol{w},b,\xi,\boldsymbol{\lambda},\boldsymbol{\mu})=\sum_{j=1}^{n}\lambda_i-\frac{1}{2}\sum_{i=1}^{n}\sum_{j=1}^{n}\lambda_i\lambda_j y_i y_j(\boldsymbol{x}_i\boldsymbol{x}_j) \tag{7-84}$$

（2）求 $\min_{w,b,\xi} L(\boldsymbol{w},b,\xi,\boldsymbol{\lambda},\boldsymbol{\mu})$ 对 $\boldsymbol{\lambda}$ 的极大：

$$\begin{aligned}&\max_{\lambda}\left[\sum_{i=1}^{n}\lambda_i-\frac{1}{2}\sum_{i=1}^{n}\sum_{j=1}^{n}\lambda_i\lambda_j y_i y_j(\boldsymbol{x}_i\cdot\boldsymbol{x}_j)\right]\\ &\text{s.t.}\quad \sum_{i=1}^{n}\lambda_i y_i=0\\ &\qquad C-\lambda_i-\mu_i=0\\ &\qquad \lambda_i\geqslant 0, i=1,2,\cdots,n\\ &\qquad \mu_i\geqslant 0, i=1,2,\cdots,n\end{aligned} \tag{7-85}$$

对于式（7-85），利用 $\mu_i=C-\lambda_i$ 消去 μ_i，从而只留下 λ_i，可将后面三项约束合并为 $0<\lambda_i<C$。再将目标函数要求极大转为求极小，即可得到对偶问题式（7-76）。

3. 基于SMO算法求解目标函数

对式（7-76）根据SMO算法求解得到最优解 $\boldsymbol{\lambda}^*$：

$$\boldsymbol{\lambda}^*=[\lambda_1^*,\lambda_2^*,\cdots,\lambda_n^*]^{\mathrm{T}} \tag{7-86}$$

选择 $\boldsymbol{\lambda}^*$ 的一个分量 λ_j^*，$0<\lambda_j^*<C$，计算

$$b^*=y_j-\sum_{i=1}^{n}y_i\lambda_i^*(\boldsymbol{x}_i\boldsymbol{x}_j) \tag{7-87}$$

至此，可得分离超平面

$$\boldsymbol{w}^{*\mathrm{T}}\boldsymbol{x}+b^*=0 \tag{7-88}$$

进而得决策函数

$$f(x)=\operatorname{sign}(\boldsymbol{w}^{*\mathrm{T}}\boldsymbol{x}+b^*) \tag{7-89}$$

将待预测样本点代入式（7-89）中，便可得到样本的类别。

7.6.4 非线性支持向量机

1. 目标函数

在现实任务中，原始样本空间内可能并不存在一个能正确划分两类样本的超平面，如图7-10（a）中的样本就不是线性可分的。

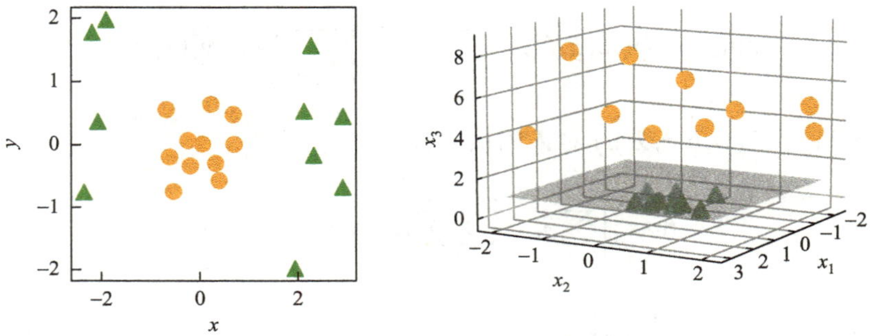

(a) 线性不可分　　(b) 线性不可分转换为高维空间线性可分

图 7-10　线性不可分及高维转换的示例

由于特征维度的提高通常能提升样本之间的可区分性，所以针对上述问题，非线性 SVM 将原始样本特征映射至某个高维空间中，使得映射后的样本之间线性可分，如图 7-10（b）所示。

定义 7-23　核函数（kernel function）是用于测量两个样本在高维特征空间中的相似性的函数。

然而，样本从低维空间映射到高维空间后维度会增大，将所有样本的内积全部计算好会变得十分困难。在非线性 SVM 中，可使用核函数在高维空间中执行内积操作，而不需要显式计算高维特征向量。具体地，核函数是一个从输入空间到特征空间的映射 $\varphi(x)$，对任意输入空间中的 $\boldsymbol{x}_i$ 和 $\boldsymbol{x}_j$，有 $K(\boldsymbol{x}_i,\boldsymbol{x}_j)=\varphi(\boldsymbol{x}_i)\cdot\varphi(\boldsymbol{x}_j)$，使用核函数 $K(\boldsymbol{x}_i,\boldsymbol{x}_j)$ 替代内积，就不需要做上述的映射，直接使用原样本维度的点进行计算即可。

对于在有限维度向量空间中线性不可分的样本，可以将原来的样本点 $\boldsymbol{x}$ 映射到更高维度的向量空间中，映射可表示为 $\boldsymbol{x}\to\varphi(\boldsymbol{x})$，然后再最大化间隔。在高维空间中，分离超平面可表示为

$$f(\boldsymbol{x})=\boldsymbol{w}^{\mathrm{T}}\varphi(\boldsymbol{x})+b \tag{7-90}$$

参照上述线性 SVM 的对偶问题，将式（7-70）中 $\boldsymbol{x}_i$ 和 $\boldsymbol{x}_j$ 的内积替换成 $\varphi(\boldsymbol{x}_i)$ 和 $\varphi(\boldsymbol{x}_j)$ 的内积，非线性 SVM 的对偶问题则为

$$\begin{aligned}&\max_{\lambda}\left(\sum_{i=1}^{n}\lambda_i-\frac{1}{2}\sum_{i=1}^{n}\sum_{j=1}^{n}\lambda_i\lambda_j y_i y_j\varphi(\boldsymbol{x}_i)\varphi(\boldsymbol{x}_j)\right)\\&\text{s.t.}\quad \sum_{i=1}^{n}\lambda_i y_i=0\\&\qquad 0\leqslant\lambda_i\leqslant C, i=1,2,\cdots,n\end{aligned} \tag{7-91}$$

2. 常用的核函数

1）线性核

线性核（图 7-11）函数适用于数据线性可分的情况。在线性核中，特征空间与输入空间重合，相当于并没有将样本映射到更高维度的空间，因此它不能解决非线性问题。线性核函数在使用时无须指定参数，其表达式见式（7-92）。

$$K(x_i, x_j) = x_i^{\mathrm{T}} x_j \tag{7-92}$$

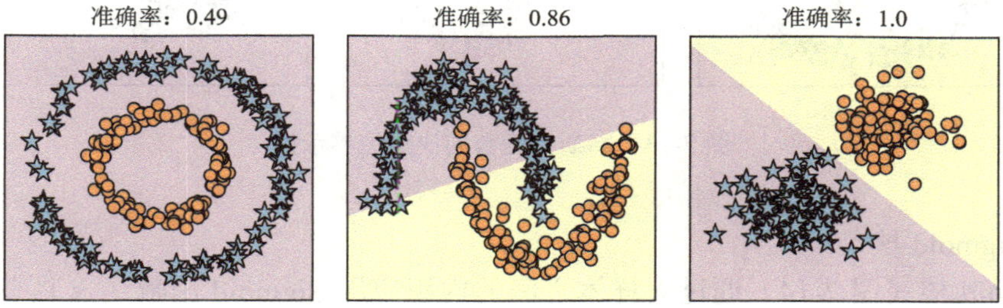

图 7-11　线性核函数的决策边界示例

2）多项式核

多项式核（图 7-12）给输入的数据特征添加多项式项，通过升维使得原本线性不可分的数据线性可分，因此它可以解决非线性问题。但多项式核的计算复杂度较高，且需要设置的参数较多（需指定参数 γ 、c 和 d），其表达式见式（7-93）。

$$K(x_i, x_j) = (\gamma x_i^{\mathrm{T}} x_j + c)^d, \quad \gamma > 0, d \geqslant 1 \tag{7-93}$$

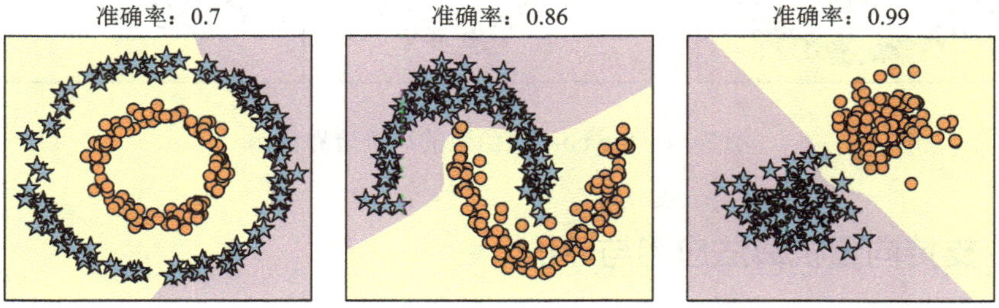

图 7-12　多项式核函数的决策边界示例

3）高斯核

高斯核（图 7-13）又名径向基函数（radial basis function，RBF），它是一种常用的核函数，其通过计算两个样本之间的高斯距离来衡量样本之间的相似度，将原始的特征空间映射到更高维的特征空间，使得决策边界更为多样。高斯核函数计算复杂度高，需要设置参数γ（γ大于0），其表达式见式（7-94）。

$$K(x_i,x_j)=\exp(-\gamma\|x_i-x_j\|^2),\quad \gamma>0 \tag{7-94}$$

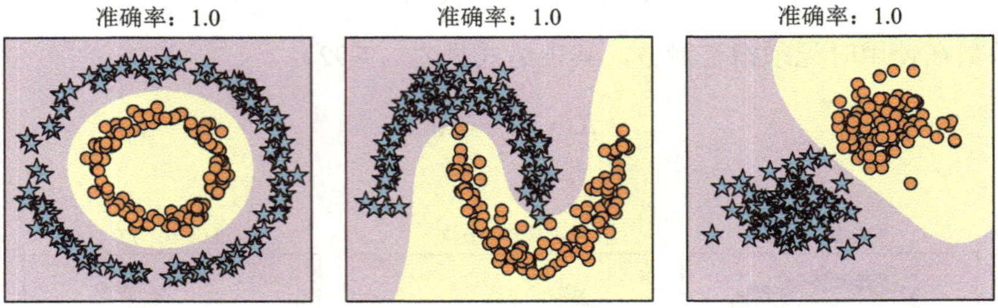

图 7-13　高斯核函数的决策边界示例

4）Sigmoid 核

Sigmoid 核（图 7-14）通过对样本之间的内积应用 Sigmoid 函数（σ）来衡量样本之间的相似度。基于 Sigmoid 核的 SVM 最终求解的是全局最优值，模型有较好的泛化能力，不易过拟合，但使用该核函数不能处理多分类问题，其表达式见式（7-95）。

$$K(x_i,x_j)=\sigma(\gamma x_i\cdot x_j+\theta)^d \tag{7-95}$$

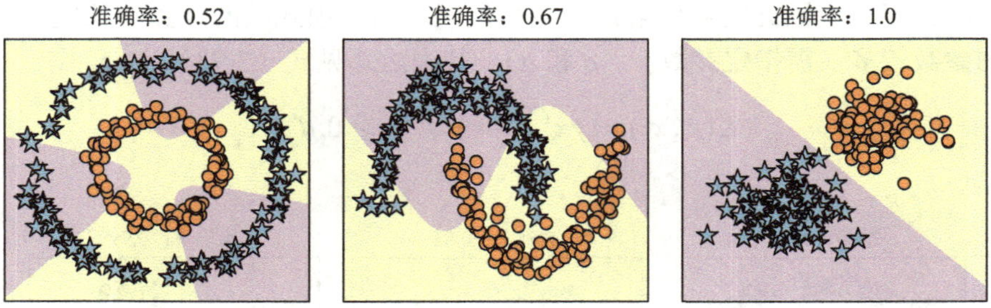

图 7-14　Sigmoid 核函数的决策边界示例

数据挖掘

7.6.5 支持向量机算法应用与评价

SVM 通过最大化间隔实现强泛化能力，在高维空间下有出色的性能表现，尤其适用于小样本和高维问题。在 SVM 中使用核函数使其能够处理非线性数据，同时可通过 OvO 或者 OvR 策略（详见 7.5.4 节）解决多类别问题。然而，SVM 的计算复杂度较高，尤其在大规模数据集上训练时，模型参数调优相对困难，且对噪声较为敏感，同时，SVM 在大规模数据集上可能面临计算资源问题。

7.6.6 实践案例：不良用户识别

本节利用 SVM 算法对不良用户进行判断，数据集为 Instagram 上虚假账户和垃圾邮件发送账户的详细信息，共包含 576 个样本，部分数据样例见表 7-10，具体字段包括：主页图片（是否有个人主页图片）、用户名中数字占比、全名中字母数量、全名中数字占比、用户名是否是全名、个人描述文本长度、是否插入外部网址、是否私密（是否为私密账户）、推文数、粉丝数、关注数、是否为不良账户（0 代表否，1 代表是）。

表 7-10 不良用户数据集样例

主页图片	用户名中数字占比	全名中字母数量	全名中数字占比	用户名是否是全名	个人描述文本长度	是否插入外部网址	是否私密	推文数	粉丝数	关注数	是否为不良账户
1	0.27	0	0	0	53	0	0	32	1000	955	0
1	0	2	0	0	44	0	0	286	2740	533	0
1	0.1	2	0	0	0	0	1	13	159	98	0
…	…	…	…	…	…	…	…	…	…	…	…
1	0.57	1	0	0	11	0	0	0	57	73	1
1	0.27	1	0	0	0	0	0	2	150	487	1

完整数据：“./chapter7/data/inferior user.csv”

数据预处理。由于 SVM 使用样本点到决策超平面的距离来决定样本的类别，因此，在使用时需要对特征进行归一化以确保每个特征的数值范围在同一水平，以消除特征数值范围对决策超平面的影响。在本例中，使用 StandardScaler 方法对特征进行了 Z-score 归一化处理。

模型训练。使用 scikit-learn 中 svm 模块的 SVC 类构建一个 SVM 分类模型。参数 C 是惩罚因子，用于控制误差项对结果的影响，C 值越大，模型越严格地限制误差项，但其取值过大容易造成过拟合。参数 kernel 是核函数，默认为高斯核函数。参数 gamma 和 degree 分别是高斯核函数和多项式核函数的参数，前者用于控制高斯核的形状，后者用于控制多项式拟合数据的复杂度，二者的值越大，可以使模型捕捉更多的数据细节，但同时也增加了模型过拟合的风险。

```
class sklearn.svm.SVC(*, C=1.0, kernel='rbf', degree=3, gamma='scale', coef0=
0.0, shrinking=True, probability=False, tol=0.001, cache_size=200, class_
weight=None, verbose=False, max_iter=-1, decision_function_shape='ovr',break_
ties=False, random_state=None)
```

本例中使用高斯核函数构建 SVM 分类模型对不良用户进行识别，完整代码见 chapter7/code/7-5 SVM.py。

输出结果：

```
0    288
1    288
Name: 是否为不良账户,dtype: int64
```

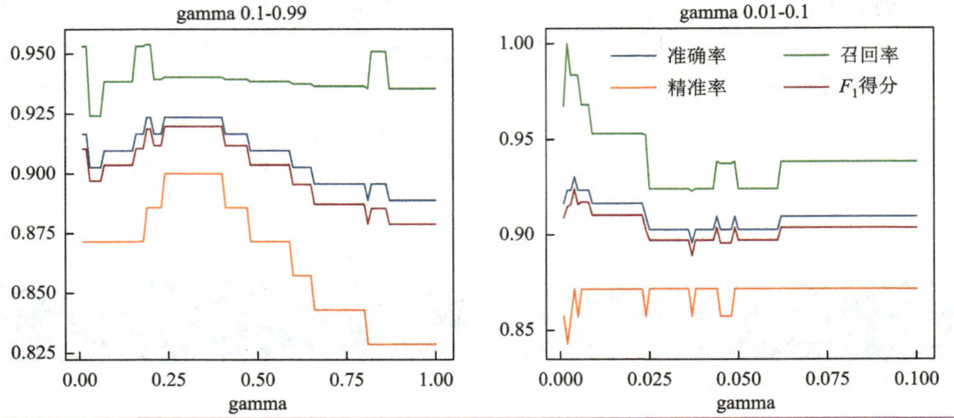

从代码运行结果可以发现，数据集中是否为不良账户这两类样本的数量均为 288，因此该数据集是一个平衡数据集。在高斯核支持向量机中，当 γ 在[0.1,0.99] 区间取值时，可发现准确率、精准率和 F_1 得分整体均呈现随着 γ 增加先增加再降低的趋势，其中降低的原因是 γ 取值过大，模型过拟合。结合本案例背景，不良用户的识别应当是“宁可误检，不要漏检”，因此，进一步探索 γ 在较小值处时模型的性能，当在[0.01,0.1] 区间搜寻最优的 γ 值，可观察到在 $\gamma = 0.02$ 时，召回率取得最大值，此时模型的准确率、精准率、召回率、F_1 得分分别为 0.924、0.843、1.0、0.915。

7.7 人工神经网络

人工神经网络（artificial neural network，ANN）是受到生物神经网络启发而构建的一种计算模型。它由大量相互连接的神经元组成，这些神经元模拟了生物神经系统中的神经元之间的相互作用。这项技术已经在诸多领域中展现出惊人的成就，如图像识别、自然语言处理、智能控制等。

7.7.1 感知机

人工神经网络是一种通过数学模型来模仿大脑神经网络的模型。如图 7-15 所示，在生物体中，神经元是携带和传输信息的细胞，是人脑神经系统中最基本的单元。单个神经元中有树突、细胞体和突触，其中树突负责接收输入信息，细胞体负责处理信息，突触负责传出处理后的信息，大量神经元构成了复杂的生物神经网络。

在人工神经网络中，感知机对应的就是生物神经网络中的组成单元——神经元。感知机通过学习和调整连接权重，能够模拟信息的传递和处理过程，从而实现对复杂问题的学习和预测。通过这种方式，人工神经网络成为一种强大的工具，其能够处理各种复杂的任务和问题。

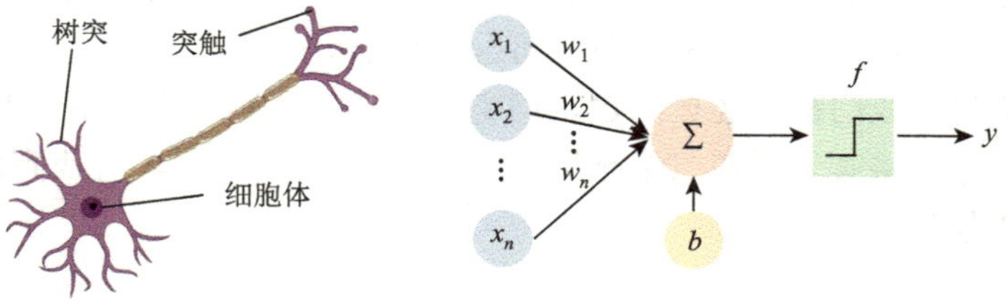

图 7-15　生物神经元（左）和感知机（右）示意图

定义 7-24　感知机（perceptron）是一种线性二元分类器，它对输入特征进行线性组合并通过一个阈值函数来对输入样本进行分类。感知机由输入 $\boldsymbol{x}=[x_1,x_2,\cdots,x_n]$、偏置项 b、输入权值 $\boldsymbol{w}=[w_1,w_2,\cdots,w_n]^{\mathrm{T}}$、激活函数 f 和输出 $y=f\left(\sum_{i=1}^{n}w_ix_i+b\right)$ 组成。

图 7-15 展示了感知机模型的结构，输入 $\boldsymbol{x}$ 表示感知机的 n 个输入，权值 $\boldsymbol{w}$ 表示神经元间的连接强度。每个输入值进行加权求和操作的结果将输入到激活函数 f 中（在感知机中，激活函数为阶跃函数），激活函数的输出作为模型的最终输出 y。

感知机实现了将特征向量的线性组合映射到一个二元输出，即正类别或负类别。感知机的输入输出关系可描述为

$$y=f\left(\sum_{i=1}^{n}w_ix_i+b\right)$$
$$f(u)=\begin{cases}1, u\geqslant 0\\-1, u<0\end{cases} \tag{7-96}$$

感知机模型的训练过程就是不断调整输入权值以获得期望的输出，换言之，感知机的学习规则就是权值修正规则。感知机模型的训练步骤如下。

步骤 1：随机初始化权重向量 $\boldsymbol{w}^{(0)}$ 和偏置项 b。

步骤 2：对于训练集 D 中的每一个样本 $\boldsymbol{x}_i$，计算感知机对该样本的预测值 y_i。

步骤 3：将感知机的预测值与真实值 t_i 进行比较，计算误差 t_i-y_i。

步骤 4：根据 $w_i \leftarrow w_i+\lambda(t_i-y_i)x_i$ 更新权重和偏置，使误差逐渐减小，λ 表示学习率。

步骤 5：重复步骤 2～步骤 4，直到达到预定的最大迭代次数 T 或误差小于阈值。

7.7.2 XOR 问题

感知机通过不断地调整权重 $\boldsymbol{w}$，可将线性可分的两类样本成功分隔开。因此，通过有限次的训练，感知机必定可以解决线性可分的问题。

与门、与非门、或门都是经典的逻辑门电路问题，其真值表如图 7-16 所示。这三种问题均为线性可分，将其表示在二维坐标系中，如图 7-17 所示，可找到线性函数将两类样本完全正确地分开。

与门		
x_1	x_2	y
0	0	0
1	0	0
0	1	0
1	1	1

与非门		
x_1	x_2	y
0	0	1
1	0	1
0	1	1
1	1	0

或门		
x_1	x_2	y
0	0	0
1	0	1
0	1	1
1	1	1

图 7-16　与门、与非门、或门的真值表

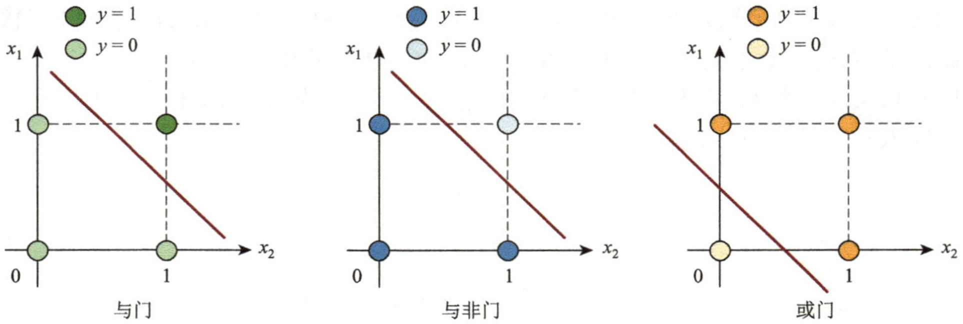

图 7-17　与门、与非门、或门线性可分

1969 年，Minsky 和 Papert 对以感知机为代表的网络系统功能及局限性从数学上做了深入研究，其著作 Perceptrons 指出简单的线性感知器无法实现“异或”逻辑关系，人工神经网络因此进入了长达 10 多年的低潮期。

异或问题也是一个逻辑门电路问题，如图 7-18 所示，当两个输入位不同时输出为 1，其他情况下输出为 0。尽管看似简单，但感知机却无法从输入数据中学习出适当的权重和偏置来解决这个问题。这是因为感知机只能产生线性的函数形式，而异或问题不是线性可分的。

异或门		
x_1	x_2	y
0	0	0
1	0	1
0	1	1
1	1	0

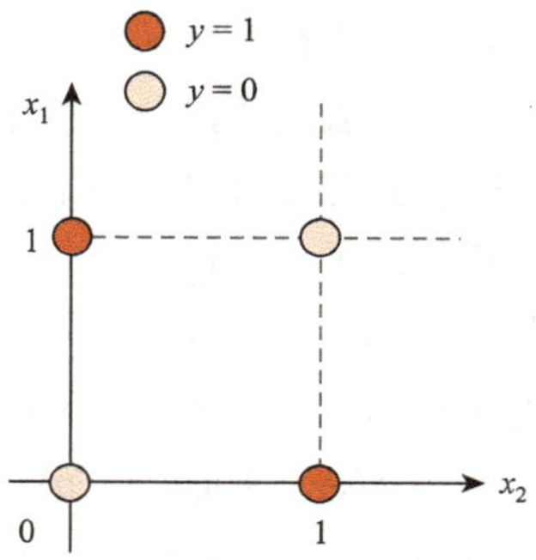

异或门

图 7-18　异或门线性不可分

7.7.3 多层感知机模型

1. 基本概念

在感知机的单层结构中，无法找到一个合适的线性函数解决异或问题。为了解决这种限制，多层感知机应运而生。

定义 7-25　多层感知机（multilayer perceptron，MLP）是一种人工神经网络的模型。它由多个神经元层组成，包括输入层、至少一个或多个隐藏层和输出层。输入层用于接收外部输入，通常由输入特征组成；隐藏层用于处理输入层提供的信息，将输入信息转换为更加抽象的特征，通常由多个神经元组成；输出层用于输出模型的预测结果。

多层感知机通过引入隐藏层，允许数据在多个非线性变换之间传递，从而捕捉到更为复杂的模式和关系。随着隐藏层数的增加，可以引入更多的非线性映射，使得模型可以解决更加复杂和抽象的问题。

2. 多层感知机解决 XOR 问题

图 7-19 展示了一个多层感知机模型，神经元 1、2 位于输入层，用于接收外部输入，

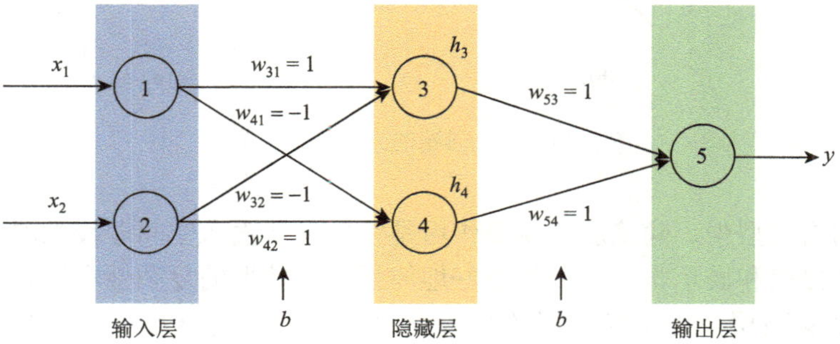

图 7-19　多层感知机解决“异或”分类问题

w 是输入权值，b 是偏置项，在本例中为–0.5。神经元 3、4 位于隐藏层，f_3, f_4, f_5 分别表示神经元 3、4、5 的激活函数，在本例中均为阶跃函数，h 表示神经元的输出值。神经元 5 位于输出层，其输出结果为预测值 y。

对于异或问题，当 $x_1 = 0, x_2 = 0$ 时，有

$$h_3 = f_3(x_1w_{31} + x_2w_{32} + b) = f_3(0\times1 + 0\times(-1) - 0.5) = f_3(-0.5) = 0$$

$$h_4 = f_4(x_1w_{41} + x_2w_{42} + b) = f_4(0\times(-1) + 0\times1 - 0.5) = f_4(-0.5) = 0$$

$$y = f_5(h_3w_{53} + h_4w_{54} + b) = f_5(0\times1 + 0\times1 - 0.5) = f_5(-0.5) = 0$$

同理，可计算得到图 7-19 中各神经元的运算结果，如表 7-11 所示。

表 7-11　神经元运算结果

x_1	x_2	h_3	h_4	y
0	0	0	0	0
0	1	0	1	1
1	0	1	0	1
1	1	0	0	0

分别观察表 7-11 中 x_1, x_2, h_3 和 x_1, x_2, h_4 列，可发现隐藏层中神经元 3、4 的运算等同于在输入空间中构成一条分割线，如图 7-20（a），（b）中的 S_1, S_2 所示，这两条决策直线在特征空间中划分出了凸域，使得一类样本在域内，另一类样本在域外，进而实现分类。

进一步地，将隐藏层神经元的输出 a_3, a_4 作为输入传送到下一层的神经元 5，这等同于将输入空间的点映射到隐空间，如图 7-20（c）所示，原本在输入空间无法线性可分的四个样本中，在经过隐藏层的非线性变换后，样本之间的相对位置发生了变换，使得其在隐空间通过 S_3 变得线性可分，其中 S_3 由神经元 5 决定。

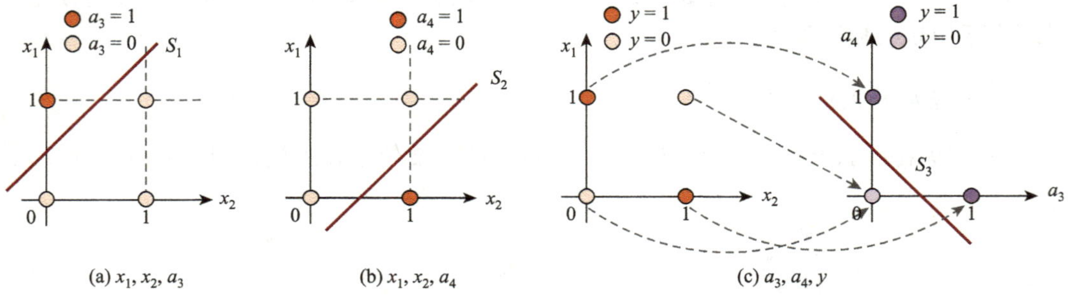

图 7-20　异或问题的分类过程可视化

在神经网络模型中，隐藏层的主要作用是将样本从输入空间非线性映射到隐空间，进而实现特征提取和表示学习，以便更好地捕捉输入数据的复杂性和模式。一个神经网络可以有多个隐藏层，确定隐藏层的数量及大小是一个经验问题，通常需要经过多次试验来得到最佳结果，隐藏层数越多，网络就可以捕捉到更多的模式，但同时也可能

导致模型过拟合以及训练时间过长等问题。表 7-12 总结了具有不同隐藏层数感知机的分类能力。

表 7-12　具有不同隐藏层数感知机的分类能力

感知机结构	异或问题	复杂问题	决策边界
无隐层 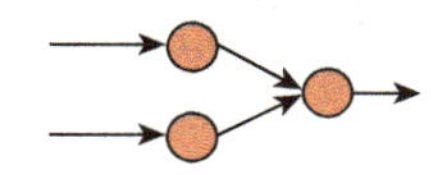	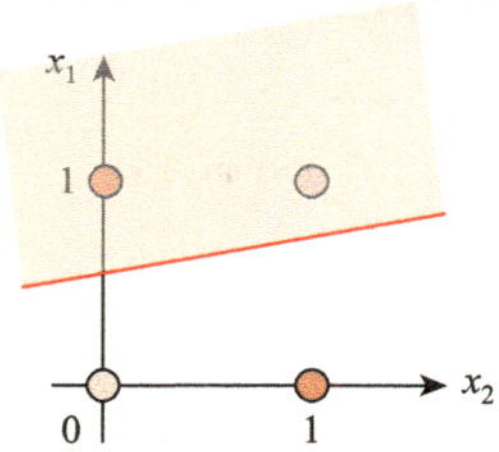	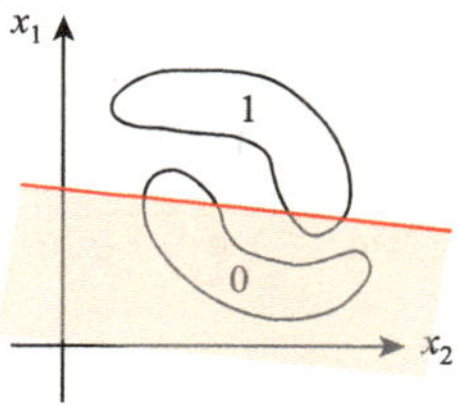	半平面
单隐层 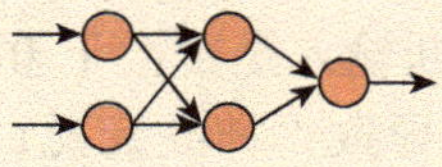	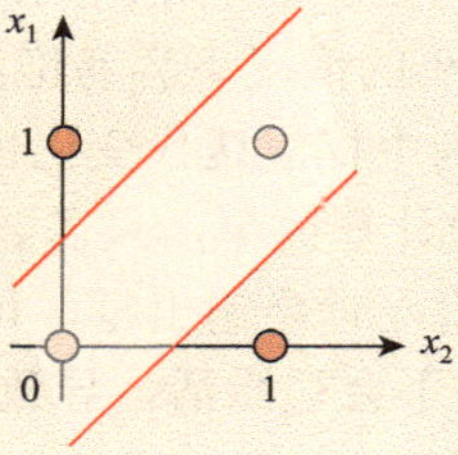	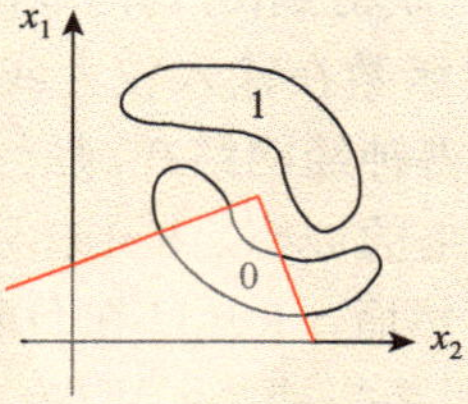	凸域
双隐层 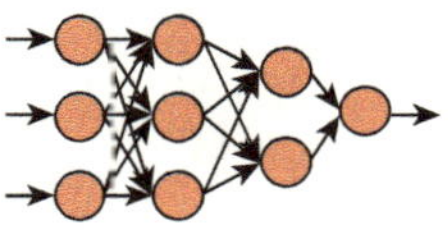	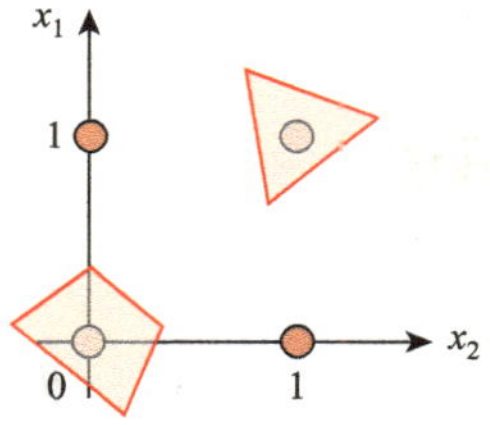	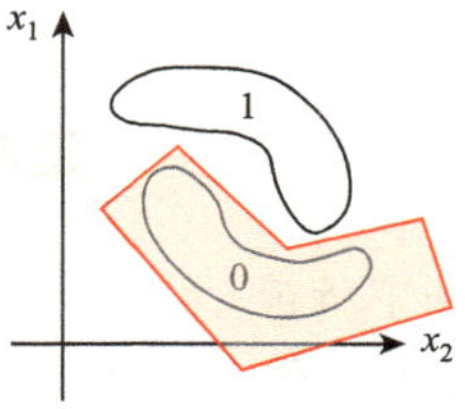	任意复杂形状

3. 激活函数

定义 7-26　激活函数（activation function）是一种非线性函数，用于模拟生物神经元的激活机制，其作用是引入非线性因素，使模型能够拟合复杂函数。

在多层神经网络中，激活函数负责将神经元的输入映射到输出端。下面简要介绍部分常用的激活函数，如表 7-13 所示。

表 7-13　神经网络算法中常见的激活函数

类型	函数图像	激活函数	导数
Sigmoid	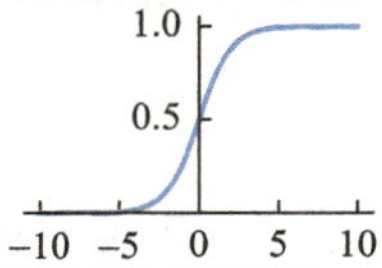	$f(x)=\dfrac{1}{1+e^{-x}}$	$f'(x)=f(x)(1-f(x))$

续表

类型	函数图像	激活函数	导数
Tanh	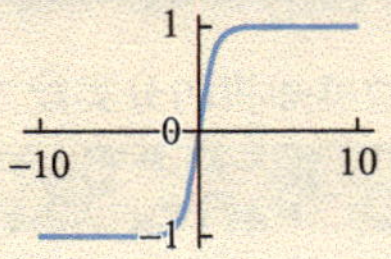	$f(x)=\frac{e^x-e^{-x}}{e^x+e^{-x}}$	$f'(x)=1-(f(x))^2$
ReLU	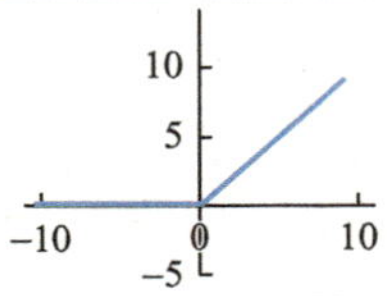	$f(x)=\max(0,x)$	$f'(x)=\begin{cases}1,x\geqslant 0\\0,x<0\end{cases}$

Sigmoid 函数将输入映射到(0, 1)范围内，输出值以概率的形式呈现，常用于二元分类问题。然而，Sigmoid 函数在输入较大或较小的情况下容易饱和，导致梯度消失问题，即梯度变得非常小，使得神经网络在深层结构中权重迭代变化极小，因此，Sigmoid 函数不适用于深层神经网络的训练。ReLU 函数计算简单，只需要判断输入是否大于 0，因此计算速度非常快。然而，ReLU 在负数输入时会输出零，可能导致“神经元死亡”（Dead ReLU）问题，即某些神经元可能永远不会被激活，导致相应的参数永远不能被更新。

延伸阅读

其他常用激活函数如下所示。

Leaky ReLU 激活函数：计算公式为 $f(x)=\max(\alpha x,x)$，其中 α 是一个小的常数。Leaky ReLU 与 ReLU 类似，但是负值部分不是直接置为零，而是乘以一个小的斜率（通常较小的常数）。

ELU 激活函数（exponential linear unit）：计算公式为 $f(x)=x, x>0$，$f(x)=\alpha(e^x-1), x\leqslant 0$，其中 α 是一个较大的常数。对于负值，ELU 引入指数衰减，避免了“神经元死亡”问题。

Swish 激活函数：计算公式为 $f(x)=x\times \text{sigmoid}(x)$。Swish 由 Google 提出，在一定程度上可以看作 ReLU 激活函数的一种改进，避免了 ReLU 函数的梯度消失问题。

GeLU 激活函数（Gaussian error linear unit）：Transformer 等模型通常使用该激活函数，计算公式为 $f(x)=0.5x(1+\tanh(\sqrt{2/\pi}(x+0.044715x^3)))$。

7.7.4 误差反向传播算法

1. 正向传播与反向传播

定义 7-27 误差反向传播（back propagation）算法也称 BP 算法，是一种用于训练神经网络的常见优化算法，其主要目标是通过梯度下降法调整神经网络中的参数来最小化神经网络在训练数据上的预测误差，使其能够更好地完成预测任务。

BP 算法的学习过程由信息的正向传播和误差的反向传播组成。

（1）正向传播。在正向传播（forward propagation）过程中，如图 7-21 所示，首先将输入数据传递给神经网络的输入层，并将这些输入加权求和，然后通过激活函数进行处理，最终得到输出。需注意，在正向传播过程中，每个神经元的输入是前一层神经元的输出，每一层的神经元的状态值只影响下一层神经元的状态值。

（2）反向传播。在反向传播过程中，如图 7-21 所示，根据整个网络的输出值与实际目标值的误差函数，计算每个参数对误差的贡献，并将这些梯度信息传播回网络，以便调整参数。从输出层开始，计算误差对每个参数的偏导数，然后逐层向前计算每层参数的梯度。计算出了参数的梯度后，使用梯度下降等优化算法更新网络中的参数，以减小误差。

BP 算法通过正向传播信息和反向传播误差重复迭代多次，反复利用训练样本调整参数，直到网络的性能在训练数据上达到满意的水平或者收敛到一个合理的值。

2. 误差反向传播计算

以图 7-21 的神经网络为例，首先将神经网络矩阵化表示，模型输入向量 $\boldsymbol{X}$、权重矩阵 $\boldsymbol{W}$ 和激活函数 f（假设为 Sigmoid 函数）表示如下：

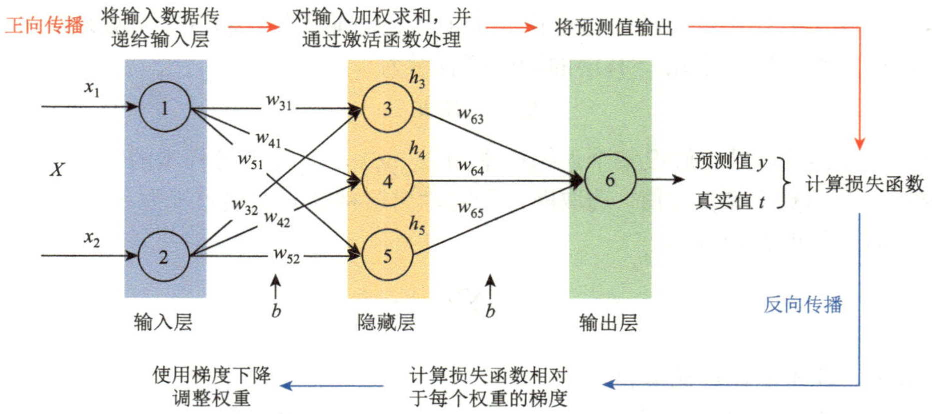

图 7-21　BP 算法示意图

$$\boldsymbol{X}=\begin{bmatrix}x_1\\x_2\\1\end{bmatrix} \tag{7-97}$$

$$\begin{aligned}\boldsymbol{W}_3&=[w_{31},w_{32},b]\\\boldsymbol{W}_4&=[w_{41},w_{42},b]\\\boldsymbol{W}_5&=[w_{51},w_{52},b]\end{aligned} \tag{7-98}$$

$$f = \text{sigmoid}(\cdot) \tag{7-99}$$

其中，w_{ji} 表示从神经元 i 到神经元 j 的权值，b 为偏置项。

输入向量经过权重矩阵的加权和求和，可以得到隐藏层三个神经元的输出值 h 分别为

$$\begin{aligned} h_3 &= f(W_3 X) \\ h_4 &= f(W_4 X) \\ h_5 &= f(W_5 X) \end{aligned} \tag{7-100}$$

至此，式（7-98）、式（7-99）、式（7-100）可进一步表示为

$$\boldsymbol{W} = \begin{bmatrix} W_3 \\ W_4 \\ W_5 \end{bmatrix} = \begin{bmatrix} w_{31}, w_{32}, b \\ w_{41}, w_{42}, b \\ w_{51}, w_{52}, b \end{bmatrix} \tag{7-101}$$

$$f\left(\begin{bmatrix} x_1 \\ x_2 \\ 1 \end{bmatrix}\right) = \begin{bmatrix} f(x_1) \\ f(x_2) \\ f(1) \end{bmatrix} \tag{7-102}$$

$$\boldsymbol{h} = \begin{bmatrix} h_3 \\ h_4 \\ h_5 \end{bmatrix} = f(\boldsymbol{W}X) \tag{7-103}$$

式（7-103）表明神经网络每一层的操作首先是对输入向量 $\boldsymbol{X}$ 左乘一个权重向量 $\boldsymbol{W}$ 进行线性变换，得到一个新的向量，然后再对该向量逐元素应用激活函数 f。神经网络中的每个神经元将上一层神经元的输出值作为本神经元的输入值，将其运算处理后再传递给下一层，因此神经网络第 $l(l>1)$ 层的输出可表示为

$$\boldsymbol{h}_l = f(\boldsymbol{W}_l \boldsymbol{h}_{l-1}) \tag{7-104}$$

（1）计算误差函数。假设某个训练样本为 (x_k, y_k)，x_k 是训练样本的特征，y_k 和 t_k 分别是该样本的预测值和真实值。选取网络所有输出层神经元的误差平方和作为误差函数，则样本 k 的误差可表示为

$$E_k = \frac{1}{2}\sum_{i\in o}(t_i - y_i)^2 \tag{7-105}$$

其中，o 表示输出层神经元集合。

（2）使用梯度下降法调整参数。以目标的负梯度方向对参数进行调整：

$$\Delta w_{ji} = -\eta \nabla E_k \tag{7-106}$$

其中，η 为学习率。

权重 w_{ji} 仅通过影响神经元 j 的输入值来影响网络的其他部分，设 net_j 是神经元 j 的加权输入：

$$\text{net}_j = \sum_{i\in h} w_{ji} x_{ji} \tag{7-107}$$

其中，h 为神经元 j 相连的隐藏层神经元。

（3）使用链式法则对目标函数求导。E_k 是 net_j 的函数，而 net_j 是 w_{ji} 的函数，则有

$$\frac{\partial E_k}{\partial w_{ji}}=\frac{\partial E_k}{\partial \text{net}_j}\frac{\partial \text{net}_j}{\partial w_{ji}}=\frac{\partial E_k}{\partial \text{net}_j}\frac{\partial \sum_{i\in h} w_{ji}x_{ji}}{\partial w_{ji}}=\frac{\partial E_k}{\partial \text{net}_j}x_{ji} \tag{7-108}$$

其中，x_{ji} 是神经元 i 的输出值，同时也是神经元 i 传递给神经元 j 的输入值。

对于 $\frac{\partial E_k}{\partial \text{net}_j}$ 的计算，则需要根据输出层和隐藏层分两种情况讨论。

（1）输出层。对于输出层，net_j 仅通过神经元 j 的输出值 y_i 来影响网络的其他部分，所以 E_k 是 y_i 的函数，而 y_i 是 net_j 的函数，其中 $y_i=\text{sigmoid}(\text{net}_j)$，因此有

$$\frac{\partial E_k}{\partial \text{net}_j}=\frac{\partial E_k}{\partial y_i}\cdot\frac{\partial y_i}{\partial \text{net}_j} \tag{7-109}$$

进一步地，可得

$$\frac{\partial E_k}{\partial y_j}=\frac{\partial}{\partial y_j}\frac{1}{2}\sum_{i\in o}(t_i-y_i)^2=-(t_j-y_j) \tag{7-110}$$

$$\frac{\partial y_i}{\partial \text{net}_j}=\frac{\partial \text{sigmoid}(\text{net}_j)}{\partial \text{net}_j}=y_i(1-y_i) \tag{7-111}$$

故有

$$\frac{\partial E_k}{\partial \text{net}_j}=-(t_j-y_j)y_j(1-y_j) \tag{7-112}$$

令 $\delta_j=-\frac{\partial E_k}{\partial \text{net}_j}$，则

$$\delta_j=(t_i-y_i)y_j(1-y_j) \tag{7-113}$$

将上述推导代入梯度下降公式，可得

$$w_{ji}=w_{ji}-\eta\frac{\partial E_k}{\partial w_{ji}}=w_{ji}+\eta(t_j-y_j)y_j(1-y_j)x_{ji}=w_{ji}+\eta\delta_j x_{ji} \tag{7-114}$$

（2）隐藏层。假设与隐藏层神经元 j 直接相连的所有下游神经元集合为 $D(j)$，net_j 只能通过影响 $D(j)$ 再影响 E_k。令 net_p 是神经元 j 的下游神经元的输入，则 E_k 是 net_p 的函数，而 net_p 是 net_j 的函数，故用全导数公式，因此有

$$\begin{aligned}\frac{\partial E_k}{\partial \text{net}_j}&=\sum_{p\in D(j)}\frac{\partial E_k}{\partial \text{net}_p}\frac{\partial \text{net}_p}{\partial \text{net}_j}=\sum_{p\in D(j)}-\delta_p\frac{\partial \text{net}_p}{\partial \text{net}_j}=\sum_{p\in D(j)}-\delta_p\frac{\partial \text{net}_p}{\partial a_j}\frac{\partial a_j}{\partial \text{net}_j}\\&=\sum_{p\in D(j)}-\delta_p w_{pj}\frac{\partial a_j}{\partial \text{net}_j}=\sum_{p\in D(j)}-\delta_p w_{pj}a_j(1-a_j)=-a_j(1-a_j)\sum_{p\in D(j)}\delta_p w_{pj}\end{aligned} \tag{7-115}$$

已知隐藏层神经元 j 误差为 $\frac{\partial E_k}{\partial \text{net}_j}$，代入式（7-115）可得

$$\delta_j=a_j(1-a_j)\sum_{p\in D(j)}\delta_p w_{pj} \tag{7-116}$$

因此，权重的更新公式为

$$w_{ji}=w_{ji}-\eta\frac{\partial E_k}{\partial \text{net}_j}=w_{ji}+\eta\delta_j x_{ji} \tag{7-117}$$

通过逆误差传播算法，神经网络能够根据输出结果对参数进行调整，从而学习到输入数据的复杂特征和模式。

7.7.5 深度神经网络

随着数据规模和网络复杂度的增加，传统的神经网络在处理大规模数据和复杂任务时面临着挑战。为了应对这些挑战，深度神经网络应运而生。深度神经网络通过引入更多的隐藏层和参数，能更有效地学习和表示复杂的数据模式，从而提高其在大规模数据和复杂任务下的性能表现。

这种网络结构的设计使得模型能够逐层提取并组合抽象特征，逐渐建立起对输入数据更深层次、更高级别的理解。与传统神经网络相比，深度神经网络在处理图像识别、自然语言处理和语音识别等领域表现出更为优越的性能。常用深度神经网络模型如表 7-14 所示。

表 7-14 常用深度神经网络模型简介

网络名称	简介
卷积神经网络（convolutional neural network，CNN）	CNN 主要用于处理和识别具有网格状结构的数据，如图像和视频。其设计灵感来自生物学中视觉皮层的结构，它通过卷积层、池化层和全连接层等组件来实现对图像的特征提取和模式识别
循环神经网络（recurrent neural network，RNN）	RNN 是一类用于处理序列数据的神经网络模型，因为它们可以捕捉到数据中的时间依赖关系。与传统的前馈神经网络不同，RNN 具有循环结构，其允许信息在网络内部传递
递归神经网络（recursive neural network，RecNN）	RecNN 能够处理树形结构的数据，如自然语言中的语法树。RecNN 通过递归地应用相同的权重参数来构建输入的表示，使得模型能够自适应地捕捉不同层次的抽象特征
生成对抗网络（generative adversarial network，GAN）	GAN 包括一个生成器和一个判别器，它们通过对抗训练的方式一起学习。生成器试图生成逼真的数据，而判别器试图区分生成的数据和真实数据
自动编码器（autoencoders）	自动编码器由编码器和解码器组成，用于学习输入数据的紧凑表示。它们通常用于无监督学习和数据压缩
长短时记忆网络（long short-term memory，LSTM）	LSTM 是一种 RNN 的变体，专门用于解决长序列依赖性问题。它引入了能够选择性记住或忘记信息的“记忆单元”，从而有效地处理序列中的长期依赖

关于上述深度神经网络的更多内容以及人工智能的相关知识，欢迎读者阅读大数据管理与应用系列丛书之《机器学习与人工智能》。

延伸阅读

神经网络的发展历史

启蒙阶段（20 世纪 40～70 年代）：人工神经网络在 20 世纪 40～50 年代提出，旨在模拟人脑神经系统以得到智能处理信息的人工系统。1943 年神经生物学家 McCulloch 和数学家 Pitts 合作提出 M-P 模型（McCulloch-Pitts model），人工神经网络的发展就此拉开了序幕。1949 年，心理学家 Hebb 在其著作 The Organization of Behavior：A Neuropsychological Theory 中提出了“神经元之间活动同步引起连接强度增加”的理论，其后来被称为 Hebb 规则。Hebb 规则是神经网络研究的基础，对于神经网络的发展具有重要的影响。1957 年 Rosenblatt 在 M-P 模型的基础上提出了感知机（perceptron）模型，首次工程实现人工神经网络。

低潮阶段（20 世纪 70～80 年代）：1969 年，Minsky 和 Papert 对以感知器为代表的网络系统的功能及局限性从数学上做了深入研究，其著作 Perceptrons 指出简单的线性感知器无法实现“异或”的逻辑关系，同时模型存在解释性不强、参数过多和容易过拟合等问题，人工神经网络因此进入了长达 10 多年的低潮期。

复兴时期（20 世纪 80 年代至 21 世纪初）：1982 年，Hopfield 提出了著名的 Hopfield 网络，使得 ANN 的构造与学习有了理论指导。Hopfield 网络是一种人工神经网络，它通过解决 NP 完全问题来模拟人脑的学习和记忆过程，对神经科学和计算机科学的发展产生了深远的影响。1974 年，Werbos 在其博士论文中提出了首个 BP 算法，然而当时由于人工智能正处于发展的低谷，这项工作并没有得到较大的重视，直到 1986 年，在 Hinton 和 Rumelhart 等的努力下，BP 算法被再次提出，并成为人工神经网络的主要训练方法，其在各种领域得到了广泛的应用。

高潮时期（21 世纪初至今）：2006 年，Hinton 等提出了深度信念网络（deep belief network，DBN），DBN 通过采用逐层训练的方式，解决了深层次神经网络的优化问题，成为机器学习领域的一个重要技术。2010 年，一篇名为 ImageNet Classification with Deep Convolutional Neural Networks 的论文发表，该论文提出了一种新型的深度卷积神经网络（deep convolutional neural networks，Deep CNN），并在 ImageNet 数据集上取得了出色的分类结果，从而掀起了深度学习的热潮。2014 年，Goodfellow 等提出了生成对抗网络（GAN），GAN 是一种非监督学习技术，通过模拟生成数据和判别数据两个模型之间的对抗关系来生成数据，它的提出引领了人工智能领域的一场革命。2016 年，由 Google DeepMind 公司开发的人工智能系统 AlphaGo 在世界级比赛中战胜人类围棋顶尖选手李世石，引起了全球的关注。2017 年，谷歌研究员 Vaswani 等发表了一篇名为 Attention Is All You Need 的论文，提出了 Transformer 模型。Transformer 模型是一种全新的神经网络架构，它通过注意力机制来处理序列数据，在机器翻译、问答系统、语音识别等许多领域中被成功应用。2018 年，OpenAI 团队提出了生成式预训练模型 GPT-1，首次将 Transformer 解码器架构应用于大规模无监督预训练，并确立了“预训练＋微调”范式，为自然语言处理任务提供了通用解决方案。2020 年，GPT-3 横空出世，其参数量级突破 1750 亿个，通过海量数据训练展现出强大的少样本学习能力，在文本生成、代码编写等任务中达到人类水平，引发业界对“大模型涌现能力”的广泛讨论。2022 年 11 月，OpenAI 推出基于 GPT-3.5 的对话系统 ChatGPT，该模型通过指令微调与人类反馈强化学习（reinforcement learning from human feedback，RLHF）技术，实现了对话安全性与逻辑性的显著提升，上线仅 5 天用户破百万人，两个月内月活用户突破 1 亿人，创下消费级应用增长纪录。2023 年，GPT-4 正式发布，首次支持多模态输入与混合专家系统（mixture of experts，MoE）架构，在专业考试、复杂推理任务中的表现接近人类顶尖水平，标志着生成式 AI 向通用人工智能迈出关键一步。GPT 系列模型引领了生成式 AI 技术革命，模型架构从单一文本模态向视听融合演进，应用场景从通用对话深入至垂直行业，深度渗透至金融、医疗、教育、智能制造等核心产业，这些模型通过自然语言交互、多模态内容生成、复杂决策支持等能力，正推动形成以“模型即服务”（model as a service，MaaS）为核心的新型产业生态。

目前，神经网络仍在快速发展，研究人员不断提出新的理论和方法，同时也在不断提高神经网络的性能和效率。

7.7.6 实践案例：基于面部特征的性别分类

本节利用神经网络算法对性别进行分类，数据集由部分男女性面部特征和性别标签组成，共包含 5001 个样本，部分数据样例见表 7-15，具体字段包括：是否长短发、前额宽度、前额高度、是否鼻宽、是否鼻长、是否嘴唇薄、鼻子到嘴唇距离是否长和性别。

表 7-15 性别数据集样例

是否长短发	前额宽度	前额高度	是否鼻宽	是否鼻长	是否嘴唇薄	鼻子到嘴唇距离是否长	性别
1	11.8	6.1	1	0	1	1	Male
0	14	5.4	0	0	1	0	Female
0	11.8	6.3	1	1	1	1	Male
…	…	…	…	…	…	…	…
1	13.2	6.2	0	0	0	0	Female
1	15.4	5.4	1	1	1	1	Male

完整数据：“./chapter7/data/gender.csv”

数据预处理。“性别”特征是离散特征，使用数值编码的方式将其转换为数值特征。scikit-learn 库中 preprocessing 模块的 LabelEncoder 类用于对离散特征进行编码。处理后，“Male”被编码为 1，“Female”被编码为 0。

模型训练。使用 Keras 库中 models 模块的 Sequential 类构建一个全连接神经网络。Sequential 模型是 Keras 中的顺序模型，它是一种单输入、单输出的模型，支持逐个添加神经网络层，用于构建多个网络层的简单堆叠模型。在本例中，第一步，调用 Sequential 构建模型；第二步，使用 Dense 层添加隐藏层，其中 units 参数代表隐藏层中神经元的数量，activation 参数代表激活函数，input_dim 参数代表输入数据的维数；第三步，使用 compile 方法编译模型，loss 参数代表损失函数，optimizer 参数代表优化器，metrics 参数代表评估指标；第四步，使用 fit 方法训练模型。本例中测试了不同隐藏层的神经元数量，以及不同隐藏层数量下的预测性能，模型评价指标使用准确率、精准率、召回率和 F_1 得分。

Keras 是一个用于构建深度学习模型的高级神经网络 API，最初由 François Chollet 开发。它能够在各种深度学习框架上运行，包括 TensorFlow 和 Microsoft Cognitive Toolkit（CNTK）。在 TensorFlow 2.0 版本后，Keras 已经成为 TensorFlow 的官方高级 API。

本例使用全连接神经网络完成性别分类，完整代码如下。

文件名称	7-6 Neural Network.py	说明	基于人工神经网络算法的性别预测

```
from keras.models import Sequential
from keras.layers.core import Dense, Activation
from sklearn.model_selection import train_test_split
import pandas as pd
from sklearn.metrics import accuracy_score, recall_score, precision_score, f1_score
from sklearn.preprocessing import LabelEncoder
import matplotlib.pyplot as plt
import numpy as np
import time
# 1.读入数据集
data = pd.read_csv('../data/gender.csv', encoding='ansi')  # 读入数据集
print(data['性别'].value_counts())  # 查看两类样本是否均衡
encoder = LabelEncoder()
data['性别'] = encoder.fit_transform(data['性别'])  # 对特征进行编码
# 2.划分训练集和测试集
X = data.iloc[:,:-1]
y = data.iloc[:,-1]
X_train, X_test, y_train, y_test = train_test_split(X, y, random_state=666)
# 3.编写测试不同隐藏层数量的预测性能的函数
def test_hidden_layer_num(num_layers):
    model = Sequential()
    model.add(Dense(units=32, input_dim=7, activation='relu'))  # 输入层
    for _ in range(num_layers):  # 添加指定数量的隐藏层
        model.add(Dense(units=32, activation='relu'))
    model.add(Dense(units=1, activation='sigmoid'))  # 输出层
    model.compile(loss='binary_crossentropy', optimizer='adam', metrics=['accuracy'])  # 编译模型
    start_time = time.time()  # 记录训练开始时间
    model.fit(X_train, y_train, epochs=100, verbose=0)  # 训练模型，指定epochs（训练轮数），以确保模型有足够的训练次数来学习数据的模式。
    end_time = time.time()  # 记录训练结束时间
    y_pred_prob = model.predict(X_test)
    y_pred = (y_pred_prob > 0.5).astype(int)
    return [accuracy_score(y_pred, y_test),
            precision_score(y_pred, y_test),
            recall_score(y_pred, y_test),
            f1_score(y_pred, y_test),
            end_time-start_time]
```

```python
res_layer = []
for i in np.arange(1,41):
    res_layer.append(test_hidden_layer_num(i))
res_layer = pd.DataFrame(res_layer)
# 4.绘制神经网络模型的结果
plt.rcParams['font.sans-serif']=['STSong']
plt.rcParams['axes.unicode_minus'] = False
plt.rcParams.update({'font.size': 18})
plt.figure(figsize=(8, 4))
plt.subplot(1, 2, 1)
plt.plot(np.arange(1,41), res_layer[0], label='准确率')
plt.plot(np.arange(1,41), res_layer[1], label='精准率')
plt.plot(np.arange(1,41), res_layer[2], label='召回率')
plt.plot(np.arange(1,41), res_layer[3], label='F1 得分')
plt.legend(ncol=1, frameon=False,loc='lower left')
plt.xlabel('隐藏层数量')
plt.ylabel('评价指标')
plt.subplot(1, 2, 2)
plt.plot(np.arange(1,41), res_layer[4], label='accuracy')
plt.xlabel('隐藏层数量')
plt.ylabel('运行时间（秒）')
plt.tight_layout()
plt.show()
```

输出结果：

```
Female     2501
Male       2500
Name: 性别,dtype: int64
```

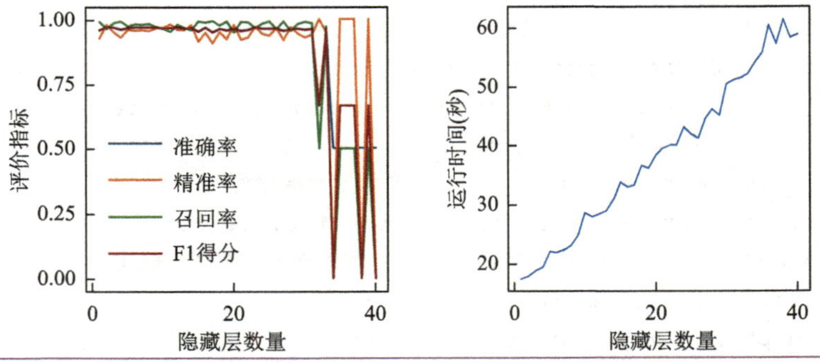

代码运行结果显示数据集中女性样本为 2501 例，男性样本为 2500 例，可判断该数据是类别平衡的数据集。此外，当隐藏层的数量由 1 递增到 40，每层的节点数量均设定为 32 时，可发现隐藏层数量为 28 层时，模型性能骤降，准确率为 0.5，与随机猜想无异。这是因为隐藏层数量过多，模型过拟合。同时，结果显示，模型训练的时间也随着隐藏层数量的增加而线性增加。

本 章 小 结

核心概念	**分类：**根据数据特征对事物所属类别进行判断的数据挖掘技术，是一种有监督学习算法。其基本原理是计算出一个“决策边界”来分离不同类别的样本。 **决策边界：**在分类数据的特征空间中，将不同类别的数据样本分隔开的一条线、曲线或超平面，用于判定新样本的所属类别。		
评价指标	混淆矩阵：$\begin{bmatrix} \mathrm{TP} & \mathrm{FN} \\ \mathrm{FP} & \mathrm{TN} \end{bmatrix}$	准确率：$\dfrac{\mathrm{TP}+\mathrm{TN}}{\mathrm{TP}+\mathrm{TN}+\mathrm{FP}+\mathrm{FN}}$ 精准率：$\dfrac{\mathrm{TP}}{\mathrm{TP}+\mathrm{FP}}$	召回率：$\dfrac{\mathrm{TP}}{\mathrm{TP}+\mathrm{FN}}$ F_1 得分：$2\times\dfrac{\mathrm{Precision}\times\mathrm{Recall}}{\mathrm{Precision}+\mathrm{Recall}}$
算法	K-近邻（KNN）	朴素贝叶斯	决策树
示意图	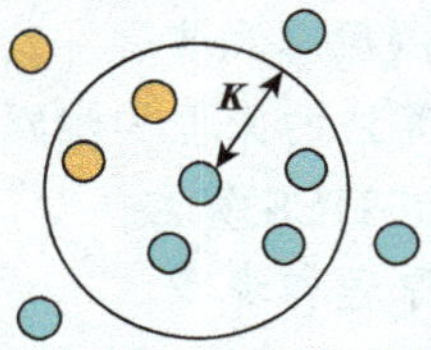	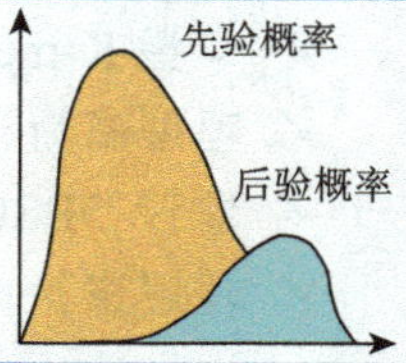	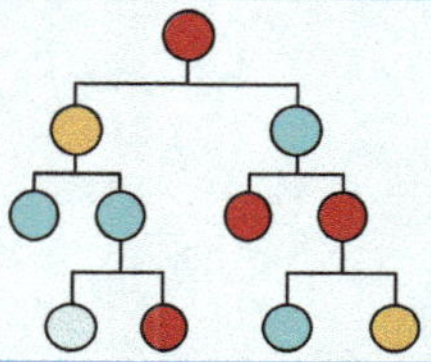
基本思想	将样本在特征空间中的 k 个最相近（即最相似）样本的多数类别作为预测的类别标签。	假设已知类别的各特征 x_i 相互独立，计算使得后验概率 $P(c\|x)$，即特征 $\boldsymbol{x}$ 下类别为 c 的条件概率，最大时对应的类别作为类别预测结果。	决策树构建依据最佳特征分割数据成子集，以此提高子集纯度，并建立树状结构，从根至叶节点进行判定，实现数据决策判定。
目标函数	$\hat{f}(\boldsymbol{x}_q)=\sum_{i=1}^{k} f(\boldsymbol{x}_i)$	$\hat{f}(\boldsymbol{x})=\arg\max_{c\in C} P(c)\prod_{i=1}^{m} P(\boldsymbol{x}_i \mid c)$	—
核心知识点	√　如何选择合适 k 值 √　懒惰学习算法的概念 √　使用时需要对特征进行归一化	√　先验概率、后验概率、条件概率 √　假设各特征之间相互独立 √　拉普拉斯修正解决零频问题	√　特征选择指标：信息增益、信息增益率、基尼系数 √　基于贪心算法选择当前最优分裂特征对决策树进行生长
算法	Logistic 回归	支持向量机（SVM）	人工神经网络
示意图	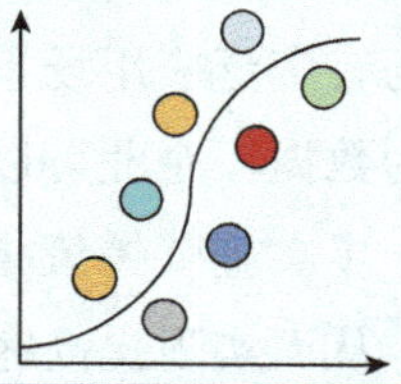	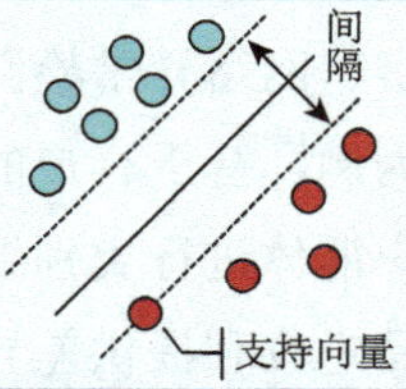	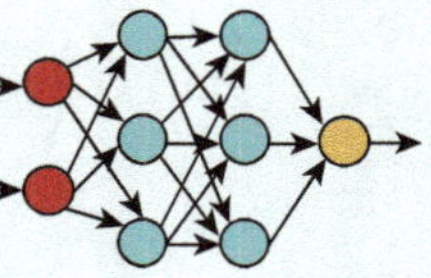
基本思想	通过 Logistic 函数将数据特征的线性组合 $y=\theta^{\mathrm{T}}\boldsymbol{x}$ 值域映射到区间 $P(y=1\|\boldsymbol{x})=1/1+\mathrm{e}^{-\theta^{\mathrm{T}}x}\in(0,1)$，并以此作为数据类别的判别概率。	通过在特征空间中找到一个最大间隔超平面来划分不同类别的数据进而实现分类，还可通过核函数将数据映射到高维空间以解决非线性分类问题。	由多个相互连接的神经元组成，通过学习将输入映射到输出的函数参数，实现分类等任务。
目标函数	$p=\sigma(\boldsymbol{\theta}^{\mathrm{T}}\boldsymbol{x})=\dfrac{1}{1+\mathrm{e}^{-\boldsymbol{\theta}^{\mathrm{T}}\boldsymbol{x}}}$	$\max_{w,b}\dfrac{2}{\\|\boldsymbol{w}\\|}$ s.t.　$y_i(\boldsymbol{w}^{\mathrm{T}}\boldsymbol{x}_i+b)\geqslant 1,\ i=1,2,\cdots,n$	$y=f\left(\sum_{i=1}^{n} w_i x_i - b\right)$ $f(u)=\begin{cases}1, & u\geqslant 0\\ -1, & u<0\end{cases}$
核心知识点	√　事件优势比的概念 √　用梯度下降求解目标函数 √　用 OvO 和 OvO 完成多分类任务	√　线性可分 SVM、线性 SVM 和非线性 SVM 的区别 √　支持向量、硬间隔和软间隔定义 √　常用的核函数	√　输入层、隐藏层和输出层的作用 √　常用激活函数 √　误差逆传播算法流程

学习效果检验

第8章 聚　　类

本章学习目标

- ✓ 掌握层次聚类的原理和步骤
- ✓ 掌握 K-means 算法的原理和步骤
- ✓ 理解高斯混合聚类算法的原理和步骤
- ✓ 掌握 DBSCAN 和 OPTICS 算法
- ✓ 理解谱聚类算法的原理和步骤

聚类是一种无监督学习技术，能够在没有预先定义类别的情况下，基于距离或相似性度量，将样本划分为多个类别或簇，使得在同一簇内的样本相似性较高，不同簇之间的样本相似性较低。聚类算法提供了在无须先验知识的情况下进行数据分析，探索数据内在模式的能力，在市场或客户划分、在线社群分析、生物序列挖掘、医学影像分析、网络异常检测等领域均有广泛应用场景。以精准营销为例，基于客户的购买行为数据，企业可以利用聚类对客户群体进行类别细分，进一步实施营销策略定制、优化产品定位和提供差异化服务，从而实现提高客户满意度，最大化商业效益的目标。

本章将着重介绍常用的聚类算法及其适用场景，通过对聚类算法的学习，读者将能够更好地理解和应用这些算法解决实际聚类问题。

8.1 聚类算法概要

聚类是将数据集划分为不同簇，使得同一簇中的样本之间的相似性较高，簇之间差异性较大的过程。作为无监督学习方法，聚类算法不依赖于样本的类别标签，而是基于样本之间的距离或相似性进行类别划分。

聚类算法在实际中应用非常广泛。在市场营销中，聚类可以将消费者细分为具有相似购买习惯、兴趣和行为的组别，协助企业更好地挖掘目标受众，制定营销策略，从而提升广告效果，并更有效地满足不同群体的消费需求；在社交网络中，聚类可以识别联系密切的用户群体，帮助社交媒体平台理解用户之间的关系，并以此为基础实现内容推荐，提升用户体验和参与度；在生物信息学中，聚类用于基因数据分析，辅助研究人员识别疾病的相似表达基因，从而揭示疾病的生物学机制和发现潜在的治疗靶点。

8.1.1 聚类的基本原理

给定 n 个样本，d 个特征的数据集合 $D=\{\boldsymbol{x}_1,\cdots,\boldsymbol{x}_j,\cdots,\boldsymbol{x}_n\}\in\boldsymbol{R}^{n\times d}$，第 j 个数据记为 $\boldsymbol{x}_j=(x_{j1},\cdots,x_{jk},\cdots,x_{jd})\in\boldsymbol{R}^d$，$x_{jk}$ 表示样本的特征值。

定义 8-1 聚类（clustering）是基于特定的距离或相似性度量，将数据集划分为 k 个子集合 C_k，使得相似样本被划分为同一个子集合，而相异样本被划归到不同的子集合的过程。该过程满足：

$$\begin{cases} C=\{C_1,C_2,\cdots,C_k\};\ k\leqslant n \\ C_i\neq\varnothing;\ i=1,2,\cdots,k \\ C_i\cap C_j=\varnothing;\ i,j=1,2,\cdots,k,\ i\neq j \end{cases} \tag{8-1}$$

其中，C_i 表示第 i 个子集合，又称为簇（cluster）。

簇具有以下两个性质：

（1）C_i 为 C 的子集，$C=C_1\cup C_2\cup\cdots\cup C_k$；

（2）簇之间不存在交集，$C_i\cap C_j=\varnothing,i\neq j$。

簇有质心和半径两个描述指标。

（1）质心 m：簇内样本的平均值，簇 C_i 有 n_i 个数据，则质心计算公式如下：

$$m_i=\frac{1}{n_i}\sum\nolimits_{\boldsymbol{x}_i\in C_i}\boldsymbol{x}_i \tag{8-2}$$

（2）半径 r：簇内所有样本到质心距离的均方差的平方根，计算公式如下：

$$r_i = \sqrt{\frac{\sum_{x_i \in C_i} (\boldsymbol{x}_i - \boldsymbol{m}_i)^2}{n_i}} \tag{8-3}$$

8.1.2 聚类算法的分类

聚类算法依据其内在机制可划分为六大类：基于划分的聚类、基于层次的聚类、基于密度的聚类、基于网格的聚类、基于模型的聚类以及基于图的聚类算法。进一步地，根据聚类结果是否允许簇间存在重叠，聚类算法又可分为软聚类与硬聚类两种类别。聚类算法的分类如表 8-1 所示。

表 8-1 聚类算法分类

类型	示意图	算法描述	典型算法
基于划分的聚类算法	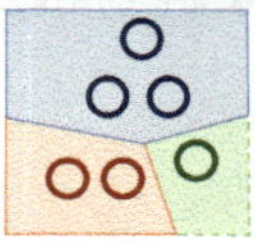	此类算法随机选定初始簇中心，然后迭代优化调整簇的分配，直到簇中心的变化小于设定的阈值或达到最大迭代次数，从而得到数据集中不相交的子集	K-means、K-medoids
基于层次的聚类算法		此类算法基于数据之间的相似度为标准进行分裂和聚合操作，从而得到聚类结果，并且能够根据聚类结果绘制出反映数据分布状况的层次结构	AGNES、DIANA、BIRCH
基于密度的聚类算法	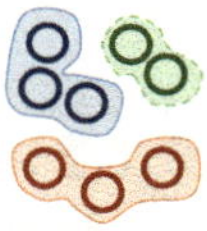	此类算法能够通过稀疏区域来识别高密度区域，从而能够检测任意形状数据的分布特征和离群点	DBSCAN、OPTICS、Mean-Shift
基于网格的聚类算法	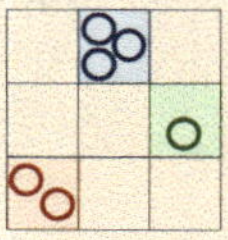	此类算法将数据集的分布空间划分为若干个规则网格或任意形状的网格，通过融合相连数据概要信息的网格，达到聚类目的	STING、CLIQUE
基于模型的聚类算法	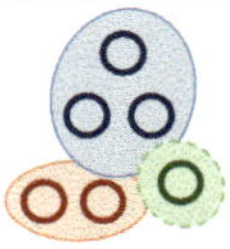	此类算法将聚类问题转化为参数估计问题，通过优化统计模型的参数确定数据中的分布特征，从而确定聚类的数量和形状	高斯混合聚类、贝叶斯高斯混合聚类
基于图的聚类算法	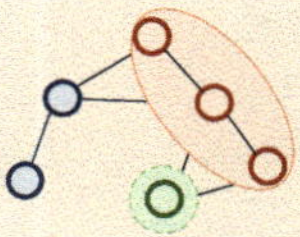	此类算法将数据表示为图结构，数据表示为图中的节点，而节点之间的相似度或距离表示图的边，通过图的拓扑结构划分数据，将相似的数据分配到同一个簇	谱聚类、Louvain、Girvan-Newman
硬聚类		此类算法在聚类过程中对每个数据进行明确的簇划分，即每个数据只能属于一个簇，即每个数据的簇归属是确定的，最终形成非重叠、互斥的簇结构	K-means
软聚类	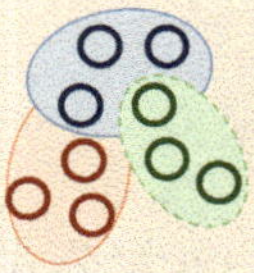	此类算法在聚类过程中允许一个数据点属于多个簇，通过计算每个数据与各个簇之间的关系，赋予数据每个簇的隶属度得分，表示该点属于每个簇的程度，最终形成重叠的簇结构	模糊 C-均值算法、高斯混合聚类

图 8-1 展示了层次聚类、K-means 聚类、高斯混合聚类、DBSCAN 聚类、OPTICS 聚类和谱聚类在不同数据集上的聚类结果，图片右下角标注了算法的运行时间，可以观察到不同聚类算法在各类数据集上的聚类结果和运行时间有很大差异，本章后续将对这些聚类算法的原理进行详细介绍。

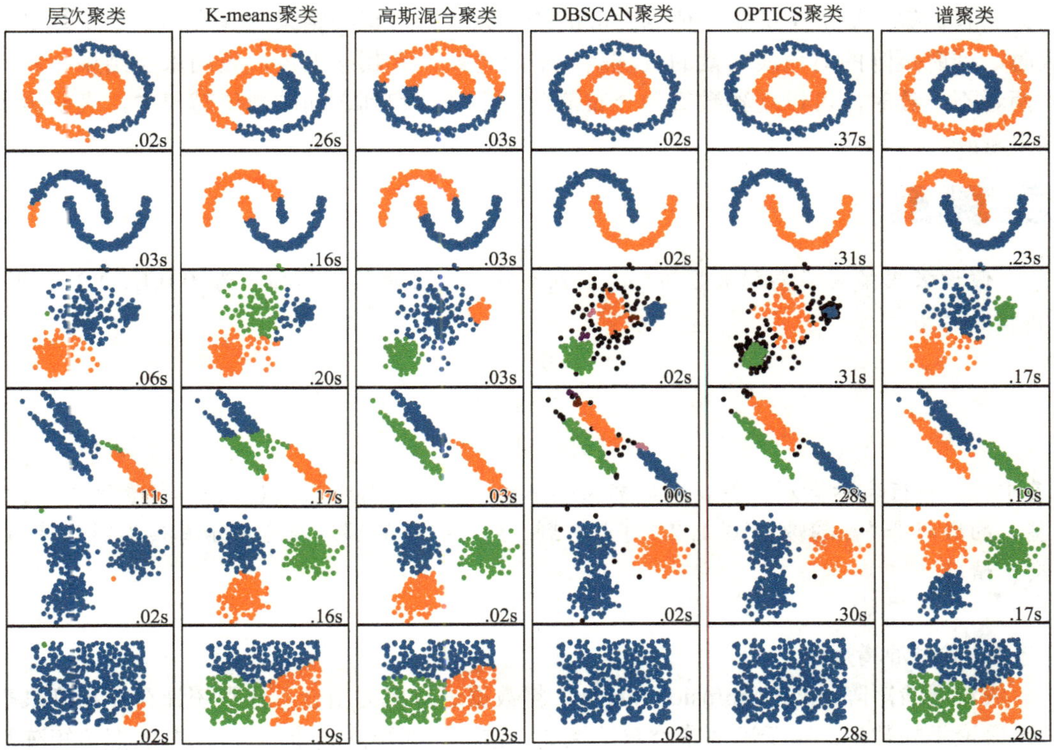

图 8-1　聚类算法在各类数据集上的结果

8.1.3　聚类算法评价指标

一个效果好的聚类算法，其聚类结果需满足“内部聚合，外部分离”的要求，即能够将相似数据划分为同一个簇，相异样本划分到不同的簇。当数据集具有真实的类别标签时，可以通过比较聚类结果与类别标签进行聚类算法的性能评价，常用的评价指标包括列联矩阵、兰德系数和互信息等，此类指标统称为外部指标。在没有真实类别标签的情况下，则需要通过计算聚类结果的凝聚和分离程度，进行聚类算法的性能评价，如轮廓系数、Calinski-Harabasz 指数和 Davies-Bouldin 指数等，这类指标统称为内部指标。

1. 外部指标

由于聚类算法在每次运行过程中可能会产生不同的类别标签，类别标签的不确定性意味着无法直接利用真实类别标签进行聚类算法的性能评估。因此，聚类算法不能直接使用分类算法中常用的错误率、召回率和精度等评价指标评估聚类算法性能。针对这一问题，外部指标通过将样本进行两两配对，进而计算样本间的相似性或差异性，以此实现聚类算法效果的评估。

1）列联矩阵

列联矩阵（contingency matrix）是一个二维矩阵，行代表真实类别标签，列代表聚类结果的簇标签，矩阵中的每个值为对应的统计频数。当聚类结果与真实标签类别数量一致时，列联矩阵的对角线元素的值越高，非对角线元素越接近零，表明聚类结果越好；当两者不一致时，可以观察数值的分布情况，不同行和列之间的数值越集中，表明聚类结果越好。

算一算

假设数据集真实类别标签为$[a,a,a,b,b,b]$，算法的预测簇标签为$[0,0,1,1,2,2]$，则列联矩阵为

$$\begin{array}{c} \\ a \\ b \end{array}\begin{array}{c} \begin{array}{ccc} 0 & 1 & 2 \end{array} \\ \begin{bmatrix} 2 & 1 & 0 \\ 0 & 1 & 2 \end{bmatrix} \end{array}$$

其中，第一行表示类别标签a的数据在簇中的分布，分别为2, 1, 0。第二行表示类别标签b的数据分布，分别为0, 1, 2。可以看到，列联矩阵能够清晰地展示真实类别和簇的交叉情况。

2）成对混淆矩阵

成对混淆矩阵（pair confusion matrix）将数据进行成对组合，分别统计存在正确聚类与错误聚类的数量，用于评估聚类算法性能。该指标的矩阵元素与7.1.3节的混淆矩阵类似，定义如下：

$$\begin{bmatrix} \mathrm{TN} & \mathrm{FP} \\ \mathrm{FN} & \mathrm{TP} \end{bmatrix} \tag{8-4}$$

其中，TN（true negative）表示实际中属于不同类别，聚类结果中被划分到了不同簇的样本对数量。TP（true positive）表示实际中属于同一类别，聚类结果中被划分在了同一个簇的样本对数量。FP（false positive）表示实际中属于不同类别，聚类结果中被划分在了不同簇的样本对数量。FN（false negative）表示实际中属于同一类别，聚类结果中被划分到了不同簇的样本对数量。

成对混淆矩阵的元素满足：

$$\mathrm{TN}+\mathrm{FP}+\mathrm{FN}+\mathrm{TP}=\frac{n(n-1)}{2} \tag{8-5}$$

TN和TP值越大，FN和FP值越接近于0，表明聚类结果越好。

3）Fowlkes-Mallows指数

Fowlkes-Mallows指数是通过计算正确聚类的样本对比例来度量聚类结果的指标，取

值范围是[0,1]，1表示最佳的聚类效果。

$$\mathrm{FM}=\frac{\mathrm{TP}}{\sqrt{(\mathrm{TP}+\mathrm{FP})(\mathrm{TP}+\mathrm{FN})}} \tag{8-6}$$

4）兰德系数

兰德系数（Rand index，RI）是通过计算属于同一类别的样本对比例进行聚类结果度量的指标，主要用于比较聚类结果与已知的真实分类（或另一个聚类结果）之间的相似度。该系数的取值范围是[0,1]，1表示最理想的聚类效果。

$$\mathrm{RI}=\frac{\mathrm{TP}+\mathrm{TN}}{\mathrm{TP}+\mathrm{TN}+\mathrm{FP}+\mathrm{FN}}=\frac{2(\mathrm{TP}+\mathrm{TN})}{n(n-1)} \tag{8-7}$$

由于兰德系数存在对数据集类别进行随机取值指数值不会接近于0的缺陷，研究人员提出了调整兰德系数（adjusted Rand index，ARI），该系数通过引入期望和最大值，校正了兰德系数的随机性影响，计算如下所示：

$$\mathrm{ARI}=\frac{\mathrm{RI}-E(\mathrm{RI})}{\max(\mathrm{RI})-E(\mathrm{RI})} \tag{8-8}$$

$$E(\mathrm{RI})=E\left(\sum_{i,j}\binom{n_{ij}}{2}\right)\left[\sum_{i}\binom{n_{i.}}{2}\sum_{i}\binom{n_{.j}}{2}\right]\Big/\binom{n}{2} \tag{8-9}$$

$$\max(\mathrm{RI})=\frac{1}{2}\left(\sum_{i}\binom{n_{i.}}{2}+\sum_{i}\binom{n_{.j}}{2}\right) \tag{8-10}$$

其中，$E(\mathrm{RI})$为兰德系数的期望，n_{ij}为同时在类别C_i和簇K_j中样本的数量，$n_{i.}$为类C_i的样本数量，$n_{.j}$为簇K_j的样本数量。调整兰德系数也可以基于对混淆矩阵进行计算，如下：

$$\mathrm{ARI}=\frac{2(\mathrm{TP}\times\mathrm{TN}-\mathrm{FN}\times\mathrm{FP})}{(\mathrm{TP}+\mathrm{FN})(\mathrm{FN}+\mathrm{TN})+(\mathrm{TP}+\mathrm{FP})(\mathrm{FP}+\mathrm{TN})} \tag{8-11}$$

调整兰德系数的取值范围是[−1,1]，1表示最佳的聚类效果，即簇的划分与真实类别标签一致。

5）互信息

互信息（mutual information，MI）是度量真实标签和聚类标签一致性的指标，相关概念在3.3.2节已经详细介绍，本小节仅介绍在聚类算法中的评估应用。假设存在两组类别标签U，V，数量同为n，两组标签的熵为①

$$\begin{aligned}H(U)&=-\sum_{i=1}^{|U|}P(i)\log\big(P(i)\big)\\H(V)&=-\sum_{i=1}^{|V|}P'(i)\log\big(P'(i)\big)\end{aligned} \tag{8-12}$$

① log底数默认为10。

其中，$P(i)=|U_i|/n$，$P'(i)=|V_i|/n$ 分别表示从 U 和 V 中选取的标签属于 U_i 和 V_i 的概率。$P'(i)$ 也是同样的含义。互信息计算公式为

$$\mathrm{MI}(U,V)=\sum_{i=1}^{|U|}\sum_{j=1}^{|V|}P(i,j)\log\left(\frac{P(i,j)}{P(i)P'(j)}\right) \tag{8-13}$$

其中，$P(i,j)=|U_i\cap V_j|/n$ 为样本同时属于 U_i 和 V_j 的概率。互信息也可以通过下式进行计算。

$$\mathrm{MI}(U,V)=\sum_{i=1}^{|U|}\sum_{j=1}^{|V|}\frac{|U_i\cap V_j|}{n}\log\left(\frac{n\|U_i\cap V_j\|}{|U_i||V_j|}\right) \tag{8-14}$$

此外，互信息可以进行标准化处理，得到标准化互信息（normalized mutual information，NMI）指标，计算公式为

$$\mathrm{NMI}(X,Y)=\frac{\mathrm{MI}(X,Y)}{\mathrm{mean}\left(H(U),H(V)\right)} \tag{8-15}$$

由于互信息可能受到聚类数量的影响，如增加聚类数量可能会提高互信息。因此，研究人员又提出了调整互信息（adjusted mutual information，AMI）指标，将互信息的值标准化到$[0,1]$，如式（8-16）所示。

$$\mathrm{AMI}=\frac{\mathrm{MI}-E(\mathrm{MI})}{\mathrm{mean}\left(H(U),H(V)\right)-E(\mathrm{MI})} \tag{8-16}$$

其中，$E(\mathrm{MI})$ 为互信息的期望。当类别 U_i 和 V_j 的数量分别为 a_i 和 b_j 时，即 $|U_i|=a_i$，$|V_j|=b_j$，互信息的期望如下：

$$E\left(\mathrm{MI}(U,V)\right)=\sum_{i=1}^{|U|}\sum_{j=1}^{|V|}\sum_{n_{ij}=(a_i+b_i-N)}^{\min(a_i,b_j)}\frac{n_{ij}}{N}\log\left(\frac{N\cdot n_{ij}}{a_ib_i}\right)\frac{a_i!b_i!(N-a_i)!(N-b_j)!}{N!n_{ij}!(a_i-n_{ij})!(b_j-n_{ij})!(N-a_i-b_j+n_{ij})!} \tag{8-17}$$

标准化互信息的值越接近 1，表明聚类效果越好；值越接近 0，表明聚类效果越差。

6）同质性，完整性和 V-measure

同质性（homogeneity）、完整性（completeness）和 V-measure 是基于聚类结果和真实标签之间的相似度进行聚类评估的指标。同质性是衡量一个簇是否仅包含来自同一类别的样本。如果簇满足这个条件，则该簇是完全同质的，同质性得分为 1。完整性是衡量属于同一类别的所有样本是否被划分到同一个簇中，如果满足这一条件，则完整性得分为 1。V-measure 是同质性和完整性的调和平均，是综合的衡量聚类性能的指标，当 V-measure 的值为 1 时，说明聚类结果既完全同质又完全完整。同质性、完整性和 V-measure 指标如下所示：

$$h=1-\frac{H(C|K)}{H(C)} \tag{8-18}$$

$$c = 1 - \frac{H(K|C)}{H(K)} \tag{8-19}$$

$$v = 2 \times \frac{h \times c}{h + c} \tag{8-20}$$

$H(C|K)$ 是给定真实类别标签时，聚类算法分配的簇标签的条件熵：

$$H(C|K) = -\sum_{c=1}^{|C|}\sum_{k=1}^{|K|}\frac{n_{c,k}}{n}\cdot\log\left(\frac{n_{c,k}}{n_k}\right) \tag{8-21}$$

$H(C)$ 是聚类算法分配的簇标签的熵：

$$H(C) = -\sum_{c=1}^{|C|}\frac{n_c}{n}\times\log\left(\frac{n_c}{n}\right) \tag{8-22}$$

其中，n 为样本总数，n_c 和 n_k 分别为属于类 c 和簇 k 的样本数，$n_{c,k}$ 为分配给簇 k、实际为类 c 的样本数。$H(K|C)$ 是给定算法划分的簇标签时真实类别标签的条件熵，$H(K)$ 是真实类别标签的熵，$H(C|K)$、$H(C)$ 以对称的形式定义。

2. 内部指标

内部指标不依赖外部标签，仅通过簇内相似度和簇间相异度的计算对聚类结果进行度量，从而达到评估聚类算法的目的。

1）轮廓系数

轮廓系数（silhouette coefficient，SC）是通过计算数据的簇内平均距离和簇间平均距离进行聚类效果评估的指标。该系数计算每个数据到其自身簇内部的距离与到最近邻簇的距离，用于表示聚类结果的内聚度和分离度。轮廓系数由两部分组成。

内聚度 a：同一簇中，样本 i 到其他样本之间的平均距离。

分离度 b：样本 i 到下一个最近簇中所有样本的平均距离。

样本 i 的轮廓系数的计算如下：

$$\mathrm{SC}_i = \frac{b_i - a_i}{\max(a_i, b_i)} \tag{8-23}$$

所有样本轮廓系数的平均值可以作为数据集的轮廓系数，轮廓系数的取值范围是 $[-1,1]$，值越高表示聚类效果越好。

2）Calinski-Harabasz 指数

Calinski-Harabasz 指数是通过计算簇内的方差和簇间的方差进行聚类效果评估的指标，指数值越高表示簇间距离大、簇内距离小，聚类效果越好。Calinski-Harabasz 指数计算如下。

Calinski-Harabasz 指数：

$$\mathrm{CH} = \frac{\mathrm{tr}(B_k)}{\mathrm{tr}(W_k)} \times \frac{n_E - k}{k - 1} \tag{8-24}$$

其中，$\text{tr}\left(B_k\right)$ 和 $\text{tr}\left(W_k\right)$ 分别为簇内散度矩阵和簇间散度矩阵的迹。

簇内散度矩阵（within-cluster dispersion matrix）：

$$W_k = \sum_{q=1}^{k} \sum_{x \in C_q} \left(x - m_q\right)\left(x - m_q\right)^{\text{T}} \tag{8-25}$$

簇间散度矩阵（between group dispersion matrix）：

$$B_k = \sum_{q=1}^{k} n_q \left(m_q - m\right)\left(m_q - m\right)^{\text{T}} \tag{8-26}$$

其中，x 为样本，C_q 为簇的样本集合，m_q 为簇的质心，m 为数据集的质心，n_q 为簇的样本数量，k 为聚类数。

3）Davies-Bouldin 指数

Davies-Bouldin 指数通过计算簇内样本到质心平均距离和最近簇质心之间的距离进行聚类结果评估的指标，内聚度和分离度。低的 Davies-Bouldin 指数值表示较好的聚类效果，说明簇内部的紧密性高，不同簇之间的分离度也高。与之相反，高的 Davies-Bouldin 指数值则表示较差的聚类效果。

Davies-Bouldin 指数为

$$\text{DB} = \frac{1}{k} \sum_{i,j=1}^{k} \max_{i \neq j} R_{ij} \tag{8-27}$$

其中，k 为簇的数量，R_{ij} 为簇之间的相似度，计算公式为

$$R_{ij} = \frac{r_i + r_j}{d_{ij}} \tag{8-28}$$

其中，r_i 为簇 C_i 中所有数据到质心距离的平均值，d_{ij} 为簇 C_i 和 C_j 质心的距离。

3. Python 实现方法

本小节使用 sklearn.metrics 模块中的相关函数对外部指标和内部指标进行实现。外部指标以调整兰德系数为例，该系数可以通过调用 sklearn.metrics.cluster 中的 adjusted_rand_score 函数进行实现，函数有两个主要参数：labels_true 是真实标签，labels_pred 是聚类算法的结果标签；内部指标以 Davies-Bouldin 指数为例，该指数可以通过调用 sklearn.metrics 中的 davies_bouldin_score 函数实现，该函数有两个主要参数：X 是数据集，labels 是聚类算法的结果标签。

本例通过调用 sklearn 库中的 K-means 算法（算法原理见 8.3 节）对数据集进行两次聚类分析，并获得数据的聚类标签，然后通过外部指标和内部指标对聚类结果进行评估。完整代码见 Chapter8/code/8-1 Evaluation.py。

输出结果：

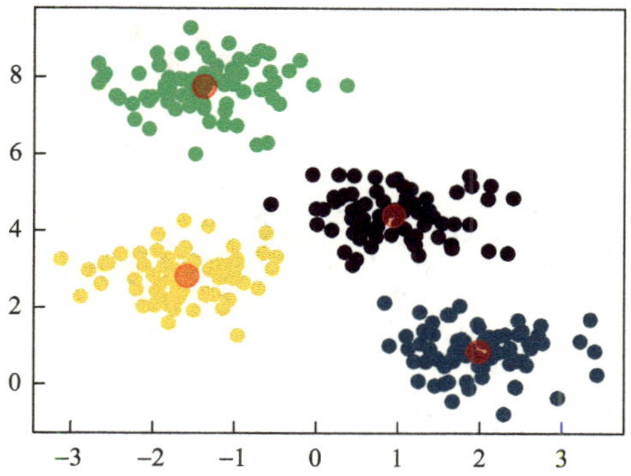

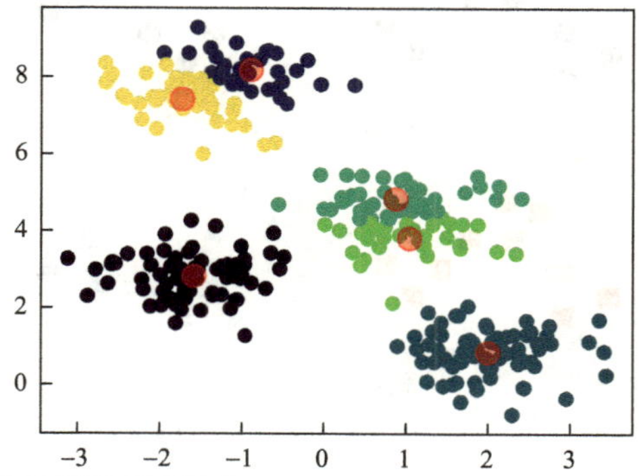


```
列联矩阵为
 [[75  0  0  0]
  [ 0 75  0  0]
  [ 0  0  0 75]
  [ 0  0 75  0]]
对称混淆矩阵为
 [[67500     0]
  [    0 22200]]
Fowlkes-Mallows 指数为 1.000
兰德系数为 1.000
调整兰德系数为 1.000
互信息为 1.386
标准化互信息为 1.000
调整互信息为 1.000
同质性为 1.000
完整性为 1.000
V-measure 为 1.000
轮廓系数为 0.682
Calinski-Harabasz 指数为 1210.090
Davies-Bouldin 指数为 0.438
```

```
列联矩阵为
 [[ 0  0  0 42 33  0]
  [ 0  0 74  0  1  0]
  [75  0  0  0  0  0]
  [ 0 32  0  0  0 43]]
对称混淆矩阵为
 [[67434    66]
  [ 5672 16528]]
Fowlkes-Mallows 指数为 0.861
兰德系数为 0.936
调整兰德系数为 0.812
互信息为 1.371
标准化互信息为 0.880
调整互信息为 0.878
同质性为 0.989
完整性为 0.792
V-measure 为 0.880
轮廓系数为 0.493
Calinski-Harabasz 指数为 909.714
Davies-Bouldin 指数为 0.903
```

通过观察输出结果可以发现，当 K-menas 算法将数据集聚类成 4 个类别时，聚类效果最佳，聚类结果如左图所示；当算法将数据集聚类成 6 个类别时，数据被过度分割，聚类结果如右图所示。通过观察指标值的变化可以发现，各类评估指标的值能够准确反馈聚类效果的变化情况。

8.1.4 簇数量的确定

许多聚类算法需要指定拟划分的簇数量作为参数。因此，选择合适的簇数量可以确保获得有意义的聚类结构，反映数据内在的分布。较少的簇数量可能导致不同的样本子群体被强制合并在一起，而较多的簇数量则可能导致过度分割，甚至会出现一个簇中只包含少数甚至单个样本的情况，如图 8-2 所示。

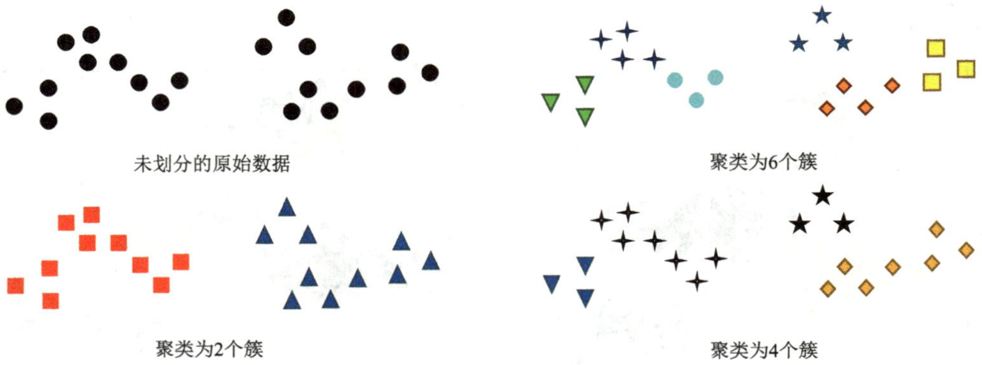

图 8-2　不同簇数量的聚类结果

1. 经验取值法

经验取值是一种快速的取值方法，给定 n 个数据，簇数量可以近似为

$$k \approx \sqrt{n/2} \tag{8-29}$$

在簇分布较均匀的情况下，该方法使得每个簇包含约 $\sqrt{2n}$ 个样本。

2. 肘部法则

肘部法则(elbow method)通过寻找簇内距离平方和(within-cluster sum of square error, SSE)下降率显著变化的点确定最佳聚类数。随着簇数量的增加，样本会更接近簇的中心，此时增加更多的簇并不能明显提高聚类的效果。簇内距离平方和的计算如下：

$$\mathrm{SSE} = \sum_{i=1}^{k} \sum_{x \in C_i} d(\boldsymbol{x}, m_i)^2 \tag{8-30}$$

其中，$\boldsymbol{x}$ 为簇 C_i 的数据，m_i 为簇 C_i 的质心。

如图 8-3（a）所示，当簇数量为 4 时（图中红色标记点），簇内距离平方和的下降速率显著变缓，因此将数据集划分为 4 个簇是较为合理的。

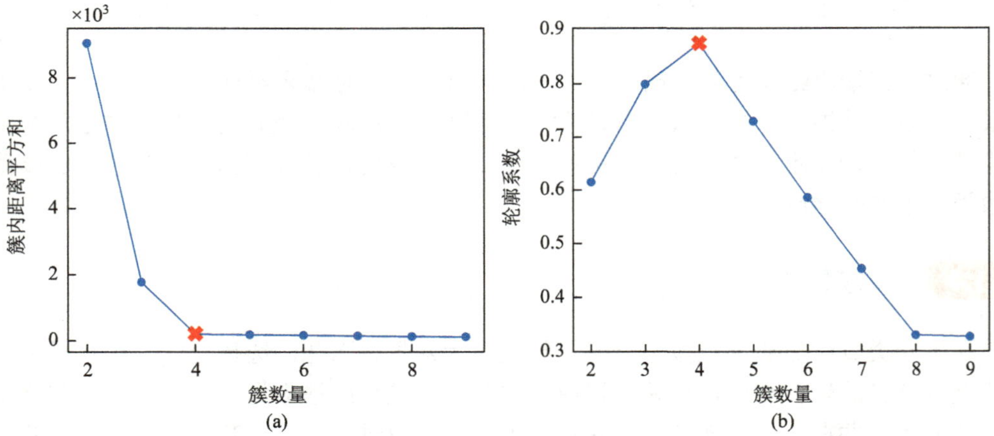

图 8-3　肘部法则示意图

3. 内部指标法

内部指标法通过选择不同的簇值多次运行聚类算法，使内部指标达到最优值时的簇值为最佳聚类值。如图 8-3（b）所示，当簇数量为 4 时（图中红色标记点），轮廓系数达到最大值，这也与肘部法则得到的结果是一致的。

8.2 层次聚类

层次聚类算法是一种探索数据内在层次结构关系的聚类方法，该算法通过整体到局部的分裂过程，或局部到整体的合并过程构建样本间的层次化组织。算法的核心在于利用这种分裂或合并的顺序性操作，对数据集进行逐步细化或整合的聚类分析，最终通过直观的层次化树状图来清晰展示各样本或簇之间的相似度及其层次关系。

8.2.1 层次聚类算法基本原理

根据层次分解的顺序，层次聚类算法可分为自上向下的分裂型层次聚类算法和自下向上的凝聚型层次聚类算法。

1. 分裂型

在分裂型层次聚类（divisive hierarchical clustering）算法中，将所有样本视为一个整体的簇，然后逐步将簇分裂成更小的簇，持续迭代该过程，直到每个簇只包含一个样本，或达到预设的停止条件。由于在进行每一步分裂过程时，算法必须考虑多种方式来分割簇，并计算每种分割的划分效果，从而导致消耗更多的计算资源，因此在实际应用中使用较少。

2. 凝聚型

在凝聚型层次聚类（agglomerative hierarchical clustering）算法中，将每个样本视为一个单独的簇，然后将最相似的簇合并在一起，持续迭代该过程，直到样本都被合并到一个簇中，或者达到预设的停止条件。相比于分裂型层次聚类算法，凝聚型层次聚类算法具有更低的计算复杂度，因此在实际应用中使用较多，本节将主要以凝聚型算法为例介绍层次聚类算法。

图 8-4 展示了两种算法的聚类过程，并以树状图的形式展示了数据的层次结构关系。

1）链接方式

在凝聚型层次聚类算法中，计算簇之间的距离作为相似性的度量，并作为合并的标准。根据样本之间距离计算方式的不同，凝聚型层次聚类的距离计算方法有单链接、全链接、平均链接和 Ward 链接四种。

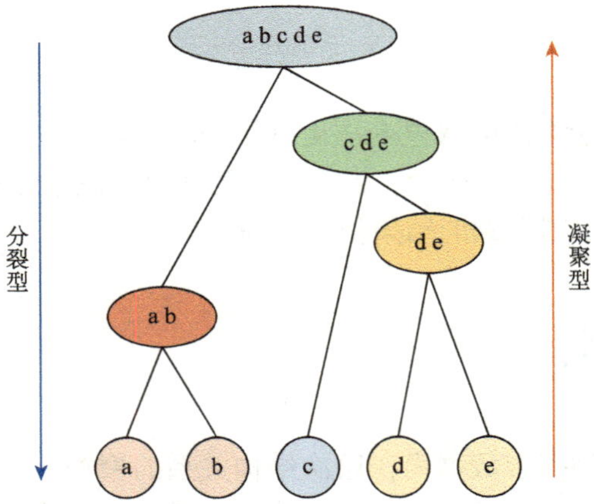

图 8-4　分裂型层次聚类和凝聚型层次聚类（中间的树状图为层次聚类树）

（1）单链接方式（single linkage）。将两个簇中距离最近的样本之间的距离作为簇整体的距离，该方法计算简单，但容易受到噪声数据的影响。

$$d\left(C_i,C_j\right)=\min_{x\in C_i,y\in C_j} d\left(x,y\right) \tag{8-31}$$

（2）全链接方式（complete linkage）。两个簇中距离最远的样本之间的距离作为整体的距离。全链接的方式也容易受到噪声数据的影响，从而导致聚类结果有所差别。

$$d\left(C_i,C_j\right)=\max_{x\in C_i,y\in C_j} d\left(x,y\right) \tag{8-32}$$

（3）平均链接方式（average linkage）。两个簇中所有样本之间的距离均值作为整体的距离。平均链接需要计算所有样本的距离，因此该方式计算开销较大。

$$d\left(C_i,C_j\right)=\frac{1}{\left|C_i\cdot C_j\right|}\sum_{x\in C_i}\sum_{y\in C_j} d\left(x,y\right) \tag{8-33}$$

（4）Ward 链接方式（Ward linkage）。两个簇以内部方差增加量作为整体的距离，每次聚合使得合并后簇内方差增加的量最小。合并后簇的方差增量为

$$\Delta(\mathrm{Var})=\sum_{j=1}^{n}\left(\frac{\left|C_i\right|\left|C_j\right|}{\left|C_i\right|+\left|C_j\right|}\right)\left\|m_i-m_j\right\|^2 \tag{8-34}$$

其中，C_j 为需要合并的簇，$|C|$ 为簇中包含的样本量，m 为簇的质心。

图 8-5 展示了用四种链接方式生成的示意图，可以看到不同的链接方式有着较大的差异性，因此在进行聚类分析时需要选择合适的链接方式。

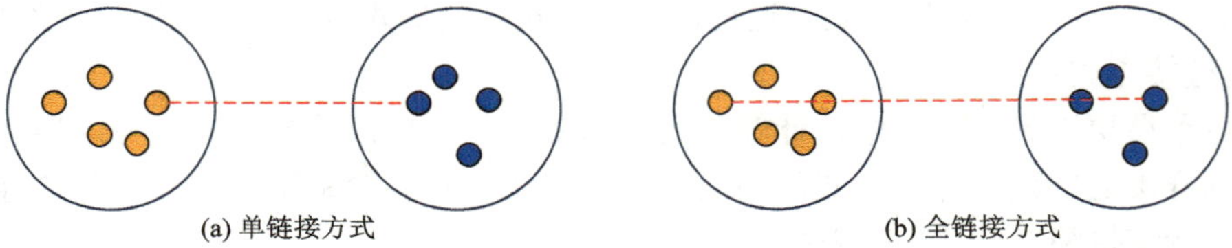

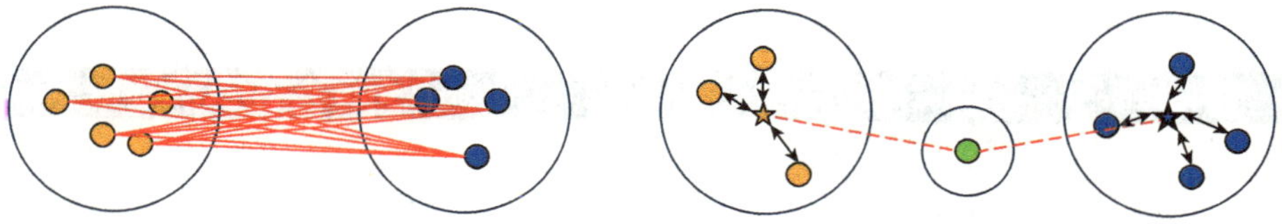

图 8-5 四种链接方式

2）算法流程

凝聚型层次聚类算法从单个样本作为一个簇开始，逐渐将相似度高的簇合并，直到所有样本都被合并到一个簇。基于单链接的凝聚型层次聚类算法流程如下。

步骤 1：将每个样本 i 看作一个聚类 C_i。

步骤 2：计算簇 C_i 和 C_j 之间的最小距离 $d\left(C_i,C_j\right)=\min\limits_{x\in C_i,y\in C_j} d\left(x,y\right)$。

步骤 3：将距离最小的两个聚类 C_i 和 C_j 进行合并，当作一个新的聚类 $C_i'=\left\{C_i,C_j\right\}$。

步骤 4：重复步骤 2 和步骤 3，直到所有类最后合并成一类。

8.2.2 层次聚类算法应用与评价

凝聚型层次聚类算法时间复杂度为 $O(n^3)$，空间复杂度为 $O(n^2)$，分裂型层次聚类算法的时间复杂度为 $O(2^n)$，空间复杂度为 $O(n^2)$。层次聚类生成的结果是数据的层次结构，用于描述簇数据的层次性和聚类关系。层次聚类算法无须预先指定簇的数量，仅通过截断树状层次中的一层，适用于可视化聚类过程或簇数量不明确时的场景。相比于其他聚类算法，层次聚类算法在分析过程中需要占用大规模的计算时间和空间资源，因此层次聚类算法适用于小规模数据集分析。

8.2.3 实践案例：基于层次聚类的小麦种子聚类

本节使用层次聚类算法对小麦种子类别进行划分。该数据集来源于 UCI 网站（https://archive.ics.uci.edu/），包含三类小麦种子，每个类别包含 70 个种子的详细数据，具体字段包括：Area（面积）、Perimeter（周长）、Compactness（紧密度）、Kernel_length（籽粒长度）、Kernel_width（籽粒宽度）、Asymmetry_coefficent（不对称系数），部分数据样例见表 8-2。

表 8-2 小麦种子数据集样例

Area	Perimeter	Compactness	Kernel_length	Kernel_width	Asymmetry_coefficent
15.26	14.84	0.871	5.763	3.312	2.221
14.88	14.57	0.8811	5.554	3.333	1.018
14.29	14.09	0.905	5.291	3.337	2.699

续表

Area	Perimeter	Compactness	Kernel_length	Kernel_width	Asymmetry_coefficent
…	…	…	…	…	…
14.11	14.1	0.8911	5.42	3.302	2.7
16.63	15.46	0.8747	6.053	3.465	2.04

完整数据："./chapter8/data/seeds_dataset.txt"

模型构建。层次聚类算法可以使用 sklearn.cluster 模块的 AgglomerativeClustering 类学习器进行实现。该模型有四个主要参数：n_clusters 是算法结束时聚类的数量；参数 metric 表示距离计算方式，用于确定样本之间的距离，有 euclidean，l1，l2，manhattan，cosine 和 precomputed 五种计算方法，默认为 euclidean；参数 linkage 表示链接方式，有 ward，complete，average，single 四种方式，默认为 ward；参数 distance_threshold 表示距离阈值，是控制聚类停止的条件。例如，当两个簇之间的最小距离大于 distance_threshold 时，簇的合并停止，如果设置了该参数，则 n_clusters 必须为 None。

```
class sklearn.cluster.AgglomerativeClustering(n_clusters=2, *, metric='euc
lidean', memory=None, connectivity=None, compute_full_tree='auto', linkage
='ward', distance_threshold=None, compute_distances=False)
```

本例首先进行层次聚类树的绘制，将 AgglomerativeClustering()函数中的参数设置为（distance_threshold = 0，n_clusters = None）。然后进行种子数据集的聚类分析，将参数设置为（n_clusters = 3）。完整代码见 chapter8/code/8-2 Agglomerative clustering.py。

输出结果：

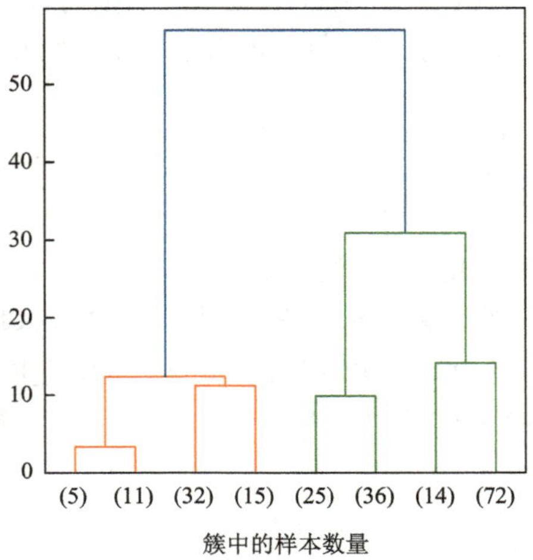

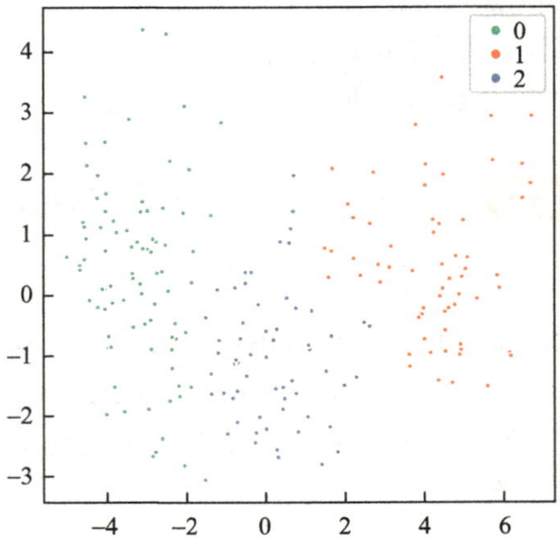


```
簇为 3 时，Calinski-Harabasz 指数为 352.836
调整兰德系数值为 0.713
```

代码输出的左图为层次聚类树状图，它展示了样本如何根据相似性逐渐合并成更大的簇，并通过设置不同的距离阈值将数据集划分为多个聚类结果；右图为聚类结果，算法预设划分的簇数量为 3，最终结果成功将种子数据划分为 3 个簇。由于数据集包含真实类别标签，最后使用 Calinski-Harabasz 指数和调整兰德系数值对聚类结果进行评估。

8.3 K-means 聚类

K-means 算法是一种基于划分的聚类算法，算法的目标是将数据集分割成预先设定 k 个簇，使得每个样本划分到距离最近的簇中，从而达到簇内样本之间相似度最大化的目的。

8.3.1 K-means 算法基本原理

给定数据集 $D=\{\boldsymbol{x}_1,\cdots,\boldsymbol{x}_j,\cdots,\boldsymbol{x}_n\}$，其中每个数据点包含 d 维特征。K-means 聚类算法是将 n 个观测值划分到 k 个集合中 $(k\leqslant n)$，目标函数的公式如下：

$$\underset{C_i}{\arg\min}\sum_{i=1}^{k}\sum_{x\in C_i}\|\boldsymbol{x}-m_i\|^2 \tag{8-35}$$

其中，m_i 为簇 C_i 的质心。

K-means 的目标函数可以通过基于迭代的 Lloyd 算法进行求解，求解过程共分为两个步骤。

（1）分配步骤。对于数据集中的每一个数据 X_i，计算它与每个质心 $m_1\cdots m_k$ 的距离，并将其划分到最近的质心所代表的簇中。

（2）更新步骤。重新计算每一个簇的质心，通过计算该簇所有数据的均值作为新的质心 $m_1\cdots m_k$。

图 8-6 展示了 K-means 算法在迭代过程中质心（黑色叉号）的变化过程。

第 1 次迭代：随机选取 4 个初始质心。此时所有数据未被分配，因此为同一种颜色。

第 2 次迭代：根据第 1 次迭代的质心，分别将数据分配到它们最近的质心，形成初始簇分配结果，然后重新计算每个簇的质心。

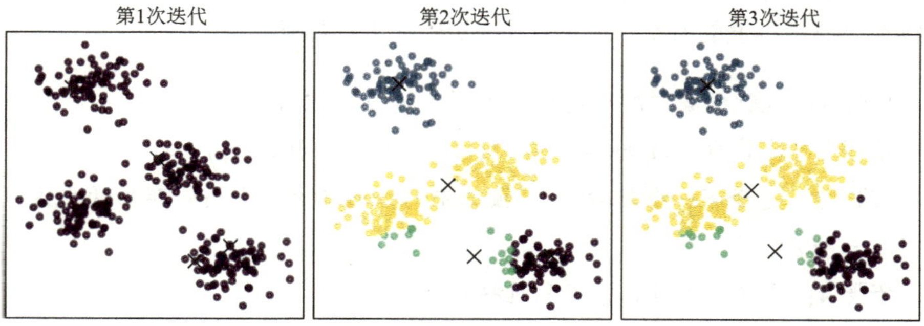

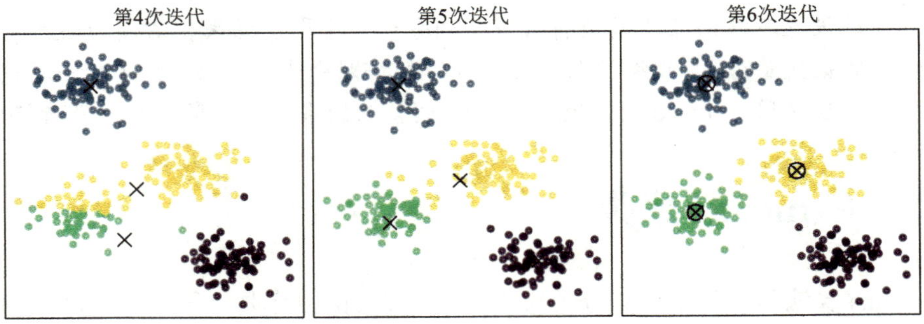

图 8-6 质心迭代过程

重复第 2 次迭代步骤，直至第 6 次迭代：此时质心位置趋于稳定，数据的分配不会发生变化，得到最终的簇分配和质心位置。

基于以上描述，K-means 聚类的具体步骤如下。

步骤 1：随机从数据集 D 选择 k 个样本作为初始聚类的质心。

步骤 2：对于数据集中的每一个样本 x_i，计算它到每个聚类质心 m_i 的距离，并将其划分到距离最近的聚类。

步骤 3：重新计算每一个聚类 C_i 的质心，$m_i = \frac{1}{|C_i|}\sum_{x \in C_i} x$。

步骤 4：重复步骤 2 和步骤 3，直至质心不再发生变化。

8.3.2 质心的初始化

K-means 算法的质心初始化是影响聚类结果的重要因素，不同的质心初始化位置会导致聚类结果的差异。K-means 常见的质心选择方法有以下三种。

（1）随机选择。该方法从数据集中随机选择 k 个点作为初始质心，然后进行聚类迭代步骤。

（2）随机分区。该方法首先为每个观测值随机分配一个簇，然后计算每个簇的均值作为随机分配的质心。

（3）K-means++。该方法的目的是改善 K-means 的收敛速度和结果质量，从而降低算法收敛到局部最小值的概率。K-means++初始化步骤如下。

步骤 1：从数据集中随机选择一个样本 x_i 作为质心 m_i。

步骤 2：计算质心 m_i 与其余样本 x_j 的距离 $d_{ij} = d\left(m_i, x_j\right)$。

步骤 3：选择下一个质心 m_j，被选中的概率与上一个质心距离的平方成正比，即 $p_j \propto d_{ij}^2$。

步骤 4：重复上述过程，直到选择 k 个初始质心。

在实际应用中，K-means++是最常用的质心初始化方法，也是 sklearn 库中 K-means 算法的默认初始化方法。

8.3.3 K-means 算法应用与评价

K-means 算法的运行由质心初始化和迭代过程两个部分组成，时间复杂度为 $O(\text{iter}\times n\times k\times d+k\times d)$，其中 iter 是迭代次数，$k$ 是簇数量，d 是样本特征维度；空间复杂度是 $O(n\times d+k\times d)$。由于该算法的简单性、易于实现和高效率，在实际场景中应用广泛，适用于簇大小相近且分布均匀的数据集。同时，K-means 算法对噪声数据和异常数据比较敏感，噪声数据会影响最终簇的分布结果。

8.3.4 实践案例：基于 K-means 消费者画像构建

本节基于 Kaggle 的消费者数据集，使用 K-means 算法对消费者进行聚类分析。该数据集包含 200 个匿名消费者信息，具体字段包括：CustomerID（用户编号）、Genre（性别）、Age（年龄）、Annual Income（年收入）、Spending Score（消费得分），部分数据样例如表 8-3 所示。

表 8-3　消费者信息数据

CustomerID	Genre	Age	Annual Income（k$）	Spending Score（1-100）
1	Male	19	15	39
2	Male	21	15	81
3	Female	20	16	6
…	…	…	…	…
199	Male	32	137	18
200	Male	30	137	83

完整数据：“./chapter8/data/Mall_Customers.csv”

模型构建。K-means 聚类算法可以调用 sklearn.cluster 模块中的 KMeans 类构建学习器实现。KMeans 类中的主要参数：参数 n_clusters 表示指定的簇数量，同时也是随机初始化质心个数；参数 init 表示质心初始化方法，有 K-means++和 random 两种方法，默认为 K-means++；参数 n_init 表示使用不同初始化质心的算法运行次数，有 auto 和自定义两种方式，默认为 auto；参数 max_iter 表示算法单次运行最大的迭代次数；参数 algorithm 表示执行 K-means 算法的方式，有 Lloyd 和 elkan 两种方式，默认为 Llyod。

```
class sklearn.cluster.KMeans(n_clusters=8, *, init='k-means++',n_init='auto',
max_iter=300, tol=0.0001, verbose=0, random_state=None, copy_x=True, algor
ithm='lloyd')
```

本例通过调用 sklearn 库中的 K-means 算法实现聚类，并使用肘部法则确定最优的簇数量，以达到最佳聚类效果。完整代码如下。

文件名称	8-3 K-means.py	说明	基于 K-means 的消费者画像构建

```python
import pandas as pd
from sklearn.cluster import KMeans
import matplotlib.pyplot as plt
import seaborn as sns
import numpy as np
# 1.设置绘图字体
plt.rc('font', family='serif', serif=['SimSun'])
plt.rc('axes', unicode_minus=False)
# 2.导入数据集
dataset = pd.read_csv('../data/Mall_Customers.csv')
X = np.array(dataset.iloc[:, [3, 4]])
# 3.使用肘部法则确定聚类数量
wcss = []
for i in range(1, 11):
    kmeans = KMeans(n_clusters=i, init='k-means++',
                    max_iter=300, random_state=0)
    kmeans.fit(X)
    wcss.append(kmeans.inertia_)
# 4.绘制肘部法则图
plt.figure(figsize=(10, 8))
plt.rc('font', size=30)
plt.plot(range(1, 11), wcss, marker="o",linewidth=2)
plt.plot(5,44448.45544793371,c="r",marker="X",markersize=20)
plt.xlabel('簇数量',fontsize=30)
plt.ylabel('距离平方和',fontsize=30)
plt.xticks(fontsize = 30)
plt.ticklabel_format(style="sci",scilimits=(-1,2),axis="y")
plt.yticks(fontsize = 30)
plt.show()
# 5.K-means 聚类
kmeans = KMeans(n_clusters=5, init='k-means++',
                max_iter=300, random_state=0)
Y_Kmeans = kmeans.fit_predict(X)
# 6.创建用于绘制边界的网格
x_min, x_max = X[:, 0].min() - 1, X[:, 0].max() + 1
y_min, y_max = X[:, 1].min() - 1, X[:, 1].max() + 1
xx, yy = np.meshgrid(np.linspace(x_min, x_max, 1000),
                     np.linspace(y_min, y_max, 1000))
# 7.预测聚类标签
Z = kmeans.predict(np.c_[xx.ravel(), yy.ravel()]).reshape(xx.shape)
# 8.绘制聚类边界和结果
plt.figure(figsize=(10, 8))
```

```
plt.contourf(xx, yy, Z, alpha=0.1,cmap='Set2')
colors = ['grey', 'salmon', 'peru', 'palegreen', 'steelblue']
sns.scatterplot(x=X[:, 0], y = X[:, 1],
                hue=Y_Kmeans,palette="Set2")
plt.scatter(kmeans.cluster_centers_[:, 0],
            kmeans.cluster_centers_[:, 1], s=100,
            c='tab:red', label='质心')
plt.xlabel('年收入',fontsize=30)
plt.ylabel('消费评分',fontsize=30)
plt.xticks(fontsize = 30)
plt.yticks(fontsize = 30)
plt.legend(fontsize=20)
plt.show()
```

输出结果：

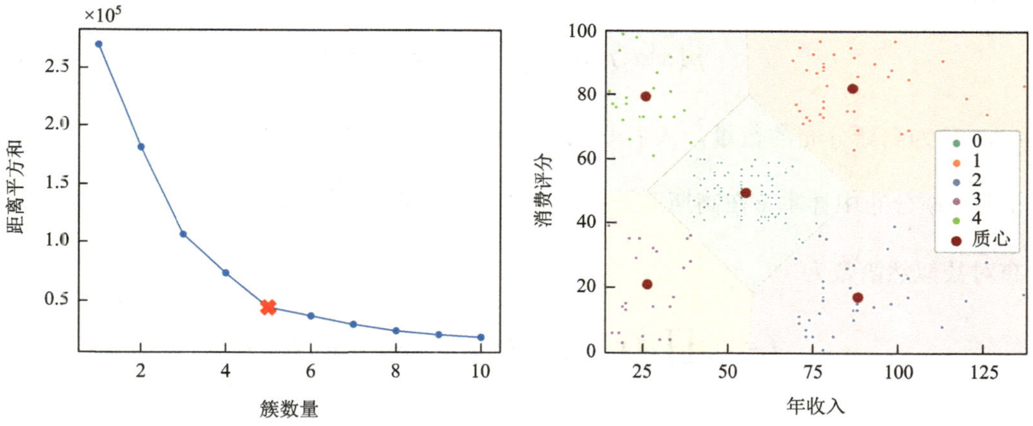

代码结果展示了肘部法则的结果和 K-means 聚类算法的结果。如左图所示，当簇数量为 5 时，簇内距离平方和的下降速率开始变缓，因此确定最佳聚类值为 5。如右图所示，算法将消费者划分为“低年收入-低消费评分”（簇类 3）、“低年收入-高消费评分”（簇类 4）、“高年收入-低消费评分”（簇类 2）、“高年收入-高消费评分”（簇类 1）、“中年收入-中消费评分”（簇类 0）五个类别，可以发现各个簇之间的距离较大，簇内数据分布紧密，边界清晰，最终得到聚类效果较好。

8.4 高斯混合聚类

高斯混合聚类是一种基于模型的软聚类算法，算法使用多个高斯分布进行数据描述，其中每个分布对应一个簇。最终通过确定样本属于每个高斯分布的概率，达到聚类效果。

8.4.1 高斯混合聚类基本原理

高斯混合聚类将数据集视作多个高斯分布混合叠加的分布，通过估计高斯混合模型中的单个高斯分布的均值和协方差，拟合数据集中不同聚类的数据分布，对每个样本所属的高斯分布（簇）进行确定。本节将介绍高斯混合分布相关理论和参数估计方法。

1. 高斯混合模型理论

高斯分布是一种常见的概率分布，d 维向量 $\boldsymbol{x}$ 服从均值向量为 $\boldsymbol{\mu}$，协方差矩阵为 $\boldsymbol{\Sigma}$ 的多元高斯分布：

$$\mathcal{N}(\boldsymbol{x}|\boldsymbol{\mu},\boldsymbol{\Sigma})=\frac{1}{(2\pi)^{\frac{d}{2}}|\boldsymbol{\Sigma}|^{\frac{1}{2}}}\mathrm{e}^{-\frac{1}{2}(\boldsymbol{x}-\boldsymbol{\mu})^{\mathrm{T}}\boldsymbol{\Sigma}^{-1}(\boldsymbol{x}-\boldsymbol{\mu})} \tag{8-36}$$

高斯混合分布由多个高斯分布线性叠加而成，$\boldsymbol{x}$ 服从的高斯混合分布为

$$p(\boldsymbol{x}|\alpha,\boldsymbol{\mu},\boldsymbol{\Sigma})=\sum_{j=1}^{k}\alpha_j\mathcal{N}(\boldsymbol{x}|\boldsymbol{\mu}_j,\boldsymbol{\Sigma}_j) \tag{8-37}$$

其中，K 为高斯分布的数量，$\mathcal{N}(x|\boldsymbol{\mu}_j,\boldsymbol{\Sigma}_j)$ 为第 k 个高斯分布的概率密度函数，α_j 表示第 j 个高斯分布中样本 $\boldsymbol{x}$ 在高斯混合模型中的权重系数，$\sum_{j=1}^{k}a_j=1$。对于 n 个样本，概率分布对数似然函数为

$$L=\log\prod_{i=1}^{n}p(\boldsymbol{x}_i)=\sum_{i=1}^{n}\log\left(\sum_{j=1}^{k}\alpha_{i,j}\mathcal{N}(\boldsymbol{x}_i|\boldsymbol{\mu}_j,\boldsymbol{\Sigma}_j)\right) \tag{8-38}$$

2. 参数估计方法

由于式（8-38）无法直接通过求导得到参数 $\alpha_{i,j}$，$\boldsymbol{\mu}_j$ 和 $\boldsymbol{\Sigma}_j$ 的值，因此在参数估计过程中采用期望最大化算法（expectation-maximization algorithm，EM 算法）进行迭代优化求解，过程如下。

（1）引入服从多项式分布的隐变量 z，定义为

$$z_j=\begin{cases}1,\ \text{样本来自第}j\text{个高斯分布}\\0,\ \text{其他}\end{cases} \tag{8-39}$$

假设 z_j 独立同分布，联合概率为

$$p(z)=\prod_j\alpha_j^{z_j} \tag{8-40}$$

样本 $\boldsymbol{x}$ 来自第 j 个分布的概率 $p(\boldsymbol{x}|z)=\prod_j\mathcal{N}(\boldsymbol{x}|\boldsymbol{\mu}_j,\boldsymbol{\Sigma}_j)^{z_j}$，根据联合概率密度：

$$\begin{aligned}p(\boldsymbol{x}) &= \sum_{z} p(z)p(\boldsymbol{x}|z) \\ &= \sum_{j=1}^{k} \alpha_j \mathcal{N}(\boldsymbol{x}|\boldsymbol{\mu}_j,\boldsymbol{\Sigma}_j)\end{aligned} \tag{8-41}$$

（2）EM 算法中的期望步骤：随机初始化 k 个高斯分布的参数 $\alpha_k,\boldsymbol{\mu}_k,\boldsymbol{\Sigma}_k$ 的值（或上一轮迭代的参数值）。通过贝叶斯公式和全概率公式，计算每个样本属于第 j 个高斯分布（簇）的概率。给定样本 $\boldsymbol{x}_i$，其由第 j 个高斯混合分布生成的概率计算过程为

$$\begin{aligned}\gamma_{i,j} &= P(z_j=1|\boldsymbol{x}_i) \\ &= \frac{P(\boldsymbol{x}_i,z_j=1)}{P(\boldsymbol{x}_i)} \\ &= \frac{P(\boldsymbol{x}_i|z_j=1)P(z_j=1)}{P(\boldsymbol{x}_i)} \\ &= \frac{\alpha_j \mathcal{N}(\boldsymbol{x}_i|\boldsymbol{\mu}_j,\boldsymbol{\Sigma}_j)}{\sum_{j=1}^{k}\alpha_j \mathcal{N}(\boldsymbol{x}_i|\boldsymbol{\mu}_j,\boldsymbol{\Sigma}_j)}\end{aligned} \tag{8-42}$$

（3）EM 算法中的最大化步骤：更新每个样本的均值、协方差和权重系数，公式为

$$\boldsymbol{\mu}_k = \frac{\sum_{i=1}^{n}\gamma_{ik}x_i}{\sum_{i=1}^{n}\gamma_{ik}} \tag{8-43}$$

$$\Sigma_k = \frac{\sum_{i=1}^{n}\gamma_{ik}(\boldsymbol{x}_i-\boldsymbol{\mu}_k)^2}{\sum_{i=1}^{n}\gamma_{ik}} \tag{8-44}$$

$$\alpha_k = \frac{\sum_{i=1}^{n}\gamma_{ik}}{n} \tag{8-45}$$

（4）将式（8-43）～式（8-45）中的新参数代入式（8-38）中，判断似然函数是否收敛。若变化值小于阈值，则似然函数收敛，若不收敛持续进行期望步骤和最大化步骤，直到达到迭代次数或似然函数值的增长低于设定阈值。

（5）迭代结束后，每个样本 $\boldsymbol{x}_i$ 所属的高斯分布（簇）C_j，由下式确定：

$$C_j = \underset{j\in\{1,2,\cdots,k\}}{\arg\max}\,\gamma_{i,j} \tag{8-46}$$

8.4.2 高斯混合聚类流程

高斯混合聚类通过迭代的方式进行高斯混合分布的参数拟合，首先随机初始化每个簇的参数，然后通过最大似然估计和期望最大化算法进行参数优化，使得最终的高斯混合分布更加拟合真实数据，从而确定每个样本所属类别的概率。根据上述过程，高斯混合聚类的步骤可总结如下。

步骤 1： 随机初始化 k 个多元高斯分布的均值向量 $\boldsymbol{\mu}_k$，协方差矩阵 $\boldsymbol{\Sigma}_k$，高斯混合分布的权重系数 α_k。

步骤 2： 计算每个样本由 k 个分布生成的后验概率 γ_{ik}。

步骤 3： 基于步骤 2 得到的后验概率，根据式（8-43）～式（8-45）更新均值向量 $\boldsymbol{\mu}$、协方差矩阵 $\boldsymbol{\Sigma}$ 和权重 α。

步骤 4： 重复步骤 2 和步骤 3，直到似然函数的增加值小于收敛阈值，或者达到最大迭代次数。

步骤 5： 计算每个样本属于 k 个簇的后验概率 γ_{ik}，按照式（8-46）依次将样本划分到后验概率最大的簇中。

8.4.3 高斯混合聚类应用与评价

高斯混合聚类的时间复杂度为 $O\left(T\times\left(n\times k+k\times d^2\right)\right)$，空间复杂度为 $O\left(n\times k+k\times d^2+k\times d\right)$，$k$ 是簇数量，d 是样本的特征维度，T 为 EM 算法的迭代次数。由于该算法是一种软聚类算法，每个样本不是被硬性划分到聚类簇中，而是根据所属分布的概率被分配到各个簇。同时，高斯混合聚类对高斯分布的初始参数敏感，需要多次初始化和运行以得到最佳聚类结果。因此根据该算法特性，高斯混合聚类通常用于在簇结构不清晰或需要估计数据不确定性的场景。

8.4.4 实践案例：基于高斯混合聚类的食品聚类

本节使用 Kaggle 提供的 Open Food Facts 数据，应用高斯混合聚类对食品进行聚类分析。该数据集包含了 10000 种食品信息，具体字段包括：code（品牌编码）、created_t（制造商编码）、created_datetime（制造日期）、营养成分信息（如脂肪、蛋白质、碳水化合物）等，部分数据示例如表 8-4 所示。

表 8-4 Open Food Facts 数据示例

code	created_t	…	nutrition-score-fr_100g	nutrition-score-uk_100g
3087	1474103866	…	nan	nan
4530	1489069957	…	14.00000	14.00000
4559	1489069957	…	0.00000	0.00000
…	…	…	…	…
11822337601	1489071873	…	nan	nan
11822338226	1489093906	…	14.00000	14.00000

完整数据：“./chapter8/data/openfoodfacts.csv”

模型构建。高斯混合聚类可以调用 sklearn.mixture 模块中的 GaussianMixture 类构建学习器实现。GaussianMixture 类的主要参数：参数 n_components 表示高斯混合模型中混合分布的数量，即需要聚类的簇数量；参数 max_iter 表示 EM 算法最大迭代次数；参数 n_init 表示算法初始化次数；参数 init_params 表示高斯混合模型的初始化参数的方法，共有 kmeans，k-means++，random，random_from_data 4 种方法，默认为 kmeans。

```
class sklearn.mixture.GaussianMixture(n_components=1,*,covariance_type='full',tol=0.001,reg_covar=1e-06, max_iter=100, n_init=1, init_params='kmeans',weights_init= None,means_init=None,precisions_init=None,random_state=None,warm_start=False,verbose=0,verbose_interval=10)[source]
```

特征工程。本例首先对数据进行预处理，主要包括删除 energy_100g、fat_100g、carbohydrates_100g、sugars_100g、proteins_100g、salt_100g 存在缺失值的行，对数据进行 z 分数标准化。此外，为便于结果可视化，本例使用 PCA 将高维数据转化为二维数据。

本例通过 Calinski-Harabasz 指数确定高斯混合聚类的最佳聚类数，并对聚类结果进行可视化。完整代码见 chapter8/code/8-4 GMM.py。

输出结果：

```
最佳聚类数：6，Calinski-Harabasz 指数为 8912.501
前 5 个样本分属不同簇的概率分布：
[[0.001 0.    0.796 0.203 0.    0.   ]
 [0.    0.    0.703 0.295 0.001 0.   ]
 [0.    0.    0.005 0.    0.995 0.   ]
 [0.002 0.    0.517 0.48  0.001 0.   ]
 [0.    0.    0.188 0.019 0.793 0.   ]]
前 5 个样本分属不同簇的标签：
[2 2 4 2 4]
```

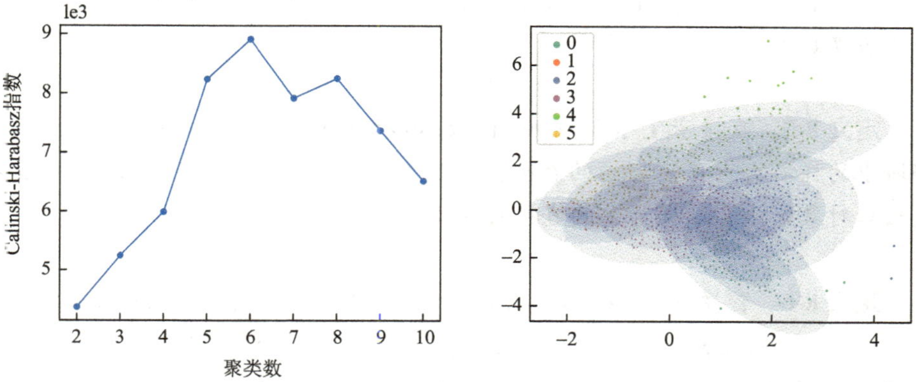

代码输出结果展示了前 5 个样本隶属于 6 个簇的概率值和每个簇的高斯分布结果。通过观察可以发现，高斯混合聚类的结果为样本隶属概率值最高的簇。如左图所示，使用 Calinski-Harabasz 指数确定高斯混合聚类最佳聚类数，Calinski-Harabasz 指数在 6 时达到最大值；如右图所示，椭圆表示每个高斯混合分布，可以看到多个高斯混合分布存在重叠情况。

8.5 DBSCAN 算法

DBSCAN（density-based spatial clustering of applications with noise）是一种基于密度的聚类算法，根据数据分布的密集程度来划分簇。该算法将数据分为核心对象、边界对象和噪声对象，在不同密度区域检测任意形状的簇，并识别噪声数据。

8.5.1 DBSCAN 算法基本原理

DBSCAN 算法使用一组邻域参数 $(\varepsilon,\text{MinPts})$ 描述样本之间的紧密程度。其中，参数 ε 是邻域的半径范围，MinPts 为数据阈值。

给定数据集 $D=\{x_1,x_2,\cdots,x_n\}$ 和 $(\varepsilon,\text{MinPts})$，有如下定义。

定义 8-2 ε-邻域（ε-neighborhood）：对于任意 $x_j\in D$，数据集 D 中与 x_j 的距离不大于 ε 的数据子集是 ε-邻域，即 $N_\varepsilon(x_j)=\{x_i\in D\,|\,d(x_i,x_j)\leqslant\varepsilon\}$，样本子集中样本的个数记为 $|N_\varepsilon(x_j)|$。

定义 8-3 核心对象（core object）：对于任意样本 $x_j\in D$，如果其 ε-邻域对应的 $N_\varepsilon(x_j)$ 包含不少于 MinPts 个样本，即 $|N_\varepsilon(x_j)|\geqslant\text{MinPts}$，则样本 x_j 是核心对象。

定义 8-4 边界对象（border object）：对于任意样本 $x_i\in D$，若其属于核心对象 x_j 的 ε-邻域，但 $|N_\varepsilon(x_i)|$ 的个数小于 MinPts，即 $|N_\varepsilon(x_i)|<\text{MinPts}$，则样本 x_i 称为边界对象。

定义 8-5 直接密度可达（directly density reachable）：对于核心对象 x_j 的 ε-邻域中的样本 x_i，称 x_i 为 x_j 的直接密度可达样本。反之不一定成立，仅当 x_i 也是核心对象时才有 x_j 同为 x_i 的直接密度可达。

定义 8-6 密度可达（density reachable）：对于 x_i 和 x_j，假设存在样本序列 $p_1,p_2,\cdots,p_t$，满足 $p_1=x_i$，$p_t=x_j$，且 p_{t+1} 是 p_t 的直接密度可达，则称 x_i 由 x_j 密度可达，因为只有核心对象才可以使其他样本直接密度可达，所以序列中 $p_1,p_2,\cdots,p_{t-1}$ 均为核心对象。

定义 8-7 密度相连（density connected）：对于 x_i 和 x_j，如果存在核心对象 x_k，同时使得 x_i 和 x_j 由 x_k 密度可达，则 x_i 和 x_j 密度相连。一般而言，密度相连满足对称性。

以图 8-7 为例，设置 MinPts = 4，图中虚线为 ε-邻域。由于 p 的邻域内有 5 个点（包括 p 点），O 点邻域内有 3 个点，根据定义 8-3、定义 8-4，判定 p 为核心对象，O 点边界对象；根据定义 8-5，s 点是 p 点的直接密度可达，p 点不是 s 点的直接密度可达；根据定义 8-6，q 点是 p 点的密度可达，O 点不是 p 点的密度可达；根据定义 8-7，p 点和 O 点密度相连；r 点既不满足核心对象，也不满足边界对象，判定为噪声对象。

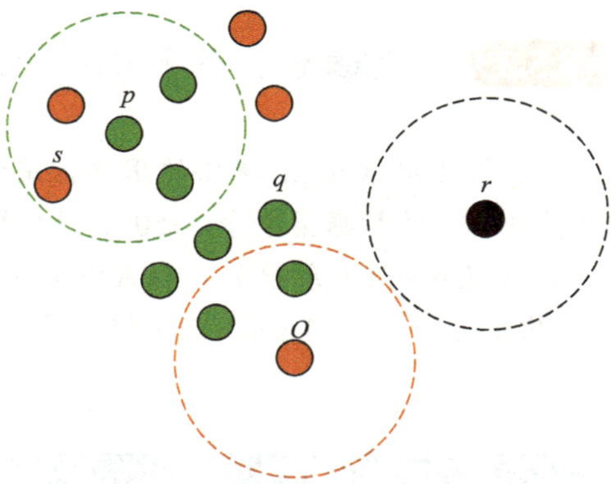

图 8-7 DBSCAN 主要核心概念示意图

DBSCAN 算法通过遍历未被访问的核心对象，检测该对象点的 ε-邻域，将邻域内所有未被标记的邻近核心点添加到当前簇中，并以递归的方式执行检测过程，直至所有的核心对象的 ε-邻域都被访问，表明算法已经检测到簇的边界，最终边界对象划分为核心对象所属簇。

根据上述过程，给定数据集 D，DBSCAN 算法流程如下。

步骤 1：初始化核心对象集 $\Omega = \varnothing$，簇标签 $k = 0$。

步骤 2：遍历 D 中的元素，如果元素为核心对象，则将该元素加入到核心对象集合 Ω。

步骤 3：在核心对象集合 Ω 中，随机选择一个未被访问的核心对象 o。首先将 o 标记为已读，然后将 o 标记为类别 C_k，最后将 o 的 ε-邻域中未访问的元素存放在种子集合 Seeds 中。如果核心对象集合 Ω 中所有的元素都已经被访问，则算法结束。

步骤 4：如果种子集合 Seeds $= \varnothing$，则当前聚类类别 C_k 完成识别，此时 $k = k+1$，进行步骤 3。否则，继续从种子集合 Seeds 中挑选新的种子点 seed，并将其标记为已访问，标记簇 k，然后判断 seed 是否为核心对象；若是核心对象，则将 seed 中未访问的种子点加入到种子集合中，并继续步骤 4。

8.5.2 DBSCAN 算法应用与评价

DBSCAN 算法的时间复杂度为 $O(n^2)$，如果使用 KD-Tree 或 R-Tree 进行空间索引，可以将复杂度优化为 $O(n\log(n))$，空间复杂度为 $O(n)$。该算法不需要提前指定簇的数量，便可识别任意形状的簇，因此适用于识别复杂形状的簇，如环状和其他不规则形状，并且能够有效识别和处理异常点。同时，DBSCAN 的聚类结果依赖参数 ε 和数 MinPts 的取值，不合适的参数设置可能产生过多的噪点或簇的合并。

8.5.3 实践案例：基于 DBSCAN 的用户信用卡数据聚类

本节使用 Kaggle 提供的用户信用卡数据集，应用 DBSCAN 算法对信用卡用户进行聚类分析。该数据集包含 8950 个用户的信用卡数据，具体字段包括：CUST_ID（用户编号）、BALANCE（余额）、BALANCE_FREQUENCY（余额频率），PRC_FULL_PAYMENT（全款支付占比），TENURE（信用卡期限）等 18 个字段。部分数据样例如表 8-5 所示。

表 8-5　用户信用卡集示例

CUST_ID	BALANCE	BALANCE_FREQUENCY	…	PRC_FULL_PAYMENT	TENURE
C10001	40.90075	0.818182	…	0	12
C10002	3202.467	0.909091	…	0.222222	12
C10003	2495.149	1	…	0	12
…	…	…	…	…	…
C10007	627.2608	1	…	1	12
C10008	1823.653	1	…	0	12

完整数据：“./chapter8/data/CC GENERAL.csv”

模型构建。DBSCAN 算法可以调用 sklearn.cluster 模块中 DBSCAN 类构建学习器进行实现。DBSCAN 类的主要参数包括：eps 参数表示 ε- 邻域半径；min_samples 参数表示数据成为核心点时，其 ε- 邻域内的最小数据量；metric 参数表示数据之间的距离计算方式，有 cityblock，cosine，euclidean，l1，l2，manhattan 6 种距离，默认为 euclidean；algorithm 参数表示最近邻模块通过计算距离寻找最近邻居的算法，有 auto，ball_tree，kd_tree，brute 4 种算法，默认为 auto。

```
class sklearn.cluster.DBSCAN(eps=0.5, *, min_samples=5, metric='euclidean',
metric_params=None, algorithm='auto', leaf_size=30, p=None, n_jobs=None)
```

特征工程。本例首先对数据进行预处理，主要包括删除离散属性值 CUST_ID，删除 BALANCE、BALANCE_FREQUENCY，PRC_FULL_PAYMENT 缺失的行，并对数据进行 z 分数标准化。此外，为便于结果可视化，本例使用 PCA 将高维数据转化为二维数据。

本例通过调用 sklearn 库中的 DBSCAN 算法实现聚类，对缺勤数据进行聚类分析。完整代码如下。

文件名称	8-5 DBSCAN.py	说明	基于 DBSCAN 聚类对员工缺勤聚类

```
import numpy as np
import pandas as pd
import matplotlib.pyplot as plt
import seaborn as sns
from sklearn.preprocessing import StandardScaler
```

```python
from sklearn.decomposition import PCA
from sklearn.cluster import DBSCAN, KMeans
from sklearn.metrics import silhouette_score
# 1.设置绘图字体
plt.rc('font', family='serif', serif=['SimSun'])
plt.rc('axes', unicode_minus=False)
# 2.导入数据集、预处理
df = pd.read_csv('../data/CC GENERAL.csv')
df = df.drop(['CUST_ID'], axis=1)
df = df.dropna()
X = pd.DataFrame(StandardScaler().fit_transform(df))
# 3.PCA 降维
X = np.asarray(X)
pca = PCA(n_components=2, random_state=24)
X_pca = pca.fit_transform(X)
# 4.实施 DBSCAN 聚类
dbscan = DBSCAN(eps=2, min_samples=4)
y_dbscan = dbscan.fit_predict(X_pca)
# 5.实施 K-means 聚类
kmeans = KMeans(n_clusters=2, random_state=24)
y_kmeans = kmeans.fit_predict(X_pca)
# 6.DBSCAN 算法结果可视化
plt.figure(figsize=(14, 9))
sns.scatterplot(x=X_pca[:, 0],y=X_pca[:, 1],hue=y_dbscan,pale tte="Set2", s=50)
plt.xticks(fontsize=30)
plt.yticks(fontsize=30)
plt.xlabel("x", fontsize=40)
plt.ylabel("y", fontsize=40)
plt.legend(fontsize = 20)
plt.title("DBSCAN 算法聚类结果", fontsize=40)
plt.show()
# 7.K-means 算法可视化
plt.figure(figsize=(14, 9))
sns.scatterplot(x=X_pca[:, 0],y=X_pca[:, 1],hue=y_kmeans,palette="Set2", s=50)
plt.xticks(fontsize=30)
plt.yticks(fontsize=30)
plt.xlabel("x", fontsize=40)
plt.ylabel("y", fontsize=40)
plt.legend(fontsize = 20)
plt.title("K-means 算法聚类结果", fontsize=40)
plt.show()
# 8.计算轮廓系数
```

```
silhouette_dbscan = silhouette_score(X_pca, y_dbscan)
silhouette_kmeans = silhouette_score(X_pca, y_kmeans)
print(f'DBSCAN 算法的轮廓系数: {silhouette_dbscan:.3f}')
print(f'K-means 算法的轮廓系数: {silhouette_kmeans:.3f}')
```

输出结果：

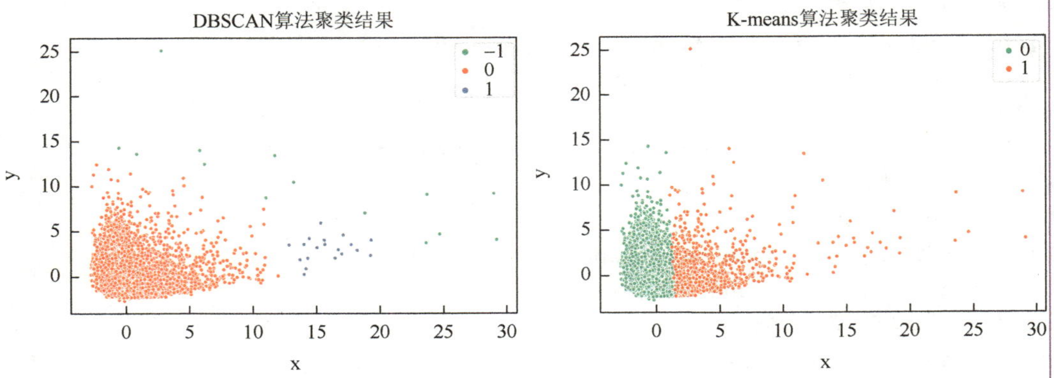


```
DBSCAN 算法的轮廓系数: 0.801
K-means 算法的轮廓系数: 0.460
```

从输出结果可以发现，经过降维处理，数据被降维到为 x，y 两个属性。通过设置适当的参数，使得两个算法能够将数据集划分为 2 个簇。DBSCAN 算法能将非线性数据的高密度区域进行聚类，而 K-means 算法则无法有效地聚类此类型的数据。DBSCAN 算法和 K-means 算法的轮廓系数值表明，在同一聚类数量时，此数据集熵采用 DBSCAN 算法的聚类结果要优于采用 K-means 算法。

8.6 OPTICS 算法

OPTICS 算法（ordering points to identify the clustering structure）是一种基于密度的算法，该方法由 DBSCAN 算法改进而来。算法通过计算样本邻域内的可达距离和核心距离，绘制反映数据簇结构的可达性图，该图揭示了数据中簇的数量、大小和分布，簇通常表现为较低的可达距离值，而簇之间的分界处则表现为较高的距离值，可达距离较高的孤立点则会被划分为噪声数据。

8.6.1 OPTICS 算法基本原理

给定数据集 $D=\{x_1,x_2,\cdots,x_n\}$，ε 和 MinPts，有如下定义。

定义 8-8 核心距离（core distance）：对于任意样本 $x_i \in D$，在 ε 和 MinPts 确定的情况下，使 x_i 成为核心点的最小邻域半径是 x_i 的核心距离。如式（8-47）

所示，其中 $N_\varepsilon^i(x)$ 表示集合 $N_\varepsilon(x)$ 中样本 x 第 i 近邻的样本。

$$\mathrm{cd}(x)=\begin{cases}\text{未定义}, & |N_\varepsilon(x)|<\mathrm{MinPts}\\ d(x,N_\varepsilon^{\mathrm{MinPts}}(x)), & |N_\varepsilon(x)|\geqslant \mathrm{MinPts}\end{cases} \tag{8-47}$$

定义 8-9　可达距离（reachability distance）：对于任意 $x_i,x_j\in D$，在 ε 和 MinPts 确定的情况下，x_j 对于 x_i 的可达距离定义为

$$\mathrm{rd}(x_j,x_i)=\begin{cases}\text{未定义}, & |N_\varepsilon(x)|<\mathrm{MinPts}\\ \max\{\mathrm{cd}(x_j),d(x_i,x_j)\}, & |N_\varepsilon(x)|\geqslant \mathrm{MinPts}\end{cases} \tag{8-48}$$

以图 8-8 为例给出上述定义的可视化展示结果。设 $\mathrm{MinPts}=3$，A 为核心点，根据定义 8-8，B 到 A 的可达距离是 A 的核心距离，即 $\mathrm{rd}(B,A)=\mathrm{cd}(A)$；$C$ 到 A 的可达距离是 A 的核心距离，即 $\mathrm{rd}(C,A)=\mathrm{cd}(A)$；根据定义 8-10，$D$ 到 A 的可达距离是两点之间的距离，即 $\mathrm{rd}(D,A)=d(A,D)$。

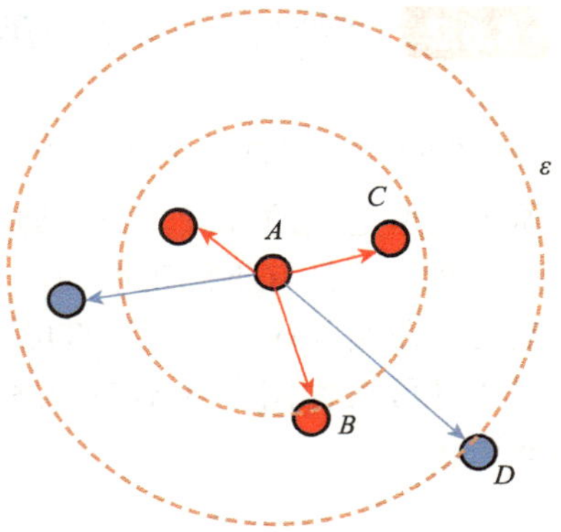

图 8-8　OPTICS 算法定义描述

OPTICS 算法遍历所有未访问点，通过计算核心距离和可达距离检测该点的邻域，并按可达距离对其邻域内的点进行排序，然后分析排序列表中的可达距离值，识别数据的聚类结构。其中，较高的可达距离可以作为簇与簇之间的分隔。通过选择合适的阈值来确定簇的边界，将连续的点群（其可达距离低于阈值）标记为同一聚类。

根据上述过程，OPTICS 算法的流程如下。

步骤 1：初始化核心对象集 $\Omega=\varnothing$。

步骤 2：遍历样本集 D 中的元素，如果元素为核心对象，则将该元素加入到核心对象集合 Ω。

步骤 3：如果核心对象集合 Ω 所有的元素都已经被访问，则算法结束，否则进行步骤 4。

步骤 4：在核心对象集合 Ω 中，随机选择一个未被访问的核心对象 o。首先将 o 标记为已读，并同时加入到有序列表 p 中，然后将 o 的 ε-邻域中未访问的元素按照可达距离的大小升序存放到种子集合 Seeds 中。

步骤 5：如果种子集合 $\mathrm{Seeds}=\varnothing$，则进行步骤 3。否则，继续从种子集合 Seeds 中挑选可达距离最近的种子点 seed，将其标记为已访问，加入到有序列表 p 中，并判断 seed 是否为核心对象。如果为核心对象，则将 seed 中未访问的邻居元素加入到种子集合中，重新计算可达距离，并继续步骤 5。

OPTICS 算法最终的输出结果包含所有数据可达距离的排序列表，对于簇标签的划分，还需要进行如下流程。

步骤 1： 初始化簇标签 C_k，$k=0$。

步骤 2： 从有序列表中按顺序取出数据 x，若 $\mathrm{rd}(x)\leqslant\varepsilon$，则 x 的簇标签为 C_k，否则至步骤 3。

步骤 3： 当 x 满足 $\mathrm{cd}(x)>\varepsilon$ 时，该点为噪声数据，可以忽略；当 $\mathrm{cd}(x)\leqslant\varepsilon$ 时，$k=k+1$，x 的簇标签为 C_k，跳至步骤 2。

步骤 4： 遍历有序列表所有数据。

8.6.2 OPTICS 算法应用与评价

OPTICS 算法的时间复杂度是 $O(n^2)$，空间复杂度是 $O(n^2)$。该算法的优点是它无须预先指定簇的数量，而是通过生成可达性图揭示数据中的簇结构，从而使分析人员识别并理解具有不同密度的区域。与 DBSCAN 相比，OPTICS 减少了对参数设置的依赖性，在实际应用中，OPTICS 算法仅需要确定参数 MinPts。然而，由于算法需要额外计算可达性图和样本的顺序，因此算法对计算性能和存储的需求要高于 DBSCAN 算法。

8.6.3 实践案例：OPTICS 与 DBSCAN 算法对比

本节使用二维空间随机产生的样本进行聚类分析，通过比较 DBSCAN 和 OPTICS 算法，分析 OPTICS 的算法特性。

模型构建。OPTICS 算法可以调用在 sklearn.cluster 模块中的 OPTICS 类构建学习器进行实现。OPTICS 类的主要参数：min_samples 参数表示数据成为核心点时，其 ε-邻域内的最小数据量，用于构建可达性图；max_eps 参数表示最大 ε-邻域半径，默认为无穷大，即考虑所有样本点；metric 参数表示数据之间的距离计算方式，有 cityblock，cosine，euclidean，l1，l2，manhattan，minkowski 等多种距离，默认为 minkowski。

```
class sklearn.cluster.OPTICS(*, min_samples=5, max_eps=inf, metric='minkow
ski', p=2, metric_params=None, cluster_method='xi', eps=None, xi=0.05, pre
decessor_correction=True, min_cluster_size=None, algorithm='auto', leaf_si
ze=30, memory=None, n_jobs=None)
```

本例对 OPTICS 和 DBSCAN 算法的聚类结果进行了对比。OPTICS 算法设置参数 min_samples=20 进行聚类，并绘制可达性距离图。DBSCAN 算法根据可达性距离图，确定邻域距离参数 eps。完整代码如下。

文件名称	8-6 OPTICS.py	说明	OPTICS 与 DBSCAN 算法对比

```python
import numpy as np
import matplotlib.pyplot as plt
from sklearn.cluster import OPTICS, cluster_optics_dbscan
from sklearn.metrics import silhouette_score
import matplotlib.gridspec as gridspec
# 1. 设置中文显示
plt.rc('font', family='serif', serif=['SimSun'])
plt.rc('axes', unicode_minus=False)
# 2. 读取数据
X = np.loadtxt("../data/dataset.txt")
# 3. 应用 OPTICS 聚类
clust = OPTICS(min_samples=20, xi=0.05, min_cluster_size=0.05)
clust.fit(X)
# 4. 应用 DBSCAN 聚类
labels_070 = cluster_optics_dbscan(
    reachability=clust.reachability_,
    core_distances=clust.core_distances_,
    ordering=clust.ordering_, eps=0.7)
labels_030 = cluster_optics_dbscan(
    reachability=clust.reachability_,
    core_distances=clust.core_distances_,
    ordering=clust.ordering_, eps=0.3)
# 5. 绘图
plt.figure(figsize=(16, 10))
G = gridspec.GridSpec(2, 3)
ax1 = plt.subplot(G[0, :])
ax2 = plt.subplot(G[1, 0])
ax3 = plt.subplot(G[1, 1])
ax4 = plt.subplot(G[1, 2])
# 6. 可达性图
reachability = clust.reachability_[clust.ordering_]
labels = clust.labels_[clust.ordering_]
space = np.arange(len(X))
colors = ['palegreen', "tab:blue", "olive", "salmon",
          'peru', 'steelblue', 'magenta', 'cyan']
for klass, color in zip(range(0, 8), colors):
    Xk = space[labels == klass]
    Rk = reachability[labels == klass]
    ax1.plot(Xk, Rk, color)
ax1.plot(space[labels == -1], reachability[labels == -1], "k.",
alpha=0.3)
ax1.plot(space, np.full_like(space, 0.7, dtype=float), "k-", alpha=0.5)
```

```
ax1.plot(space, np.full_like(space, 0.3, dtype=float), "k-.",
    alpha=0.5)
ax1.set_ylabel("可达距离", fontsize=20)
ax1.set_title("OPTICS 可达性图", fontsize=30)
ax1.tick_params(labelsize=20)
# 7. OPTICS 聚类结果可视化
for klass, color in zip(range(0, 8), colors):
    Xk = X[clust.labels_ == klass]
    ax2.scatter(Xk[:, 0], Xk[:, 1], c=color, alpha=0.5, marker='o')
ax2.scatter(x=X[clust.labels_ == -1, 0], y=X[clust.labels_ == -1, 1],
            c="gray", alpha=0.3, marker="^", s=10)
ax2.set_title("OPTICS 聚类结果", fontsize=20)
ax2.tick_params(labelsize=20)
# 8. DBSCAN 聚类结果可视化（eps=0.7）
for klass, color in zip(range(0, 8), colors):
    Xk = X[labels_070 == klass]
    ax3.scatter(Xk[:, 0], Xk[:, 1], c=color, alpha=0.5, marker='o')
ax3.scatter(x=X[labels_070 == -1, 0], y=X[labels_070 == -1, 1],
            c="gray", alpha=0.3, marker="^", s=10)
ax3.set_title("DBSCAN 聚类结果 (eps=0.7)", fontsize=20)
ax3.tick_params(labelsize=20)
# 9. DBSCAN 聚类结果可视化（eps=0.3）
for klass, color in zip(range(0, 8), colors):
    Xk = X[labels_030 == klass]
    ax4.scatter(Xk[:, 0], Xk[:, 1], c=color, alpha=0.5, marker='o')
ax4.scatter(x=X[labels_030 == -1, 0], y=X[labels_030 == -1, 1],
            c="gray", alpha=0.3, marker="^", s=10)
ax4.set_title("DBSCAN 聚类结果 (eps=0.3)", fontsize=20)
ax4.tick_params(labelsize=20)
plt.show()
```

输出结果：

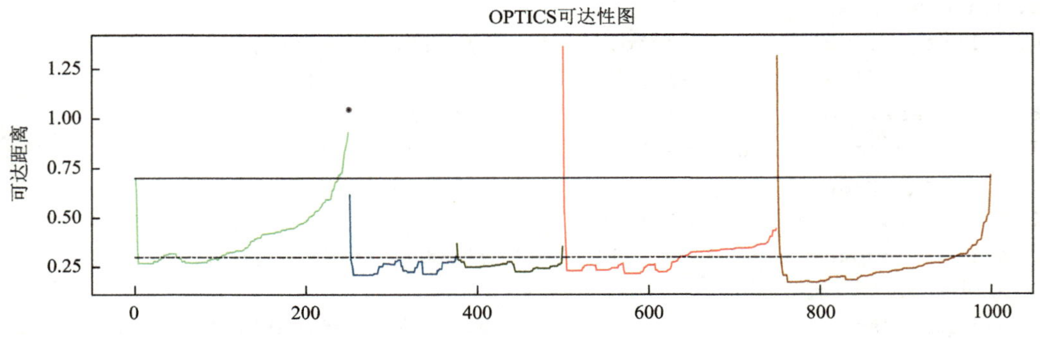

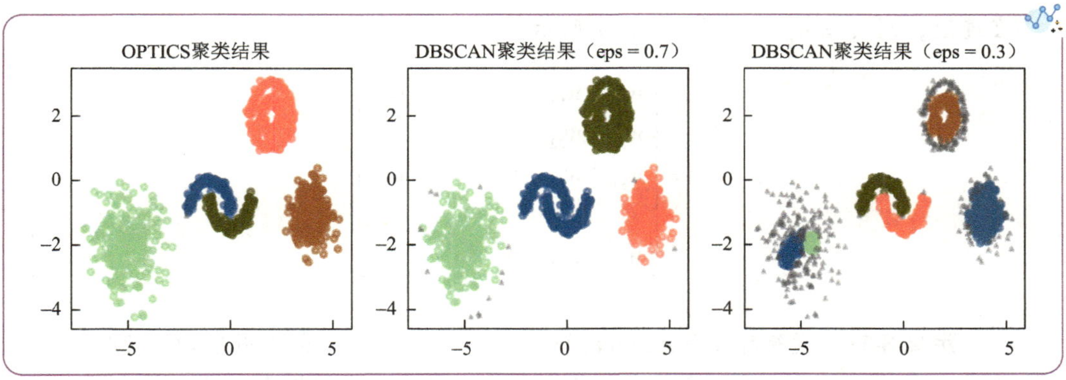

代码输出结果展示了 OPTICS 聚类的可达距离图和两种算法的聚类效果。OPTICS 可达性图表示了数据中的密度关系，可以根据数据之间的可达距离对数据集进行聚类。如 OPTICS 聚类结果图所示，OPTICS 算法仅确定了核心点邻域最小样本数参数，将数据划分为 5 簇，聚类结果没有识别到噪声数据。基于可达性图的结果，可以对 DBSCAN 算法的邻域半径参数进行设置。如 DBSCAN 聚类结果的左图所示，当将邻域距离设置为 0.7 时，得到 4 个簇，但算法将双月型数据划分为一个簇，并且将部分数据识别为噪声数据；如右图所示，当将邻域距离设置为 0.3 时，得到 6 个簇，但是大量数据被划分为噪声数据。

8.7 谱聚类算法

谱聚类算法是一种基于图的聚类方法，通过利用数据的谱（特征值）属性来进行聚类。该算法首先构建样本的相似性矩阵，然后创建代表样本相互关系的图，通过图的拉普拉斯矩阵进行特性分解，构建新的特征空间，最后使用传统聚类算法对特征空间进行聚类。

8.7.1 谱聚类算法基本原理

由于谱聚类是基于图的聚类方法，在介绍谱聚类的基本原理和流程之前，首先介绍图的相关知识。

1. 图基础知识

图是由节点和边构成的集合，可表示为 $G=(V,E)$，其中 $V=(v_1,v_2,\cdots,v_n)$ 为节点的集合，$E=(e_1,e_2,\cdots,e_m)$ 为边的集合。令 w_{ij} 表示节点 v_i 和 v_j 之间的边权重，则在无向图中，有 $w_{ij}=w_{ji}$；若两个节点之间没有连边，则有 $w_{ij}=0$。

定义 8-10 邻接矩阵(adjacency matrix)：对于包含 n 个节点的图 $G=(V,E)$，邻接矩阵 $\boldsymbol{A}$ 为所有节点的连边构成的大小为 $n\times n$ 的矩阵，若节点 v_i 和 v_j 之间存

在连边，则 $A_{ij}=w_{ij}$，如式（8-49）所示：

$$A=\begin{bmatrix} w_{11} & w_{12} & w_{13} & \cdots & w_{1j} \\ w_{21} & w_{22} & w_{23} & \cdots & w_{2j} \\ w_{31} & w_{32} & w_{33} & \cdots & w_{3j} \\ \vdots & \vdots & \vdots & & \vdots \\ w_{i1} & w_{i2} & w_{i3} & \cdots & w_{ij} \end{bmatrix} \tag{8-49}$$

定义 8-11 度矩阵（degree matrix）：对于包含 n 个节点的图 $G=(V,E)$，网络中一个节点的度是该节点与其他节点的边的数量，度矩阵 $\boldsymbol{D}$ 为所有节点的度构成的大小为 $n\times n$ 的对角矩阵，其中对角线上的元素代表 d_i 节点 i 的度，其余位置元素为 0，如式（8-50）所示：

$$D=\begin{bmatrix} d_1 & 0 & 0 & \cdots & 0 \\ 0 & d_2 & 0 & \cdots & 0 \\ 0 & 0 & d_3 & \cdots & 0 \\ \vdots & \vdots & \vdots & & \vdots \\ 0 & 0 & 0 & \cdots & d_n \end{bmatrix} \tag{8-50}$$

拉普拉斯矩阵与归一化拉普拉斯矩阵是谱聚类常用的关联矩阵，定义如下。

定义 8-12 拉普拉斯矩阵（Laplacian matrix）：对于包含 n 个节点的图 $G=(V,E)$，拉普拉斯矩阵 $\boldsymbol{L}$ 为度矩阵 $\boldsymbol{D}$ 与邻接矩阵 $\boldsymbol{A}$ 之差，如式（8-51）所示。此外，研究中常用标准化拉普拉斯矩阵 $\tilde{\boldsymbol{L}}$ 进行代数运算，如式（8-52）所示。

$$L=D-A=\begin{bmatrix} d_1 & -w_{12} & -w_{13} & \cdots & -w_{1n} \\ -w_{21} & d_2 & -w_{23} & \cdots & -w_{2n} \\ -w_{31} & -w_{32} & d_3 & \cdots & -w_{3n} \\ \vdots & \vdots & \vdots & & \vdots \\ -w_{n1} & -w_{n2} & -w_{n3} & \cdots & d_n \end{bmatrix} \tag{8-51}$$

$$\tilde{L}=D^{-\frac{1}{2}}LD^{-\frac{1}{2}}=D^{-\frac{1}{2}}(D-A)D^{-\frac{1}{2}}=I-D^{-\frac{1}{2}}AD^{-\frac{1}{2}} \tag{8-52}$$

拉普拉斯矩阵具备下列性质

性质一： 无向图的拉普拉斯矩阵是实对称矩阵。

证明：对于无向图，其度矩阵与邻接矩阵均为实对称矩阵，故拉普拉斯矩阵同为实对称矩阵。

性质二： 对于任意实向量 $\boldsymbol{f}\in R^n$，满足 $\boldsymbol{f}^{\mathrm{T}}\boldsymbol{L}\boldsymbol{f}=\frac{1}{2}\sum_{i,j=1}^{n}a_{ij}\left(f_i-f_j\right)^2$。证明如下：

$$
\begin{aligned}
f^{\mathrm{T}}Lf &= f^{\mathrm{T}}Df - f^{\mathrm{T}}Af' \\
&= \sum_{i=1}^{n} k_i f_i^2 - \sum_{i,j=1}^{n} a_{ij} f_i f_j \\
&= \frac{1}{2}\left(\sum_{i=1}^{n} k_i f_i^2 - 2\sum_{i,j=1}^{n} f_i f_j a_{ij} + \sum_{j=1}^{n} k_j f_j^2\right) \\
&= \frac{1}{2}\left(\sum_{i=1}^{n}\left(\sum_{j=1}^{n} a_{ij}\right) f_i^2 - 2\sum_{i,j=1}^{n} f_i f_j a_{ij} + \sum_{j=1}^{n}\left(\sum_{i=1}^{n} a_{ji}\right) f_j^2\right) \\
&= \frac{1}{2}\left(\sum_{i,j=1}^{n} a_{ij}(f_i^2 - f_i f_j + f_j^2)\right) \\
&= \frac{1}{2}\sum_{i,j=1}^{n} a_{ij}\left(f_i - f_j\right)^2
\end{aligned}
$$

性质三： 拉普拉斯矩阵是 n 阶半正定矩阵，有 n 个非负实数特征值 $0 \leqslant \lambda_1 \leqslant \lambda_2 \leqslant \cdots \leqslant \lambda_N$ 和 N 个线性无关的特征向量，且不同特征值对应的特征向量两两正交。其中，最小的特征值为 0，其特征向量为全为 1 的向量 I。

证明： 由于邻接矩阵的元素 $a_{ij} \geqslant 0$，由性质二可知，对于任意向量 $f \in R^n$，$f^{\mathrm{T}}Lf = \frac{1}{2}\sum_{i,j=1}^{n} a_{ij}\left(f_i - f_j\right)^2 \geqslant 0$，所以 L 为半正定矩阵。根据实对称半正定矩阵的性质，可知 L 有 n 个非负实数特征值和 n 个线性无关的特征向量，不同特征值对应的特征向量均为实数向量且正交。

同时，$\boldsymbol{LI} = \boldsymbol{DI} - \boldsymbol{AI} = \begin{bmatrix} d_1 \\ d_2 \\ \vdots \\ d_n \end{bmatrix} - \begin{bmatrix} \sum\limits_{j=1} a_{1j} \\ \sum\limits_{j=1} a_{2j} \\ \vdots \\ \sum\limits_{j=1} a_{nj} \end{bmatrix} = \begin{bmatrix} k_1 \\ k_2 \\ \vdots \\ k_n \end{bmatrix} - \begin{bmatrix} k_1 \\ k_2 \\ \vdots \\ k_n \end{bmatrix} = \boldsymbol{0} \times \boldsymbol{I}$

所以拉普拉斯矩阵的最小特征值为 0，其对应特征向量为全为 1 的向量 I。

2. 相似性矩阵构建方法

谱聚类算法基于样本之间的相似性进行特征空间的分解，其核心在于利用节点间连边的权重来反映这种相似性。因此，构建精确反映样本间相似性的矩阵，是构建谱聚类算法图结构的基础。接下来，本小节介绍构建相似性矩阵的三种方法，分别是 ε- 近邻法、K-近邻法和全连接法。

1）ε- 近邻法

ε- 近邻法（ε- neighborhood）首先通过计算样本之间的欧氏距离和确定距离阈值 ε，然后根据式（8-53）确定相似性矩阵元素的值：

$$w_{ij}=\begin{cases}0, & d_{ij}>\varepsilon \\ \varepsilon, & d_{ij}\leqslant \varepsilon\end{cases} \tag{8-53}$$

权重的值仅为 0 或ε，记录的信息较少，且距离阈值会影响最终的权重。因此，在实际中，这种方法使用较少。

2）K-近邻法

K-近邻法（K-nearest neighbor，KNN）将每个样本中距离最近的前K个样本作为邻居节点，并进行连接。该方法会导致邻接矩阵存在非对称情况，进而影响计算图的拉普拉斯矩阵，导致聚类结果不准确。因此需要采取以下两种策略，进行相似性矩阵的对称化。

第一种策略：对于节点对x_i，x_j，若任一节点在另一节点的K近邻中，则构建连边并使边权重为

$$w_{ij}=w_{ji}=\begin{cases}0, & x\notin \mathrm{KNN}(x_j)\ \text{and}\ x_j\notin \mathrm{KNN}(x_i) \\ \mathrm{e}^{\left(-\frac{\|x_i-x_j\|^2}{2\sigma^2}\right)}, & x_i\in \mathrm{KNN}(x_j)\ \text{or}\ x_j\in \mathrm{KNN}(x_i)\end{cases} \tag{8-54}$$

第二种策略：对于节点对x_i，x_j，只有当两个节点都在对方的K近邻中时，构建连边并使边权重为

$$w_{ij}=w_{ji}=\begin{cases}0, & x_i\notin \mathrm{KNN}(x_j)\ \text{or}\ x_j\notin \mathrm{KNN}(x_i) \\ \mathrm{e}^{\left(-\frac{\|x_i-x_j\|^2}{2\sigma^2}\right)}, & x_i\in \mathrm{KNN}(x_j)\ \text{and}\ x_j\in \mathrm{KNN}(x_i)\end{cases} \tag{8-55}$$

3）全连接法

全连接法要求所有样本之间的连边权重均大于 0，从而构建全连接网络，在实际应用中，全连接法是最常用的相似性矩阵构建策略。边权重通常采用核函数确定：

$$w_{ij}=\mathrm{e}^{\frac{\|x_i-x_j\|^2}{\sigma^2}} \tag{8-56}$$

3. 无向图切图

谱聚类算法通过相似性矩阵的构建将数据转为无向图，然后将聚类问题转化为图划分。

在图划分问题中，切图将无向图划分为多个子图，使得子图内部节点相似而子图间节点相异，每个子图对应一个簇。给定无向加权图G，其子图集合为$A_1,A_2,\cdots,A_k$，则连接两个子图的权重总和为

$$W\left(A_i,A_j\right)=\sum_{i\in A_i,j\in A_j} w_{ij} \tag{8-57}$$

对于子图集合$A_1,A_2,\cdots,A_k$，定义切图：

$$\mathrm{Cut}\left(A_1,A_2,\cdots,A_k\right)=\frac{1}{2}\sum_{i=1}^{k}W\left(A_i,\overline{A_i}\right) \tag{8-58}$$

其中，$\overline{A_i}$ 为 A_i 的补集。经过切图，图 G 节点被划分到各个集合 $A_1,A_2,\cdots,A_k$，达到了划分子图的目的。

接下来，本节将介绍谱聚类中两种常用的切图方式。

1）RatioCut 切图

RatioCut 切图是一种考虑最小化 $\mathrm{Cut}(A_1,A_2,\cdots,A_k)$ 和最大化子图中点数的方式，其定义如下所示：

$$\mathrm{RatioCut}(A_1,A_2,\cdots,A_k)=\frac{1}{2}\sum_{i=1}^{k}\frac{W\left(A_i,\overline{A_i}\right)}{|A_i|} \tag{8-59}$$

式中，$|A_i|$ 为子图 A_i 中节点的个数。

假定 k 个指示向量 $\boldsymbol{f}=\{\boldsymbol{f}_1,\boldsymbol{f}_2,\cdots,\boldsymbol{f}_i,\cdots,\boldsymbol{f}_k\}$，矩阵 $\boldsymbol{F}\in\boldsymbol{R}^{n\times k}$ 由向量 $\{\boldsymbol{f}_i\}_{i=1}^{k}$ 组成，n 维指示向量 $\boldsymbol{f}_i=(f_{1i},f_{2i},\cdots,f_{ni})$，表达如下：

$$f_{ij}=\begin{cases}0, & i\notin A_j\\ \dfrac{1}{\sqrt{|A_j|}}, & i\in A_j\end{cases} \tag{8-60}$$

根据拉普拉斯矩阵性质二，有

$$\begin{aligned}\boldsymbol{f}_i^{\mathrm{T}}\boldsymbol{L}\boldsymbol{f}_i&=\frac{1}{2}\sum_{j,l=1}^{n}w_{jl}\left(f_{ij}-f_{il}\right)^2\\&=\frac{1}{2}\left(\sum_{v_j\in A_i,v_l\notin A_i}w_{jl}\left(\frac{1}{\sqrt{|A_i|}}-0\right)^2+\sum_{v_j\notin A_i,v_l\in A_i}w_{jl}\left(0-\frac{1}{\sqrt{|A_i|}}\right)^2\right)\\&=\frac{1}{2}\left(\frac{\mathrm{Cut}\left(A_i,\overline{A_i}\right)}{|A_i|}\right)+\frac{1}{2}\left(\frac{\mathrm{Cut}\left(\overline{A_i},A_i\right)}{|A_i|}\right)\\&=\frac{\mathrm{Cut}\left(A_i,\overline{A_i}\right)}{|A_i|}\end{aligned} \tag{8-61}$$

对应的 RatioCut 函数的表达式可改写为

$$\mathrm{RatioCut}(A_1,A_2,\cdots,A_k)=\sum_{i=1}^{k}\boldsymbol{f}_i^{\mathrm{T}}\boldsymbol{L}\boldsymbol{f}_i=\sum_{i=1}^{k}\left(\boldsymbol{F}^{\mathrm{T}}\boldsymbol{L}\boldsymbol{F}\right)=\mathrm{tr}\left(\boldsymbol{F}^{\mathrm{T}}\boldsymbol{L}\boldsymbol{F}\right) \tag{8-62}$$

式（8-62）求解可以转化为

$$\begin{aligned}&\min_{A_1,\cdots,A_K}\mathrm{tr}\left(\boldsymbol{F}^{\mathrm{T}}\boldsymbol{L}\boldsymbol{F}\right)\\&\mathrm{s.t}\ \boldsymbol{F}^{\mathrm{T}}\boldsymbol{F}=\boldsymbol{I}\end{aligned} \tag{8-63}$$

由于式（8-63）的求解是 NP 难问题，上式可以近似为

$$\begin{aligned}&\min_{\boldsymbol{F}\in\boldsymbol{R}^{n\times k}}\mathrm{tr}\left(\boldsymbol{F}^{\mathrm{T}}\boldsymbol{L}\boldsymbol{F}\right)\\&\mathrm{s.t}\ \boldsymbol{F}^{\mathrm{T}}\boldsymbol{F}=\boldsymbol{I}\end{aligned} \tag{8-64}$$

因此，仅矩阵 $\boldsymbol{L}$ 的前 k 个最小的特征值可以满足切图的最小化，将相应的 k 个 n 维特

征向量组成的矩阵进行 K-means 聚类，从而得到聚类结果。

2）Ncut 切图

Ncut 切图是一种考虑最小化 $\mathrm{Cut}(A_1, A_2, \cdots, A_k)$ 和最大化子图权重的方式，其定义如下所示：

$$\mathrm{NCut}(A_1, A_2, \cdots, A_k) = \frac{1}{2}\sum_{i=1}^{k}\frac{W(A_i, \overline{A}_i)}{\mathrm{vol}(A_i)} \tag{8-65}$$

其中，$\mathrm{vol}(A_i) = \sum_{v_i \in A} d_i$。

同样假设定义 k 个指示向量 $\boldsymbol{f} = \{\boldsymbol{f}_1, \boldsymbol{f}_2, \cdots, \boldsymbol{f}_k\}$，矩阵 $\boldsymbol{F} \in \boldsymbol{R}^{n\times k}$ 由向量 $\{\boldsymbol{f}_i\}_{i=1}^{k}$ 组成，n 维指示向量 $\boldsymbol{f}_i = (f_{1i}, f_{2i}, \cdots, f_{ni})$，表达如下：

$$f_{ij} = \begin{cases} 0, & i \notin A_j \\ \dfrac{1}{\sqrt{\mathrm{vol}(A_j)}}, & i \in A_j \end{cases} \tag{8-66}$$

根据拉普拉斯矩阵性质二，则有

$$\begin{aligned}
\boldsymbol{f}_i^{\mathrm{T}}\boldsymbol{L}\boldsymbol{f}_i &= \frac{1}{2}\sum_{j,l=1}^{n} w_{jl}(f_{ij} - f_{il})^2 \\
&= \frac{1}{2}\left(\sum_{v_j \in A_i, v_l \notin A_i} w_{jl}\left(\frac{1}{\sqrt{\mathrm{vol}(A_j)}} - 0\right)^2 + \sum_{v_j \notin A_i, v_l \in A_i} w_{jl}\left(0 - \frac{1}{\sqrt{\mathrm{vol}(A_j)}}\right)^2\right) \\
&= \frac{1}{2}\left(\sum_{v_j \in A_i, v_l \notin A_i} w_{jl}\frac{1}{\mathrm{vol}(A_j)} + \sum_{v_j \notin A_i, v_l \in A_i} w_{jl}\frac{1}{\mathrm{vol}(A_j)}\right) \\
&= \frac{1}{2}\left(\mathrm{cut}(A_i, \overline{A}_i)\frac{1}{\mathrm{vol}(A_j)}\right) + \frac{1}{2}\left(\mathrm{cut}(\overline{A}_i, A_i)\frac{1}{\mathrm{vol}(A_j)}\right) \\
&= \frac{\mathrm{cut}(A_i, \overline{A}_i)}{|A_i|}
\end{aligned} \tag{8-67}$$

对应的 Ncut 函数的表达式可写为

$$\mathrm{Ncut}(A_1, A_2, \cdots, A_k) = \sum_{i=1}^{k}\boldsymbol{f}_i^{\mathrm{T}}L\boldsymbol{f}_i = \sum_{i=1}^{k}(\boldsymbol{F}^{\mathrm{T}}\boldsymbol{L}\boldsymbol{F}) = \mathrm{tr}(\boldsymbol{F}^{\mathrm{T}}\boldsymbol{L}\boldsymbol{F}) \tag{8-68}$$

由式（8-66）可得

$$\boldsymbol{f}_i^{\mathrm{T}}\boldsymbol{D}\boldsymbol{f}_i = \sum_{j=1}^{n} f_{ij}^2 d_j = \frac{1}{\mathrm{vol}(A_i)}\sum_{j\in A_i} d_j = \frac{1}{\mathrm{vol}(A_i)}\mathrm{vol}(A_i) = 1 \tag{8-69}$$

式（8-68）求解可以转化为

$$\begin{aligned}
&\min_{A_1,\cdots,A_k} \mathrm{tr}(\boldsymbol{F}^{\mathrm{T}}\boldsymbol{L}\boldsymbol{F}) \\
&\mathrm{s.t}\ \boldsymbol{F}^{\mathrm{T}}\boldsymbol{D}\boldsymbol{F} = \boldsymbol{I}
\end{aligned} \tag{8-70}$$

由于式（8-70）的求解是 NP 难问题，上式可以近似为

数据挖掘

$$\min_{F \in \boldsymbol{R}^{n \times k}} \operatorname{tr}\left(\boldsymbol{F}^{\mathrm{T}} \boldsymbol{L} \boldsymbol{F}\right) \quad \text{s.t } \boldsymbol{F}^{\mathrm{T}} \boldsymbol{D} \boldsymbol{F} = \boldsymbol{I} \tag{8-71}$$

令 $\boldsymbol{F} = \boldsymbol{D}^{-1/2}\boldsymbol{P}$，则 $\boldsymbol{F}^{\mathrm{T}}\boldsymbol{L}\boldsymbol{F} = \boldsymbol{P}^{\mathrm{T}}\boldsymbol{D}^{-1/2}\boldsymbol{L}\boldsymbol{D}^{-1/2}\boldsymbol{P}$，式（8-71）改写为

$$\min_{F \in \boldsymbol{R}^{n \times k}} \operatorname{tr}\left(\boldsymbol{P}^{\mathrm{T}} \boldsymbol{D}^{-1/2} \boldsymbol{L} \boldsymbol{D}^{-1/2} \boldsymbol{P}\right) \quad \text{s.t } \boldsymbol{P}^{\mathrm{T}} \boldsymbol{P} = \boldsymbol{I} \tag{8-72}$$

此时，可以参考 RatioCut 的方法进行聚类。

4. 谱聚类流程

谱聚类算法通过构建一个基于样本间相似性的图，并根据特定的划分准则来切割此图，以达到聚类效果。其核心思想在于，通过最小化不同子图间边的权重总和，同时最大化各子图内部边的权重总和，来实现数据的有效聚类。这一过程确保了聚类内部的样本高度相似，而不同聚类间的样本则相对不相似。具体算法步骤如下。

步骤 1：利用选定的相似度度量方法，构建数据集的相似性矩阵 $\boldsymbol{S}$。

步骤 2：基于步骤 1 得到的相似性矩阵，进一步构造度矩阵 $\boldsymbol{A}$ 和邻接矩阵 $\boldsymbol{D}$。

步骤 3：通过度矩阵 $\boldsymbol{A}$ 和邻接矩阵 $\boldsymbol{D}$，计算得到拉普拉斯矩阵 $\boldsymbol{L} = \boldsymbol{D} - \boldsymbol{A}$。

步骤 4：对拉普拉斯矩阵进行标准化处理 $\boldsymbol{D}^{-1/2}\boldsymbol{L}\boldsymbol{D}^{1/2}$。

步骤 5：计算 $\boldsymbol{D}^{-1/2}\boldsymbol{L}\boldsymbol{D}^{1/2}$ 的前 k 个最小特征值所对应的特征向量 $\boldsymbol{f}$。

步骤 6：将步骤 5 得到的特征向量进行标准化处理，组成 $n \times k$ 的特征矩阵 $\boldsymbol{F}$。

步骤 7：将 $\boldsymbol{F}$ 中的每一行作为 k 维的样本，然后应用 K-means 聚类算法对样本进行聚类。最终，根据 K-means 的聚类结果，得到原数据集的聚类划分。

8.7.2 谱聚类算法应用与评价

谱聚类算法的时间复杂度为 $O(n^3)$，空间复杂度为 $O(n^2)$，该算法通过捕捉到样本之间的联系，获取数据深层次的模式和规律，从而能够收敛到全局最优解，避免了传统聚类算法容易陷入局部最优的问题。谱聚类算法在图像分割、社交网络分析和生物信息学等领域中被广泛应用，尤其适合于解决传统聚类算法难以处理的非凸形状簇的场景。同时，谱聚类算法对参数的选择比较敏感，例如，选择不同的相似性度量（如高斯核的带宽参数）和特征向量的数量会显著影响聚类结果的质量。

8.7.3 实践案例：基于谱聚类的股票数据聚类

本节基于 Kaggle 上市公司股票数据集，应用谱聚类算法对公司的标准普尔 500 指数进行聚类分析。该数据集包含 490 个企业的 470 天的股票价格信息，具体字段包括：Date（日期），ABT、ABBV、ACN 等属性均为相应公司当日的股价。部分数据样例如表 8-6 所示。

表 8-6　股票价格信息示例数据

Date	ABT	ABBV	ACN	…	ZION	ZTS
2001/2/15	42.888	61.42	85.243	…	27.793	42.639
2001/5/15	42.897	60.264	83.803	…	26.752	42.383
2001/6/15	42.41	59.966	83.199	…	25.73	41.969
…	…	…	…	…	…	…
2012/8/16	38.68	60.9	121.74	…	43.09	51.68
2012/9/16	39.2	61.54	123.31	…	43.23	51.89

完整数据：“./chapter8/data/SP500array.csv”

模型构建。谱聚类可以调用 sklearn.cluster 模块中的 SpectralClustering 类构建学习器进行实现。SpectralClustering 类中的主要参数包含：参数 n_clusters 表示聚类形成的簇数量；参数 affinity 表示相似矩阵构建方法，有 nearest_neighbors，rbf，precomputed，precomputed_nearest_neighbors 四种方法，默认为 fbf；参数 assign_labels 表示特征向量的聚类方法，有 kmeans，discretize，cluster_qr 三种方法，默认为 kmeans。

```
class sklearn.cluster.SpectralClustering(n_clusters=8, *, eigen_solver=None,
n_components=None, random_state=None, n_init=10, gamma=1.0, affinity='rbf',
n_neighbors=10, eigen_tol='auto', assign_labels='kmeans', degree=3, coef0=
1, kernel_params=None, n_jobs=None, verbose=False)
```

特征工程。本例首先对数据进行预处理，主要包括删除日期属性值 Date，并对股价数据进行 z 分数标准化。此外，为便于结果可视化，本例使用 t-SNE 将高维数据转化为二维数据。完整代码见 chapter8/code/8-7 Spectal Clustering.py。

输出结果：

最佳聚类数：10

谱聚类最佳 DB 指数：0.643

K-means 最佳 DB 指数：0.789

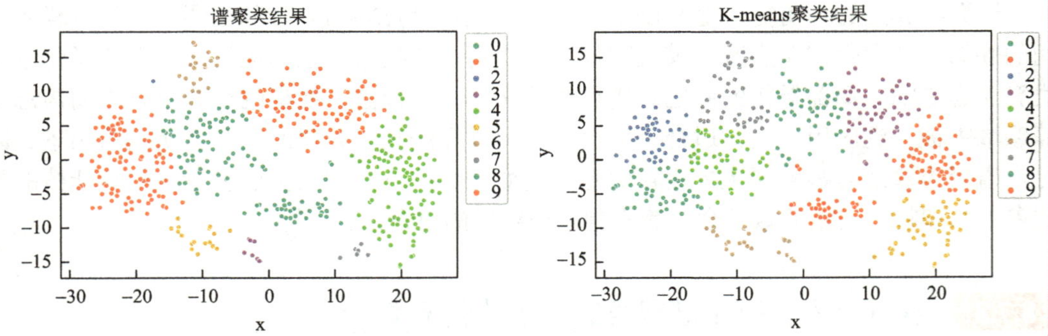

从输出结果可以发现，经过 t-SNE 算法降维，数据被降维到为 x，y 两个属性。当聚类数为 10 时，Davies_Bouldin 指数达到最优值，表明适宜将数据集划分为 10 个簇。谱聚类和 K-means 的 Davies_Bouldin 指数值表明，在同一聚类数量时，谱聚类的结果要优于 K-means 算法。

本章小结

核心概念	聚类：将数据集划分为不同簇，使得同一簇中的样本之间的相似性较高，簇之间差异性较大的过程。		
评价指标	列联矩阵：真实类别和簇的交叉情况 成对混淆矩阵：$\begin{bmatrix} \mathrm{TP} & \mathrm{FN} \\ \mathrm{FP} & \mathrm{TN} \end{bmatrix}$ Fowlkes-Mallows 指数：$\frac{\mathrm{TP}}{\sqrt{(\mathrm{TP}+\mathrm{FP})(\mathrm{TP}+\mathrm{FN})}}$ 兰德系数：$\frac{\mathrm{TP}+\mathrm{TN}}{\mathrm{TP}+\mathrm{TN}+\mathrm{FP}+\mathrm{FN}}$ 调整兰德系数：$\frac{\mathrm{RI}-E(\mathrm{RI})}{\max(\mathrm{RI})-E(\mathrm{RI})}$	互信息： $\sum_{i=1}^{\lvert U\rvert}\sum_{j=1}^{\lvert V\rvert}\frac{\lvert U_i\cap V_j\rvert}{N}\log\left(\frac{n\lvert U_i\cap V_j\rvert}{\lvert U_i\rvert\lvert V_j\rvert}\right)$ 标准化互信息： $\frac{\mathrm{MI}(X,Y)}{\mathrm{mean}(H(U),H(V))}$ 调整互信息： $\frac{\mathrm{MI}-E(\mathrm{MI})}{\mathrm{mean}(H(U),H(V))-E(\mathrm{MI})}$ 同质性：$h=1-\frac{H(C\mid K)}{H(C)}$	完整性：$c=1-\frac{H(K\mid C)}{H(K)}$ V-measure：$v=2\times\frac{h\times c}{h+c}$ 轮廓系数：$\frac{b-a}{\max(a,b)}$ Calinski-Harabasz 指数： $\frac{\mathrm{tr}(B_K)}{\mathrm{tr}(W_K)}\times\frac{n_E-k}{k-1}$ Davies-Bouldin 指数： $\frac{1}{k}\sum_{i,j=1}^{k}\max_{i\neq j}R_{ij}$
算法	层次聚类	K-means	高斯混合聚类
示意图	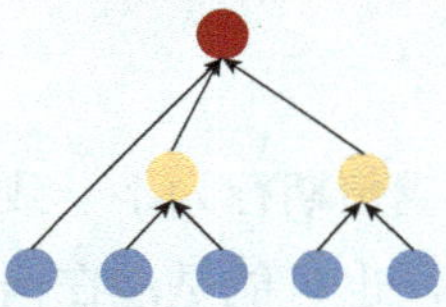	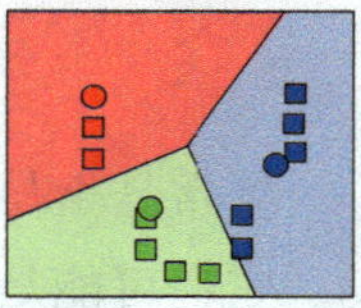	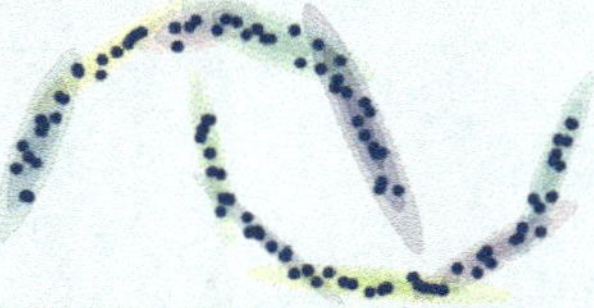
基本思想	通过构建多层级的树状结构对数据划分和合并过程进行描述，并且能观察数据在不同层次上的聚合情况。	目标是将 n 个样本划分到 K 个集合中（$K\leqslant n$），使得簇内平方和最小，从而完成数据聚类。	将数据集视作多个高斯分布混合叠加的分布，对单个高斯分布的均值和协方差，拟合不同聚类的数据分布，实现聚类。
聚类类型	基于层次的聚类	基于划分的聚类	基于模型的聚类
时间复杂度	$O(n^3)$	$O(\mathrm{iter}\times n\times k\times d+k\times d)$	$O(n\times k+k\times d^2+k\times d)$
核心知识点	√ 聚类树状图的概念 √ 簇之间的链接方式	√ 初始质心的初始化 √ k 值的优化选择	√ 高斯混合模型理论 √ 算法参数初始化
算法	DBSCAN 算法	OPTICS 算法	谱聚类
示意图		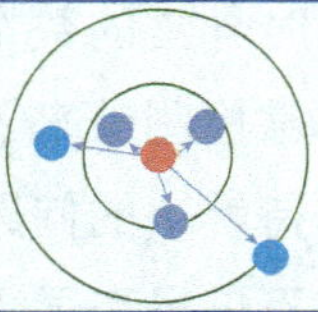	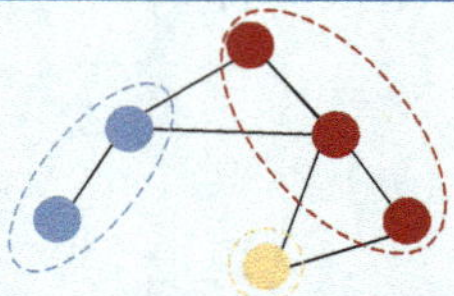
基本思想	将数据分为核心对象、边界对象和噪声对象，根据数据分布的密集程度来划分簇，识别不同密度区域的簇。	产生关于簇结构的可达性图，通过可达性图对聚类簇的数量、大小和分布进行分析。	通过构建相似性矩阵方式，将数据映像到较低维的特征空间，然后在新的特征空间中使用传统的聚类算法进行分析。
聚类类型	基于密度的聚类	基于密度的聚类	基于图的聚类
时间复杂度	$O(n^2)$	$O(n^2)$	$O(n^3)$
核心知识点	√ DBSCAN 中的定义 √ 算法参数对于聚类结果的影响	√ OPTICS 中的定义 √ 可达性图的作用 √ 对 DBSCAN 算法的改进	√ 图基础知识 √ 相似性矩阵构建 √ 无向图切图

学习效果检验

第9章 异常检测

本章学习目标

- ✓ 熟悉异常检测算法的定义、基本原理和分类体系
- ✓ 理解基于统计理论、空间分布、降维和预测的异常检测算法原理
- ✓ 掌握使用 Python 进行异常检测的方法
- ✓ 了解常用异常检测基准数据集

异常是指与常规模式或预期行为不一致的数据点或活动。它们可能是突发事件，也可能是潜在问题的迹象，常常隐藏着值得关注的信息。异常检测是一种识别异常模式的技术，它旨在从大量数据中识别出不寻常的行为或数据点，从而帮助人们发现潜在的问题或安全威胁。异常检测具有广泛的应用价值，在机器维护、网络安全、医疗诊断等诸多领域发挥着至关重要的作用。

然而，随着大数据时代的到来，数据量呈指数级增长，同时异常的数量也急剧攀升，其内在模式越来越复杂，为异常检测带来了前所未有的挑战。其中，高虚警率是一个亟待解决的问题，即大量正常数据被错误地标记为异常，这不仅提高了数据处理成本，还可能对决策过程产生误导。此外，正常数据与异常数据之间的显著不平衡性进一步加剧了异常检测的复杂性。因此，如何在海量的数据中精准、高效地识别出异常模式，成为当前研究的重点。

本章将深入剖析异常检测的核心概念、算法分类及原理，并通过实际案例展示异常检测在不同领域的应用实践，以期为读者提供更全面、深入的了解和认识。

9.1 异常检测算法概要

9.1.1 异常与异常检测

定义 9-1 异常是与常规模式或预期行为不一致的数据点或活动。

在不同的应用领域中，异常的具体定义和性质可能会有所不同。例如，它们可能被视为偏离点（deviant）、变化点（change point）、奇异模式（surprise pattern）、新颖事件（novel event）、不一致（disaccord）等。

偏离点： 在某个数据集或模型中与预期结果或正常趋势有着显著差异的数据点。偏离点并不总是表示数据错误或异常，有时它们可能提供有价值的信息，如发现新的趋势、异常行为或不寻常的模式。

变化点： 在一个时间序列或数据集中，出现显著的突变或转折的点，其代表数据的性质、趋势或模式发生了明显的改变。这种变化可能是突然的、瞬时的，也可能是逐渐的、持续的。

奇异模式： 通常用于描述数据中的异常或非典型模式，这些模式与正常情况或预期的模式明显不同。它是指在数据集中观察到的罕见、特殊或异常的模式或行为。

新颖事件： 新颖事件指以前没有经验或观察到的、与常规情况明显不同的事件、情况或现象。它们通常具有独特性、罕见性或意外性，可能在某种程度上违背预期的模式或行为。

不一致： 在数据、信息或观点中存在矛盾或不符合的情况。当相同或相关的事物之间存在不一致时，可能存在逻辑上或实际上的冲突或差异。

定义 9-2 异常数据指观测样本中与其他数据存在显著性差异或偏离预期行为模式的数据。

常见的异常形式如图 9-1 所示，(a) 为二维数据的异常值，用黄色圆圈标注，它们不属于任何簇，为离群点；(b) 为图结构数据的异常值，异常点 A 与其相邻节点具有不同的类标签；(c) 为时间序列数据的异常值，红色标注的异常数据段偏离了正常的周期模式。

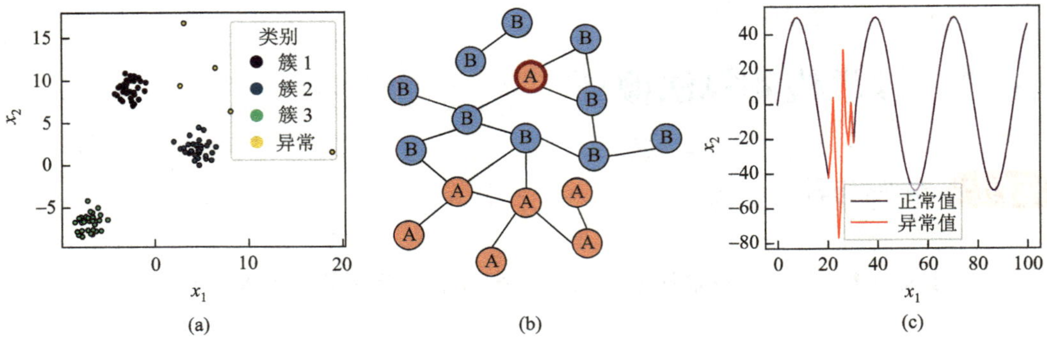

图 9-1　异常形式示例

定义 9-3　异常检测（anomaly detection）是指在数据集中发现与识别不符合预期模式的数据或罕见的实例，并对异常情况进行分析或预警的过程。

根据数据标签的可用性，异常检测可分为监督学习、半监督学习和无监督学习。在实际应用中，由于异常事件不常见且形式多变，数据标注极具挑战性。即使数据集有标签，其可信度也可能存疑。因此，异常检测多采用无监督学习方法。

异常检测的主要难点如下。

（1）数据的稀疏性：在大多数数据集中，异常事件（正样本）的发生频率远低于正常事件（负样本）。这种不均衡导致异常检测模型在识别稀少的异常样本时面临较大难度。

（2）噪声与异常值的区分：异常数据往往与噪声数据混杂在一起，难以区分。

（3）异常现象的解释：确定和解释异常发生的原因通常很困难。由于异常的多样性和复杂性，理解其背后的动因对于采取有效的响应措施至关重要，但这一过程往往缺乏直观性和明确性。

9.1.2　异常检测算法的分类

根据作用原理和适用范围的不同，异常检测算法可以分为四类：基于统计理论的算法、基于空间分布的算法、基于降维的算法和基于预测的算法，如表 9-1 所示。

表 9-1　异常检测算法分类

类别	示意图	原理	异常判定标准	代表性算法
统计理论	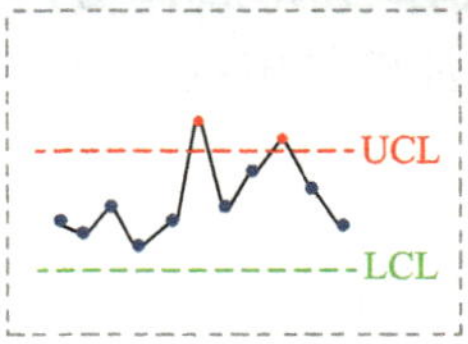	利用数据的统计特性来识别异常值。通常假设数据服从某种分布，认为正常数据发生在假设模型的高概率区域，而异常数据发生在低概率区域	当数据点的统计特性偏离正常分布范围时，判定为异常	3σ 准则、箱线图、直方图、累积和法等

续表

类别	示意图	原理	异常判定标准	代表性算法
空间分布	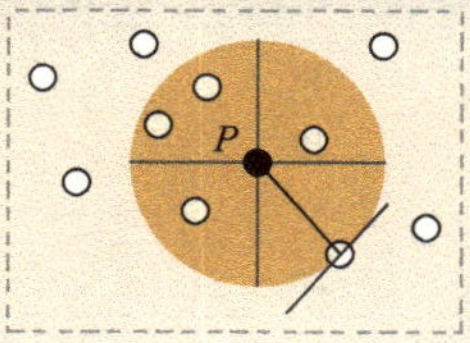	基于数据点在特征空间中的分布来检测异常。异常值通常表现为与大多数数据点距离较远或在密度较低的区域	当数据点的相对距离大于阈值，或密度小于阈值时，判定为异常	孤立森林、局部异常因子等
降维	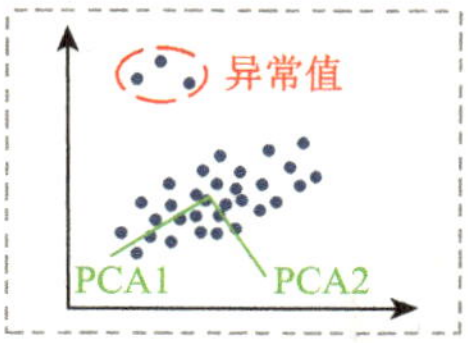	通过降维技术将数据从高维空间映射到低维空间，在降低计算复杂度的同时保留数据的主要特征。在高维空间难以分辨的异常值，在低维空间中可能因数据分布的简化而凸显出来	根据数据在低维空间的分布情况（如密度）或者数据重构前后的误差来计算异常得分，若超过阈值，则判定为异常	主成分分析、自编码器等
预测	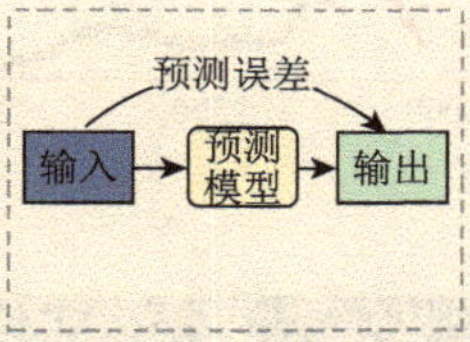	利用历史数据学习数据的正常行为模式，即构建一个能够描述数据正常变化的模型。由于异常值通常与正常模式存在显著差异，因此模型的预测误差在异常值处会显著增大	当实际观测值与预测值之间的差异超过预设阈值时，判定为异常	向量自回归模型、自回归差分移动平均模型、LSTM模型等

9.1.3 异常检测的常用数据集

1. 时间序列异常检测

时间序列异常检测任务的核心在于准确识别那些与正常模式显著不符的数据点 X_{abnormal}，这些点与正常数据点 X_{normal} 之间的差异应尽可能大，或者从概率角度看，其出现的可能性应尽可能小。给定时间序列数据序列 $\boldsymbol{X}=[\boldsymbol{x}_1,\boldsymbol{x}_2,\cdots,\boldsymbol{x}_t,\cdots,\boldsymbol{x}_T]^{\mathrm{T}}$，$\boldsymbol{x}_t\in\mathbb{R}^{d\times1}$，其中 T 表示时间步数，d 表示变量数。当 $d=1$ 时，为单变量时间序列；当 $d>1$ 时，为多变量时间序列。

表 9-2 列举了部分常用的时间序列异常检测数据集。其中 SMD 数据集（server machine dataset）是一个服务器数据集，它以 1 分钟的时间粒度收集了连续 5 周的数据。该数据集涵盖了 28 个不同的机器（实体），每个实体都有 38 个特征，这些数据特征反映了机器的各种运行状态和性能指标。图 9-2（a）为机器 3 的第 10 个特征的时间序列，图中用红色标记的片段表现出两种主要的异常特征：一是数据在一瞬间显著上升，表现为急剧的峰值；二是数据呈现出一种持续的上升趋势。这些异常表现可能预示着机器运行中的非正常变化，需进一步分析确定其原因和可能的影响。

表 9-2 时间序列异常检测常用数据集

数据集	总采样数	时间序列数	变量数	异常率（%）
Yahoo	572966	367	1	0.68
KPI	5922913	29	1	2.26
Industry	695293	70	1	1.1

续表

数据集	总采样数	时间序列数	变量数	异常率（%）
UCR	19353766	250	1	2.55
SMD	1416825	28	38	2.08
JumpStarter	777600	60	19	7.09
SKAB	37401	34	9	34.94
PSM	220322	1	26	11.07

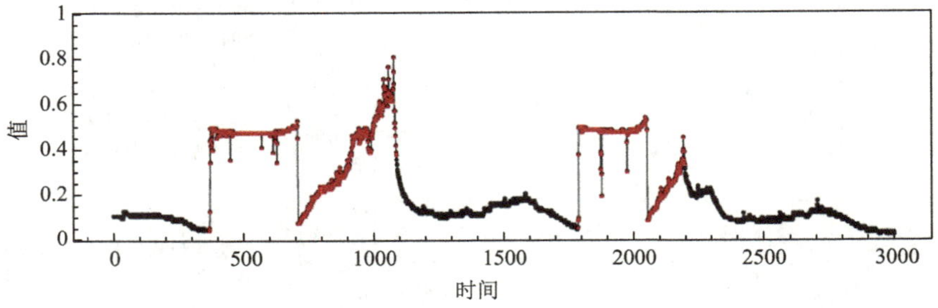

(a) SMD数据示例

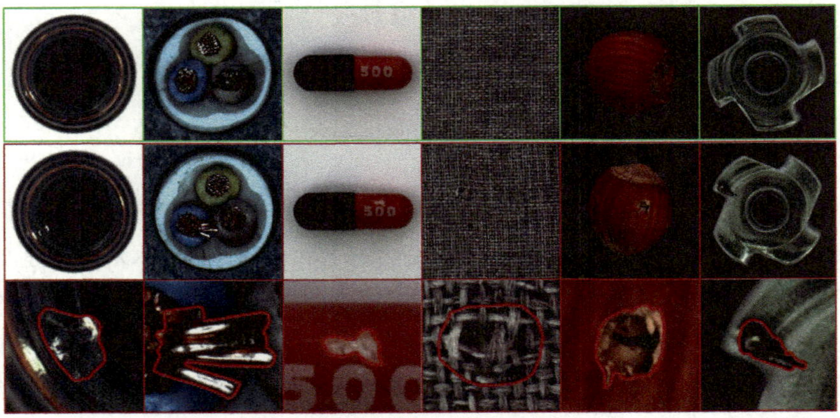

(b) MVTec AD数据示例

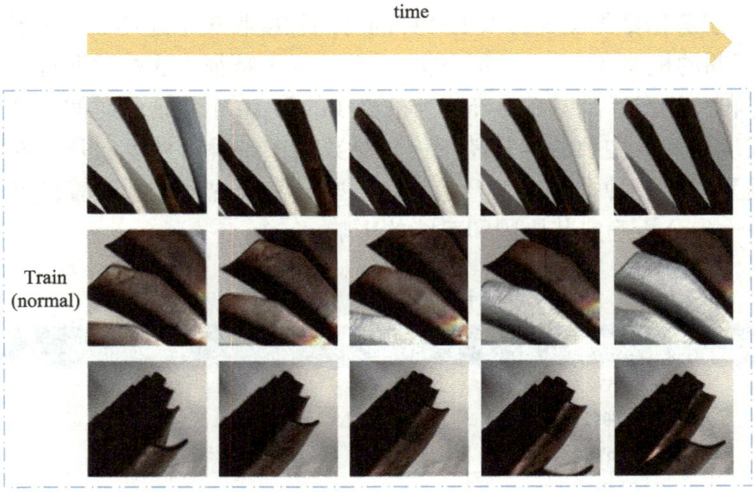

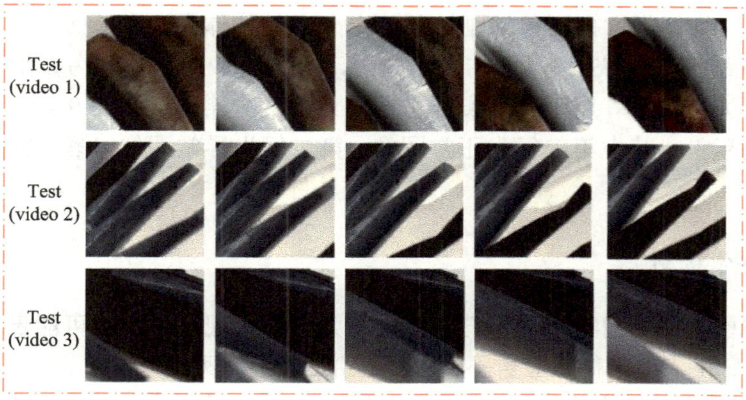

(c) AeBAD-V数据示例

图 9-2 异常数据集示例

2. 图像异常检测

在图像异常检测任务中，算法的主要目标是识别那些与正常图像分布不一致的图像。这通常涉及对图像进行特征提取和比较的过程。对于输入图像I，可以计算其特征表示$F(I)$，这些特征可能包括像素分布、纹理、结构等信息。然后，算法基于这些特征进行挖掘，以判断图像是否异常。

图像异常检测的主要应用领域为工业产品缺陷检测、医学影像分析、高光谱图像处理等。表 9-3 为常用的图像异常检测数据集。其中，MVTec AD 是工业检测领域广泛使用的异常检测基准数据集。该数据集共包含 3466 张无标注图像和 1888 张有标注图像（像素级分割标注），包括纹理类数据和物体类数据。纹理类数据包含规律的纹

表 9-3 图像异常检测常用数据集

应用场景		数据集名称
工业	布匹	TILDA
		PFID
	金属	MT
		RSDD
		NEU
	纳米材料	NanoTWICE
	综合	MVTec AD
医学	大脑	BraTS
	视网膜	AMD
高光谱	混合	AVIRIS
		ABU

路和随机纹路，物体类数据则包括刚性和特定外观的物体、可变形物体以及自然变化物体。数据集中还包含了 73 种不同的缺陷类型，如划痕、凹陷、脏污、形变和缺料等，这些缺陷均为人工制作，用于模拟实际工业场景中的异常情况。图 9-2（b）为正常图像与异常图像的示例。其中第一行为正常图像，第二行为异常图像，第三行为放大后的异常区域。

3. 视频异常检测

视频异常检测任务旨在识别不符合正常行为模式的视频片段，可能表现为突然的运动变化、外观变化或与其他的显著不一致性。给定视频序列 $V=(I_1,I_2,\cdots,I_n,\cdots,I_N)$，其中 I_n 表示第 n 帧图像，N 表示视频序列的总帧数。在异常检测中，需要对视频序列进行逐帧分析，提取每帧的特征，如光流、运动模式或外观特征，并构建整个视频的特征序列。然后，通过比较这些特征序列与正常行为模式的差异，识别出异常行为所在的视频片段。

表 9-4 为常用的视频异常检测数据集。其中，AeBAD 是航空发动机叶片的异常检测数据集。该数据集由两个子数据集组成：单叶片异常数据集（AeBAD-S）和叶片视频异常数据集（AeBAD-V）。AeBAD-V 包含从不同视点拍摄的视频，训练集由从四个视点拍摄的视频组成，而测试集由从另外三个视点拍摄的视频组成。如图 9-2（c）所示，数据由一系列帧组成，记录了叶片在不同时刻的状态。与模拟环境中的 AeBAD-S 相比，AeBAD-V 中的环境更符合航空发动机叶片的真实异常检测。叶片异常包括击穿、烧蚀、沟槽、断裂四种缺陷。部分异常样本如图 9-2（c）所示，Test 数据集中的 video1 的第 5 幅图可观察到明显的叶片烧蚀痕迹。

表 9-4　视频异常检测常用数据集

数据集名称	总帧数	异常种类
AeBAD	-	4
UCSD Ped1	14000	5
UCSD Ped2	4560	5
CUHK Avenue	40652	5
ShanghaiTech Campus	317398	11
UCF-Crime	13741393	13

9.2 基于统计理论的异常检测

基于统计理论的方法通常假设数据是由特定的统计模型产生的，其基本思想是：正常数据发生在假设模型的高概率区域，而异常数据发生在低概率区域。根据对数据分布的假设程度的不同，可分为参数方法和非参数方法。参数方法假定数据的概率密度函数已知，此类方法的优点是简单直观，但阈值的确定较为主观。主要包括 3σ 准则、箱线图等。非参数方法假定概率分布函数未知并利用输入数据估计数据的分布，优点是对数据的假设较少，使用范围更广，能对更复杂的分布进行建模。主要包括基于直方图的异常值得分（histogram-based outlier score，HBOS）、累积和法等方法。

9.2.1 3σ 准则

1. 算法基础

3σ 准则，又称为拉依达准则。对于数据集 D，3σ 准则的核心思想是假设 D 服从正态分布，即 $D \sim N(\mu,\sigma^2)$，其中 μ 为均值，σ 为标准差。如图 9-3 所示，根据正态分布的特性，数值分布在 $(\mu-\sigma,\mu+\sigma)$ 区间中的概率约为 68.2%，分布在 $(\mu-2\sigma,\mu+2\sigma)$ 区间中的概率约为 95.4%，分布在 $(\mu-3\sigma,\mu+3\sigma)$ 区间中的概率约为 99.7%。在这一假设下，数据与平均值的偏差超过标准差的 3 倍的概率 $P(|x-\mu|>3\sigma)$ 应小于 0.003，可能性极低，因此将位于区间 $(\mu-3\sigma,\mu+3\sigma)$ 外的数据视为异常值。

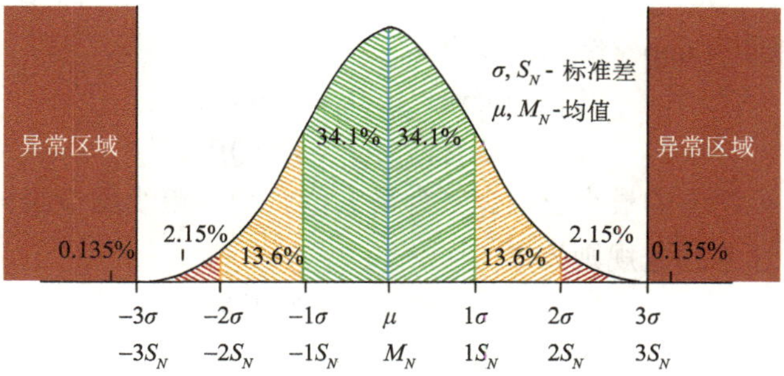

图 9-3 正态分布 3σ 准则

注 意

> 3σ 准则也可以拓展到 $c\cdot\sigma$ 的形式，即可将区间 $(\mu-c\cdot\sigma,\mu+c\cdot\sigma)$ 外的点视作异常值，c 可根据实际情况灵活调整。

2. 算法步骤

使用 3σ 准则进行异常检测的步骤如下。

步骤 1： 计算均值和标准差。计算数据集 D 的均值 μ 和标准差 σ。

步骤 2： 设定阈值。计算下阈值 $\mu-3\sigma$ 和上阈值 $\mu+3\sigma$。

步骤 3： 判断异常。遍历数据集 D 中的每个数据点 x_i，若 $x_i < \mu - 3\sigma$ 或 $x_i > \mu + 3\sigma$，则判定 x_i 为异常值。

3. 3σ 准则算法应用与评价

3σ 准则在数据符合正态分布假设的情况下表现优异，其计算简单直观，能够迅速识别出大部分异常值。然而，该算法也存在一定的局限性。它依赖于数据的正态分布特性，对于非正态数据，如厚尾分布，可能产生误判。此外，其阈值的设定虽然基于统计学原理，但在实际复杂场景中可能不够灵活，无法适应所有异常情况。

9.2.2 箱线图

2.3 节已经介绍过箱线图的结构和绘制规则，下面介绍如何利用箱线图确定数据的异常值。

1. 算法基础

在箱线图中，四分位距（IQR）是重要的异常判定依据，计算公式为

$$\mathrm{IQR} = Q_3 - Q_1 \tag{9-1}$$

其中，Q_3 为上四分位数，Q_1 为下四分位数。接下来计算箱线图的下截断点（lower fence，记为 C_L）和上截断点（upper fence，记为 C_U），公式为

$$\begin{aligned} C_\mathrm{L} &= \max\{x_{\min}, Q_1 - 1.5\mathrm{IQR}\} \\ C_\mathrm{U} &= \min\{x_{\max}, Q_3 + 1.5\mathrm{IQR}\} \end{aligned} \tag{9-2}$$

其中，$x_{\min}$ 是数据集 D 中的最小值，$x_{\max}$ 为最大值。利用箱线图检测异常如图 9-4 所示。

在箱线图中，异常判定规则为

$$\begin{cases} C_\mathrm{L} \leqslant x_i \leqslant C_\mathrm{U} & ，x_i\text{为正常值} \\ \text{其他} & ，x_i\text{为异常值} \end{cases} \tag{9-3}$$

其中，x_i 是数据集 D 中的第 i 个数据点。

注 意

当没有数据分布在区间 $[Q_1 - 1.5\mathrm{IQR}, Q_3 + 1.5\mathrm{IQR}]$ 时，箱线图的下截断点和上截断点为数据本身的最大值和最小值，此时数据中无异常值。

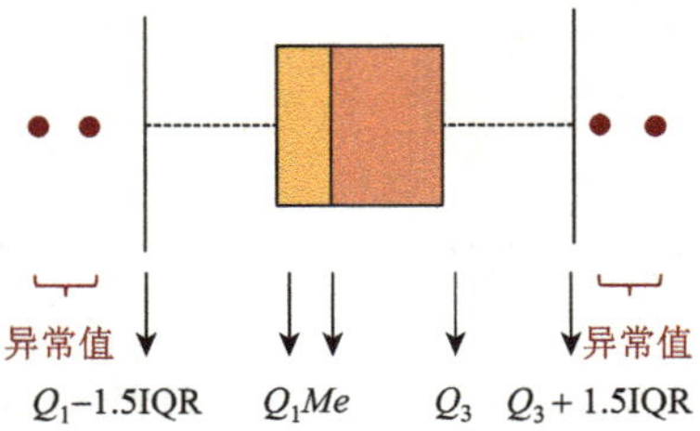

图 9-4 利用箱线图检测异常

注 意

与 3σ 准则类似，箱线图也可调整为 $c\cdot\text{IQR}$ 的形式，此时箱线图的边界为

$$C_{\text{L}}=\max\{x_{\min},Q_1-c\cdot\text{IQR}\}$$
$$C_{\text{U}}=\min\{x_{\max},Q_3+c\cdot\text{IQR}\}$$

2. 算法步骤

使用箱线图进行异常检测的步骤如下。

步骤 1： 排序。将数据集 D 的所有数据点 x_i 由小到大排序。

步骤 2： 计算分位数。计算得到 D 的中位数（Me）、下四分位数（Q_1）和上四分位数（Q_3）。

步骤 3： 计算四分位距。根据式（9-1）计算四分位距（IQR）。

步骤 4： 绘制箱线图。根据式（9-2）计算上下截断点。

步骤 5： 判断异常。根据规则（9-3）进行异常判定。

3. 箱线图算法应用与评价

箱线图是一种基础的一维特征空间非参数异常检测方法。相较于 3σ 准则，其主要优势在于不需要对数据进行特定的分布假设，在处理不符合正态分布的数据时仍具有较高的客观性。此外，箱线图具有较强的稳健性，即使数据中已包含一些异常值，这些值对四分位数的影响通常较小，不足以显著改变箱线图的整体形态。然而，对于具有复杂或多模态分布的数据，箱线图可能无法准确地反映所有的分布特征，有时会忽略某些异常行为。在这些情况下，可能需要采用更复杂的统计方法或机器学习算法，以更有效地识别和处理异常值。

9.2.3 基于直方图的异常值得分

HBOS 是一种基于密度直方图的算法，可用于多变量时间序列的异常检测，其基本假设是数据的各特征都是独立的。它将数据集分成若干个区间，通过计算每个区间中数据点的密度来计算数据点的异常得分，数据密度越小，异常得分越高。

1. 算法基础

数据集 $D\in\mathbb{R}^{d\times N}$ 表示具有 d 个特征和 N 个样本的矩阵。HBOS 首先对数据集 D 中的每个特征 $\boldsymbol{x}_i\in\mathbb{R}^N(i=1,2,\cdots,d)$ 构建单变量直方图，共需要绘制 d 个直方图。对于分类数据，统计每个类别的频数并计算相对频率，以此作为直方图的高度；对于数值数据，HBOS 使用静态宽度直方图和动态宽度直方图对连续数据进行离散化，以便计算概率密度。

静态宽度直方图

将 $\boldsymbol{x}_i$ 的值从小到大进行排序，柱形的宽度 w 为 $(x_{max}-x_{min})/k$，其中 x_{max} 为 $\boldsymbol{x}_i$ 的最大值，x_{min} 为 $\boldsymbol{x}_i$ 的最小值，k 为柱形的个数。第一个柱形的范围为 $[x_{min}, x_{min}+w)$，第二个柱形的范围为 $[x_{min}+w, x_{min}+2w)$，…，第 k 个柱形的范围为 $[x_{min}+(k-1)\cdot w, x_{max})$。各柱形的高度 h_{ij} 可定义为位于该范围内的样本数 n_{ij} 与总样本数 n 的比值，即 $h_{ij}=n_{ij}/k, j=1,2,\cdots,k$。显然，$h_{ij}$ 越大，该柱形中的样本数越多，概率密度 $P_i(j)$ 越大，因此，$P_i(j)$ 可直接用 h_{ij} 表示。

动态宽度直方图

将 $\boldsymbol{x}_i$ 的值从小到大进行排序，然后依次选取 N/k 个连续值作为一组，共分为 k 组。第一组包括第 1 到第 N/k 个数，第二组包括第 $1+N/k$ 到第 $2\cdot N/k$ 个数，…，第 k 组包括第 $(k-1)\cdot N/k$ 到第 N 个数。将每组数绘制为一个柱形，由于直方图中的柱形面积对应着样本数量，动态宽度直方图中各柱形的面积都是相同的。每个柱形的宽度 w_j 由放入其中的第一个和最后一个样本决定，在所有柱形面积相同的情况下，可以用柱形的高度 h_j 来表示数据密度 $P_i(j)$，柱形的跨度越大，高度越低，概率密度 $P_i(j)$ 越小。

下面通过一个案例理解静态宽度直方图和动态宽度直方图的绘制方法。

示例

以数据集[18, 21, 35, 42, 52, 53, 65, 83, 84, 85, 87, 92]为例，样本数 N 为 12，当给定柱形数 k 为 4 时，绘制得到的静态宽度直方图和动态宽度直方图如图 9-5 所示。

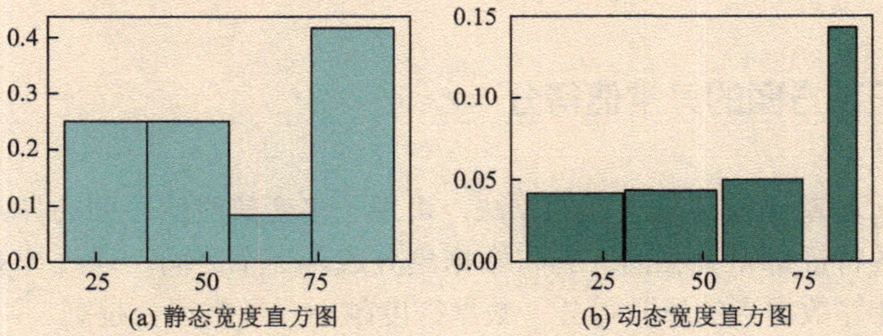

(a) 静态宽度直方图　(b) 动态宽度直方图

图 9-5　直方图示例图

在静态宽度直方图中，各柱形的宽度相同，为 $(x_{max}-x_{min})/k=(92-18)/4=18.5$；在动态宽度直方图中，各柱形的面积相同，为 $1/k=1/4=0.25$。

接下来基于绘制的直方图进行异常得分的计算。根据前面的分析，数据点所处的柱形的高度越低，其概率密度越小，异常概率越高。因此，对于数据集 D 中的第 j 个样本 $\boldsymbol{x}_j \in \mathbb{R}^d, j=1,2,\cdots,N$，可以综合其在各特征 i 下的概率密度 $P_i(\boldsymbol{x}_j)$ 计算总的概率密度 $P(\boldsymbol{x}_j)$，并以此为基础计算异常得分。$P(\boldsymbol{x}_j)$ 的计算公式为

$$P(\boldsymbol{x}_j)=P_1(\boldsymbol{x}_j)P_2(\boldsymbol{x}_j)\cdots P_d(\boldsymbol{x}_j) \tag{9-4}$$

对 $P(\boldsymbol{x}_j)$ 取对数得

$$\log(P(\boldsymbol{x}_j))=\log(P_1(\boldsymbol{x}_j)P_2(\boldsymbol{x}_j)\cdots P_d(\boldsymbol{x}_j))=\sum_{i=1}^{d}\log(P_i(\boldsymbol{x}_j)) \tag{9-5}$$

为使得概率密度 $P(\boldsymbol{x}_j)$ 越大时，异常得分 $\text{Score}(\boldsymbol{x}_j)$ 越小，将式（9-5）两边乘 -1，得

$$-\log(P(\boldsymbol{x}_j))=-\sum_{i=1}^{d}\log(P_i(\boldsymbol{x}_j))=\sum_{i=1}^{d}\log\left(\frac{1}{P_i(\boldsymbol{x}_j)}\right) \tag{9-6}$$

$-\log(P(\boldsymbol{x}_j))$ 即为样本 $\boldsymbol{x}_j$ 的异常得分 $\text{Score}(\boldsymbol{x}_j)$。

2. 算法步骤

使用 HBOS 进行异常检测的步骤如下。

步骤 1： 绘制直方图。对于数据集 D，需对 d 个特征分别绘制直方图。

步骤 2： 计算概率密度。对于 D 中的每个样本 $\boldsymbol{x}_j$，计算其在各特征 i 下的概率密度 $P(\boldsymbol{x}_j)$，并根据式（9-4）计算 $\boldsymbol{x}_j$ 的总概率密度 $P(\boldsymbol{x}_j)$。

步骤 3： 计算异常得分。根据式（9-6）计算 $\boldsymbol{x}_j$ 的异常得分 $\text{Score}(\boldsymbol{x}_j)$。

步骤 4： 判断异常。设定阈值 ε（通常需要通过实验和调整来优化阈值设置），若 $\text{Score}(\boldsymbol{x}_j)>\varepsilon$，则标记为异常。

3. HBOS 算法应用与评价

HBOS 算法的优点为处理速度快，具有线性时间复杂度。因为每个特征都是互相独立地构建直方图，可以部署在大规模分布式系统上来加速运算，所以能够适应大规模数据集的处理需求。但 HBOS 算法在直方图构建过程中假设各特征独立且重要性相同，可能导致算法在高维数据集中的检测结果较差。另外，从 HBOS 的步骤可以发现，它的密度估计结果与区间宽度息息相关，不同的区间划分往往对应着不同的密度函数，从而影响异常检测的效果。

9.2.4 累积和法

累积和法（cumulative sum，CUSUM）常用于时间序列的异常检测，其基本假设是在控制条件下数据的均值是稳定的。CUSUM 计算的是每组样本的观测值与目标值的偏差的累积和。该算法通过监控这些偏差的累积和，来检测数据中是否存在持续偏移。如果累积和显著偏离初始设定的控制限（通常是基于数据的预期波动设定的），则表明出现了异常点。

1. 算法基础

CUSUM 通常使用在给定时间间隔（如小时、日、周、月等）内采集的数据样本来检测序列变化。每段时间内采集的数据样本构成一个子组，CUSUM 关注的是这些子组的平均值（或其他统计指标）的累积和（本节以平均值为例）。

1）计算样本观测值

对于数据集 D，设每个子组的大小为 n，共采集了 m 个子组。对于第 i 个子组，其均值为

$$\overline{x}_i = \frac{\sum_{j=1}^{n} x_{ij}}{n} \tag{9-7}$$

其中，x_{ij} 表示第 i 个子组的第 j 个样本的值。

2）估计目标值

在 CUSUM 中，目标值可以直接输入，也可以从一系列子组中估计。在本节中，使用所有子组的均值作为目标值，计算公式为

$$\overline{\overline{x}} = \frac{\sum_{i=1}^{m} \overline{x}_i}{m} \tag{9-8}$$

3）计算 k

CUSUM 中的 k（allowable slack，允许的松弛度）代表了数据序列在正常情况下的波动水平，通常设为 0.5～1 个标准差 s。一般情况下，可以使用子组的极差或标准差来估计 s，也可以直接输入已知的 s。基于标准差的计算公式为

$$\hat{s} = \frac{\overline{s}}{c_4} \tag{9-9}$$

其中，

$$\overline{s} = \frac{\sum_{i=1}^{k} s_i}{k},$$
$$c_4 = \sqrt{\frac{2}{n-1}} \frac{\Gamma\left(\frac{n}{2}\right)}{\Gamma\left(\frac{n-1}{2}\right)} \tag{9-10}$$

4）计算控制限

通常情况下，上控制限（upper control limit，UCL）和下控制限（lower control limit，LCL）设为 $\pm 0.8 \cdot \hat{s}$，即

$$\begin{aligned} k &= 0.8 \cdot \hat{s} \\ \text{UCL} &= k = 0.8 \cdot \hat{s} \\ \text{LCL} &= -k = -0.8 \cdot \hat{s} \end{aligned} \tag{9-11}$$

5）计算累积和

接下来计算上累积和 S_{U_i}（upper cumulative sums）与下累积和 S_{L_i}（lower cumulative sums）。

$$S_{U_i} = \max[0, S_{U_{i-1}} + \bar{x}_i - \bar{\bar{x}} - k]$$
$$S_{L_i} = \min[0, S_{L_{i-1}} + \bar{x}_i - \bar{\bar{x}} + k] \tag{9-12}$$

其中，$S_{U_0} = 0$，$S_{L_0} = 0$。

6）异常检测

当累积和超过期望的上限或下限时，认为数据出现了异常，公式表示为

$$\begin{cases} S_{U_i} > \text{UCL 或 } S_{L_i} < \text{LCL} & \text{，子组}i\text{异常} \\ \text{其他} & \text{，子组}i\text{正常} \end{cases} \tag{9-13}$$

图 9-6 为使用 CUSUM 进行异常检测的示意图。其中棕色折线表示数据序列，绿色直线对应的时刻为实际的变化点，红色虚线对应的时刻为 CUSUM 检测到的变化点。从结果来看，CUSUM 可以检测到所有的变化点，是一种有效的检测方法。但 CUSUM 存在一定的延迟，即在实际变化点发生后，CUSUM 可能需要一定时间才能检测到这个变化，这导致红色虚线所示的变化点比实际变化点稍有滞后。在实际应用中，可以通过调整参数来优化 CUSUM 的检测效果。

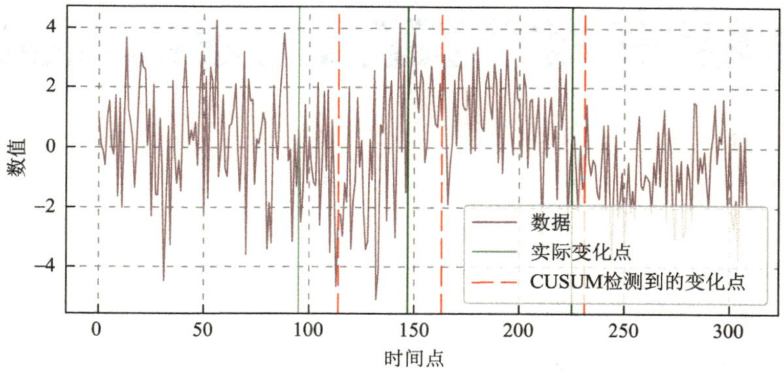

图 9-6　CUSUM 示意图

2. 算法步骤

使用 CUSUM 进行异常检测的步骤如下。

步骤 1： 确定参数。确定每个子组的样本数 n，明确观测值、目标值、松弛度 k、上下限（UCL、LCL）的计算方式。

步骤 2： 计算累积和。根据式（9-12）计算上累积和 S_{U_i} 与下累积和 S_{L_i}。

步骤 3： 判断异常。根据式（9-13）判断时刻 i 是否出现异常。

3. CUSUM 算法应用与评价

CUSUM 的主要优点在于其能够快速有效地检测异常点并实时监控过程。该算法的图表简单直观，易于理解，能清晰显示趋势变化和异常点，且特别适用于罕见事件或低发

生率事件的监控，无须长时间的样本跟踪。CUSUM 在质量评估与控制方面的应用尤为突出，因为它对趋势中的微小变动极为敏感。然而，CUSUM 基于数据遵循特定分布的假设，可能与实际数据分布存在偏差，从而影响检测结果的准确性。此外，CUSUM 存在一定的滞后性，可能导致异常检测有延迟。

9.2.5 实践案例：基于箱线图的 wiki 网络流量异常检测

本节利用 9.2.2 节介绍的经典的箱线图方法对 wiki 网络流量进行异常检测，数据集来自 Kaggle 赛题 Web Traffic Time Series Forecasting（网络流量时间序列预测），包含中文、英文、俄文等各国语言的 wiki 页面（145063 个页面）从 2015 年 7 月 1 日至 2016 年 12 月 31 日的日网络流量数据（550 天），如表 9-5 所示。本案例选取了英语、日语、德语、法语、中文、俄语、葡萄牙语七种语言的网络流量数据进行分析。为便于展示，仅保留了“页面”列的前 4 个字符，且剔除了数值高于 500 的数据。

表 9-5　wiki 网络流量数据集样例

页面	2015/7/1	2015/7/2	…	2016/12/30	2016/12/31	语言
2NE1	18	11	…	18	20	中文
2PM_	11	14	…	26	20	中文
3C_z	1	0	…	4	17	中文
…	…	…	…	…	…	…
Tran	4	3	…	7	4	葡萄牙语
Fecu	29	16	…	7	8	葡萄牙语

完整原始数据：“./chapter9/data/Web network traffic.csv”

数据预处理。删除缺省值、从“页面”列提取页面的语言属性、将数据按语言进行分类。

模型构建。本小节主要使用 matplotlib 库中的 pyplot.boxplot 函数对 wiki 网络流量数据集进行异常检测，其主要作用是绘制箱线图。

参数调整。boxplot 函数的主要参数包括 notch、vert 和 patch_artist。其中 notch 用于控制箱体中间是否有 V 形凹槽，取值为 True 时表示有 V 形凹槽，取值为 False 时表示无 V 形凹槽，箱体为矩形；vert 表示箱体的方向，取值为 True 时箱体垂直，取值为 False 时箱体水平；patch_artist 用于控制箱体的生成对象，取值为 True 时箱体由 Patch 对象生成，取值为 False 时箱体由 Line2D 生成。在本小节中，以上参数均设置为 True。

结果可视化。为便于比较，将不同国家的箱线图用不同颜色标注，并将异常值用圆圈表示。

```
matplotlib.pyplot.boxplot(x, notch=None, sym=None, vert=None, whis=None,
positions=None, widths=None, patch_artist=None, bootstrap=None, usermedians=
None, conf_intervals=None, meanline=None, showmeans=None, showcaps=None,
showbox=None, showfliers=None, boxprops=None, tick_labels=None, flierprops=
None, medianprops=None, meanprops=None, capprops=None, whiskerprops=None,
manage_ticks=True, autorange=False, zorder=None, capwidths=None, label=None,
*, data=None)
```

完整代码见 chapter9/code/9-1 Boxplot.py。

输出结果：

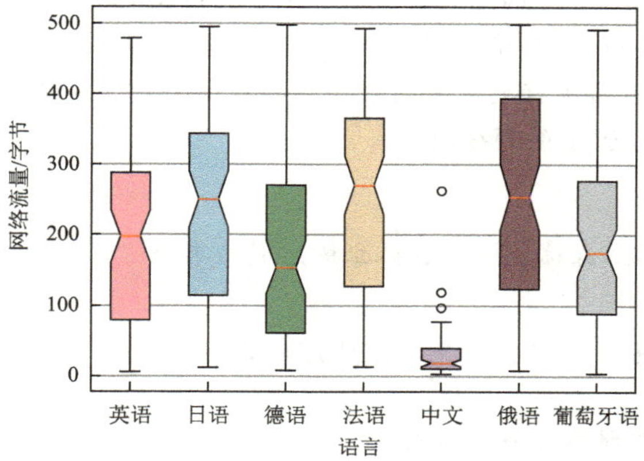

从图中可以看出，中文 wiki 页面的流量中位数明显低于其他语言，一半以上的中文页面流量低于 20 字节。此外，中文数据中出现了三个异常值，最高的接近 300 字节，表明个别日期的流量显著高于其他时间。俄语、法语和日语页面的流量中位数最高，且数据分布的跨度也较大，反映了这三种语言在维基百科上的流量波动更大。英语、葡萄牙语和德语页面的流量中位数较为接近，但是德语和英语页面的数据波动范围更广，尤其是德语，其上四分位数以上的数据波动非常显著。

值得注意的是，异常值的存在并不一定表示问题，它们可能代表特定事件导致的流量激增，如热点新闻事件或节假日。对于中文页面的异常值，进一步分析时需要考虑这些日期是否与特殊事件相关。

9.3 基于空间分布的异常检测

基于空间分布的异常检测算法主要分析待观测数据的空间分布情况，通过寻找位于低密度区域的点，或识别出到聚集中心点的距离较远的点来判断异常值，主要包括 K-近邻分类、K 均值聚类、DBSCAN、孤立森林、局部异常因子等，其中前三种算法分别在本书 7.2 节、8.3 节、8.5 节已介绍。接下来进一步认识孤立森林和局部异常因子这两种常用的异常检测算法。

9.3.1 孤立森林

孤立森林（isolation forest，IF）是一种基于树结构的无监督异常检测算法。它利用数据在特征空间中的孤立程度进行异常判定，认为异常数据为分布稀疏，且离高密度群体较远的点。

1. 算法基础

定义 9-4 孤立树（isolation tree，iTree）是孤立森林中的基本单元，通过随机选择一个特征和一个随机阈值来划分数据集。孤立树的生长过程是通过递归地选择特征和阈值进行数据集的划分，直到每个数据点都被单独分离在叶子节点上（或达到了预设的划分次数）。

定义 9-5 孤立森林是由多棵孤立树组成的集合。

对于数据集 $D \in \mathbb{R}^{d \times N}$，其孤立树的生成过程如下。

步骤 1： 随机抽取 n 个数据点。

步骤 2： 从特征空间 $\{\boldsymbol{x}_i\}(i \in [1,m])$ 中随机选择一个特征 $\boldsymbol{x}_i$（也可以选择多个特征）。

步骤 3： 随机选择 $\boldsymbol{x}_i$ 中的一个值 x_{ij} 作为划分点。

步骤 4： 将每一数据点 x 与划分点 x_{ij} 相比较，左枝放入小于等于该阈值 $(x \leqslant x_{ij})$ 的数据点，右枝放入大于该阈值 $(x > x_{ij})$ 的数据点。

步骤 5： 重复步骤 2～步骤 4，当所有数据点均被划分为孤立点（或当划分次数达到预先设置的最大值 $S_{\max}$）时，算法终止。

下面结合一个二维数据集 $D \in \mathbb{R}^{2 \times N}$ 的例子来理解上述过程。

示例

图 9-7(a)为从 $D \in \mathbb{R}^{2 \times N}$ 中抽取的 n 个数据点的分布图，在本例中，轮流选择 X_1 和 X_2 两个特征进行划分；每次选择的特征值是随机生成的：

第一次选择的特征是 X_1，将 $X_1 \leqslant 13$ 的数据点划分到左子树，$X_1 > 13$ 的数据点划分到右子树。

第二次选择的特征是 X_2，将 $X_2 \leqslant 11$ 的数据点划分到左子树，$X_2 > 11$ 的数据点划分到右子树。

……

第六次选择的特征是 X_2，将 $X_2 \leqslant 3$ 的数据点划分到左子树，$X_2 > 3$ 的数据点划分到右子树。

图 9-7（b）为生成的孤立树，其中，黄色圆圈代表划分点，蓝色圆圈代表可进一步划分的数据集（数据点数量大于 1），方框表示孤立点（数据点数量为 1）。

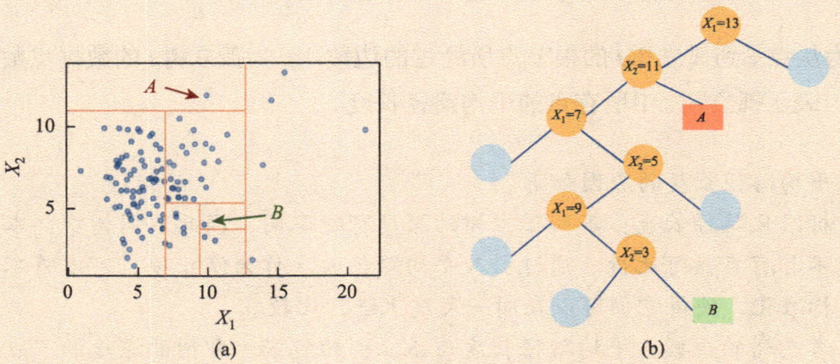

图 9-7 孤立树划分示意图

在本例中，点 A 划分两次后成为孤立点，而点 B 划分六次后才成为孤立点。从分布情况来看，点 A 的分布较为稀疏，与大部分数据点距离较远，而点 B 的周围聚集了大量样本点，位于高密度区域，在进行空间划分时，需要进行多次划分才能使点 B 孤立于其余点。因此，可以推断点 A 的异常概率高于点 B。

定义 9-6 路径长度（path length）数据点 x 的路径长度 $h(x)$ 为从点 x 到孤立树的根节点经过的边数。

路径长度是检测数据点异常的重要依据。在得到孤立树后，可以根据树结构中各数据点与根节点之间的路径长度来评估样本的异常程度，路径越短表示样本越容易被孤立，越可能是异常点。图 9-8 为基于孤立树进行异常检测的示意图，异常得分与路径长度成反比，路径长度越短，异常得分越高。当异常得分高于预定义的阈值时，将数据点判定为异常。

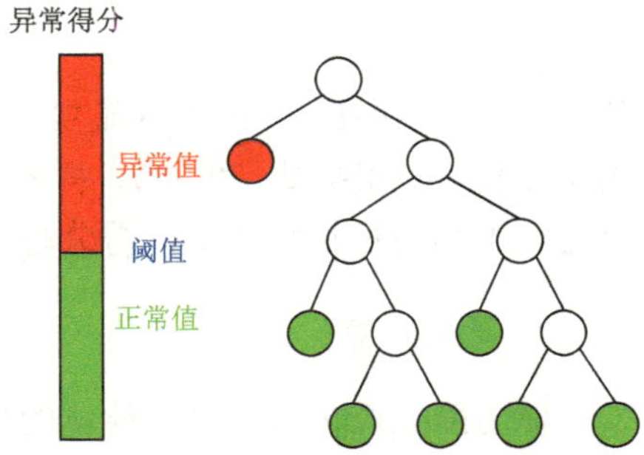

图 9-8 孤立树异常检测示意图

注 意

根据示例可以看出，由于样本的划分过程是完全随机的，每次划分时选取的特征数、特征以及特征值都是随机的，因此需要重复多次实验来得到一个收敛值，集成多次实验的结果计算各样本点的异常得分。多次实验得到的孤立树，就构成了孤立森林。

接下来介绍如何利用生成的孤立树计算异常得分。对于数据集D，假设构建了T个孤立树。在第t棵孤立树中，数据点x的路径长度$h_t(x)$为

$$h_t(x) = e_t + C_t(n) \tag{9-14}$$

$$C_t(n) = 2(\ln(n-1) + 0.5772156649) - \frac{2(n-1)}{n} \tag{9-15}$$

其中，e_t为从点x到孤立树t的根节点所经过的边数，n为孤立树t的数据点数量，$C_t(n)$为修正项，表示孤立树t中所有点的平均路径长度。

加入平均路径长度的原因如下。

（1）标准化路径长度：不同孤立树的深度可能不同，因此不同树中样本点的路径长度可能不具有直接可比性。通过引入平均路径长度作为修正项，可以将不同树中的路径长度标准化，使得它们可以在同一尺度上进行比较。

（2）考虑树的规模：平均路径长度与孤立树的规模（即树的深度和节点数量）有关。规模较大的树往往具有较长的平均路径长度，因此加入平均路径长度作为修正项可以反映出树的规模对路径长度的影响。

注　意

式（9-15）为平均路径长度的理论估计值，其推导过程超出本书范围，在此仅展示最终结果。

接下来综合数据点x在所有孤立树的路径长度来计算异常得分$\text{Score}(x)$，公式为

$$\text{Score}(x) = 2^{-\frac{E(h(x))}{C(n)}} \tag{9-16}$$

其中，$E(h(x))$表示x在所有孤立树上的路径长度的期望均值，$C(n)$表示所有孤立树的平均路径长度。根据式（9-16），样本的平均路径长度越短，得分越接近1，异常概率越高；反之，平均路径长度越长，得分越接近0，异常概率越低。

2. 算法步骤

使用孤立森林进行异常检测的步骤如下。

步骤1： 确定参数。确定孤立树的数量T、最大划分次数$S_{\max}$、每次抽取的数据点数量n和每次抽取的特征数m。

步骤2： 构建孤立森林。构建T个孤立树。

步骤3： 计算路径长度。对于数据点x，假设其包含在k个孤立树中（由于每次构建孤立树时随机抽取样本，$k \leqslant T$），根据式（9-14）计算数据点x在各孤立树中的路径长度。

步骤4：计算异常得分。根据式（9-16）计算数据点 x 的异常得分 $\text{Score}(x)$。

步骤5：判断异常。设定阈值 ε，若 $\text{Score}(x) > \varepsilon$，则标记数据点 x 为异常。

3. 孤立森林算法应用与评价

孤立森林算法是一种基于树的算法，该算法的独立生成树结构使其可部署于大规模分布式系统上，且树的数量越多，算法的稳定性越高。然而，孤立森林在处理高维数据集时存在局限性。由于算法在每次切割数据空间时随机选择特征，这可能导致未能充分利用所有特征的信息，降低了算法的效果。此外，高维空间中的噪声特征或无关特征也可能干扰树的构建过程，影响算法的准确性。

9.3.2 局部异常因子

局部异常因子（local outlier factor，LOF）是基于数据的局部密度来进行异常检测的算法，密度越小，异常概率越高。

1. 算法基础

定义 9-7 K 近邻距离（K-nearest distance）：点 p 的 K 近邻距离是点 p 到其第 k 个最近邻域点的距离，记作 $d_k(p)$。

若 $d_k(p)=d(p,o)$，则点 p 与点 o 满足如下条件：

（1）至少有 k 个对象 $o'\in X-\{p\}$，且 $d(p,o')\leqslant d(p,o)$；

（2）至多有 $k-1$ 个对象 $o'\in X-\{p\}$，且 $d(p,o')< d(p,o)$。

定义 9-8 k 距离邻域（K-nearest neighbors）指在 $d_k(p)$ 范围内的数据点构成的集合，记作 $N_k(p)$。

$$N_k(p)=\{o\in X-\{p\}\,|\,d(p,o)\leqslant d_k(p)\} \tag{9-17}$$

定义 9-9 可达距离（reachability-distance）：点 p 到点 o 的可达距离为点 p 的 K 近邻距离 $d_k(p)$ 和点 p 与点 o 的直接距离 $d(p,o)$ 中的较大值，记作 $\text{rd}_k(p,o)$。

$$\text{rd}_k(p,o)=\max\{d_k(p),d(p,o)\} \tag{9-18}$$

示例

图 9-9 为 $k=5$ 时，数据点 p 的 K 近邻距离的示意图，其中点 o_5 为与点 p 距离最近的第 5 个点，此时 $d_5(p)=d(p,o_5)=\text{rd}_5(p,o_5)$。根据式（9-18），$d(p,o_6)>d_5(p)$，所以点 o_6 到点 p 的可达距离为 $d(p,o_6)$；$d(p,o_4)<d_5(p)$，所以点 o_4 到点 p 的可达距离为 $d_5(p)$。

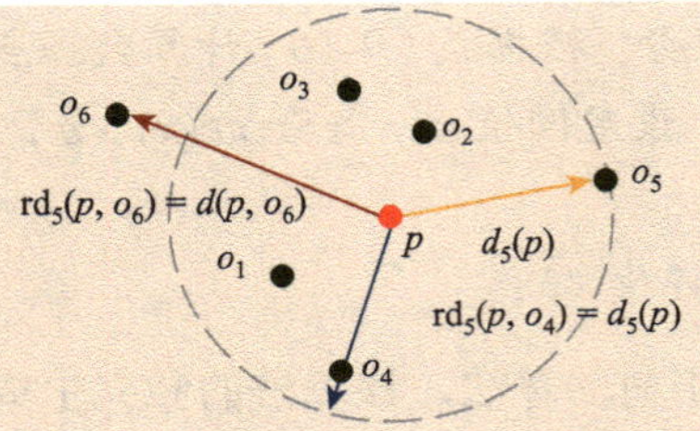

图 9-9　K 近邻距离示意图

定义 9-10　局部可达密度（local reachability density）：点 p 的局部可达密度是点 p 与其 k 近邻的平均可达距离的倒数。

$$\mathrm{lrd}_k(p) = 1\Bigg/\left(\frac{\sum\limits_{o \in N_k(p)} \mathrm{reach\_disk}_k(p,o)}{|N_k(p)|}\right) \tag{9-19}$$

局部可达密度与绝对密度

局部可达密度是根据样本点与其邻域点的距离来计算的，如果两者的距离越远，则样本点的局部可达密度越小。绝对密度是根据样本点与所有其他点的距离计算的。计算公式为

$$\mathrm{gd}(p) = 1\Bigg/\left(\frac{\sum\limits_{o \in X-\{p\}} d(p,o)}{N-1}\right)$$

相比于直接计算样本点的绝对密度，局部可达密度更能够反映出样本点的稀疏程度。由于数据往往呈现出不均匀分布的情况，某些区域可能会存在着稠密但相对稀疏的点，如果直接计算绝对密度，这些点可能会被错误地判定为异常点。

进一步地，数据点 p 的局部异常因子 $\mathrm{LOF}_k(p)$ 为

$$\mathrm{LOF}_k(p) = \frac{\sum\limits_{o \in N_k(p)} \dfrac{\mathrm{lrd}_k(o)}{\mathrm{lrd}_k(p)}}{|N_k(p)|} = \frac{\sum\limits_{o \in N_k(p)} \mathrm{lrd}_k(o)}{|N_k(p)|}\Bigg/\mathrm{lrd}_k(p) \tag{9-20}$$

如果 $\mathrm{LOF}_k(p)$ 接近 1，说明点 p 的密度与其邻域点密度相近，p 可能和邻域同属一簇；$\mathrm{LOF}_k(p)$ 越小于 1，说明 p 的密度高于其邻域点密度，p 越可能是正常点；$\mathrm{LOF}_k(p)$ 越大于 1，说明 p 的密度小于其邻域点密度，p 越可能是异常点。

数据挖掘

注　意

LOF 算法中，局部可达密度的定义暗含了一个假设，即不存在大于等于 k 个具有完全相同特征的重复点。当点 p 的 k 近邻均为其重复点时，点 p 的平均可达距离为 0，

从而导致其局部可达密度变为无穷大，这可能对异常检测产生负面影响。在实际应用中，为了避免这种情况，常在数据预处理阶段将样本去重，不考虑重复的情况。另一种方式是给可达距离都添加一个很小的值，以避免其等于零。

2. 算法步骤

使用 LOF 进行异常检测的步骤如下。

步骤 1： 数据去重。对数据集 D 进行去重（重复样本的距离为 0，会对计算造成影响），去重后的数据集记作 D'。

步骤 2： 计算距离。分别计算每一个数据点 x 到样本空间 D' 内其余点的距离。

步骤 3： 排序。将步骤 2 中的距离升序排列。

步骤 4： 确定 k 距离邻域。指定近邻样本个数 k，对于每个数据点 x，寻找其 k 距离邻域 $N_k(x)$。

步骤 5： 计算局部可达密度。根据式（9-19）计算数据点 x 的局部可达密度 $\mathrm{lrd}_k(x)$。

步骤 6： 计算异常得分。根据式（9-20）计算数据点 x 的异常得分 $\mathrm{LOF}_k(x)$。

步骤 7： 判断异常。设定阈值 ε，若 $\mathrm{LOF}_k(x) > \varepsilon$，则标记数据点 x 为异常。

3. LOF 算法应用与评价

LOF 算法通过计算点 p 与其 k 个最近邻域点的相对密度，来刻画其异常程度。这种相对密度计算方式有助于克服绝对密度估计的不足，即使在数据集的空间分布不均匀、密度差异明显的情况下，LOF 算法也能取得良好的异常检测效果。然而，LOF 算法在实施过程中要计算每对数据点之间的距离，在处理大规模数据集时会显著增加计算负担。

LOF 算法的改进——Fast LOF

为了加快 LOF 算法的运行速度，Fast LOF 采用了数据分割策略。首先将整个数据集分隔成多个小的子集合，然后在这些子集上分别计算样本点的 LOF 值。这种方法能够大幅度降低计算的复杂性，特别适合大数据环境。然而，Fast LOF 的数据分割策略可能影响异常检测的准确性。因为在较小的子集中进行局部密度评估可能会降低对真实异常点的识别能力，特别是在数据集的边界区域，邻近点可能跨子集分布，从而影响异常分数的计算。

9.3.3 实践案例：基于局部异常因子的信用卡欺诈行为检测

本节使用 LOF 算法进行信用卡欺诈行为的检测。数据集来源于 Kaggle 中的 creditcard 数据集，包含了 284807 笔欧洲持卡人用信用卡进行的交易记录，其中 492 笔为欺诈交易，占所有交易的 0.172%。数据集只包含数值输入变量，共 31 个。其中 Time 表示每个事务与数据集中的第一个事务之间经过的秒数，Amount 为交易金额，Class 是响应变量，在欺诈情况下取值 1，否则取值 0。此外，数据集还有 28 个未提供具体含义的变量，记作 V1 到 V28。该数据示例如表 9-6 所示。

表 9-6　信用卡欺诈数据集示例

Time	V1	V2	V3	…	V28	Amount	Class
0	−1.35981	−0.07278	2.536347	…	−0.02105	149.62	0
0	1.191857	0.266151	0.16648	…	0.014724	2.69	0
1	−1.35835	−1.34016	1.773209	…	−0.05975	378.66	0
…	…	…	…	…	…	…	…
172788	−0.24044	0.530483	0.70251	…	0.104533	10	0
172792	−0.53341	−0.18973	0.703337	…	0.013649	217	0

完整原始数据：“./chapter9/data/creditcard.csv”

特征工程。使用 lambda 函数和 apply 方法将时间转换为小时，并将结果存储在名为 Hour 的新列中。然后，将删除 Time、Class 列后的数据存储到变量 X 中，并将 Class（异常标签）存储到变量 Y 中。

参数调整。LocalOutlierFactor 函数的主要参数包括 n_neighbors、algorithm 和 contamination。其中，n_neighbors 表示在计算每个数据点的局部密度时使用的邻居点的数量，其取值为任意正整数；algorithm 表示计算最近邻的算法，取值包括 auto（自动选择最合适的算法，默认值）、kd_tree（KDTree 算法）、brute（Brute-force search，暴力搜索法）等；contamination 表示数据集中异常值的比例，默认为 auto（自动设定异常比例）。本节将 n_neighbors 设为 25。

使用 LOF 算法进行异常检测。首先使用 sklearn 中的 LocalOutlierFactor 创建一个 LOF 对象，并指定每个数据点的邻居点数（n_neighbors）为 25。接下来使用 fit_predict 方法对特征矩阵 $\boldsymbol{X}$ 进行训练并预测，得到每个样本的异常标签（预测结果为−1 表示异常点，为 1 表示正常点）。最后使用 LOF.negative_outlier_factor 提取 LOF 算法计算出的异常分值，并存储在 Y_scores 中。

评估 LOF 算法性能。首先指定评估的样本数 n 为 100。然后利用 Pandas 库中的 sort_values 函数对 scores 列的值进行排序，将异常分值低的样本排在前面。接下来选择排在前 100 位的样本作为 TopN 样本，并计算标签为 1 的样本的比例，即准确率。最后输出准确率的结果。

```
class sklearn.neighbors.LocalOutlierFactor(n_neighbors=25, *, algorithm=
'auto', leaf_size=30, metric='minkowski', p=2, metric_params=None,
contamination='auto', novelty=False, n_jobs=None)
```

完整代码见 chapter9/code/9-2 LOF.py。

输出结果：

检测出的异常值数量为：1696

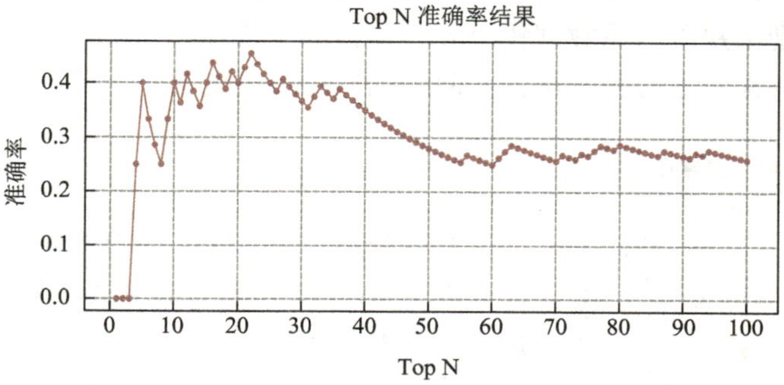

根据输出结果，在 LOF 异常值得分的前 22 个样本中，检测准确率最高，为 48%。而在前 100 个样本中，准确率下降到 26%，这意味着在完全无监督的情况下，每四个被标记为异常的样本中，仅有一个是真正的异常样本。虽然这一速度比人工筛选要快，但准确率显然不足。在实际应用中，为了提高检测的准确性和可靠性，需要结合其他异常检测算法进行综合评估。此外，对于复杂的现实数据，很多用户的违规行为可能并不明显，导致基于行为的异常检测方法无法有效地识别这些异常。这进一步说明了单一异常检测方法的局限性，以及开发更为复杂和多维度的检测方法的重要性。

9.4 基于降维的异常检测

在处理大数据环境下的异常检测问题时，通常需要从高维数据中识别出异常模式。高维数据通常包含大量的特征，这可能会导致算法遭受“维数灾难”，进而影响学习的效率和模型的泛化能力。为了克服这些问题，数据降维技术应运而生。本节将介绍两种经典的基于降维的异常检测算法：主成分分析和自编码器。

9.4.1 主成分分析

主成分分析（principal component analysis，PCA）是一种流行的数据降维技术，它通过识别数据中的主要变量和模式，将高维数据有效地转换为较低维度的表示，其基本原理已在本书 5.1 节详细阐述。在异常检测领域，PCA 的应用主要集中在以下两个方面。

（1）PCA 能够将数据映射到一个低维的特征空间中，这个过程涉及对数据各个维度的主要趋势和关系的提取。在这个被简化的特征空间里，每个数据点在主成分上的投影可以被分析和比较。异常点通常会在这些主要成分上显示出与大多数数据点显著不同的行为，因此可以通过观察数据点在低维空间中的位置偏差来检测异常。

（2）将数据从低维特征空间重建回原始高维空间是一个逆变换过程，即数据重构。在这个过程中，可以通过比较重构前后的数据来计算重构误差。异常数据通常在重构时会产生较大的误差，因为它们可能不会遵循数据的普遍模式和趋势。通过评估重构误差的大小，可以识别出那些与原数据集有显著差异的异常点。

接下来将详细探讨这两种方法在实际中的应用及其优势。

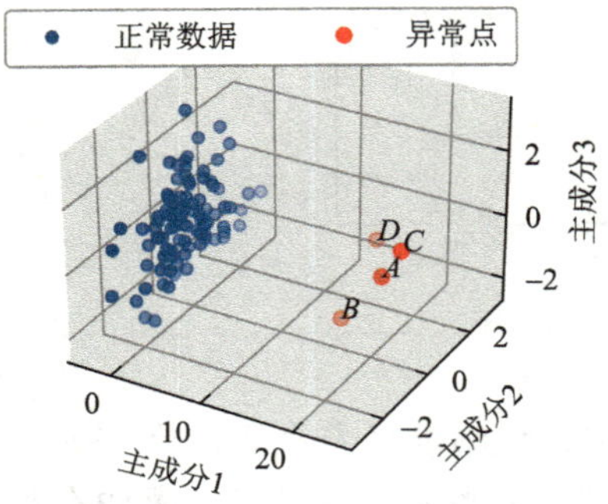

图 9-10　主成分分析示意图

1. 算法基础

1）基于降维的 PCA 异常检测

在 PCA 降维过程中，更关注具有较大特征值的对应特征向量，因为这些特征向量代表了数据中方差较大的方向。然而，在异常检测中，更关注较小特征值的对应特征向量。较小的特征值意味着投影后的数据点在这个轴上分布较为集中，而异常点更容易在这些情况下偏离。因此，当单个数据点在某些方向上与整体数据的特征差异较大时，可以将这个数据点视为异常点。如图 9-10 所示，点 A、B、C、D 与其他数据点偏离较大，因此将其判定为异常。

在异常检测中，可以根据数据所有方向上的偏离程度来计算第 j 个样本的异常得分 $\mathrm{Score}(\boldsymbol{x}_j)$：

$$\mathrm{Score}(\boldsymbol{x}_j)=\sum_{i=1}^{d}\frac{\left|\boldsymbol{x}_j{}^{\mathrm{T}}e_i\right|^2}{\lambda_i},\quad j=1,2,\cdots,N \tag{9-21}$$

其中，e_i 为特征向量，λ_i 为特征值。

2）基于重构的 PCA 异常检测

在异常检测中，可以基于 PCA 对数据进行重构，将原数据集 D 从主成分空间 $\boldsymbol{Y}^k$ 映射到原始空间。设重构之后的数据集合为

$$\boldsymbol{R}^k=(W^k\times(\boldsymbol{Y}^k)^{\mathrm{T}})^{\mathrm{T}}=\boldsymbol{Y}^k\times(W^k)^{\mathrm{T}} \tag{9-22}$$

其中，$\boldsymbol{R}^k$ 是使用 top-k 的主成分 $\boldsymbol{Y}^k$ 进行重构之后形成的数据，是一个 $d\times N$ 维的矩阵。可以定义数据点 $\boldsymbol{x}_j$ 的异常得分为

$$\begin{gathered}\mathrm{Score}(\boldsymbol{x}_j)=\sum_{k=1}^{d}(|\,\boldsymbol{x}_j-R_j^k\,|)\times\mathrm{ev}(k)\\ \mathrm{ev}(k)=\sum_{l=1}^{k}\lambda_l\Big/\sum_{l=1}^{d}\lambda_l\end{gathered} \tag{9-23}$$

其中，R_j^k 为重构后的数据空间 $\boldsymbol{R}^k$ 的第 j 个数据点，$|\bullet|$ 为欧几里得(Euclidean)范数，$\mathrm{ev}(k)$ 为 top-k 的主成分在所有主成分中所占的比例。由于特征值是由大到小降序排列的，$\mathrm{ev}(k)$ 随 k 的增大而增大，即 $\mathrm{ev}(k)$ 为递增序列。特别地，当 $k=d$ 时，$\mathrm{ev}(k)=1$。式(9-23)

对使用不同数量的主成分对数据进行重构时的误差进行了加权求和，是一个综合性的度量。

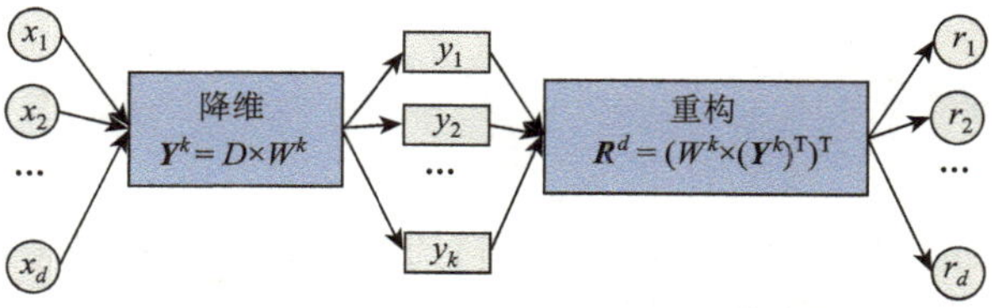

图 9-11　基于重构的 PCA 异常检测方法

图 9-11 概括了以上过程。首先，将高维数据 D 线性变换至由主成分构成的新空间 $\boldsymbol{Y}^k$ 中实现降维。然后，将降维后的数据点从新空间重构回原始高维空间 $\boldsymbol{R}^k$。最后，依据每个数据点 $\boldsymbol{x}_j$ 在重构过程中的差异 $\left|\boldsymbol{x}_j - \boldsymbol{R}_j^k\right|$ 来判断其是否为异常点。通常，正常数据点在数据集中的比例会显著高于异常数据点，这使得异常点的特征信息在重构过程中更容易丢失。因此，异常点在重构后的差异较大，而正常点的差异较小。通过设定合适的阈值，可以有效地识别出异常点。

2. 算法步骤

使用 PCA 进行异常检测的步骤如下。

步骤 1： 数据预处理。对数据进行标准化处理。

步骤 2： 特征值分解。计算各特征值 λ_i 及其对应的特征向量 e_i（$i \in 1,2,\cdots,d$）。

步骤 3： 降维。根据特征值的大小，选择前 k 个特征值对应的特征向量作为主成分，得到降维后的数据 $\boldsymbol{Y}^k$。

步骤 4： 重构。若使用第二种方法，则使用式(9-22)计算重构后的数据 $\boldsymbol{R}^k$。

步骤 5： 异常判定。根据式（9-21）（思路一）或式（9-23）（思路二）计算异常得分 $\mathrm{Score}(\boldsymbol{x}_j)$，设定阈值 ε，若 $\mathrm{Score}(\boldsymbol{x}_j) > \varepsilon$，则标记数据点 $\boldsymbol{x}_j$ 为异常。

3. PCA 算法应用与评价

应用 PCA 进行异常检测具备许多优势。首先，PCA 通过将数据转换为主要成分，有效地降低了数据维度，大大简化了后续处理过程。这一过程不仅凸显了数据的核心结构和模式，还能滤除次要变量，增强对异常点的识别能力。其次，PCA 能够消除噪声和冗余特征，提升算法效率，使得异常检测更为精准。此外，作为一种无监督学习技术，PCA 无须依赖事先的标签信息，使其成为处理未标记数据集的理想选择。最后，PCA 的降维特性使得数据可视化成为可能，为直观理解数据分布和异常点提供了便利。

然而，PCA 也面临一些不足。首先，PCA 对数据中的异常值高度敏感，这些异常值有时会扭曲主成分的方向，从而影响整体的检测效果。其次，由于 PCA 基于线性变换，可能无法充分捕捉数据中的复杂非线性关系，这在处理实际数据集时可能显得力不从心。

9.4.2 自编码器

自编码器（autoencoder，AE）也是一种降维技术，其基本思想是通过学习数据的内部表示来重构输入，从而捕捉数据的潜在结构。由于自编码器擅长区分数据的基本特征和噪声，因此常被用于检测异常。

1. 算法基础

自编码器可拆解为两个部分。

第一部分称为编码器，它负责将输入数据转换为降维表示，通常称为“潜在空间”或“编码”。即通过一个参数化函数 f 将 x 映射到表示 $\hat{z}$ 。

第二部分称为解码器，用于重建初始输入，通常称为“解码”。即通过一个参数化函数 g 将表示 $\hat{z}$ 映射到观测数据 x 。

模型训练的目标是最小化输入与重构输出之间的差异，使得 $x \approx g(f(x))$，二者之间的差异通常称为重构误差。常用的计算方法包括连续数据的均方误差（MSE）或二进制数据的二进制交叉熵。

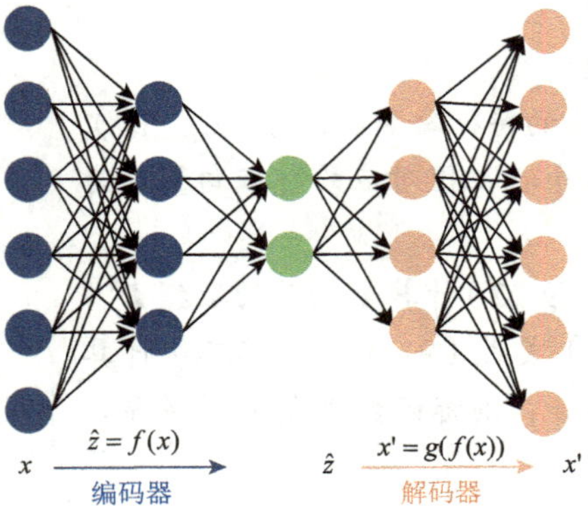

图 9-12　自编码器算法结构图

函数 f 和 g 可以是由单个矩阵参数化的简单线性模型，也可以是一个深度神经网络。图 9-12 展示了一个简单的线性编码器，其中 f 和 g 均为线性函数且共享一个权重矩阵 $\boldsymbol{W}$ ：

$$\hat{z} = f(x) = \boldsymbol{W}x$$

$$x' = g(\hat{z}) = \boldsymbol{W}^{\mathrm{T}}\hat{z}$$

可通过最小化平方误差 $\sum_j \left\| \boldsymbol{x}_j - g(f(\boldsymbol{x}_j)) \right\|^2$ 来训练模型，使得 $x \approx g(f(x))$ 。

线性编码器通过将输入数据映射到低维度的线性空间来进行特征提取和表示学习，其思路与 PCA 十分相似。具体来说，当 $\hat{z}$ 的维度为 m 时，在 $x \xrightarrow{W} \hat{z}$ 的过程中，矩阵 $\boldsymbol{W}$ 应学习到由数据的 m 个主成分张成的矩阵，使得 $\hat{z}$ 能够尽可能多地保留 x 的信息。这与 PCA 的做法完全相同。

2. 算法步骤

使用自编码器进行异常检测的步骤如下。

步骤 1： 数据预处理。对数据进行标准化处理。

步骤 2： 模型构建。构建自编码器，确定编码器 f_θ 和解码器 g_ϕ 的结构（其中 θ 和 ϕ 表示模型参数）。

步骤 3： 模型训练。目标为最小化重构损失函数 $\sum_j \|\boldsymbol{x}_j - g_\phi(f_\theta(\boldsymbol{x}_j))\|^2$，通过反向传播算法优化参数 θ 和 ϕ。

步骤 4： 误差计算。计算每个数据点 $\boldsymbol{x}_i$ 的重构误差 $\mathrm{error}_i = \|\boldsymbol{x}_i - g_\phi(f_\theta(\boldsymbol{x}_i))\|^2$。

步骤 5： 判断异常。设定阈值 ε，若 $\mathrm{error}_i > \varepsilon$，则标记数据点 $\boldsymbol{x}_i$ 为异常。

3. 自编码器算法应用与评价

自编码器在数据压缩和重建方面具有强大的能力，对于未标记的数据集具有较好的适应性，且能够捕获数据的非线性关系。然而，自编码器本质上属于确定性编码，它提供每个输入的固定、单一的表示。这种确定性结构限制了它们建模具有不确定性的真实数据的能力。这一局限性推动了变分自编码器（variational autoencoder，VAE）的发展，VAE 引入了概率分布，通过学习数据的潜在分布来提高模型的泛化能力和异常检测的准确性。此外，还有引入稀疏性约束的稀疏自编码器（sparse autoencoder，SAE）、适用于处理图像等具有空间相关性的数据的卷积自编码器（convolutional autoencoder，CAE）等。这些变体的改进之处在于引入了更复杂的模型结构和训练方式，从而提高了异常检测的效果和稳定性。

9.4.3 实践案例：基于主成分分析的飞机发动机异常状态识别

本节将详细探讨如何利用 PCA 算法对飞机发动机进行异常检测。我们选取发动机产生的热量、振幅、转速、燃油消耗率以及振动频率这五个核心指标作为分析特征。这些指标能够全面反映发动机的性能与健康状况，是确保发动机安全运行的关键信息。以燃油管道堵塞为例，这种异常情况会直接导致燃油消耗率显著上升。因此，通过监测以上指标，能够及时发现飞机发动机的状态变化。

数据读取。本节使用的数据为依据预定义规则生成的飞机发动机状态数据，详见“./chapter9/data/Engine_data.csv”。

PCA 降维。调用 sklearn.decomposition.PCA 进行 PCA 降维，利用 pca.score_samples 函数直接计算得出每个样本的异常得分。pca.score_samples 函数计算的是每个样本在新空间中的对数似然得分。这个得分基于样本在低维空间中的位置与模型在该空间中的高斯分布拟合。简单来说，得分是基于样本点到该高斯分布均值的距离计算的：离得越远，得分越低（即越可能是异常值）。这个分布的均值通常是降维后数据的均值，而协方差则与选取的主成分的方差（即特征值）有关。

参数调整。sklearn.decomposition.PCA 包的主要参数为 n_components，用于确定要保留的主成分数目，取值范围为整数、浮点数、字符串（mle 和 arpack）。如果为整数或浮点数，则表示要保留的主成分数目。如果为 mle，则表示要使用 MLE 算法来自动确定主成分的数量。如果为 arpack，则表示要使用 ARPACK 算法来计算 PCA。在本小节中，将 n_components 设置为 3。

数据可视化。调整坐标轴的旋转角度，从两个角度对异常检测结果进行可视化。

```
class sklearn.decomposition.PCA(n_components=None, *, copy=True, whiten=False, svd_solver='auto', tol=0.0, iterated_power='auto', n_oversamples=10, power_iteration_normalizer='auto', random_state=None)
```

完整代码如下。

文件名称	9-3 PCA.py	说明	飞机发动机特征变量异常检测

```
import numpy as np
import pandas as pd
import matplotlib.pyplot as plt
from sklearn.decomposition import PCA
from mpl_toolkits.mplot3d import Axes3D

# 1.读取数据
engine_data = pd.read_csv('../data/Engine_data.csv')
# 2.使用 PCA 进行降维，将数据压缩到 3 个主成分中
pca = PCA(n_components=3)
engine_data_pca = pca.fit_transform(engine_data)
# 3.计算异常得分
scores = pca.score_samples(engine_data) # 计算异常得分
# 4.绘图
font1 = {'family': 'STSong','weight': 'normal','size': 18}  # 画图字体设置
def plot_fig(ax, Y, scores, elev, azim):
    p = ax.scatter(Y[::10, 0], Y[::10, 1], Y[::10, 2], c=scores[::10], marker='+', alpha=0.4)
    fig.colorbar(p)    # 绘制 colorbar
    x, y, z = 3 * pca.components_
    planes = [np.r_[axis[:2], -axis[1::-1]].reshape((2, 2)) for axis in [x, y, z]]
    # 设置坐标轴标题
    ax.set_xlabel('主成分 1', fontdict=font1, labelpad=15)
    ax.set_ylabel('主成分 2', fontdict=font1, labelpad=15)
    ax.set_zlabel('主成分 3', fontdict=font1, labelpad=15)
    ax.view_init(elev=elev, azim=azim)
    # 调整 XYZ 轴数字的大小
    ax.tick_params(axis='x', labelsize=10)
    ax.tick_params(axis='y', labelsize=10)
```

```
    ax.tick_params(axis='z', labelsize=10)
fig = plt.figure(figsize=(15, 5))
ax = fig.add_subplot(121, projection='3d')
plot_fig(ax, engine_data_pca, scores, elev=30, azim=-120)  # 角度一 其中
  azim 是绕 z 轴旋转的角度 elev 是绕 y 轴旋转的角度
ax = fig.add_subplot(122, projection='3d')
plot_fig(ax, engine_data_pca, scores, elev=10, azim=-130)  # 角度二
plt.subplots_adjust(wspace=0.4)
plt.tight_layout()
plt.show()
```

输出结果：

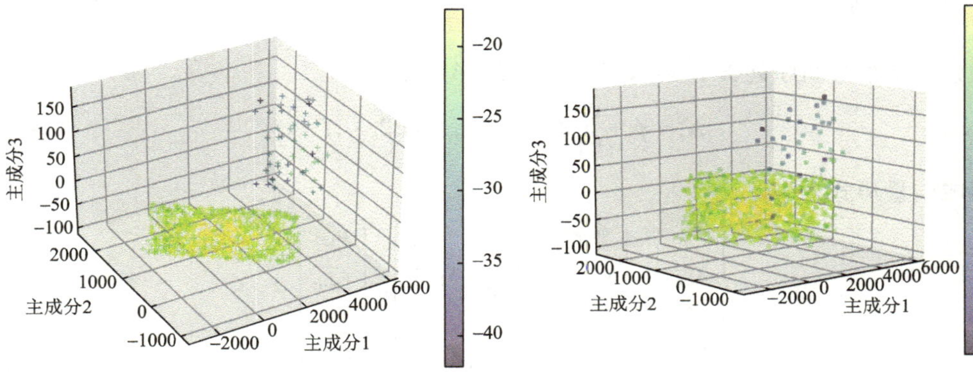

在这个案例中，我们利用PCA算法对飞机发动机的五个关键指标进行了降维处理，并通过颜色编码的方式直观展示了各数据点的异常得分。数据点的颜色越偏紫色，代表其异常概率越高，越可能被视为异常状态；而颜色越接近黄色，则异常概率越低，更可能被视为正常状态。

观察结果显示，在降维后的三维空间中，黄色的正常数据点形成了显著的聚类区域，而偏紫色的异常数据点则明显偏离了这些聚集区域，表现为离群点的特征。这说明PCA算法在异常检测中具有良好的效果，成功将异常值从大量正常数据中分离出来。此外，通过这种低维空间中的可视化展示方式，我们能够更清晰直观地理解检测结果，快速识别和定位异常状态。

9.5 基于预测的异常检测

基于预测的异常检测算法的基本思路是通过建立模型来捕捉历史数据的变化模式或规律，然后利用该模型对时间序列进行预测。由于异常样本较少，所构建的模型主要捕获正常数据的规律，因此其预测着重于正常情况下的数据变化。当数据出现异常时，预

测值与实际值的偏差通常会显著增大。因此，当预测值与实际值的偏差超过设定的阈值时，可以判定为出现异常。常用的模型包括向量自回归模型、自回归差分移动平均模型以及长短时记忆（long short term memory，LSTM）网络模型等。

9.5.1 向量自回归模型

向量自回归模型（vector autoregressive model，VAR 模型）是一个用于分析和预测多个时间序列之间相互关系的统计模型。该模型基于线性关系，利用所有当前时刻的变量值以及这些变量过去时刻的自身延迟值来构建。其主要目的是研究一个系统中不同时间序列变量之间的动态影响，以及分析随机扰动对整个系统的冲击效应。

1. 算法基础

假设有 d 维时间序列 $\boldsymbol{X}$，VAR 模型的表达形式如下：

$$\boldsymbol{X}_t = \boldsymbol{\phi}_0 + \sum_{i=1}^{d} \boldsymbol{\phi}_i \boldsymbol{X}_{t-i} + \boldsymbol{\varepsilon}_t,\ t = 1, 2, \cdots, T \tag{9-24}$$

展开写成向量形式为

$$\begin{pmatrix} x_{1,t} \\ x_{2,t} \\ \vdots \\ x_{N,t} \end{pmatrix} = \begin{pmatrix} \phi_{1,0} \\ \phi_{2,0} \\ \vdots \\ \phi_{N,0} \end{pmatrix} + \sum_{i=1}^{d} \boldsymbol{\phi}_i \begin{pmatrix} x_{1,t-i} \\ x_{2,t-i} \\ \vdots \\ x_{N,t-i} \end{pmatrix} + \begin{pmatrix} \varepsilon_{1,t} \\ \varepsilon_{2,t} \\ \vdots \\ \varepsilon_{N,t} \end{pmatrix}$$
$$\boldsymbol{\phi}_i = \begin{pmatrix} \phi_{1,1}(i) & \phi_{1,2}(i) & \cdots & \phi_{1,N}(i) \\ \phi_{2,1}(i) & \phi_{2,2}(i) & \cdots & \phi_{2,N}(i) \\ \vdots & \vdots & & \vdots \\ \phi_{N,1}(i) & \phi_{N,2}(i) & \cdots & \phi_{N,N}(i) \end{pmatrix} \tag{9-25}$$

其中，$\boldsymbol{x}_t = [x_{1,t}, x_{2,t}, \cdots, x_{d,t}]^{\mathrm{T}}$ 为 $d \times 1$ 阶时间序列列向量，$\boldsymbol{\phi}_0$ 为 $d \times 1$ 阶常数项列向量，$\boldsymbol{\phi}_i$ 为 $d \times d$ 阶矩阵，$\boldsymbol{X}_{t-i}$ 为滞后的时间序列，p 为滞后阶数，$\boldsymbol{\varepsilon}_t$ 为 $d \times 1$ 阶噪声向量。

VAR 模型基于以下两个基本假设。

（1）多元时间序列的线性关系：VAR 模型假设多个变量之间存在线性关系，并将每个变量 $\boldsymbol{x}_i$ 表示为其他变量 $\boldsymbol{x}_1, \boldsymbol{x}_2, \cdots, \boldsymbol{x}_N$ 的线性组合。这意味着每个变量的当前值可以由过去时刻的该变量值以及其他变量的过去时刻值来预测。

（2）自回归结构：VAR 模型使用自身的延迟值作为解释变量，即将当前时刻的变量值 $x_{i,t}$ 与过去 p 个时刻的自身值 $x_{i,t-p}, x_{i,t-p+1}, \cdots, x_{i,t-1}$ 相关联。通过引入滞后项，VAR 模型能够捕捉到变量之间的动态关系和时间序列的惯性。

在构建多变量关系模型时，传统的方法是使用联立方程组来捕捉各变量之间的相互影响关系。然而，这种方法需要准确地划分每个变量是内生变量还是外生变量，而主观判断可能导致模型效果的偏差。相比之下，VAR 模型将所有变量都视为内生变量（每个 $\boldsymbol{x}_i$ 都作为因变量得到了解释），简化了模型的建立过程。

内生变量：是指在研究中直接受到研究对象或系统内部因素影响的变量，与研究问题直接相关，并且可能对研究中其他变量的变化产生影响。

外生变量：是指在研究中独立于研究对象或系统内部因素而存在的变量，它们对研究问题没有直接影响，并且不受其他变量的影响。

示例：以投资模型为例，假设模型包含五个变量：消费 C、投资 I、总收入 M、政府支出 G、利率 R，构建方程组如下：

消费函数： $C = \alpha_0 + \alpha_1 M + \varepsilon$

投资函数： $I = \beta_0 + \beta_1 R + \xi$

收入恒等函数： $M = C + I + G$

其中，C、I、M 均在方程中被解释，因此属于内生变量。而 R、G 没有得到解释，属于外生变量。

2. 算法步骤

使用 VAR 模型进行异常检测的主要步骤如下。

步骤 1：数据预处理。对数据进行标准化处理。

步骤 2：平稳性检验。对各变量的时间序列数据进行平稳性检验（如单位根检验），若均平稳，则可建立 VAR 模型（如果某些变量的时间序列不平稳，但通过协整性检验表明它们之间存在协整关系，也可以建立 VAR 模型）。

步骤 3：确定参数。可以使用信息准则（如 AIC、BIC）或者交叉验证等方法来确定最优的滞后阶数 p。通常选择一个使得信息准则最小的滞后阶数作为最终的模型滞后阶数。

步骤 4：构建模型。依据式（9-24）构建模型。

步骤 5：判断异常。计算每个时间步的预测误差 $\text{error}_t = \sum_{i=1}^{m} \left| x_{i,t} - \widehat{x_{i,t}} \right|$，设定阈值 ε，若 $\text{error}_t > \varepsilon$，则标记时刻 t 为异常。

3. VAR 算法应用与评价

使用 VAR 模型进行异常检测的优点在于其能够捕捉多变量时间序列数据之间的动态关系，从而更好地识别异常。VAR 模型能够考虑不同变量之间的相互影响，有助于发现异常事件对整体系统的影响，提高异常检测的准确性和可靠性。然而，VAR 模型需要足够多的历史数据来建立有效的模型，这在某些情况下可能会限制其应用。此外，VAR 模型在处理高维数据时计算复杂度较高，需要耗费较多的计算资源和时间。

9.5.2 自回归差分移动平均模型

自回归差分移动平均（autoregressive integrated moving average，ARIMA）模型是一

种经典的时间序列分析模型，常用于建模和预测具有自相关性和趋势性的时间序列数据。ARIMA 模型同时适用于单变量时间序列和多元时间序列的异常检测，可通过比较模型预测值与实际值的差异对观测数据进行异常判别。

1. 算法基础

ARIMA 模型由自回归（autoregressive，AR）模型、差分（integrated，I）模型、移动平均（moving average，MA）模型三部分构成。

ARIMA 模型各部分的作用如下。

（1）自回归（AR）模型：关注时间序列中过去值对当前值的影响，通过构建滞后项与当前值之间的线性关系，捕捉数据中的自相关性。

（2）差分（I）模型：用于处理非平稳时间序列，通过差分运算消除数据中的趋势和季节性因素，使序列变得平稳。

（3）移动平均（MA）模型：考虑了预测误差的滞后影响，通过引入误差项的滞后项来平滑数据中的随机波动。

通过调整模型的参数，如自回归阶数 p、差分阶数 d 和移动平均阶数 q，ARIMA 模型可以灵活地适应不同类型的时间序列数据，捕捉其中的趋势、季节性和随机波动，从而实现准确的预测。

1）自回归（AR）模型

p 阶自回归模型 AR(p) 可以表示为

$$\boldsymbol{X}_t = c + \phi_1 \boldsymbol{X}_{t-1} + \phi_2 \boldsymbol{X}_{t-2} + \cdots + \phi_p \boldsymbol{X}_{t-p} + \xi_t, \quad 1 \leqslant p < t \tag{9-26}$$

其中，阶数 p 表示当前时间点的值与前 p 个时间点的值相关，$\boldsymbol{X}_t$ 表示第 t 期的观测值，c 为常数项，$\phi_i(1 \leqslant i \leqslant t)$ 表示回归系数或加权系数，ξ_t 为白噪声。

2）差分（I）模型

差分是将时间序列中连续的两项做差（后一项减去前一项），其目的是将非平稳序列转变为平稳序列。经过几次差分转化为平稳序列，就称为几阶差分，如做 k 次差分时，为 k 阶差分，即差分阶数 $d = k$。对于非平稳序列，需要通过差分将其转化为平稳序列，然后再建立计量模型。

滞后运算

滞后运算是“向后移动一个单位”的运算，当用于时间序列时，它特指“向过去移动一个时间单位”的运算。大部分时候，滞后运算被简写为 B(backshift) 或者 L(lag)，我们可以对单一的时序样本或整个时间序列做滞后运算。

对于时间序列 $\boldsymbol{X}_t$，滞后一个时间步长的公式为

$$L\boldsymbol{X}_t = \boldsymbol{X}_{t-1}$$

类似地，滞后 n 个时间步长的公式为

$$L^n \boldsymbol{X}_t = \boldsymbol{X}_{t-n}$$

数据挖掘

滞后运算可用于表示差分。一阶差分可以看作相邻数据的差，其计算公式为

$$\Delta \boldsymbol{X}_t = \boldsymbol{X}_t - \boldsymbol{X}_{t-1} = \boldsymbol{X}_t - L\boldsymbol{X}_t = (1-L)\boldsymbol{X}_t \tag{9-27}$$

如果对时间序列进行两次一阶差分，那么就得到了二阶差分，计算公式为

$$\begin{aligned}\Delta^2 \boldsymbol{X}_t &= \Delta(\Delta \boldsymbol{X}_t) = (\boldsymbol{X}_t - \boldsymbol{X}_{t-1}) - (\boldsymbol{X}_{t-1} - \boldsymbol{X}_{t-2}) = \boldsymbol{X}_t - 2\boldsymbol{X}_{t-1} + \boldsymbol{X}_{t-2} \\ &= (1-2L+L^2)\boldsymbol{X}_t = (L-1)^2 \boldsymbol{X}_t\end{aligned} \tag{9-28}$$

以此类推，d 阶差分可表示为

$$\Delta^d \boldsymbol{X}_t = (1-L)^d \boldsymbol{X}_t \tag{9-29}$$

3）移动平均（MA）模型

移动平均是指将时间序列表示为一系列不相关的随机变量（误差项或白噪声）的线性组合，q 阶移动平均模型可以表示为

$$\boldsymbol{X}_t = \mu + \theta_1\varepsilon_{t-1} + \theta_2\varepsilon_{t-2} + \cdots + \theta_q\varepsilon_{t-q} + \varepsilon_t \tag{9-30}$$

其中，μ 为常数，$\varepsilon_{t-1},\varepsilon_{t-2},\cdots,\varepsilon_{t-q}$ 为往期的白噪声，$\theta_i(1 \leqslant i \leqslant t)$ 为加权系数，ε_t 为当前的白噪声。

对于一般的单变量时间序列 $\boldsymbol{X}_t(t=1,2,\cdots,T)$，令其均值 $E(X_t)=\mu$，L 是滞后算子，则 ARIMA(p,d,q) 模型可表示为

$$\left(1-\sum_{i=1}^{p}\phi_i L^i\right)(1-L)^d \boldsymbol{X}_t = \left(1+\sum_{i=1}^{q}\theta_i L^i\right)\varepsilon_t \tag{9-31}$$

2. 算法步骤

使用 ARIMA 模型进行异常检测的主要步骤如下。

步骤 1： 数据预处理。对数据进行清洗和整理，处理缺失值、异常值和离群点，确保数据的质量和完整性。

步骤 2： 确定参数。指定参数 p、q、d，得到初始化的 ARIMA 模型。

步骤 3： 模型训练。使用选定的 ARIMA 模型对历史数据 X_{history} 进行训练。

步骤 4： 预测。使用训练好的 ARIMA 模型对数据进行预测。

步骤 5： 异常判定。计算每个时间步 t 的预测误差 $\text{error}_t = \left|\boldsymbol{X}_t - \widehat{\boldsymbol{X}}_t\right|$；设定阈值 ε，若 $\text{error}_t > \varepsilon$，则标记时刻 t 为异常。

参数计算工具

pmdarima 库中的 auto_arima 函数是一个自动化工具，可以用来确定 ARIMA 模型中的 p、q、d 参数的最佳取值。示例如下：

```
from pmdarima import auto_arima #导入库
model = auto_arima(ts, start_p=1, start_q=1, max_p=3, max_q=3, seasonal=False, trace=True) #自动计算参数
print("Best ARIMA model parameters: ", model.order) #输出结果
```

（ts：时间序列数据；start_p：AR 模型的初始阶数；start_q：MA 模型的初始阶数；max_p：AR 模型的最大阶数；max_q：MA 模型的最大阶数；seasonal：是否考虑季节性，默认为 False；trace：是否输出详细的调试信息，默认为 False。）

3. ARIMA 算法应用与评价

ARIMA 模型在异常检测方面展现出独特的优势，它能够处理多种类型的时间序列数据，具有强大的适用性和灵活性。此外，ARIMA 模型能够有效捕捉时间序列的趋势和季节性模式，是一种相对稳健的异常检测方法。然而，ARIMA 模型也面临着一些局限性。首先，它假设时间序列的生成过程是线性的，这可能限制了其在处理复杂非线性模式时的有效性。其次，模型性能高度依赖于参数选择，而合适的参数（p,d,q）往往难以确定，需要依赖于专业知识或试错法。

9.5.3 LSTM 网络模型

LSTM 人工神经网络是一种特殊的循环网络（recurrent neural network，RNN），它能够有效地捕捉和处理时间序列数据中的长期依赖关系。RNN 是 LSTM 的基础，本节首先对 RNN 进行简要介绍。

1. RNN

循环神经网络（RNN）是一类以序列数据为输入，在序列的演进方向进行递归且所有节点（循环单元）按链式连接的递归神经网络。RNN 的主要思想是将前一时刻的输出作为当前时刻的输入，并将当前时刻的输出传递给下一时刻，以此来实现对序列数据的处理。这种时序的反馈机制使得 RNN 能够处理变长序列和捕捉序列中的动态模式。

RNN 的基本单元是一个称为循环单元（recurrent unit）的模块，它包含了一个激活函数和一个自反馈连接，是一个将上一单元的输出 h_{t-1} 和本单元的输入 x_t 组合在一起的简单结构，其具体结构如图 9-13 所示。

在各个时刻 t，网络都有一个输入 x 和与之对应的输出 y，h 是时刻 t 的中间层输入。神经网络的输入值是 x_t 和 h_{t-1}，输出值是 h_t 和 y_t。从理论上来说，h_t 受到前面所有输入值 x 的影响。

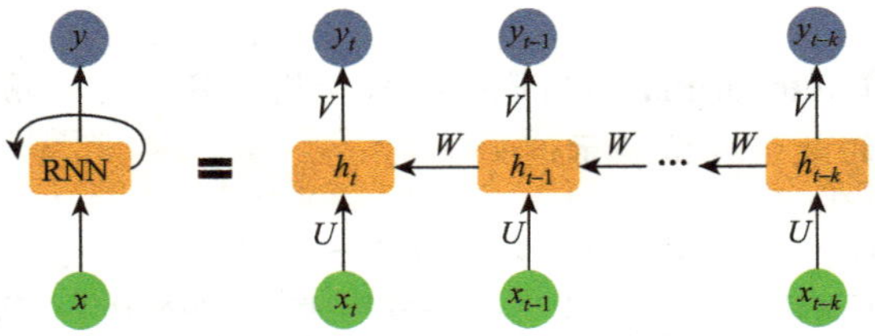

图 9-13　RNN 的具体结构

y_t 和 h_t 的计算公式为

$$y_t = g(\boldsymbol{V} \cdot h_t + b_V) \tag{9-32}$$

$$h_t = f(\boldsymbol{W} \cdot h_{t-1} + \boldsymbol{U} \cdot x_t + b_W) \tag{9-33}$$

其中，$\boldsymbol{W}$ 为每个单元之间的权重矩阵，$\boldsymbol{V}$ 为隐藏层到输出层的权重矩阵，$\boldsymbol{U}$ 为输入层到隐藏层的权重矩阵，b_V 和 b_W 为偏置项。

梯度消失和梯度爆炸

在 RNN 中，梯度爆炸和梯度消失是常见的挑战。以最简单的 RNN 为例，该模型假设权值共享（共享 $\boldsymbol{W}$、$\boldsymbol{V}$、$\boldsymbol{U}$），对应公式为

$$h_t = \boldsymbol{W} \cdot h_{t-1} + \boldsymbol{U} \cdot x_t + b_W \tag{9-34}$$

$$h_{t-1} = \boldsymbol{W} \cdot h_{t-2} + \boldsymbol{U} \cdot x_{t-1} + b_W \tag{9-35}$$

将式（9-35）代入式（9-34），得

$$\begin{aligned} h_t &= \boldsymbol{W} \cdot (\boldsymbol{W} \cdot h_{t-2} + \boldsymbol{U} \cdot x_{t-1} + b_W) + \boldsymbol{U} \cdot x_t + b_W \\ &= \boldsymbol{W}^2 \cdot h_{t-2} + \boldsymbol{W} \cdot \boldsymbol{U} \cdot x_{t-1} + \boldsymbol{W} \cdot b_W + \boldsymbol{U} \cdot x_t + b_W \end{aligned} \tag{9-36}$$

若 $\boldsymbol{W} > 1$，则在反向传播过程中梯度值会变得异常巨大，导致权重更新过大，进而使模型无法收敛或变得不稳定，这就是梯度爆炸。

相反，若 $\boldsymbol{W} < 1$，则在反向传播过程中，梯度逐渐变小并趋近于零，导致早期时间步的输入对参数的梯度贡献极小甚至无法有效传播，也就是梯度消失。这会导致模型难以学习到长期依赖关系或捕捉更早时间步的信息。

2. LSTM

与传统的循环神经网络相比，LSTM 仍然是基于 x_t 和 h_{t-1} 来计算 h_t，只不过加入了输入门（input gate）、遗忘门（forget gate）和输出门（output gate）三个门，对内部的结构进行了更加精心的设计，能够更好地解决梯度爆炸和梯度消失问题。本节首先结合 LSTM 结构图以及更新的计算公式探讨该网络如何实现其功能，如图 9-14 所示。

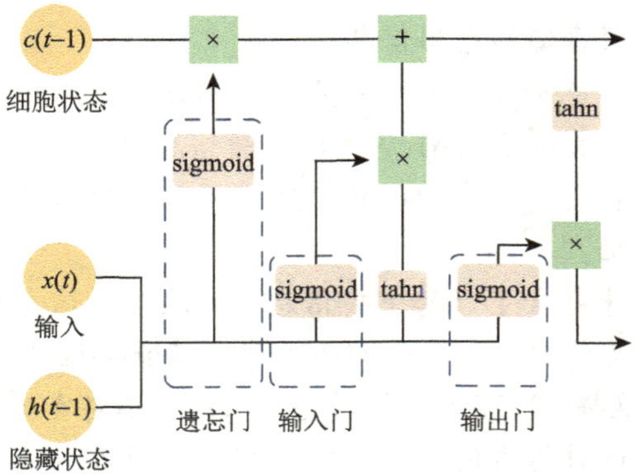

图 9-14 LSTM 内部结构示意图

细胞（cell）是 LSTM 的记忆单元，它会保存从序列的前一时间步传递过来的信息，并通过一系列的门机制来选择性地更新和传递这些信息。其公式为

$$\widetilde{C_t} = \tanh(\boldsymbol{W}_t x_t + \boldsymbol{U}_C h_{t-1}) \tag{9-37}$$

在 LSTM 中，细胞值 c_t 融合了前一时刻的细胞值 c_{t-1} 和新计算出的细胞值 $\widetilde{C_t}$

$$c_t = f_t \odot c_{t-1} + i_t \odot \widetilde{C_t} \tag{9-38}$$

其中，$\odot$ 表示向量按元素级别点乘，f_t 和 i_t 分别为遗忘门和输入门，是与细胞向量维度相同的向量。将细胞值 c_t 进行一次非线性计算，并与向量 o_t（输出门）点乘，就得到了 t 时刻的隐藏向量 h_t。

$$h_t = o_t \odot \tanh(c_t) \tag{9-39}$$

具体来说，输入门 i_t 的功能是选择要记忆的信息，控制当前计算的新状态以多大程度更新到记忆单元中；遗忘门 f_t 是选择要遗忘的信息，控制前一步记忆单元中的信息有多大程度被遗忘掉；输出门 o_t 是计算当前时刻的细胞状态，控制当前的输出有多大程度上取决于当前的记忆单元。三个门在 t 时刻的更新公式为

$$i_t = \sigma(\boldsymbol{W}_i x_t + \boldsymbol{U}_i h_{t-1} + b_i) \tag{9-40}$$

$$f_t = \sigma(\boldsymbol{W}_f x_t + \boldsymbol{U}_f h_{t-1} + b_f) \tag{9-41}$$

$$o_t = \sigma(\boldsymbol{W}_o x_t + \boldsymbol{U}_o h_{t-1} + b_o) \tag{9-42}$$

通过公式可以发现，三个门的输出值是向量，其中每个元素是 0～1 的实数，用于控制各维度流过阀门的信息量。三个门对应的参数 $\boldsymbol{W}$、$\boldsymbol{U}$、b 都是在训练过程中学习得到的。

LSTM 门控机制的原理

（1）当输入的序列中不包含对当前任务有显著影响的信息时，LSTM 的遗忘门的值接近于 1，而输入门的值接近于 0。这意味着 LSTM 会保留先前的记忆，因为当前输入没有提供需要更新记忆的新信息。这有助于 LSTM 实现长期记忆功能，因为无关紧要的输入不会干扰到已经存储的有用信息。

（2）当输入的序列中包含了与当前任务高度相关或重要的新信息时，LSTM 的输入门的值会接近于 1。这表示 LSTM 认为这个新信息对于其记忆是重要的，因此它应该被存入单元状态中。同时，遗忘门的值可能会根据具体情况有所调整，以决定是否需要保留部分先前的记忆。

（3）当输入的序列中包含了新的重要信息，且这个新信息表明先前的记忆与当前任务不再相关或重要性降低时，LSTM 的输入门的值会接近 1（以存储新信息），而遗忘门的值会接近于 0。这样，LSTM 就能够遗忘旧的、不再重要的记忆，并将新的重要信息存入单元状态中。这种能力使得 LSTM 能够适应复杂的时间序列数据，并灵活地更新其内部状态以应对新的输入。

3. 算法步骤

使用 LSTM 网络模型进行异常检测的步骤如下。

步骤 1： 数据预处理。对数据进行标准化处理。

步骤 2： 模型构建。构建 LSTM 网络模型，包括输入层、LSTM 层和输出层。

$X_{\text{input}} \in R^{B \times S \times N}$ → $h_t = \text{LSTM}(X_{\text{input}})$ → $y_t = \text{Dense}(h_t)$

输入层　　LSTM层　　输出层

其中，B 为批量大小（batch size），S 为输入序列的长度（sequence length）。

步骤 3： 训练模型。目标为最小化损失函数 $\text{Loss} = \frac{1}{T_{\text{train}}}\sum_{t=1}^{T_{\text{train}}}(\boldsymbol{x}_t - \widehat{\boldsymbol{x}_t})^2$，其中 T_{train} 为训练集的长度，$\widehat{\boldsymbol{x}_t}$ 为预测值。

步骤 4： 判断异常。通常使用预测误差来判断异常。计算每个时间步 t 的预测误差 $\text{error}_t = \left|\boldsymbol{x}_t - \widehat{\boldsymbol{x}_t}\right|$；设定阈值 ε，若 $\text{error}_t > \varepsilon$，则标记时刻 t 为异常。

4. LSTM 算法应用与评价

LSTM 网络模型在异常检测中的显著优势在于其能够有效地捕捉数据序列中的长期依赖关系，通过记忆单元的设计，有助于学习和表征数据中的复杂模式，从而实现对异常行为的准确识别。然而，随着数据维度的增加，LSTM 网络模型可能面临着计算和内存开销较大的挑战，并且在训练过程中需要充足的数据样本以获得准确的模型。此外，对序列长度和时间跨度的限制可能会影响 LSTM 网络模型在某些情况下捕获足够长期依赖关系的能力。因此，在应用 LSTM 网络模型时，需要综合考虑其优势和局限性，并根据具体情况做出合适的权衡和调整。

9.5.4 实践案例：基于 LSTM 的股票收盘价格异常检测

本节利用 9.5.3 节介绍的 LSTM 算法对标普 500 指数（SPX）的日收盘价序列进行异常检测。数据集的时间跨度为 1986 年 1 月 2 日至 2018 年 6 月 29 日，将训练集和测试集按照 95 : 5 的比例划分，因此测试集的时间跨度为 2017 年 1 月至 2018 年 6 月。由于股票存在以月为单位的季节性变化趋势，因此设 time step 为 30。股票收盘价格数据集示例如表 9-7 所示。

表 9-7 股票收盘价格数据集示例

date	close	…	…	date	close
2-Jan-86	209.59	…	…	21-Jun-18	2749.76
3-Jan-86	210.88	…	…	22-Jun-18	2754.88
6-Jan-86	210.65	…	…	25-Jun-18	2717.07

续表

date	close	…	…	date	close
7-Jan-86	213.8	…	…	26-Jun-18	2723.06
8-Jan-86	207.97	…	…	27-Jun-18	2699.63
9-Jan-86	206.11	…	…	28-Jun-18	2716.31
10-Jan-86	205.96	…	…	29-Jun-18	2718.37

完整原始数据："./chapter9/data/Spx.csv"

数据集划分。读取数据并划分训练集与测试集，在本小节中，将训练集和测试集按照 95∶5 的比例划分。

数据标准化。使用 StandardScaler 函数对数据进行归一化处理。

模型构建。使用 keras 中的 LSTM 模块对测试集中的股票价格进行预测，并将预测值与实际值的差（loss）作为异常得分。本例中将阈值设为前 5%的 loss 的值（假设数据中的异常比例为 5%），当 loss 大于阈值时标记为异常。

参数设置。在使用 LSTM 构建预测模型时，需要预先设定的参数包括：units、activation 和 recurrent_activation 等。其中，units 表示 LSTM 层中的隐藏单元数目；activation 表示 LSTM 层中的激活函数，用于控制神经元的输出，默认值为 tahn；recurrent_activation 表示 LSTM 层中循环步骤所使用的激活函数，默认值为 sigmoid。在本小节中，将 units 设置为 64，表示隐藏单元的数目为 64，activation 和 recurrent_activation 均使用默认值。

结果可视化。对检测结果进行可视化呈现。

```
tf.keras.layers.LSTM(units, activation='tanh', recurrent_activation='sigmoid',
use_bias=True, kernel_initializer='glorot_uniform', recurrent_initializer=
'orthogonal', bias_initializer='zeros', unit_forget_bias=True, kernel_
regularizer=None, recurrent_regularizer=None, bias_regularizer=None, activity_
regularizer=None, kernel_constraint=None, recurrent_constraint=None, bias_
constraint=None, dropout=0.0, recurrent_dropout=0.0, seed=None, return_
sequences=False, return_state=False, go_backwards=False, stateful=False,
unroll=False, use_cudnn='auto', **kwargs)
```

完整代码见 chapter9/code/9-4 LSTM.py。

输出结果：

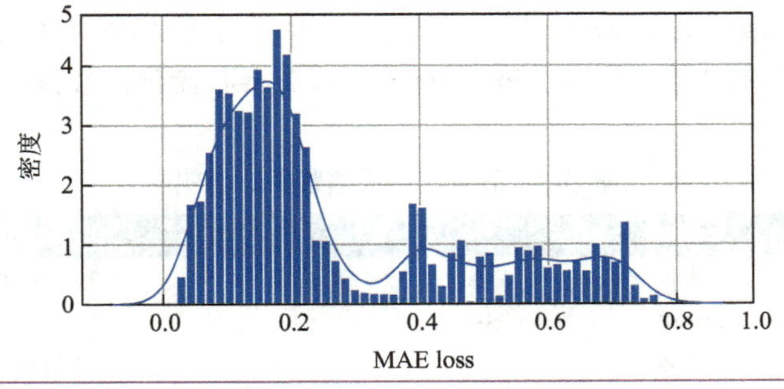

数据挖掘

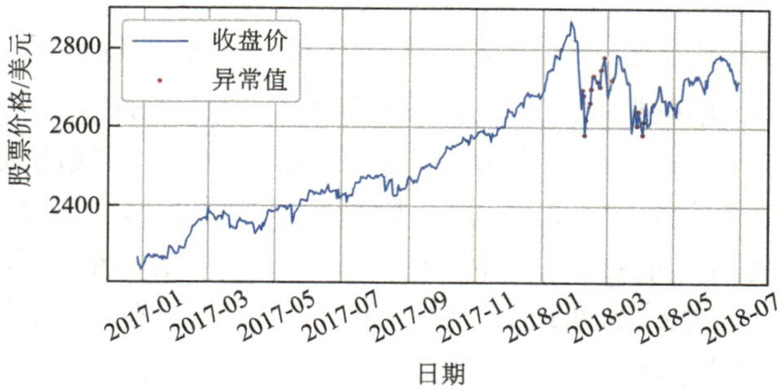

在本例中，我们使用了 LSTM 模型来预测股票的日收盘价格，并通过分析预测误差来检测潜在的异常点。输出的第一幅图是一个概率密度直方图，揭示了模型在训练过程中每日的平均绝对误差（MAE）分布情况。这张图通过横轴上的 MAE 值和纵轴上相应的天数，清晰地表明了绝大多数的预测误差集中在 0.2 以下，显示出模型在训练集上具有良好的预测能力。

为了进一步分析和识别异常点，我们设定了一个基于训练损失的阈值，选取了 MAE 最大的前 5%作为异常检测的阈值。这意味着，当 LSTM 模型的预测值与实际股票收盘价的差异超过此阈值时，该数据点被标记为异常。随后，我们将检测到的异常点在时间序列图上进行了可视化：其中，蓝色曲线表示原始的日价格数据，红色标记显示了被模型识别为异常的数据点。从这张图中可以观察到，在价格出现显著波动的时段，异常检测机制倾向于将这些时段中的点识别为异常，这可能反映了市场的重大事件或突发新闻影响。

9.6 延伸阅读——WSARE

WSARE（What's Strange About Recent Event）通过基于规则的方法将最近的数据与基线分布数据相比较，发现两者间比例变化最大的亚组，并通过随机化检验确定该差异产生的概率进行探测预警。WSARE 是一种基于规则的异常模式探测方法，适用于非连续、多维的时序数据集。

WSARE 模型的详细步骤如下。

（1）基线构建。WSARE 算法旨在探测最近发生的事件中的异常情况。其中，“最近事件”定义为评价时间段内的所有记录，该时间段可以是任意时段，并不严格限定。为了定义“异常”，首先需要确定“正常”，即基线的概念。当以历史数据作为基线时，选择基线时间段需要平衡两个因素：一方面要尽可能接近“最近事件”，以捕捉季节效应或近期趋势；另一方面要与“最近事件”有足够的间隔，以避免遗漏最近发生的异常情况。如果基线时间段与“最近事件”过于接近，可能会将异常值合并到基线中。在实际应用中，选择基线时间段需要根据待检测对象的不同而调整。例如，为避免周末效应，可以选择与最近事件在星期数上相匹配的往期数据作为基线。

（2）最佳得分规则选取。首先考虑单成分规则，取出第 i 天的相关记录，可得到某个属性的每个取值组合下的最近事件计数 C_{recent} 和基线计数 C_{baseline}，构成一个四格表，即得到一个规则。以 χ^2 检验比较最近事件计数 C_{recent} 和基线计数 $C_{baseline}$ 两组间分布的差异。为与后面随机试验所得 P 值区分，这里 χ^2 检验产生的 P 值称为规则得分（因探测的是异常情况，通常采用 Fisher 精确概率法，且只关心某种情况数量的增加，故使用单侧检验）。

以 BR_i^1 表示第 i 天单成分最佳得分规则，在 BR_i^1 基础上寻找两成分最佳得分规则。将 BR_i^1 与所有其他属性值配对，仍通过 χ^2 检验得到规则得分，其中 $C_{baseline}$ 和 C_{recent} 的计数为满足两成分规则的记录数，以 BR_i^2 表示第 i 天的两成分最佳得分规则。设 BR_i^1 的单成分属性值 $C_1=V_1$，BR_i^2 的两成分为 $C_1=V_1$、$C_2=V_2$。在寻找两成分最佳得分规则时将两个成分的属性值进行组合，通过假设检验决定两个成分是否均有统计学意义。如表 9-8 所示，分别将 $C_1=V_1$ 加入 $C_2=V_2$ 及将 $C_2=V_2$ 加入 $C_1=V_1$。若两表得分均有意义，则认为第 i 天的最佳得分规则是 BR_i^2；若任意一个表的得分无意义，则认为第 i 天的最佳得分规则是 BR_i^1。

表 9-8　两成分四格表

C_{recent}	$C_{baseline}$
C_{recent} 满足 $C_1=V_1$ 和 $C_2=V_2$ 的记录	$C_{baseline}$ 满足 $C_1=V_1$ 和 $C_2=V_2$ 的记录
C_{recent} 满足 $C_1\neq V_1$ 和 $C_2=V_2$ 的记录	$C_{baseline}$ 满足 $C_1\neq V_1$ 和 $C_2=V_2$ 的记录
C_{recent} 满足 $C_1=V_1$ 和 $C_2=V_2$ 的记录	$C_{baseline}$ 满足 $C_1=V_1$ 和 $C_2=V_2$ 的记录
C_{recent} 满足 $C_1=V_1$ 和 $C_2\neq V_2$ 的记录	$C_{baseline}$ 满足 $C_1=V_1$ 和 $C_2\neq V_2$ 的记录

（3）规则 P 值的确定。上述算法存在多重检验问题，需采用随机试验解决。以 UCP_i 表示原始数据未调整的 P 值，即规则得分。对迭代次数 $j=1\sim1000$，以 $DB_i^{(j)}$ 表示新的随机化数据集，$BR_i^{(j)}$ 表示 $DB_i^{(j)}$ 的最佳规则，$UCP_i^{(j)}$ 表示 $BR_i^{(j)}$ 的未调整的 P 值，以 CPV_i 表示 BR_i 的调整后的 P 值。

多重检验问题

多重检验问题是指在进行多个统计假设检验时，由于进行多次检验，可能会增加出现假阳性（Type I 错误）的概率。在传统的假设检验中，通常使用显著性水平（如 α）来控制假阳性的概率，如设定 α 为 0.05。然而，当进行多个检验时，每个检验都有可能产生一个显著结果，即使实际上不存在真正的效应。

举例来说，假设研究人员对某种新药物进行了多个指标的检验，包括生存率、疾病缓解率、副作用等。如果将每个指标的显著性水平设定为 0.05，那么在进行多个检验时，存在较大的概率出现至少一个假阳性结果。这是因为在多个检验中，即使每个单独的检验的假阳性概率是 0.05，但由于多次检验的累积效应，整体的假阳性概率将大于 0.05。该问题即为多重检验问题。

$$CPV_i=\frac{\text{随机试验中}UCP_i^{(j)}<UCP\text{次数}}{\text{随机试验次数}} \tag{9-43}$$

在判定是否异常时，采用的是调整后 P 值 CPV_i，而不是未调整 P 值（得分）UCP_i。

由于随机试验的计算量极其庞大，可采用优化算法加速。当算法达到预先设定的条件时，如在进行 1000 次迭代运算的早期能够确定 $CPV_i > 0.1$，可提前终止运算。设 CPV_i 为正态分布，可得 CPV_i 的标准差 σ_{CPV_i}，则第 j 次迭代运算后的 CPV_i 值——CPV_i^j 的计算公式为

$$CPV_i^j \pm 1.96\sigma_{CPV_i} / \sqrt{n} \tag{9-44}$$

当其下限（$CPV_i^j - 1.96\sigma_{CPV_i} / \sqrt{n}$）满足以下条件时，可认为 CPV_i^j 在 0.1 水平上无意义。

$$CPV_i^j - 1.96\sigma_{CPV_i} / \sqrt{n} > 0.1 \tag{9-45}$$

对一般的数据集，发生异常的概率较小，大多数试验的结果可能无法使 P 值达到显著性水平，因此通过优化算法可在这些试验提早终止迭代运算，加快随机试验的速度。

WSARE 模型共有三个版本（2.0，2.5，3.0），其差别在于基线计算的方法：在 WSARE 2.0 中，基线值由过去两个月的 8 个同一个工作日的均数确定；在 WSARE 2.5 中，基线值由所有历史数据计算得出；在 WSARE 3.0 中，基线值由贝叶斯网络学习得到，贝叶斯网络能够将时间趋势纳入产生的基线分布，将季节效应、周末效应等时间因素也纳入分析。因此 WSARE 3.0 是一种融合了包括规则算法、贝叶斯网络、随机化检验等多种思想的聚集性探测算法。在建立基线分布后，对最近发生的事件进行搜索，用基线和最近数据集寻找最佳得分规则，再用随机试验估计最佳规则的 P 值，以得到显著的 P 值及规则作为预警信号。WSARE 工作流程如图 9-15 所示。

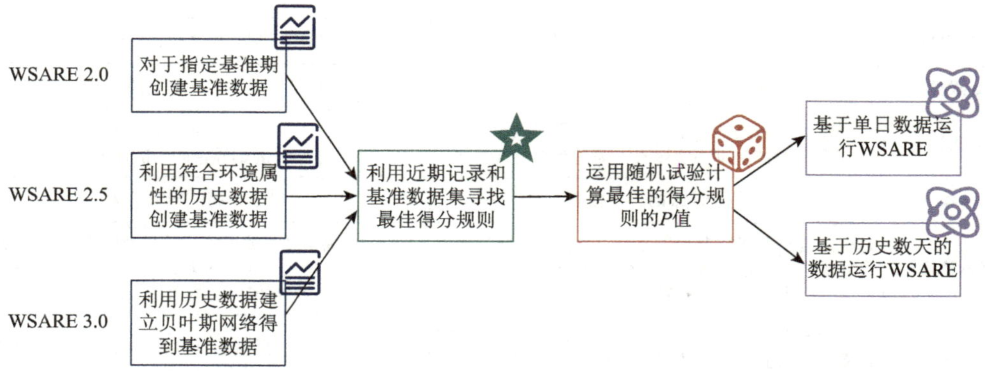

图 9-15　WSARE 工作流程

WSARE 方法适用于非连续、多维的时序数据集，但不同基线的 WSARE 算法因方法和数据要求上的差异，在不同应用中有所不同。以传染病监测预警领域为例，对于短期的监测预警，如大型会议和体育活动等，由于对数据收集的时间不长，而且一般不易获得环境属性资料，因此可采用基于历史数据基线的 WSARE 算法。基于贝叶斯网络基线的算法是以长期的历史数据构造贝叶斯网络，并纳入环境属性，考虑了季节等时间趋势因素，对于长期监测预警，如对法定传染病、慢性疾病监测等，采用该算法具有明显优势。此外，该方法只能用于类型变量数据，对于数值变量数据可以在数据预处理时将其转换为类型变量进行探测分析。

本章小结

核心概念	**异常数据**：指观测样本中与其他数据存在显著性差异或偏离预期行为模式的某些数据。 **异常检测**：指在数据集中发现与识别不符合预期模式的数据或罕见的实例，并对异常情况进行分析或预警的过程。	
分类	**基于统计学的异常检测**	**基于空间分布的异常检测**
基本原理	利用数据的统计特性来识别异常值。通常假设数据服从某种分布，认为正常数据发生在假设模型的高概率区域，而异常数据发生在低概率区域。	基于数据点在特征空间中的分布来检测异常。异常值通常表现为与大多数数据点距离较远或在密度较低的区域。
异常判定标准	当数据点的统计特性偏离正常分布范围时，判定为异常。	当数据点的相对距离大于阈值，或密度小于阈值时，判定为异常。
代表算法	**箱线图**	**孤立森林**
示意图	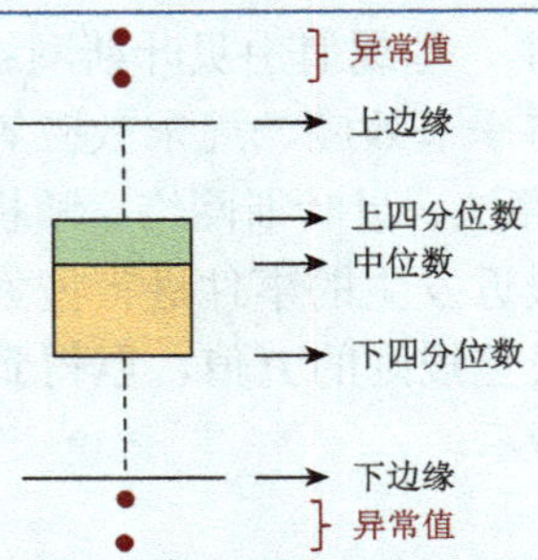	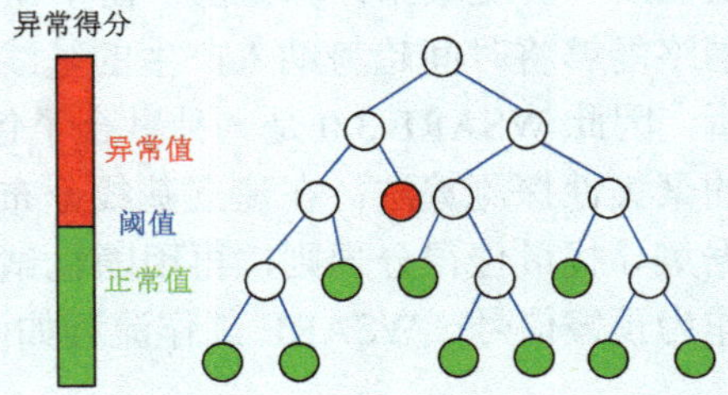
适用情况	适用于数据符合特定分布的情况。	适用于空间相关性强的数据。
局限性	对于非线性数据效果较差。	对于高维数据计算复杂度高。
核心知识点	√ 箱线图上下截断点的计算方式 √ 静态和动态宽度直方图的绘制方式	√ 孤立树的生成过程 √ 局部异常因子的计算
分类	**基于降维的异常检测**	**基于预测的异常检测**
基本原理	通过降维技术将数据从高维空间映射到低维空间，在高维空间难以分辨的异常值，在低维空间中可能因数据分布的简化而凸显出来。	利用历史数据学习数据的正常行为模式，由于异常值通常与正常模式存在显著差异，模型的预测误差在异常值处会显著增大。
异常判定标准	根据数据在低维空间的分布情况（如密度）或者数据重构前后的误差来计算异常得分，若超过阈值，则判定为异常。	当实际观测值与预测值之间的差异超过预设阈值时，判定为异常。
代表算法	**主成分分析**	**LSTM**
示意图	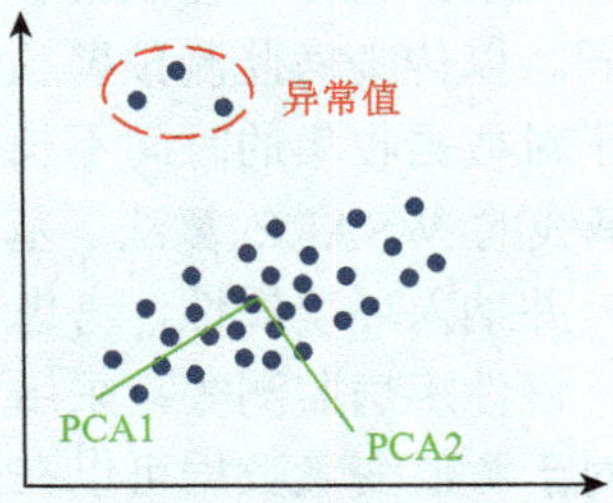	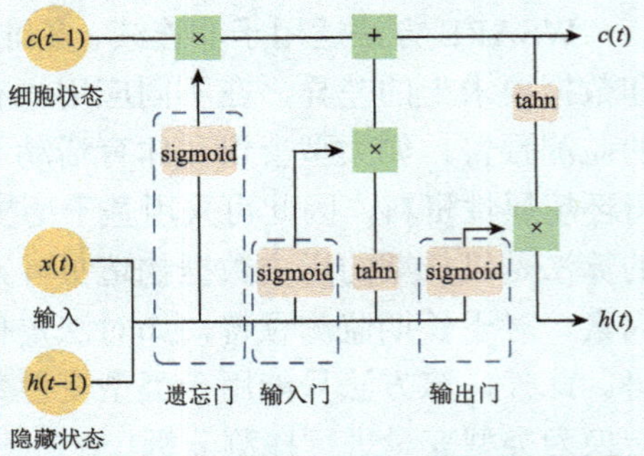

续表

适用情况	适用于高维数据的处理。	适用于多种类型的数据。
局限性	可能会损失部分信息。	如果数据存在噪声、缺失或异常值，可能会影响模型的预测效果。
核心知识点	√ 主成分分析的两种异常检测思路 √ 自编码器的目标函数 √ 异常得分的计算	√ VAR 模型的原理 √ ARIMA 模型的建模过程 √ LSTM 门控机制的原理

学习效果检验

第10章 集成学习

本章学习目标

- ✓ 掌握集成学习的基本思想
- ✓ 掌握 Bagging、Boosting、Stacking 的集成方法
- ✓ 掌握 AdaBoost、梯度提升树、随机森林的集成原理
- ✓ 了解 XGBoost、LightGBM 的集成原理

集成学习是一种通过组合多个不同模型以提高整体预测性能的机器学习方法，其独特之处在于融合各种算法的优点，进而提高模型的准确性和泛化能力。随着大数据时代的来临，集成学习展现出其独特的优势，在处理海量信息、应对多变环境方面发挥着重要作用。在应对数据复杂的预测问题时，单一模型可能受到噪声、过拟合或欠拟合等问题的影响。为了降低这些问题的影响，提高模型的稳定性和准确性，集成学习采用多模型预测结果的综合策略，为解决实际问题提供更为可靠和创新的解决方案。

本章将着重介绍集成学习的常用算法及其适用场景，使读者理解集成学习的核心思想，并掌握如何应用集成算法来解决各种实际问题。

10.1 集成学习概要

10.1.1 集成学习的定义及原理

定义 10-1　集成学习（ensemble learning）是一种通过构建并结合多个学习器来完成学习任务的机器学习技术，其旨在解决单一模型在面对复杂数据预测问题时所遇到的挑战，如噪声干扰、过拟合和欠拟合等。

定义 10-2　个体学习器（individual learner）是集成学习中的基本组成单位，是指单独的一个学习算法或模型，用于从数据中学习某种规律或模式。

在集成学习中，首先根据训练数据构建多个不同的个体学习器，这些个体学习器可以是朴素贝叶斯、决策树、支持向量机和神经网络等。进一步地，通过采用特定的结合策略将这些个体学习器的预测结果合并，从而获得比单个学习器更好的预测性能。集成学习过程示意如图 10-1 所示。

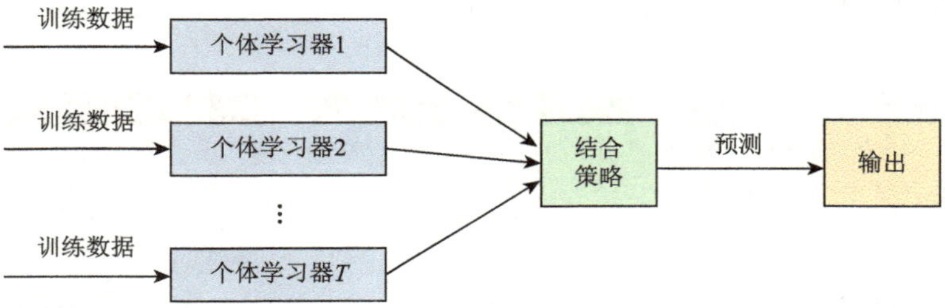

图 10-1　集成学习过程示意图

定义 10-3　弱学习器（weak leaner）是指在特定学习任务上性能略高于随机猜测的学习器。

在集成学习中，弱学习器并非要在任务中表现出色，只需在性能上略微领先于随机猜测的学习器即可。通过以下计算可知，只要对大量弱学习器进行集成，便足以获得良好的预测性能。

算一算

假设有一个总体数据无偏的二分类问题，随机猜测的准确率为 50%，个体学习器的准确率为 60%，集成结果通过投票法（即少数服从多数）产生。分别计算个体学习器数量为 1、3、500 时，整体预测的准确率。

当个体学习器数量为 1 时，整体预测的准确率即为 60%。

当个体学习器数量为 3 时，要使待预测问题正确分类，至少需要有 2 个个体学习器预测正确，此时整体预测的准确率则为 $C_3^2\times0.60^2\times0.40=64.8\%$。

当个体学习器数量为 500 时，要使待预测问题得到正确分类，至少需要有 251 个个体学习器预测正确，此时整体预测的准确率则为 $\sum_{i=251}^{500}C_{500}^i\times0.60^i\times0.40^{500-i}\approx99.99\%$。

在集成学习中，个体学习器之间的差异性是提高集成模型性能的重要因素，通常期望个体学习器拥有较好的预测性能，同时还期望不同的个体学习器存在差异，即 good but different（好而不同）。

以图 10-2 为例，C_1,C_2,C_3 分别是三个不同的个体学习器，test1、test2、test3 是不同的测试样例，集成结果由投票法产生。在图 10-2（a）中，当个体学习器均有较好预测性能且不同学习器之间具备差异性时，集成学习通过博采众长，能够获得比单个学习器更好的预测性能。在图 10-2（b）中，尽管个体学习器均有较好预测性能，但彼此之间缺乏差异性，导致它们的预测结果相似，从而使得集成模型的性能并不能得到有效提升。在图 10-2（c）中，个体学习器的预测性能过低可能会对集成学习的表现产生负面影响。因此，在集成学习中，个体学习器的准确率和彼此之间的差异性都至关重要。在实际应用中，通过尝试使用不同的学习算法和参数组合，或者使用不同的数据子集来训练个体学习器，可以增加模型的多样性，提升整体性能。

	test1	test2	test3
C_1	√	√	×
C_2	×	√	√
C_3	√	×	√
集成	√	√	√

(a) 集成提升性能

	test1	test2	test3
C_1	√	√	×
C_2	√	√	×
C_3	√	√	×
集成	√	√	×

(b) 集成无作用

	test1	test2	test3
C_1	√	×	×
C_2	×	√	×
C_3	×	×	√
集成	×	×	×

(c) 集成降低性能

图 10-2　不同集成结果的示例

目前，根据个体学习器的生成方式，集成学习方法大致可分为两大类：一是个体学习器间存在强依赖关系的并行化方法，如 Bagging（Bootstrap aggregating）；二是个体学习器间不存在强依赖关系的序列化方法，如 Boosting。

此外，个体学习器的一致与否决定了集成方式的类别。如果被集成的多个模型属于同种类型，如个体学习器均为支持向量机模型，这种集成方式称为同质集成。Bagging 和 Boosting 通常属于同质集成，其中的个体学习器也称为基学习器（base learner）。相应地，如果被集成的多个模型不属于同一类型，这种集成方式称为异质集成。Stacking、Blending 通常是异质集成，其中的个体学习器也称为组件学习器（component learner）。

10.1.2　Bagging（装袋）

定义 10-4　Bagging 是一族并行化集成学习算法，其一般通过训练多个独立的基学习器 $h_1,h_2,\cdots,h_T$，将它们的预测结果进行平均或投票，以得到最优结果 Y。

如图 10-3 所示，对于给定的训练样本集 $\bar{D}$，Bagging 通过自助采样的方式，即有放回地从训练样本集 $\bar{D}$ 中随机抽取 T 个样本大小为 m 的样本集合 $\bar{D}_1,\bar{D}_2,\cdots,\bar{D}_T$。在得到样本集合之后，每个样本集合都独立地用于训练一个基学习器，从而得到 T 个基学习器：$h_1,h_2,\cdots,h_T$。最后，通过对 T 个基学习器的预测结果使用投票法或平均法进行集成，得到最终的预测结果 Y。

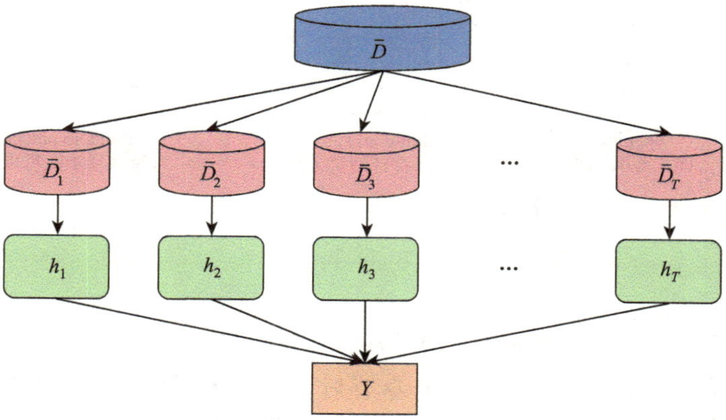

图 10-3　Bagging 示意图

Bagging 对样本的抽取是有放回的，因此理论上会有部分样本可能一直没有被选中。如图 10-4 所示，假设训练集一共有 n 个样本，则每个样本在一次采样中被选中的概率是 $1/n$，未被选中的概率是 $1-(1/n)$。当 n 趋于无穷大时，一个样本在进行 k 次采样后始终未被选中的概率为 36.8%，这意味着约有 36.8%的样本未被选中（out of the bag，OOB），为避免由此带来的信息损失，在 Bagging 集成中，可将未被选中的样本作为测试集，而不用预先对数据集划分训练集和测试集。

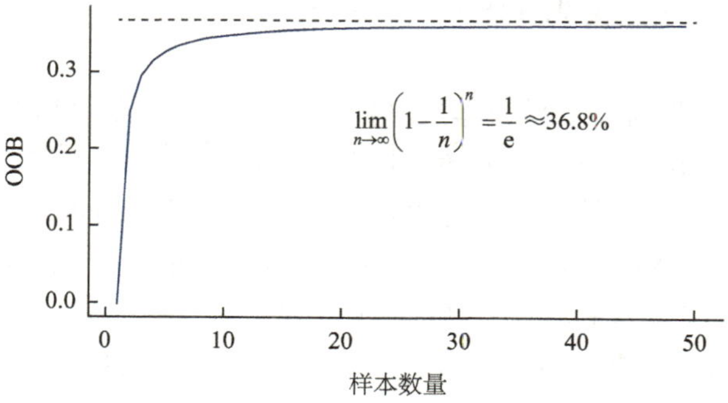

图 10-4　不同样本数下的 OOB

Bagging 采用自助采样生成不同的训练子集，使得个体学习器在多样化的训练子集上训练，再通过集成方法降低各子集特定误差对最终模型的影响，进而提升整体模型的泛化性能。在实际应用中，对于特征数量多的样本数据集，可以在 Bagging 的基础上引入特征随机采样，或者同时对样本和特征进行随机采样，以增加基学习器之间的差异性，如图 10-5 所示。

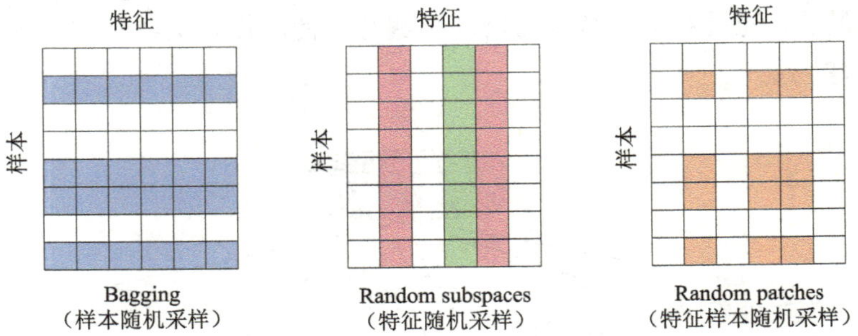

图 10-5 特征及样本采样示意图

扩展说明

在集成学习中，通过对不同样本数据进行训练，可增加基学习器之间的差异性。具体而言，将样本数据集视为整体，在取样时，可以采用放回或不放回的方式，从而获得不同的训练数据集。训练数据集的“放回取样”和“不放回取样”分别对应了两种集成学习技术——Bagging 和 Pasting。其中，放回取样对应的 Bagging 是更常用的一种方法，而 Pasting 通常用于处理大型数据集，因为它可以减少基学习器之间的相关性。

10.1.3 Boosting（提升）

定义 10-5 Boosting 是一族序列化集成学习算法，其根据训练样本集 $\mathbb{S}$ 训练出一个基学习器 h_1，并根据基学习器 h_1 的预测表现对训练数据集和基学习器进行调整，直至达到训练轮数 T。Boosting 通过训练一系列基学习器 $h_1,h_2,\cdots,h_T$，将它们加权结合成一个泛化性能强的强学习器。

在图 10-6 中，对于前序基学习器预测错误的样本（即 $\bar{D}$ 中为深色的样本），通过重新赋权为这些错误分类的样本赋予更高的权重，这能使下一个基学习器 h_2 更关注这些样本，以便纠正前一个学习器的错误。通过不断地修正训练集分布、调整基学习器，直到达到最大训练轮数 T。最终，对这 T 个学习器根据其性能进行加权结合，得到集成后的学习器。这个学习器在整体上具有更高的泛化性能。

在 Boosting 集成中，各个基学习器之间存在着紧密的依赖关系，这意味着它们必须按照严格的顺序生成，这种依次训练的方式使得每个新的基学习器都需要在之前学习器的基础上进行优化，不断弥补前者的不足，以提升整体模型性能。尽管这样的串行训练方式可能会增加训练时间，但也为 Boosting 方法带来了更高的预测性能和更好的泛化能力。值得注意的是，使用 Boosting 集成时，为防止过拟合以及欠拟合，通常会选择弱学习器来进行学习。

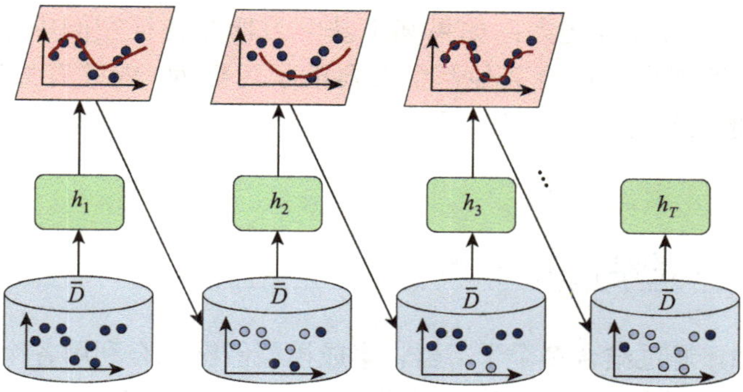

图 10-6　Boosting 示意图

注　意

由于 Boosting 训练过程中会赋予错误预测样本更高的权重，一些异常值或噪声数据会对学习器产生负面影响，因此，在使用 Boosting 集成前需要对数据进行缺失值、异常值等处理，以确保数据质量。

10.1.4 Stacking（堆叠）

定义 10-6　Stacking 是一种集成学习技术，其训练多个基学习器 $h_1,h_2,\cdots,h_T$ 来获得预测结果，并使用这些预测结果训练一个次级学习器 h_{T+1}，通过次级学习器将多个基学习器的预测结果进行整合，从而得到最终的预测结果 Y。

对于一个预测问题，可采用不同类型的学习器来解决，这些学习器通常能够学习到问题的一部分，但不能学习整个问题空间。Stacking 的做法是构建多个不同类型的基学习器，并使用它们得到预测结果，然后基于这些预测结果，构建一个次级学习器（meta learner），进而得到最终的预测结果。在图 10-7 中，Stacking 将基学习器 $h_1,h_2,\cdots,h_T$ 的输出 $Y_1,Y_2,\cdots,Y_T$ 作为输入，通过“堆叠”一个次级学习器 h_{T+1}，获得最终的集成结果 Y。

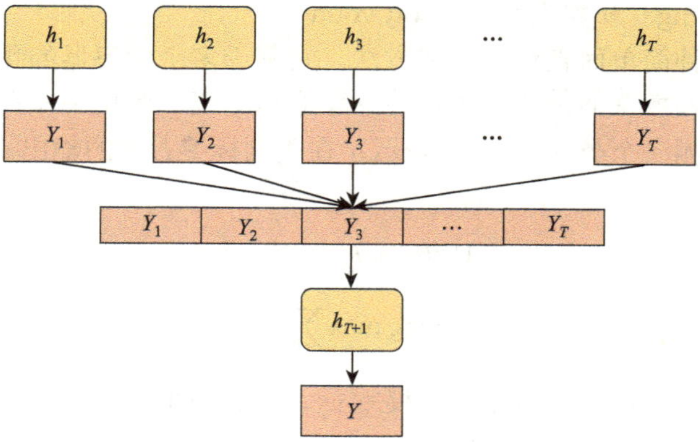

图 10-7　Stacking 示意图

Stacking 的动机可以描述为：如果某个基学习器在特征空间中错误地学习了某个区域，那么次级学习器通过综合其他基学习器的学习行为，能够有效地纠正这种错误。其核心思想在于通过整合多个基学习器的预测结果，从而提高整体预测的准确性和鲁棒性。

10.1.5 集成学习的结合策略

在集成学习中，通过结合多个学习器，集成模型能够综合利用各个基学习器的优势，同时弥补它们各自的不足，进而提高整体预测的准确性和鲁棒性。值得注意的是，不同预测任务所适用的结合策略不尽相同，接下来将对集成学习的结合策略进行详细介绍。

1. 平均法

在处理输出为连续型数值的回归任务时，平均法是一种常见的集成策略，其中包括简单平均法（simple averaging）和加权平均法（weighted averaging）。

简单平均法通过对所有个体学习器的输出 $h_i(x)$ 进行简单平均，从而实现对多个模型的集成。这种方法将每个学习器的预测结果等权重地汇总，以获得最终的集成模型输出 $\mathrm{HP}(x)$，其计算公式为

$$\mathrm{HP}(x)=\frac{1}{T}\sum_{i=1}^{T}h_i(x) \tag{10-1}$$

加权平均法给予每个学习器 h_i 不同的权重 w_i，这些权重通常由各个学习器在训练集上的性能表现而确定。通过调整权重，加权平均法使得性能更好的学习器对最终输出的贡献更大，从而提高集成模型 H 的性能，调整后公式为

$$\mathrm{HP}(x)=\sum_{i=1}^{T}w_i h_i(x) \tag{10-2}$$

2. 投票法

在处理输出为离散型数值的分类任务时，投票法是一种常见的集成策略，其中包括硬投票法（hard voting）和软投票法（soft voting）。

硬投票法是一种简单而直观的集成方法，它基于多个学习器的预测结果，选择得到最高票数的类别作为最终的预测结果，即少数服从多数。假设学习器 h_i 将从类别标签集合 $\{l_1,l_2,\cdots,l_N\}$ 中预测一个类别，$h_i^j(x)$ 表示 h_i 在类别标签 l_j 上的输出，则经过硬投票法的集成结果为

$$\begin{aligned}&\mathrm{HP}(x)=l_k\\&k=\arg\max_{j}\sum_{i=1}^{T}h_i^j(x)\end{aligned} \tag{10-3}$$

软投票法则赋予了每个学习器一个权重 w_i，该权重取决于其在给定输入上的分类置信度或概率，然后加权求和得到最终的预测结果。

定义 10-7 分类置信度是分类模型对于其预测结果的确定性程度，通常以概率形式表示，取值范围在 0～1。对于给定的输入样本，分类模型会预测该样本属于每个可能类别的概率，其中最高概率值即为分类置信度。

软投票法使得性能更好的学习器对最终输出的贡献更大，进而提高了集成模型的性能。部分分类算法的分类置信度计算见表 10-1。

表 10-1 不同分类算法的分类置信度计算

模型	分类置信度计算
决策树	决策树可以提供每个叶节点的类别分布信息。对于一个样本，可以计算它落入每个叶节点的概率，并根据叶节点的纯度来计算分类置信度。详见 7.4 节
Logistic 回归	Logistic 回归通常输出一个在 0～1 的概率值，这个概率可以作为分类置信度。详见 7.5 节
支持向量机	支持向量机中决策边界距离样本的远近可以表示分类置信度。距离越大，分类置信度越高。详见 7.6 节
神经网络	在神经网络中，分类任务的输出层通常是一个 softmax 层，输出类别的概率分布，分类置信度可表示为最高概率类别对应的概率。详见 7.7 节

假设 p_i^j 表示学习器 h_i 将某样本预测为类别 l_j 的分类置信度，则经过软投票法的集成结果为

$$
\begin{aligned}
&\mathrm{HP}(x) = l_k \\
&k = \arg\max_j \sum_{i=1}^{T} p_i^j h_i^j(x)
\end{aligned}
\tag{10-4}
$$

算一算

对于一个预测类别为{A，B}的二分类问题，假设有五个不同的个体学习器，它们对某样本预测为 A 和 B 的分类置信度如表 10-2 所示。计算某样本在硬投票法和软投票法下的预测结果。

表 10-2 不同学习器对某样本预测的分类置信度

模型	预测为 A 类的分类置信度	预测为 B 类的分类置信度
1	99%	1%
2	49%	51%
3	40%	60%
4	90%	10%
5	30%	70%

（1）硬投票法。将该样本分类为 A，有三个学习器（模型 2、模型 3、模型 5）将该样本分类为 B，那么该样本的最终分类为 B。

（2）软投票法。预测为 A 类的平均分类置信度为 $(0.99+0.49+0.4+0.9+0.3)/5=0.616$，预测为 B 类的平均分类置信度为 $(0.01+0.51+0.6+0.1+0.7)/5=0.384$，由于该样本为 A 类的平均分类置信度大于其为 B 类的平均分类置信度，因此该样本的最终分类为 A。

3. 学习法

学习法是一种通过使用学习器对弱学习器的输出进行整合的集成方法。Stacking（堆叠）是学习法的典型代表，相比于简单的平均法和投票法，学习法具有更强的表达能力。

对于相同的分类或回归问题，不同类型的学习器可能对问题的不同方面有着优势和劣势。具体来说，一个学习器可能在处理数据的某些特征或模式时表现出色，但在处理其他特征或模式时表现较差。这种情况可以理解为每个学习器对问题的不同方面有着局限性。学习法的核心思想在于提取初级学习器表现优秀的部分，同时对其表现较差的部分进行适当纠正，以期望得到一个更全面、更准确的最终预测结果。

10.2 随机森林

传统的决策树算法在处理高维度、复杂的数据时容易出现过拟合的问题。随机森林（random forest）在决策树的基础上引入了集成学习的思想，即将多个模型组合在一起，通过协同决策来提高预测的准确性。随机森林的提出使决策树算法获得了更广泛的应用和发展。

10.2.1 随机森林基本原理

定义 10-8 随机森林是一种通过随机数据采样和随机特征选择的方式构建多个决策树 $h_1,h_2,\cdots,h_T$，并利用投票法或平均法将预测结果结合的集成学习算法，其预测函数可以表示为

$$F(x)=\frac{1}{T}\sum_{i=1}^{T}f_i(x) \tag{10-5}$$

其中，T 为森林中树的数量，$f_i(x)$ 为第 i 棵树对样本 x 的预测。

随机森林是一种基于决策树的集成学习算法。其核心思想是利用随机数据采样和随机特征选择的方式构建多个决策树，然后通过投票法或平均法将它们的预测结果进行集成，进而得到最终的预测结果。

在随机数据采样部分，随机森林采用与 Bagging 相似的有放回的自助采样方式。在随机特征选择部分，随机森林中的每一个决策树在节点划分时，会随机从所有特征中选

择一部分特征进行划分，从而有效地避免了特征之间的相关性和过拟合问题。

图 10-8 展示了对于一个随机生成的具有两个半圆形状的二分类数据集，决策树和随机森林的预测对比，图中不规则曲线为决策边界，明显可见决策树的决策边界过于复杂，存在过拟合的情况，而随机森林的决策边界相对平滑，具有更高的泛化能力。

如图 10-9 所示，随机森林从训练样本数据集 $\bar{D}$ 中通过自助采样得到 T 个样本子集 $\bar{D}_1,\bar{D}_2,\cdots,\bar{D}_T$。接着，基于每个样本子集训练一个决策树，每棵决策树都会给出一个分类或回归结果。在预测阶段，随机森林通过投票法（用于分类问题）或平均法（用于回归问题）对每个决策树的预测结果进行聚合，进而得到最终的预测结果。通过采用随机化的方法，随机森林降低了每棵树之间的相关性，有效减少了过拟合的风险，并提高了模型的泛化能力。

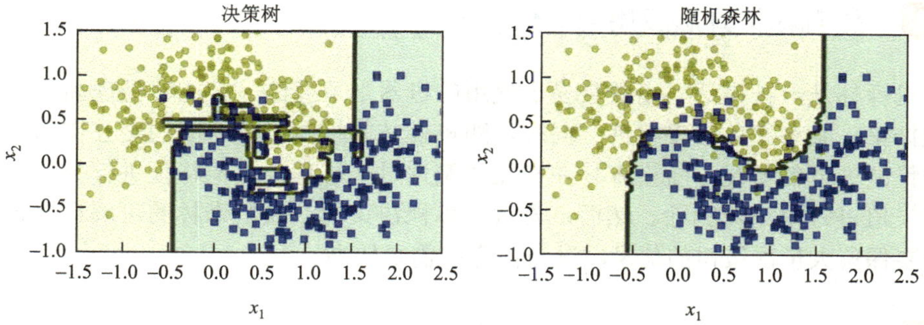

图 10-8　决策树与随机森林分类对比

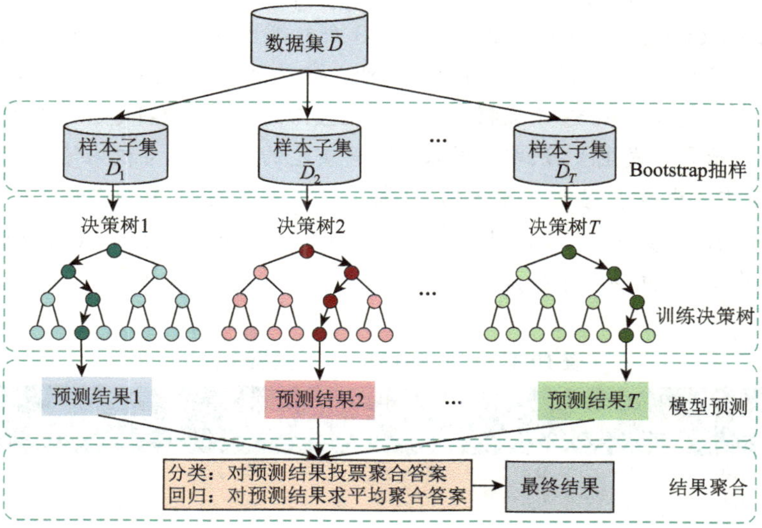

图 10-9　随机森林示意图

对一个样本容量为 n 的训练数据集，构建随机森林的步骤如下。

步骤 1： 随机数据采样（子采样）。从训练集中有放回地随机选择 n' 个样本，并用这 n' 个样本训练一棵决策树。

步骤 2： 随机特征选择（列采样）。对于每个训练样本的 d 个特征，在决策树的每个节点需要分裂时，随机从这 d 个特征中选取出 m（$m \ll d$）个特征，然后采用某种策略（信息增益、信息增益率、基尼系数等，见 7.4.2 节）从这 m 个特征中来选择一个特征作为该节点的分裂特征。

步骤 3： 在决策树 h_i 形成过程中，每个节点都按照步骤 2 分裂，直到满足停止条件（节点中样本数达到最小值或树深度达到最大值）。

按照步骤 1～步骤 3 建立大量的决策树 $F=\{h_1,h_2,\cdots,h_T\}$，即可构成随机森林。

10.2.2 随机森林算法应用与评价

随机森林是一种灵活、高效且易于使用的机器学习算法，其能够处理高维数据和大规模数据集，具有出色的鲁棒性。同时，随机森林能检测特征之间的交互作用。对数据存在少量缺失值的情况，随机森林在建立决策树时能够基于其他特征进行分裂，从而无须对缺失值进行填充或删除。然而，相较于单棵决策树，随机森林的可解释性较差，且由于需要保留大量决策树的信息，其对内存的需求较高。

10.2.3 实践案例：基于随机森林算法的银行危机预测

本节利用随机森林算法对非洲国家银行危机预测，使用的数据集（来源：www.idatascience.cn）包含 1860～2014 年在 13 个非洲国家发生的银行业债务、金融、通货膨胀和系统性危机，这些国家包括阿尔及利亚、安哥拉、中非共和国等，部分数据样例见表 10-3，该数据集包含了 1059 个数据样本，字段包括国家、观察年、系统性危机（0 表示当年未发生，1 表示当年发生）、汇率（国家货币对美元的汇率）、主权内债违约（0 表示当年未发生，1 表示当年发生）、主权外债违约（0 表示当年未发生，1 表示当年发生）、总债务（相对于 GDP 的违约总债务）、通货膨胀率［年度 CPI（consumer price index，居民消费价格指数）通货膨胀率］、独立性、银行危机。

表 10-3 非洲国家银行危机数据集样例

国家	观察年	系统性危机	汇率	主权内债违约	主权外债违约	总债务	通货膨胀率	独立性	银行危机
Algeria	1870	1	0.052	0	0	0	3.441	0	crisis
Algeria	1871	0	0.053	0	0	0	14.149	0	no_crisis
Algeria	1872	0	0.052	0	0	0	–3.719	0	no_crisis
…	…	…	…	…	…	…	…	…	…
Zimbabwe	2012	0	361.9	1	1	0	3.720	1	no_crisis
Zimbabwe	2013	0	361.9	1	1	0	1.632	1	no_crisis

完整数据："./chapter10/data/crisis.csv"

数据预处理。该数据集中“国家”为离散特征，共有13个不同的取值，为了避免数据编码导致数据稀疏，本例中对该特征进行了删除处理。

模型构建。本例分别使用决策树和随机森林模型对银行危机进行分类预测并将二者预测性能进行比较。其中决策树在Python中的使用方法参考7.4节。随机森林模型使用Scikit-learn中ensemble模块的RandomForestClassifier类构建。

```
class sklearn.ensemble.RandomForestClassifier(n_estimators=100, *, criterion=
'gini', max_depth=None, min_samples_split=2, min_samples_leaf=1, min_weight_
fraction_leaf=0.0, max_features='sqrt', max_leaf_nodes=None, min_impurity_
decrease=0.0, bootstrap=True, oob_score=False, n_jobs=None, random_state=
None, verbose=0, warm_start=False, class_weight=None, ccp_alpha=0.0, max_
samples=None)
```

参数设置。参数n_estimators表示构建的决策树数量，默认为100；参数max_features表示随机森林在分裂节点之前使用的最大特征数；参数mini_sample_leaf表示确定分裂内部节点所需的最小叶子数；参数n_jobs表示使用多少个处理器。这些参数在随机森林中用于增强模型的性能和预测能力以及提高模型的速度。

在使用随机森林时，设置合理的树的数量、深度较为关键。一般而言，增加树的数量可以提高模型性能，但这也伴随着更高的计算成本。通常情况下，20～200棵树是一个常见的范围，而确定最佳数量可能需要通过交叉验证来进行。较深的树能更好地捕捉复杂的关系，但也容易导致过拟合。为了防止过拟合，可以限制树的深度。开始时可以尝试较小的深度，然后逐渐增加，观察性能是否提高。此外，如果数据集存在类别不平衡问题，可以考虑调整class_weight参数，以便模型更关注少数类别，如设置为balanced，表示使用平衡的类权重，亦可以字典或列表的形式指定类别的权重。最佳的参数设置在实际应用中因数据集和具体问题而异，需要通过实验和交叉验证对参数进行调整。

本例中使用的是模型的默认参数，完整代码如下。

文件名称	10-1 Random forest.py	说明	基于随机森林预测非洲银行危机

```
import pandas as pd
from sklearn.preprocessing import LabelEncoder
from sklearn.model_selection import train_test_split
from sklearn.tree import DecisionTreeClassifier
from sklearn.ensemble import RandomForestClassifier
from sklearn.metrics import accuracy_score, recall_score, precision_score,
f1_score
from matplotlib import pyplot as plt

# 1.数据预处理
data = pd.read_csv('../data/crisis.csv', encoding='ansi')  # 读入数据
data = data.drop(['国家'], axis=1)  # 删除特征
```

```python
data['银行危机'] = LabelEncoder().fit_transform(data['银行危机']) # 对"银行危机"进行编码
X_train, X_test, y_train, y_test = train_test_split(data.drop('银行危机', axis=1), data['银行危机'], random_state=666)  # 划分数据集

# 2.模型构建和训练
dt_clf = DecisionTreeClassifier()  # 构建决策树模型
dt_clf.fit(X_train, y_train)  # 训练决策树模型
y_pred_dt = dt_clf.predict(X_test)  # 用决策树模型进行预测
rf_clf = RandomForestClassifier()  # 构建随机森林模型
rf_clf.fit(X_train, y_train)  # 训练随机森林模型
y_pred_rf = rf_clf.predict(X_test)  # 用随机森林模型进行预测

# 3.打印模型评价
def print_model_evaluation(model_name, y_pred):
    print(f'***** {model_name} *****')
    print('accuracy', accuracy_score(y_pred, y_test))
    print('precision', precision_score(y_pred, y_test))
    print('recall', recall_score(y_pred, y_test))
    print('f1 score', f1_score(y_pred, y_test))
print_model_evaluation('决策树', y_pred_dt)
print_model_evaluation('随机森林', y_pred_rf)

# 4.绘制n_estimators参数对预测性能的影响曲线
accuracy_list, precision_list, recall_list, f1_list = [], [], [], []
for n in range(1,101):
    rf_clf = RandomForestClassifier(n_estimators=n)  # 构建随机森林模型
    rf_clf.fit(X_train, y_train)
    y_pred_rf = rf_clf.predict(X_test)
    accuracy_list.append(accuracy_score(y_pred_rf, y_test))
    precision_list.append(precision_score(y_pred_rf, y_test))
    recall_list.append(recall_score(y_pred_rf, y_test))
    f1_list.append(f1_score(y_pred_rf, y_test))

# 5.绘制性能曲线
plt.rcParams['font.sans-serif']=['STSong']
plt.rcParams.update({'font.size': 15})
plt.figure(figsize=(4, 4))
plt.plot(list(range(1, 101)), accuracy_list, label='accuracy')
plt.plot(list(range(1, 101)), precision_list, label='precision')
plt.plot(list(range(1, 101)), recall_list, label='recall')
plt.plot(list(range(1, 101)), f1_list, label='f1 score')
plt.xlabel('n_estimators')
plt.ylabel('评价指标')
```

```
54. plt.legend()
55. plt.show()
```

输出结果：

```
***** 决策树 *****
accuracy 0.9622641509433962
precision 0.967479674796748
recall 0.9916666666666667
f1 score 0.9794238683127573
***** 随机森林 *****
accuracy 0.9886792452830189
precision 0.991869918699187
recall 0.9959183673469387
f1 score 0.9938900203665988
```

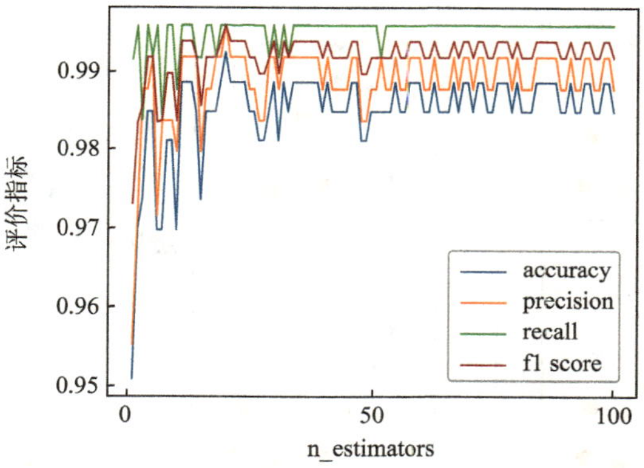

本例分别使用准确率、精准率、召回率、F1 得分对决策树和随机森林模型进行了评价，从输出结果可以发现决策树的四项评价指标分别为 0.963、0.967、0.992、0.979，当 $k=100$ 时，随机森林的四项评价指标分别为 0.989、0.992、0.996、0.994，随机森林的预测准确率优于决策树。此外，随着参数 n_estimators 增大，准确率和精准率均有所提升，后趋于稳定。读者可进一步试验，测试其他参数的变化对模型性能的影响。

10.3 AdaBoost

自适应增强算法（adaptive boosting，AdaBoost）是一种强大的集成学习算法，通过迭代训练弱分类器，并加权调整错误样本的重要性，从而构建出一个强分类器。其独特之处在于，每个弱分类器的训练都依赖于前一轮中模型的性能，使得模型能够集中精力纠正先前错误。这种自适应性使 AdaBoost 在处理复杂数据和噪声数据时表现出色，成为机器学习领域不可或缺的工具之一。

10.3.1 加法模型

定义 10-9 自适应增强算法是一种通过调整数据样本分布来对样本权重进行优化的 Boosting 算法，其预测函数为

$$F(x) = \mathrm{sign}\left(\sum_{m=1}^{M} \alpha_m G_m(x)\right) \tag{10-6}$$

其中，α_m 为第 m 个分类器的权重，$G_m(x)$ 为第 m 个分类器对样本 x 的预测值，$\mathrm{sign}(\cdot)$ 为符号函数，表示预测结果的正负。

如图 10-10 所示，AdaBoost 增加前一轮判断错误的样本权重，并降低前一轮判断正确的样本权重，以此提高对判断错误样本的关注度。

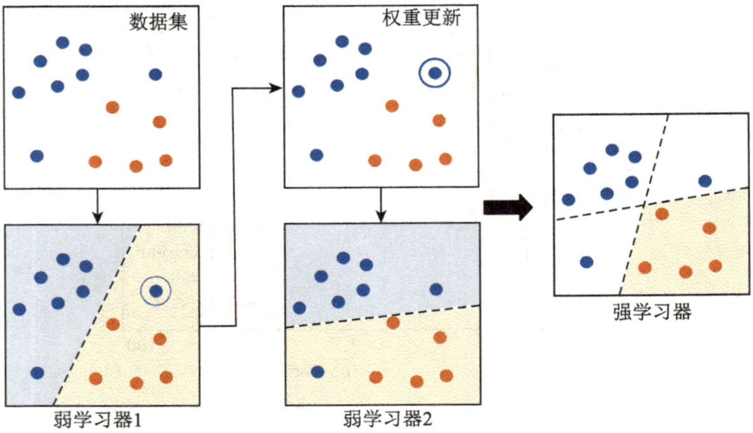

图 10-10 AdaBoost 示意图

扩展说明

在集成学习中，通过对不同样本数据进行训练，可增加基学习器之间的差异性。AdaBoost 中对样本权重调整的实现方式是调整数据集中样本的占比。例如，初始训练集为 $\{(x_1,y_1),(x_2,y_2),(x_3,y_3)\}$，各样本的权重均为 1/3。如果这三个样本的权重分别被调整为 2/3、1/6、1/6，则训练集相应地变为 $\{(x_1,y_1),(x_1,y_1),(x_1,y_1),(x_1,y_1),$ $(x_2,y_2),(x_3,y_3)\}$，以适应各样本在训练集中的占比。AdaBoost 通过增加被错误分类样本的占比，使其在下一轮训练中更容易被采集到，进而使模型更关注这些分类错误的样本。

定义 10-10 加法模型（additive model）是指由多个弱学习器的加权和组成的模型。加法模型可以表示为

$$f(x)=\alpha_1 G_1(x)+\alpha_2 G_2(x)+\cdots+\alpha_m G_m(x)=\sum_{i=1}^{m}\alpha_i G_i(x) \tag{10-7}$$

其中，$G_i(x)$ 是第 i 个弱学习器，α_i 是第 i 个弱学习器的权重且满足 $\sum_{i=1}^{m}\alpha_i=1$。

AdaBoost 的目标是构建一个加法模型，其通过逐步迭代，每次都学习一个新的弱学习器，并更新加法模型的权重，使得模型在训练数据上的表现不断提高。

假设训练样本集为 $\bar{D}=\{(x_i,y_i),i=1,2,\cdots,n\}$，标签 y 的取值为 1 和−1。加法模型的求解目标为最小化真实值和预测值之和，即

$$\min_{\alpha_j,\gamma_j}\sum_{i=1}^{n}L\left(y_i,\sum_{j=1}^{M}\alpha_j G_j(x_i;\gamma_j)\right) \tag{10-8}$$

其中，γ 为基学习器的参数。

10.3.2 前向分布算法

加法模型描述了 AdaBoost 模型的整体结构，接下来，介绍 AdaBoost 在逐步迭代中用于更新样本权重的关键方法——前向分布算法。

定义 10-11 前向分布算法是一种用于逐步构建强分类器的方法，它通过迭代地训练一系列弱分类器，并根据其表现调整样本权重，使得后续弱分类器更加关注被前一轮分类器错分的样本。

前向分步算法每一步只优化一个基学习器及其权重，逐步逼近目标函数，以此降低计算复杂度。具体地，首先初始化基学习器 $G_0(x)=0$，对于第 m 个基学习器 G_m，通过最小化损失函数 L，求解该模型的权重 α_m 及其参数 γ_m：

$$(\alpha_m,\gamma_m)=\arg\min_{\alpha,\gamma}\sum_{i=1}^{n}L\left(y_i,f_{m-1}(x_i)+\alpha_m G_m(x_i,\gamma_m)\right) \tag{10-9}$$

计算得到参数 α_m,γ_m 后，将 G_m 加入到加法模型中：

$$f_m(x)=f_{m-1}(x)+\cdots+\alpha_m G_m(x,\gamma_m) \tag{10-10}$$

通过前向分布算法，可以将求解 $\alpha_1,\alpha_2,\cdots,\alpha_m$ 和 $\gamma_1,\gamma_2,\cdots,\gamma_m$ 的优化问题简化为逐次求解 $\alpha_1,\alpha_2,\cdots,\alpha_m$ 和 $\gamma_1,\gamma_2,\cdots,\gamma_m$ 的问题。

10.3.3 AdaBoost 求解步骤

在 AdaBoost 的训练流程中，首先初始化所有数据样本的权重为 $w_i=1/n,\ i=1,2,\cdots,n$，其中，n 为训练数据样本的总数。

接下来，训练当前基学习器 $G_m(x)$，计算 $G_m(x)$ 在训练集的分类误差率 e_m：

$$e_m=\sum_{i=1}^{n}P\left(G_m\left(x_i\right)\neq y_i\right)=\sum_{i=1}^{n}w_{mi}I\left(G_m\left(x_i\right)\neq y_i\right)=\sum_{G_m\left(x_i\right)\neq y_i}w_{mi} \tag{10-11}$$

其中，w_{mi} 表示第 m 轮迭代过程中，第 i 个样本的权重，$I(\cdot)$ 为条件函数，括号内的条件成立时取值为 1，反之为 0。

由式（10-11）可知，学习器的分类误差率 e_m 等同于分类错误样本的权重之和 $\sum_{G_m(x_i)\neq y_i}w_{mi}$ 。

为了使分类误差率低的分类器获得更高的权重，需要使基学习器权重 α_m 随分类误差率 e_m 降低而单调递增。因此，采用底数为 e 的对数函数来求解基学习器 $G_m(x)$ 的权重 α_m：

$$\alpha_m=\frac{1}{2}\ln\frac{1-e_m}{e_m} \tag{10-12}$$

由式（10-12）可知，$e_m\leqslant 0.5$ 时，$\alpha_m\geqslant 0$，且 α_m 随着 e_m 的减小而增大，即分类误差率越小的基学习器在最终学习器中的作用越大。

进一步地，当完成一轮迭代后，训练数据的权重更新如式（10-13）所示：

$$w_{m,i}=\begin{cases}\dfrac{w_{m-1,i}}{Z_{m-1}}\mathrm{e}^{-\alpha_{m-1}}, & G_{m-1}\left(x_i\right)=y_i\\ \dfrac{w_{m-1,i}}{Z_{m-1}}\mathrm{e}^{\alpha_{m-1}}, & G_{m-1}\left(x_i\right)\neq y_i\end{cases} \tag{10-13}$$

其中，Z_{m-1} 为规范化因子，且 $Z_{m-1}=\sum_{i=1}^{N}w_{m-1,i}\,\mathrm{e}^{\left(-a_{m-1}y_iG\left(x_i\right)\right)}$ 。

在式（10-13）中，当 $G_{m-1}\left(x_i\right)=y_i$ 时，即第 $m-1$ 轮中弱分类器正确地分类第 i 个样本，此时 $\mathrm{e}^{-\alpha_{m-1}}$ 的指数部分为负，从而使 $w_{m,i}$ 减小。反之，若 $G_{m-1}\left(x_i\right)\neq y_i$ 成立，说明第 $m-1$ 轮中弱分类器错误地分类第 i 个样本，此时 $\mathrm{e}^{\alpha_{m-1}}$ 的指数部分为正，从而使 $w_{m,i}$ 增加，这将使学习器在下一轮迭代中更关注这些错误分类的样本。此外，在每一轮迭代后，为了使得样本权重之和保持不变，需要进行规范化，规范化因子 Z_{m-1} 用于确保新的样本权重之和等于 1。

当达到预设的迭代次数或预测精度时，最终的强学习器将会将每轮的弱学习器进行线性加权结合，如式（10-14）所示：

$$F\left(x\right)=\mathrm{sign}\left(f(x)\right)=\mathrm{sign}\left(\sum_{m=1}^{M}\alpha_mG_m(x)\right) \tag{10-14}$$

AdaBoost 的训练步骤可总结如下。

步骤 1： 给定一个训练样本集 $\bar{D}$，并初始化样本的权值分布 $w_i=1/n$，$i=1,2,\cdots,n$ 。

步骤 2： 训练当前基学习器 $G_m(x)$ 。

步骤 3： 计算当前学习器在训练集的分类误差率 $e_m=\sum_{G_m(x_i)\neq y_i}w_{mi}$ 。

步骤 4： 计算当前基学习器的权值 $\alpha_m = 1/2\ln\left(1-e_m/e_m\right)$。

步骤 5： 将 $\alpha_m G_m(x)$ 增加到加法模型 $f(x)$ 中。

步骤 6： 更新样本权重 $w_{m,i}$，如式（10-13）所示。

重复步骤 2～步骤 6 直到达到预设定的迭代次数或精度。

10.3.4 AdaBoost 算法应用与评价

AdaBoost 通过动态调整训练样本的权重，使模型聚焦于先前分类错误的样本，从而更加关注难以分类的样本。这种自适应性使得 AdaBoost 在处理复杂数据集时能有效提升分类性能，并适应不同数据分布和特征的变化。同时，AdaBoost 具有较强的泛化能力，通过结合多个弱学习器，可以显著减少过拟合的风险，提高对新数据的预测准确性。此外，AdaBoost 的训练过程相对简单，易于实现，这使得该算法在实际应用中更易于调优和部署。然而，AdaBoost 对噪声数据相对敏感，因为它在每一轮训练中都会聚焦于先前分类错误的样本。如果数据中存在噪声，可能导致模型过度关注噪声数据，从而影响整体性能。同时，当数据集非常复杂或包含大量重叠类别时，可能导致 AdaBoost 过拟合训练数据。这是由于 AdaBoost 在每一轮迭代中都尝试修正先前分类错误的样本，这将使模型过于专注重叠类别数据，而忽略了真正的数据分布特征，从而降低了泛化能力。

10.3.5 实践案例：基于 AdaBoost 算法的马疝病预测

本节利用 AdaBoost 算法对马疝病存活状态进行分类预测，使用的数据集（来源：Horse Colic-UCI 机器学习存储库）包含了医院记录的 368 匹马检测马疝病的指标记录，部分数据样例见表 10-4，具体字段包括 27 个指标数据和 label 标签数据（1 表示病变，2 表示未病变）。

表 10-4　马疝病数据集样例

指标 1	指标 2	指标 3	…	指标 24	指标 25	指标 26	指标 27	label
2	1	530101	…	2	11300	0	0	2
1	1	534817	…	2	2208	0	0	2
2	1	530334	…	2	0	0	0	1
…	…	…	…	…	…	…	…	…
1	1	530612	…	1	2208	0	0	1
1	1	534618	…	2	6112	0	0	2

完整数据："./chapter10/data/horseColic.csv"

数据预处理。在使用 AdaBoost 前，务必确保数据集经过适当的准备，使用均值填充缺失值，并对数据进行了适当的缩放和标准化。

模型构建。在 Python 中，AdaBoost 模型的构建可通过 Scikit-learn 中 ensemble 模块的 AdaBoostClassifier 类实现。首先定义分类器，代码如下：classifier = ensemble.AdaBoostClassifier()，然后通过 fit()函数对分类器进行训练。

```
class sklearn.ensemble.AdaBoostClassifier(estimator=None, *, n_estimators=
50, learning_rate=1.0, algorithm='SAMME.R', random_state=None, base_estimator=
'deprecated')
```

参数调整。在使用 AdaBoost 时，为确保模型的有效性和泛化能力，需要仔细调整关键参数。首先，参数 base_estimator 用于指定基学习器，可选择决策树 DecisionTreeClassifier 和支持向量机 SVM 等。为避免过度拟合，建议选择简单而稳定的基础分类器。此外，通过参数 n_estimators 控制 AdaBoost 的迭代次数，增加迭代次数通常有助于提高性能，但需注意防止过拟合。学习率 learning_rate 用于调整每个弱分类器的权重调整幅度，推荐设置在 0.01～0.1。较小的学习率有助于提高模型的稳定性，但可能需要更多的迭代次数。参数 base_estimator 用于指定基础算法的类型，其中 SAMME 适用于一般分类，SAMME.R 适用于概率估计。此外，需对基分类器本身的参数进行调整，以确保其与数据集和任务相匹配。最后，通过采用网格搜索等技术系统地搜索参数空间，以找到最佳的参数组合。通过精心调整这些参数，可以更充分地发挥 AdaBoost 算法的优势，从而提升模型的性能和鲁棒性。

本小节使用决策树作为 AdaBoost 模型的基学习器，并与决策树分类模型进行效果对比，两种算法同时对马疝病数据集分类，并使用准确率对分类模型进行评价，完整代码如下。

文件名称	10-2 AdaBoost.py	说明	基于 AdaBoost 的马疝病分类预测

```
import pandas as pd
from sklearn import ensemble
from sklearn.tree import DecisionTreeClassifier
from sklearn.model_selection import train_test_split
from sklearn.metrics import accuracy_score
from matplotlib import pyplot as plt
import numpy as np
import random
from itertools import accumulate
import warnings
warnings.filterwarnings("ignore")  # 忽略所有警告

# 1.数据预处理
df_acc_list, ad_acc_list = [], []
data = pd.read_csv("../data/horseColic.csv", names=[i for i in range(28)])
  # 导入数据
X, y = data.iloc[:,:-1], data.iloc[:,-1:]
model_num = 100

# 2.模型构建和训练
for seed in random.sample(range(1, model_num*2), model_num):
    # 随机划分为训练集和测试集
```

```
    X_train, X_test, y_train, y_test = train_test_split(X, y, random_state= seed)
    #构建决策树分类模型
    dtc = DecisionTreeClassifier(max_depth=7, min_samples_leaf=7)
    dtc.fit(X_train, y_train)
    df_acc_list.append(accuracy_score(y_test, dtc.predict(X_test)))
    #构建 Adaboost 分类模型
    clf = ensemble.AdaBoostClassifier(base_estimator=DecisionTreeClassifier(max_depth=7, min_samples_leaf=7), n_estimators=100, algorithm='SAMME', learning_rate=0.95)
    clf.fit(X_train, y_train)
    ad_acc_list.append(accuracy_score(y_test, clf.predict(X_test)))

# 3.绘制性能曲线
plt.figure(figsize=(15,5))
font = {'family': 'serif', 'serif': ['STSong'], 'size':25}
plt.rc('font', **font)
plt.plot(list(range(1, model_num+1)), np.array(list(accumulate(df_acc_list)))/np.array(range(1, model_num+1)), label='决策树')
plt.plot(list(range(1, model_num+1)), np.array(list(accumulate(ad_acc_list)))/np.array(range(1, model_num+1)), label='AdaBoost')
plt.legend(frameon=False)
plt.xlabel('实验次数')
plt.ylabel('平均准确率')
plt.show()

# 4.打印模型评价
print('决策树平均准确率: ', round(sum(df_acc_list)/len(df_acc_list),4))
print('AdaBoost 平均准确率: ', round(sum(ad_acc_list)/len(ad_acc_list),4))
```

输出结果:

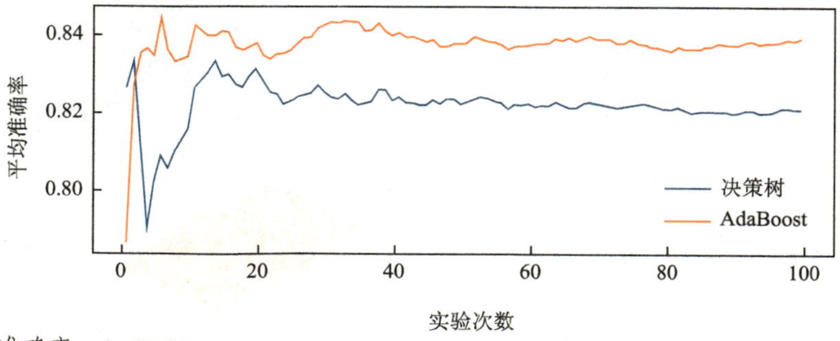


```
决策树平均准确率: 0.8184
AdaBoost 平均准确率: 0.8417
```

本例考虑通过多次重复实验来确认结果的稳定性。在不同的数据子集下进行 100 次重复实验后，通过比较累计平均准确率可以发现，AdaBoost 表现出比决策树更高的预测准确率。具体而言，决策树算法的平均准确率为 0.8184，而 AdaBoost 的平均准确率为 0.8417。这一提升可以归因于 AdaBoost 作为一种集成学习方法，通过组合多个弱分类器构建一个强分类器。读者可尝试调整 AdaBoost 和决策树的参数，以进一步优化它们的性能。

10.4 梯度提升树

梯度提升树算法（gradient boosting decision trees，GBDT）是一种强大的集成学习算法，以其在预测和分类任务中的出色表现而备受关注。该算法在迭代地构建决策树的同时校正先前树的误差，其具备捕捉数据集中复杂非线性关系的能力，以此显著提高模型的准确性。

10.4.1 回归树基本原理

8.4.7 节介绍了 CART 决策树在完成分类任务方面的工作原理。值得注意的是，CART 决策树的树形结构和分裂准则展现出极大的灵活性，使其不仅仅局限于分类任务，也适用于回归任务，因此也称为回归树。尽管回归树保持了树形结构的特征，但其在特征选择、生长方式等方面与分类树存在一些显著差异。

在回归任务中，CART 决策树同样对输入特征进行二分递归，不同之处在于每个叶子节点不再表示一个离散型的类别，而是对应一个连续型的数值。如图 10-11 所示，CART 决策树将输入空间划分为多个子区域 R_1, R_2, R_3, R_4, R_5，每个子区域的输出为该区域内所有训练样本的平均值。为了确保所构建的回归树在预测时表现最为有效，即预测值之间的差异最小，需要使每一个区域内样本的纯度最高，纯度的计算见 8.4.2 节。因此，构建回归树的关键在于优化每个子区域的样本纯度，使得每个区域内样本的平均值能够最好地反映该区域的特性。

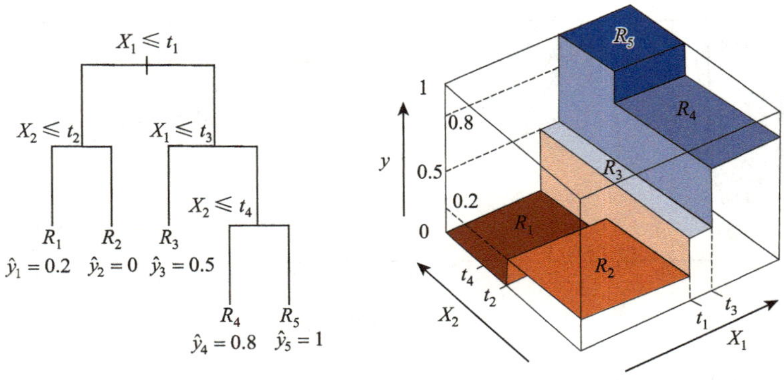

(a) 决策树结构　　(b) 特征空间子区域划分

图 10-11　CART 回归树划分示意图

令预测结果 $y \in R$，训练样本集为 $\bar{D}=\{x_1,x_2,\cdots,x_n\}$，特征集为 $F=\{f_1,f_2,\cdots,f_d\}$，特征空间矩阵为 $\boldsymbol{F}$，建立 CART 回归树的步骤如下。

步骤 1： 选择基尼系数最小的特征和划分点，把特征空间 $\boldsymbol{F}$ 切分成 J 个区域 $R_1,R_2,\cdots,R_J$，每个区域存在若干不重叠的样本。

步骤 2： 区域 R_j 中每个样本都赋予相同的预测结果 $\tilde{y}_{R_j}=\dfrac{1}{n_j}\sum_{i\in R_j} y_i$，其中 n_j 是区域 R_j 中样本的数量。

步骤 3： 计算预测误差 $\mathrm{RSS}=\sum_{j=1}^{J}\sum_{i\in R_j}\left(y_i-\tilde{y}_{R_j}\right)^2$。

步骤 4： 使用贪婪式递归求解划分特征和划分点使得 RSS 最小。

重复步骤 1～步骤 4，直到满足停止条件（节点样本数阈值、树的深度限制等）。

贪婪式递归是指在构建过程中从树的根节点开始，每一次划分都是基于当前节点的最优划分，而不考虑之前已经做过的划分。这是一种贪心算法，它在每一步选择当前的最优解，而不考虑后续可能的影响。

定义 10-12 残差平方和（RSS）是指回归分析中观测值与回归方程预测值之间差异的平方和。通常用于衡量回归模型的拟合优度，残差平方和越小，表示模型拟合得越好。RSS 的计算公式为

$$
\begin{aligned}
&R_1(j,t)=\{i \mid f_j(i)<t\}\\
&R_2(j,t)=\{i \mid f_j(i)\geqslant t\}\\
&\mathrm{RSS}=\sum_{i\in R_1(j,t)}\left(y_i-\tilde{y}_{R_1}\right)^2+\sum_{i\in R_2(j,t)}\left(y_i-\tilde{y}_{R_2}\right)^2
\end{aligned}
\tag{10-15}
$$

其中，$f_j(i)$ 为第 j 个特征下第 i 个样本的值。

在划分过程中，通常使用 RSS 来度量每个节点的纯度，RSS 越小，则纯度越高。对于某个节点，划分特征 F_j 和划分点 t 的选择是通过最小化该节点的 RSS 来实现的。对于每一次划分，选择能够最大限度地减少节点内部样本 RSS 的划分特征和划分点，能使每个子区域内样本在类别上预测结果的平均值更加接近样本在类别上的真实值，从而提高模型的预测性能。

当 RSS 最小时，选择最佳的特征和切分点来划分数据集，其划分的方法主要有两种：非递归切分和二分递归切分。

（1）非递归切分是指在构建决策树时，通过迭代遍历可能的切分点来进行数据集的分割，而不采用递归调用。

（2）二分递归切分是在每一步通过递归选择最优的切分点将数据集划分为两个子集，

直到满足停止条件。

如图 10-12 所示，通过对比非递归切分和二分递归切分在空间划分方面的效果，可以观察到在非递归切分的情况下，空间的划分可能更加灵活，按照不同的规则进行。而在二分递归切分中，划分的方式更加有规律性，每一步都在之前划分的基础上将某个区域进一步细分为两部分。

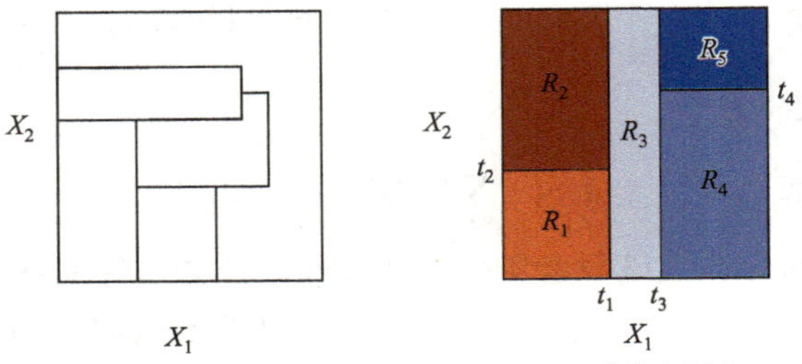

图 10-12　非递归切分和二分递归切分示意图

CART 通常采用二分递归切分来构建回归树。这意味着在构建回归树的过程时，CART 通过贪心策略在每一步中选择当前最优的切分方式，将当前区域划分为两部分。通过这样的递归过程，能够有效地将输入空间细分为多个子区域，从而在建立模型时更好地捕捉数据的特征和变化。此外，二分递归切分具有规律性，能够保持树形结构的纵深性，并在大多数情况下保证模型具备较高的计算效率，因为其避免了穷举所有可能性所带来的高计算成本。尽管二分递归切分不能保证找到全局最优解，但在实际应用中，这一方法通常能够得到有效模型。

10.4.2 梯度提升树基本原理

定义 10-13　梯度提升树算法是一种以 CART 回归树为基学习器的集成学习算法，其以梯度下降思想为基础，通过损失函数的负梯度方向来调整模型参数，以提升整体性能。

相比于 AdaBoost 算法，GBDT 每轮以当前预测为基准，通过拟合误差函数对预测值的残差进行调整。如图 10-13 所示，基于训练集 (x,y) 训练决策树 1，得到预测结果 h_1 并计算预测残差 $y-h_1$；结合加权训练集（对预测错误的样本进行加权，参考 10.3.3 节），继续拟合决策树 1 的残差，得到决策树 2，并纳入加法模型中，此时 h_2 为决策树 1 和决策树 2 预测结果的相加。在 GBDT 中，每一棵树逐步拟合前一棵树的残差，这种渐进的方式能有效地通过多轮迭代不断提升模型性能，最终得到精准而可靠的预测结果。

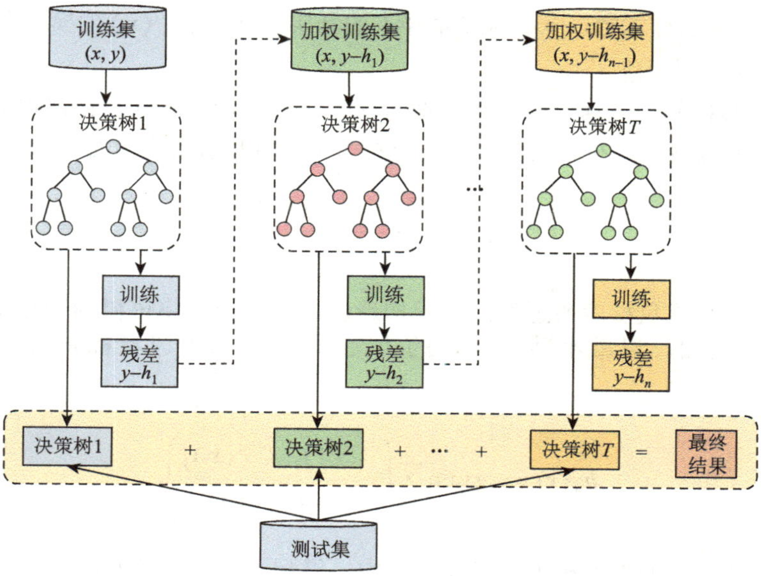

图 10-13　梯度提升树示意图

算一算

如图 10-14 所示，某产品的真实价格为 2000 元，使用 GBDT 对该产品进行价格预测，第一棵决策树的预测金额为 1500 元，其残差为 2000−1500 = 500 元；第二棵树需要预测第一棵树的残差，即 500 元，第二棵树的预测结果为 400 元，其残差为 500−400 = 100 元；以此类推，第四棵树的残差为 0，停止迭代，最终的价格为每棵树的预测结果之和，即 1500 + 400 + 80 + 20 = 2000 元。

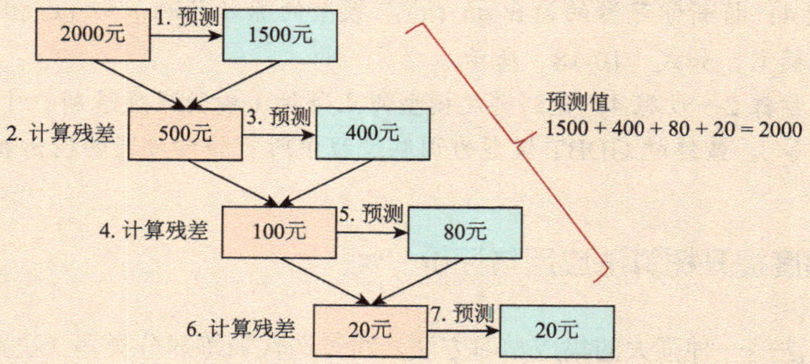

图 10-14　产品预测案例

在给定训练数据集 $\bar{D}=\{(x_i,y_i),i=1,2,\cdots,n\}$ 下，GBDT 首先初始化决策树 $f(x)=0$。使用均方差函数作为损失函数，在第 m 轮迭代中，该损失函数定义为

$$L(y,f(x))=\frac{1}{2}\sum_{i=1}^{n}\left(y_i-f^{(m)}(x_i)\right)^2 \tag{10-16}$$

其中，n 为训练集的样本数，y_i 为第 i 个样本的真实标签，$f^{(m)}(x_i)$ 为模型在第 m 轮迭代中对第 i 个样本的预测值。

其次，GBDT 利用最速下降法的近似方法，在每一轮中，通过计算损失函数对预测值的负梯度来近似残差。在第 m 轮中第 i 个样本的负梯度计算公式如下：

$$r_{im} = -\frac{\partial L\left(y_i, f^{(m)}(x_i)\right)}{\partial f^{(m)}(x_i)} \tag{10-17}$$

进一步地，基于负梯度所近似的残差构造新的决策树，将该树的预测结果与当前模型的预测结果相加，以减小残差。新的决策树 $h_m(x)$ 的学习目标是最小化损失函数 $L(y, f(x))$：

$$h_m(x) = \arg\min \sum_{i=1}^{N} \left(-\frac{\partial L\left(y_i, f^{(m)}(x_i)\right)}{\partial f^{(m)}(x_i)} \right)^2 \tag{10-18}$$

最后，将新学到的决策树加到当前模型中，得到更新后的模型：

$$f^{(m)}(x) = f^{(m-1)}(x) + \eta h_m(x) \tag{10-19}$$

其中，η 为学习率，用于控制每一轮迭代中新决策树的贡献大小。

GBDT 通过多轮迭代不断优化模型，使其逐渐逼近训练数据集的真实分布，从而提高模型的泛化能力。基于上述过程，给出 GBDT 算法过程如下。

步骤 1：初始化决策树模型 $f(x)$。

步骤 2：计算每个样本的残差 $r_{im} = -\partial L\left(y_i, f^{(m)}(x_i)\right) / \partial f^{(m)}(x_i)$。

步骤 3：基于所计算的残差 r_{im} 构建一棵新决策树。

步骤 4：将新学习器的输出 $\eta h_m(x)$ 与模型的原始预测 $f^{(m-1)}(x)$ 相加，获得更新后的模型，如式（10-18）所示。

重复步骤 2～步骤 4，直到满足模型停止条件（树的深度限制、叶子节点最小样本数等）。最终的 GDBT 模型为训练过程中所有弱学习器的输出和。

10.4.3 梯度提升树算法应用与评价

GBDT 算法是一种强大的集成学习方法，通过迭代训练弱分类器（决策树），不断纠正之前模型的残差，逐步提升整体模型性能。同时，GBDT 能处理复杂的非线性关系，并对异常值和噪声相对鲁棒，而且其在回归和分类任务中表现出色，具有良好的泛化能力和抗过拟合能力。然而，GBDT 在处理高维稀疏数据时可能效率较差，尤其在文本特征上表现相对较弱。总体而言，GBDT 在实际应用中受到广泛欢迎，如在工业制造领域，GBDT 被应用于设备故障预测、质量控制、生产优化等任务，这使其成为机器学习领域的重要算法之一。

10.4.4 实践案例：基于梯度提升树算法的充电桩故障状态预测

本节利用 GBDT 算法对新能源汽车充电桩的故障状态进行分类，使用的数据集（来源：百度新手赛中提供的新能源汽车充电桩记录数据集）包含了 85500 个充电桩记录，部分数据样例见表 10-5，具体字段包括：id，K1K2 驱动信号，电子锁驱动信号，急停信号，门禁信号，THDV-M（电压的总谐波失真），THDI-M（电流的总谐波失真），label（状态标签，0 为正常，1 为故障）。

表 10-5 充电桩数据集样例

id	K1K2 驱动信号	电子锁驱动信号	急停信号	门禁信号	THDV-M	THDI-M	label
1	11.802741	12.122681	−0.05744	12.089629	11.809618	11.468398	1
2	11.818357	12.135362	−0.055879	12.056373	11.671259	38.840074	1
3	11.802741	12.121097	−0.060561	12.038968	12.163057	14.761536	1
…	…	…	…	…	…	…	…
27	11.815237	12.122681	−0.038702	12.075375	12.426496	417.83033	1
28	11.818357	12.138529	−0.077738	12.105465	15.48184	27.51479	1

完整数据：“./chapter10/data/charging_pile.csv”

模型构建。在 Python 中，GBDT 模型的构建可通过 Scikit-learn 中 ensemble 模块的 GradientBoostingClassifier 类实现。首先定义分类器，代码如下：classifier=ensemble.GradientBoostingClassifie()，然后通过 fit()函数对分类器进行训练。

```
class sklearn.ensemble.GradientBoostingClassifier(*, loss='log_loss',
learning_rate=0.1, n_estimators=100, subsample=1.0, criterion='friedman_mse',
min_samples_split=2, min_samples_leaf=1, min_weight_fraction_leaf=0.0, max_
depth=3, min_impurity_decrease=0.0, init=None, random_state=None, max_
features=None, verbose=0, max_leaf_nodes=None, warm_start=False, validation_
fraction=0.1, n_iter_no_change=None, tol=0.0001, ccp_alpha=0.0)
```

参数调整。在使用 GBDT 时，为确保模型的有效性和泛化能力，需要仔细调整关键参数。参数 n_estimators 表示构建的决策树数量，默认为 100；参数 max_features 表示最佳分裂节点之前使用的最大特征数；参数 min_samples_leaf 表示确定分裂内部节点所需的最小叶子数。这些超参数在 GBDT 中用于增强模型的性能和预测能力以及提高模型的速度。

本节使用决策树和 GBDT 模型对充电桩数据集进行分类，完整代码如下。

文件名称	10-3 GBDT.py	说明	基于 GBDT 的充电桩状态分类预测

```
import numpy as np
import pandas as pd
from sklearn import ensemble
```

```
from sklearn.tree import DecisionTreeClassifier
from sklearn.model_selection import train_test_split
from sklearn.metrics import accuracy_score
from matplotlib import pyplot as plt
import warnings
import random

from tqdm import tqdm
warnings.filterwarnings("ignore")  # 忽略所有警告

# 1.数据预处理
df_acc_list, ad_acc_list, gbc_acc_list = [], [], []
data = pd.read_csv("../data/charging_pile.csv") # 导入数据
X = data.drop(columns=['id','label'], axis=1)
y = data['label']
print(y.value_counts())

# 2.模型构建和训练
for seed in tqdm(random.sample(range(1, 101), 50)):
    # 随机划分为训练集和测试集
    X_train, X_test, y_train, y_test = train_test_split(X, y, random_state= seed)
    #构建决策树分类模型
    dtc = DecisionTreeClassifier()
    dtc.fit(X_train, y_train.ravel())
    df_acc_list.append(accuracy_score(y_test, dtc.predict(X_test)))
    #构建Adaboost分类模型
    clf = ensemble.AdaBoostClassifier(base_estimator=DecisionTreeClassifier(), n_estimators=100, algorithm='SAMME', learning_rate=0.95)
    clf.fit(X_train, y_train.ravel())
    ad_acc_list.append(accuracy_score(y_test, clf.predict(X_test)))
    # 构建GBDT分类模型
    gbc = ensemble.GradientBoostingClassifier()
    gbc.fit(X_train, y_train.ravel())
    gbc_acc_list.append(accuracy_score(y_test, gbc.predict(X_test)))

# 3.绘制性能曲线
plt.figure(figsize=(10,5))
font = {'family': 'serif', 'serif': ['Times New Roman'], 'size':25}
plt.rc('font', **font)
plt.plot(list(range(1, 51)), df_acc_list, label='Decision tree')
plt.plot(list(range(1, 51)), ad_acc_list, label='AdaBoost')
plt.plot(list(range(1, 51)), gbc_acc_list, label='GBDT')
```

```
plt.legend(fontsize='x-small', frameon=False, ncols=3, loc='upper center',
  bbox_to_anchor=(0.5, 0.8))
plt.xlabel('iter')
plt.ylabel('Accuracy')
plt.show()

# 4.打印模型评价
print('决策树的平均准确率：', sum(df_acc_list)/len(df_acc_list))
print('AdaBoost 的平均准确率：', sum(ad_acc_list)/len(ad_acc_list))
print('梯度提升树的平均准确率：', sum(gbc_acc_list)/len(gbc_acc_list))
```

输出结果：

```
1    42750
0    42750
Name: label, dtype: int64
决策树的平均准确率： 0.9090647953216375
AdaBoost 的平均准确率： 0.9090900584795323
梯度提升树的平均准确率： 0.9456832748538012
```

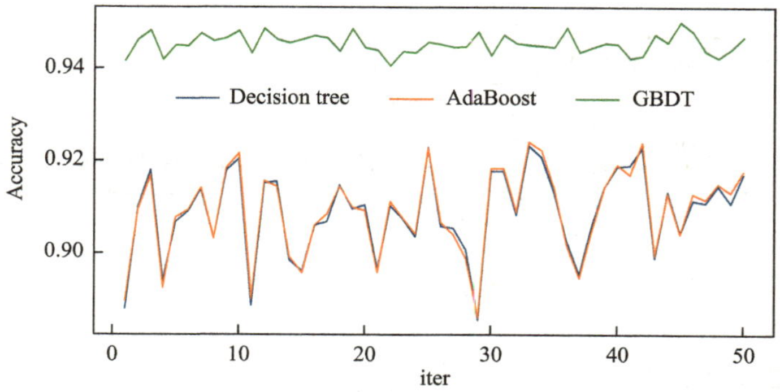

本例通过多次重复实验来确认结果的稳定性，并与决策树和 AdaBoost 进行了对比。在绝大多数情况下，GBDT 表现出比决策树和 AdaBoost 更高的预测准确率。具体而言，决策树和 AdaBoost 的平均准确率均为 0.909，而 GBDT 的平均准确率为 0.946。读者可尝试调整 GBDT、AdaBoost 和决策树的参数，以进一步优化它们的性能。

10.5 XGBoost

极端梯度上升算法（eXtreme Gradient Boosting，XGBoost）是一种高效且灵活的梯度提升树算法，因其卓越的性能而被广泛应用于机器学习领域。其独特之处在于支持并行计算、引入正则化项和列采样等特性。在 Kaggle、DrivenData 和 Analytics Vidhya 等众多数据科学竞赛中，XGBoost 以出色的表现脱颖而出，成为解决分类、回归等问题的首选算法。

10.5.1 XGBoost 基本原理

定义 10-14 极端梯度上升是经过优化的分布式梯度提升库，通过迭代的方式构建有效的预测模型，其预测函数为

$$F(x)=\frac{1}{T}\sum_{k=1}^{T}f_k(x) \tag{10-20}$$

其中，T 为森林中树的数量，$f_k(x)$ 为第 k 棵树对样本 x 的预测。

XGBoost 延承了梯度提升算法的核心思想，仍然采用决策树作为基学习器，每棵决策树都被训练来修正前一棵树的预测误差，从而逐步提升整体模型的性能，如图 10-15 所示。

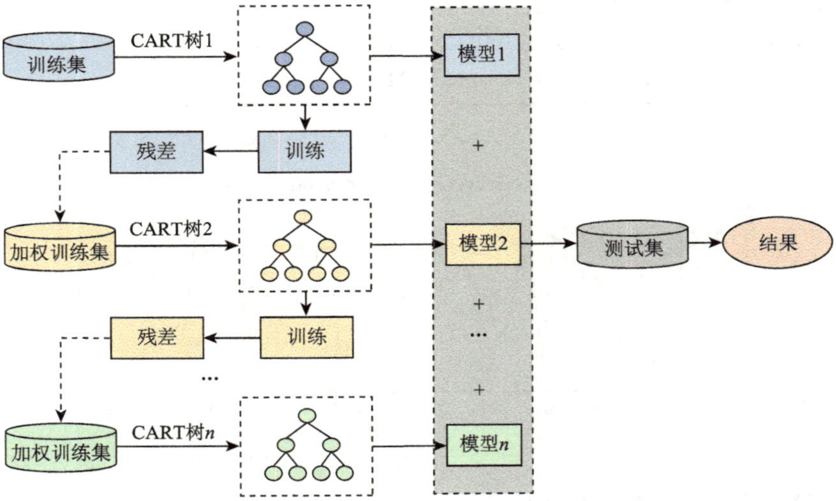

图 10-15　XGBoost 示意图

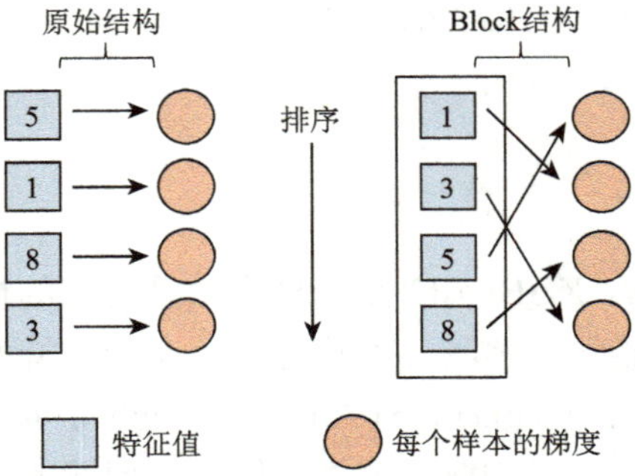

图 10-16　一个特征（列）的 Block 结构布局变换

除此之外，XGBoost 引入了一系列创新技术，包括并行化处理、正则化技术以及列采样等，成功克服 GBDT 在并行性和效率方面的限制。

（1）并行化处理。如图 10-16 所示，XGBoost 采用了 Block（块）存储结构，这种结构对特征进行分块并排序，每个块内保存了排序后的特征值以及对应样本的引用。这样的设计充分利用并行计算的优势，显著加速了模型的训练过程。

（2）正则化技术。XGBoost 引入了正则化项，包括 L1 和 L2 正则化，具体参考 4.4 节，其有助于防止过拟合，提高模型的泛化能力。

（3）列采样。XGBoost 在每次决策树的构建过程中引入了列采样，即在每次迭代中对特征进行采样，防止模型过度依赖某些特定的特征。

这些技术的结合使得 XGBoost 能够更快地训练出强大的模型，并且在处理大规模数据集时表现优异。

延伸阅读

在构建决策树的过程中，寻找最优切分点是一项耗时的任务，尤其是在涉及数据排序的过程中。为了有效减少排序所耗费的时间，XGBoost 采用了一种称为 Block 结构的数据存储方式，这种存储方式具备以下几个优势。

（1）减少计算量：使用 Block 结构可以极大减少每个节点的候选分割点数量，从而减少计算量，加快模型的训练速度。

（2）复用分割：Block 结构允许在树的构建过程中重复使用相同的分割点，这使其在不同的树之间共享了信息，提高了模型的泛化性能。

（3）更好的并行化：由于每个 Block 都是独立处理的，这种结构可以更好地支持并行计算，从而进一步提高训练速度。

10.5.2 XGBoost 目标函数构建

XGBoost 采用了加法模型的训练方法，其第 t 棵树的预测值可表示为

$$F_t(x_i)=\sum_{k=1}^{t} f_k(x_i)=F_{t-1}(x_i)+f_t(x_i) \tag{10-21}$$

其中，$F_{t-1}(x_i)$ 为前 $t-1$ 棵树对样本 x_i 的预测值，$f_t(x)$ 为第 t 棵树所对应的函数值。

XGBoost 的目标函数由训练误差（通常是损失函数）和正则化项组成。损失函数 $L(y_i,F_t(x_i))$ 用于衡量第 t 棵树对第 i 个样本的预测误差，正则化项 $\Omega(f_k)$ 用于控制模型的复杂度，防止过拟合。则第 t 棵树的目标函数为

$$\mathrm{obj}^{(t)}=\sum_{i=1}^{n} L(y_i,F_t(x_i))+\sum_{t=1}^{t}\Omega(f_i) \tag{10-22}$$

其中，n 为样本个数，y_i 为第 i 个样本的真实标签。

与 AdaBoost 相似，XGBoost 在训练时同样采用了前向分布算法进行贪婪求解。因此，第 t 棵树训练的目标函数可以进一步表示为

$$\begin{aligned}\mathrm{obj}^{(t)}&=\sum_{i=1}^{n} L(y_i,F_t(x_i))+\sum_{i=1}^{t}\Omega(f_i)\\&=\sum_{i=1}^{n} L(y_i,F_{t-1}(x_i)+f_t(x_i))+\sum_{i=1}^{t}\Omega(f_i)\\&=\sum_{i=1}^{n} L(y_i,F_{t-1}(x_i)+f_t(x_i))+\Omega(f_t)+\sum_{i=1}^{t-1}\Omega(f_i)\end{aligned} \tag{10-23}$$

10.5.3 XGBoost 目标函数求解

鉴于前 $t-1$ 棵树已知，其对应的复杂度也已知，则前 $t-1$ 棵树的正则化项可常量化，即 $\sum_{i=1}^{t-1}\Omega(f_i)=C$，那么，第 t 棵树的目标函数可变换为

$$\text{obj}^{(t)}=\sum_{i=1}^{n}L(y_i,F_{t-1}(x_i)+f_t(x_i))+\Omega(f_t)+C \tag{10-24}$$

进一步地，XGBoost 使用目标函数的二阶泰勒展开来近似损失函数，从而更有效地优化目标函数并加速模型训练。

延伸阅读

泰勒公式是数学中一个重要的工具，用于近似复杂函数在某一点的值。它由数学家泰勒（Taylor）在 18 世纪初提出，是微积分的基础之一。对于一个在 $x=x_0$ 处具有 n 阶导数的函数 $f(x)$，泰勒公式通过 $\Delta x=x-x_0$ 的 n 次多项式来近似 $f(x)$，其二阶形式可表示为 $f(x_0+\Delta x)\approx f(x_0)+f'(x_0)\Delta x+\dfrac{f''(x_0)}{2}(\Delta x)^2$。

将 $F_{t-1}(x_i)$ 视为 x_0，$f_t(x_i)$ 视为 Δx，损失函数 L 视为 $f(x_0)$，则式（10-24）可由二阶泰勒展开为

$$\text{obj}^{(t)}=\sum_{i=1}^{n}\left[L(y_i,F_{t-1}(x_i))+g_i f_t(x_i)+\frac{1}{2}h_i f_t^2(x_i)\right]+\Omega(f_t)+C \tag{10-25}$$

其中，C 为常数，$g_i=\dfrac{\partial L(y_i,F_{t-1}(x_i))}{\partial F_{t-1}(x_i)}$，$h_i=\dfrac{\partial^2 L(y_i,F_{t-1}(x_i))}{\partial^2 F_{t-1}(x_i)}$。

通过对损失函数进行泰勒展开，可以将目标函数拆分为两个部分：关于预测值的一阶导数项 g_i 和二阶导数项 h_i。这样的分解使得目标函数更容易进行优化，有利于构建每一轮迭代的弱学习器。

同时，在训练第 t 棵树时，前 $t-1$ 棵树已知，因此 $\sum_{i=1}^{n}L(y_i,F_{t-1}(x_i))$ 可视为常数项，则式（10-25）可以简化为

$$\text{obj}^{(t)}=\sum_{i=1}^{n}\left[g_i f_t(x_i)+\frac{1}{2}h_i f_t^2(x_i)\right]+\Omega(G_t)+C \tag{10-26}$$

为进一步求解目标函数，将重新定义一棵决策树以消除 $f_t(x_i)$ 变量。首先，假设待训练的第 t 棵树有 T 个叶子节点，所有叶子节点的输出值构成权重向量 $[w_1,w_2,\cdots,w_T]$。以判断患者是否感冒为例（是为正类别，否为负类别），将体温、咳嗽作为特征，五个患者作为对象，构建决策树，单一叶子节点的正权重表示模型倾向于将样本分为正类别，而负权重表示模型倾向于将样本分为负类别，叶子节点的所有输出值可构成权重向量 $[2,0.1,-1]$，如图 10-17 所示。

对象	体温/℃	咳嗽
x_1	38.7	是
x_2	36.3	否
x_3	36.5	是
x_4	36.2	否
x_5	36.8	否

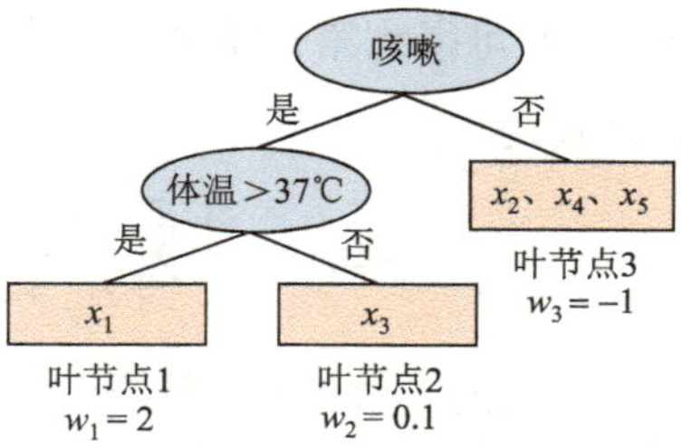

图 10-17　构建的决策树及其叶子节点

其次，定义在叶子节点 j 中的样本集合 $D_j=\{x_i \mid q(x_i)=j\}$，其中 $q(x_i)$ 为样本到叶子节点的映射，则叶子节点 j 上的权重为

$$w_j = f_t(x_i), \quad i \in \mathbb{X}_j \tag{10-27}$$

为防止过拟合，XGBoost 将树的复杂度作为正则项，可表示为

$$\Omega(f_t)=\gamma T+\frac{1}{2}\lambda\sum_{j=1}^{T}w_j^2 \tag{10-28}$$

其中，T 为叶子节点的数量，γ 和 λ 为参数。

那么，第 t 棵树训练的目标函数可重新定义为

$$\begin{aligned}\mathrm{obj}^{(t)}&=\sum_{i=1}^{n}\left[g_i f_t(x_i)+\frac{1}{2}h_i f_t^2(x_i)\right]+\Omega(f_t)+C\\&=\sum_{i=1}^{n}\left[g_i f_t(x_i)+\frac{1}{2}h_i f_t^2(x_i)\right]+\gamma T+\frac{1}{2}\lambda\sum_{j=1}^{T}w_j^2+C\\&=\sum_{i=1}^{n}\left[(\sum_{i\in I_j}g_i)w_j+\frac{1}{2}(\sum_{i\in I_j}h_i+\lambda)w_j^2\right]+\gamma T+C\end{aligned} \tag{10-29}$$

令 $G_j=\sum_{i\in I_j}g_i$，$H_j=\sum_{i\in I_j}h_i$，则目标函数可简化为

$$\mathrm{obj}^{(t)}=\sum_{j=1}^{T}\left[G_j w_j+\frac{1}{2}(H_j+\lambda){w_j}^2\right]+\gamma T \tag{10-30}$$

由于 γT 为常数项，求解目标函数式（10-30）的最小值可转换为求解函数 $K(w_j)=G_j w_j+\frac{1}{2}(H_j+\lambda){w_j}^2$ 的最小值。

考虑到若一棵树的结构已经确定，则各个节点内的样本 (x_i,y_i,g_i,h_i) 也是确定的，即 G_j,H_j,T 被确定，则令 $K'(w_j)=0$，可求得最优参数 w_j^*：

$$w_j^*=-\frac{G_j}{H_j+\lambda} \tag{10-31}$$

将 w_j^* 代入式（10-30）可得到第 t 棵树训练的目标函数的最优值 obj^*，该值越小代表树结构越好，其计算公式为

$$\text{obj}^* = -\frac{1}{2}\sum_{j=1}^{T}\frac{G_j^2}{H_j+\lambda}+\gamma T \tag{10-32}$$

为更好地理解目标函数的求解过程，基于图 10-17 中所给的例子，求每个节点下不同样本的一阶导数 g_i 和二阶导数 h_i，进而针对每个节点中所含样本的一阶导数 g_i 和二阶导数 h_i 求和得到 G_i 和 H_i，最后遍历决策树的节点即可得到目标函数的最优参数，代入式（10-31）即可得到最优解，求解结果如图 10-18 所示。

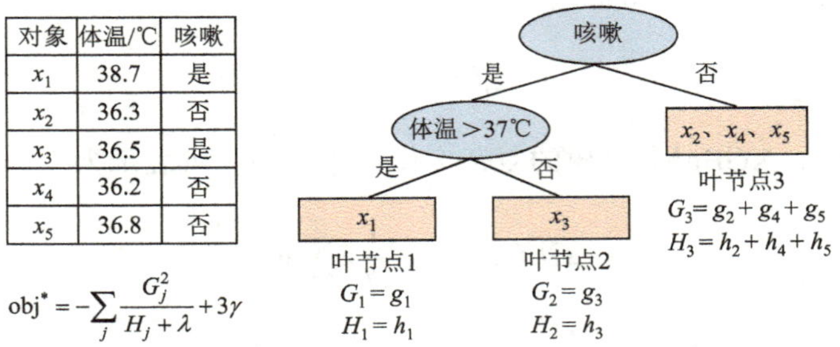

图 10-18　目标函数求解

最小化 XGBoost 目标函数的过程，实际上是在寻找最佳的模型参数，如学习率、树的深度和列采样比例等，使得模型在训练集上的损失最小。其意义在于综合考虑模型的精度和树的复杂度，实现了对于训练数据的拟合以及模型泛化能力的平衡。

10.5.4 XGBoost 算法应用与评价

首先，XGBoost 通过对损失函数进行二阶导数的近似，为用户提供了更自由地定义和应用各种损失函数的能力。其次，XGBoost 在正则化方面也表现出色，支持 L1 和 L2 正则化，有效防止模型过拟合。再次，对于特征值缺失的样本，XGBoost 利用稀疏感知算法能够自动学习出最优的树分裂方向，无须用户进行额外的数据处理，增强了模型对不完整数据的鲁棒性。最后，XGBoost 通过特征并行和数据并行等方式实现并行化技术，在相同计算资源下通常比其他梯度提升算法更快。因此，XGBoost 被广泛应用于 Kaggle、DrivenData 和 Analytics Vidhya 等知名数据科学竞赛中，如在 Kaggle 的“Porto Seguro's Safe Driver Prediction”竞赛中，参赛团队使用 XGBoost 成功预测汽车保险索赔的概率。

然而，XGBoost 拥有较多需要调整的参数，如 max_depth 和 learning_rate 等，因此，需要具备一定的专业知识和计算资源来优化模型性能。尽管 XGBoost 在处理大规模数据集时表现出色，但在小样本数据集上容易过拟合。同时，XGBoost 处理大规模数据时需要较大内存，这也成为使用该算法的一个限制因素。

扩展说明

特征并行：XGBoost 可以并行处理不同特征数据。在构建每棵树的过程中，对于每个特征，它可以独立计算特征的增益并找到最佳分裂点。这样，针对不同特征的计算可以并行进行，提高了训练速度。

数据并行：XGBoost 支持对样本数据的并行处理。它使用类似于 Hadoop 的 MapReduce 策略，将数据划分为多个块，每个块都在不同的处理器上进行处理。这种方式可以提高数据预处理和梯度计算的并行度，从而加速训练过程。

10.5.5 实践案例：基于 XGBoost 算法的产品定价预测

本节利用 XGBoost 算法对产品定价进行预测。产品定价数据集（来源：www.idatascience.cn）包含了一系列手机产品的型号、各种配置信息以及价格范围（0 表示廉价，1 表示一般，2 表示昂贵，3 表示十分昂贵），总计包含了 2000 个数据样本。具体字段和部分数据样例如表 10-6 所示。

表 10-6　产品定价数据集样例

电池容量	蓝牙	CPU	SIM 卡	前摄像素	4G	内存	厚度	重量	处理器数	后摄像素
842	0	2.2	0	1	0	7	0.6	188	2	2
1021	1	0.5	1	0	1	53	0.7	136	3	6
563	1	0.5	1	2	1	41	0.9	145	5	6
…	…	…	…	…	…	…	…	…	…	…
1512	0	0.9	0	4	1	46	0.1	145	5	5
510	1	2	1	5	1	45	0.9	168	6	16
像素长	**像素宽**	**RAM**	**屏幕长度**	**屏幕宽度**	**通话**	**3G**	**触屏**	**WiFi**	**价格范围**	
20	756	2549	9	7	19	0	0	1	1	
905	1988	2631	17	3	7	1	1	0	2	
1263	1716	2603	11	2	9	1	1	0	2	
…	…	…	…	…	…	…	…	…	…	
336	670	869	18	10	19	1	1	1	0	
483	754	3919	19	4	2	1	1	1	3	

完整数据：“./chapter10/data/cellphone.csv”

本案例采用了决策树、GBDT 和 XGBoost 模型对手机产品定价进行预测，并对各模型的预测性能进行了比较。决策树和 GBDT 的使用方法参考 7.4 节和 10.4 节。

模型构建。在 Python 中，XGBoost 模型的构建可通过 Scikit-learn 库中的 xgboost.xgb 模块的 XGBClassifier 类实现，其函数如下：

```
class xgboost.sklearn.XGBClassifier(max_depth=3, learning_rate=0.1, n_
estimators=100, subsample=1.0, colsample_bytree=1.0, objective='binary:
```

```
logistic',booster='gbtree', n_jobs=1, nthread=None, gamma=0, min_child_
weight=1,max_delta_step=0, subsample_for_bin=200000, colsample_bylevel=1,
colsample_ bynode=1, reg_alpha=0, reg_lambda=1, scale_pos_weight=1, base_
score=0.5, random_state=0, seed=None, missing=None, **kwargs)
```

在构建XGBoost模型时，需要设置参数learning_rate和n_estimators，其设置与AdaBoost类似，这里不再赘述。num_leaves表示叶子节点数，用于控制树的复杂度，通常在20～100选择。设置较大的值可能会提高模型的性能，但也可能导致过拟合，建议从较小的值开始，逐渐增加并在交叉验证中找到最佳值，max_depth 用于限制每棵树的最大深度，防止过度生长，一般选择3～10。min_child_weight表示叶子节点的最小权重，通过调整可以控制模型复杂度。subsample 决定每次迭代时用于训练模型的样本比例，可防止过拟合，通常在0.5～1.0 选择。colsample_bytree 定义每次迭代时用于训练模型的特征比例，有助于防止特征间的过拟合。这些超参数在XGBoost中发挥关键作用，用于提升模型性能、预测能力以及加速模型训练的速度。基于XGBoost预测产品定价的完整代码如下。

文件名称	10-4 XGBoost.py	说明	基于XGBoost预测产品定价

```
import pandas as pd
from sklearn.preprocessing import LabelEncoder
from sklearn.model_selection import train_test_split
from sklearn.ensemble import GradientBoostingClassifier
from sklearn.metrics import accuracy_score
from sklearn.tree import DecisionTreeClassifier
import xgboost as xgb
from matplotlib import pyplot as plt

# 1.数据预处理
data = pd.read_csv('../data/cellphone.csv', encoding='ansi')  # 读入数据集
X_train, X_test, y_train, y_test = train_test_split(data.drop('价格范围',
  axis=1), data['价格范围'], random_state=666)  # 划分数据集

# 2.模型构建和训练
dt_clf = DecisionTreeClassifier()  # 构建决策树模型
dt_clf.fit(X_train, y_train)  # 训练决策树模型
dbdt_clf = GradientBoostingClassifier()  # 构建梯度提升树模型
dbdt_clf.fit(X_train, y_train)  # 构建梯度提升树模型
xgb_classifier = xgb.XGBClassifier(  # 构建XGBoost模型
    n_estimators=1000,  # 决策树的数量
    max_depth=3,        # 决策树的最大深度
    learning_rate=0.1,  # 学习率
    random_state=42  # 随机种子
)
xgb_classifier.fit(X_train, y_train)  # 训练XGBoost模型

```

```python
# 3.用三种模型对测试集进行预测
y_pred_dt = dt_clf.predict(X_test)
y_pred_gbdt = dbdt_clf.predict(X_test)
y_pred_xgb = xgb_classifier.predict(X_test)

# 4.打印模型评价
print('***** 决策树 *****')
print('accuracy', accuracy_score(y_pred_dt, y_test))
print('***** 梯度提升树 *****')
print('accuracy', accuracy_score(y_pred_gbdt, y_test))
print('***** XGBoost *****')
print('accuracy', accuracy_score(y_pred_xgb, y_test))

# 5.绘制特征重要性曲线
plt.rcParams['font.sans-serif'] = ['SimSun']  # 设置中文显示
xgb.plot_importance(xgb_classifier.get_booster(), max_num_features=20,
    importance_type='weight', xlabel='F分数', ylabel='特征', title='特征重要
    性', show_values=False, color='red')
plt.show()
```

输出结果：

```
***** 决策树 *****
accuracy 0.826
***** GBDT *****
accuracy 0.906
***** XGBoost *****
accuracy 0.924
```

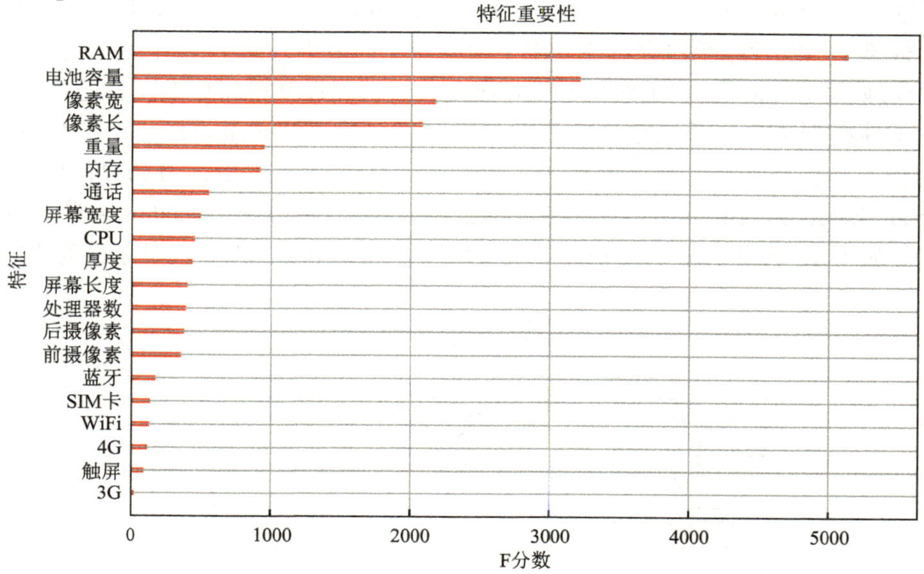

本案例使用准确率对决策树、GBDT 和 XGBoost 模型进行了对比。从输出结果可以观察到三种模型的准确率分别为 0.826、0.906 和 0.924。其中，XGBoost 表现出最高的预测准确率。此外，本案例使用 plot_importance 函数来展示每个特征在 XGBoost 模型中的重要性。从图中可以发现，RAM、电池容量、像素宽、像素长是影响产品价格的重要因素。为了更好地理解模型性能并进一步提升准确率，读者可以尝试调整 XGBoost 模型的超参数，如 max_depth、learning_rate 和 n_estimators 等，观察其对准确率的影响。通过调整这些参数，读者可以深入了解模型的行为，并找到最适合数据集的配置。

10.6 LightGBM

轻量级梯度提升机（light gradient boosting machine，LightGBM）是微软推出的一款高性能、分布式的梯度提升框架。相较于经典的梯度提升树，LightGBM 在训练和预测速度方面取得了显著的突破，其采用了高效的并行计算和特征分裂策略，极大提高了模型的训练和预测速度。这使得 LightGBM 适用于大规模数据集和高维特征空间，为各种实际场景提供了高效而可靠的解决方案。

10.6.1 LightGBM 的基本思想

定义 10-15 LightGBM 是一个基于决策树算法的分布式梯度提升框架，旨在提供快速、高效、低内存、高准确度、支持并行和大规模数据处理的工具。

LightGBM 的提出旨在弥补传统梯度提升树算法在大规模和高维度数据集上效率不足的问题。传统梯度提升树算法，如 GBDT 和 XGBoost 算法在处理大规模和高维数据集时，加载整个训练数据至内存可能受限于内存容量的大小，而不加载至内存则会导致反复读写训练数据，造成巨大的时间开销，因此传统梯度提升树算法难以满足需求。

为了使模型更适用于处理大规模数据，同时保持高准确率，LightGBM 引入了创新性的技术，包括互斥特征捆绑算法（exclusive feature bundling，EFB）、直方图算法（histogram-based algorithm，HA）和梯度单边采样算法（gradient-based one-side sampling，GOSS）。如图 10-19 所示，在生成单叶的过程中，这三个算法对时间复杂度有重要影响。

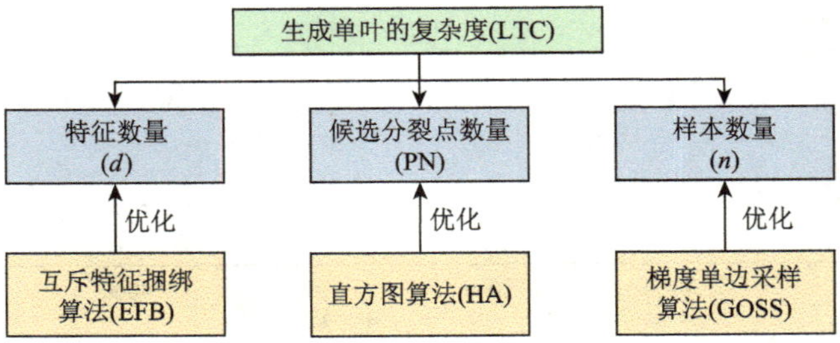

图 10-19 LightGBM 对于 XGBoost 的优化

具体而言，互斥特征捆绑算法减少了特征的数量，直方图算法减少了候选分裂点的数量，而梯度单边采样算法减少了样本的数量。引入这三个算法后，LightGBM在生成单叶时的时间复杂度将大幅降低。

此外，大多数GBDT算法使用的是按层生长（level-wise）策略，而LightGBM使用了带有深度限制的按叶生长（leaf-wise）策略。如图10-20所示，橙色节点为需要分裂的叶节点，在按层生长策略中，模型在生长过程中需要对每一层的叶节点进行分裂，这意味着每一层的所有叶节点都参与了生长的决策。与之相对，按叶节点生长策略采用了一种更为精细的方法。在这种策略下，模型通过计算每个叶节点的分箱增益，选择具有最大增益的叶节点进行分裂。通常，分箱增益越大，说明分裂对模型的贡献越显著。这一改进使得模型在训练时能够聚焦于处理最有价值的特征和数据，从而有效减少计算量，提高算法的训练速度。

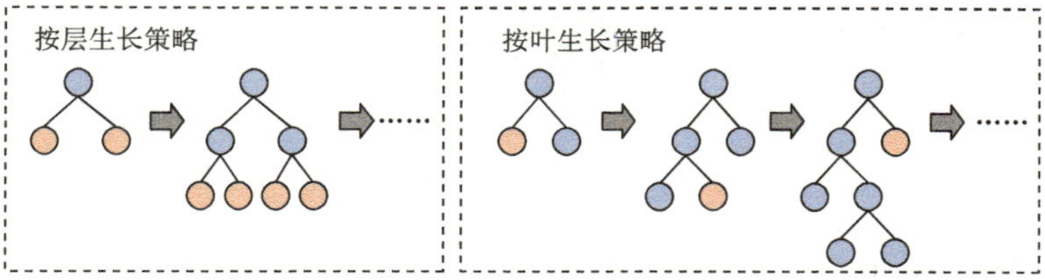

图10-20 构建决策树的生长策略

延伸阅读

分箱增益通常指通过分箱操作带来的信息增益或模型性能的提升。分箱是将连续变量转换为分类变量的过程，目的是通过这种变换提高模型的稳定性和预测能力。其基本思想如下。

（1）离散化：将连续的数值特征分割成一系列的区间，以简化模型的复杂性。

（2）群体化：将具有相似特征的数据点放在同一个箱或者区间内。

为进一步理解LightGBM，下面将对直方图算法、梯度单边采样算法和互斥特征捆绑算法进行详细介绍。

10.6.2 直方图算法

定义 10-16 HA是一种用于高效构建决策树的方法，其通过对特征值进行分箱并在每个箱上构建直方图来降低节点分裂的计算复杂度。

传统的决策树算法（如ID3、CART）在每个节点分裂时需要遍历所有的特征值来找到最佳的分裂点。然而，在处理大规模数据集时，这种遍历过程会导致较高的时间复杂度，因而影响算法效率。HA通过对数据进行分箱来加速这个过程。在HA中，数据集中的特征值被分成多个离散的区间（或称为箱），每个区间称为一个直方图箱。因此，在进行节点分裂时，不需要考虑每个数据点的具体值，而只需关注数据落入哪个箱。这种近似的划分使得训练过程更加高效。

如图 10-21 所示，在 HA 中，首先对每个特征的所有取值进行排序，使用等宽分箱策略（详情参考 2.2.2 节）将特征值划分到相应的箱中，并计算每个箱中样本点的梯度信息，进而构建特征直方图。

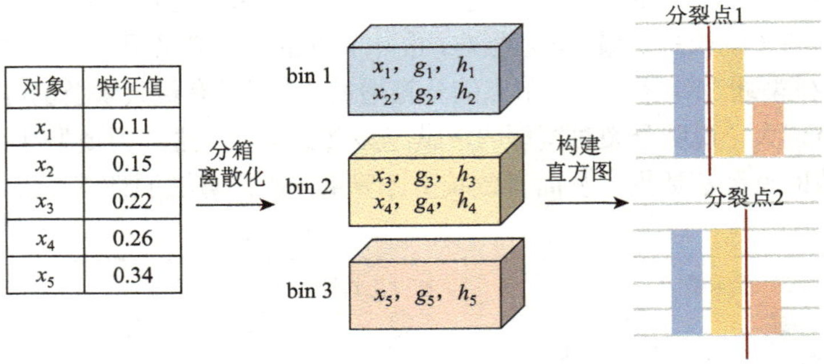

图 10-21　特征直方图的构建

对于每个分箱 i，其梯度总和可以定义为

$$\text{GradSum}_i = \sum_{j\in \text{bin}_i} g_j + \frac{1}{2}\sum_{j\in \text{bin}_i} h_j \tag{10-33}$$

其中，$g_j = \dfrac{\partial L(y_j, F(x_j))}{\partial F(x_i)}$ 表示第 j 个样本的一阶梯度值，$h_j = \dfrac{\partial^2 L(y_j, F(x_j))}{\partial^2 F(x_j)}$ 表示第 j 个样本的二阶梯度值，y_j 为第 j 个样本的真实标签，$F(x_j)$ 为模型对第 j 个样本的预测值。

进一步地，通过计算分箱增益 Δloss，可确定最佳分裂点：

$$\Delta\text{loss} = \frac{\text{GradSum}_\text{L}^2}{n_\text{L}} + \frac{\text{GradSum}_\text{R}^2}{n_\text{R}} - \frac{\text{GradSum}_\text{P}^2}{n_\text{P}} \tag{10-34}$$

其中，GradSum_L 为分割点左侧分箱至当前分割点的梯度总和，GradSum_R 为分割点右侧分箱的梯度总和，GradSum_P 为父节点的梯度总和，n_L 、n_R 、n_P 分别为对应的样本数量。

HA 通过选择使得分箱增益最大的特征值和相应的分箱作为分裂节点，成功简化了算法的复杂性。这一优化明显提高了在每次迭代中寻找最优分裂点的效率，将经典 GBDT 的时间复杂度从 $O(n\log n)$ 降低至 $O(b)$，其中 n 为样本数，b 为分箱的数量。

以下是 HA 的详细流程。

步骤 1：给定训练数据集 $\bar{D} = \{(x_1, y_1), (x_2, y_2), \cdots, (x_n, y_n)\}$，其中 x_i 为第 i 个样本的特征向量，y_i 为第 i 个样本的标签。

步骤 2：对每个特征维度 j 的取值进行排序。

步骤 3：将排序后的每个特征维度 j 中的样本根据给定的范围划分为 B 个箱，每个箱包含给定范围内的数据点。

步骤 4：计算每个箱内样本的梯度之和 G 和梯度平方之和 H，用于后续分箱增益计算。

步骤 5：对于每个特征维度 j，把每个箱作为分裂点，根据式（10-34）计算分箱增益 Δloss 以选择最佳分裂点。

步骤 6：根据最佳分裂点将树进行扩展，并更新叶节点的预测值。

下面通过一个例子来说明 HA 的有效性。在该示例中，只需计算 2 次分裂点的增益，即可确定该示例的最佳分裂点，大大提升了运算速度。

算一算

如表 10-7 所示的数据集，包含 8 个数据样本，以 x_i 为特征，g_i 为一阶梯度，h_i 为二阶梯度。请用 HA 对数据进行处理，并计算最佳分裂点。

表 10-7　计算示例数据集

i	1	2	3	4	5	6	7	8
x_i	0.1	2.1	2.5	3.0	3.0	4.0	4.5	5.0
g_i	0.01	0.03	0.06	0.05	0.04	0.7	0.6	0.07
h_i	0.2	0.04	0.05	0.02	0.08	0.02	0.03	0.03

（1）离散化处理。将连续特征值 x_i 离散化为[0, 3)，[3, 4.5)，[4.5, 6)三个分箱。

（2）统计直方图信息。计算每个分箱的梯度总和。

$$S_1=\sum_{i=1}^{3}g_ih_i=(0.01\times0.2+0.03\times0.04+0.06\times0.05)=0.0062$$

$$S_2=\sum_{i=4}^{6}g_ih_i=(0.05\times0.02+0.04\times0.08+0.7\times0.02)=0.0182$$

$$S_3=\sum_{i=7}^{8}g_ih_i=(0.6\times0.03+0.07\times0.03)=0.0201$$

（3）计算增益。分别计算当分割点为 3 和 4.5 时的分箱增益。

$$\Delta\text{loss}_3=\frac{0.0062^2}{3}+\frac{(0.0182+0.0201)^2}{5}-\frac{(0.0062+0.0182+0.0201)^2}{8}\approx0.00005866$$

$$\Delta\text{loss}_{4.5}=\frac{(0.0062+0.0182)^2}{6}+\frac{0.0201^2}{2}-\frac{(0.0062+0.0182+0.0201)^2}{8}\approx0.00005370$$

（4）确定最佳分裂点。根据增益的计算结果，可确定 3 为最佳分裂点。

10.6.3 梯度单边采样算法

定义 10-17　GOSS 是一种通过减少训练数据样本数量来加速 LightGBM 训练过程的技术，其在每轮迭代中只对梯度绝对值较大的样本进行采样，从而减少整体计算量。

在 AdaBoost 中，样本的重要性通过权重向量 w 体现（详情参见 10.3.3 节），在 GBDT 的训练中，由于缺乏类似 AdaBoost 中的直接样本权重，梯度成为一个更为有效的指标来衡量样本的重要性。基于此，LightGBM 提出 GOSS，通过减少样本数，极大地降低整体的计算复杂度。GOSS 是一种针对样本的采样策略，其目标是舍弃对计算信息增益无帮助的样本，而保留对模型训练有益的样本。

定义 10-18 信息增益（information gain）是一个统计量，用来描述一个特征区分数据样本的能力。假设在某样本集中，第 j 个特征存在值为 e 的样本，在此处对数据进行划分（此时无父节点），则其分裂的信息增益为

$$V_{j|\bar{D}}(e)=\frac{1}{n}\left(\frac{\left(\sum_{x_i\in\bar{D}:x_{ij}\leqslant e}g_i\right)^2}{n_{l|\bar{D}}^j(e)}+\frac{\left(\sum_{x_i\in\bar{D}:x_{ij}>e}g_i\right)^2}{n_{r|\bar{D}}^j(e)}\right) \tag{10-35}$$

其中，$\bar{D}$ 为决策树待分裂节点的训练样本集，n 为 $\bar{D}$ 中的样本数量，$n_{l|\bar{D}}^j(e)=\{x_i\in\bar{D}\,|\,x_{ij}\leqslant e\}$，$n_{r|\bar{D}}^j(e)=\{x_i\in\bar{D}\,|\,x_{ij}>e\}$，$x_{ij}$ 为样本 i 在特征 j 上的值，g 为一阶梯度和二阶梯度的乘积。

根据信息增益的定义，梯度大的样本对信息增益有更大的影响，同时，较大的梯度意味着模型在样本上的预测错误较大，而小梯度表示样本已经取得了较好的训练效果，其对模型学习的影响较小。因此，GOSS 在进行数据采样时选择保留梯度较大的数据。

然而，直接丢弃所有梯度较小的数据可能会导致数据总体分布的改变。基于此，GOSS 将进行分裂的特征的梯度值按照绝对值大小降序排序，选择绝对值最大的一部分数据作为大梯度数据集。进一步地，在剩余的较小梯度数据中随机采样，对采样后的数据进行加权处理。这个加权处理的过程利用一个可调节参数，以保证算法更专注于训练不足的样本，同时尽可能保持原始数据集的分布。最终，GOSS 使用这些采样后的数据来计算信息增益。

假设大梯度样本的采样率为 a，小梯度数据的采样率为 b，训练集为 $\bar{D}$，GOSS 的训练过程如下。

步骤 1： 计算数据中每个样本的梯度值，并将样本按照梯度值的绝对值从大到小排序，得到排序后的训练集 $\bar{D}$。

步骤 2： 选择前 $a\times|\bar{D}|$ 个样本作为大梯度数据集，记作 $\bar{D}_{\text{big}}$。

步骤 3： 对剩余的 $|\bar{D}|-a\times|\bar{D}|$ 个样本进行 b 随机采样，选取 $b\times(|\bar{D}|-a\times|\bar{D}|)$ 个样本作为小梯度数据集，记作 $\bar{D}_{\text{small}}$。

步骤 4： 合并 $\bar{D}_{\text{big}}$ 和 $\bar{D}_{\text{small}}$，赋予权重 $w_i=(1-a)/b$ 给小梯度数据集中的每个样本。

步骤 5： 将采样样本数据输入新的弱学习器训练。

步骤 6： 重复直至达到给定的迭代次数 NUM。

使用 GOSS 进行采样，训练算法将更加关注没有充分训练的样本，并且基本保持原有的数据分布。由于数据分布发生改变，式（10-35）可重新定义为

$$V_{\mathrm{GOSS}}(e)=\frac{1}{n}\left(\frac{\left(\sum_{x_i\in A_l} g_i+\frac{1-a}{b}\sum_{x_i\in B_l} g_i\right)^2}{n_l^j(e)}+\frac{\left(\sum_{x_i\in A_r} g_i+\frac{1-a}{b}\sum_{x_i\in B_r} g_i\right)^2}{n_r^j(e)}\right) \tag{10-36}$$

其中，$A_l=\left\{x_i\in \bar{D}_{\mathrm{big}}:x_{ij}\leqslant e\right\}$，$A_r=\left\{x_i\in \bar{D}_{\mathrm{big}}:x_{ij}>e\right\}$，$B_l=\left\{x_i\in \bar{D}_{\mathrm{small}}:x_{ij}\leqslant e\right\}$，$B_r=\left\{x_i\in \bar{D}_{\mathrm{small}}:x_{ij}>e\right\}$，$n_l^j(e)$ 和 $n_r^j(e)$ 分别为当 $x_i\in \bar{D}_{\mathrm{big}}\cup \bar{D}_{\mathrm{small}}$ 时，$x_{ij}\leqslant e$ 的样本数和 $x_{ij}>e$ 的样本数。

GOSS 从降低训练速度的角度出发，排除大部分小梯度的样本，仅用剩下的样本计算信息增益，它是一种在减少训练数据量和保证精度上平衡的算法。

下面通过一个例子来说明 GOSS 的过程。

算一算

以表 10-7 中的数据为例，假设大梯度抽样率为 1/4，小梯度抽样率为 1/3，使用 GOSS 对该例子进行采样。

（1）按照一阶梯度值将数据按照从大到小的顺序进行排序{6，7，8，3，4，5，2，1}。

（2）选择前 $8\times 1/4=2$ 个样本作为大梯度数据集。

（3）从剩余的样本中按小梯度抽样率选择 2 个样本（4 和 2）作为小梯度数据集。

（4）为小梯度样本赋予权重 $w=(1-1/4)/(1/4)=3$。

（5）由此可以得到新的直方信息表如图 10-22 所示。

i	1	2	3	4	5	6	7	8
x_i	0.1	2.1	2.5	3.0	3.0	4.0	4.5	5.0
g_i	0.01	0.03	0.06	0.05	0.04	0.7	0.6	0.07
h_i	0.2	0.04	0.05	0.02	0.08	0.02	0.03	0.03

bin_i	bin1	bin2	bin3
x_i	1×3	1×3+1	1
G_i	0.03×3	0.05×3+0.7	0.6
H_i	0.04×3	0.02×3+0.02	0.03

图 10-22 GOSS 算法示例结果

10.6.4 互斥特征捆绑算法

定义 10-19 EFB 是一种用于降低特征数量的方法，其通过将高度相关的特征捆绑在一起来减少特征的数量，从而降低模型的复杂度。

为进一步优化直方图的构建过程，除了使用梯度单边采样算法来降低训练样本数外，LightGBM 还通过 EFB 来降低特征数量。EFB 通过对高维稀疏的互斥特征进行捆绑操作，即将多个互斥特征捆绑为一个，以达到减少特征数量的目的。该算法在不显著影响模型精度的前提下，能有效减轻计算负担。

在高维特征数据集中，特征之间往往存在互斥关系，若数据中所有样本在两个特征上有且只有其中一个特征存在值，则称这两个特征为互斥特征。例如，在一个样本中，性别通常是“男”或“女”，而孕育状态则可以是“已怀孕”或“未怀孕”。由于同一个样本通常不会同时具有“男”和“已怀孕”的状态。因此，性别和孕育状态是互斥特征，它们之间存在排他性。若存在两个样本，其在两个互斥特征上的特征值分别为$[1,0]^{\mathrm{T}}$和$[0,1]^{\mathrm{T}}$。通过应用 EFB，可以将这两个互斥特征捆绑为一个新特征（称为 Bundle）。此时，两个样本在新特征上的特征值为$[1,1]^{\mathrm{T}}$。这种处理方式有助于在维持模型准确性的同时降低计算复杂度。

在使用 EFB 时，首先应判断哪些特征可以捆绑在一个 Bundle 中。因此，给出如下步骤来构建 Bundle。

步骤 1： 将特征作为节点，冲突次数 k 作为边的权值构建互斥关系图 G，当两个特征不是互斥特征时，使用连边连接节点。

步骤 2： 对特征按度进行降序排序，度 K 为某一特征与其他特征的冲突次数和。

步骤 3： 按顺序对排好序的特征进行遍历，根据阈值判断当前特征 i 是否能加入已有的 Bundle，若小于阈值 z，则可加入，若大于阈值 z，则新建一个 Bundle。

步骤 4： 最终得到特征捆绑结果 F。

接下来，通过例子展示互斥特征的捆绑过程。

如图 10-23 所示，数据集有 5 个样本，每个样本有 4 个特征。首先，以数据集中的特征为节点，两两特征之间的冲突次数（特征值互斥数量）为边的权值构建互斥关系图。

其次，计算互斥关系图中各节点的度，并排序为$x_3(5)=x_2(5)>x_1(2)=x_4(2)$。

再次，假设阈值为 0.5，新建 Bundle，称为A，将冲突次数排名第一的x_3送入到A中，即$A=\{x_3\}$；对于x_2，由于x_2与x_3的冲突次数为 2，大于阈值，则新建 Bundle，称为B，此时$B=\{x_2\}$；对于x_1，由于x_1与x_3的冲突次数为 2，x_1与x_2的冲突次数为 2，均超过阈值，则新建 Bundle，称为C，此时$C=\{x_1\}$；对于x_4，由于x_4与x_2和x_3的冲突次数均为 1，且均大于阈值，而x_4与x_1的冲突次数为 0，小于阈值，则x_4和x_1绑定，此时$C=\{x_1,x_4\}$。

最后，将x_1和x_4绑定为新的 Bundle，绑定结果如图 10-23 所示。

在 HA 中，每个特征有一张直方图，当完成特征捆绑后，需要保留绑定前的特征，这能保证在新的合并特征中识别到原本特征，此时遍历合并特征的直方图则相当于遍历原本多个特征的直方图，从而找到分割点。基于上述分析，可通过对原始特征的值添加

i	x_1	x_2	x_3	x_4
1	12	4	12	0
2	0	30	0	64
3	18	12	3	0
4	0	8	0	0
5	0	0	30	3

(a) 捆绑前

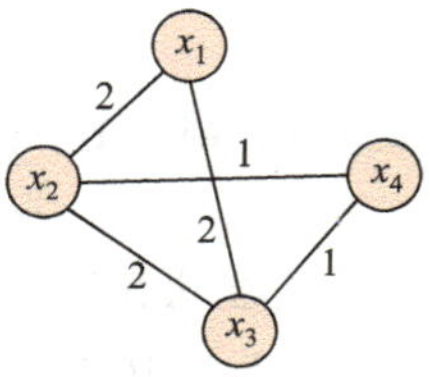

(b) 互斥关系

i	x_2	x_3	x_1–x_4
1	4	12	12
2	30	0	64
3	12	3	18
4	8	0	0
5	0	30	3

(c) 捆绑后

图 10-23 互斥特征捆绑示例

偏移来实现，从而将互斥的特征放在不同的 bin 中。例如，特征 a 在直方图中的区间为 $[0,10)$，特征 b 的区间为 $[0,20)$，由于 a 和 b 区间存在重合，如果进行直接特征合并，则无法区分特征的归属。如合并后取值为 5 的特征无法分辨来源于 a 还是 b。在合并互斥特征算法中，可以将 b 的区间进行偏移，新的区间为 $[10,30)$。

通过合并互斥特征算法，将众多互斥的稀疏特征转化为稠密的特征，降低了特征的数量，提高了构建直方图的效率。算法步骤如下。

步骤 1：给定一个特征数据集 $\overline{S}$，互斥特征捆绑结果 F。

步骤 2：对每个特征 f_j，记 $f_j\text{bin}[i]$ 为根据特征 f_j 划分的第 i 个箱，并计算其分箱数 numBin。

步骤 3：计算每个特征的总分箱数 totalBin，得到分箱范围 binRanges。

步骤 4：对每个样本，初始化新的特征值 $\text{newBin}[i]=0$。

步骤 5：对于每个特征 f_j，若 $f_j\text{bin}[i]\neq 0$，更新 $\text{newBin}[i]=f_j\text{bin}[i]+\text{binRanges}[j]$。

步骤 6：得到更新后的特征值 newBin。

10.6.5 LightGBM 算法应用与评价

作为一种高效的梯度提升框架，LightGBM 专为处理大规模数据集和高维特征设计。其独特之处在于其采用基于 HA 的学习方法，有效减少了计算复杂度，使得模型训练速度更快。另一个显著的优势是，LightGBM 能够直接处理缺失值和类别型特征，降低了数据预处理的复杂性。同时，LightGBM 的分布式学习能力也使得其在大规模数据集上的模型训练更为高效。例如，在 Kaggle 竞赛“Microsoft Malware Prediction”中，较多参赛团队选择采用能高效处理大规模数据的 LightGBM，并利用其优异的泛化能力和在训练速度上的卓越表现构建高性能的恶意软件检测模型。

然而，由于采用按叶生长的策略，LightGBM 容易过拟合训练数据，尤其是在数据集较小或特征较少时。在处理大规模数据时，LightGBM 需要存储额外的直方图和梯度信息，因此对内存消耗较大。总体而言，LightGBM 在应对高维、复杂数据时，展现出卓越的性能，为解决实际问题提供了强大的工具。

10.6.6 实践案例：基于 LightGBM 算法的中风预测

本节利用 LightGBM 对患者进行中风症状预测，使用的数据是中风预测数据集（来源：www.idatascience.cn），部分数据样例见表 10-8，该数据集包含 5110 名患者的记录，具体字段包括：id（编号），gender（男性，女性，其他），age（患者的年龄），hypertension（患者是否患有高血压，0-否，1-是），stroke（患者是否患有中风，0-否，1-是）等 12 个字段，需要根据其他字段特征对中风症状进行预测。

表 10-8　中风预测数据示例

id	gender	age	hypertension	…	bmi	smoking_status	stroke
9046	Male	67.0	0	…	36.6	formerly smoked	1
51676	Female	61.0	0	…	NaN	never smoked	1
60182	Female	49.0	0	…	32.5	never smoked	1
…	…	…	…	…	…	…	…
37544	Male	51.0	0	…	25.6	formerly smoked	0
44679	Female	44.0	0	…	26.2	Unknown	0

完整数据："./chapter10/data/stroke.csv"

本例分别使用 LightGBM、GBDT 对患者数据集进行预测并对二者的预测性能进行比较。GBDT 在 Python 中的使用方法参考 10.4 节。

模型构建。在 Python 中，LightGBM 模型的构建可通过 Scikit-learn 中 lightgbm.lgm 模块的 LGBMClassifier 类实现。参数 boosting_type 表示梯度提升的类型，可以是 gbdt（梯度提升树）、dart（dropout 加强梯度提升）、goss（互斥特征筛选的梯度提升）、rf（随机森林）之一；参数 num_leaves 表示每棵树中的最大叶节点数，决定了树的复杂度；参数 max_depth 限制树的最大深度，用于防止过拟合；参数 reg_alpha 表示 L1 正则化项的权重；参数 reg_lambda 表示 L2 正则化项的权重。这些超参数在 LightGBM 中用于增强模型的性能和预测能力以及提高模型的速度。

```
class lightgbm.sklearn.LGBMClassifier( boosting_type='gbdt', num_leaves=31,
max_depth=-1, learning_rate=0.1, n_estimators=100, subsample_for_bin=200000,
objective=None, class_weight=None, min_split_gain=0.0, min_child_weight=
0.001, min_child_samples=20, subsample=1.0, subsample_freq=0, colsample_
bytree=1.0, reg_alpha=0.0, reg_lambda=0.0, random_state=None, n_jobs=-1,
silent=True, importance_type='split', **kwargs )
```

用 LightGBM 模型对医院患者数据集进行分类预测的完整代码如下。

文件名称	10-5 LightGBM.py	说明	基于 LightGBM 的中风预测

```
import pandas as pd
import numpy as np
```

```
from sklearn.model_selection import train_test_split
from sklearn.model_selection import GridSearchCV
from sklearn.preprocessing import LabelEncoder
from sklearn.compose import ColumnTransformer
from sklearn.preprocessing import OneHotEncoder
from lightgbm import LGBMClassifier
from sklearn.metrics import accuracy_score

# 1.数据预处理
df = pd.read_csv('../data/stroke.csv')
le = LabelEncoder()
df['gender'] = le.fit_transform(df['gender'])
df['ever_married'] = le.fit_transform(df['ever_married'])
df['work_type'] = le.fit_transform(df['work_type'])
df['Residence_type'] = le.fit_transform(df['Residence_type'])
df['smoking_status'] = le.fit_transform(df['smoking_status'])
x = df.iloc[:,1:-1].values
y = df.iloc[:,-1].values
ct = ColumnTransformer(transformers=[('encoder',OneHotEncoder(),[0,5,9])], remainder='passthrough')
x = np.array(ct.fit_transform(x))
X_train,X_test,y_train,y_test = train_test_split(x,y,test_size=0.2,random_state=0) # 训练集测试集切分

# 2.模型构建和训练
model = LGBMClassifier()
model.fit(X_train,y_train)
y_pred = model.predict(X_test)
print("LGBM 模型准确率: ",accuracy_score(y_test,y_pred))

# 3.网格搜索交叉验证参数---learning_rate 参数
parameters = {'learning_rate': [0.01, 0.05, 0.1]}
grid = GridSearchCV(model,
                    scoring="accuracy",
                    param_grid=parameters,
                    cv=10)
grid.fit(X_train,y_train)
print('参数 learning_rate 的最佳取值:{0}'.format(grid.best_params_))
print('LGBM 最佳模型得分:{0}'.format(grid.best_score_))
print(grid.cv_results_['mean_test_score'])
print(grid.cv_results_['params'])

# 4.网格搜索交叉验证参数---feature_fraction 参数
parameters = {'feature_fraction': [0.6, 0.8, 1],}
```

```
grid = GridSearchCV(model,
                    param_grid=parameters,
                    scoring="accuracy",
                    cv=10)
grid.fit(X_train,y_train)
print('参数 feature_fraction 的最佳取值:{0}'.format(grid.best_params_))
print('LGBM 最佳模型得分:{0}'.format(grid.best_score_))
print(grid.cv_results_['mean_test_score'])
print(grid.cv_results_['params'])
```

输出结果：

```
LGBM 模型准确率: 0.9461839530332681
参数 learning_rate 的最佳取值:{'learning_rate': 0.01}
LGBM 最佳模型得分:0.9522999664413442
[0.95229997 0.95107627 0.9466747 ]
[{'learning_rate': 0.01}, {'learning_rate': 0.05}, {'learning_rate': 0.1}]
参数 feature_fraction 的最佳取值:{'feature_fraction': 0.8}
LGBM 最佳模型得分:0.9488769835562586
[0.9461857  0.94887698 0.9466747 ]
[{'feature_fraction': 0.6}, {'feature_fraction': 0.8}, {'feature_fraction': 1}]
```

本案例使用准确率对 LightGBM 进行了评价。从输出结果可以观察到 LightGBM 在默认参数的条件下，准确率为 0.946，通过网格搜索和交叉验证的方法，寻找最优参数，如学习率、树的深度等，可以将准确率提升到 0.952。为了更全面地了解 LightGBM 模型的性能并提升准确率，读者可以尝试调整模型的超参数，如 boosting_type、num_leaves 和 max_depth 等，以观察其对准确率的影响。通过这样的调整，读者有机会深入了解模型在不同参数设置下的行为，并找到最适合特定数据集的配置。

本 章 小 结

核心概念	**集成学习**：是将多个弱学习器组合成一个强学习器，以提高模型的准确性。 **弱学习器**：是指在特定学习任务上性能略高于随机猜测的学习器。		
算法	Bagging（装袋）	Boosting（提升）	Stacking（堆叠）
示意图	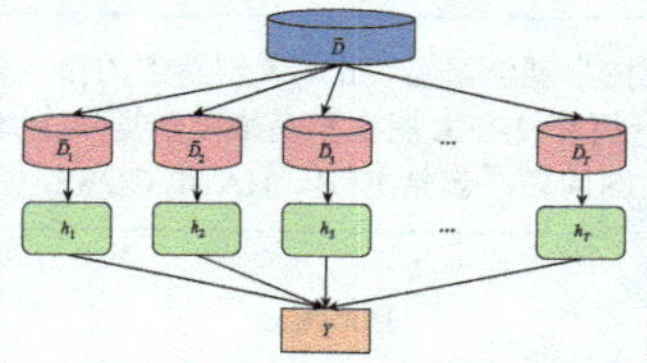	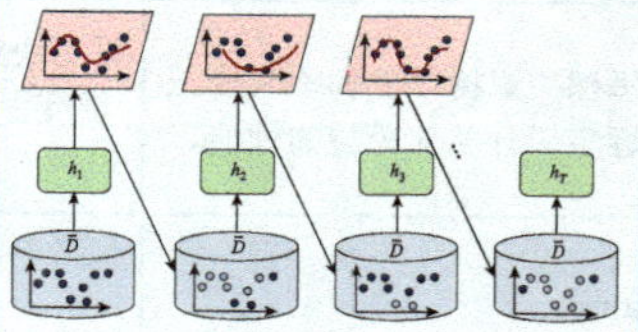	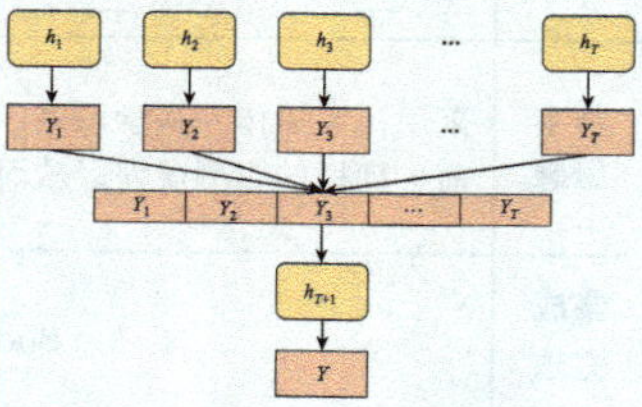
基本思想	通过训练多个独立的基学习器，并将它们的预测结果进行平均或投票。	基学习器间存在依赖关系，各基学习器都致力于修正前一个基学习器的错误。	通过使用学习器对弱学习器的输出进行整合的集成方法。
算法	随机森林	AdaBoost	梯度提升树
示意图	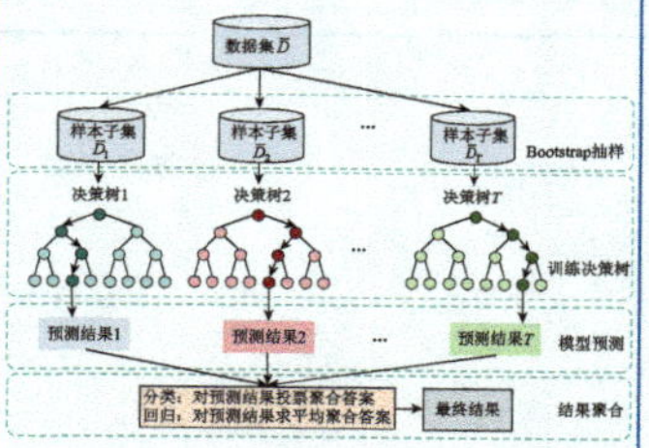	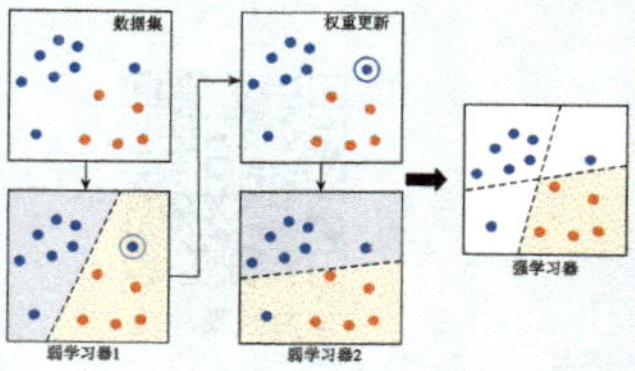	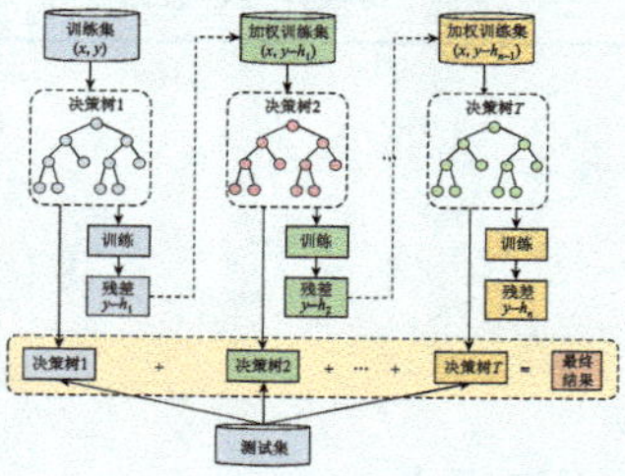
基本思想	使用 Bootstrap 抽样独立训练多个决策树，每次分裂时随机选择特征子集。最终预测通过投票或平均决策树结果获得。	迭代训练一系列弱分类器，并根据其表现调整样本权重，使前一轮分类器误分类的样本在下一轮中得到更多关注。最终对所有弱分类器加权组合。	每一棵树逐步拟合前一棵树的残差，通过这种渐进的方式最终得到准确的预测结果。
集成方法	Bagging	Boosting	Boosting
目标函数	$H(x)=\sum_{i=1}^{T}w_i h_i(x)$ $\arg\max_j \sum_{i=1}^{T} p_i^j h_i^j(x)$	$\min_{\alpha_j,\gamma_j}\sum_{i=1}^{n}L\left(y_i,\sum_{j=1}^{M}\alpha_j G_j(x_i;\gamma_j)\right)$	$h_m(x)=\arg\min\sum_{i=1}^{N}\left(-\frac{\partial L(y_i,f^m(x_i))}{\partial f^m(x_i)}\right)^2$ $f^m(x)=f^{m-1}(x)+\eta h_m(x)$
核心知识点	√ 随机森林算法的概念 √ 随机数据采样、随机特征选择 √ 随机森林的构建	√ 加法模型 √ 前向分布算法 √ AdaBoost 算法的求解和训练	√ 回归树的基本原理 √ CART 回归树的构建 √ 最速下降法最小化损失函数
算法	XGBoost	LightGBM	

<table>
<tr><td>示意图</td><td>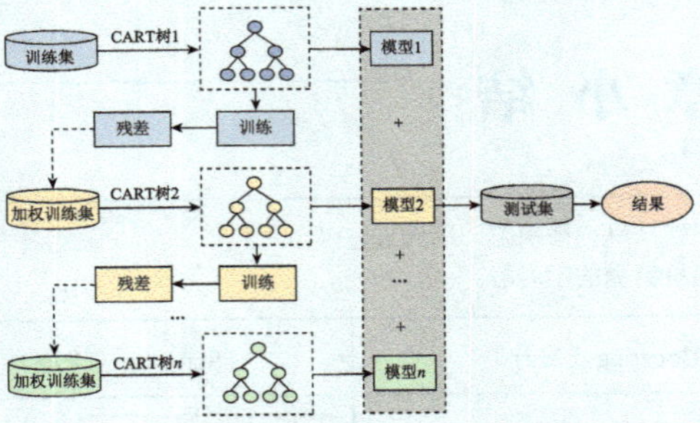
</td><td>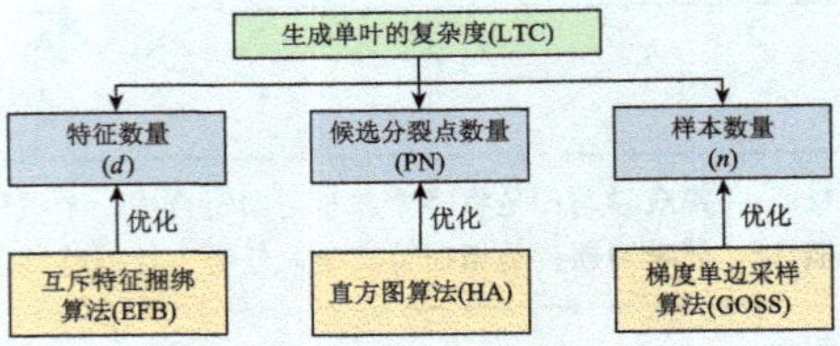
</td></tr>
<tr><td>基本思想</td><td>采用决策树作为基学习器，每棵决策树都被训练来修正前一棵树的预测误差，从而逐步提升整体模型的性能。</td><td>采用决策树为基学习器，引入了创新性的技术弥补传统梯度提升树算法在大规模和高维度数据集上效率不足的问题，包括 EFB、HA 和 GOSS。</td></tr>
<tr><td>集成方法</td><td>Boosting</td><td>Boosting</td></tr>
<tr><td>目标函数</td><td>$\mathrm{obj}^{(t)}=\sum_{i=1}^{n}L(y_i,F_t(x_i))+\sum_{i=1}^{t}\Omega(f_i)$</td><td>—</td></tr>
<tr><td>核心知识点</td><td>√ 并行化处理、正则化技术、列采样
√ 目标函数的构建和求解
√ 特征并行、数据并行</td><td>√ EFB、HA、GOSS
√ 按层生长策略和按叶生长策略
√ 分箱信息增益</td></tr>
</table>

学习效果检验